Autor des *New York Times*-Bestsellers *Elon Musk*

ASHLEE VANCE

DIE EROBERUNG DES HIMMELS

Wie Außenseiter, Milliardäre und Genies
den Weltraum für uns nutzbar machen

FBV

Bibliografische Information der Deutschen Nationalbibliothek:
Die Deutsche Nationalbibliothek verzeichnet diese Publikation in der Deutschen Nationalbibliografie. Detaillierte bibliografische Daten sind im Internet über http://dnb.d-nb.de abrufbar.

Für Fragen und Anregungen:
info@finanzbuchverlag.de

Wichtiger Hinweis
Ausschließlich zum Zweck der besseren Lesbarkeit wurde auf eine genderspezifische Schreibweise sowie eine Mehrfachbezeichnung verzichtet. Alle personenbezogenen Bezeichnungen sind somit geschlechtsneutral zu verstehen.

1. Auflage 2023

© 2023 by FinanzBuch Verlag, ein Imprint der Münchner Verlagsgruppe GmbH,
Türkenstraße 89
80799 München
Tel.: 089 651285-0
Fax: 089 652096

Die englische Ausgabe erschien 2023 bei HarperCollins Publishers unter dem Titel *When the Heavens Went On Sale*.
Copyright © 2023 by Ashlee Vance
All rights reserved.

Alle Rechte, insbesondere das Recht der Vervielfältigung und Verbreitung sowie der Übersetzung, vorbehalten. Kein Teil des Werkes darf in irgendeiner Form (durch Fotokopie, Mikrofilm oder ein anderes Verfahren) ohne schriftliche Genehmigung des Verlages reproduziert oder unter Verwendung elektronischer Systeme gespeichert, verarbeitet, vervielfältigt oder verbreitet werden.

Übersetzung: Thomas Gilbert
Redaktion: Rainer Weber
Korrektorat: Matthias Höhne
Umschlaggestaltung: in Anlehnung an das Cover der Originalausgabe Sonja Vallant, München
Umschlagabbildung: iStock/Daniel Hull
Abbildungen Innenteil: Shutterstock.com/Mirgunova
Satz: Daniel Förster
Druck: GGP Media GmbH, Pößneck
Printed in Germany

ISBN Print 978-3-95972-324-4
ISBN E-Book (PDF) 978-3-98609-600-9
ISBN E-Book (EPUB, Mobi) 978-3-98609-601-6

Weitere Informationen zum Verlag finden Sie unter
www.finanzbuchverlag.de
Beachten Sie auch unsere weiteren Verlage unter www.m-vg.de.

FÜR MELINDA
Es tut mir leid, dass du dir das mit ansehen musstest.

LIEBE LESERIN, LIEBER LESER,

dieses Buch deckt etwa fünf Jahre journalistischer Berichterstattung auf vier verschiedenen Kontinenten ab und spiegelt viele Hundert Stunden wider, die ich mich diesem Thema gewidmet habe. Die Protagonisten in diesem Band waren so großzügig, mich ihre Welt beobachten zu lassen – sowohl in Zeiten, in denen alles rosig lief, als auch in schweren Zeiten, und dabei haben sie nie versucht, meine Berichterstattung einzuschränken. Es gab zahlreiche Gelegenheiten, bei denen mir während meiner Arbeit sogar Einblick in ihr Privatleben erlaubt wurde, was durchaus riskant sein kann, und dafür bin ich ihnen sehr dankbar. Dies gab mir erst die Möglichkeit, ihre jeweilige Persönlichkeit besser zu verstehen, ihre Motivation und ihre Perspektiven – Einsichten, die anderen Journalisten sonst nur selten gewährt werden.

Jedes Zitat in diesem Buch ist das Resultat meiner direkten, eigenen Recherche – wo dies nicht der Fall ist, habe ich Hinweise eingefügt. Wie Sie sehen werden, habe ich die jeweiligen Personen im gesamten Buch mit ihrer eigenen Stimme zu Wort kommen lassen und auch längere Passagen eingefügt. Mir war es wichtig, dass sie selbst ihre Geschichten erzählen, damit Sie, als Lesende, ungefiltert hören können, wie diese Personen sprechen und denken. Nur selten habe ich, wo nötig, den Wortlaut der Zitate verändert, etwa um Zweideutigkeiten zu vermeiden oder um zu kürzen. Doch niemals hat das Bedürfnis nach einfacherer Lesbarkeit Vorrang bekommen vor dem Primat der korrekten Wiedergabe. Auf meiner journalistischen Reise habe ich hin und wieder auch auf Geschichten über manche der in diesem Buch erwähnten Figuren zurückgegriffen, die ich für das Magazin *Bloomberg Businessweek* geschrieben hatte. Ganz selten habe ich Passagen von diesen Artikeln genutzt – und dann einfach nur, weil mir die Art und Weise, wie ich etwas umschrieben hatte, immer noch so gut gefiel.

Ich habe mich redlich bemüht, alle Daten und Fakten, die mir mitgeteilt und beschrieben wurden, zu verifizieren. Die im Buch aufgeführten Fakten wurden mehrfach überprüft und abgeglichen. Jegliche Veränderungen der Faktenlage werden in den zukünftigen Auflagen dieses Buches berücksichtigt werden und werden zudem auf meiner Website bereitgestellt: www.ashleevance.com. Über diese Website können Sie gerne auch Ihre Meinung äußern und mich kontaktieren.

Ich hoffe sehr, dass Ihnen die Lektüre dieses Buches ebenso viel Freude bereiten wird, wie ich hatte, als ich daran arbeitete.

INHALT

Liebe Leserin, lieber Leser 5

Prolog
EIN GEMEINSAMES TRUGBILD 11

DER ALLGEGENWÄRTIGE COMPUTER 33

Kapitel 1
WHEN DOVES FLY 35

Kapitel 2
SPACE FORCE 45

Kapitel 3
WILLKOMMEN, LORD VADER! 51

Kapitel 4
DIE RAINBOW MANSION 81

Kapitel 5
PHONING HOME – ANRUF AUS DEM ALL 91

Kapitel 6
EIN PLANET ERBLICKT DIE WELT 107

Kapitel 7
DER ALLGEGENWÄRTIGE COMPUTER 123

DAS PETER-BECK-PROJEKT 147

Kapitel 8
GROSSARTIG – WENN'S WIRKLICH SO KOMMT 149

Kapitel 9
DIE ABENTEUERWERKSTATT 159

Kapitel 10
SOBALD DU DEN STARTKNOPF DRÜCKST, KANNST DU NUR
NOCH BETEN 170

Kapitel 11
NICHT MEHR MEIN AMERIKA 179

Kapitel 12
SO SCHÖN KÖNNEN NUR RAKETEN FLIEGEN 189

Kapitel 13
WIE MAN SICH BEIM MILITÄR FREUNDE MACHT 205

Kapitel 14
AUFTRITT ELECTRON 216

Kapitel 15
WIR SIND GANZ BEI IHNEN 241

AD ASTRA – ZU DEN STERNEN 259

Kapitel 16
RAKETEN OHNE ENDE 261

Kapitel 17
CHRIS KEMP ÜBER CHRIS KEMP, IM FRÜHLING 2017 280

Kapitel 18
DER LANGE, HARTE WEG 292

Kapitel 19
PARTY, BIS DER MORGEN GRAUT 309

Kapitel 20
DAS FREUNDLICHE NEBELMONSTER AUS DER NACHBARSCHAFT 315

Kapitel 21
NICHT MEHR GANZ SO HEIMLICH 324

Kapitel 22
AUSGERECHNET ALASKA 334

Kapitel 23
ROCKET 2 353

Kapitel 24
ES IST EIN JOB 371

Kapitel 25
DER RESET-BUTTON 379

Kapitel 26
GELD IN FLAMMEN 395

Kapitel 27
ODER ERGIBT DAS ALLES KEINEN SINN? 403

MAD MAX 2.0 417

Kapitel 28
ÜBER DIE LEIDENSCHAFT 419

Kapitel 29
GOTT HAT MICH BEAUFTRAGT 427

Kapitel 30
VOLLE ATTACKE 451

Kapitel 31
RAKETEN KOSTEN EINE STANGE GELD 476

Kapitel 32
GRENZEN 490

Kapitel 33
ZAPPENDUSTER 497

Epilog 506

Danksagung 520

Stichwortverzeichnis 524

PROLOG

EIN GEMEINSAMES TRUGBILD

Oh Erde, schaut hinauf

Schaut hinauf, über die Grenzen unseres Jahrhunderts hinaus, wo das Licht des kommenden Jahrtausends bereits den Himmel trübt, mit fremden und neuartigen Farben

Schaut hinauf: Wir haben die Gesetze der Schwerkraft aufgehoben, das Dach der Welt niedergerissen, das so tief hing

Der Himmel gehört nun euch, neue Gestade aus Cirruswolken, neue Täler aus Stratocumuli

Erhebt eure Häupter! Ihr seid nicht dazu gemacht, euer ganzes Leben lang auf Rinnsale, Schlamm und Pfützen zu starren, und dennoch, ihr habt es nicht gewagt, den Blick zu heben, aus Angst, dass das, wonach ihr sehnlich sucht, nicht existiert

Schaut hinauf und ihr werdet es sehen: die Gestalt, die in den Träumen und Legenden der Menschen wiederkehrt, seit wir vor Urzeiten zum ersten Mal aus dem Dschungel spähten und uns fragten, was wohl auf jenen blauen und fernen Hügeln, auf den Bergen dort wohnen mag ...

Oh Erde, schaut hinauf

Alan Moore, Miracleman, Marvel-Comic, Band 13, 2014

EIN GEMEINSAMES TRUGBILD

»Aus wirtschaftlicher Sicht ist die Erschließung des interplanetaren Weltraums unerlässlich, um den Fortbestand der menschlichen Spezies zu sichern; und wenn wir der Meinung sind, dass die Evolution im Laufe der Jahrmillionen im Menschen ihren höchsten Punkt erreicht hat, dann müssen der Fortbestand des Lebens und die Weiterführung des Fortschritts das höchste Ziel der Menschheit sein und das Ende der Menschheit die größte vorstellbare Katastrophe.«

Robert Goddard, Raketenpionier, 1913

Die anfängliche Begeisterung war zu einem großen Teil einer bedrückenden Mischung aus Angst und Verzweiflung gewichen.

Wir schrieben den 28. September 2008. Eine Gruppe von etwa 15 Angestellten von SpaceX hatte sich auf einer winzigen tropischen Insel eingefunden, um sich darauf vorzubereiten, die weiße Falcon-1-Rakete des Unternehmens in den Orbit zu befördern. Für viele von ihnen war dieser Moment der Höhepunkt von sechs Jahren nervenaufreibender Arbeit und sollte ihnen eigentlich die Chance bieten, Glück in Reinform zu kosten. Das Problem war nur, dass sie diese Situation schon mehrfach erlebt hatten – und es alles andere als gut gelaufen war. Bereits drei Raketen waren von diesem kleinen Fleckchen Dschungel mitten im Nirgendwo gezündet worden, und alle waren bislang entweder kurz nach dem Start explodiert oder während des Fluges auseinandergebrochen. Das Resultat dieser Misserfolge war, dass viele der SpaceX-Ingenieure und -Techniker erheblich an sich selbst zu zweifeln begonnen hatten. Vielleicht waren sie doch nicht so klug und erfinderisch, wie sie es sich eingeredet hatten. Vielleicht hatte Elon Musk, der Gründer und CEO von SpaceX, einen schrecklichen und kostspieligen Fehler gemacht, als er an sie glaubte. Vielleicht standen sie kurz davor, sich einen neuen Job suchen zu müssen.

Ironischerweise waren die Voraussetzungen für diese Art von Vorhaben von Anfang an alles andere als ideal gewesen. SpaceX hatte seine Basis für den Raketenstart auf dem Kwajalein-Atoll eingerichtet, einer Ansammlung von rund hundert Inseln, die mitten im Pazifischen Ozean liegen. Man könnte Hawaii und Australien als deren Nachbarn bezeichnen, doch sie liegen in denkbar weiter

Ferne. Die Inseln ragen gerade mal aus dem Wasser, und sie alle sind geprägt von hoher Luftfeuchtigkeit, gnadenlosem Sonnenschein und salziger Gischt. Bei einem Urlaub in den Tropen sind solche Merkmale willkommen, aber wenn man körperlich arbeitet, und das auch noch mit Maschinen, sind solche Zustände eher abschreckend.

Einige aus dem SpaceX-Team hatten bereits im Jahr 2003 zum ersten Mal Kwajalein einen Besuch abgestattet, in der Hoffnung, einen Ort zu finden, an dem sie ihre kühnen Raketenexperimente ohne allzu große Störungen durchführen konnten. Rein rational betrachtet machte die Lage durchaus Sinn. Das US-Militär hatte jahrzehntelang von Kwajalein aus Operationen durchgeführt, insbesondere in Verbindung mit seinen Radar- und Raketenabwehrsystemen. Um solche Einsätze zu erleichtern, hatte die Armee auf Kwajalein eine entsprechende Infrastruktur aufgebaut, um die täglichen Bedürfnisse von tausend Menschen zu gewährleisten und die komplexen Tests der Waffensysteme durchführen zu können. Das Beste daran war, dass die Einheimischen daran gewöhnt waren, dass Dinge in die Luft gesprengt wurden, und es sie wahrscheinlich nicht weiter störte, dass nun eine Gruppe von unerfahrenen Mittzwanzigern und ein Dotcom-Millionär mit einem riesigen Metallrohr voller explosiver Flüssigkeiten und einer nicht minder großen Portion Zuversicht auf der Bildfläche erschienen.

Der Alltag des SpaceX-Teams glich jedoch eher den Anekdoten aus der TV-Kult-Robinsonade *Gilligan's Island* als einem gut geölten militärischen Außenposten. Der Hauptgrund dafür war, dass sich alle guten Dinge – die Ausrüstung, Unterkünfte, Geschäfte, Restaurants und Bars – auf Kwajalein befanden, der größten der Inseln, wohingegen SpaceX auf die Insel Omelek verbannt worden war, ein acht Hektar großes Stück Land mit einer Infrastruktur, die aus ein paar Bootsanlegern, einem Hubschrauberlandeplatz, vier Lagerhallen und etwa hundert Palmen bestand. Hierhin bekam die SpaceX-Crew Raketenteile von den Produktionsstätten des Unternehmens in Kalifornien und Texas geschickt, baute sie zusammen, testete sie und startete schließlich eine komplette Rakete.

Im Jahr 2005 begannen die eigentlichen Vorbereitungen, um die kleine Insel Omelek in einen funktionsfähigen Arbeitsplatz zu verwandeln. SpaceX-Mitarbeiter gossen eine große Betonplatte, die als Startrampe für die Rakete dienen sollte. Sie errichteten ein großes Zelt, um einen schattigen Platz für die Arbeit an der Rakete und die Lagerung ihrer Werkzeuge zu haben. Einige Wohnwagen aus den 1960er-Jahren wurden zu Wohn- und Büroräumen umfunktioniert. Um seine sanitären Bedürfnisse musste sich jeder selbst kümmern, und die Mahlzeiten bestanden aus abgepackten Sandwiches oder dem, was sie aus dem Meer fischen konnten.

Trotz der schwierigen Bedingungen arbeitete die SpaceX-Crew erstaunlich schnell, insbesondere wenn man bedenkt, dass die Raumfahrtindustrie Verzögerungen nicht in Wochen oder Monaten, sondern in Jahren zu messen pflegt. Das einst karge Omelek füllte sich nach und nach mit großen zylindrischen Tanks, in denen der flüssige Sauerstoff und das Kerosin für den Antrieb der Rakete sowie das Helium für den notwendigen Druck in den verschiedenen mechanischen Systemen gelagert werden sollten. Die Gasgeneratoren glichen himmlischen Gesandten, denn sie betrieben die Klimaanlagen der Wohnwagen, was bedeutete, dass man ein paar Minuten lang nicht schwitzen musste und die Anspannung nicht ganz so hochkochte, wenn mal etwas schieflief. Ein paar engagierte Teammitglieder installierten schließlich richtige Toiletten und Duschen. Und endlich, Anfang September 2005, hatte SpaceX einen Turm aus Metallgerüsten errichtet, der eine aufrecht stehende Rakete in Position halten und vor dem Start stützen konnte.

Etwa einmal im Monat traf ein Frachtschiff mit großen Containern voller Material ein. Ende September lieferte eines der Schiffe die erste Stufe oder den Hauptteil der Falcon 1. Ende Oktober war die Rakete zusammengebaut, auf die Startrampe gebracht und in die nötige senkrechte Position gehievt worden. Die meisten Ingenieure waren, nun ja, Ingenieure und hatten keinen besonderen Sinn für die Symbolik des Moments. Allerdings sah Falcon 1 wirklich wie ein religiöses Totem aus: ein bizarrer Obelisk aus Aluminium, der aus einer Lichtung im Dschungel ragte und unverkennbar so hoch wie nur möglich emporfliegen wollte.

Genau das ist der Augenblick in jedem neuen Raketenprogramm, wo über einen längeren Zeitraum hinweg immer wieder etwas schiefgeht. Die Rakete als solche ist bereits entworfen, und ihre einzelnen Bauteile sind fertiggestellt. Die Triebwerke, in der Regel die kniffligsten Teile, wurden an einem anderen Ort getestet und immer wieder gezündet, bis man sicher sein konnte, dass sie funktionieren, wenn der große Moment gekommen ist. Viele Zeilen Softwarecode wurden geschrieben, auf Fehler untersucht und optimiert. Auch die vielen Kabel im Inneren der Rakete wurden sorgfältig verlegt. Ein hoffnungsvoller Optimist darf nun erwarten, dass all diese Dinge, wenn man sie miteinander verbindet, einwandfrei funktionieren. Aber die Raketengötter lassen dies niemals zu.

Bis eine Rakete fertig montiert ist und die Erdatmosphäre durchdringen kann, muss sie Hunderte von Tests am Boden bestehen. Nicht selten werden die Tests durch ein relativ unbedeutendes Bauteil torpediert. Ein 50-Dollar-Ventil funktioniert nicht richtig und muss ausgetauscht werden, was bedeutet, dass man eine Luke am Rumpf der Rakete öffnen und schweißgebadet nach dem defekten Metallstück suchen muss. Oder vielleicht ist Feuchtigkeit in einen Akku eingedrungen, der nun ebenfalls ausgetauscht werden muss.

Manchmal misslingen die Tests oder finden aus logistischen Gründen gar nicht statt. So müssen zum Beispiel immer wieder riesige Mengen flüssigen Sauerstoffs in die Treibstoffkammer einer Rakete gepumpt werden, während die Rakete für den Start vorbereitet wird. Der Trick dabei ist, dass LOX, wie es in der Luft- und Raumfahrt genannt wird, unglaublich kalt gehalten werden muss, um flüssig zu bleiben, und sofort zu kochen beginnt, wenn es aus einem gekühlten, eigens dafür gebauten Tank in die Treibstoffkammer der Rakete gelangt, wo es durch die umgebende Atmosphäre erwärmt wird. Oft wird die Rakete mit LOX befüllt, und dann wird vor einem Test eine Kleinigkeit nach der anderen repariert, und dann muss man feststellen, dass zu dem Zeitpunkt, an dem man endlich bereit ist, mit dem Test fortzufahren, zu viel LOX verdampft ist, um den Test durchzuführen. Doch jetzt stellt man fest, dass, weil man dieselbe Prozedur im Laufe des Tages etwa fünfmal durchlaufen hat, die LOX-Lagerbehälter aufgebraucht sind, und man wird sich wieder schmerzlich des Umstands bewusst, dass man sich auf einer winzigen Insel im Pazifischen Ozean befindet und dass sich im Umkreis von 3000 Kilometer niemand dafür interessiert, ob man vor Einbruch der Dunkelheit noch irgendwie an mehr Flüssigsauerstoff kommt, und dass man auch keine Möglichkeit hat, auf die Schnelle welchen zu beschaffen.

Für einen Außenstehenden kann dieser langwierige Teil des Entwicklungsprozesses einer Rakete absurd erscheinen. Im Grunde genommen ist das Ding fertig und flugbereit. Da kann es doch nicht monatelang kleine bis mittelgroße Probleme geben, die eines nach dem anderen auftauchen. Aber so ist es nun mal. Der Witz an der Sache ist, dass der wirklich schwierige, »raketenwissenschaftliche« Teil des Problems, die physikalischen Aspekte, schon vor Ewigkeiten geklärt wurde. Was die Rakete jetzt noch aufhält, ist Routinearbeit. Was man jetzt braucht, sind unermüdliche, lösungsorientierte Mechaniker, keine Doktoranden.

Von Oktober 2005 bis März 2006 hatte das SpaceX-Team mit genau diesem Szenario zu kämpfen. Jeden Tag machte sich die Crew auf den Weg zur Rakete und schlug sich von Sonnenaufgang bis weit nach Sonnenuntergang mit ihr herum. Die Tage waren anstrengend und oft enttäuschend, aber die Aussicht auf einen Start hielt alle aufrecht. SpaceX war 2002 gegründet worden, und Musk – wie er nun einmal ist – hatte sich sofort das völlig unrealistische Ziel gesetzt, innerhalb eines Jahres die erste Rakete des Unternehmens in die Umlaufbahn zu bringen. Doch die vier Jahre, die das SpaceX-Team gebraucht hatte, waren immer noch ein historisches Tempo für ein neues Raketenprogramm. Das Team zehrte von der Energie. Es profitierte von Musks überzogenen Forderungen und seinem grenzenlosen Unterstützungsangebot. Sie lebten von der Idee, dass sie die Bürokratie der traditionellen Luft- und Raumfahrt zu einem Relikt machen und einen neuen Weg für die Branche einschlagen würden.

Die Falcon 1 war beileibe nicht die beeindruckendste Trägerrakete, die je gebaut wurde. Wahrhaftig nicht. Dennoch hatte sie ihre Reize. Sie war 20 Meter hoch und hatte einen Durchmesser von knapp 1,70 Meter. Sie war problemlos in der Lage, rund 500 Kilogramm Fracht in die Umlaufbahn zu befördern, und das zu einem Preis von nur etwa sieben Millionen Dollar pro Start. Das Bemerkenswerteste an der Rakete waren ihre Herstellungskosten. Normalerweise kosten Raketen, die Satelliten in die Umlaufbahn befördern, zwischen 80 und 300 Millionen Dollar pro Start. Sie bestehen aus Teilen, die von Hunderten von Auftragnehmern geliefert werden, die alle versuchen, maximale Profite für ihre spezialisierte Hardware zu erzielen. SpaceX hatte die ganze Gleichung umgedreht, indem es versuchte, aus den billigsten verfügbaren Teilen etwas ziemlich Nützliches zu bauen und so viel von der Rakete wie möglich selbst zu produzieren.

Am 24. März war endlich der Moment gekommen, die Theorie in die Praxis umzusetzen. Während sich einige Mitarbeiter mit Musk im Kontrollzentrum auf dem Kwajalein-Atoll aufhielten, standen die anderen auf Abruf bereit, um auf etwaige mechanische Probleme auf Omelek zu reagieren. Die Startvorbereitungen hatten bereits am frühen Morgen begonnen: Man ging Checklisten durch, die Rakete wurde für ihren großen Augenblick vorbereitet. Um Punkt 10:30 Uhr hob die Falcon 1 ab. Ihr feuriges Grollen erschütterte die provisorischen Bauten auf Omelek für ein paar Sekunden, bevor die Rakete ihren Kampf gegen die Schwerkraft begann und sich in den Himmel erhob. Für die SpaceX-Mitarbeiter, die alle emotional an der Falcon 1 hingen, schien sich die Zeit auszudehnen. Jede Sekunde fühlte sich wie eine Minute an, während die Augen der Mitarbeiter kontinuierlich die Außenhülle der Rakete abtasteten, um ihren Zustand visuell zu überprüfen.

Selbst einem zufälligen Beobachter* musste jedoch bald auffallen, dass mit der Rakete etwas nicht stimmte. Nach dem Start geriet der Flugkörper ins Rotieren und Schlingern, was ein sehr schlechtes Zeichen ist, wenn es sich um einen geradlinigen Flug handeln sollte. Und dann, 30 Sekunden nach dem Start, schaltete sich das Triebwerk der Rakete ab. Statt weiter aufzusteigen, hielt die Rakete für einen kurzen Moment inne und stürzte dann herab in Richtung Erde. Zu diesem Zeitpunkt war sie im Grunde eine Bombe mit Omelek als Primärziel. Die Masse aus Metall und Treibstoff prallte 200 Meter vom Startplatz entfernt auf ein Riff und explodierte. Die Nutzlast der Rakete, ein kleiner Satellit der Air Force, schoss in die Luft und durchschlug dann das Dach eines Geräteschuppens. Tausende von Raketenteilen verteilten sich über Omelek, andere flogen in den Ozean.

Die SpaceX-Mitarbeiter waren von dem Ergebnis alles andere als begeistert, aber überrascht waren sie nicht. Nur selten ist eine neu entwickelte Rakete bei ihrem Jungfernflug erfolgreich. Das wirklich Demütigende waren die auf Omelek verteilten Raketentrümmer. Wenn eine Rakete explodiert, dann am besten in großer Höhe und über dem Meer. Niemand aus dem SpaceX-Team wollte die Schmach auf sich nehmen, auf die Insel zurückkehren zu müssen, um all die Mahnmale ihrer Unzulänglichkeiten als Ingenieure von Hand aufzulesen.**

In den folgenden Tagen wurden die Daten des kurzen Fluges analysiert und die Raketenreste forensisch untersucht. Bald stellte sich heraus, dass eine Aluminiummutter, die ein Treibstoffrohr an seinem Platz hielt, korrodiert war, nachdem sie monatelang der warmen, salzhaltigen Luft von Kwajalein ausgesetzt gewesen

---

* Ungefähr 5000 Menschen verfolgten den Start online.
** Der U.S.-Army-Kommandant auf Kwajalein war von der Explosion fasziniert und bestellte Tim Buzza, den SpaceX-Vizepräsidenten für Starts und Tests, zu einem Treffen ein. »Ich bekam einen Anruf vom Obersten Befehlshaber der Insel, der mich aufforderte, sofort zu ihm zu kommen«, erzählte Buzza. »Ich dachte: ›Oh Gott, ich stecke in großen Schwierigkeiten.‹ Das ist ein Oberst der Armee, der gerade im Irak gewesen ist. Ich fahre also mit dem Fahrrad zu seinem Haus und sehe ihn mit zwei Bier auf der Veranda sitzen. Ich setze mich zu ihm, und er sagt: ›Nun, das ist schlecht gelaufen, aber ihr werdet euch wieder erholen. Ich würde gerne mehr über das erfahren, was ich auf dem Video gesehen habe.‹« Und anstatt Buzza zu tadeln, wollte der Kommandeur darüber sprechen, »wie explosiv diese Rakete ist«. Er fragte Buzza: »Können wir das nicht irgendwie in der Army nutzen?«

war. Das Teil, das gerade einmal fünf Dollar gekostet hatte, war gerissen und hatte Kerosin austreten lassen, was einen Brand im Triebwerk auslöste. Ironischerweise beschloss SpaceX, das Problem bei künftigen Raketen durch die Verwendung noch billigerer Edelstahlmuttern zu beheben.

SpaceX brauchte ein weiteres Jahr, um eine neue Rakete zu bauen, alle Tests durchzuführen und im März 2007 einen neuen Startversuch zu unternehmen. Die zweite Rakete funktionierte viel besser und flog mehr als sieben Minuten lang, bevor der Treibstoff auf unerwartete Weise im Inneren der Rakete herumschwappte und das Triebwerk nicht mehr mit genügend Treibstoff versorgt werden konnte. Erneut stürzte die Rakete in Richtung Erde, aber diesmal war sie so weit aufgestiegen, dass sie in der Atmosphäre verglühte. Fast 18 Monate vergingen, bevor SpaceX im August 2008 seinen dritten Start versuchte. Die Rakete funktionierte tadellos bis zu dem Moment, als die obere Stufe der Rakete sich von der größeren, unteren Stufe lösen sollte, dabei aber stecken blieb und dadurch eine Panne verursachte, bevor sie die Umlaufbahn erreicht hatte. »Falcon 1 hat es wieder vermasselt«, schrieb ein Journalist, der über den Start berichtete.

Zu diesem Zeitpunkt war das SpaceX-Team buchstäblich ausgebrannt. Das Leben auf Kwajalein war längst nicht mehr so anregend exotisch. Es war die reinste Qual. Die nächtlichen Trinkgelage in der »Snake Pit Bar« dienten kaum mehr dazu, die Arbeit des Tages Revue passieren zu lassen oder sich in kuriose Fragen der Weltraumforschung zu vertiefen. Stattdessen planten die Leute, wie man von hier entkommen könne. Ein Ingenieur, der diverse Red Bull mit Wodka intus hatte, kam auf die glorreiche Idee, dass er von der Insel gefeuert werden könnte, wenn er nackt über die Landebahn des Flughafens rennen würde. Nachdem sich alle am Tisch geeinigt hatten, dass er mit dieser Vermutung wohl recht haben würde, war der Ingenieur motiviert genug. Er sprintete los und führte seinen Plan aus. Doch zu seinem Pech hatten die Militärs wirklich schon Schlimmeres gesehen, und so musste er am nächsten Tag zurück nach Omelek.

In der Öffentlichkeit sagten Musk, die Vertreter der NASA und andere Personen in der US-Regierung all die richtigen Dinge. Neue Raketentypen würden nun mal explodieren. SpaceX sei immerhin in der Lage gewesen, die Ursachen aller Probleme zu identifizieren und zu beheben. Das sei eben der natürliche Lauf der Dinge in der Luft- und Raumfahrttechnik. Hinter vorgehaltener Hand gab es jedoch große Bedenken. Musk verballerte sein privates Vermögen in einem alarmierenden Tempo, und zudem schien er keine Lust mehr zu haben, sich wie üblich einmal im Jahr der Presse zu stellen, um zu erklären, warum SpaceX es schon wieder nicht in den Orbit geschafft hatte. Die Regierungsvertreter begannen sich auch zu fragen, ob etwa der Typ im SpaceX-Kontrollzentrum mit dem orangefarbenen Irokesenschnitt, den er mithilfe von Eiweiß dazu brachte, hoch von seinem Kopf abzustehen, repräsentativ für eine Unternehmenskultur war, die weniger auf amüsante Weise exzentrisch als vielmehr zutiefst dysfunktional war. Die großen Mengen an Bier und Schnaps, die auf dem Gelände von Omelek gelagert wurden, schienen diese Zweifel zusätzlich zu bestärken.

»Der dritte Flug war der absolute Tiefpunkt«, erinnert sich Tim Buzza, eine der zentralen Figuren bei SpaceX, wenn es um die Falcon 1 und die Arbeiten auf Omelek geht. »Elon gingen langsam das Geld und die Zeit aus. Fast alles wurde angezweifelt, und es fühlte sich katastrophal an. Das war das erste Mal, dass viele von uns dachten, dass das Projekt vielleicht untergeht. Und dann hielt Elon eine Telefonkonferenz mit dem gesamten Unternehmen ab. Er sagte: ›Ich werde mir etwas Geld leihen. Wir haben noch eine Rakete übrig, und die müssen wir in acht Wochen starten.‹«

Das nackte Grauen: Dieses Gefühl überkommt einen, wenn man erfährt, dass man einen Prozess, der normalerweise ein Jahr beansprucht, auf ein paar Monate verkürzen soll und dass alles – das Unternehmen, die eigene Karriere, die Idee der privaten Raumfahrt – davon abhängt, dass man diesen überstürzten Auftrag präzise ausführt. Doch das SpaceX-Team stürzte sich auf die Arbeit und beschloss, noch einmal alles zu geben.

Das unmittelbarste Problem, das sich aus der abstrusen Deadline ergab, bestand darin, die vierte Falcon-1-Rakete so schnell wie möglich vom SpaceX-Firmensitz in Kalifornien nach Omelek zu bringen. In der Vergangenheit waren die Raketen mit dem Frachtschiff gekommen, das einmal im Monat anlegte. Doch dieses Mal musste die Rakete auf die Insel geflogen werden, und dafür war ein sehr großes Flugzeug erforderlich, nämlich ein C-17-Militärtransporter. Irgendwie gelang es Buzza und seinen Kollegen, eine C-17 und einige Piloten aufzutreiben und die Rakete kurz darauf in das Flugzeug verladen zu lassen. Das war die gute Nachricht.

Die schlechte Nachricht war, dass es sich bei den Piloten um ehemalige Militärflieger handelte, die ihre Maschinen zum Spaß gerne an ihre Grenzen brachten. Anstatt das Flugzeug sanft auf die Landebahn zu setzen, flogen die Piloten die C-17 an, als wäre sie ein Kampfjet. Der rasche Anstieg des Luftdrucks bewirkte, dass der dünne Metallkörper der Rakete in sich zusammenzufallen drohte. Entsetzt griffen einige SpaceX-Ingenieure nach verfügbaren Werkzeugen und begannen, Entlüftungsschlitze an der Rakete zu öffnen, um einen Druckausgleich zwischen dem Inneren der Maschine und den Bedingungen im Flugzeug zu erreichen. Durch ihr schnelles Handeln konnten weitere Schäden verhindert werden, aber die Rakete kam in einem Zustand an, der alles andere als ideal war.

Die Stimmung im SpaceX-Team sank nach diesem Debakel noch tiefer. Einige Mitglieder der Inselcrew hielten es für nahezu unmöglich, die ramponierte Rakete vor dem Start wieder in einen funktionsfähigen Zustand zu bringen. Eine arme Seele musste Musk anrufen und ihm sagen, was passiert war. Wie üblich bestand Musks Antwort in der Aufforderung, eine Lösung zu finden und einfach unbeirrt weiterzumachen.

Von Anfang August 2008 bis zum 28. September gaben die SpaceX-Ingenieure und -Techniker ihr Bestes für das verhexte Fluggerät. Tag für Tag wurde der Rumpf der Falcon 1 gewartet und repariert, sodass die monotone Reihe von Flugvorbereitungstests beginnen konnte. Eine besonders große Kokosnusskrabbe, die gut einen Meter lang war und von den SpaceX-Mitarbeitern »Elon« genannt wurde, stattete dem Arbeitsbereich gelegentlich einen Besuch ab, um das Geschehen zu beobachten, und das schien ein gutes Omen zu sein.

Und so nahmen am 28. September alle noch einmal ihre Plätze ein. Inzwischen hatte das SpaceX-Team Erfahrung, auch wenn von allen Raketen, die sie bisher in die Umlaufbahn geschickt hatten, diese hier wegen des verrückten Tempos, mit dem sie auf die Startrampe gebracht worden war, wohl am wenigsten Erfolg versprach. Nichtsdestotrotz zündete um 11:15 Uhr das Triebwerk der Falcon 1, und die Rakete hob sich in den blauen Himmel und dann in den Weltraum. Im Kontrollzentrum herrschte die meiste Zeit über Totenstille, bis auf gelegentliche »Fuck, yeah«-Rufe, wenn die Rakete an einem kritischen Punkt das tat, was sie sollte. Dann endlich – nach all den Anstrengungen – wurde allen klar, dass die Rakete perfekt funktionierte und die Umlaufbahn erreicht hatte. Im Weltraum angekommen, öffnete sich die obere Spitze wie eine Muschel. Allerdings setzte sie keinen Satelliten, sondern einen simplen Metallhaufen ab, weil es keine Kunden mehr gegeben hatte, die bereit waren, eine echte Nutzlast auf eine der SpaceX-Maschinen zu laden.

In den ersten Momenten, als klar wurde, dass der Flug geglückt war, klatschten sich die SpaceX-Mitglieder auf Omelek gegenseitig ab, feierten aber nur verhalten. Sie mussten zur Rampe zurückkehren, um die Treibstoffzufuhrsysteme und andere Vorrichtungen abzuschalten. In der Zwischenzeit stiegen die anderen SpaceX-Mitarbeiter auf Kwajalein in Boote und machten sich auf den Weg nach Omelek. Als die Sicherheitsarbeiten abgeschlossen waren und das gesamte Team sich versammelt hatte, begann jemand zu schreien: »ORBIIIITTTTTTTTT!!!!!!! ORBIIIITTTTTTTTTT!!!!!!! ORBIIIITTTTTTTTTT!!!!!!!« Dann fingen auch alle anderen an zu schreien, und der Ruf »Orbit, Orbit, Orbit!« ergriff die ganze Gruppe wie ein Urschrei. Die nachmittäglichen Feierlichkeiten auf Omelek gingen in abendliche und nächtliche Gelage auf Kwajalein über. Immer wieder begannen die Gesänge der betrunkenen Ingenieure, die sechs Jahre harter Arbeit in einem spektakulären gemeinsamen Gefühlsausbruch auslebten. Ein wahrer Raketenrausch.

DIESES BUCH HANDELT NICHT von SpaceX, weshalb Sie sich jetzt vielleicht fragen, warum ich so viele Worte über das Unternehmen und seine Rakete verloren habe. Ich möchte jedoch darauf hinweisen, dass Sie über die Falcon 1 und alles, was damit zu tun hat, Bescheid wissen müssen, denn die Falcon 1 hat die Handlung in diesem Buch in Gang gesetzt – und sehr wahrscheinlich den Lauf der Menschheitsgeschichte geändert.

Ganz praktisch gesehen hat die Falcon 1 dazu beigetragen, SpaceX zum ersten privaten Unternehmen zu machen, das mit einer selbst gebauten und kostengünstigen Rakete den Orbit erreicht hat. Es war ein Meilenstein der Ingenieurskunst und eine Errungenschaft, von der viele Menschen in der Luft- und Raumfahrtindustrie seit Jahrzehnten geträumt hatten.

Die Ingenieure von SpaceX hatten, symbolisch betrachtet, die natürliche Ordnung der Dinge auf den Kopf gestellt. Damals, im Jahr 2008, war vielleicht noch nicht klar, dass dieser erste Start in die Umlaufbahn zu einem einschneidenden Ereignis werden würde. Wie Roger Bannister, der als erster Sportler die englische Meile in unter vier Minuten gelaufen ist, brachte SpaceX die Menschen dazu, ihr Verständnis von Grenzen neu zu definieren, vor allem mit Blick auf Reisen ins All. Die Vorstellungskraft und Leidenschaft von Ingenieuren und Träumern auf der ganzen Welt erschloss neue Horizonte. Ein Wendepunkt war erreicht, und ein neues Weltraumfieber war entfacht.

Seit die Vereinigten Staaten und die Sowjetunion begonnen hatten, zum Mond zu fliegen, konzentrierte sich die Geschichte der Raumfahrt weitgehend auf die

EIN GEMEINSAMES TRUGBILD

Bemühungen einer Handvoll Regierungen. Es bedurfte der Macht der Vereinigten Staaten, Chinas oder der Europäischen Union, um ein Raketenprogramm zu finanzieren. Diese Staaten hatten die Raumfahrt zu einem raren und kostbaren Gut gemacht. Die wenigen wohlhabenden Einzelpersonen, die in den vergangenen Jahren versucht hatten, ihre eigenen Raketen zu bauen und das Gleichgewicht der Kräfte zu verändern, waren gescheitert. Es besteht kein Zweifel daran, dass SpaceX von der NASA und dem US-Militär ermutigt und finanziell unterstützt wurde. Aber es war Musk, der mit 100 Millionen Dollar seines Privatvermögens aus dem Nichts auftauchte und SpaceX ins Leben rief. Er bewies, dass eine leidenschaftliche Privatperson, der ein Unternehmen voller kluger, hart arbeitender Menschen zur Seite steht, es mit ganzen Nationen aufnehmen und sie eines Tages vielleicht sogar übertreffen kann.

Ganz grundsätzlich betrachtet hat SpaceX viele der »Glaubenssätze« der alten, staatlich geförderten Luft- und Raumfahrtindustrie über den Haufen geworfen. Das Unternehmen hatte bewiesen, dass ein neuartiger Ansatz in der Raketentechnik funktionieren kann. Raketen mussten nicht mehr aus teuren, von spezialisierten Unternehmen als geeignet für diese Aufgabe zertifizierten »weltraumtauglichen« Materialien hergestellt werden. Die Entwicklung der Verbraucherelektronik war so weit fortgeschritten, dass die gängigen Produkte für den Massenmarkt nun oft gut genug waren, um den Anforderungen der Raumfahrt zu genügen. Große Fortschritte bei der Software und leistungsfähige Computer bedeuteten zudem, dass die Ingenieure jetzt viel mehr erreichen konnten als in der Vergangenheit. Indem man sich von dem bürokratischen, festgefahrenen Denken befreite, das noch aus den 1960er-Jahren stammte, konnte man den Bau von Raketen modernisieren und effizienter gestalten. All das ebnete den Weg für Neuerungen.

Doch ein Großteil der bestehenden Luft- und Raumfahrtbranche lehnte diese Neuerungen ab. Sie betrachteten SpaceX immer noch als Abnormität, als einen unbedeutenden Akteur. Die Falcon 1 konnte gerade mal eine halbe Tonne Fracht in die Umlaufbahn befördern, während die gigantischen Raketen der alten Garde viele Tonnen transportieren konnten. Wollte SpaceX ernst genommen werden und etwas Größeres bauen, würde das für das Unternehmen sehr schmerzhaft werden. Die Entwicklungskosten würden das Bankkonto von Musk aufzehren. Den Ingenieuren würde es nicht gelingen, ihre Fähigkeiten und modernen Methoden auf fortschrittlichere Maschinen zu übertragen. Im besten Fall würde

SpaceX genauso aufgebläht und teuer werden wie all die anderen Unternehmen der alten Generation. Schlimmstenfalls würde das Unternehmen bei dem Versuch kläglich scheitern, und dieses Szenario hielt man für das wahrscheinlichste.

Im Nachhinein hat sich gezeigt, dass die traditionelle Luft- und Raumfahrtindustrie Musk und seine SpaceX-Ingenieure unterschätzt hat – und je nachdem, wie man es sieht, fühlt man sich demütig oder beschämt. Innerhalb von gut zwölf Jahren nach dem Start der Falcon 1 hat SpaceX drei weitere Raketentypen gebaut, von denen einer größer als der andere war. Das Zugpferd des Unternehmens, die Falcon 9, dominiert heute die kommerzielle Trägerraketenbranche und bringt Woche für Woche Satelliten in die Umlaufbahn. Das Unternehmen hat die Technologie der wiederverwendbaren Raketen perfektioniert, die es ihm ermöglicht, Raketenkörper zur Erde zurückzubringen und erneut zu verwenden, während seine Konkurrenten ihre einmal benutzte Hardware weiterhin im Meer versenken. SpaceX hat auch ein Satellitengeschäft aufgebaut und produziert und befördert mehr Satelliten als jedes andere Unternehmen in der Geschichte. Während Covid-19 die Welt zum Stillstand brachte, schickte SpaceX im Jahr 2020 sechs Astronauten zur Internationalen Raumstation und ermöglichte es den Vereinigten Staaten zum ersten Mal seit der Stilllegung des Spaceshuttles im Jahr 2011, Menschen wieder ins All zu bringen. Im Süden von Texas baut SpaceX derweil an Starship, einem Raumschiff, das Musks ultimatives Ziel, eine menschliche Kolonie auf dem Mars zu gründen, verwirklichen soll.

Die traditionellen Akteure der Luft- und Raumfahrtbranche haben ihr Geschäft aufgrund der Präsenz von SpaceX nicht wesentlich geändert. Ihre Untätigkeit konnte jedoch nicht verhindern, dass die Auswirkungen der Falcon 1 weit über Musks Imperium hinausgingen und die Beziehung der Menschen zum Weltraum verändert haben. Ingenieure, Unternehmer und Investoren beobachteten, was SpaceX erreicht hatte, und fingen an, ihre eigenen kühnen Visionen dessen, was sie erreichen könnten, zu entwickeln. Auch sie, so die Überzeugung, könnten auf der Welle der immer weiter fortschreitenden Elektronik, Computertechnologie und Software reiten und ihre eigenen Raumfahrtunternehmen gründen. Menschen auf der ganzen Welt begannen, sich selbst als den nächsten Elon Musk zu sehen – ob das gut ist, ist eine andere Sache.

»Die Großen kontrollierten alles«, betont Fred Kennedy, ein ehemaliger Oberst der U.S. Air Force und früherer Direktor der Raumfahrtentwicklungsbehörde des Verteidigungsministeriums. »Ich verzweifelte immer daran, dass man keine Chance hatte, wenn man sich nicht auf die großen Auftragnehmer einließ. Dann hat Elon gezeigt, wie man den Durchbruch schafft. Er hat bewiesen, dass man es auch anders machen kann. Ich glaube, das hat die Fantasie aller geweckt.«

In der breiten Presse konzentrierte sich die Zunahme der privaten Raumfahrtaktivitäten auf Musk und seine Gleichgesinnten, wie Jeff Bezos, Richard Branson und den verstorbenen Paul Allen von Microsoft. Diese Männer haben allesamt den Bau von Raketen oder Raumfahrzeugen finanziert. Die Faszination findet sich hauptsächlich bei Milliardären, die hoffen, den Weltraumtourismus anzukurbeln oder, wie Musk, den Mond oder den Mars zu besiedeln.

Was die Öffentlichkeit weniger zur Kenntnis genommen hat, ist die rasante Aktivität von Hunderten anderer Unternehmen, die über die ganze Welt verstreut sind und neue Arten von Raketen und Satelliten bauen. Diese Unternehmen befinden sich in einem Wettlauf, der sich unmittelbarer und greifbarer anfühlt, als wenn Menschen auf dem Mond ihre Runden drehen oder auf dem Mars ihre Wäsche waschen. Sie versuchen, eine Wirtschaft in der erdnahen Umlaufbahn (auch bekannt als niedrige Umlaufbahn oder erdnaher Orbit) aufzubauen, in jenem Bereich des Weltraums zwischen etwa 200 und 2000 Kilometern über der Erdoberfläche, der im Grunde das nächste Spielfeld in der technologischen Entwicklung der Menschheit darstellt.

Von den 1960er-Jahren bis ins Jahr 2020 stieg die Zahl der in den Weltraum geschickten Satelliten langsam und stetig an, sodass heute etwa 2500 Flugkörper die Erde umkreisen. Die meisten von ihnen wurden in den Weltraum geschickt, um Aufgaben für militärische Einrichtungen, Kommunikationsunternehmen und Wissenschaftler zu erfüllen. Vor dem Start wurde jeder Satellit wie ein kostbares technisches Wunderwerk behandelt. Die Entwicklung und der Bau dauerten viele Jahre, und sie waren am Ende oft so groß wie ein Lieferwagen oder ein kleiner Schulbus. Den vorherrschenden Traditionen in der Luft- und Raumfahrt entsprechend durften bei diesen Satelliten keine Kosten gescheut werden, denn sie sollten zehn bis 20 Jahre lang ihre Aufgabe erfüllen und mussten in dieser Zeit die rauen Bedingungen des Fluges durch das All überstehen. Daher konnte ein einziger Satellit eine Milliarde Dollar oder mehr kosten.

In den Jahren 2020 bis 2022 geschah etwas Erstaunliches: Die Zahl der Satelliten verdoppelte sich auf 5000. In den nächsten zehn Jahren soll diese Zahl auf 50 000 bis 100 000 Satelliten ansteigen, je nachdem, welchen Unternehmensprognosen man Glauben schenkt. (Nehmen Sie sich mal einen Moment Zeit

EIN GEMEINSAMES TRUGBILD

und lassen Sie diese Zahlen ein wenig in Ihrem Kopf herumschwirren.) Eine Handvoll Länder und Unternehmen, darunter SpaceX und Amazon, wollen Zehntausende von Satelliten installieren, um weltraumgestützte Internetsysteme zu schaffen. Die Satelliten sollen Hochgeschwindigkeits-Internetdienste für die 3,5 Milliarden Menschen bereitstellen, die heute noch nicht über Glasfaserkabel erreichbar sind. Darüber hinaus sollen sie den Globus mit einem ständig präsenten Internet-Herzschlag überziehen, der es Drohnen, Autos, Flugzeugen und allen Arten von Computergeräten und Sensoren ermöglicht, Daten zu senden und zu empfangen, egal wo sie sich befinden.

Über das Internet im Weltraum hinaus gibt es bereits Hunderte von Satelliten, die die Erde umkreisen und fast stündlich Bilder und Videos von allem aufnehmen, was unten auf der Erde passiert. Im Gegensatz zu den bisherigen Spionagesatelliten, die ihre Bilder an Regierungen liefern, gehören diese neuen Bildsatelliten jungen Start-up-Unternehmen, die es fast jedem ermöglichen, die von ihnen aufgenommenen Bilder zu kaufen. Organisationen haben damit begonnen, Zehntausende von Bildern zu sammeln und zu analysieren, um sowohl politische als auch kommerzielle Erkenntnisse zu gewinnen. Sie bewerten Dinge wie die militärischen Aktivitäten Nordkoreas und den Umfang der Ölförderung in China, wie viele Menschen zu Schulbeginn bei Walmart einkaufen und wie schnell der Regenwald im Amazonasgebiet abgeholzt wird. Die Satelliten, die mit KI-Software bestückt sind, können die Gesamtheit der menschlichen Aktivitäten überwachen. Sie sind vergleichbar mit einem Buchführungssystem, das die Erde in Echtzeit erfasst.

Das liegt vor allem daran, dass die Satelliten kleiner und kostengünstiger sind als je zuvor, was wiederum auf die Weiterentwicklung der Elektronik und der Computertechnik zurückzuführen ist, die wir in anderen Bereichen des Lebens und der Wirtschaft beobachten können. Statt einer Milliarde Dollar pro Stück kosten die neuen Satelliten zwischen 100 000 und ein paar Millionen Dollar. Sie sind so groß wie ein Kartenspiel, ein Schuhkarton oder, sagen wir, ein Kühlschrank. Sie sind häufig so konzipiert, dass sie in einer Gruppe eingesetzt werden oder, wie die Branche es nennt, eine »Satellitenkonstellation« bilden, die nur drei oder vier Jahre im Weltraum bleibt, bevor all diese Satelliten die Umlaufbahn verlassen und beim Wiedereintritt in die Erdatmosphäre verglühen. Aufgrund ihrer niedrigen Kosten können es sich die Satellitenunternehmen leisten, ständig neue Satelliten in den Weltraum zu schicken und alte Geräte durch modernste

Technologie zu ersetzen, anstatt zu versuchen, aus etwas, das zehn oder 20 Jahre alt ist, mehr Leistung herauszuholen. Das bedeutet auch, dass es sich mehr Unternehmen als je zuvor leisten können, im Weltraum aktiv zu werden, sei es im Bereich der Kommunikation, der Bilderfassung, der Wissenschaft oder einer anderen Anwendung. Infolgedessen stehen jetzt Hunderte von Satelliten-Start-ups in den Startlöchern und hoffen, mit der ihnen eigenen Kühnheit in die erdnahe Umlaufbahn vorzudringen.

In einem Jahr werden typischerweise etwa 100 Raketen in die Umlaufbahn gebracht, um Nutzlasten abzusetzen. Etwa drei Viertel der Starts entfallen auf China, Russland und die Vereinigten Staaten, der Rest auf Europa, Indien und Japan. Aber nichts ist mehr verlässlich oder typisch, wenn es um die Raumfahrt geht, und es gibt einfach nicht genug Raketen, um die Nachfrage all der Unternehmen und Regierungen zu befriedigen, die diese Zehntausende von Satelliten in den Orbit befördern wollen.

Aus diesem Grund sind in den letzten Jahren etwa 100 Raketen-Start-ups entstanden, die darauf hoffen, so etwas wie der FedEx des Weltraums zu werden. Diese jungen Unternehmen haben meist radikale Ideen: Sie sind nicht daran interessiert, große Raketen zu bauen, die zwischen 60 und 300 Millionen Dollar pro Start kosten. Und sie wollen auch nicht nur einmal im Monat starten, wie es bei den traditionellen Herstellern von Raketen üblich ist. Stattdessen planen sie den Bau kleinerer Raketen, die zwischen einer und 15 Millionen Dollar pro Start kosten und wöchentlich, wenn nicht sogar täglich starten können. (Die radikalste Idee ist ein Raumfahrt-Katapult, das für 250 000 Dollar pro Start Raketen in den Orbit schleudern könnte, und zwar achtmal am Tag. Einige sehr kluge Leute sind der Überzeugung, dass dies ein seriöser Ansatz ist.)

Die Falcon 1 war ursprünglich auch als eine Art FedEx-Rakete gedacht. Aber nicht lange nach dem ersten erfolgreichen Start im Jahr 2008 beschloss Musk, keine kleinen Raketen mehr zu bauen und seine Ressourcen und Energie auf größere Modelle zu konzentrieren. Damals, im Jahr 2008, machte diese Strategie in jeder Hinsicht Sinn. Damals gab es nicht so viele Kleinsatelliten, und SpaceX musste mit dem Start großer Satelliten für Regierungen und Kommunikationsunternehmen ausreichend Geld verdienen, um überhaupt zu bestehen. Darüber hinaus bestand Musks langfristiger Plan darin, Menschen in den Weltraum zu bringen und sie dann mit Tausenden von Tonnen Material zum Mars zu befördern. Beide Vorhaben ließen sich mit einer kleinen Rakete nicht verwirklichen.

In die Lücke, die das Ende der Falcon 1 hinterließ, stürzten sich die Raketen-Start-ups in der Annahme, dass die Zeit gekommen sei für günstige Raketen, die nach Belieben abgefeuert werden können. Das Unternehmen, das diese Ansicht wohl am besten bewahrheitet hat, ist Rocket Lab, das von Peter Beck in Auckland in Neuseeland gegründet wurde. Beck geht weder mit berühmten Schauspielerinnen aus, noch hat er ein Unternehmen für Elektroautos oder postet verwegene Sprüche auf Twitter. Dennoch ist seine Geschichte ebenso bemerkenswert und unglaublich wie die von Musk. Er ist Autodidakt, ein Raketenwissenschaftler, der nie studiert hat und dem es dennoch irgendwie gelungen ist, in Neuseeland, das keine Luft- und Raumfahrtindustrie hat, auf die er sich stützen könnte, ein Raketenunternehmen aufzubauen. Rocket Lab begann 2017 mit dem Start seiner komplett schwarzen, 17 Meter hohen Electron-Rakete und war schon im Jahr 2020 regelmäßig im Einsatz. Damit ist Rocket Lab neben SpaceX das einzige private Unternehmen, das regelmäßig für zahlende Kunden Satelliten in die Umlaufbahn bringt.

Unzählige andere kleine Raketenfirmen wollen sich dem Hype anschließen. Die meisten von ihnen sind personell und finanziell völlig unterbesetzt und werden von Hobby-Raketenbauern betrieben, die etwas Großartiges erreichen wollen. Doch nur etwa zehn von ihnen sind ernst zu nehmen und haben tatsächlich eine Chance, in den Raketenmarkt einzusteigen. Einige von ihnen haben ihren Sitz in den Vereinigten Staaten, andere in Australien, Europa und Asien. Musk und später Beck brachten die Idee auf den Weg, dass jeder, der klug und unerschütterlich genug ist, nahezu an jedem Ort der Welt eine Rakete bauen kann.

Zweifellos haben die Unternehmen, die kleinere Raketen herstellen, ein gravierendes Problem: Sie können einfach nicht viel Fracht ins All befördern. Wenn man eine 60 Millionen Dollar teure SpaceX-Rakete mit Hunderten oder Tausenden von kleinen Satelliten belädt, bringt sie diese auf einmal ins All, und das zu geringeren Kosten pro Kilogramm als eine billigere, kleinere Rakete. (Man denke nur an einen einzigen Sattelzug mit 18 Rädern im Vergleich zu Dutzenden von Minivans.) Die kleineren Raketenhersteller setzen darauf, dass viele, viele Unternehmen und Regierungen viel mehr Objekte viel häufiger in den Weltraum schicken werden, wenn sie wissen, dass immer eine preiswerte Rakete verfügbar ist. Anstatt sich 18 Monate im Voraus um einen Platz in der Startliste von SpaceX bewerben zu müssen, können sie einfach auf die Website von Rocket Lab gehen und einen Flug buchen, der innerhalb weniger Wochen starten kann. Sobald die

Menschen wissen, dass sie sich auf ein solches System verlassen können, werden sich die wirtschaftlichen Bedingungen im erdnahen Orbit dramatisch verändern. Die zugrunde liegende Infrastruktur wird sich von einem Kampf um den Zugang zu ein paar Routen in etwas verwandeln, das dem Massentransport sehr viel näher kommt.

Noch im Jahr 2008 flossen kaum Investitionsgelder in private Raumfahrtunternehmen. Musk und Bezos mit seinem Start-up Blue Origin waren die wichtigsten privaten Raketenbetreiber, und es gab nur sehr wenige Satelliten-Start-ups. In den letzten zehn Jahren sind jedoch Dutzende von Milliarden Dollar in die private Raumfahrtindustrie geflossen. Dabei hat sich der Übergang von Regierungen zu Milliardären und dann zu Risikokapitalgebern ganz folgerichtig vollzogen. Um eine Idee im Weltraum auszuprobieren, bedarf es nicht mehr der Zustimmung des Kongresses oder eines verrückten Träumers, der bereit ist, sein persönliches Vermögen zu riskieren: Es genügt, wenn sich ein paar Leute in einem Raum darauf einigen, dass sie bereit sind, das Geld eines anderen für ein großes Risiko auszugeben.

Die Zukunft, an der all diese Weltraumfanatiker bereits arbeiten, ist eine Zukunft, in der jeden Tag viele Raketen abheben werden. Diese Raketen werden Tausende von Satelliten tragen, die nicht allzu weit über unseren Köpfen fliegen werden. Die Satelliten werden die Art und Weise, wie die Kommunikation auf der Erde funktioniert, verändern, indem sie zum Beispiel das Internet allgegenwärtig machen, mit allem Positiven und Negativen, das dies mit sich bringt. Die Satelliten werden auch die Erde auf bisher nicht vorstellbare Weise beobachten und analysieren. Die Datenzentren, die das Leben auf unserem Planeten maßgeblich bestimmt haben, werden in die Umlaufbahn gebracht. Wir bauen sozusagen eine Computerhülle um unseren Planeten.

Obwohl sich dieser Prozess schon seit Jahrzehnten abzeichnet, ist das Tempo, mit dem er sich in den letzten Jahren vollzogen hat, atemberaubend und sowohl inspirierend als auch beunruhigend. Die Personen, die hinter der jüngsten Raumfahrtbewegung stehen, ähneln selten ihren behäbigen bürokratischen Vorgängern. Bei den Raketen-Start-ups findet man zum Beispiel eher einen Schweißer, der früher auf Ölbohrtürmen gearbeitet hat, oder einen Motorenbauer für Formel-1-Rennwagen als jemanden, der am MIT eine Doktorarbeit in Astrophysik geschrieben hat. Sicher, diese Leute bauen Raketen, die Fracht in die Umlaufbahn befördern sollen, aber in gewisser Weise bauen sie das Äquivalent zu privatisierten ballistischen Interkontinentalraketen, und sie bieten ihre Dienste momentan dem Meistbietenden an. Es ist der Wilde Westen der Raumfahrttechnik. Inzwischen haben wir draußen im Satellitenland bereits gesehen, wie mindestens ein Unternehmen seine Fracht auf eine Rakete gepackt und in die Umlaufbahn geschickt hat, ohne die üblichen behördlichen Genehmigungen einzuholen. Frei nach dem Motto: Es ist besser, seine Fracht schnell in den Weltraum zu bringen, wenn man sich einen Platz in der erdnahen Umlaufbahn sichern will – danach kann man immer noch um Entschuldigung bitten.

Auch die Rhetorik hat sich in Bezug auf den Weltraum rasant verändert. Früher gaben die Staaten Milliarden und Abermilliarden von Dollar aus, um die Fähigkeiten ihrer Wissenschaftler unter Beweis zu stellen und die Sicherheit ihrer Bürger zu gewährleisten. Aktivitäten im Weltraum waren mit Nationalismus und Patriotismus verknüpft. Als Milliardäre wie Musk und Bezos auf den Plan traten, propagierten sie den Zugang zum Weltraum als edles, notwendiges Ziel, das das Schicksal der Menschheit bestimmen würde. Sie vertraten die Auffassung, dass wir von Natur aus Entdecker sind und dass wir in allen Menschen Optimismus auslösen, wenn wir unsere Intelligenz und Technologie bis an die Grenzen ausreizen und ins Unbekannte vordringen, und sei es nur, um das Überleben und Gedeihen unserer Spezies zu sichern. Natürlich fließen dieselben Beweggründe in die neue Arbeit im Weltraum ein, aber es gibt auch deutlich weniger hehre Motive. Das unaufhörliche Streben des Silicon Valley nach Reichtum, Kontrolle und Macht erfährt im wahrsten Sinne des Wortes neue Höhen. Um die Dinge auf den Punkt zu bringen: Der Weltraum, der uns umgibt, ist zu einem Eldorado für Geschäfte geworden. Die Eroberung des Himmels ist der Goldrausch des 21. Jahrhunderts und darüber hinaus.

IN DEN LETZTEN PAAR JAHREN konnte ich die Entwicklung dieses besonderen Moments unserer gemeinsamen Geschichte hautnah beobachten. Eine Reise, die damit begann, dass ich den Geschicken von Musk und SpaceX folgte, hat mich nach Kalifornien, Texas, Alaska, Neuseeland, in die Ukraine, nach Indien, England, Spitzbergen und Französisch-Guayana geführt und mich in Räume gebracht, die Reporter normalerweise nicht betreten dürfen. Ich habe lange Nächte in schmutzigen Lagerhallen mit Ingenieuren ausgeharrt, die versuchten, ihre Raketentriebwerke zum ersten Mal zu zünden, und ich habe ruhmreiche Raketenstarts im südamerikanischen Dschungel erlebt. Von Privatjets über

EIN GEMEINSAMES TRUGBILD

Kommunen zu bewaffneten Bodyguards, von Halluzinogenen und einem Trupp männlicher Stripper zu dem verrottenden Kadaverrest eines Wals, der in einer Badewanne lag, von Spionagevorwürfen und Razzien des FBI bis hin zu Space-Hippies und Multimillionären, die sich volllaufen ließen, um den Schmerz zu betäuben, während ihr Vermögen dahinschmolz, habe ich alles erlebt.

In diesem Buch habe ich versucht, Sie mitten ins Geschehen zu versetzen, zu zeigen, wie Menschen auf der ganzen Welt von einer großen neuen Herausforderung besessen sind. Die Geschichte folgt vier Unternehmen – Planet Labs, Rocket Lab, Astra und Firefly Aerospace – auf ihren Missionen, neue Arten von Satelliten und Raketen zu bauen. Die Unternehmen, ihre Führungskräfte und Ingenieure befinden sich in einer unbekannten Welt, die den Anfängen des Personal Computers oder des Internets nicht unähnlich ist. Sie spüren, dass etwas Fantastisches in greifbarer Nähe ist und dass sie die Chance haben, die Zukunft mitzugestalten.

Viele der Geschichten, die dahinterstecken, sind inspirierend. Planet zum Beispiel hat die Raumfahrttechnologie und die Ökonomie in der erdnahen Umlaufbahn auf ebenso dramatische Weise verändert wie SpaceX. Inzwischen gibt es Menschen wie Brigadegeneral Pete Worden, der lange vor Elon Musk auf der Bildfläche erschien und im Hintergrund arbeitete, um diese Revolution in Gang zu setzen. Es gibt Idealisten und Weltverbesserer und sehr kluge Menschen, die außergewöhnliche Dinge tun. Einige der Protagonisten haben sich auf eine wahre Odyssee begeben und enorme Hindernisse überwunden. Ich möchte Sie jedoch warnen, dass nicht alles gut ausgeht für unsere Hauptakteure. Auf dem Weg dorthin begegnen wir nicht wenigen Situationen, die mal komisch, mal tragisch, mal beides zugleich sind. Die Geschichten in diesem Buch versuchen, den spektakulären Wahnsinn des Ganzen wiederzugeben.

Und es ist Wahnsinn. Denn sosehr ich auch der Ansicht bin, dass sich die Raumfahrt zu einem echten Wirtschaftszweig entwickelt, bleibt sie doch einzigartig im Hinblick auf die Aktivitäten, mit denen die Menschen Geld verdienen. Der Weltraum ist geprägt von jahrhundertealter Mythologie und Vorstellungskraft. Die Falcon 1 auf Kwajalein ähnelte einem Totem, weil sie ein Totem war – eine prometheische Röhre voller Feuer, die den Kern des menschlichen Ehrgeizes ansprach. Selbst der zynischste Schweißer, der behauptet, er arbeite nur wegen des Lohnes bis zwei Uhr morgens, schwelgt in der Vorstellung, eines Tages seinen Freunden erzählen zu können, dass er zu etwas beigetragen hat: nämlich etwas in die große Leere zu setzen, die über uns allen schwebt. Die Chefingenieure, die CEOs, die reichen Investoren sehen sich selbst als Abenteurer. Sie gehen unglaubliche Risiken ein, um jedes Hindernis zu überwinden, das sich ihnen in den Weg stellt – um die Physik selbst zu überwinden und um zu beweisen, dass selbst der Planet Erde ihren Willen nicht bremsen kann. Auf einer elementaren inneren Ebene wollen sie etwas erobern. Auf einer abstrakteren Ebene erlaubt es der Weltraum den Menschen, sich als Teil einer zeitlosen Geschichte zu begreifen und ihr Glück in der Unendlichkeit zu suchen.

Ich bin inzwischen zu der Ansicht gelangt, dass die aktuelle Entwicklung der Raumfahrtindustrie von einer Art gemeinsamem Trugbild angetrieben wird. Wenn man die Leute in ruhigen Momenten fragt, ob all die Raketen und Satelliten Sinn machen oder ob ihre Unternehmen eines Tages Gewinn abwerfen werden, gestehen sie manchmal, dass niemand wirklich weiß, ob irgendetwas von diesem Kram funktionieren wird. Dennoch fließen weiterhin viele Milliarden Dollar, und manche der neuen unternehmerischen Vorhaben muten noch seltsamer an, als sie es schon früher taten. Idealismus, Leidenschaft, Erfindungsgeist, Ego, Gier: Die üblichen Verdächtigen sind alle am Start und bestimmen jegliches Handeln. Aber das gilt auch für das allem zugrunde liegende Credo, das die große Illusion vorantreibt: nicht zu viele Fragen stellen, nicht zu lange über die Konsequenzen nachdenken und sich nicht durch die Realität von seinen Hoffnungen und Träumen abbringen lassen. Schließlich geht es um den Weltraum. Am besten, man sagt sich einfach: »Scheiß drauf – F*** it! Lass uns diese Sache machen, was bleibt uns anderes übrig!?«

DER ALLGEGENWÄRTIGE COMPUTER

KAPITEL 1

WHEN DOVES FLY

Als Robbie Schingler seine Reise nach Indien antrat, wollte er Geschichte schreiben.

Im Februar 2017 war er in Chennai gelandet, dieser chaotischen Millionenstadt an der Ostküste des Landes. Schingler, der auf die 40 zuging, hätte als typischer Tourist durchgehen können. Er hatte einen durchschnittlichen Körper, trug Jeans und ein kurzärmeliges Hemd, dazu eine Sonnenbrille auf seinem braunen Haarschopf. Nach seiner Ankunft checkte Schingler in ein schönes Hotel ein und versuchte, seinen Jetlag zu überwinden und sich an die örtlichen Gegebenheiten zu gewöhnen, indem er herumlief und sich ein paar Sehenswürdigkeiten anschaute. Die Hitze, die Luftfeuchtigkeit und die Reizüberflutung in Chennai sind jedoch gewaltig: Nur wenige Schritte jenseits des Hotelgeländes wimmelte es von Menschen, die ihren alltäglichen Aufgaben nachgingen, Tuk-Tuks rasten vorbei, und Farben, Gerüche und Geräusche übermannten ihn in unerbittlichen Wellen. Nach dem Spaziergang erlag Schingler seinem Jetlag und machte ein Nickerchen.

Sich an diesem 13. Februar schlafen zu legen, fand ich schon beeindruckend. Schingler war Mitbegründer eines Unternehmens namens Planet Labs, das Satelliten baute. In zwei Tagen sollten 88 der schuhkartongroßen Geräte an Bord einer indischen Rakete, dem sogenannten Polar Satellite Launch Vehicle (PSLV), in die Umlaufbahn geschossen werden. Neben den Satelliten von Planet sollten 16 weitere Satelliten von Universitäten, Start-ups und Forschungsgruppen in die Umlaufbahn gebracht werden. Nie zuvor hatte eine Rakete mehr als 104 Satelliten in den Weltraum befördert, und die indische Presse berichtete von dem bevorstehenden und rekordverdächtigen Ereignis mit großem Nationalstolz.

Auch wenn es schön ist, Rekorde aufzustellen, tatsächlich stand die Existenz von Planet als Unternehmen auf dem Spiel. Die 2010 gegründete Firma hatte sich vorgenommen, sowohl die Satellitenindustrie als auch unser Verständnis der Erde zu revolutionieren. Die von Planet gebauten Satelliten sind im Grunde genommen Kameras, die uns umkreisen und ständig Bilder von dem aufnehmen, was auf der Erde vor sich geht. Wesentlich größere und teurere Versionen dieser Bildaufnahmesatelliten gab es bereits seit Jahrzehnten. Aber es gab nicht viele von ihnen, und die Orte, die sie beobachten konnten, waren begrenzt. Außerdem gingen die Bilder, die sie produzierten, in der Regel zuerst an Regierungen oder das Militär und dann an eine kleine Anzahl von Unternehmen, die es sich leisten konnten, sie käuflich zu erwerben.

Die zentrale Idee von Planet war, viele kleinere, billigere Satelliten zu bauen und sie zu einer Satellitenkonstellation zu formieren. Indem Hunderte von Satelliten die Erde in einem bestimmten Muster umkreisen, könnte Planet jeden Tag Bilder von jedem Punkt der Erde aufnehmen. Eine solche technologische Errungenschaft wäre von enormer Tragweite. Fotos von den Aktivitäten auf der Erde wären nicht mehr rar und würden nicht mehr nur von wenigen angeboten und gekauft. Stattdessen würde Planet eine ständige Aufzeichnung von allem, was auf der Erde passiert, erstellen und die Fotos über einen Online-Dienst anbieten, den jeder nutzen könnte. Ob Fotos von einem Truppenaufmarsch auf der Krim, von Frachtschiffen, die über den Ozean fahren, von Hochhäusern in Shenzhen oder sogar von Raketentests in Nordkorea – Planet würde gegen eine geringe Gebühr und zum sofortigen Herunterladen Bilder von diesen alltäglichen Vorgängen zur Verfügung stellen.

Das klingt nach der Welt von Spionage und Geheimdienstinformationen, und sicherlich würde eine solche Konstellation für derartige Aktivitäten genutzt werden können. Aber Schingler und seine Mitbegründer, Will Marshall und Chris Boshuizen, waren eine Mischung aus Weltraum-Nerds und Space-Hippies. In ihrer Vorstellung würden ihre Satelliten eine positive Wirkung haben. Die Menschen könnten die von den Geräten erzeugten Bilder nutzen, um Regenwälder zu überwachen, den Methan- und Kohlendioxidgehalt in der Atmosphäre zu bestimmen und die Flüchtlingsströme in Kriegsregionen zu verfolgen. Wenn die Satelliten für nachrichtendienstliche Zwecke benutzt würden, dann hoffentlich, um die objektive Faktenlage über einen Waffentest oder eine Umweltkatastrophe zu ermitteln und zu verhindern, dass eine Regierung versucht, den Vorfall zu vertuschen oder falsch darzustellen. Vor diesem Hintergrund beschloss Planet, seine Satelliten »Doves«, also Tauben, zu nennen.

Im Vorfeld des Raketenstarts im Jahr 2017 hatte Planet bereits Dutzende seiner Satelliten in die Umlaufbahn gebracht, um die grundlegenden Ideen hinter seiner These zu erproben und die dahinterstehende Technologie zu verbessern. Dieser Start würde die Konstellation vervollständigen und es möglich machen, zu jeder Zeit alles zu erfassen. Wenn die Geräte von Planet wie angekündigt funktionierten, würden sie mehrere wichtige Meilensteine setzen. Ein Start-up würde zum Betreiber der meisten Satelliten in der erdnahen Umlaufbahn werden, wodurch Planet neben SpaceX zum nächsten bedeutenden Player und Freigeist im »New Space«* avancieren könnte. Das Unternehmen würde auch zeigen, dass kleine, billige Satelliten, die im Verbund arbeiten, den großen, teuren Maschinen, die die Branche seit jeher beherrschen, ebenbürtig oder sogar überlegen sind. Und der Weltraum würde auf eine Art und Weise demokratisiert werden, die zuvor als unvorstellbar galt. Jeder, der einen Computer besaß, könnte die Erde bis ins kleinste Detail untersuchen und die Gesamtheit der menschlichen Aktivitäten analysieren.

Als der nächste Tag anbrach, war an ein Nickerchen nicht mehr zu denken. Ein von der Regierung zur Verfügung gestellter Geländewagen holte Schingler am Morgen von seinem Hotel ab und begann die fast dreistündige Fahrt nach Norden zum Satish Dhawan Space Centre.

Unter den Raumfahrtnationen nimmt Indien einen Spitzenplatz ein. Das Land verfügt über ein enormes Potenzial an Ingenieuren, hinzu kommen die niedrigen Kosten für Arbeitslöhne. Dies macht die Trägerrakete PSLV, das Arbeitspferd des Landes, zu einer zuverlässigen und erschwinglichen Wahl sowohl für einheimische Satelliten als auch für solche, die von Indiens zahlreichen Partnerländern, einschließlich der USA, hergestellt werden. Jedes Jahr befördern etwa drei bis fünf PSLV-Raketen Fracht in die Umlaufbahn, wobei die Missionen von einer staatlich unterstützten Einrichtung, der Indian Space Research Organisation (ISRO), geleitet werden. Die Leistungen der ISRO werden im eigenen Land so sehr gelobt, dass ein Bild von *Mangalyaan*, dem ersten asiatischen Raumfahrzeug, das den Mars umkreist hat, auf der 2000-Rupien-Banknote zu finden ist.

---

* »New Space« steht für die »private Raumfahrt« und bezeichnet die wachsende Bewegung in der Raumfahrtindustrie, die privatwirtschaftlich angetrieben wird und durchweg innovative Ansätze verfolgt. (Anm. d. Ü.)

Indien hat mehrere Startanlagen für Raketen, aber das Satish Dhawan Space Centre ist vielleicht die exotischste. Der Weltraumflughafen wurde 1971 auf der Insel Sriharikota im Golf von Bengalen eröffnet. Aus der Luft sieht Sriharikota aus wie eine Schlange, die gerade dabei ist, eine Ziege zu verdauen. Die Insel hat schmale Abschnitte am oberen und unteren Ende ihrer 27 Kilometer langen Küste und einen ausgedehnten Mittelteil mit einem Durchmesser von acht Kilometern. Um den Startkomplex von Chennai aus zu erreichen, fährt man auf einer Landstraße, auf der die reinste Anarchie herrscht, weil dort Schweine, Kühe, Sattelschlepper, Motorräder, Busse und Frauen mit Plastikeimern auf dem Kopf um einen Platz auf der Straße wetteifern. Schließlich biegt man von diesem Highway auf eine Nebenstraße ab, die zu einem Damm führt, der von Sümpfen, Salzwassertümpeln und Schlamm umgeben ist und von opportunistischer Vegetation überwuchert wird.

Jeder Raketenstartplatz, den ich je besucht habe, löst das gleiche Gefühl der Irritation aus. Das Gehirn schaltet in den Raketenmodus und erwartet, mit Bildern von glatten, futuristischen Objekten gefüttert zu werden. Schließlich ist man Zeuge der Homebase einer der höchsten wissenschaftlichen und technischen Errungenschaften der Menschheit. Die Startkomplexe sind jedoch eher roh und rau als top und tauglich. Das liegt vor allem daran, dass die Raumfahrtagenturen ihre Startrampen an abgelegenen Orten in Küstennähe platzieren, wo es weniger wahrscheinlich ist, dass verirrte Geschosse Menschen töten oder größere Schäden verursachen. Zudem wurden viele dieser Anlagen in den Anfangszeiten des Wettlaufs um die Raumfahrt gebaut und in den vergangenen Jahrzehnten nicht wesentlich modernisiert.

Als Schingler endlich ankam, wirkte das Satish Dhawan Space Centre eher wie eine heruntergekommene Disco als wie ein Science-Fiction-Traum. Er fuhr vor ein Sicherheitstor, wo ein paar Polizeibeamte nach den Ausweispapieren fragten. Anschließend forderten die Beamten alle Insassen auf, auszusteigen und ihre elektronischen Geräte wie Laptops und Mobiltelefone vorzulegen, und schrieben die Seriennummer jedes Geräts von Hand in ein Verzeichnis. Ein Mangobaum spendete während der langwierigen Prozedur Schatten, während ein paar weiße Kühe nach Herzenslust auf dem Grundstück herumstreunten. Nach dieser Überprüfung wurde Schingler in ein nahe gelegenes zweites Büro geschickt, um einige Anmeldedokumente in Empfang zu nehmen. Dort hingen Glühbirnen an frei liegenden Kabelbündeln von der Decke, und vergilbte Poster von Raketen und Wissenschaftlern waren wahllos an die Wände geheftet. Zwei barfüßige Angestellte erhoben sich von ihren Schreibtischen, nahmen Schinglers Unterlagen entgegen und kehrten eine Weile später mit seiner Zugangsberechtigung zurück.

Nachdem Schingler sein Gepäck in einer Art Schlafsaal abgestellt hatte, kamen einige hochrangige Beamte der ISRO vorbei, um ihn über den Rest seines Ausfluges zu informieren. Da er viele Millionen Dollar für einen Raketenstart bezahlt hatte, wurde ihm eine große Tour geboten, die einen Besuch direkt an der Rakete und einen Blick in das Kontrollzentrum beinhaltete. An jedem Halt hatte die ISRO ein Stück des dichten Tropenwaldes gerodet, um Platz für ihre Gebäude zu schaffen. Während der gesamten Fahrt konnte man die Geräusche von Affen hören, die zwischen den Bäumen herumturnten, und gelegentlich musste das Regierungsfahrzeug anhalten und warten, bis eine oder zwei Kühe die Straße überquert hatten.

Am Abend vor dem Start gab es nicht viel zu tun, außer zu warten. Ein paar Mitarbeiter von Planet waren nach Indien gekommen, um den Start von außerhalb des Komplexes zu beobachten, da sie das Gelände des Raumfahrtzentrums nicht betreten durften. Es gelang ihnen, zu Ehren der Satelliten 88 Ganesha-Figuren zu erwerben, und sie riefen Schingler an, um ihn über ihren Kauf zu informieren. Schingler hoffte, dass die kleinen Skulpturen der hinduistischen Gottheit der Weisheit, der Wissenschaften und der Künste ihm Glück bringen würden.

Am Morgen des Starts verstärkte Schingler seine Bemühungen, das Karma von Planet positiv zu beeinflussen. Er wachte vor Sonnenaufgang auf, frühstückte in einer Cafeteria und ging dann zu einem Tempel in der Nähe der Unterkunft. Er meditierte und betete. Planet hatte bei früheren Starts besonders viel Pech gehabt, als seine Satelliten zerstört wurden, nachdem erst eine Antares-Rakete und dann eine SpaceX-Rakete explodiert war. Ironischerweise bestätigten diese Explosionen den Ansatz von Planet bei der Satellitenherstellung: Da das Unternehmen viele kleine, billige Satelliten herstellte, konnte es sich leisten, sie hin und wieder zu verlieren. Frühere Unternehmen, die oft ein Jahrzehnt dafür aufbringen mussten, eine einzige, 500-Millionen-Dollar teure Rakete zu konstruieren, konnten das nicht von sich behaupten. Dennoch wäre der Verlust von 88 Satelliten auf einen Schlag ein furchtbares Szenario. Es würde das Bestreben von Planet, schneller voranzukommen, beträchtlich erschweren.

Nachdem Schingler seinen Frieden mit den Weltraumgöttern gemacht hatte, setzte er nun sein Vertrauen in Indien und seine hervorragenden Ingenieure. Er fuhr mit den ISRO-Beamten zum Kontrollzentrum, das genauso aussah wie alles, was man von der NASA aus dem Fernsehen kennt: ein paar Reihen von Schreibtischen mit Computern und Bildschirmen und Menschen in Laborkitteln, die entweder sitzen und nachdenken oder herumlaufen und sich um verschiedene Aufgaben kümmern. Schingler nahm in einem Zuschauerraum direkt dahinter Platz, der durch Glas von dem eigentlichen Kontrollzentrum getrennt war. Viele indische Würdenträger befanden sich ebenfalls unter den Zuschauern, und ich ließ mich neben Schingler nieder, als erster ausländischer Journalist, der jemals so weit in das Satish Dhawan Space Centre hineingelassen worden war.[*]

Der Ablauf beim Start einer Rakete ist von anhaltender Anspannung und plötzlicher großer Aufregung geprägt. Gespannt und nervös verfolgte Schingler, wie die Ingenieure in den folgenden knapp 90 Minuten ihre letzten Kontrollen durchführten. Er konnte nichts wirklich tun außer herumzappeln und Small Talk halten, während Satelliten im Wert von zig Millionen Dollar an der Spitze der PSLV-Rakete 40 Meter hoch in der Luft hingen. Etwa 30 Minuten vor dem Start begann die Zeit jedoch, nicht mehr länger messbar zu sein. Ich konnte immer noch beobachten, wie die Leute nervös herumhantierten, aber die Minuten schienen sich in einzelne Gruppen aufzulösen. Plötzlich waren fünf Minuten vergangen. Und dann waren es sieben. Und dann, mein Gott, jetzt geht es wirklich los, oder?

Während Schingler genau diese Gedanken durch den Kopf gingen, öffnete jemand ein paar große Türen an der Seite des Zuschauerraums und begann, alle nach draußen zu geleiten. Dutzende von Menschen versammelten sich auf einer halbkreisförmigen Terrasse mit Blick auf den kilometerlangen Wald vor ihnen. Aus einer Lautsprecheranlage hinter ihnen konnte man die Kommandos aus dem Kontrollzentrum vernehmen. 30 Sekunden. 15 Sekunden. Und schon begann der finale Zehn-Sekunden-Countdown. Es dauerte noch ein paar quälende Sekunden, bis etwas zu sehen war, und dann war sie da, die Rakete: Um Punkt 9:28 Uhr erhob sie sich aus den Bäumen und tauchte in die Wolken ein. Diejenigen, die es gewohnt waren, Raketenstarts zu sehen, drehten sich schnell um und gingen wieder hinein. Schingler verweilte noch ein paar Augenblicke und umarmte einen Mitarbeiter, während sein Gesicht sich zu einem breiten Dauergrinsen verzog. »Ich bin überglücklich«, sagte er. »Lasst uns die Sache genauer anschauen gehen.«

---

[*] So wurde es mir jedenfalls gesagt.

Damit meinte Schingler, dass wir zum Kontrollzentrum zurückkehren sollten, um herauszufinden, ob der Flug so ablaufen würde, wie er geplant war. Die Rakete hatte es geschafft, die Schwerkraft der Erde zu überwinden, aber sie hatte noch eine Menge Arbeit vor sich. Sie musste in die richtige Umlaufbahn fliegen und alle Satelliten sicher an den richtigen Stellen absetzen. Das bedeutete, dass wir noch mehr Zeit in einem aufgeregten Zustand der Ungewissheit verharren und auf das Beste hoffen mussten.

Nach etwa einer halben Stunde kam die Nachricht, dass die Satelliten sicher in einer Umlaufbahn in fast 500 Kilometern Höhe über der Erde positioniert worden waren. Die mit weißer Farbe überzogenen Doves waren nacheinander aus dem Frachtraum der Rakete gepurzelt und sahen aus wie eine Perlenkette, die sich vor einem schwarzen Hintergrund bewegte. Die Mitarbeiter am Hauptsitz von Planet in San Francisco begannen, über ein Netz von Antennen, die das Unternehmen an Bodenstationen in der ganzen Welt aufgestellt hatte, mit den Satelliten zu kommunizieren. Der erste Schritt bestand darin, sich zu vergewissern, dass die Doves überhaupt aktiv waren und richtig funktionierten.

Kein Unternehmen hatte jemals zuvor auch nur annähernd 88 Satelliten gleichzeitig an den Start gebracht. Üblicherweise schickte man einen oder zwei und nur selten vier oder fünf Satelliten auf einmal. Auch deswegen hatte Planet zahlreiche Methoden neu entwickeln müssen, um die vielen Doves, die da oben in unglaublichen Geschwindigkeiten um den Globus schwirrten, am Firmament zu lokalisieren, zu kontrollieren und zu steuern.

Für diese Mission hatte Planet drei »Canaries« – Kanarienvögel – ausgewählt, die die ersten wichtigen Steuerbefehle erhalten sollten. Als die Zustandsprüfungen gesendet wurden, wurden diese drei Satelliten angewiesen, ihre Magnettorquer einzuschalten, kleine Geräte, die bei der Ausrichtung und Steuerung von Satelliten und Raumfahrzeugen magnetische Kräfte nutzen. Ziel der Aktion war es, zu verhindern, dass die Satelliten abkippten: Indem das künstlich erzeugte Magnetfeld mit dem Magnetfeld der Erde interagierte und ein Drehmoment erzeugte, wurden die Satelliten in eine stabile Position gebracht. Der Magnettorquer und ein Reaktionsrad wurden dann kombiniert, um jeden Satelliten auf die Sonne auszurichten, während sie auf beiden Seiten ihres Gehäuses Solarzellen entfalteten – die Doves bekamen ihre Flügel. Danach arbeiteten eine Reihe von Sensoren an Bord zusammen, um die Positionierungssysteme und Kameras der Satelliten zu kalibrieren, indem sie nach Sternbildern und dem Mond suchten.

Bei diesen Abläufen wurden einige Fehler festgestellt, die von den Ingenieuren von Planet behoben wurden, indem sie die Software überarbeiteten und die Daten an die Geräte schickten. Die Steuerbefehle wurden dann an eine größere Gruppe von Satelliten weitergeleitet und danach an eine weitere, bis alle Doves für den Einsatz konfiguriert waren.

Zu dem Zeitpunkt, als die Mission abgeschlossen war, befand Schingler sich schon lange nicht mehr in Indien. Es dauerte einige Monate, bis sich die Doves langsam ausgebreitet hatten und in gleichmäßigem Abstand zueinander einen Ring um die Erde bildeten, der jeden Punkt unserer Erde auf Bildern festhielt. Erstaunlicherweise bewegten sie sich im Weltraum nicht mithilfe von Triebwerken, sondern durch eine Technik, die als differenzieller Widerstand bezeichnet wird: Die Sonnenkollektoren wirken wie Segel und drücken gegen die schwache Atmosphäre im Weltraum. In vertikaler Position erzeugen die Paneele fünfmal so viel Widerstand wie in horizontaler Position.

Die Nutzung des differenziellen Widerstands zur Steuerung einer Reihe von Satelliten in der Umlaufbahn war ein weitgehend theoretisches Konzept, bis die klugen Köpfe bei Planet bewiesen, dass es funktioniert.

Doch bevor all das passierte, nahm Schingler sich in Indien die Zeit, die unmittelbaren Errungenschaften zu feiern. Er gab Interviews mit lokalen Fernsehsendern und Reportern, während die ISRO-Beamten eine Pressekonferenz abhielten. Anschließend aßen alle Beteiligten gemeinsam zu Mittag. Danach packte Schingler seine Tasche und stieg wieder in den Geländewagen, um nach Chennai zu fahren.

Auf der Rückfahrt bat Schingler den Fahrer, bei einem Laden am Straßenrand anzuhalten, damit wir zur Feier des Tages ein paar Kingfisher-Bier kaufen konnten. Kurze Zeit später, nachdem er auf den gelungenen Start angestoßen hatte, fuhren wir zusammen mit einem halben Dutzend anderer Fahrzeuge, die alle gleichzeitig versuchten, in diese oder jene Richtung abzubiegen, auf eine Kreuzung. Es war abzusehen, dass wir mit einem der Autos zusammenstoßen würden, aber keiner der beiden Fahrer reagierte angemessen auf die Situation, sodass wir quasi in Zeitlupe mit einem der anderen Fahrzeuge kollidierten. Die Fahrer stiegen aus, sahen sich beide Fahrzeuge an und beschlossen, einfach so zu tun, als wäre nichts passiert. Schingler lächelte die ganze Zeit über. Er wollte einfach nicht zulassen, dass die Widrigkeiten hier auf der Erde das Wunder der Mathematik und Physik, das er gerade erlebt hatte, störten.

In den folgenden Tagen kam der Space-Hippie in Schinglers Persönlichkeit voll zum Vorschein. Er hatte vergessen, ein Hotel für die Nacht nach dem Start zu buchen, und bemerkte dies erst spät am Abend, als er bereits betrunken war. Mit dem Erfolg des Starts war Schingler zum Multimillionär aufgestiegen, aber er schlief auf der Couch eines seiner Angestellten. Am nächsten Tag fuhr er ans Meer, um sich dort abzukühlen und einige antike Tempel zu besuchen. Während Schingler anschließend weiterreiste, trat ich schon einmal meinen Heimweg an Schingler besuchte unterdessen die Community von Auroville, eine Art gelebte Utopie oder Zukunftsvision einer Stadt. Auch dort fand er keine Unterkunft und schlief schließlich in einem Schuppen auf dem Betonboden, zusammengerollt neben einer alten Eismaschine.

Die indische Presse hatte aus dem Start eine große Sache gemacht, und einige andere Reporter rund um den Globus nahmen sowohl die Rekordzahl der in die Umlaufbahn gebrachten Satelliten als auch die Ambitionen von Planet zur Kenntnis. Nur wenige Menschen außerhalb des harten Kerns der Raumfahrtgemeinde erfassten jedoch wirklich die Bedeutung dessen, was gerade geschehen war. Seit dem Start der Falcon-1-Rakete von SpaceX hatte kein privates Raumfahrtunternehmen einen solch bahnbrechenden Moment mehr erlebt.

Seit seiner Gründung im Jahr 2010 bis zu diesem Start im Jahr 2017 hatte Planet Hunderte von Satelliten ins All gebracht. Einige von ihnen hatten ihren Zweck erfüllt, waren danach zur Erde zurückgestürzt und in der Atmosphäre verglüht. Aber etwa 150 von ihnen verrichteten nun ihre Arbeit und fotografierten ständig den sich drehenden blauen Planeten unter ihnen, als wäre er ein Filmstar bei einer nicht enden wollenden Premierenfeier. Ein Start-up mit ein paar Hundert jungen Mitarbeitern war ins All gestürmt und hatte sich einen großen Teil seines wertvollsten Territoriums unter den Nagel gerissen. Nach dem Start von Indien aus machten die Satelliten von Planet fast zehn Prozent aller funktionierenden Satelliten im Orbit aus. Möglich wurde dies durch den Idealismus und die Unerschrockenheit der Gründer und ein völliges Umdenken bei der Konzeption und Konstruktion von Satelliten.

Weil er Elon Musk ist und weil Raketen cool sind, hat SpaceX den Großteil der Aufmerksamkeit der Öffentlichkeit auf sich gezogen, wenn es um neue Dinge geht, die weit über uns passieren, und um die Vorstellung, dass sich die wirtschaftlichen Verhältnisse im Weltraum ändern könnten. Aber diejenigen, die sich in der Raumfahrtindustrie auskennen, waren von den Errungenschaften von Planet ebenso begeistert. Es hatte den Anschein, als würden sich die Spielregeln schnell ändern – sowohl mit Blick auf die Art und Weise, wie wir in den Weltraum gelangen, als auch mit Blick darauf, was wir nach unserer Ankunft in der Umlaufbahn tun können. Zusammengenommen festigten SpaceX und Planet den Glauben derjenigen, die der Meinung waren, dass die Privatwirtschaft die Regierungen aus dem Weg räumen und die Aktivitäten im Weltraum dominieren könnte. Die Vorstellung, dass in der erdnahen Umlaufbahn ein neues Wirtschaftssystem entstehen könnte, schien realer denn je. Seit 2017 sind Milliarden und Abermilliarden von Investitionsgeldern in Weltraum-Start-ups geflossen, wobei sich jedes neue Unternehmen als das nächste SpaceX oder das nächste Planet sieht.

Die Fragen, die sich ein neugieriger Betrachter zu jener Zeit gestellt haben könnte, lauteten: Wie kam es zur Entstehung von Planet? Wie sind ein Typ, der auf dem Boden eines Schuppens schläft, und seine beiden nicht minder eigenwilligen Freunde dazu gekommen, ein System zu entwickeln, das in der Lage ist, jede Bewegung auf der Erde aufzuzeichnen?

Wie ich später feststellen sollte, begannen die Antworten auf diese Fragen eigentlich nicht bei Schingler oder seinen Mitbegründern. Die Revolution in der Raumfahrt, die aus dem Nichts zu kommen schien, hatte sich über Jahrzehnte angebahnt. Sie wurde von einem genialen General entfacht, der ein enormes Talent dafür hatte, allen auf die Nerven zu gehen. Er war einer dieser Menschen, von denen nur wenige je gehört haben, die aber die Rolle des obersten Strippenziehers einnehmen – und er schaffte es, spektakuläre Dinge ins Leben zu rufen.

KAPITEL 2

SPACE FORCE

Am 19. Februar 2002 erschien ein Artikel auf der Titelseite der *New York Times* mit der Schlagzeile »A Nation Challenged: Hearts and Minds; Pentagon Readies Efforts to Sway Sentiment Abroad« (»Eine Nation wird herausgefordert: Herz und Verstand; das Pentagon hat vor, auf das Meinungsbild im Ausland einzuwirken«). Der Artikel enthüllte, dass das US-Verteidigungsministerium ein sogenanntes Office of Strategic Influence eingerichtet hatte. Ziel dieses Büros für strategische Einflussnahme sei es, so der Artikel, die weltweite Meinung über das militärische Vorgehen der Vereinigten Staaten nach den Terroranschlägen vom 11. September 2001 zu beeinflussen. Mit anderen Worten: Die Vereinigten Staaten hofften, den Krieg gegen den Terrorismus (den »War on Terror«) durch Propaganda attraktiver zu machen, insbesondere in islamischen Ländern, indem sie in den Medien Geschichten lancierten, die die USA in einem besseren Licht darstellten, ohne dass die Quelle der Berichte auf das Verteidigungsministerium zurückgeführt werden konnte.

Obwohl die Details sehr vage waren, ließ der Artikel auch durchblicken, dass das Office of Strategic Influence Millionen von Dollar für noch ruchlosere Programme ausgeben würde, etwa um das Internet, Werbemaßnahmen und verdeckte Operationen zur Verbreitung von Fehlinformationen zu nutzen. Sofort wurden in der Bevölkerung Zweifel an der Rechtmäßigkeit eines solchen Vorhabens laut, während ausländische Journalisten nicht gerade begeistert waren, als sie erfuhren, dass sie als unwissende Akteure in einer groß angelegten Kampagne für psychologische Operationen beteiligt sein könnten. Verteidigungsminister Donald Rumsfeld und andere bestritten, dass das neue Büro irgendetwas fragwürdiges vorhabe, und versuchten, das Programm als einen analytischen Ansatz darzustellen, der die Menschen sowohl emotional als auch rational ansprechen sollte. Es wäre nicht einfach nur Propaganda; es wäre hochtechnische, maßvolle Propaganda, die nur das Beste für den Steuerzahler bedeuten würde.

Dennoch untergrub die öffentliche Enthüllung des Programms sofort sein wichtigstes Merkmal, nämlich unentdeckt und unbeobachtet zu operieren, und sorgte zudem für viel politischen Unmut. Nur eine Woche nach Erscheinen des Artikels in der *New York Times* wurde das Office of Strategic Influence aufgelöst. »Das Büro ist eindeutig so beschädigt worden, dass es … für mich ziemlich klar ist, dass es nicht effektiv funktionieren kann«, erklärte Rumsfeld damals. »Also wird es geschlossen.«

Für Brigadegeneral Simon P. Worden von der U.S. Air Force, der für das Office of Strategic Influence zuständig war, war das keine ideale Situation. Aber Worden, den seine Freunde »Pete« nennen, hatte sich in seinen 30 Jahren bei der Air Force an unangenehme Situationen gewöhnt. Als Astrophysiker war er von der Waffenentwicklung und Durchführung von verdeckten Operationen zu abstrakteren Aufgaben gewechselt, die seinem Bildungshintergrund eher entsprachen, wie beispielsweise die Erforschung der Natur des Universums. Bei jeder Station hatte sich Worden den Ruf eines sehr klugen, sehr unkonventionellen Denkers erworben, der die kühne Neigung hatte, bürokratische Institutionen weniger bürokratisch zu machen. Seine Persönlichkeit führte zu einem Karrieremuster, bei dem er stets hoch geschätzt wurde, bis er schließlich mit einem hochrangigen Bürokraten aneinandergeriet und dann an einen neuen Stützpunkt abgeschoben wurde.

In diesem Fall entschied die Regierung, dass Wordens nächste Station das Space and Missile Systems Center in Los Angeles sein sollte, das sich mit der Anwendung von Militärtechnologie im Weltraum befasst. Worden übernahm ein Team von 50 Mitarbeitern, die sich neue, unkonventionelle Ideen ausdenken sollten, die die Entwicklung von Weltraumwaffen auf unerwartete Weise voranbringen könnten. Das Hauptziel bestand darin, interessante Aufsätze zu verfassen und zu hoffen, dass sie eines Tages einem wichtigen Mann im Militär auffallen würden. »Man erstellte eine Studie und informierte eine Reihe von hochrangigen Leuten, die dann sagten: ›Das ist sehr schön‹«, so Worden. »Oft legten sie die Studie einfach in einen Schrank oder sonst wohin, und dann tauchte vielleicht sechs Monate später oder fünf Jahre später eine neue Problematik auf, und jemand erinnerte sich daran, dass eine der Studien helfen könnte, und kramte sie hervor.«

Worden hatte nichts dagegen, Studien zu erstellen, und sah auch den Wert darin, aber er zog es vor, selbst tätig zu werden. Er war schon lange der Meinung, dass die wegweisenden Verbesserungen in der Elektronik und der Informatik nicht nur bei Satelliten, sondern auch in der Raketentechnik neue Möglichkeiten eröffneten. Er vertrat die These, dass ein kleiner, leistungsfähiger Satellit, der auf eine kleine, leistungsfähige Rakete montiert werden könne, einen großen Durchbruch im Bereich dessen bedeuten könne, was das Militär »reaktionsfähigen Weltraum« nennt. In Anspielung auf das, was später als Space Force oder Weltraumstreitkräfte bezeichnet wurde, wollte Worden die Möglichkeit schaffen, weltraumgestützte Systeme mit der gleichen Geschwindigkeit und Präzision einzusetzen wie andere Gerätschaften im militärischen Arsenal der Vereinigten Staaten.

»Wenn man eine plötzliche Krisensituation in, sagen wir mal, Botswana hat«, erklärte Worden, »ist das Problem, dass man keine Satelliten hat, die für Botswana optimiert sind. Wenn man weiß, dass die Army und die Air Force in ein paar Tagen dorthin verlegt werden, wäre es ein nicht zu unterschätzender Vorteil, wenn man zeitgleich einen Satelliten zur Unterstützung starten könnte.«

Das Militär schien jedoch einen selbstzerstörerischen Mechanismus eingebaut zu haben, wenn es darum ging, schnell und billig im Weltraum voranzukommen. Seit den 1960er-Jahren galt sowohl bei der NASA als auch beim Militär der Grundsatz, dass jede Rakete und jeder Satellit funktionieren musste und dass man alles daransetzen würde, dies zu gewährleisten. Wenn etwas schiefging, gab man den Menschen die Schuld, schrieb neue Codes und Vorschriften und führte weitere Verfahren ein, um zu gewährleisten, dass derselbe Fehler nie wieder auftreten würde. Fred Kennedy, ein ehemaliger Raumfahrttechniker der Air Force, drückte es so aus: »Über 40 Jahre hinweg hatte sich eine Null-Fehler-Kultur entwickelt. Die einzige Möglichkeit, sie zu beheben, bestand darin, alles aufzulösen und von vorn anzufangen.«

Die Defense Advanced Research Projects Agency (DARPA), die Forschungs- und Entwicklungsabteilung des Verteidigungsministeriums, war zunehmend frustriert über die Arbeitsweise der alten Garde. Aufgabe der DARPA ist es, zehn, 20, 30 Jahre im Voraus zu denken und Militärtechnologie auf Sci-Fi-Niveau zu entwickeln. Die Führungskräfte der DARPA wollten alle möglichen Ideen von verrückten Wissenschaftlern im Weltraum erproben, schafften es aber kaum jemals, sich Frachtgut in einer Rakete zu sichern, weil die Auftragnehmer des Militärs, wie Boeing und Lockheed Martin, zu langsam waren und so selten eine Rakete starteten. »Wir hatten Leute bei der DARPA, die sagten: ›Lasst uns 50 kleine Raketen kaufen und eine pro Tag starten und dieser idiotischen Branche, die nichts auf die Reihe bekommt, zeigen, wo's langgeht!‹«, so Kennedy.

Als Worden in seinem neuen Job die Runde machte, traf er bald auf Gleichgesinnte bei der DARPA, und sie begannen, gemeinsam Ideen auszuloten. Dabei wurden sie auf einen immens reichen Typen namens Elon Musk aufmerksam, der ein Unternehmen namens SpaceX gegründet hatte, das so viele kleine, billige Raketen wie möglich an den Start bringen wollte.

Es dauerte nicht lange, bis Musk in Wordens Büro auftauchte. Die beiden verstanden sich auf Anhieb. »Musk sagte, er würde diese Rakete namens Falcon 1 innerhalb weniger Jahre fertig haben«, erinnert sich Worden. »Er wollte eigentlich nur wissen, ob wir sie einsetzen würden.« Als der vielleicht ranghöchste Nerd für Raumfahrttechnik im Militär hatte Worden mit allen möglichen verrückten Erfindern zu tun, von Typen, die in ihrer Garage Strahlenpistolen bauten, bis hin zu Spinnern, die davon überzeugt waren, dass ihre fliegende Untertasse das nächste große Militärvehikel werden würde. Aber Worden betrachtete Musk nicht nur als seriös, sondern auch als eine Art Seelenverwandten. Sie hofften beide, dass die Menschheit eines Tages den Mars besiedeln und noch weiter ins Universum vordringen würde, und sie tauschten gerne ihre Vorstellungen darüber aus, wie man so etwas erreichen könne. »Elon war ein Visionär, und ja, es gab zu dieser Zeit viele Visionäre«, so Worden. »Aber er hatte etwas an sich, bei dem ich dachte: ›Das ist kein Schwätzer. Das hat alles Hand und Fuß.‹ Was ihn zudem auszeichnete, war, dass er wirklich etwas von Raketen verstand und wusste, wie sie funktionierten.«

Auf Wordens Drängen hin beschloss die DARPA, SpaceX den Auftrag zu erteilen, einen kleinen Satelliten in ihrem Namen in die Umlaufbahn zu bringen[*] – eine Geste, die dem Start-up ein gewisses Prestige verlieh und es der DARPA ermöglichte, die Arbeit des Unternehmens im Auge zu behalten.

In den nächsten Jahren beauftragte das Verteidigungsministerium Worden mit der Überwachung der Aktivitäten von SpaceX auf Kwajalein. Von Zeit zu Zeit

---

[*] Der Satellit, der später durch das Dach eines Geräteschuppens krachte.

machte sich Worden auf den langen Weg von Kalifornien nach Hawaii und dann nach Kwajalein und Omelek, um über seine Eindrücke zu berichten. Vieles an der Art und Weise, wie SpaceX an den Raketenbau heranging, gefiel Worden. Ihm gefiel, dass das Unternehmen sein Team schlank gehalten hatte. Ihm gefielen die Energie der Mitarbeiter und ihr Einfallsreichtum angesichts der schwierigen Bedingungen. Weniger beeindruckt war er jedoch von dem, was er als generellen Mangel an Stringenz in ihren Abläufen empfand. Die SpaceX-Crew schien keines ihrer Verfahren zu dokumentieren. Sie hatten keine kontinuierliche Versorgungskette eingerichtet, sondern waren auf unregelmäßig eintreffende Frachtschiffe und auf Musks Privatjet für die Notlieferung wichtiger Teile angewiesen. Und selbst für einen unkonventionellen Militär, der sich gerne bei dem einen oder anderen Scotch in tiefen Gesprächen verliert, fand Worden die Menge an Alkohol, die auf dem Gelände getrunken wurde, besorgniserregend.

»Ich sah diesen Burschen in ihren Sneakers zu, wie sie an der Rakete herumfummelten und auf ihr herumkrochen«, erinnert sich Worden. »Ich ging hinüber zu den kleinen Wohnwagen und öffnete eine Schranktür, und da standen ein paar Kästen Bier. Ich trinke gerne Bier, aber nicht, wenn man gerade versucht, eine Rakete zu starten. Die Leute nutzten das Kommunikationssystem des Kontrollzentrums, um sich Witze zu erzählen. Es erinnerte mich an einen Haufen Kids aus dem Silicon Valley, die Software entwickeln. Das ist in Ordnung, denn wenn die Software nicht funktioniert, wenn man alles zusammenfügt, fängt man eben wieder von vorn an, und es kostet einen nichts. Aber bei einer Rakete geht es um Millionen von Dollar, und es kostet zudem sechs Monate. Ja, der Teufel steckt im Detail, aber die Erlösung steckt ebenfalls im Detail.«

Wordens Bedenken wurden an das Verteidigungsministerium und an Musk weitergeleitet, der sich nicht um die Kritik scherte. »Elon sagte: ›Sie sind ein Astronom. Sie bauen keine Raketen‹«, erinnert sich Worden. »Ich erwiderte: ›Ich kritisiere nicht Ihre Antriebstechnologie oder Ihr Design. Aber ich habe als Offizier der Air Force Milliarden von Dollar für diese Art von Sachen ausgegeben und ein paar Dinge in Bezug auf operative Abläufe beobachtet. So wie ich das einschätze, werden Sie scheitern.‹«

Nachdem eine Rakete versagt hatte und dann noch eine und noch eine, begann SpaceX, einige der von Worden und von anderen vorgeschlagenen Dinge umzusetzen. Die noch junge Version von SpaceX hatte nicht die Absicht, die Methoden und den Ballast der alten Raumfahrtindustrie zu übernehmen. Das würde den Sinn des Ganzen zunichtemachen. Aber die Ingenieure des Unternehmens und die Crew des Kontrollzentrums wussten, dass die Abläufe verbessert werden konnten, und es dauerte nicht lange, bis die Falcon 1 mit der nötigen Portion Professionalität in die Umlaufbahn gebracht wurde.

Noch bevor es die Falcon 1 ins All schaffte, hatte Worden genug gesehen, um zu wissen, dass eine Revolution begonnen hatte. Jahrelang hatte er die Institutionen des Militärs dazu gedrängt, ihre Einstellung zu ändern und sich die revolutionären, ständigen Verbesserungen der Consumer Technology zunutze zu machen. Jetzt war es offensichtlich, dass die Leute, die unsere modernen Computer und die dazugehörige Software entwickelt hatten, in die Raumfahrt einsteigen und es den Bürokraten zeigen wollten. Ja, die Silicon-Valley-Typen konnten vielleicht manchmal übermütig und arrogant sein, aber sie hatten Ehrgeiz, außergewöhnliche Einfälle und eine Menge Geld. Worden, damals Ende 50, dachte, dass er wie Musk aktiv an diesem Wandel teilnehmen und eine wichtige Rolle in der Entwicklung spielen könnte, als eine Art Bindeglied zwischen den beiden Welten: Old Space und New Space, alte Raumfahrt und neue Raumfahrt. Alles, was er tun musste, war, einen Ort zu finden, an dem er sein fundiertes Wissen über den Weltraum und die internen Abläufe in der Regierung mit der Schnelligkeit und dem Elan des Silicon Valley kombinieren konnte. Wie es der Zufall wollte, wurde genau an einem solchen idealen Ort eine Stelle frei.

KAPITEL 3

WILLKOMMEN, LORD VADER!

Die meisten Neuankömmlinge im Silicon Valley sind erst einmal enttäuscht. Man verlässt San Francisco und fährt nach Süden, in der Hoffnung, ein technisches Wunderland vorzufinden. Helle Lichter. Züge mit Antigravitationsantrieb, die sogenannten Hyperloops, die mit mehr als 1000 Kilometer pro Stunde daherrauschen. Glänzende, futuristische Wolkenkratzer und ehrfurchtgebietende Denkmäler, die den immensen Reichtum widerspiegeln, der in den letzten 60 Jahren in dieser Gegend entstanden ist. Aber nein. Es sind Einkaufszentren, niedrige Bürogebäude und Viertel voller veralteter Häuser, die an veralteten Straßen stehen. Der schönste Science-Fiction-Touch zeigt sich vielleicht in den vielen selbstfahrenden Teslas, die sich auf der Schnellstraße durch den Verkehr schieben.

Das Silicon Valley feiert weder seine Gegenwart noch seine Vergangenheit. Es hat keine Zeit für Geschichte. Wenn ein Tech-Gigant seine Vormachtstellung verliert, übernimmt ein neues Unternehmen einfach dessen Gebäude und beginnt den Zyklus von Neuem, ohne dem Vorgänger zu huldigen. Die erste Transistorfabrik[*] – die Geburtsstätte der ganzen verdammten technischen Revolution – wurde vor Jahren in einen Obst- und Gemüseladen umgewandelt, der dann abgerissen wurde, um Platz für ein weiteres Bürogebäude zu schaffen.

Wenn es überhaupt so etwas wie einen Tempel für die Vergangenheit und Gegenwart des Silicon Valley gibt, dann ist es das Ames Research Center der NASA in Mountain View. Wer auf dem Highway 101, der Hauptverkehrsader des Silicon

---

[*] Shockley Semiconductor Laboratory in der 391 San Antonio Road in Mountain View. Wenn Sie in der Nähe sind, gehen Sie in das Restaurant »Chef Chu's«.

Valley, daran vorbeifährt, dem fällt der ungewöhnliche, 2000 Hektar große Komplex sofort auf. Die Anlage beginnt am Wasser, wo eine Reihe riesiger Hangars und eine lange Landebahn aus dem flachen Marschland und den Salzbecken der San Francisco Bay herausragen. Dutzende von Bürogebäuden erstrecken sich über das Gelände, aber sie sind weit entfernt von den Hauptattraktionen: Der größte Windkanal, der je gebaut wurde – 425 Meter lang und 55 Meter hoch – dominiert das Gelände mit seiner riesigen Trapezform, die wie das nerdige Pendant zu einer Pyramide in Gizeh aussieht. Es gibt mehrstöckige Flugsimulatoren, Quantencomputer und alle Arten von riesigen Metallkugeln, in denen Flüssigkeiten und Gase für Experimente gelagert werden. Von oben betrachtet, scheint Ames eine gespaltene Persönlichkeit zu haben, in der ein dröges Regierungsgelände und das finstere Versteck eines Bond-Bösewichts aufeinanderprallen.

Die Geschichte von Ames reicht bis in die späten 1930er-Jahre zurück, als Charles Lindbergh der US-Regierung riet, ein neues nationales Luftfahrtforschungszentrum an der Westküste zu errichten. Damals konzentrierte man sich in der südlichen Bay Area mehr auf die Landwirtschaft als auf Technologie. Die Gegend war wegen ihrer vielen Obst- und Nussplantagen als »Valley of Heart's Delight« bekannt. »Es gab kilometerlange Erdbeerfelder«, erinnert sich Jack Boyd, ein Luftfahrtingenieur, der 1947 mit einem Anfangsgehalt von 2644 Dollar pro Jahr nach Ames kam.

Nach dem Ende des Zweiten Weltkrieges, als die Vereinigten Staaten mit den Sowjets in den Wettlauf um die Raumfahrt eintraten, erlebte Ames eine Blütezeit. Das Zentrum hatte einen Schwerpunkt auf den Bau von Windkanälen gelegt, und diese wurden zum Schlüssel für die Forschung an Unter- und Überschallflugzeugen. Als Nächstes entwickelten die Ames-Ingenieure eine Reihe von technischen Neuerungen, die die Apollo-, Mercury- und Gemini-Missionen ermöglichten. Die Halbleiterindustrie steckte noch in den Kinderschuhen, und Ames verkörperte den Höhepunkt der Hightech-Bemühungen in der Bay Area. Sie hatten kein Problem, qualifizierte Fachkräfte zu gewinnen: »Das Durchschnittsalter der Mitarbeiter lag bei etwa 29 Jahren«, erinnert sich Boyd. »Und die Leute hier gehörten zu den brillantesten der Welt. Es war aufregend. Man hatte das Gefühl, dass man fast alles erreichen konnte.« Die glorreichen Tage von Ames setzten sich bis in die 1980er-Jahre fort.

Ironischerweise begann jedoch die Tech-Industrie in der South Bay, die Ames mit aufgebaut hatte, dem Zentrum die Talente abspenstig zu machen. Absolventen von Stanford und der University of California in Berkeley fanden die Arbeit bei Halbleiter-, PC- und Software-Start-ups wohl aufregender und sicherlich lukrativer als einen Job bei der NASA. Dieser Sinneswandel wurde durch die Verlangsamung des Wettlaufs um die Vorherrschaft im Weltraum gegen Ende des Kalten Krieges noch verschärft. Darüber hinaus wurde Ames von anderen NASA-Zentren, insbesondere dem Jet Propulsion Laboratory (JPL) in Südkalifornien, politisch ausmanövriert. Während das Budget des JPL mit seinem Anteil an den interessanten neuen Projekten wuchs, entwickelte sich Ames in die entgegengesetzte Richtung. Im Jahr 2006, als Musk und sein SpaceX-Team sich auf den Start der ersten Falcon 1 vorbereiteten, standen die Dinge so schlecht, dass die NASA tatsächlich in Erwägung zog, das einst ruhmreiche Ames zu schließen.

Der damalige NASA-Direktor war Michael Griffin, der Worden seit Jahrzehnten kannte. Beide Männer hatten in den Jahren unter Ronald Reagans Präsidentschaft an der Strategic Defense Initiative (SDI) mitgearbeitet. Diese »Strategische Verteidigungsinitiative«, die den Beinamen »Star Wars« (»Krieg der Sterne«) trug, sah vor, den Weltraum mit einer Vielzahl futuristischer Waffen zu bestücken, um feindliche Raketen abzuschießen, bevor sie die Vereinigten Staaten erreichen konnten. Wie Worden hatte auch Griffin eine Vorliebe für verrückte Projekte im Weltraum, und ihm gefiel das Ethos der Silicon-Valley-Start-ups. Griffin begann zu glauben, dass Worden vielleicht Ames aufrütteln und der Unternehmung ein neues, New-Space- und Tech-affines Flair verleihen könnte, und so machte er ihn im Mai 2006 zum Direktor von Ames. »Mike sagte: ›Ich möchte, dass du für mich arbeitest, aber du darfst nicht ständig solche Aussagen über die NASA machen‹«, so Worden.

Diese »Aussagen« bezogen sich auf Wordens Vergangenheit, denn er hatte über viele Jahre hinweg die NASA öffentlich negativ kommentiert. Unter anderem hatte er einmal einen Vortrag über die NASA mit dem Titel »On Self-Licking Ice Cream Cones« (»Über Eiswaffeln, die sich selber schlecken«) gehalten. Das Hauptargument in diesem Vortrag war, dass die NASA im Laufe der Zeit ihren Fokus auf den Ausbau der Raumfahrtkapazitäten der Vereinigten Staaten verloren habe und sich stattdessen zu einer bürokratischen Arbeitsbeschaffungsmaßnahme entwickelt habe. Mächtige Politiker, so Worden, hätten die NASA übernommen, indem sie sich dafür einsetzten, dass teure Projekte wie die Entwicklung des Spaceshuttles und des Hubble-Weltraumteleskops in ihren jeweiligen Bundesstaaten stattfänden, womit sie Wettbewerber verhinderten, die die Projekte kostengünstiger und schneller umsetzen könnten.

Eine sich selbst schleckende Eiswaffel* dient also keinem anderen Zweck, als sich selbst am Leben zu erhalten, und Worden fand, dass die NASA vielleicht das mahnendste Beispiel für diese sich selbst aufrechterhaltende Lebensweise sei. Ebenso aufschlussreich wie seine Wortwahl ist jedoch, dass Worden bereits 1992 ein klares Bild davon hatte, wohin sich die Raumfahrttechnologie entwickeln sollte und würde. Er forderte Investitionen in billigere Raketen und kleine, billige Satelliten. Er drängte die NASA auch, sich von ihrer ausschließlichen Konzentration auf kostspielige Langzeit-Wissenschaftsmissionen zu lösen und eine Reihe von Schnellschussexperimenten im Weltraum in Betracht zu ziehen, um Entwicklungen wie den Klimawandel zu messen, bevor es zu spät war. Man braucht wohl kaum zu erwähnen, dass die NASA seinen Rat ignorierte.

Als Worden die Leitung von Ames übernahm, erklärte er sich bereit, seine öffentlichen Sticheleien gegen die NASA zu mäßigen. Er hatte jedoch nicht die Absicht, das Zentrum auf die gleiche Weise zu führen wie seine Vorgänger. Worden hatte über 25 Jahre aufgestaute Frustration, die er an der Raumfahrtbehörde auslassen konnte. Jetzt hatte er die Chance, den Leuten dort nicht nur zu sagen, wie sie sich zu verhalten hatten, sondern es ihnen auch zu zeigen. Und tatsächlich würde sein Einsatz schließlich in die Geschichte eingehen.

AN DIESER STELLE der Geschichte sollte es sich eigentlich um die großen Umwälzungen bei Ames drehen. Und wir werden in Kürze dazu kommen, versprochen. Doch bevor Sie erfahren, was Worden getan hat und warum er es getan hat, müssen Sie Worden näher kennenlernen und verstehen, wie er zu dem geworden ist, was er ist. Denn so wie die Falcon 1 das auslösende Ereignis für den Aufstieg der kommerziellen Raumfahrt war, so sehr spielte Worden hinter den Kulissen die Rolle des maßgeblichen Strippenziehers, der immer wieder gegen den Status quo aufbegehrte und Andersdenkenden neue Möglichkeiten eröffnete.

Worden wurde 1949 in Michigan geboren und wuchs in einem Vorort von Detroit auf. Seine Mutter war Lehrerin, und sein Vater arbeitete als Verkehrspilot.

---

* Das Internet schreibt Worden die Urheberschaft für diesen Ausdruck zu, obwohl Worden sagte, er habe ihn von seinem Vater übernommen, der seinerseits sagte, dass das Army Air Corps diesen Spruch während des Zweiten Weltkrieges verwendet habe.

WILLKOMMEN, LORD VADER

Als er 14 Jahre alt war, starb seine Mutter an Krebs. Da sein Vater oft für längere Zeit von zu Hause weg war und Worden keine Geschwister hatte, fühlte er sich ziemlich allein. »Ich hatte keine Freunde«, erinnert er sich. »Wahrscheinlich habe ich übertrieben viel Aufmerksamkeit gefordert. Teilweise lag das möglicherweise daran, dass ich ein Einzelkind war, und teilweise lag es einfach an meiner Persönlichkeit.«

Die Astronomie faszinierte Worden von Anfang an. Die ersten beiden Bücher, die seine Mutter für ihn kaufte, trugen die Titel *Stars* und *Planets*, und er war gleich vollauf begeistert. Er las fortan alles, was er zu diesem Thema finden konnte, und verschlang zudem jede Menge Science-Fiction-Bücher. Auf dem Höhepunkt des Apollo-Programms schrieb er sich an der University of Michigan für einen Zweifachstudiengang ein und erwarb einen Abschluss sowohl in Physik als auch in Astronomie. Außerdem meldete er sich für das Air Force Reserve Officer Training Corps (AFROTC) an, weil er damit die Sportpflicht an der Uni umgehen konnte. »Ich hasste Leichtathletik«, so Warden. »Und im ROTC-Gebäude gab es eine Broschüre mit einem Bild der Galaxie auf der Vorderseite, die über das Air Force Office of Aerospace Research informierte. Das hat mich dazu bewogen, dort mitzumachen und Wissenschaftsoffizier zu werden.«

Nach dem Abschluss in Michigan trat Worden in die Air Force ein und ging als Doktorand an die University of Arizona. Dort wurde er in verschiedenen Abteilungen der Air Force zu einem begehrten Kandidaten. Ein Jobangebot beim National Reconnaissance Office (NRO), dem Nachrichtendienst für das militärische Satellitenprogramm, war zu interessant, um es auszuschlagen. »Es war aufregend, denn ich fuhr zum Vorstellungsgespräch nach Los Angeles, und es war wie in der Serie *Get Smart*«, sagt er. »Man geht hinein, und es gibt mehrere Tresortüren mit Codes, und dann schalten sie diese blinkenden Lichter ein, und es gibt eine Sirene, die ankündigt, dass eine Person ohne Zugangsberechtigung hereingekommen ist, und der Colonel wollte einem nicht genau sagen, woran sie gerade arbeiten, aber er sagte: ›Vertrauen Sie mir. Es ist cool.‹«

Das NRO betreibt Spionage, und Worden begann, an verdeckten Projekten zu arbeiten, über die er bis heute keine Auskunft geben kann. Klar ist jedoch, dass er gute Arbeit leistete und eine Rolle bei der Beaufsichtigung von Projekten mit Budgets in Höhe von mehreren Millionen Dollar spielte. Außerdem knüpfte er wertvolle Beziehungen innerhalb des Militärs und zu wichtigen Akteuren in Washington, D. C.

Wordens schneller Aufstieg innerhalb des Systems zeichnete sich bereits 1983 ab, als Präsident Reagan das »Star Wars«-Programm, respektive die Strategic Defense Initiative (SDI) in einer Rede im Oval Office vorstellte. Der Mann, der mit der Leitung von »Star Wars« betraut wurde, war Air Force General James Abrahamson, der zuvor das Spaceshuttle-Programm geleitet hatte, und Worden wurde sein persönlicher Assistent.

Zahlreiche Menschen hielten »Star Wars« für eine verrückte Idee. Das Projekt basierte auf einer breiten Palette von Technologien, die es zu diesem Zeitpunkt noch gar nicht gab. Hoch entwickelte Radarsysteme auf der Erde sollten mit einem Netzwerk von Satelliten kommunizieren, um sowjetische Raketen zu erfassen und zu analysieren, sobald sie gestartet waren, und dann ihre Flugbahn verfolgen. Laser am Boden sollten auf Spiegel im Weltraum gerichtet werden, die die Laserstrahlen zu anderen Spiegeln reflektieren, die dann die sowjetischen Raketen abschießen würden. Wenn die Laser nicht ausreichten, sollten im Weltraum kreisende Raketen die Aufgabe übernehmen. Auch Neutronenstrahlen waren im Gespräch, weil sie einschüchternd und cool klangen – es sei denn, man gehörte zu den Sowjets oder war kein Anhänger des Nuklearkrieges. Denn dann klangen die Strategic Defense Initiative und ihr umfangreicher Katalog von Weltraumkatastrophen zutiefst furchteinflößend.

Im Gegensatz zu solchen Bedenkenträgern war Worden ein »Star Wars«-Fanatiker. Das Wettrüsten, so Worden, sei zu einem Schachspiel geworden, das die strategische Natur der Sowjets begünstige. Die Sowjets hatten die Regeln durch Rüstungskontrollvereinbarungen »eingefroren« und fühlten sich in ihrer Position wohl. Die Amerikaner dagegen, so Worden, seien wie Pokerspieler, »die sehr gut abschneiden können, wenn man die Spielregeln ändert«. »Star Wars« könnte diese Spielregeln ändern, indem es ein neues Schlachtfeld mit neuen Waffen schuf – im Weltraum. »Das war unser Poker-Vorteil«, erklärt Worden. »Sie können es sich ja vorstellen – nach dem Motto: Laser sind gerade besonders angesagt.«

Zu den Aufgaben eines persönlichen Assistenten gehörte es, »Star Wars« gegenüber den verschiedensten Kritikern zu verteidigen. Worden bot in öffentlichen und privaten Foren Politikern, Wissenschaftlern und den Sowjets die Stirn. Er meisterte diese Aufgabe bravourös und wurde erneut befördert. »Ich habe eine Leidenschaft für Kontroversen«, stellt Worden fest. Er glaubte auch voll und ganz an die Sache, aber hauptsächlich aus reiner Begeisterung für den Weltraum. »Ich betrachtete dies als eine wichtige militärische Weltrauminitiative. Ich war damals wie heute der Meinung, dass die Konzentration des Militärs auf den Weltraum unsere Zukunft im All wirklich voranbringen wird. Das war mein Hauptinteresse, mehr noch als die Aspekte der Raketenabwehr.«

1991 wurde Worden zum Colonel befördert und übernahm eine neue Aufgabe im Rahmen der SDI-Bemühungen, diesmal als Leiter der Technologieabteilung, dem ein Budget von zwei Milliarden Dollar pro Jahr zur Verfügung stand. Er entschied sich, einen großen Teil des Geldes für die Weiterentwicklung von SDI zu verwenden und gleichzeitig seiner Liebe zum Weltraum nachzugehen. Er konzipierte die Clementine-Mission, bei der ein Raumfahrzeug zwei Monate lang den Mond umkreisen sollte, um eine Reihe von SDI-Sensoren zu testen und die gesamte Mondoberfläche zu kartieren. Die Vereinigten Staaten hatten seit 20 Jahren keine Mondmission mehr finanziert, und Clementine erwies sich als ein durchschlagender Erfolg. Das von der NASA und dem SDI-Team entwickelte Raumfahrzeug kostete etwa ein Fünftel anderer, ähnlicher Raumsonden, da Worden beim Bau auf die Verwendung kommerzieller Software und Hardware gesetzt hatte. Es erstellte nicht nur eine detaillierte Karte der Mondoberfläche von Pol zu Pol, sondern lieferte auch einige der ersten Hinweise auf Wasservorkommen in Mondkratern.

Neben Clementine half Worden bei der Finanzierung des Delta Clipper, einer wiederverwendbaren Trägerrakete, die senkrechte Starts und Landungen durchführen kann. »Es amüsiert mich immer wieder, dass Elon Musk und Jeff Bezos behaupten, sie seien die Ersten, die an wiederverwendbaren Raketen gearbeitet haben. Nun, das ist Unsinn. Wir haben das schon vor 25 Jahren gemacht.«

SDI wurde schließlich 1993 eingestellt. Seine Kritiker behaupteten, dass die Technologie zum Bau eines derart komplexen Systems nie wirklich realisierbar gewesen sei, obwohl Worden und andere, die dem Projekt nahestanden, fest daran glaubten, dass es möglich gewesen wäre. Ihre Experimente mit wiederverwendbaren Trägersystemen und andere erfolgreiche Tests mit Raketenabfangsystemen bewiesen dies, sagte er. Aber ob es nun funktioniert hätte oder nicht, die bloße Existenz von SDI dürfte zum Ende der Sowjetunion beigetragen haben, da Russland gezwungen war, Geld auszugeben, das es nicht hatte, um ein futuristisches, fragwürdiges Verteidigungssystem zu bekämpfen. »Es stellte sich heraus, dass das, was wir uns leisten konnten, viel mehr war als das, was die Sowjets zu leisten vermochten, was wir damals aber noch nicht wussten«, so Worden. »Wir haben genug Experimente durchgeführt, um zu zeigen, dass unsere Ideen tatsächlich umsetzbar sein könnten.«[*]

Als die Sowjets erkannten, dass sie das Programm nicht aufhalten konnten, war es Worden zufolge ziemlich klar, dass sie einen radikal anderen Weg einschlagen mussten. »Es legte viele Risse im sowjetischen Machtgefüge frei und führte letztendlich zum Zusammenbruch. Ich weiß, dass viele Leute, die gegen das ›Star Wars‹-Programm waren, bezweifeln, dass es einen großen Einfluss hatte. Aber ich glaube, es war *der* entscheidende Faktor. Und es hat das Spiel auf strategischer Ebene grundlegend verändert, von einem Wettlauf um Nuklearwaffen zu einem Wettlauf um nicht nukleare Weltraumtechnik.«

Worden zufolge förderte SDI den Vorstoß der Vereinigten Staaten über die Erforschung des Weltraums hinaus – sie wollten ihre Technologien im All anwenden. Auf dem Weg dorthin verlagerte sich ein großer Teil der Forschung im Bereich der Weltraumtechnologie weg von der NASA und hin zu einer neuen Gruppe von Einzelpersonen und Unternehmen, die neue Ideen ausprobierten. »Das SDI-Programm war ein gewaltiger Impuls, sowohl finanziell als auch konzeptionell, und es versetzte uns in die Lage, das zu tun, was wir heute mit neuen Technologien und anderen Ansätzen tun«, stellt er fest. »Es war sozusagen der Beginn von New Space, der neuen Raumfahrtbewegung, die außerhalb der traditionellen Raumfahrtunternehmen stattfand. In diesem Sinne war es wahrscheinlich eine der erfolgreichsten Verteidigungsausgaben aller Zeiten. Wir mussten nie etwas bauen, und wir haben die Spielregeln verändert.«

In den Jahren nach dem Ende von SDI hatte Worden eine schwindelerregende Anzahl von Jobs mit wirklich wunderbaren Titeln. Er war stellvertretender Leiter der Abteilung »Battlespace Dominance«, Leiter der Abteilung »Analysis and Engineering« im Space Warfare Center und Commander des 50th Space

---

[*] Eine Reihe von Generälen hatte versucht, Reagan davon zu überzeugen, »Star Wars« einzustellen, als eine Art Friedensangebot an die Sowjetunion, mit dem Argument, dass dies die Rüstungsverhandlungen über ein Verbot der weiteren Entwicklung von Atomwaffen erleichtern würde. Worden und andere SDI-Befürworter waren jedoch der Meinung, dass das Programm ein dringend benötigtes Druckmittel darstellte. Zu diesem Zweck schrieb Worden einen Artikel, der die technische Machbarkeit von »Star Wars« darlegte, und veröffentlichte ihn in der *National Review*, die Reagan stets von der ersten bis zur letzten Seite las. Worden ist davon überzeugt, dass dieser Artikel dazu beigetragen hat, Reagan dazu zu bewegen, SDI zu unterstützen, als er 1986 auf dem Gipfeltreffen mit dem sowjetischen Premierminister Michail Gorbatschow in Reykjavík zusammenkam. »Es war mein wichtigster Beitrag zur Beendigung des Kalten Krieges«, konstatiert Worden.

Wing, der Einheit für Weltraum- und Cyberkriegsführung beim US-Militär. Zu verschiedenen Zeitpunkten kontrollierte er Satellitenflotten und leitete Tausende von Mitarbeitern. Er beeindruckte viele Leute bei der Air Force und in den höchsten Rängen der Regierung. Andere wiederum verärgerte er. Die NASA versuchte mindestens dreimal, ihn zu entlassen.

Nach den Terroranschlägen im Jahr 2001 nutzte die Regierung Wordens besondere Talente für das unselige Office of Strategic Influence. Er beschreibt es so: »Es gibt zwei Arten von Generälen oder Admirälen im Pentagon. Die meisten von ihnen sind Bürokraten, was die meiste Zeit nützlich ist, weil wir uns die meiste Zeit im Frieden befinden. Aber wenn man in den Krieg zieht, braucht man jemanden, der dem Feind die Spielregeln aufzwingt und etwas Radikales oder anderes tut. Das Militär weiß das, und deshalb halten sie ein paar solcher Leute in der Hinterhand. Ich war offensichtlich einer dieser Leute. Sie wissen schon: ›Im Falle eines Krieges musst du für den Verrückten Türen öffnen, die eigentlich verschlossen sind.‹«

Bis heute ist Worden der Meinung, dass das Programm der Informationskriegsführung möglicherweise der beste Versuch der Vereinigten Staaten gewesen wäre, terroristische Bedrohungen abzuwehren. »Die Terroristen müssen davon überzeugt werden, dass sie gar keinen Terror ausüben wollen«, ist er überzeugt. »Man kann sie nicht alle töten.«

Aber er fügt hinzu: »Man hat uns vorgeworfen, wir würden Desinformation betreiben. Das war Blödsinn, aber es löste reichlich Kontroversen aus. So hatte ich die Ehre, vom Präsidenten entlassen zu werden. Ich verließ die Air Force als Brigadegeneral. Gar nicht so schlecht.«

IM OKTOBER 2002 FAND IN HOUSTON, TEXAS, der jährliche International Astronautical Congress statt. Die Veranstaltung geht auf die 1950er-Jahre zurück und brachte viele der führenden Persönlichkeiten der Raumfahrt zusammen, die zu den üblichen Konferenzthemen Reden und Seminare hielten.

Da er gerade von Präsident George W. Bush entlassen worden war, beschloss Worden, an der Veranstaltung teilzunehmen und seine Kontakte in der Raumfahrtindustrie aufzufrischen. Er nahm an einigen Sitzungen teil, hielt Small Talk und ging dann, als der Abend anbrach, mit einem Freund in eine Bar. Während er an einem Scotch nippte, konnte Worden die lauten Gespräche an einem Nebentisch mitbekommen. Dort saßen lauter raumfahrtbegeisterte Mitglieder des Space Generation Advisory Council, einer Organisation von Studenten und jungen Menschen, die in der Luft- und Raumfahrtindustrie tätig sind, um »die Kreativität und den Elan der Jugend für den Fortschritt der Menschheit durch die friedliche Nutzung des Weltraums zu nutzen«. Mit anderen Worten: Space-Hippies.

Wie nicht anders zu erwarten, saßen diese jungen Weltraum-Nerds in einer Bar tief im Herzen von Texas und lästerten über das Konzept der Weltraumkriegsführung an sich. »Ich bekam viele Kommentare mit, die das Übel der Weltraumwaffen anprangerten«, so Worden. Sein Freund ging zu der Gruppe hinüber und fragte, ob jemand von ihnen Brigadegeneral Pete Worden kennenlernen wolle, den ehemaligen SDI-Manager, den ehemaligen stellvertretenden Beauftragten für die Vorherrschaft im Weltraum, Wegbereiter des orbitalen Untergangs. »Mein Freund sagte: ›Darth Vader höchstpersönlich sitzt dort drüben, wenn ihr euch mal richtig unterhalten wollt‹«, so Worden.

Zu den jungen Leuten, die bei dem folgenden Aufeinandertreffen dabei waren, gehörten Will Marshall, Chris Boshuizen und Robbie Schingler, die später Planet Labs gründeten, sowie George Whitesides, der später das Raumfahrtunternehmen Virgin Galactic leiten sollte. Einige von ihnen bildeten einen Halbkreis um Worden, während er Hof hielt, und dann kamen Worden und Marshall intensiv ins Gespräch. Sie waren beide Weltraumbesessene und teilten den Wunsch, den Mond zu besiedeln und die Menschheit weiter in das Sonnensystem voranzubringen. Beim Thema Weltraumwaffen gingen die Meinungen von Worden und Marshall jedoch erheblich auseinander. Marshall plädierte in seinem jugendlichen Elan für den Frieden im Universum, und Worden hielt ihn für naiv. »Wir brachten beide die gängigen Argumente vor, und mir wurde schnell klar, dass Will die Ansicht vertrat, dass ein von Weltraumwaffen unberührter Weltraum eine neue Utopie ermöglichen würde«, erinnert sich Worden. »Ich hingegen vertrat die Ansicht eines verkrusteten alten Militäroffiziers, dass in Utopien in der Regel eine Menge Böses steckt.« Er versuchte, Marshall davon zu überzeugen, dass militärische Systeme nicht nur aus Waffen bestehen. Sie waren ein Mittel zur Beeinflussung und Kontrolle, und sie mussten mit einem gewissen Augenmaß betrachtet werden.

Die Unterhaltung war lebhaft und kontrovers, endete aber, ohne irgendwelche Gefühle verletzt zu haben. Ganz im Gegenteil. Worden hatte Gefallen an den idealistischen jungen Leuten gefunden, und sie wiederum genossen seinen

Intellekt und seine Geschichten. Marshall und einige der anderen Studenten blieben in den nächsten Jahren mit Worden in Kontakt. Sie trafen sich in Washington, D. C., oder in Kalifornien oder wo auch immer eine Raumfahrtveranstaltung stattfand, stürzten sich wieder in ihre Gespräche über die Weltraumforschung und waren dadurch am Ende besser informiert als je zuvor. »Ob in der Wirtschaft, in der Politik, in der Wissenschaft oder sonst wo, das Beste ist, jemanden zu finden, der klug ist und anderer Meinung als man selbst«, betont Worden.

Das erste Treffen in der Bar und die folgenden Zusammenkünfte sollten sich für alle Beteiligten als Glücksfall erweisen. Als Worden im Jahr 2006 die Leitung von Ames übernahm, hatten die meisten der damaligen Space-Hippies ihr Studium abgeschlossen und wollten ihre Karriere mit interessanten Arbeiten in der Raumfahrt vorantreiben. Gleichzeitig hatte Worden eine große Vision, wie er Ames neu aufstellen wollte. Er war der Meinung, dass etwas frisches Blut dem Zentrum neues Leben einhauchen und seinen Betrieb umkrempeln würde. Nach und nach wandte er sich an Idealisten wie Marshall, Boshuizen und Schingler und überredete sie, in den Westen überzusiedeln.

Das war nicht so einfach zu vermitteln. Die NASA hatte zwar nach wie vor eine gewisse Anziehungskraft und genoss in der breiteren Öffentlichkeit durchaus hohes Ansehen, aber sie war für viele junge Ingenieure nicht mehr attraktiv. Wie die meisten staatlich unterstützten Raumfahrtbehörden in der ganzen Welt war es bei der NASA wie in einer Zeitkapsel. Ihre Mitarbeiter taten die Dinge so, wie sie sie seit Jahrzehnten getan hatten, und der Status quo hatte Vorrang vor allem anderen. Obwohl die NASA die Heimstatt von Spitzentechnologie und radikalem Denken hätte sein sollen, war sie alles andere als das. Sie war langsam und bürokratisch und verhielt sich eher wie ein militärischer Auftragnehmer als wie eine mutige Gruppe von Wissenschaftlern, die versuchen, in unendliche Weiten vorzudringen.

Worden konnte jedoch charmant und unwiderstehlich sein, sodass er die jungen Leute davon überzeugen konnte, Teil von etwas Größerem zu werden, als nur für ein weiteres Technologie-Start-up zu arbeiten. Wie sich im Laufe der Zeit herausstellen sollte, entwickelte Wordens Team tatsächlich einen neuen Geist aus Respektlosigkeit und Innovation im NASA-Zentrum. In den folgenden Jahren vertiefte die Gruppe ihre Freundschaften und erreichte mehr, als Worden je hätte erträumen können. Sie wuchsen weit über die Grenzen von Ames hinaus und gründeten schließlich eine Reihe von bahnbrechenden Satelliten- und Raketenunternehmen.

Während er sich in seinem neuen Job einlebte, rekrutierte Worden auch eine Handvoll Freigeister aus seiner Zeit bei der Air Force. Pete Klupar, der am Air Force Research Laboratory an Hubschraubern, Flugzeugen und Satelliten gearbeitet hatte, wurde der technische Direktor von Ames. Alan Weston, ein Waffenkonstrukteur für die SDI, wurde Direktor für Programme. Worden schaffte es auch, die wenigen Sonderlinge ausfindig zu machen, die schon seit Jahren bei Ames arbeiteten und immer noch Großes leisten wollten, ohne von Bürokratie und Dysfunktionalität erdrückt worden zu sein. Einer von ihnen war Creon Levit, ein Forscher mit widerspenstigem, lockigem Haar, der bereits seit 25 Jahren bei Ames arbeitete und dann als Wordens Assistent verpflichtet wurde. »Pete hatte all diese jungen und alten Mitarbeiter um sich versammelt und sie davon überzeugt, dass sie den ganzen Betrieb umkrempeln könnten«, sagt Levit.

Worden übernahm eine Reihe problembeladener Programme und Tausende von Beamten, von denen viele in einen Zustand der Selbstgefälligkeit verfallen waren, den der General für untragbar hielt. Er bekam auch den Unwillen der höheren Beamten bei Ames zu spüren, die verärgert darüber waren, dass man sie bei der Besetzung des Direktorenpostens übergangen hatte. Worden zwang dem Ganzen von Anfang an seinen Willen auf. Levit erinnert sich, dass er sehr routiniert vorging: »Wenn eine Antwort auf eine tiefgreifende Frage zu einem Vertrag ausblieb, verlangte er bis zur nächsten Woche einen vollständigen Bericht über die Situation. Er war sehr erfahren darin, eine Organisation zu führen. Das wurde mir schnell klar. Er war zunächst ruhig und gelassen und wurde dann wütend. Er fluchte: ›Verdammt noch mal, ich bin der Leiter des Zentrums. Sagen Sie nicht *Nein*. Sagen Sie: *Ja, wenn* …‹«

Worden war ein General, der es gewohnt war, Befehle zu erteilen, aber hier handelte es sich um eine Behörde. »Der Unmut und die Verunsicherung aufgrund seiner autoritären Haltung und seine Frustration über die beharrliche Langsamkeit und die unnötigen Verzögerungen waren groß«, so Levit. »Und er hatte all diese neuen Leute geholt und sie zusätzlich zu den vielen anderen Mitarbeitern eingestellt. Schließlich kam es dazu, dass sich der Laden in zwei Fraktionen aufteilte. Er sagte all dieses Zeug darüber, dass ›Ames ein Raumfahrtzentrum sein [wird], wir werden uns auf kleine Satelliten konzentrieren, wir werden die Art und Weise, wie wir bei der NASA vorgehen, revolutionieren, wir werden diese aus dem Ruder gelaufenen Programme in Ordnung bringen und die Abläufe rationalisieren und es den Leuten ermöglichen, neue Projekte zu verwirklichen‹. Die Firma spaltete sich also in die Leute, die Pete liebten, und die Leute, die Pete hassten.«

Worden war 57 Jahre alt, als er bei Ames anfing, und sein Erscheinungsbild und seine Umgangsformen waren nach all den Jahren beim Militär entsprechend ausgeprägt. Er trug sein ergrautes Haar an den Seiten kurz und oben länger, mit einem Scheitel auf der rechten Seite. Er war mittelgroß, und da er nie viel Sport getrieben hatte, hatte sich ein Bauchansatz gebildet. Seine markantesten Merkmale waren seine Stimme und sein Gesichtsausdruck. Wenn er sprach, schienen die Worte aus einem Brunnen tief in seiner Kehle zu kommen und mit beträchtlicher Anstrengung herausgepresst zu werden, was ihnen einen rauen, sonoren Ton verlieh. Was sein Gesicht anbelangt, so zeigte er einen Ausdruck ständiger leichter Bestürzung. Insgesamt wirkte er schroff und mürrisch – aber wenn man ihn dazu brachte, über etwas oder jemanden zu sprechen, das oder den er mochte, verströmte er sofort Wärme und Begeisterung.

Es stimmt zwar, dass ein großer Teil der Belegschaft vor Ames eine unmittelbare Abneigung gegen Worden hegte, doch viele andere der rund 2500 Mitarbeiter waren über seine Anwesenheit froh. Auch wenn das Unternehmen in eine schwierige Phase geraten war, gab es bei Ames immer noch viele hochkarätige Forscher, die wie Worden gerne gegen den Strom schwammen. »Der Vorwurf gegen Ames lautete, dass es voller Leute sei, die keine Teamplayer waren«, erläutert Worden. »Nun, für mich ist die Vorstellung von Teamplayern einfach widerwärtig, weil es eine Art ist, zu sagen: ›Mach lieber gar nichts. Sei ein Teamplayer.‹ Ames war voll von Leuten, die etwas in Angriff nehmen wollten, und dadurch erschienen sie wie Störenfriede. Aber innerhalb der NASA muss es einen Ort geben, an dem das Motto gilt: ›Macht weiter, bis ihr wahrgenommen werdet.‹ Und genau das haben wir getan.«

Eines der ersten Projekte, die Worden in Angriff nehmen wollte, war der Versuch, einen Roboter zum Mond zu schicken. Präsident George W. Bush hatte die NASA beauftragt, das Spaceshuttle bis 2010 auszumustern und dann einen Nachfolger für das Shuttle zu entwickeln, der bis 2020 bemannte Missionen zum Mond durchführen sollte. Doch bevor Menschen die Mondoberfläche betraten, sollten Robotersonden Erkundungsmissionen durchführen, und Worden wollte, dass Ames einige dieser Sonden baute, wenn nicht sogar alle. Er schlug vor, einige der kostengünstigen Entwicklungstechniken anzuwenden, die von SpaceX und anderen Unternehmen entwickelt worden waren, um die günstigsten Roboter in der Geschichte der NASA zu produzieren.

Die Bürokratie der alten Garde der Weltraumbehörde und die Vetternwirtschaft der Regierung durchkreuzten Wordens Pläne jedoch sofort. Richard Shelby, ein mächtiger Senator aus Alabama, bekam Wind von Wordens Plänen. Shelby verfügte nicht nur über das Marshall Space Flight Center der NASA in seinem Heimatstaat, sondern war auch seit Langem Unternehmen wie Lockheed Martin und Boeing verbunden. Da diese Unternehmen Fabriken in Alabama unterhielten, hatte Shelby dafür gekämpft, so gut wie jedes Projekt mit New-Space-Verbindung zu vereiteln, aus Angst, dass seine Günstlinge wertvolle Verträge verlieren würden. Und er tat dies, obwohl die Lethargie, Gier und Inkompetenz dieser Unternehmen kein Ende zu finden schien.* Mit Bezug auf die Mondmission rief Shelby Griffin an und verlangte, dass er Ames aus dem Roboterprojekt herausnähme und die Arbeit an die üblichen Verdächtigen vergebe. »Shelby betreibt die mieseste Kirchturmpolitik im Kongress«, so Worden. »Das Erste, was er tat, war, mir das Projekt wegzunehmen. Meiner Meinung nach war das eines der enttäuschendsten und abstoßendsten Beispiele für schlechte Regierungsarbeit.«

Nur wenige Monate nach seinem Amtsantritt bei Ames wäre Worden beinahe gefeuert worden – das erste Mal –, als er öffentlich gegen Shelby und die Kapitulation der NASA wetterte. Doch seinem Charakter entsprechend ignorierte er die Entscheidung einfach und startete ein geheimes Programm innerhalb von Ames, um zu beweisen, wie falsch die Bürokraten lagen.

Anstatt einen kleinen Roboter zu bauen, der die Mondoberfläche für ein paar Augenblicke abtastet, gab Worden grünes Licht für den Bau einer kompletten Mondlandefähre. In der Vergangenheit hätte ein solches Raumfahrzeug Hunderte von Millionen oder Milliarden Dollar gekostet, wenn sie den Standards der NASA entsprochen hätte. Worden hingegen wollte beweisen, dass eine Mondlandefähre für etwa 20 Millionen Dollar gebaut werden könnte und dennoch erstaunliche Leistungen erbringen würde.

Mit der Leitung des Projekts beauftragte er Alan Weston – den legendären Alan Weston.

---

* So war er beispielsweise im Kongress einer der größten Kritiker von SpaceX.

Der gebürtige Australier war mit seinen Eltern durch die Welt gereist, bevor er an der Universität in Oxford Ingenieurwissenschaften studierte. Während seines Studiums in den 1970er-Jahren wurde er eines der führenden Mitglieder des Dangerous Sports Club. Diese Gruppe trinkfreudiger, oft drogenberauschter Abenteurer vollführte eine Vielzahl von Stunts, die beispielsweise darin bestanden, sich mit einem Trebuchet, einem Katapult, durch die Luft schleudern zu lassen oder den Ärmelkanal zu überqueren, während sie auf einem rosafarbenen aufblasbaren Känguru ritten, das von riesigen Heliumballons in der Luft gehalten wurde.

Im Jahr 1979 erfand der Club die moderne Form des Bungee-Jumpings, nachdem Weston einige Computersimulationen durchgeführt hatte, aus denen sich ableiten ließ, dass ein Mensch einen Sprung von einer Brücke wahrscheinlich überleben würde, wenn er an einem dehnbaren Seil festgebunden war. Er konnte seine Theorie beweisen, indem er in England von einer Brücke sprang und sich dann in San Francisco von der Golden Gate Bridge stürzte.* Um einer Verhaftung zu entgehen, rutschte er an einem zusätzlichen Seil, das er sich um die Brust gebunden hatte, in ein bereitstehendes Boot, das ihn zum Ufer und zu einem Fluchtwagen brachte.

Ebendieser Alan Weston landete schließlich als Waffenkonstrukteur bei der U.S. Air Force und arbeitete an »Star Wars« mit, wo er ein weltraumgestütztes Raketensystem entwickeln sollte, das in mehrere Richtungen feuern und auf diese Weise viele sowjetische Raketen und Sprengkopf-Attrappen gleichzeitig vernichten konnte.

Diese Forschung diente kurioserweise als Grundlage für die kostengünstige Mondlandefähre. Während ihrer Zeit bei der Air Force hatten Weston und sein Team ein Waffensystem in der Größe eines Müllcontainers gebaut, das über eigene Triebwerke für das Manövrieren im Weltraum verfügte. Wenn man alle für die Waffen benötigten Teile entfernte, wies die übrig gebliebene Maschine im Wesentlichen die Struktur eines Gerüsts auf, das für die Landung auf dem Mond und die Absetzung eines kleinen Rovers, der über die Mondoberfläche fahren könnte, geeignet wäre.

Weston engagierte Will Marshall und mehrere andere Personen für das streng geheime Projekt. Sie übernahmen eine alte Lackiererei bei Ames und verwan-

---

* Seine Schwestern versuchten, das Vorhaben zu verhindern, indem sie die Polizei anriefen und mitteilten, dass Weston Selbstmord begehen wolle.

delten sie in ihre Geheimwerkstatt.* Die Maschine, die sie bauten, war etwa 1,20 Meter breit und 90 Zentimeter hoch und war trapezförmig. Der Plan war, sie mit einem Triebwerk an der Unterseite für die Landung und mit Triebwerken an den Seiten auszustatten, um kleine Anpassungen an der Flugbahn vorzunehmen. In der Werkstatt bauten die Ingenieure eine große Umzäunung aus Sicherheitsnetzen, damit sie das Gerät testen konnten, ohne dass es unkontrolliert gegen die Wände flog oder dabei irgendwen verletzen konnte. Bis ins Jahr 2008 wurden mit dem Micro Lunar Lander, wie das Gerät genannt wurde, große Fortschritte erzielt. Das Raumfahrzeug konnte abheben, in einer gewaltigen Schwebebewegung in der Luft verharren und dann sicher und sanft auf dem Boden landen.

Der Lander wurde bei Ames zu einer Berühmtheit. Man war erstaunt darüber, wie viel das kleine Team in so kurzer Zeit erreicht hatte. Die Google-Mitbegründer Larry Page und Sergey Brin kamen auf Einladung von Marshall vorbei, um ihn sich anzuschauen, ebenso wie einige Astronauten, Regierungsleute und sonstige alte Weggefährten von Worden. Weston, Marshall und weitere leitende Ingenieure des Projekts schrieben einen Artikel über die Maschine, in dem sie nachwiesen, dass das kleine, billige Landegerät die meisten der Forschungsaufgaben erledigen könnte, die die NASA vor dem geplanten Betreten des Mondes durch Astronauten im Jahr 2020 durchführen wollte.

Das Ames-Team hatte den Prototyp der Mondlandefähre für weniger als drei Millionen Dollar gebaut, einschließlich aller Materialien und Gehälter für das Personal. Sie rechneten damit, dass es etwas mehr kosten würde, die Maschine zu perfektionieren, und dass sie für insgesamt 40 Millionen Dollar, einschließlich der Kosten für den Raketenstart, zum Mond gelangen könnten, da sie damit rechneten, mit der Falcon 1 von SpaceX mitfliegen zu können.** »Plötzlich war es möglich, diese Art von Missionen zu so geringen Kosten durchzuführen«, schwärmt Marshall. »Das war einfach großartig.«

Da der Prototyp funktionierte, beschlossen Worden und Weston, ihr geheimes Projekt der NASA vorzustellen. Sicherlich, so dachten sie, würde die Raumfahrtbehörde begeistert sein, wenn sie von diesem wunderbaren, kostengünstigen Landegerät erfuhr, das die Mondforschung der Vereinigten Staaten revolutionieren

---

* Sie nannten sie sogar Area 51.
** Das war ein paar Monate bevor die Falcon 1 im Jahr 2008 in die Umlaufbahn gebracht wurde, aber das Team von Ames war zuversichtlich, dass SpaceX es schaffen würde.

und dem Land den Weg für einen großen Erfolg bei den kommenden bemannten Missionen ebnen würde.

Die NASA und der gute alte Senator Shelby reagierten jedoch ganz anders. Die Forschungsteams der NASA lehnten den Lander als unfähig ab, echte Experimente durchzuführen. Die für die geplante Mondlandung zuständigen Teams sagten, dass man ihnen die Verantwortung für die Entwicklung hätte übergeben sollen. Und Shelby war empört, als er erfuhr, dass Ames und nicht das Marshall Space Flight Center in Huntsville, Alabama, die Entwicklung der Mondlandefähre übernommen hatte. »Als Shelby davon erfuhr, wurde das Projekt zum zweiten Mal eingestellt«, sagte Worden. »Ich kochte vor Wut.«

Glücklicherweise war eine der Personen, denen Weston den Lander vorführte, Alan Stern, der für Wissenschaft und Forschung zuständige NASA-Manager, der ein Budget von 4,4 Milliarden Dollar verwaltete. Er schlug dem Team vor, die Landefähre in ein Vehikel umzuwandeln, das den Mond umkreisen und Experimente durchführen würde. Da es den Mond nur umkreisen und die Oberfläche nicht berühren sollte, hielt Shelby die Lander-Projekte des Marshall Space Flight Center für ungefährdet, und seine Wut auf Ames nahm ab. Und so bekam die Ames-Maschine eine neue Mission und einen neuen Namen: Lunar Atmosphere and Dust Environment Explorer, kurz LADEE. Stern bezweifelte, dass Ames so etwas für 40 Millionen Dollar umsetzen könne, also verdoppelte er das Budget.

Der Segen daran war, dass die Arbeit fortgesetzt werden konnte; der Fluch hingegen bestand darin, dass der 80-Millionen-Dollar-Scheck von Stern mit der gesamten typischen NASA-Bürokratie einherging. »Das werde ich nie vergessen«, sagt Marshall. »Ich habe über Nacht zwölf Verwaltungsebenen hinzugewonnen.« Ein Team von etwa einem Dutzend Leuten, aufgebläht als Sicherheits- und Managementexperten, tauchte auf, um diese nun offizielle NASA-Mission zu unterstützen. In der Folge wurden auch die technischen Anfragen immer umfangreicher. Zunächst wollte die NASA ein Raumfahrzeug, das den Mond umkreisen und dabei ein Ultraviolett-Spektrometer mitführen konnte. Anschließend sollte die Maschine auch noch einen Staubdetektor einsetzen. Schließlich wollte sie ein Massenspektrometer, das mehr als zehn Kilogramm wog und von Ames erforderte, die Maschine viel größer zu machen, alle Berechnungen und Tests neu durchzuführen und eine größere Rakete zu beschaffen. »Wir sagten: ›Nein, das können wir beim besten Willen nicht akzeptieren‹«, erinnert sich Marshall.

»Und sie erwiderten: ›Nun, wenn ihr das nicht wollt, werden wir die Mission abbrechen.‹ Wir dachten uns nur: ›Ihr Wichser!‹«

Der Prozess zog sich über Jahre hin, bis LADEE schließlich im Jahr 2013 für Gesamtkosten von 280 Millionen Dollar zum Mond aufbrach. Für die NASA war das immer noch ein günstiger Preis, aber er unterlief vieles von dem, was Worden und sein Team zu beweisen gehofft hatten. »Es ist nicht so, dass wir uns nicht für die wissenschaftlichen Aspekte interessierten, denn das taten wir«, sagt Marshall. »Dennoch wollten wir zeigen, dass man eine Reihe von Missionen für jeweils 40 Millionen Dollar durchführen kann, anstatt eine Milliarde für jeden Flug zu benötigen. Die ganze Sache stand im Gegensatz zu der Vorstellung eines technischen Beweises, mit der wir begonnen hatten.«

Selbst mit Senator Shelby auf seiner Seite musste das Marshall Space Flight Center in den kommenden Jahren mit ansehen, wie alle seine Mondmissionen abgeblasen wurden. In der Zwischenzeit flog Ames eine zweite Mission mit dem Namen Lunar Crater Observation and Sensing Satellite (LCROSS; Satellit zur Beobachtung und Erkennung von Mondkratern), bei der die Stufe einer Trägerrakete auf der Mondoberfläche einschlagen und nach dem Einschlag ein kleines Raumfahrzeug folgen sollte, um die Staubwolke zu analysieren. Diese Mission, an der auch Will Marshall mitwirkte, bestätigte nicht nur, dass es auf dem Mond Wasser gibt, sondern auch, dass es viel mehr Wasser gibt, als die Wissenschaftler zuvor erwartet hatten. In vielerlei Hinsicht hat LCROSS das Interesse am Mond und die Hoffnung auf die Erschaffung von Mondkolonien neu belebt.

IM LAUFE DER JAHRE baute Worden das NASA-Forschungszentrum Ames zu einem der wissenschaftlichen Hotspots des Silicon Valley aus. Dabei konzentrierte sich das Zentrum natürlich auf zeitnahe Weltraummissionen und auf seine traditionelle Unterstützung bei der Entwicklung und Prüfung von Fluggeräten. Gleichzeitig begann es aber auch, futuristischere Arbeiten mit Wordens lang gehegter Faszination für die Erforschung des Weltraums durch den Menschen zu verbinden.

Worden richtete bei Ames eine Reihe neuer Forschungslabors ein. Er schuf ein Zentrum für synthetische Biologie, in dem NASA-Wissenschaftler mit DNA experimentierten und herauszufinden suchten, was nötig wäre, um spezielle Mikroben und Bakterien ins All zu schicken. In Zusammenarbeit mit Google baute Ames auch ein Zentrum für Quantencomputer, in der Hoffnung, Durchbrüche in Bereichen wie künstliche Intelligenz zu fördern. Ames, so hoffte Worden, könnte eines Tages in der Lage sein, intelligente, sich selbst replizierende biologische Maschinen in andere Welten zu schicken und die Organismen ihre eigenen Kolonien bilden zu lassen.

Die IT-Partnerschaft mit Google war ein weiterer Aspekt von Wordens Wiederbelebung von Ames, nämlich die Entwicklung engerer Beziehungen zum Silicon Valley. Der Hauptsitz von Google in Mountain View befindet sich in unmittelbarer Nähe von Ames, und Worden gelang es, eine Vereinbarung zu treffen, nach der die Spitzenmanager des Unternehmens für die Landung und Unterbringung ihrer Jets auf der Landebahn von Ames zahlten und das Google-Areal auf Ames ausweiten würden, indem sie 40 Hektar Land für 146 Millionen Dollar über einen Zeitraum von 40 Jahren pachteten. Ames öffnete auch einige seiner ungenutzten Gebäude für Start-ups. Gegen eine relativ bescheidene Gebühr konnten junge Unternehmen Büroräume erwerben und bei Bedarf mit der NASA an Projekten zusammenarbeiten. In ähnlicher Weise nutzte Worden Gelegenheiten, um mit Unternehmen wie SpaceX und anderen aufstrebenden kommerziellen Raumfahrtunternehmen Technologien auf der Grundlage von NASA-Erfindungen zu entwickeln. Einmal versuchte er sogar, die Produktionsstätte für Tesla-Fahrzeuge zu Ames zu holen, aber die NASA-Anwälte konnten nicht herausfinden, wie man mit den günstigen Angeboten anderer Standorte mithalten konnte, ohne ein Bundesgesetz zu verletzen.

Eine der wichtigsten Personen, die Worden angeworben hatte, um die Gunst der Silicon-Valley-Elite zu erwerben, war Chris Kemp, der im Jahr 2006 bei Ames anfing und später ein Raketenunternehmen namens Astra mitbegründen sollte. Kemp stammte aus Alabama und hatte schon als Teenager Computer- und Internetunternehmen geleitet. Kurz bevor er zu Ames kam, hatte er sechs Jahre lang als CEO die von ihm gegründete Reise-Website Escapia betrieben, die Menschen bei der Vermietung ihrer Ferienhäuser unterstützte.

Kemp war nicht nur ein geborener Unternehmer, sondern auch ein Weltraumfanatiker, der durch eine Reihe merkwürdiger Zufälle Jahre zuvor Will Marshall kennengelernt und sich der »Space Hippie Crew« angeschlossen hatte.

Kemp, damals Anfang 20, war Worden begegnet, als er sich mit Marshall und Robbie Schingler auf einer Raumfahrtkonferenz in Los Angeles traf. Mike Griffin hatte Worden gerade zum Direktor von Ames ernannt, und Worden beklagte sich in seiner ruppigen Art über die Notwendigkeit, sich zum Flughafen von Los

Angeles zu quälen, um in den Norden zu fliegen. »Er saß mit uns am Tisch und sagte: ›Ach, ich will nicht in ein verdammtes Flugzeug steigen. Hat jemand ein Auto?‹«, erinnert sich Kemp.

Kemp bot Worden an, ihn in die Bay Area mitzunehmen und mit Marshall und Schingler im Schlepptau auf dem Highway 1 entlang der kalifornischen Küste zu fahren. Die meiste Zeit der Fahrt hielt Worden Kemp einen Vortrag über seinen Wunsch, das Sonnensystem zu besiedeln. »Er redete unentwegt darüber, dass wir eine moralische Verpflichtung hätten, dies zu tun, und wie er Ames nutzen wolle, um dieses Ziel zu verfolgen«, sagt Kemp. »Das faszinierte mich ungemein. Es war wie ein wahr gewordener Traum, mit diesem Mann stundenlang ein persönliches Gespräch zu führen. Und gegen Ende der Fahrt fragte er mich, was ich mache. Ich sagte, dass ich ein Reiseunternehmen in Seattle leitete. Er sagte: ›Nun, das ist doch Blödsinn. Warum kommen Sie nicht zur NASA und leiten dort eine Abteilung für Informationstechnologie?‹«

Obwohl er von dem Angebot nicht überzeugt war, stimmte Kemp zu, seinen Flug nach Seattle zu stornieren und ein paar Tage bei Ames zu bleiben. Er erinnert sich daran, wie er in jener Nacht zum ersten Mal zu Ames fuhr, um Worden abzusetzen, und wie bewaffnete Sicherheitskräfte die Männer am Eingang begrüßten und Scheinwerfer den Campus nach Eindringlingen absuchten. In den folgenden Tagen zeigte Worden Kemp die Anlage für Hitzeschilde, in der Plasma auf Tausende von Grad erhitzt und in verschiedene Materialien gesprengt wurde, den größten Supercomputer der Westküste und den mehrstöckigen Flugsimulator. Marshall und Schingler schlossen sich ihnen bei einem Teil der Besichtigung an, und alle drei wunderten sich, warum Worden sich so viel Mühe gab, sie herumzuführen.

»Wir fragten uns alle: ›Wo ist der Haken?‹«, erinnert sich Kemp. »Und der Haken war schlicht und einfach, dass er Leute einstellen wollte, die sonst nie diese Chance bekommen würden, und dass wir ihm gegenüber loyal sein würden, solange er das Zentrum leitete. Politik interessierte uns nicht. Wir waren nicht auf eine Beförderung von GS-13 zu GS-15[*] aus, wir wussten nicht einmal, was das ist. Pete war einfach unglaublich inspirierend. Er sagte uns, wir könnten kommen und dann tun, was wir wollten.«

---

[*] Bezeichnungen für Gehaltstarife des öffentlichen Dienstes in den USA.

Kemp nahm die Stelle als Leiter einer Technologieabteilung bei Ames an und brachte all die Unberechenbarkeit mit, auf die Worden gehofft hatte.

Als eine seiner ersten großen Maßnahmen berief Kemp eine Versammlung aller Mitarbeiter der Abteilung ein und teilte den Hunderten von Technikern mit, dass sie zu wenig leisteten. Er war sogar der Meinung, dass die gesamte IT-Abteilung besser geführt werden könne, wenn nur halb so viele Mitarbeiter doppelt so viel arbeiteten. Als die Mitarbeiter anfingen, Kemp lautstark zu widersprechen, spielte er ein Video mit Erfahrungsberichten von Ames-Mitarbeitern vor, die darin ihre Meinung über den Technologiebetrieb des Zentrums äußerten. Die Mitarbeiter beschwerten sich darüber, dass es sechs Monate dauerte, bis sie einen Computer erhielten, und dass es dann noch einmal sechs Monate dauerte, bis sie den dazugehörigen Monitor bekamen. Das Netzwerk war veraltet. Die Software war miserabel. Und so ging es immer weiter.

»Die Leute sind aufgestanden und haben den Raum verlassen«, erinnert sich Kemp. »Sie sagten: ›Wer zum Teufel sind Sie, dass Sie die Leute nach ihrer Meinung über uns ausfragen?‹ Und: ›Das ist nicht unsere Schuld.‹ Ich sagte: ›Doch, ist es.‹ Ich bin etwa ein Drittel so alt wie die Leute in diesem Raum, und sie sehen in mir dieses unverschämte Kind, das sich als Chef aufspielt, dem aus irgendeinem Grund die Verantwortung für all diese Dinge übertragen wurde. Ich habe mir nicht viele Freunde gemacht.«

Als Kemp begann, Mitarbeiter zu entlassen und Kosten zu senken, machte er sich auch außerhalb von Ames Feinde. Ross Perot, Geschäftsmann und ehemaliger Präsidentschaftskandidat, leitete zu dieser Zeit ein Technologiedienstleistungsunternehmen, das umfangreiche Verträge mit der NASA abgeschlossen hatte, und eines Nachmittags zitierte der Milliardär Kemp in sein Büro in Plano in Texas, um ihn persönlich zurechtzuweisen. »Er schrie: ›Was ist denn da drüben los? Ihr gebt nur halb so viel Geld aus. Wir holen jedes Jahr 180 Millionen Dollar aus euch heraus‹«, erinnert sich Kemp. »Ich antwortete: ›Ja, aber jetzt nicht mehr, Sir.‹«

Die glanzvollere Seite von Kemps Arbeit bestand darin, einflussreiche Führungskräfte aus dem Silicon Valley zu treffen und ihnen einen Einblick in die schillernden Seiten der NASA zu geben. So nahm er beispielsweise Leute wie den CEO von Google, Eric Schmidt, mit nach Florida, um von der VIP-Suite in Cape Canaveral aus den Start des Spaceshuttles zu beobachten. Da sich die Starts über einen längeren Zeitraum erstrecken können, hatte Kemp ausreichend Zeit, sich mit seinen Gesprächspartnern zu unterhalten und zu versuchen, eine gemeinsame Basis für die Zusammenarbeit zwischen der NASA und den Technologieunternehmen zu finden. Oft gelang es ihm, Geschäfte zu arrangieren, bei denen die jeweiligen Unternehmen die NASA für ihre Bilder oder für Forschungs- oder Technologiedienste bezahlten. Einige der Kooperationen mit Google sind auf genau diese Art von Schmusekurs beim Shuttle-Start zurückzuführen.

Diese Dienstreisen boten Worden auch die Gelegenheit, dem damals noch naiven Kemp wertvolle Lektionen darüber zu erteilen, wie die Regierung die Dinge handhabt. Worden bestand darauf, dass er und Kemp immer mit ihrem eigenen Mietwagen zur Abschussbasis fuhren, anstatt in einen chauffierten Geländewagen zu steigen und neben den Tech-Bossen zu sitzen. Bei Abendessen mit diesen reichen Geschäftspartnern, die 500-Dollar-Weinflaschen bestellten, sorgte Kemp dafür, dass er seinen Teil der Rechnung stets aus eigener Tasche bezahlte. Worden hatte zu viele Untersuchungen des Kongresses erlebt, als dass er sich oder seine Mitarbeiter mit dem Vorwurf der Bestechlichkeit oder auch nur mit dem Austausch von Gefälligkeiten hätte belasten wollen. »Pete hat uns auch gewarnt, dass es vielleicht unbedeutend erscheinen mag, aber man sollte sich nie von seinen Gegnern auf solche Details festnageln lassen«, sagte Kemp. Diese Praktiken sollten sich in den kommenden Jahren als äußerst wichtig erweisen und retteten Worden, Marshall und Kemp Kopf und Kragen, als Fraktionen innerhalb der NASA und der US-Regierung es auf sie abgesehen hatten.

Worden stellte nicht nur exzentrische junge Ingenieure ein, sondern führte auch andere Neuerungen bei Ames ein, die viele Leute auf einem NASA-Campus nicht vermuten würden. Ames startete etwa eine jährliche Tradition, die Öffentlichkeit zu einem Space-Rave auf den Campus einzuladen, der aus wissenschaftlichen Ausstellungen, Kunstinstallationen, elektronischer Musik, Partys und Alkoholausschank bestand, und die Leute kamen zu Tausenden, um Auftritte von Künstlern wie Common und den Black Keys zu sehen. »Hier war ein NASA-Direktor, der sagte: ›Wir geben alles. Wir werden eine Art Woodstock für den Weltraum veranstalten‹«, so Alexander MacDonald, der Chefökonom der NASA, der damals bei Ames arbeitete. Im Jahr 2008 wurde Ames auch zum Hauptsitz der Singularity University, einer unkonventionellen, an einen Kult erinnernden Hochschule, die sich dafür starkmachte, den rasanten Fortschritt der Technologie zu würdigen und zu erforschen.

Eine der eher zufälligen glücklichen Wendungen, die sich aus der Gründung der Singularity University ergaben, war die Ankunft von Chris Boshuizen bei Ames, der später Planet Labs mitbegründen sollte. Boshuizen war, wie so viele von Wordens neuer Truppe von Mittzwanzigern, Mitglied des Space Generation Advisory Council, einer Gruppe von jungen Weltraumidealisten. Er war in Houston dabei gewesen und hatte Wordens Streit mit Marshall in der Bar mitgehört; in späteren Jahren entwickelte er sich zu einem Elder Statesman und Organisator der Gruppe. Als Worden darüber nachdachte, die Singularity University in Ames zu gründen, erinnerte sich Marshall an Boshuizens Organisationstalent und schlug Worden vor, ihn einzustellen.

Boshuizen, der gerade erst im Rahmen seiner Doktorarbeit in Physik an der University of Sydney ein Weltraumteleskop entworfen hatte, wäre nie auf die Idee gekommen, an einem so bürokratischen Ort wie der NASA zu arbeiten – bis er mitbekam, wie Marshall und andere bei Treffen der Space Generation über ihre Jobs bei Ames sprachen. »Tief im Inneren wollte ich einfach nicht zur NASA gehen«, erinnert er sich. »Will musste fast ein Jahr lang auf mich einreden, bis ich begriff, dass dies nicht die normale NASA war oder die übliche Art, an Dinge heranzugehen.« Als das Angebot der Singularity University aufkam, passte es genau zu dem Credo einer unkonventionellen NASA.

Als Boshuizen zu Ames kam, gab es sofort Anzeichen dafür, dass sein Leben eine drastische Wende genommen hatte. Gerade noch hatte er sich jahrelang als Akademiker abgerackert und um Gelder zur Förderung seiner Forschung gebettelt. Plötzlich verkehrte er mit Leuten wie Larry Page und General Worden und war für den Aufbau einer ganzen Universität verantwortlich – sozusagen von Grund auf. Boshuizen stürzte sich in das Projekt und half innerhalb weniger Wochen dabei, Fachkräfte für die Universität zu rekrutieren, den Lehrplan zu erstellen und die Logistik für die Unterrichtsräume bei Ames festzulegen. Eine der schwierigsten Aufgaben, die er zu bewältigen hatte, war die Beschaffung von genügend Geld, um die Singularity University auf die Beine zu stellen. Worden fand, dass 2,5 Millionen Dollar ausreichen sollten. Zu Boshuizens Verwunderung floss das Geld während des ersten Spendendinners in Strömen, angefangen mit einem Beitrag in Höhe von 500 000 Dollar von Page.

Boshuizen war ins Silicon Valley gekommen, in der Hoffnung, eine etwas dynamischere Version der NASA vorzufinden. Im Laufe der Monate begann er jedoch zu erkennen, dass etwas viel Dramatischeres im Gange war. All die

Menschen, die Pete Worden – Darth Vader höchstpersönlich – in die Bay Area gelockt hatte, teilten nicht nur die Leidenschaft für den Weltraum, sondern auch eine romantische Vorstellung davon, wie das Leben hier auf der Erde aussehen könnte.

Die Technologiebranche hatte durch ihre Fixierung auf Aktienkurse und die Akquise von Nutzern in der Dotcom-Ära viel von dem Anti-Establishment-Glamour verloren, der sie in den 1960er-Jahren inspiriert hatte. Damals hatten Leute wie die späteren Apple-Mitbegründer Steve Jobs und Steve Wozniak das Telefonsystem manipuliert, um der großen US-Telefongesellschaft AT&T die Stirn zu bieten, während andere sich für Computer als Mittel einsetzten, mit dem »das Volk« die Macht von der Regierung und den Konzernen zurückerobern konnte. Die Neuankömmlinge bei Ames waren wie alle anderen Teil einer viel kommerzielleren Ära der Technologie, aber sie hielten auch an vielen der Überzeugungen fest, die die Bay Area lange Zeit zu einem Epizentrum sozialer Umwälzungen gemacht hatten. Weston, zum Beispiel, versuchte, die Welt so zu gestalten, dass sie seinem Freigeist entsprach. Marshall war nahezu ein Kommunist, Kemp ein Teilzeitanarchist. Und ihre Freunde, wie Levit, gaben sich mit allen erforderlichen Mitteln der Bewusstseinserweiterung hin.

»Pete hat uns alle zusammengebracht und so etwas wie einen Kreuzzug ins Leben gerufen«, sagt Boshuizen. »Es gab diesen Spirit der 1960er-Jahre, als alle aus verschiedenen Teilen des Landes und der Welt hierhergezogen waren, um etwas Großes zu erreichen. Das war schon eine verrückte Bewegung, und es hat wirklich Spaß gemacht.«

Dabei ging es zum einen darum, den Menschen mehr Freiheit zu geben, damit sie ihre Kreativität zum Ausdruck bringen und experimentieren konnten. Ein anderer Teil ging jedoch tiefer. Viele von Wordens Gefolgsleuten sahen den Weltraum als eine Projektionsfläche, auf der sie ihre Ideen darüber ausdrücken konnten, wie die Gesellschaft funktionieren und wie sich die Menschheit entwickeln sollte. Marshall entpuppte sich bald als die unbändige, charismatische Kraft, die das, was Worden bei Ames begonnen hatte, in die reale Welt und dann in den Weltraum hinaustragen sollte.

OBWOHL WORDEN MIT DEN RAVES, der Singularity University und all den anderen Projekten die besten Absichten verfolgte, wusste er, dass solche Projekte Konsequenzen nach sich ziehen würden. Viele Mitglieder der alten Garde der NASA betrachteten das Abhalten eines Raves auf dem Ames-Campus als inakzeptables Verhalten. Einige dieser Leute missbilligten auch den »Pete-Kult«, der sich um Worden gebildet hatte. Es gab Beschwerden darüber, dass Worden seinen jungen Anhängern zu viele Befugnisse eingeräumt hatte, und einige der patriotischeren Angestellten bei Ames äußerten ihre Bedenken über die Anzahl von ausländischen Mitarbeitern wie Marshall und Boshuizen, die zu dem heiligen Gelände der NASA zugelassen worden waren. Worden neigte dazu, die Situation noch zu verschlimmern, indem er seine Vorliebe für bestimmte Personen offen zur Schau stellte.

Die Geschäfte mit Google zogen auch unerwünschte Untersuchungen bei Ames nach sich. Kemp war eine der Schlüsselfiguren, die Worden dabei halfen, Googles Flugzeugflotte für das Zentrum zu gewinnen und die Partnerschaften abzuschließen, die zu Google Moon und Google Mars führten. Er und Worden waren von sich selbst überzeugt, weil sie eine neue Einnahmequelle für die NASA entdeckt hatten und der Meinung waren, dass solche Vereinbarungen absolut sinnvoll waren. Die NASA verfügte zudem über Unmengen von Daten, aber nicht immer über die Mittel oder den Willen, diese zu strukturieren und nutzbar zu machen. Google war auf genau diese Dinge spezialisiert. Warum sollte man der Öffentlichkeit nicht die Gelegenheit geben, nachzuvollziehen, wie es sich anfühlte, wenn man den Mond erkundete oder durch eine Schlucht auf dem Mars reiste, und zwar in 3-D?

Bei der NASA wurde Kemp jedoch dafür kritisiert, dass er den Deal ausschließlich mit Google und nicht mit einer Reihe von Technologieunternehmen abgeschlossen hatte. Als die NASA schließlich die Projekte genehmigte, war sie sich nicht einmal sicher, wie sie das Geld, das Google für die Daten bezahlt hatte, verbuchen sollte. »Ich erinnere mich noch lebhaft daran, wie ich zu Google ging, mich mit Eric Schmidt traf, in deren Buchhaltungsabteilung kam und der NASA dann einen Scheck über mehrere Millionen Dollar überbrachte«, so Kemp. »Sie sagten: ›Moment, das Geld geht in die andere Richtung. Sollen wir es dem Finanzministerium geben? Was sollen wir damit machen?‹« Auch die Presse war irritiert. Sicherlich wurde die große, alte, aufgeblähte NASA von Google ausgenutzt. Noch dazu hatten die Steuerzahler die Sonden und Teleskope finanziert, mit denen all diese Bilder aufgenommen wurden. Wie konnte dann ein öffentliches Unternehmen diese Vermögenswerte nehmen und sie in – wenn auch kostenlose – Dienstleistungen für Google-Nutzer verwandeln?

Die Berichterstattung über Ames' Vereinbarungen mit Google ging weit über die Lokal- und Technologiepresse hinaus. Der Late-Night-Talkshow-Moderator Jay Leno machte während eines abendlichen Monologs einen Witz über die Verwendung von Google Moon, mit dem man wohl eine Wegbeschreibung zu einem Starbucks auf der Mondoberfläche abrufen könne. Manchmal schätzten die Führungskräfte der NASA diese Art der Berichterstattung und den plötzlichen Superstar-Status von Ames, manchmal aber auch nicht. Als Kemp zum Beispiel den Deal abschloss, dass Larry Page und Sergey Brin Ames als Privatflughafen nutzen konnten, sickerte die Nachricht von der Vereinbarung zur Presse durch, bevor Kemp die NASA-Oberen informiert hatte. »Diese Geschichte schaffte es sogar auf die Titelseite der *New York Times*«, so Kemp. »Darauf war ein Bild von einer riesigen 757 zu sehen. Pete baute sich vor mir auf, und ich konnte seine Spucke spüren, als er schrie: ›Was zum Teufel hast du getan?‹ Ich sagte ihm, dass wir ein gutes Geschäft für die Steuerzahler gemacht hätten. Ich wurde nicht gefeuert. Er wurde nicht gefeuert. Und am Ende ging es allen besser.«

Im Jahr 2009 erreichten die Kritik an Worden und die Brüche innerhalb von Ames einen Höhepunkt. Will Marshall war zu einer Raumfahrtkonferenz nach Wien geflogen und wurde bei seiner Rückkehr nach San Francisco von Zollbeamten festgehalten. Zunächst dachte Marshall, es handele sich um eine routinemäßige Sicherheitskontrolle. Die Beamten löcherten ihn mit Fragen und kündigten an, seine Taschen zu durchsuchen. Nach einer halben Stunde des Hinhaltens wurde Marshall jedoch klar, dass die Dinge ernster waren. Er wurde in ein Hinterzimmer geführt, wo man ihn ausführlich verhörte. »Sie begannen, technische Fragen über die Mondmissionen zu stellen, an denen wir arbeiteten«, so Marshall.

Die Beamten verlangten, dass Marshall seinen Laptop aushändigte und ihnen sein Passwort mitteilte. »Einerseits hatte mir die NASA untersagt, mein Passwort an jemanden weiterzugeben. Auf der anderen Seite forderte mich gerade ein US-Regierungsbeamter auf, dies zu tun. Ich fühlte mich bei der ganzen Sache ziemlich hin- und hergerissen.«

Al Weston, die rechte Hand von Worden, wenn es darum ging, verrückte Dinge zu tun, war zum Flughafen gekommen, um Marshall abzuholen, und fragte sich, warum der redegewandte Brite so lange brauchte, um aus dem Terminal zu kommen. Er rief immer wieder auf Marshalls Handy an, und schließlich erlaubten die Beamten Marshall, einen der Anrufe entgegenzunehmen. Weston, der zu diesem Zeitpunkt Marshalls Vorgesetzter war, wies ihn an, das Passwort herauszugeben. »Wir haben den Laptop nie wiedergesehen«, so Marshall. Die Befragung dauerte weitere sechs Stunden, bis die Beamten Marshall schließlich gehen ließen.

Es stellte sich heraus, dass eine Gruppe innerhalb von Ames einen Bericht verfasst hatte, in dem etwa zwei Dutzend Personen beschuldigt wurden, chinesische Spione zu sein. Worden und Weston standen auf der Liste, und auch Marshall war darunter.

Da die Mondlandefähre ein »Star Wars«-Waffenantriebssystem als Basis hatte, fiel sie unter eine strenge Ausfuhrkontrolle namens International Traffic in Arms Regulations (ITAR; Regelungen des internationalen Waffenhandels). ITAR ist ein recht schwammiges Konstrukt, das auf verschiedenen Ebenen interpretiert werden kann, aber es soll vor allem verhindern, dass irgendjemand außer US-Bürgern sich Waffensysteme ansieht oder auch nur Dokumente oder Fotos dazu sieht. Die Befürchtung war, dass ausländische Staatsbürger wie Marshall Informationen über Raketenabwehrsysteme an Länder wie China weitergeben könnten oder zumindest zu unvorsichtig waren, wenn es darum ging, wie sie Unterlagen über die Mondlandefähre aufbewahrten.

Der Bericht stammte von einigen der patriotischeren Mitglieder des Teams der Mondlandefähre, die Marshalls laute, forsche und idealistische Art unerträglich fanden. Marshall hängte zum Beispiel eine UN-Flagge in der Werkstatt der Mondlandefähre auf, während das Team das Raumfahrzeug zum Ruhm der NASA und der Vereinigten Staaten von Amerika bauen wollte, nicht aus reiner Herzensgüte für alle Nationen. Aus der Sicht eines Superpatrioten war Marshall entweder ein achtloser Weltraumspinner, der die Geheimnisse der Nation gefährdete, oder, was noch schlimmer wäre, Teil einer verdächtigen, finsteren Vereinigung, für die Worden keine Mühen gescheut hatte, um sie nach Ames zu holen.

Die Beweise gegen Marshall schienen nicht sehr schwerwiegend zu sein. Er war einmal nach China gereist, um während des Sommersemesters an der International Space University in Peking zu unterrichten. Auf seinem jüngsten Flug nach Wien hatte er zudem den NASA-Laptop mitgenommen, der sensible Informationen enthielt. Marshall hatte nicht gewusst, dass NASA-Mitarbeiter eine Genehmigung für die Mitnahme ihrer Laptops einholen müssen.

Von diesem Zeitpunkt an eskalierten die Dinge jedoch in dramatischer Weise. Eine Gruppe von Ames-Mitarbeitern übergab dem Kongress einen 55-seitigen

Bericht, der Worden zufolge die Existenz einer weitreichenden Verschwörung zur Zerstörung des US-Raumfahrtprogramms zu beweisen versuchte. Nicht nur Worden und seine Freunde waren angeblich in die Verschwörung verwickelt, sondern auch Präsident Barack Obama, Elon Musk und Lori Garver, die stellvertretende Verwalterin der NASA, die eine große Befürworterin von SpaceX und der privaten Weltraumforschung war. Angestachelt durch das Dokument, leitete das FBI eine Untersuchung ein, die vier Jahre dauerte und in deren Kielwasser Ames als Hochburg von Spionen durch die Presse geschleift wurde.

Drei Monate lang untersagten die Behörden Marshall, den Sicherheitsbereich des Ames-Geländes zu betreten und seinen offiziellen Arbeits-E-Mail-Account zu benutzen. Marshall: »Ich werde nie vergessen, wie ich zu meinem Anwalt sagte, dass ich dachte, man sei unschuldig, bis die Schuld bewiesen sei. Er antwortete: ›Ja, das ist ein weitverbreiteter Irrglaube.‹ Ich sagte: ›Was? Ich bin mit diesem Glauben aufgewachsen. Wenn das wahr ist, ist das eine verdammt große Sache, und wir sollten es der ganzen Welt erzählen.‹ Darauf er wieder: ›Ja, das ist ein weitverbreiteter Irrglaube.‹ Ich dachte mir: ›Hör endlich auf, das zu sagen!‹ Es stimmt, dass ich die Genehmigung für den Laptop nicht bekommen und gegen diese Regel verstoßen hatte, aber niemand hatte jemals von solchen Genehmigungsformularen gehört. Auf jeden Fall hatte ich gegen interne Regeln verstoßen. Aber ich hatte kein Gesetz gebrochen. Und ich hatte nicht versucht, für China zu spionieren. Ich habe nicht versucht, für irgendjemanden zu spionieren, vielen Dank auch.«

Offenbar konnten weder das FBI noch die US-Staatsanwaltschaft jemals Beweise für ein Fehlverhalten finden. Und obwohl alles möglich ist, war allein die Vorstellung, dass Worden, ein Brigadegeneral, der einen Großteil seines Lebens damit verbracht hat, die Vereinigten Staaten zu schützen, geplant hatte, »Star Wars«-Waffenpläne an andere Länder weiterzugeben, einfach albern. »Glücklicherweise wurde die Sache schließlich eingehend von neutraler Seite geprüft, und ein US-Staatsanwalt in San Francisco wies die ganze Sache ab«, sagt er. »Später fand ich heraus, dass ich schon früh entlastet worden war, und obwohl sie immer noch hinter einer Reihe von Leuten her waren, sagte der Staatsanwalt schließlich: ›Schauen Sie: An der Sache ist nichts dran.‹«

Worden war verärgert darüber, dass Marshall den NASA-Laptop mit ins Ausland genommen hatte. Marshall hatte dieselben Warnungen erhalten, die Worden an Kemp gerichtet hatte, nämlich dass man sich an die Regeln halten solle, damit die eigenen Kritiker nicht mit kleinen Verstößen größere Kontroversen auslösen könnten. Marshall hatte sich jedoch nie viel aus Bürokratie und lästigen Details gemacht. Und so gut wie jeder in Petes Team nahm an, dass Wordens eigenmächtige Vorgehensweise bei Ames der wahre Grund für die Untersuchung war. Marshall hatte den Leuten einfach nur eine Möglichkeit geboten, ihren Frust in der Öffentlichkeit abzulassen.

»Wie bei allen Menschen, die für Veränderungen stehen, stößt man ziemlich bald auf Widerstände«, sagt Worden. »Es gab wahrscheinlich ein paar Dutzend Leute bei Ames, die beschlossen hatten, dass ich der übelste Mensch der Welt sei und aufgehalten werden müsse. Viele von ihnen konzentrierten sich auf ›Pete's Kids‹, von denen Will wahrscheinlich der augenfälligste war und nicht so sehr auf die Vorschriften achtete.«

Ein letzter Vorfall untermauerte, wie lächerlich das Misstrauen der NASA und der US-Regierung gegenüber Worden inzwischen war. Als Gefallen für einen Ames-Mitarbeiter, der sich als Fotograf verdingte, verkleideten sich Worden und etwa ein Dutzend anderer Personen als Wikinger und inszenierten einen Landangriff in den Sumpfgebieten um das Ames-Gelände. Als die Bilder von Worden, der mit dem Schwert in der Hand durch den Nebel stürmt, um imaginäre Marodeure zu erschlagen, im Internet auftauchten, reichten sie aus, um den Senator von Iowa, Chuck Grassley, zu veranlassen, eine Untersuchung des Fotoshootings auf Bundesebene zu fordern. Grassley wollte wissen, wie viel Zeit und Steuergelder der Bundesbehörden für diese unsinnige Aktion verschwendet worden waren. Es stellte sich heraus, dass alle Beteiligten ihre Zeit freiwillig zur Verfügung gestellt hatten und das Shooting an einem Wochenende stattgefunden hatte. Die Untersuchung dagegen kostete mehr als 40 000 Dollar.

Alles in allem leitete Worden Ames von 2006 bis 2015. In dieser Zeitspanne verwandelte er ein fast tot geglaubtes NASA-Zentrum in die berühmteste – und gelegentlich auch berüchtigste – Forschungseinrichtung der Raumfahrtbehörde. Seine Maßnahmen halfen Ames, die wichtigsten Ressourcen des Silicon Valley zu nutzen: seine Mitarbeiter, seine Technologie und seinen Reichtum. Außerdem stieß Ames damit in neue, lukrative technologische Bereiche vor, die dafür sorgten, dass das Zentrum noch jahrzehntelang eine herausragende Rolle bei Raumfahrtmissionen spielen wird. Gleichzeitig setzte er sich unermüdlich für die Senkung der Kosten dieser Missionen ein und war ein Verfechter der privatwirtschaftlichen Raumfahrt.

Doch in der Summe führten Wordens oft kontroverse Ansichten schließlich zum Ende seiner Zeit als Direktor von Ames. Die NASA hatte zu viele Beschwerden darüber erhalten, dass Worden Mitarbeiter anbrüllte, die zu wenig leisteten, und die Gewerkschaft war nicht gerade erfreut darüber, dass er Leute zu feuern versuchte, nur weil sie ihren Pflichten scheinbar nicht nachkamen. Einige waren der Meinung, dass er immer noch seine alten, die NASA verachtenden Methoden anwandte und der Presse Informationen zuspielte, um Teile der Raumfahrtbehörde schlecht aussehen zu lassen. Andere waren verärgert darüber, dass er Unternehmen wie SpaceX lobte, während er die Entscheidung der NASA kritisierte, weiterhin ihre eigenen, absurd teuren Raketen zu bauen. Am Ende verließen zu viele der hochrangigen Personen, die Worden geschützt hatten, die NASA, was ihn isoliert und politisch verwundbar zurückließ. Worden entschied sich, in den Ruhestand zu gehen und ein einfacheres Leben zu führen.

»Eines meiner Lieblingszitate stammt von Machiavelli, was ein wenig bedauerlich ist, weil er keinen guten Ruf hat«, so Worden. »Ich habe es abgewandelt, aber es besagt: ›Das Schwierigste ist, die Ordnung der Dinge zu ändern, denn jeder, der etwas zu gewinnen hat, ist nur ein halbherziger Befürworter, und jemand, der etwas zu verlieren hat, ist ein erbitterter Feind.‹ Dies ist eine sehr große Herausforderung. Daher glaube ich, dass Elon und ich im Wesentlichen Seelenverwandte sind. Er hat wahrscheinlich viel mehr getan, um die Dinge zu verändern, aber wir beide wissen, wie es sich anfühlt, zur Zielscheibe zu werden.«

Dennoch hatte Worden die Bürokratie der NASA lange genug überlebt, um nicht nur eine Institution mit eingefahrenen Abwehrmechanismen gegen Umstrukturierungen umzugestalten, sondern auch weit über die Grenzen des Zentrums hinaus Wirkungen zu erzielen. Er hatte kluge, enthusiastische junge Leute aus der ganzen Welt angeworben, sie zusammengebracht, ihnen ein Gefühl von Sinnhaftigkeit gegeben und ihnen beigebracht, wie man Hindernisse überwindet. Er hatte ein einmaliges Umfeld geschaffen, in dem großartige Ideen entstehen und die innigsten Freundschaften geknüpft werden konnten. Mehr dazu später. Die jungen Leute, die er bei Ames versammelte, waren dazu bestimmt, zusammenzuhalten, und sie sollten dort weitermachen, wo Musk mit der Falcon 1 aufgehört hatte. »Pete's Kids« würden schon bald die nächste Revolution in der privaten Raumfahrt lostreten.

KAPITEL 4

DIE RAINBOW MANSION

Als »Pete's Kids« 2006 ins Silicon Valley kamen, brauchten sie eine Bleibe. Da sich einige von ihnen bereits kannten, spielten sie mit dem Gedanken, zusammenzuziehen. Will Marshall, Robbie Schingler und Jessy Kate Cowan-Sharp hatten bereits während eines Aufenthalts in Washington, D.C., mit einigen anderen Freunden zusammengewohnt. Wieso sollten sie diesen Lebensstil nicht beibehalten und auch in Kalifornien gemeinsam in einer Wohngemeinschaft leben?

Marshall übernahm die Initiative bei diesem Projekt und durchforstete Craigslist-Anzeigen, um ein Haus in der Nähe des NASA-Forschungszentrums Ames zu finden, in dem eine ungewöhnlich große Anzahl von Bewohnern untergebracht werden konnte. Schnell stieß er auf ein Inserat für ein sehr großes Haus – eine Villa, um genau zu sein – am 21677 Rainbow Drive außerhalb von Cupertino, wo Apple seinen Firmensitz hat. Die Besitzer des Hauses waren in der Technologiebranche tätig gewesen, aber sie waren weggezogen, und das Haus hatte nach der Dotcom-Pleite jahrelang leer gestanden. Wenn eine ungewöhnlich große Gruppe von Mittzwanzigern das Haus mieten wollte, bitte schön, solange sie bereit waren, die erste und die letzte Monatsmiete zu zahlen und eine Kaution in Höhe von insgesamt 20 000 Dollar zu hinterlegen.

Auf den ersten Blick schien diese stolze Summe absurd hoch zu sein. Mit zehn oder mehr Personen im Haus entsprach sie jedoch den üblichen Mietpreisen in der Bay Area. Cowan-Sharp hatte das gemeinschaftliche Wohnen zu einer Art Wissenschaft gemacht und ihre Methoden für die Suche nach Mitbewohnern sowie die Aufteilung der Miete und anderer anfallender Kosten perfektioniert. Das Beste daran war, dass Chris Kemp ebenfalls in dem Haus wohnen wollte und sich zuvor von einigen seiner Start-ups trennte und sich auszahlen ließ. Mit dem Geld konnte er den geforderten Betrag zahlen und die Dinge auf den Weg bringen.

Das Haus lag auf einem Hügel mit Blick auf das Silicon Valley. Mit seinen Terrakotta-Dachziegeln und der cremefarbenen Fassade erinnerte es an eine mediterrane Villa. Wer sich dem Hauseingang näherte, sah zuerst einen bescheidenen Wassergraben, der sich durch den Vorgarten zog, mit einer kleinen Zugbrücke und Kois, die im Wasser darunter schwammen. Im Inneren befand sich ein riesiges Master Bedroom, der einen ganzen Flügel des Hauses einnahm, sowie einige kleinere Schlafzimmer und Wohnräume. Es schien, als hätten die Besitzer alles im Haus zurückgelassen, bis auf das Geschirr. Es gab ein Klavier, eine Bar mit einem Tresen aus Acryl, einige Möbel und ein Heimkino mit einem Projektor. Das ganze Haus war in Pastellfarben gehalten, mit vielen hellen Rosa- und Blautönen. Alles zusammen hatte die Villa eine Wohnfläche von etwa 500 Quadratmetern und lag in einem sehr schönen, von Bäumen gesäumten Vorort im Silicon Valley – und ganz bald würde sie eine ungewöhnliche Truppe von Bewohnern haben, deren Besetzung munter fluktuierte.

Marshall war der Dreh- und Angelpunkt, um den sich die Gruppe scharte. Er hatte Schingler und Cowan-Sharp kennengelernt, als sie als College-Schüler an einem Weltraumworkshop für Jugendliche, dem Youth Space Meeting, teilnahmen, und sie wurden schnell Freunde. (Cowan-Sharp heiratete Schingler 2010 und nahm seinen Nachnamen an, sodass sie von nun an, um Verwirrung zu vermeiden, als Robbie und Jessy Kate bezeichnet werden.) Obwohl er in England aufgewachsen und dort zur Schule gegangen war, hatte sich Marshall schon Jahre zuvor mit Kemp angefreundet, als er 1998 ein Praktikum am Marshall Space Flight Center in Alabama absolvierte, wo Kemp zu dieser Zeit lebte. Die beiden Männer verstanden sich auf Anhieb und unternahmen oft Wanderungen und Ausflüge in Alabama, und in den folgenden Jahren nahm Marshall Kemp in seinen Klub der Weltraumfreaks auf. Einer der anderen frühen Mitbewohner war Kevin Parkin, ein weiterer Brite, der 1996 zusammen mit Marshall sein Grundstudium an der University of Leicester begonnen hatte und zehn Jahre später von Worden zu Ames geholt wurde.

Robbie und Jessy Kate zogen in das große Schlafzimmer. Marshall übernahm ein Zimmer mit japanischen Tatami-Matten, dessen Boden und Wände umgestaltet werden konnten. Kemp und Parkin zogen nach oben und übernahmen

DIE RAINBOW MANSION

die ehemaligen Kinderzimmer, die über ein gemeinsames Bad verfügten. »Es hatte sogar einen Whirlpool«, schwärmt Kemp. »Und es bot einen Ausblick auf den japanischen Garten hinter dem Haus.« Da er sich nicht sicher war, ob sein Job bei Ames von Dauer sein würde, hatte Kemp die meisten seiner Habseligkeiten in einer Wohnung in Seattle zurückgelassen und war sehr froh, dass sein Zimmer bereits mit einem Bett und Einrichtungsgegenständen wie Kleiderschränken ausgestattet war. »Das Zimmer hatte lauter Einbauschränke«, sagt Kemp. »Alles, was ich tun musste, war, meine freakigen Klamotten einzuräumen. Das war genial.«*

»Pete's Kids« nannten ihr neues Haus wegen seiner Lage am Rainbow Drive »The Rainbow Mansion« (»Die Regenbogen-Villa«) und machten sich daran, weitere Untermieter zu finden, um die Kosten zu senken. Sie beschlossen, ein paar Etagenbetten in einem der Zimmer zu nutzen und es in eine Art Jugendherberge umzuwandeln, die Leuten offenstand, die zu Besuch im Silicon Valley waren oder nur eine kurzfristige Bleibe suchten. Einige andere Wohnzimmer wurden zu Schlafzimmern umgebaut. Das Ziel war es, dass jederzeit mindestens zehn Personen in dem Haus wohnen sollten.

Das Konzept eines Gemeinschaftshauses war sicherlich nicht neu, und auch die Idee, in einer Kommune zu leben, war für die Bay Area keineswegs neu. Es sollte sich jedoch herausstellen, dass die Rainbow Mansion diese Vorstellung für die Ingenieure und Softwareentwickler, die ins Silicon Valley strömten, zu neuem Leben erweckte. Jessy Kate war es zu verdanken, dass die sogenannten Hacker-Häuser zu einem Begriff wurden. Manche versuchten einfach, mit den ständig steigenden Mieten in der Bay Area klarzukommen. Andere wollten ein stärkeres Gemeinschaftsgefühl. Wieder andere nutzten die Häuser eher zum Networking für ihre Start-ups. Im Jahr 2013 gab es so viele solcher Häuser, dass die *New York Times* einen Artikel über diesen Trend mit dem Titel »Bay Area

---

* Ein Freund beschrieb Kemp in jener Zeit der Rainbow Mansion als den »Regierungsspinner« (»Mr. Government Nerd«). Er kam aus der Welt der Informationstechnologie und sah dementsprechend aus, und er kleidete sich auch so: Nickelbrille, leicht pummelig, Bürstenschnitt. So wie man sich jemand bei Microsoft vorstellt. Dennoch hieß es von ihm, dass er ständig ausgeklügelte Pläne schmiede, um die Welt zu übernehmen. Zudem hatte er in der Gruppe den Ruf eines Problemlösers, der aus jeder Situation einen Ausweg finden konnte. Als er zum Beispiel einmal in einem Aufzug feststeckte, schlug er eine Platte in der Decke heraus, kletterte in den Aufzugsschacht, brach die Tür im zweiten Stock auf und brachte die anderen Fahrstuhlinsassen in Sicherheit.

Millennials Are Flocking to Communes – No Tie-Dye Required« (»Millennials aus der Bay Area bevölkern die Kommunen – Batikhemden sind keine Voraussetzung«) veröffentlichte, in dem der Rainbow Mansion und Jessy Kate ein eigenes Feature gewidmet wurde.

Die Rainbow Mansion aus dem Jahr 2006 unterschied sich jedoch stark von den späteren Versionen: Sie strahlte einen Hauch von Magie aus. Das Herz des Hauses bestand aus einer Gruppe von Freunden, die so eng zueinander standen wie eine Familie. Sie teilten die Leidenschaft für den Weltraum und noch etwas Tieferes: Sie waren durch ihren Idealismus verbunden. Mit Marshall und den Schinglers an der Spitze waren sie felsenfest davon überzeugt, die Welt zum Besseren verändern zu können, und versuchten, jeden, der die Rainbow Mansion betrat, mit ihrer Begeisterung anzustecken.

Außerhalb der Kerngruppe lebte eine ständig wechselnde Reihe von Personen in dem Haus. Manchmal waren es gleichzeitig Mitarbeiter der NASA, jemand von Apple oder Google und ein paar andere, die an einem Start-up arbeiteten. Einige von ihnen hatten ihre eigenen Zimmer, während andere in dem provisorischen, mit Etagenbetten ausgestatteten Raum wohnten.

Viele der neuen Bewohner der Rainbow Mansion wurden durch die ungewöhnlichen Anzeigen, die Marshall auf Craigslist aufgab, auf das Haus aufmerksam: »Gesucht: engagierte, leidenschaftliche junge Frau, die die Welt verändern will« oder »Mitbewohner für eine Intellektuellen-Kommune gesucht«. Anstatt zuerst das Haus und seine Ausstattung zu beschreiben, gingen die Anzeigen direkt zur Beschreibung der dort lebenden Personen über. Sie enthielten auch Fragen wie: »Stellen Sie sich vor, Sie kämen mittwochabends nach Hause und sähen eine Gruppe von 15 Personen, die in der Bibliothek spontan eine Dinnerparty abhalten. Wie würden Sie sich fühlen?« Oder: »Welche zwei Dinge möchten Sie in Ihrem Leben bewirken, wozu möchten Sie beitragen?«

Wenn neue Leute ins Haus kamen, befragte Marshall sie manchmal zu ihren beruflichen und privaten Interessen: Was machst du? Warum tust du das? Warum machst du es auf diese Weise? Worauf zielst du letztendlich ab? Dies war zum Teil auf Marshalls unstillbare Neugier zurückzuführen – er wollte eben von den Menschen lernen und ihre Denkweise verstehen. Zum Teil war es aber auch eine Form des sokratischen Dialogs, bei dem Marshall die Menschen aufforderte, darüber nachzudenken, wie sie ihre Zeit verbrachten. Obwohl er nicht die Absicht hatte, andere Menschen dadurch emotional in Bedrängnis zu bringen, war es zumindest bei einer Person so, dass diese sich nach einem solchen Kreuzverhör in Embryostellung in einer Ecke des Zimmers verkroch.

Der Geist der Rainbow Mansion entsprach dem Engagement von »Pete's Kids« bei der NASA. Bei der Arbeit versuchten sie, die Raumfahrtindustrie zu verändern und mehr Macht in die Hände von Privatpersonen zu legen anstatt von Regierungen und Militärs. Zu Hause waren Jessy Kate, Robbie und Marshall Verfechter neuer sozialer Strukturen. Sie betrachteten das Haus als »zielgerichtete Kommune«, die Diskussionen über große Ideen anregen sollte, die den Status quo verändern und die Gesellschaft zum Besseren umgestalten könnten. Das Flair der Gegenkultur der 1960er-Jahre war durch die Ingenieure und Investoren, die inzwischen in die Bay Area gekommen waren, zweifellos nicht mehr so stark ausgeprägt, aber diese Ära wirkte in gewissem Maße in dem Haus noch nach.

Marshall war der Ansicht, dass das gemeinschaftliche Leben eher der menschlichen Natur und dem ursprünglichen Leben in Stammesverbänden entspräche. »Ich liebe das Leben in der Kommune«, sagte er. »Es ist ein liebenswertes Umfeld und eines, in dem viele Ideen entstehen und wo ich jede Woche eine Menge lernen kann. Meine größte Frage ist, warum die Menschen sich freiwillig auf die Kernfamilie, oder wie auch immer man es nennen mag, beschränken. Das ist eine merkwürdige, sehr junge Erfindung der Menschen und meiner Meinung nach nicht besonders schlau.«

Die Menschen, die in der Rainbow Mansion lebten oder sie nur zeitweise besuchten, genossen die Energie, die von dieser Kommune ausging. Es fühlte sich an wie ein nicht enden wollender Sommerurlaub. Fast jeden Abend versammelten sich die Hausbewohner und ihre Gäste zu familiären Mahlzeiten, die von demjenigen zubereitet wurden, der an diesem Abend die Leitung übernehmen wollte. Marshall hatte ein besonderes Händchen dafür, Reste in neue Gerichte zu verwandeln, und konnte problemlos spontan um die 30 Leute verköstigen. Unter den Gästen befanden sich manchmal auch Staatsoberhäupter, Astronauten, Wissenschaftler, Milliardäre und Erfinder.

Nach den Mahlzeiten versammelte man sich oft in der großen Bibliothek des Hauses, die mit Büchern aus den verschiedensten Bereichen – von Philosophie über Chemie bis hin zu Hausbau – ausgestattet war und deren Wände mit einer Vielzahl bunter, vielgestaltiger Gemälde geschmückt waren. Es gab Tee, und Flaschen mit Scotch machten die Runde. Man diskutierte über eine Vielzahl von Themen: von den kommenden Bedrohungen durch künstliche Intelligenz bis hin zu den Gefahren des Weltraummülls.

Etwas formeller ausgedrückt, diente die Rainbow Mansion als gemeinsames Forschungs- und Entwicklungslabor für künstlerische Projekte und technische Fragen. Es war durchaus üblich, dass man beim Betreten des Hauses neue Kunstinstallationen vorfinden konnte, die an den Wänden aufgehängt waren. Im Eingangsbereich baumelte beispielsweise einmal ein riesiger Tetraeder von der Decke, der aus Toilettenpapier und Küchenrollen konstruiert worden war. Viele der Hausbewohner waren Teil der Open-Source-Software-Bewegung, bei der der zugrunde liegende Code von Anwendungen freigegeben wird, damit andere ihn nutzen und nach Belieben verändern können. Sie veranstalteten unzählige sogenannte Hackathons, bei denen Programmierer das Haus für einen Abend oder ein ganzes Wochenende in Beschlag nahmen.

Celestine Schnugg, eine frühere Mitbewohnerin der Rainbow Mansion (und heutige Investorin), pflegte sich am Koi-Teich zu sonnen, wobei ihre Sonnenbäder von Horden von Ingenieuren unterbrochen wurden: »Die Leute schleppten kistenweise elektrische Geräte an und leuchteten das Haus aus. Hunderte von Menschen breiteten sich aus und übernahmen das Haus für 24 Stunden. Man hat entweder mitgemacht oder um sie herum gearbeitet. Das Ganze hatte etwas Authentisches, denn die Leute gingen ihrer Leidenschaft nach und versuchten, etwas Nützliches zu schaffen. Es musste nicht unbedingt Software sein. Es konnte auch ein persönliches Projekt sein. Die Leute im Haus waren sehr offen, wenn es darum ging, sich gegenseitig zu unterrichten und zu lernen. Ich nannte es die ›Nerd Mansion‹.«

An den Wochenenden dachte sich Marshall immer ein spannendes Abenteuer aus und lud alle interessierten Teilnehmer ein, mitzukommen. »Will war immer ungeduldig, immer auf irgendeiner Mission, bei der jeder willkommen war«, erinnert sich Schnugg. »Er sagte dann: ›Wir ziehen jetzt los! Wer kommt mit?‹ Und alle sprangen in eine alte Karre und fuhren zur NASA, um Ziegen zu jagen und zuzugucken, wie Wills verrückte Mondlandefähre von einem Trampolin abprallte. Und dann fuhren wir mit der nächsten Rostlaube nach San Francisco, um in einem Salsa-Klub zu tanzen.«

Diese Unternehmungen mit Marshall profitierten oft von dem, was seine Freunde als »Zufallsfaktor« bezeichneten. Es schien, als könne Marshall selbst aus den schlimmsten Situationen etwas Gutes zaubern, und glückliche Zufälle folgten ihm, wohin er auch ging.

Kurz nach seinem Einzug in die Villa beschloss Marshall beispielsweise, mit seiner damaligen Freundin eine Wanderung zu unternehmen. Sie sollte zwei Tage dauern und führte das Paar von Cupertino aus 80 Kilometer durch die Berge bei Santa Cruz bis hinunter zum Waddell Beach. Er packte ein paar Flaschen Wasser, einen Schlafsack und eine Tüte mit Nüssen für den Trip ein. Er hatte keine Ahnung, wie sie vom Strand nach Hause kommen oder wie sie das Ganze überstehen sollten, falls etwas schiefging. Aber das machte nichts. Nachdem sie einen Tag lang gewandert waren, sich nachts einen Schlafsack geteilt hatten und einen weiteren Tag gewandert waren, erreichten die beiden ihr Ziel. »Als meine Freundin und ich den letzten Hügel hinuntergingen, wurde uns erst so richtig bewusst, dass wir keinen Handyempfang, keine Möglichkeit zur Rückkehr und keinen Plan hatten«, erinnert sich Marshall. »Unterwegs hätten wir uns fast getrennt, weil sie sich darüber geärgert hat, dass ich kein Essen mitgenommen hatte. Aber dann sah ich ein paar Leute am Strand, Kitesurfer, und ich sagte: ›Vielleicht kennen wir die ja.‹«

Einmal mehr spielte ihm der Zufall in die Karten, denn tatsächlich war einer der Kitesurfer Don Montague, ein Pionier dieses Sports, den Marshall persönlich kannte. Zudem gab Montague gerade den Google-Gründern Larry Page und Sergey Brin Unterricht, die ganz in der Nähe der Rainbow Mansion wohnten und Marshall und seiner Freundin anboten, sie mit nach Hause zu nehmen. Marshall beschreibt es so: »Ich werde nie vergessen, dass Sergey auf dem Rückweg fragte: ›Was genau war denn dein ursprünglicher Plan?‹ Ich antwortete: ›Nun, eigentlich hatte ich keinen richtigen Plan.‹ Am Ende saßen wir, Larry, Sergey und ein Hund in ihrem Toyota Prius. Meine Freundin fragte, was sie machten, und sie sagten ihr, dass sie bei Google arbeiten würden. Sie haben sich nichts anmerken lassen.

Hinterher schickte mir Sergey noch eine Nachricht. Er hatte unsere Wanderung auf Google Maps nachvollzogen und fragte, warum wir bestimmte Wege gewählt hatten. Er fand, wir hätten eine ziemlich verrückte Route genommen. Danach sind wir gemeinsam zum Burning-Man-Festival gefahren, und seither sind wir befreundet.«

Wie in jeder Kommune gab es auch in diesem Haushalt Spannungen und zwischenmenschliche Streitigkeiten. Oft stapelte sich das Geschirr in der Spüle und wartete darauf, dass jemand es freiwillig abwusch, was die penibleren Mitbewohner fuchste. Man teilte sich das Essen im Haus und musste alle wertvollen

Dinge, die nur für den persönlichen Gebrauch bestimmt waren, mit seinem Namen versehen. Dennoch ignorierten einige Leute solche Markierungen. Fragen, etwa darüber, ob die Haustür verschlossen werden sollte oder nicht, wurden bei Hausversammlungen diskutiert. Während einige sich für Sicherheit aussprachen, mahnte Marshall stets die Symbolhaftigkeit eines Schlosses an. Die Tür unverschlossen zu lassen, signalisierte ihm zufolge, dass das Haus jedem offenstand.*

Das Leben in einer Kommune behagte nicht jedem – schon gar nicht einem so introvertierten Menschen wie Parkin, Marshalls ehemaligem Kommilitonen. »Es war anstrengend – wie in einer Reality-TV-Show ohne Kameras. Als Chris und ich uns Schlösser für unsere Zimmertüren kauften, kam es zu einer diplomatischen Krise. Das wurde als unsozial empfunden. Mir wurde gesagt, dass das für Unruhe in der Truppe sorgt. Sie hatten andere Erwartungen, eine andere Art der Organisation und andere Grenzen. Mir war nicht wirklich klar, worauf ich mich da eingelassen hatte. Ich war seit Jahren mit Will befreundet, aber man lernt einander erst dann wirklich kennen, wenn man zusammenlebt.«**

Parkin ärgerte sich auch, wenn Marshall sein Müsli aufaß und es nicht durch eine neue Packung ersetzte. »Will denkt, die Regeln gelten nicht für ihn. Und zum größten Teil tun sie das ärgerlicherweise tatsächlich nicht.«

Wenn man überhaupt davon reden kann, dass die Rainbow Mansion eine Erzfeindin hatte, dann war es die direkte Nachbarin, Rita. Ihr gehörte ein noch größeres Haus oben auf dem Hügel. Niemand kannte Rita sonderlich gut, aber es war klar, dass sie die Spinner von nebenan nicht leiden konnte. Vor jeder Party in der Villa stimmten die Bewohner darüber ab, wer zu Rita hinübergehen und sie über den bevorstehenden Lärm informieren sollte. »Jemand musste zu Rita rübergehen und versuchen, sie friedlich zu stimmen«, so ein Bewohner.

---

* Selbst viele Jahre später, nachdem die ursprüngliche Gruppe der Ames-Mitarbeiter ausgezogen war, blieb die Eingangstür unverschlossen, und die alten Bewohner konnten einfach hineinspazieren, um die neuen Bewohner der Villa kennenzulernen.

** Wie der Rest der Kerngruppe der Rainbow Mansion war auch Parkin von Worden für Ames angeworben worden. Nach seinem Grundstudium der Physik im englischen Leicester promovierte Parkin am California Institute of Technology in Luft- und Raumfahrttechnik und spezialisierte sich auf ausgefallene Raketenantriebssysteme. Bei Ames arbeitete er direkt am Entwurf eines hochmodernen Designzentrums für Weltraummissionen. Das bedeutete, dass er die Computer- und Softwaresysteme aufbauen musste, mit denen die Ingenieure neue Raumfahrzeuge entwarfen und dann simulierten, wie sie funktionierten und wie viel sie kosten würden. Parkin übernahm eine ehemalige Bibliothek bei Ames, um das Zentrum einzurichten, und entwarf später auf der Grundlage seiner universitären Forschung einen neuen Raketentyp.

Die Versuche, Rita zu beschwichtigen, schlugen in der Regel fehl, und sie war dafür bekannt, dass sie die Polizei rief, wenn die Dinge aus dem Ruder liefen. Einmal im September, anlässlich des »International Talk Like a Pirate Day«[*], hissten die Mitbewohner eine Totenkopfflagge an einem Mast im Vorgarten. Rita rief die Polizei an und sagte, sie fühle sich durch die Flagge bedroht. Außerdem missfiel ihr auch das Ritual der UN-Flaggenzeremonien, bei denen die Bewohner der Rainbow Mansion zum Fahnenmast marschierten und ein Muschelhorn bliesen, bevor sie eine kleine Parade abhielten, um alle Bewohner der Erde zu feiern.

Das mag für manche albern klingen, aber die Bewohner der Rainbow Mansion nahmen ihre Bestrebungen, die Welt zu verändern, durchaus ernst. Die Hausbewohner bemühten sich, ihre Weltrettungspläne zu konkretisieren. Sie hielten regelmäßige Treffen ab, bei denen sie auflisteten, wie sie die Erde und alle ihre Bewohner positiv beeinflussen könnten. Sie legten Termine fest, um ihre Ziele zu erreichen. Sie versuchten auch, sich gegenseitig für ihre Handlungen zur Rechenschaft zu ziehen. Niemand nahm all das so ernst wie Marshall.

Um seinen eigenen hohen Ansprüchen gerecht zu werden, entwickelte Marshall ein Tabellenkalkulationssystem zur Quantifizierung verschiedener Aspekte seines Lebens, das seine Freunde Marshall-Matrix tauften. Die eigentliche Motivation für die Tabellenkalkulation war Marshalls Wunsch, zu ermitteln, welche seiner Handlungen den größten Einfluss auf die Welt und das Wohlergehen aller Menschen haben würden. Er entwickelte buchstäblich einen Algorithmus, der zu einem sinnvollen Leben führen sollte. Er beschreibt ihn so: »Im Grunde listet man seine Ziele auf. Man listet jedes Projekt auf und fragt: ›Wie kann dieses Projekt uns bei Ziel Nummer eins unterstützen, wie bei Ziel Nummer zwei?‹ Und dann muss man sich fragen: ›Wie hoch ist die Erfolgswahrscheinlichkeit? Wie viel Geld und Zeit wird es kosten?‹ Anschließend teilt man das Ergebnis durch diesen Faktor und multipliziert es mit einer Reihe von anderen Faktoren. Ich habe versucht, Dinge zu berücksichtigen, die man normalerweise übersieht, wie beispielsweise die eigenen Fähigkeiten im Vergleich zu denen anderer Menschen oder, sagen wir, die unterschiedliche Bereitschaft, sich einzubringen. Wird jemand anderes diese Aufgabe übernehmen, auch wenn man selbst es nicht tut?

---

[*] Von den beiden US-Amerikanern John Baur und Mark Summers 1995 erfundener parodistischer Feiertag, der am 19. September begangen wird und an dem jeder wie ein Pirat reden soll. (Anm. d. Ü.)

Wenn ja, sollte man die Priorität dieses Projekts reduzieren. Es gab auch noch andere Faktoren wie den Grad des Interesses oder wie arbeitsintensiv etwas sein würde.

Ich stelle immer wieder fest, dass ein Projekt nicht nur eine doppelt so hohe Erfolgswahrscheinlichkeit hat oder einen großen Einfluss auf das Ziel, wenn die Beteiligten dies tun. Oft ist die Wahrscheinlichkeit drei-, vier-, fünf- oder sogar sechsmal so hoch.

Wir – ich und meine Gemeinschaft – verfolgen ehrgeizige Ziele, wenn es darum geht, die Welt zu verbessern. Diese Art von Analysesystem hilft, uns auf diese Projekte zu konzentrieren.«

Marshall hatte ähnliche Analysemethoden für fast alle Bereiche seines Lebens. So erstellte er etwa eine Marshall-Matrix für die Partnersuche. Ferner versuchte er, seine Fahrtrouten von der Rainbow Mansion zu Ames zu optimieren, indem er alle alternativen Strecken und Fahrzeiten protokollierte.

Was nicht jedem unbedingt gefiel, war die Tatsache, dass Marshall fünf Jahre lang fast jedes Gespräch aufzeichnete, das er führte. Er hatte ein ständig laufendes Aufnahmegerät in seiner Hemdtasche und trug einen großen Aufkleber auf seinem Hemd, der die Leute über die Verwendung des Geräts in Kenntnis setzte. Er fand es bedauerlich, dass bewegende Diskussionen über den Weltraum oder philosophische Erörterungen mit seinen Freunden unwiederbringlich verloren gehen würden, und er versuchte, das Problem zu lösen, indem er seine Gespräche aufzeichnete und katalogisierte. Die meisten seiner Freunde hielten das Experiment für eine weitere merkwürdige Eigenart von Marshall und hatten kein Problem damit. Seine Kritiker bei Ames sahen in dem Aufnahmegerät jedoch einen weiteren Beweis dafür, dass er ein Spion sein könnte, während einige Freunde von den Audioprotokollen nicht gerade begeistert waren. »Das gefiel mir nicht«, so Parkin. »Ich habe ihn gebeten, damit aufzuhören.«

Marshalls Eigenarten und das unkonventionelle Leben in der Rainbow Mansion mögen manchen als banal oder läppisch erscheinen. In diesem Fall allerdings stehen sie in Bezug zu dem rätselhaften Ursprung diverser Entwicklungen. Es ist eher unwahrscheinlich, dass die Idee für Planet Labs irgendwo anders hätte entstehen können als inmitten einer Gruppe von Weltverbesserern, die sich gegenseitig anspornten. Und es ist unwahrscheinlich, dass jemand anderes als Will Marshall die Leitung eines solchen Unternehmens hätte übernehmen können.

KAPITEL 5
PHONING HOME – ANRUF AUS DEM ALL

William Spencer Marshall wurde 1978 geboren und wuchs im Südosten Englands als mittleres Kind auf dem Land auf, mit einer älteren und einer jüngeren Schwester. Die Familie lebte, wie Marshalls Schwestern es nannten, das typische Idyll der »aufstrebenden Mittelklasse«: in einem nicht allzu großen Haus mit einem Gemüsegarten und Platz für eine kleine Schar von Tieren, darunter Schafe, Ziegen und Meerschweinchen. Als Teenager wurde die Situation zu Hause für ihn erheblich schwieriger, weil die Trennung seiner Eltern sich zu einem regelrechten und langwierigen Rosenkrieg auswuchs.

In seiner Jugend galt Marshall lange Zeit als der dünne, etwas schräge rothaarige Junge in der Klasse. Er war gut in Mathematik und Naturwissenschaften, zeigte aber weniger Begabung bei geisteswissenschaftlichen Fächern. Einer der Gründe für seine Schwierigkeiten in der Schule war seine schlechte Handschrift. So schlimm, dass einer seiner Lehrer glaubte, er sei Legastheniker. Er interessierte sich beim besten Willen nicht für Belletristik oder die sich ständig im Wandel befindlichen Sozialwissenschaften und behauptete immer wieder, dass deren Studium reine Zeitverschwendung sei. Schon früh hatte er klare Vorstellungen davon, worauf es im Leben ankommt, und er argumentierte gegen Menschen und Ideen, die ihm unlogisch erschienen. Seine Schwestern vermuteten, dass er Probleme damit hatte, soziale Signale zu erkennen, und erst noch lernen musste, solche Zeichen richtig zu interpretieren und sich mit Menschen zurechtzufinden.

In seiner Freizeit war Marshall ein wahres Energiebündel. Er liebte es, durch die Gegend zu streifen und auf jedweden interessanten Baum zu klettern. Seine Unbekümmertheit konnte die Menschen um ihn herum zuweilen erschrecken, denn er schien vor nichts Angst zu haben. »Er ist ein Abenteurer – manchmal stellte er sich an den Rand einer Klippe, ohne sich darüber Gedanken zu machen«, erzählt eine seiner Schwestern. »Er verkörpert seine eigene Philosophie, der zufolge das einzige Risiko im Leben darin besteht, keine Risiken einzugehen.«

Marshalls Eltern hegten eine große Liebe zur Natur, die sich auch auf ihn übertrug. Er half bei der Pflege der eigenen Tiere, ging regelmäßig reiten und machte viele Campingurlaube. Sein Vater leitete Naturschutzprogramme zum Schutz der Gorillas in Ruanda, und Will interessierte sich sehr für diese Arbeit. »Der Schutz der Natur liegt mir schon lange am Herzen, und ich habe einen ausgeprägten Gerechtigkeitssinn für die Interessen der Menschen und derjenigen Lebewesen, die keine Stimme haben«, lautete sein Credo.

Marshall war in einigen Fächern besonders begabt, vor allem in Mathematik und Physik, wo er bei Vergleichstests gute Ergebnisse erzielte und mit seinen Leistungen beeindruckte. Einige Lehrkräfte nahmen seine Mutter zur Seite und teilten ihr ihre Beobachtungen mit, dass Will anders zu denken schien und sich weniger konventionell verhielt als die anderen Kinder. Doch seiner Familie und seinen langjährigen Freunden zufolge hob er sich nicht besonders auffällig von seinen Mitschülern ab. »Keiner aus unserem Freundeskreis hätte gesagt: ›Oh, dieser Typ wird einmal der führende Kopf im Silicon Valley sein‹«, so ein alter Freund.

Die offensichtlichsten Anzeichen dafür, wie Marshall sich entwickeln könnte, finden sich in seinem frühen Interesse am Weltraum. Der junge Will schmückte sein Zimmer mit Postern vom All; überall in seinem Zimmer lagen alle möglichen Weltraum- und Wissenschaftsmagazine auf dem Boden. Manchmal hievte er eine Matratze auf das Dach des alten Land Rovers seiner Eltern und lag stundenlang allein da oben und schaute mit einem Fernglas in den Sternenhimmel. Als er 16 war, bemühte er sich mehrere Monate lang, mit Aushilfsjobs in einer Kneipe und einem Eisenwarenladen genug Geld zu sparen, um sich ein Teleskop zu kaufen. Nachdem ihm klar geworden war, dass es zu lange dauern würde, bis er die nötigen Mittel verdient hätte, beschloss Marshall, sich selbst ein Teleskop zu bauen. Er konstruierte jedes Teil des Geräts von

Hand, konnte sich aber die für die Fertigstellung benötigte Linse im Wert von 1600 Dollar nicht leisten.*

Einen ersten Vorgeschmack auf glückliche Zufälle bekam der junge Marshall, als seine Schule ihm bei der Beschaffung des Objektivs half, indem sie einen berühmten britischen Astronomen namens Patrick Moore um Hilfe bat. Moore, ein echter Exzentriker, war Moderator der beliebten Astronomie-TV-Sendung *The Sky at Night*. Er schenkte Marshall nicht nur die benötigte Linse, sondern erschien auch höchstpersönlich bei einer Preisverleihung an der Schule, einer Veranstaltung, bei der Marshall sein Teleskop der Schulgemeinde präsentierte.** Nach dem Besuch hielt Marshall die Verbindung zu Moore aufrecht, und die beiden schrieben einander, wobei Moore Marshall kluge Ratschläge gab, wie er seine Studien fortsetzen solle.

1996 verließ Marshall sein Elternhaus, um an der University of Leicester einen Abschluss in Physik zu machen. Er entschied sich für diese Hochschule, weil sie ein Intensivstudium anbot, das es ihm ermöglichte, binnen vier Jahren einen Master-Abschluss zu erwerben. Leicester verfügte außerdem über das beste Raumfahrtprogramm für Studierende in ganz Europa; die Physikstudenten hatten sogar die Möglichkeit, echte Satelliten und Instrumente für die Europäische Weltraumorganisation (ESA) zu bauen.

In Leicester waren die Studentinnen und Studenten in Villen untergebracht, die einst wohlhabenden Textilfamilien gehört hatten, die dann weggezogen waren und die Gebäude der Universität überlassen hatten. Marshall bekam einen großen achteckigen Raum und gestaltete sein Leben dort wie eine Versuchsanordnung im Ingenieurwesen. »Er hatte es so eingerichtet, dass alles, was er für das tägliche Leben brauchte, am Ende einer Schnur hing«, berichtet Parkin. »Die Schnüre liefen kreuz und quer durch den Raum und waren alle mit bestimmten Objekten verbunden. Wenn er ein Hemd brauchte, konnte er an einer Schnur ziehen, und ein Hemd – ein schlecht gebügeltes Hemd – glitt herunter. Dasselbe galt, wenn er die Tür öffnen oder ein Licht ausschalten wollte.« Marshall hatte auch in Parkins Zimmer Veränderungen vorgenommen: Jedes Mal, wenn Parkin eine Schublade öffnete oder seine Vorhänge zuzog, knallte ein

---

* Während dieser Zeit teilte Marshall seiner Familie und seinen Freunden mit, dass er seinen Namen inoffiziell von William Spencer Marshall in William Space Marshall geändert habe.
** Dieses Teleskop kann man bis heute in Marshalls Schule besichtigen.

Feuerwerkskörper. »Er hat so viel Energie da reingesteckt«, schmunzelt Parkin. »Er hat sich die Mühe gemacht, mein Zimmer so zu präparieren, dass es ständig irgendwo krachte. Das ist doch irgendwie ganz liebenswert!«

Schon zu Beginn seiner Studienzeit entwickelte sich Marshall zu einem der führenden Köpfe seines Jahrgangs und begann, Wissenschaft und Politik miteinander zu verbinden. »Will bewegte sich in einer komplett anderen, seiner ganz eigenen Sphäre«, so Parkin. »Er hatte eine ausgeprägte politische Ader und wollte sich in der Politik einbringen.«

Marshall verfasste beispielsweise einen Brief an den britischen Premierminister, in dem er das Vereinigte Königreich dazu aufforderte, sich stärker an der Internationalen Raumstation zu beteiligen. Er schrieb auch einen Brief an das Büro der Vereinten Nationen für Weltraumangelegenheiten und erhielt daraufhin eine Einladung, eine Konferenz mitzuorganisieren, auf der eine Gruppe junger Menschen ihre Gedanken darüber darlegen sollte, was in den kommenden Jahren in der Raumfahrt geschehen sollte.* Er half auch bei der Organisation von Exkursionen in die Vereinigten Staaten und nach Russland sowie in verschiedene europäische Länder, auf denen die Studenten unterschiedliche Raumfahrtbehörden besuchten. »Manchmal konnten wir uns keine Unterkunft leisten, also führten wir eine obligatorische ›Mitnahmepolitik‹ ein«, sagt er. »Man musste versuchen, mit jemandem anzubandeln, die oder der uns dann mit nach Hause nehmen würde. Aber wir waren ja Physiker und nicht so attraktiv, das gelang uns also so gut wie nie. Trotzdem war es eine großartige Zeit – wir haben uns schon im Zug betrunken, irgendwo auf dem Boden geschlafen und alle möglichen Orte besichtigt, die etwas mit Raumfahrt zu tun hatten.«

Marshalls Organisationstalent weckte die Aufmerksamkeit einer Kommission, die junge Briten mit inspirierenden Ideen aussuchen sollte, und eines Tages erhielten er und mehrere Hundert weitere junge Menschen eine Einladung zum Tee mit Königin Elizabeth II. Marshall verhielt sich so, wie man es von ihm erwarten würde, und schrieb zu dieser Gelegenheit einen vier Seiten langen Brief mit Vorschlägen, wie die Vereinten Nationen verbessert werden könnten. Das reichte von der Stärkung der Position Indiens im Sicherheitsrat bis hin zu einer repräsentativeren Form dieser Organisation für alle Menschen. Er hatte nicht

---

* Diese Arbeit führte zur Gründung des Space Generation Advisory Council und zu Marshalls Treffen mit vielen der Bewohner der Rainbow Mansion.

vor, den Brief persönlich an die Königin zu übergeben. Er ging einfach davon aus, dass jemand Wichtiges bei dem Treffen anwesend sein würde, der seine Einsichten zu schätzen wüsste. Tatsächlich war Premierminister Tony Blair anwesend, und Marshall ging auf ihn zu und zog den Brief aus seiner Jackentasche. »Ich unterhielt mich mit ihm, und er nahm den Brief und sagte, er würde ihn lesen«, sagte Marshall. »Ich glaube nicht, dass er das jemals getan hat.«

Dieses Erlebnis ist sinnbildlich für Marshalls Persönlichkeitsentwicklung. Ob jemand reich oder berühmt war, kümmerte ihn nicht. Im Gegensatz zu dem typisch britischen Klassendenken hatte er keinerlei Ängste, wenn er sich an die Queen oder Tony Blair wandte – für ihn waren sie wie jeder andere, normale Menschen also, und er behandelte sie nicht wie besondere Persönlichkeiten. Gleichzeitig versäumte er es aber auch nie, eine Gelegenheit zu ergreifen, wenn sie sich bot. Wenn er einen Raum betrat, steuerte er direkt auf die wichtigste Person darin zu, um sich für etwas einzusetzen, was ihm gerade wichtig erschien. Da er intelligent und enthusiastisch wirkte, neigten die Leute dazu, ihm zuzuhören und sich für das zu interessieren, was der junge Mann gerade auf dem Herzen hatte.

Bis 1999 war Marshall zu einer treibenden Kraft unter jungen Raumfahrtenthusiasten und Wissenschaftlern avanciert. Neben seinen Exkursionen zu Institutionen in der Raumfahrt hatte er einige Sommerpraktika am Jet Propulsion Laboratory in Kalifornien und am Marshall Space Flight Center gemacht, wo er auch Chris Kemp kennengelernt hatte. Außerdem hatte er auf einer UN-Konferenz in Wien zahlreiche zukünftige Raumfahrtunternehmer, Forscher und Wissenschaftler getroffen, darunter einige seiner zukünftigen Mitbewohner der Rainbow Mansion. Die zweiwöchige Veranstaltung brachte Studenten aus der ganzen Welt zusammen, die sich mit der Erforschung und friedlichen Nutzung des Weltraums befassten. Am Ende der Konferenz beteiligten sich die Studenten bei der Ausarbeitung der Wiener Erklärung über den Weltraum und die menschliche Entwicklung, die betont, dass der Weltraum eine gemeinsame Ressource aller Menschen sein solle, und in der die Menschen aufgefordert werden, den Weltraum auf verantwortungsvolle Weise zu nutzen.

Für Marshall war die Veranstaltung in Wien ein nachhaltig wirkendes Schlüsselerlebnis. Er hatte eine Gruppe Gleichgesinnter gefunden, die sich für den Weltraum interessierten und Wege finden wollten, ihre Leidenschaft und ihr Wissen zur Verbesserung des Lebens auf der Erde einzusetzen. Diese jungen

Menschen blieben bis spät in die Nacht auf, beim gemeinsamen Bier, und tauschten ihre idealistischen Visionen aus. »Das war einfach genial«, erinnert sich Marshall. »Es gab uns das Gefühl, als würden wir etwas wirklich Wichtiges tun und als könnte nichts und niemand uns aufhalten. Wir beschlossen, dass wir einen Weg finden wollten, immer so zu leben, und so kamen wir auf die Idee, eine Art Raumfahrt-Kibbuz zu gründen. Wir wollten am selben Ort leben und unsere Kräfte bündeln, und daraus wurde schließlich die Rainbow Mansion.«

Im Jahr 2000 begann Marshall in Oxford ein Promotionsstudium in Physik. Er studierte bei dem Nobelpreisträger Roger Penrose, der an der Seite von Stephen Hawking bahnbrechende physikalische Forschung betrieb. Marshall verbrachte vier Jahre damit, Penrose bei einigen seiner Konzepte für Experimente zur Erforschung des grundlegenden Wesens des Universums zu unterstützen. Während dieser Zeit pflegte er weiterhin seine Kontakte zu der jungen Weltraumcrew und nahm gleichzeitig am politischen und gesellschaftlichen Diskurs in Oxford teil. Am Ende seines Studiums erkannte er, dass er mit den besten theoretischen Physikern der Welt nicht mithalten konnte und dass es folglich besser wäre, seine Talente darauf auszurichten, etwas Konkretes im Weltraum zu erreichen.

Nachdem er seine Doktorwürde erlangt hatte, befasste Marshall sich einige Jahre lang mit der Raumfahrtpolitik. Dann kam Pete Worden ins Spiel. Worden und Marshall hatten sich seit ihrem ersten Treffen in Houston auf dem International Astronautical Congress im Oktober 2002 gut verstanden. Sie waren über E-Mails, Telefonate und gelegentliche Zusammenkünfte in Studentenwohnheimen in Kontakt geblieben. Worden hatte Marshall ganz oben auf seiner Liste von Top-Kandidaten stehen. Von all denen, die später als »Pete's Kids« bekannt wurden, stach Marshall als derjenige hervor, der am ehesten Großes erreichen würde.

Rein äußerlich machte Marshall nicht viel her: Er hatte eine eher drahtige Statur, trug eine Brille und sah immer leicht ungepflegt aus. Aber sein Enthusiasmus für die Wissenschaft, die Raumfahrt und seine Art, Konventionen zu umgehen, waren ansteckend. Die anderen suchten seine Nähe, weil sich bei ihm und den Menschen in seiner Umgebung immer interessante Dinge abspielten. Marshall verfügte über eine Kombination aus Scharfsinn und einem gewissen Charme in seiner nerdigen Art, der sehr ungewöhnlich war, und diese Kombination war absolut perfekt für das Silicon Valley. Er kam sowohl mit den Ingenieuren als auch mit den Milliardären gut aus. Er war dazu bestimmt, im Zentrum des Geschehens zu stehen.

Am Ames-Forschungszentrum betreute Marshall verschiedene Projekte gleichzeitig. Er verbrachte viel Zeit damit, zusammen mit Al Weston und anderen die Mondlandefähre zu bauen. Er half beim Bau des Raumfahrzeugs, das später den Mond umkreiste, und dann beim Bau des Raumfahrzeugs, das man auf der Mondoberfläche zerschellen ließ, was dazu führte, dass auf dem Mond größere Wasservorkommen nachgewiesen werden konnten. Bei jedem seiner Schritte orientierte er sich an Wordens allumfassendem Anspruch, Raumfahrzeuge zu modernisieren und Flüge in den Weltraum wesentlich kostengünstiger zu gestalten.

Im Jahr 2009 ergab sich für Marshall die ungewöhnliche Gelegenheit, die Grenzen der Idee der preiswerten Raumfahrt auszuloten. Eine Gruppe von Studenten der International Space University, einer gemeinnützigen Organisation, die Programme zur Ausbildung in der Raumfahrt anbietet, besuchte Ames. Marshall und Chris Boshuizen übernahmen die Aufgabe, den Studentinnen und Studenten Ames zu zeigen und sie irgendwie sinnvoll zu beschäftigen. Ursprünglich hatten die beiden Männer gehofft, den Gästen die Mondlandefähre zeigen zu können, an deren Entwicklung diese dann eventuell mitarbeiten könnten, doch die Verantwortlichen bei Ames lehnten diese Idee direkt ab, da viele der Studenten aus dem Ausland kamen und dann mit der alten Militärtechnologie arbeiten würden, die das Herzstück der Landefähre bildete. Da schlug jemand vor, Marshall und Boshuizen sollten den jungen Leuten eine Kiste mit Teilen zur Verfügung stellen und ihnen vorschlagen, von Grund auf einen Satelliten zusammenzubauen. »Ich hielt das für den dümmsten Vorschlag, den mir je jemand gemacht hatte«, sagt Boshuizen. »Es war fast eine Beleidigung. Nach dem Motto: ›Wir werden an einem Pseudo-Satelliten arbeiten, anstatt etwas Richtiges zu machen.‹ Aber damals schien es das Beste zu sein, was wir tun konnten.«

Schlussendlich bauten Marshall, Boshuizen und die Gäste Satelliten aus Legosteinen. Sie nahmen die Lego-Mindstorms-NXT-Bausätze, die mit einer Vielzahl von Sensoren und Robotersystemen ausgestattet sind, und kombinierten die Teile mit Gyroskopen (Kreiselstabilisatoren), Magnetometern und einer Kamera. Boshuizen lieh sich auch einige der LADEE-Software-Tools und passte sie so an, dass sie auf der Lego-Recheneinheit funktionierten. Für 900 Dollar baute die Gruppe den Prototyp eines Satelliten von der Größe einer Lunchbox, mit dem Lego-Computer an der Vorderseite und einem Metallgerüst, das die anderen Teile hielt. Um die Fähigkeiten des Geräts zu demonstrieren, hängten die Studenten es an eine Schnur, die an der Decke befestigt war, gaben ihm bestimmte Befehle und beobachteten, wie die Gyroskope sich drehten und die Position des Satelliten so anpassten, dass die Kamera ein theoretisches Ziel auf der Erde anvisierte. »Wir gaben den Befehl, er solle sich bewegen, und die Motoren surrten auf – es war unglaublich laut«, erinnert sich Boshuizen. »Der Satellit drehte sich, übersteuerte und hüpfte herum, und dann schickte er uns ein Foto.«

Das Projekt schaffte es auf die Titelseite einer Ausgabe der Zeitschrift *Make*, die sich mit Do-it-yourself-Raumfahrtprojekten befasste. Auf dem Foto sieht man Marshall und Boshuizen mit einem breiten Grinsen, wie sie die seltsam aussehende Kreation mit einer Hand in die Höhe halten. Wieder einmal war es »Pete's Kids« bei Ames gelungen, einen neuen und andersartigen Ansatz für die Raumfahrt zu entwickeln, der die Aufmerksamkeit der Öffentlichkeit auf sich zog. Noch wichtiger als die Presseberichterstattung war jedoch, dass das Projekt in den Köpfen von Marshall und Boshuizen eine ganze Welle von Ideen ausgelöst hatte. Was als eine Art Brummkreiselprojekt für angehende Wissenschaftler begonnen hatte, machte den Forschern bei Ames klar, wie hervorragend einsetzbar alltägliche Produkte der Gebrauchselektronik waren. »Will und ich fuhren an dem Wochenende, nachdem wir das Lego-Ding gebaut hatten, zu einer Konferenz in Long Beach und zeigten es einigen Leuten und sagten: ›Hier ist die Zukunft der Raumfahrt!‹«, so Boshuizen. »Die Leute dort hielten das alles für Blödsinn und meinten, das Ding könne gar nichts, aber ich war damals schon vollends davon überzeugt.«

Pete Klupar, ein Veteran der Luft- und Raumfahrt, den Worden 2006 als Leiter der technischen Abteilung bei Ames eingestellt hatte, war eng mit Marshall, Boshuizen und der gesamten Gruppe rund um die Rainbow Mansion befreundet. Mehrere Jahre lang hatte er am Ende jedes Meetings bei Ames sein neues Smartphone hochgehalten, damit herumgewedelt und die Wissenschaftler und Ingenieure aufgefordert, darüber nachzudenken, was dieses Gerät eigentlich bedeutete. Apple und die Hersteller von Android-Geräten hatten einen grundlegenden Wandel in Bezug auf die Möglichkeiten eines kleinen Computergeräts eingeleitet. Ihre Smartphones verfügten über eine enorme Rechenleistung, jede Menge Datenspeicher, Beschleunigungsmesser zur Bestimmung von Geschwindigkeiten, Gyroskope zur Erfassung von Bewegungen, GPS zur Standortbestimmung, leistungsstarke Kameras und Funkgeräte zur Kommunikation. In vielerlei Hinsicht waren sie leistungsfähiger als die teuren Computer- und Sensorgeräte, die von der NASA und anderen Unternehmen der Raumfahrtindustrie hergestellt wurden.

Bis zu diesem Zeitpunkt waren die Traditionalisten der Luft- und Raumfahrt davon überzeugt, dass jede Hardware, die in die Umlaufbahn gebracht werden sollte, besonders robust sein musste, um die extremen Bedingungen im Weltraum zu überstehen. In der Branche kaufte man nur spezialisierte Computer- und Kommunikationssysteme und andere Komponenten, die bis ins letzte Detail getestet worden waren und vorzugsweise bereits bei früheren Missionen ins All geflogen waren. Kein Unternehmen stellte diese Art von Ausrüstung in Massenproduktion her, und deshalb war sie immer teuer und überdimensioniert.

Klupar vertrat die These, dass die Luft- und Raumfahrtindustrie es verpasst habe, die Fortschritte in der Branche der Unterhaltungselektronik richtig wahrzunehmen. Unternehmen wie Apple und Samsung gaben viel mehr für Forschung, Entwicklung und Fertigung aus als Regierungen und Unternehmen der Luft- und Raumfahrt. Erstere hatten die Kunst perfektioniert, Unmengen an Leistungskapazität in ein kleines Gehäuse zu packen und sicherzustellen, dass die Geräte den Belastungen des täglichen Gebrauchs standhalten konnten. Nach Klupars Ansicht gab es Grund zu der Annahme, dass die herkömmliche Elektronik für den Weltraum durchaus geeignet sei. Und wenn das der Fall wäre, könnte die NASA billigere und leistungsfähigere Systeme bauen, als bislang vorstellbar schien.

»Wenn man zum NASA-Hauptquartier ginge und versuchte, denen das zu erklären, würden sie einem nur sagen: ›Die Xbox und Mobiltelefone können nicht das, was wir tun. Wir brauchen unsere hervorragenden Spezialinstrumente.‹ Sie verstanden nicht, wie sich die Dinge bereits entwickelt hatten. Ich habe förmlich Türen eingerannt und es jedem bei der NASA, bei der U.S. Air Force und beim Space Command erzählt, aber niemand wollte davon etwas hören.«

Das Projekt der Studenten hatte jedoch zur Folge, dass Marshall und Boshuizen für Klupars Botschaft empfänglich wurden. Der Lego-Satellit wirkte zunächst wie eine Spielerei, war aber tatsächlich ziemlich funktionstüchtig. Es schien, dass der nächste logische Schritt darin bestünde, Klupar beim Wort zu nehmen. Warum nicht einfach ein Smartphone ins All schicken und sehen, wie es sich verhält? Und so starteten Marshall und Boshuizen im Jahr 2009 das NASA-PhoneSat-Projekt.

Das wichtigste Ziel von PhoneSat war eindeutig: Marshall und Boshuizen wollten ein handelsübliches Smartphone kaufen, es in den Weltraum schießen und sehen, ob es lange genug funktionsfähig blieb, um ein paar Bilder zu machen und sie zur Erde zu senden. Außerdem wollten sie Daten von allen in das Smartphone eingebauten Sensoren sammeln und damit in etwa herausfinden, wie viele nützliche Funktionen das Gerät im Weltraum ausführen kann.

Auf Drängen von Worden hielt sich das PhoneSat-Team bedeckt und versuchte, sich der Aufsicht der NASA möglichst zu entziehen. Niemand, der an dem Projekt beteiligt war, konnte sagen, ob es sich nur um ein spielerisches Experiment oder um etwas Bedeutsameres handelte. Was sie aber wussten: Wenn die NASA PhoneSat erst einmal als »Mission« einstufte, wäre dies mit unzähligen Ausschüssen, Überprüfungen und anderem Ballast verbunden, der den Prozess unweigerlich verlangsamen und die Kosten in die Höhe treiben würde. Am besten wäre es also, wenn man sich bei Ames irgendwo in einer Ecke verkroch und keine Aufmerksamkeit darauf lenkte, dass man hier gerade versuchte, einen neuen, einen anderen Weg einzuschlagen.

Marshall und Boshuizen fanden ein kleines, abgelegenes Büro auf dem Gelände von Ames und statteten es mit drei großen Mahagonischreibtischen, einem Couchtisch, einem Sofa und einem Teppich aus. Zwei der Schreibtische waren für die tägliche Computerarbeit gedacht, während am dritten Schreibtisch der erste PhoneSat zum Leben erweckt werden sollte. Das Budget für diesen ersten PhoneSat belief sich auf 3000 Dollar. Dieser Betrag war niedrig genug, dass Marshall und Boshuizen die benötigten Materialien kaufen konnten, ohne offizielle Kostengenehmigungen einholen zu müssen. Um ihr Team zu vervollständigen, holten sich die beiden Männer eine Gruppe von Praktikanten, die bereit waren, für ein sehr geringes Entgelt zu arbeiten, weil sie dafür die Chance bekamen, an einem echten Weltraumprogramm mitzuarbeiten.

Im Juli 2010 machte das PhoneSat-Team sehr deutlich, wie sehr es sich von den üblichen NASA-Aktivitäten unterschied. Ihr Projekt steckte noch in den Kinderschuhen, und sie wollten herausfinden, wie crazy die zugrunde liegende Idee tatsächlich war. Ein logischer erster Schritt wäre, ein Smartphone in eine Rakete zu stecken und zu sehen, ob es die Erschütterungen und Belastungen von Start und Aufstieg ins All überleben würde. Ein Flug mit einer echten Rakete würde Millionen von Dollar und monatelange Planung erfordern. Da sie in Eile waren und kein Geld hatten, entschied sich das PhoneSat-Team für die nächstbeste Lösung.

Marshall, Boshuizen und ihr kleines Team schnappten sich ein paar Smartphones und fuhren in die Black Rock Desert, eine Wüste im Nordwesten

Nevada. Die Gegend ist vor allem dafür bekannt, dass dort alljährlich das Burning-Man-Festival stattfindet. Für Raketenenthusiasten ist es jedoch auch ein Ort, an dem sie funktionsfähige, selbst gebaute Fluggeräte testen können. Jedes Jahr kommen Dutzende von Menschen zu einer Veranstaltung namens »Balls« nach Black Rock, bei der die besten Amateur-Raketenbauer mit ihrem eigenen Raketentreibstoff und sechs Meter hohen Fluggeräten anreisen, um diese bis zu 90 000 Meter hoch in den Himmel zu schießen.

Marshall und Boshuizen planten, eine dieser selbst gebauten Raketen mitnutzen zu dürfen, und mischten sich unter die Amateur-Teilnehmer der Veranstaltung. Es dauerte nicht lange, bis sie sich bei Tom Atchison beliebt gemacht hatten, einem redseligen Raketenbauer, der oft Studentengruppen auf der »Playa« half, wie das Burning-Man-Wüstenareal genannt wird. »Ich hatte mitbekommen, dass sie ein Smartphone an einer Rakete befestigen und in die Umlaufbahn schicken wollten«, sagt Atchison. »Aber sie beklagten sich, dass es 18 Monate dauern würde, bis sie den Platz auf einer Rakete bekämen. Ich sagte: ›Vergesst den Scheiß. Wir fliegen sofort. Es wird ein harter Ritt, aber wir werden euer Zeug auf Herz und Nieren prüfen können.‹«

Für ihr erstes Experiment brach das PhoneSat-Team ein Stück aus der Verkleidung einer Hobbyrakete ab, setzte ein Smartphone ein und bohrte dann ein Loch in die Verkleidung, durch das die Kamera herauslugen konnte. Die Rakete mit dem Namen Intimidator 5 startete und schlug sich wacker. Sie flog mit einer Schubkraft von 4500 Newton auf eine Höhe von 8000 Metern. Auf diese Weise konnte das Team prüfen, wie Bauteile wie die Beschleunigungsmesser unter schweren Gravitationskräften funktionierten, und Bilder sammeln, während die Rakete in die Höhe stieg und dann mit einem Fallschirm zur Erde zurückkehrte. Ein zweiter Start mit einem zweiten Smartphone lief augenscheinlich weniger gut. Die Rakete hob ab und flog, aber eine Fehlfunktion verhinderte, dass sich der Fallschirm öffnete. Die Rakete schlug auf dem Boden auf, wobei alles in ihr zerschmettert wurde.

Obwohl der Absturz eigentlich katastrophal war, erwies er sich im Nachhinein als Segen. Das PhoneSat-Team grub in den Trümmern und barg so viel, wie es finden konnte, aus der Rakete. Ihr Telefon war zwar zerquetscht und zerbrochen, aber es hatte noch eine funktionierende Speicherplatte voller wertvoller Daten. Die beiden Starts bestärkten die Ingenieure in ihrer Überzeugung, dass sie eine großartige Idee gehabt hatten. »Sie bewiesen, was sie hatten beweisen wollen«, so Atchison, »nämlich, dass die diversen Bestandteile von Geräten der Unterhaltungselektronik einen echten Raketenflug überstehen können.«

Bei diesem Ausflug in die Wüste kam Marshall einmal mehr der glückliche Zufall zu Hilfe. Einer der bekanntesten Amateur-Raketenenthusiasten des Silicon Valley ist der Risikokapitalgeber Steve Jurvetson, der nicht nur ein langjähriger Freund von Atchison war, sondern auch gerade seine eigenen Raketen testete. So bekam er Wind davon, was die Ingenieure des NASA-Forschungszentrums vorhatten. Jurvetson war einer der ersten Investoren von SpaceX und erkannte schnell, dass das PhoneSat-Projekt vielleicht der Beginn der nächsten großen Veränderung in der kommerziellen Raumfahrt war. Er freundete sich umgehend mit Marshall und Boshuizen an und unterstützte von da an ihre Arbeit tatkräftig – mit seinem Scheckbuch im Anschlag.

Marshall hatte bei PhoneSat von Anfang an das Sagen. Er leitete das Projekt, setzte Fristen fest und nutzte seine ausgeprägte Ungeduld, um die Dinge voranzutreiben. Boshuizen übernahm den weitaus größeren Teil der technischen Arbeit in Zusammenarbeit mit einer wechselnden Gruppe von Praktikanten. Die Ames-Praktikanten wurden oft mit dem Schreiben von PhoneSat-Codes beauftragt, die Boshuizen bei Bedarf prüfte und korrigierte.

Nach diesen ersten Raketenstarts, bei denen es darum gegangen war, zu prüfen, was ein Smartphone aushalten würde, ging das PhoneSat-Team dazu über, einen echten Satelliten zu bauen. Die Ingenieure entschieden sich dafür, einen sogenannten CubeSat nachzubauen, einen zehn mal zehn Zentimeter großen Würfelrahmen aus Metall, dessen Inhalt mit Elektronik vollgepackt werden konnte. Das CubeSat-Konzept war von Universitäten[*] entwickelt worden, die nach einer Möglichkeit suchten, den Bau von Kleinsatelliten zu vereinfachen und zu standardisieren, in der Hoffnung, dass mehr Studenten die Möglichkeit haben würden, an echten Raumfahrzeugen zu arbeiten und diese zu starten. Durch die Verwendung eines einheitlichen Satellitendesigns konnten die Studenten Informationen darüber austauschen, welche Solarpaneele, Elektronik, Sensoren und andere Komponenten in dem Gerät gut funktionieren, und mussten die Arbeit nicht an ihren jeweiligen Instituten von Grund auf wiederholen.

---

[*] Dies geschah ab 1999. Gemeint sind die California Polytechnic State University in San Luis Obispo und die Stanford University bei San Francisco.

Der PhoneSat-Entwurf basierte auf dem 300-Dollar-Smartphone Nexus One von HTC. Es wurde in das CubeSat-Gerüst gepackt und von anderen Sensoren und elektronischen Bauteilen umgeben, die benötigt wurden, um Messungen durchzuführen und das Telefon für etwa zehn Tage am Laufen zu halten. Zu den wichtigsten Teilen der technischen Ausstattung gehörten zwölf Lithium-Ionen-Batterien, ein handelsüblicher Funksender und ein separater Computerchip, der die Funktionsfähigkeit des Smartphones überwachen und ihm bei Bedarf ein Signal zum Neustart senden sollte. Der Beschleunigungsmesser und das Magnetometer des Smartphones lieferten zahlreiche Bewegungsdaten, und für genauere Messungen wurden zusätzliche Temperatursensoren eingebaut. Das PhoneSat-Team schrieb auch eine Software, um die Bildaufnahmen zu planen und um zu regulieren, dass das Handy nur die besten Bilder auswählte, die es dann per Funk zurücksendete.

Es dauerte etwa 18 Monate, bis aus einem Entwurf auf Papier ein funktionsfähiges Gerät entstanden war. Während der ersten Phase zur Entwicklung des Prototyps mussten die Ingenieure die PhoneSat-Komponenten testen, um zu überprüfen, wie sie großen Druck- und Temperaturschwankungen standhalten würden und wie die Funkverbindung über große Entfernungen funktionieren würde.

Ein Großteil der Arbeit fand in den Labors der NASA statt, aber die jungen Ingenieure mussten für einige Experimente auch ins Freie gehen. Gelegentlich teilten sie sich in zwei Teams auf und stiegen auf die Gipfel zweier Berge in der Umgebung, um zu sehen, ob sie zwischen dem PhoneSat-Gerät an einem Ort und den Empfängern am anderen kommunizieren konnten.

»Wir haben auch Tests vorgenommen, bei denen wir das Smartphone in einen Vakuumbehälter gelegt haben«, sagt Boshuizen. »Es hat immer funktioniert, was heutzutage selbstverständlich zu sein scheint. Aber damals hatten wir keinen Grund zu der Annahme, dass das Telefon unter diesen Bedingungen weiter funktionieren würde. Wir vermuteten, dass es den Geist aufgeben würde.«

Mitte 2011 führte das PhoneSat-Team ein weiteres Experiment durch, bei dem es das Smartphone an einen Ballon hängte, der es in eine Höhe von über 30 000 Meter beförderte. Bei diesem Test stießen sie zum ersten Mal auf größere Probleme. Die eisigen Temperaturen führten dazu, dass sich das Smartphone selbst ausschaltete. Tatsächlich ist es in der erdnahen Umlaufbahn wärmer als in unserer windigen oberen Atmosphäre, aber die Ingenieure beschlossen, trotzdem

Vorsichtsmaßnahmen zu treffen, und konstruierten für das Smartphone ein isoliertes Gehäuse.*

Während die PhoneSat-Ingenieure ihren Satelliten über mehrere Monate hinweg weiterentwickelten, ging der Siegeszug der Unterhaltungselektronik weiter. Neuere iPhones und Smartphones anderer Hersteller kamen auf den Markt – mit schnelleren Chips und besseren Sensoren. Boshuizen hatte einige Freunde in der Android-Geräte-Abteilung von Google, und die Google-Mitarbeiter kamen manchmal mit den neuesten Smartphones zu Ames, damit das PhoneSat-Team sie ausprobieren konnte.** Gleichzeitig wurden die Lithium-Ionen-Batterien immer besser, ebenso wie die Solarzellen. Die PhoneSat-Ingenieure erkannten, dass ihre kleinen Geräte wahrscheinlich längere Missionen würden durchführen können als zunächst erwartet und dass Smartphones selbst immer besser in der Lage sein würden, anspruchsvolle Software für den Einsatz im All anzuwenden.

Zu dieser Zeit wurden nicht viele Kleinsatelliten gebaut. Wer es dennoch tat, nahm in der Regel drei der CubeSat-Rahmen und fügte sie zusammen. Ein Würfel war beispielsweise für die Batterien vorgesehen, ein anderer für die Elektronik und der dritte für die wissenschaftlichen Anwendungen, die der Satellit erfüllen sollte. Obwohl diese Kleinsatelliten oft von Universitätsteams gebaut wurden, die versuchten, mit wenig Geld auszukommen, stiegen die Kosten für die Satelliten rapide an. Man ging immer noch davon aus, dass man »weltraumtaugliche« Leiterplatten und Elektronik verwenden müsste, die bereits in der Umlaufbahn eingesetzt worden waren, obwohl die »weltraumtaugliche« Hardware in der Regel gut zehn Jahre alt war, oder mehr, und entsprechend veraltet war, was Leistungsfähigkeit und Kosten anbelangt.

Das PhoneSat-Team indes blieb seiner Idee treu und ging immer wieder an die Grenzen des Machbaren. Für ihren zweiten Satellitenprototyp entfernten die Ingenieure das Smartphone-Gehäuse und nahmen die Hauptplatine heraus. Statt eines ganzen Würfels voller Recheneinheiten verfügte der PhoneSat über

---

* Eine Anekdote von Marshall: »Einmal landete einer der Testballons auf einem Feld im Central Valley und wurde von einem Polizisten aufgelesen, der dann aber von ein paar Stieren vom Feld gejagt wurde. Das Ganze wurde mit der Kamera aufgezeichnet, und der Kommentar ist einfach urkomisch, wenn der Polizist darüber sinniert, ob es sich bei dem Ding um ein UFO handeln könnte oder nicht, bevor er zu dem Schluss kommt: ›Das ist wahrscheinlich etwas von einem dieser komischen Wissenschaftler.‹«

** Die Google-Ingenieure waren bald stärker in das Projekt eingebunden und unterstützten das PhoneSat-Team bei den Ballontests, für die sie spezielle Software-Tools zur Verfügung stellten.

die gleiche Menge an Leistung auf einer einzigen dünnen Platine. Das wiederum ermöglichte es den Ingenieuren, den Rest des Würfels mit allen erforderlichen Komponenten zu füllen und den leistungsstärksten Kleinsatelliten zu konstruieren, der je gebaut worden war.

Das Ziel des ersten PhoneSat-Entwurfs war es, ein Gerät zu schaffen, das einige Tage im Weltraum aushalten, über seine Funktionsfähigkeit informieren und ein paar Fotos aufnehmen könnte. Doch die Fortschritte bei der zweiten Version hatten neue Möglichkeiten eröffnet. Der Würfel bot nun zusätzlich Platz für Solarzellen, eine stärkere Funkeinheit und Elemente, mit denen der Satellit seine Position in der Umlaufbahn besser anpassen konnte. Während der erste PhoneSat vor allem ein Beweis für das Konzept war, sollte das zweite Gerät echte Arbeit leisten und mit seinen Fähigkeiten die Menschen begeistern.

Nachdem sie ihren neuen Entwurf den üblichen Tests unterzogen hatten, erkannten Marshall und Boshuizen, dass die Zeit gekommen war, sich nicht länger in ihrem kleinen Büro zu verstecken, sondern das PhoneSat-Projekt offiziell bekannt zu machen. Wenn sie die PhoneSats mit einer richtigen Rakete in die erdnahe Umlaufbahn bringen wollten, brauchten sie natürlich auch das nötige Geld, und das bekämen sie nur, wenn sie ihr Projekt vom Versuchsstadium zu einer »großen NASA-Mission« erweiterten.

Pete Worden hatte PhoneSat natürlich die ganze Zeit über hinter den Kulissen unterstützt. Er hatte das Projekt ohne große Bedenken genehmigt und dem Team geholfen, sich in seinem Labor neugierigen Blicken zu entziehen. Er hatte keine Ahnung, ob aus PhoneSat etwas Großes werden würde, aber es sah sehr nach einem Schritt in Richtung der kostengünstigen Satelliten aus, zu deren Bau er die Regierung seit Jahrzehnten gedrängt hatte. Kein NASA-Veteran würde sich jemals mit einem Projekt befassen, das auf den ersten Blick so trivial erschien und für das ein so geringes Budget zur Verfügung stand. »Pete's Kids« jedoch betrachteten die Technologie aus einer neuen Perspektive. Es war genau die Art von Mission, für die Worden die jungen Leute ins Forschungszentrum bei Ames geholt hatte.

Als Marshall und Boshuizen Worden mitteilten, dass sie startbereit seien, musste er einige Telefonate führen, um einen bevorstehenden Raketenstart zu finden, bei dem noch Platz für drei der eineinhalb Kilogramm schweren Phone-Sat-Geräte war, und um Mittel für die Durchführung zu beschaffen. Er erfuhr, dass eine Antares-Rakete Ende 2012 starten sollte. Sie könnte die Satelliten aufnehmen und für den Preis von 210 000 Dollar in die Umlaufbahn bringen. Die

NASA genehmigte die Finanzierung, und die Satelliten wurden getauft: Sie hießen Alexander, Graham und Bell.

Marshall und Boshuizen freuten sich über die Aussicht, ihre Satelliten an den Start zu bekommen, und besuchten daraufhin die verschiedenen Einrichtungen der NASA, um ihre Mission näher zu erläutern. Sie wollten innerhalb der Behörde Werbung für die preiswerte Nutzung des Weltraums machen. Doch ihre PR-Kampagne lief nicht so gut, wie sie gehofft hatten.

Bei einem Besuch im NASA-Hauptquartier warteten Marshall und Boshuizen in einer Lobby auf ein Treffen mit einer hochrangigen Führungskraft. An den Wänden waren Poster angebracht, auf denen einige zukünftige wissenschaftliche Missionen der NASA angekündigt wurden. Auf einem der Plakate stand, dass die NASA eine Konstellation von Wettersatelliten installieren wollte, die die Aktivität der Sonneneruptionen und ihre Auswirkungen auf die Erdatmosphäre beobachten sollten. Auf den Aushängen der NASA war zu lesen, dass diese Mission wahrscheinlich etwa 350 Millionen Dollar kosten würde. Marshall und Boshuizen stellten schnell ein paar Berechnungen an und kamen zu dem Schluss, dass sie es mit ihrer neuen Technologie für 35 Millionen Dollar schaffen könnten.

Als ihr Meeting endlich begann, erzählten Marshall und Boshuizen der zuständigen Beamtin alles über das PhoneSat-Programm und überraschten sie dann mit einer weiteren guten Nachricht: Sie würden sich freuen, als Nächstes an dem Projekt mit den Sonneneruptionen teilzunehmen, und zwar wesentlich kostengünstiger, als es sich die NASA jemals hätte vorstellen können. »Wir waren ganz aus dem Häuschen«, erklärt Boshuizen. »Wir sagten ihr, dass wir ihr bei allen möglichen Dingen helfen könnten, von denen sie wusste, dass sie sonst niemals finanziert werden würden, weil sie zu teuer waren.« Die NASA-Funktionärin erwiderte die Begeisterung jedoch nicht. »Sie komplimentierte uns lachend hinaus und sagte uns, dass unsere Ideen nicht glaubwürdig seien«, so Boshuizen. »Das war ungefähr der Punkt, an dem bei uns der Gedanke aufkam, dass wir uns vielleicht doch eher selbstständig machen sollten.«

Der Start der drei PhoneSats fand tatsächlich statt, allerdings erst im April 2013 und nicht wie ursprünglich geplant Ende 2012. Die NASA feierte den Start als großen Erfolg und erzählte jedem, der es hören wollte, von ihrer neu entdeckten Möglichkeit, Raumfahrt kostengünstig zu gestalten. Interessanterweise hatte ein weiterer kleiner Satellit seinen Weg auf die Rakete gefunden. Er hieß Dove und war von einem kalifornischen Start-up-Unternehmen namens Cosmogia gebaut worden.

KAPITEL 6

EIN PLANET ERBLICKT DIE WELT

Schon von Anfang an hatten Marshall und Boshuizen bei dem Phone-Sat-Projekt das Gefühl, dass sie etwas Bedeutendem auf der Spur waren. Die Satellitenindustrie hatte sich durch jahrzehntealte Traditionen und starre Denkweisen in eine Sackgasse manövriert und die enormen Fortschritte in der Unterhaltungselektronik fast vollständig ignoriert. Die große Frage, die sich den beiden Wissenschaftlern stellte, war, was genau mit einem solch neuartigen Satelliten erreicht werden könne. Welche Art von Aufgaben könnten winzige Satelliten sogar besser bewältigen als große? Und, ganz im Einklang mit ihren weltanschaulichen Interessen: Welche Aufgaben könnte eine neue Art von Satelliten erfüllen, die der Menschheit am meisten nutzen würden?

Tagsüber verfolgten Marshall und Boshuizen die Fortschritte bei PhoneSat, aber abends wurden im Freundeskreis der Rainbow Mansion die oben genannten Fragen erörtert. Marshall machte seinem Ruf alle Ehre und versuchte, all den Debatten eine gewisse Struktur zu verleihen, indem er eine Tabelle erstellte, in der die verschiedenen Ideen gesammelt und strukturiert wurden. Die Tabelle belief sich schließlich auf etwa 20 Aspekte, für die kleine Satelliten in Betracht kämen, um der Gesellschaft zu helfen, um etwas Geld für das Unternehmen zu generieren und um technische Neuerungen einzuführen. Die Gruppe sprach über Maßnahmen wie das Erfassen von Satellitenbildern, die Schaffung eines neuen GPS-Ortungssystems, die Durchführung wissenschaftlicher Experimente und die Einrichtung eines neuen Kommunikationssystems im Weltraum. Im Laufe der Gespräche gewann das Konzept der Bilderfassung aus verschiedenen Gründen die meiste Zugkraft.

Fast alle Erdbeobachtungssatelliten im Weltraum wurden entweder von Regierungen, Forschungseinrichtungen oder einer Handvoll Unternehmen kontrolliert. Es war ein relativ überschaubarer, nicht sonderlich zukunftsweisender Kreis. Die Satelliten kosteten zwischen 250 Millionen und einer Milliarde Dollar pro Stück. Sie waren in der Regel recht groß – etwa so groß wie ein Lieferwagen oder ein kleiner Schulbus. Von der Entwicklung bis zu ihrem Start vergingen in der Regel mehrere Jahre, und es war vorgesehen, dass sie bis zu 20 Jahre lang im Weltraum in Betrieb bleiben sollten. Aufgrund ihrer hohen Kosten waren sie relativ rar gesät. Nicht einmal die US-Regierung hatte so viele Spionagesatelliten, wie sie eigentlich brauchte. Die Bildverarbeitungsbranche konnte meist nur hin und wieder Satellitenaufnahmen bieten, und die auch nur von Orten, die definitiv von Interesse waren.

Die PhoneSat-Experimente hatten Marshall und Boshuizen dazu bewogen, die Möglichkeiten für ein Unternehmen, die Erde fotografisch zu erfassen, neu zu überdenken. Anstatt eine Handvoll leistungsstarker, teurer Satelliten zu bauen, könnte man viele preiswerte Satelliten bauen und den Planeten vollständig mit Kameras einkreisen. Marshall stellte einige Berechnungen an und kam zu dem Schluss, dass etwa 100 solcher Satelliten benötigt würden, um jeden Tag ein Foto von jedem Punkt der Erde zu machen. Der Trick bestünde darin, die Satelliten in Serie zu produzieren, und zwar zu einem so günstigen Preis, dass sich die Idee für Investoren lohnen würde. »Die Leute geben etwa eine Milliarde Dollar für einen einzigen Beobachtungssatelliten aus«, sagte Marshall. »Wir könnten Hunderte von unseren Satelliten installieren, und das zu weitaus geringeren Kosten, als einer von deren Satelliten kostete. Es wäre eine Menge Geld, aber keine außergewöhnliche Summe. Es wäre etwas, das ein Risikokapitalgeber finanzieren könnte.«

Marshall und Boshuizen stellten sich vor, dass die Satelliten im Grunde genommen nur für relativ kurze Zeit halten würden. Anstatt eine Haltbarkeit von 20 Jahren zu haben, sollten die kleinen, billigen Satelliten die Erde drei bis fünf Jahre lang umkreisen. Dann würden sie in die Atmosphäre zurückstürzen und beim Wiedereintritt verglühen. Es wären viele Raketenstarts erforderlich, um immer wieder neue Satelliten ins All zu bringen, aber das war auch eine Art Vorteil des Modells, das Marshall und Boshuizen vorschwebte. Die neuen Satelliten würden über die neuesten Computer- und Elektronikkomponenten verfügen, sodass die bildgebenden Geräte der Satellitenkonstellation immer besser werden würden.

So wie SpaceX die Wirtschaftlichkeit von Raketenstarts verändert hatte, hofften Marshall und Boshuizen, die Wirtschaftlichkeit von Satelliten zu optimieren. Der Start eines Satelliten würde nicht länger eine Alles-oder-nichts-Angelegenheit sein, bei der eine Milliarde Dollar in ein Objekt investiert werden musste, das Jahrzehnte würde halten müssen und auf keinen Fall versagen dürfte. Stattdessen könnten Geräte in die Umlaufbahn gebracht werden, die für die jeweilige Aufgabe gut genug wären und dann im Laufe der Zeit verbessert werden könnten. Wenn einzelne Komponenten in den Satelliten ausfielen, wäre das kein Problem, denn es würde bald ein modernerer Ersatz folgen. Die gleiche Überlegung galt für die Raketenstarts: Wenn ein Eine-Milliarde-Dollar-Satellit auf der Startrampe explodierte, gefährdete das die Karrieren von Menschen ebenso wie ganze Unternehmen. Wenn ein paar billige Satelliten den Start nicht überlebten, machte man einfach weiter und baute eben ein paar neue.

Darüber hinaus würde die von Marshall und Boshuizen angedachte Satellitenkonstellation ganz neue Möglichkeiten eröffnen, die Erde zu begreifen. An die Stelle von gelegentlichen Fotos zu eher zufälligen Zeitpunkten träte eine ständig aktualisierte Aufzeichnung von, nun ja, allem. Es wäre viel besser möglich, den Zustand der Ozeane, der Wälder und der landwirtschaftlichen Betriebe zu verfolgen. Es wäre möglich, einen Großteil der ökonomischen Aktivitäten der Menschheit zu verfolgen, einschließlich der Bewegung von Gütern, des Baus von Straßen und Gebäuden und wie aktiv die Menschen in einer Region im Vergleich zu einer anderen sind. Das Besondere daran war, dass dies als Dienstleistung jenseits staatlicher Kontrollen angeboten werden könnte: Die Bilder würden in eine Datenbank eingespeist werden, die jeder durchsuchen könnte. Marshall und Boshuizen erkannten, dass sie ein Google-ähnliches Analysesystem für den gesamten Planeten aufbauen könnten.

Ihre Arbeit bei Ames hatte Marshall und Boshuizen in eine einzigartige Position gebracht. Sie hatten Mondlandegeräte und Raumfahrzeuge konstruiert und waren an komplexen Missionen und der anschließenden Analyse der Daten beteiligt gewesen. Dadurch hatten sie aus erster Hand Erfahrungen mit den sehr vielschichtigen Gegebenheiten des Weltraums gesammelt. Gleichzeitig hatte Wordens Drängen, anders zu denken und kostengünstigere Ansätze auszuprobieren, ihnen die richtige Einstellung vermittelt, um Möglichkeiten zu erkennen, die andere übersehen hatten. »Wir erkannten, dass wir die Kapazität pro

Kilogramm, das in den Weltraum befördert werden muss, um das Hundert- bis Zehntausendfache effektiver gestalten könnten als andere«, sagt Marshall. »Es ist eine ungewöhnliche Situation, wenn die Branche so träge und unbeweglich ist, dass man sie so deutlich verbessern kann. Irgendetwas lief dort augenscheinlich völlig falsch.«

Ende 2010 stand für Marshall und Boshuizen der Entschluss fest, ein eigenes Unternehmen zu gründen. Sie wollten das PhoneSat-Projekt noch etwas länger bei Ames weiterführen, waren aber gleichzeitig damit beschäftigt, Vorbereitungen für ihr neues Unternehmen zu treffen. Nur widerwillig setzten sie Pete Worden von ihrem Plan in Kenntnis, Ames zu verlassen. Zunächst war er von der Idee nicht begeistert, aber dann akzeptierte er die Situation. Er riet ihnen, alle Stunden, die sie bei Ames an Projekten arbeiteten, genau zu protokollieren, damit sie nachweisen konnten, dass sie nur ihre Abende und Wochenenden in das neue Unternehmen investierten. Das würde hoffentlich verhindern, dass die höheren Stellen bei der NASA murrten – oder Schlimmeres –, wenn die Nachricht von ihrem Start-up bekannt würde.

»Wir haben es immer wieder vor uns hergeschoben, es Pete zu sagen«, erinnert sich Boshuizen. »Er war ein so guter und enger Freund geworden, und wir waren wahrscheinlich einige der besten Aushängeschilder für das, was er bei Ames zu erreichen versucht hatte. Wir wussten, dass er sich darüber ärgern würde, und das tat er auch ein paar Tage lang. Ihm gefiel der Gedanke überhaupt nicht, dass wir gehen würden. Aber dann kam er zu dem Schluss, dass unser Unternehmen sinnbildlich für das stand, was er aufgebaut hatte. Dass wir gingen, war letztendlich ein Zeichen für seinen eigenen Erfolg.«

Marshall und Boshuizen verbrachten ein paar Stunden in der Rainbow Mansion, um einen Namen für das neue Unternehmen zu finden. Marshall wollte »Gaia« mit im Namen haben, als Hommage an Mutter Erde, und beide suchten nach einem Namen mit Weltraumflair. Sie schauten im Internet, welche Namen es in dieser Branche bereits gab, und einigten sich schließlich auf die etwas gewollte Neuschöpfung »Cosmogia«, eine Verschmelzung von Kosmos und Gaia. »Ich weiß noch, wie wir uns gegenseitig abklatschten und das Gefühl hatten, dass wir den perfekten Namen gefunden hatten«, so Boshuizen. »Es stellte sich jedoch heraus, dass niemand so recht etwas damit anfangen konnte. Der Name war eigentlich schrecklich. Aber in unserem Überschwang war er uns geradezu fantastisch vorgekommen.«

Aus Cosmogia wurde binnen kurzer Zeit »Planet Labs«, und innerhalb des ersten halben Jahres von 2011 stellte das junge Unternehmen sein Team zusammen. Neben Marshall und Boshuizen stieg auch Robbie Schingler als Gründungsmitglied mit ein.

Schingler war vier Jahre lang als der persönliche Assistent von Pete Worden für besondere Aufgaben tätig gewesen und hatte zahlreiche Programme geleitet, bei denen es darum ging, mehr Daten und Technologien der NASA für die Öffentlichkeit zugänglich zu machen. Er war auch an der Leitung einer Handvoll Missionen für Satelliten und kleine Raumfahrzeuge beteiligt. Kurz vor der Gründung von Planet arbeitete Schingler in der NASA-Zentrale als rechte Hand des Cheftechnologen der Behörde. Schingler, Boshuizen und Marshall verbrachten unzählige Nächte in der Rainbow Mansion, wo sie all ihre Ideen zu den technischen Aspekten und den Plänen für das Unternehmen ausdiskutierten. Vor allem für die langjährigen WG-Kumpane Marshall und Schingler war es eine Chance, gemeinsam mit einem der besten Freunde ein Unternehmen zu gründen.

Jeder von ihnen brachte seine besonderen Fähigkeiten in das Vorhaben ein. Boshuizen sollte sich um die technische Seite des Unternehmens kümmern. Marshall wäre der CEO, der die Zukunftsvision von Planet vertrat und dafür sorgte, dass das Unternehmen sich schnell entwickelte. Schingler besaß die Gabe, sich um die eher praktischen Geschäftsangelegenheiten zu kümmern, wie etwa die Ausarbeitung und Umsetzung einer Strategie und die Einstellung von Mitarbeitern, und würde sich auf die Pflege der Beziehungen zwischen Planet und seinen Kunden konzentrieren. Eine Handvoll Mitarbeiter von Ames erklärte sich ebenfalls bereit, ihre sicheren Jobs bei der NASA aufzugeben und sich auf das Start-up-Abenteuer einzulassen, darunter Vincent Beukelaers, Matthew Ferraro, Ben Howard, James Mason und Mike Safyan.

Wie jedes gute Silicon-Valley-Start-up wurde Planet Labs in einer Garage ins Leben gerufen. Das Team erörterte seine Konzepte in der Rainbow Mansion und zog sich dann in die Garage zurück, um dort zu versuchen, seine Ideen in praktikable Hardware umzusetzen.

Das Grundkonzept bestand darin, den kleinsten und billigsten Satelliten zu bauen, der in der Lage sein würde, vernünftige Bilder von der Erde zu machen. Der Satellit wäre im Grunde eine Box mit einem Teleskop sowie Computer- und Kommunikationssystemen zum Speichern und Senden von Fotos. Außerdem bräuchte er Systeme, um seine Ausrichtung im Weltraum zu steuern, und er sollte mehrere Jahre funktionstüchtig bleiben. In der Garage begann die kleine Gruppe von Ingenieuren, alle Komponenten auf Tischen auszulegen, um zu sehen, wie viel Platz sie benötigen würden. Im Laufe einiger Monate reduzierten sie die Anzahl der Komponenten und entwickelten raffinierte Möglichkeiten, die verschiedenen Elemente miteinander zu kombinieren. Als sie so weit waren, einen Prototyp zu bauen, war den Gründern von Planet klar, dass es an der Zeit war, aus der Garage auszuziehen und ein richtiges Büro zu suchen.

Während das PhoneSat-Programm bei Ames unter Wordens Leitung weiterlief, richtete Planet seine Niederlassung im Zentrum von San Francisco ein. Die Planet-Gründer hatten ihre Experimente in der Rainbow Mansion aus eigener Tasche bezahlt, mussten nun aber Geld auftreiben, da ihre Ausgaben immer weiter stiegen. Marshall und Boshuizen erinnerten sich an ihre Zeit in der Wüste von Black Rock und beschlossen, den Risikokapitalgeber Steve Jurvetson anzurufen. Zu ihrer großen Überraschung und Freude willigte er ein, Planet den ersten Scheck auszustellen. »Wir haben mit drei Millionen Dollar Startkapital begonnen, und davon hat Steve zwei Millionen beigesteuert«, erzählt Marshall. »Es ist ihm hoch anzurechnen, dass er den Wert des Ganzen erkannt und darauf gesetzt hat.«[*]

Mit dem neuen Job wechselten Marshall und die Schinglers auch ihren Wohnsitz. Sie wollten näher am Büro von Planet sein und in San Francisco leben. Sie tauschten also quasi eine Villa gegen eine andere und fanden ein Haus aus dem 19. Jahrhundert in der Nähe des Alamo Square, mit acht Schlafzimmern und einer Fläche von 700 Quadratmetern.[**] Das Haus, das einst einem Schuhmagnaten gehört hatte, verfügte über eine Bowlingbahn im Keller, eine Bibliothek und zahlreiche Wohnräume. Die neue Bleibe wurde unter dem Namen »The Embassy« (»Die Botschaft«) bekannt, und Jessy Kate verwandelte sie erneut in eine florierende Wohngemeinschaft mit etwa einem Dutzend Bewohnern. Leute aus der Tech-Szene kamen oft in die Embassy, um an einem geselligen Salonabend teilzunehmen oder Strategien für ihr nächstes Start-up zu entwickeln.

---

[*] James Mason, einer der ersten Mitarbeiter des neuen Unternehmens, hatte einen detaillierten Plan für die verwendete Technik und das Geschäftsmodell von Planet ausgearbeitet, den er den Investoren vorlegen wollte: »Letztendlich war das völlig überflüssig. Es genügte, dass Will sich mit Jurvetson beim Burning Man getroffen hatte.« Die anderen Investoren waren die Capricorn Investment Group und O'Reilly AlphaTech Ventures.

[**] Chris Kemp entschied sich dafür, allein zu wohnen, und zog nicht in das neue Haus mit ein.

Satelliten werden normalerweise in sogenannten Reinräumen gefertigt, um zu verhindern, dass Partikel und andere Verunreinigungen in die Elektronik und die mechanischen Teile gelangen. Alles, was ein Kameraobjektiv hat, benötigt eine besonders saubere Umgebung, um sicherzustellen, dass die Bilder makellos sind. Einen Satelliten ins All zu schicken, nur um dann Bilder zu erhalten, die durch Kleiderfussel oder Staub verunreinigt sind, wäre ein mehr als aussichtsloses Unterfangen. Zu diesem Zeitpunkt hatte Planet jedoch kein Geld für eine hochmoderne Anlage und musste sich eine günstigere Variante ausdenken.

Um ein behelfsmäßiges Satellitenlabor einzurichten, kaufte das Unternehmen zunächst einige Gewächshäuser und Luftfilter auf Amazon. Die Gewächshäuser waren groß genug für mehrere Personen, damit diese ihre Arbeit verrichten konnten. Planet hatte zu diesem Zeitpunkt etwa 30 Mitarbeiter, und ein Großteil von ihnen zog sich Laborkittel an, ging in ein solches Gewächshaus und versuchte, von Grund auf neue Satelliten zu bauen. »Es war eindeutig ein Gewächshaus von der Art, das man in den Garten stellt, aber es funktionierte großartig«, sagt Ben Howard, der von Ames zu Planet gewechselt war.

Es dauerte etwa eineinhalb Jahre, bis Planet seine erste Dove gebaut hatte. Es handelte sich um einen rechteckigen Quader mit den Maßen zehn mal zehn mal 30 Zentimeter, womit die Dove etwa dreimal so groß war wie die frühen PhoneSat-Würfel. Im Inneren befand sich ein zylindrisches Teleskop, das zur Wärmeisolierung mit goldbeschichtetem Material umwickelt war. Um das Teleskop herum befanden sich mehrere Lithium-Ionen-Batterien mit separaten Heizelementen für jede Batterie und eine Handvoll Leiterplatten. An den Seiten des Geräts waren außerdem Sonnenkollektoren und eine Antenne angebracht. Statt einer Milliarde Dollar kostete die Herstellung der Dove weniger als eine Million.

Ich begegnete den Gründern von Planet zum ersten Mal Mitte 2012, als sie ihre ersten Doves produzierten. Die Gewächshäuser waren inzwischen durch etwas professionellere Gebäude ersetzt worden. Planet hatte kleine Produktionszentren eingerichtet, die durch Plastikschutzvorrichtungen vom Rest des Büros getrennt waren. Obwohl das Büro mit beeindruckenden Testgeräten und allem möglichen anderen technischen Schnickschnack ausgestattet war, wirkte es eher wie ein sehr alternatives Untergrundunternehmen für Raumfahrt als wie eine professionelle Satellitenfabrik.

Marshall und Schingler führten mich durch die Anlage und erzählten mir, wie Planet aus den Experimenten bei der NASA hervorgegangen war. Sie waren

Feuer und Flamme. Sie wollten mehr Satelliten installieren als jede andere Organisation jemals zuvor, um damit »die illegalen Brandrodungen in Afrika aufzudecken, den illegalen Fischfang zu beobachten und das Schmelzen der Eiskappen zu messen«. Mir war nicht klar, wie das Unternehmen damit große Gewinne würde einfahren können, aber Marshall und Schingler waren sehr sympathische und idealistische Typen. »Wir wollen einen Paradigmenwechsel im menschlichen Bewusstsein und beim Verständnis unseres Planeten herbeiführen«, betonte Marshall. »Uns liegt sehr viel daran, diese Informationen denjenigen zugänglich zu machen, die sie am meisten brauchen«, fügte Schingler hinzu.*

Im April 2013 startete Planet seine ersten beiden Doves. Rein zufällig landete einer der beiden Satelliten auf der gleichen Antares-Rakete wie der erste PhoneSat. Eine zweite Dove flog an Bord einer russischen Sojus-Rakete. Einige Monate später startete Planet zwei weitere Satelliten und sammelte zum ersten Mal größere Datenmengen.

Die gelungenen Flüge brachten natürlich die üblichen Begleiterscheinungen eines Start-ups, das seine ersten Erfolgserlebnisse feiert, mit sich: Der Ingenieur, der den ersten Kontakt mit einer Dove hergestellt hatte, stürmte aus der Überwachungsstation, in der er arbeitete, und rannte schreiend um die Antenne herum. Andere Ingenieure ließen in der Station die Korken knallen, während sie die Verbindung mit den Satelliten testeten. Später, als einer der Satelliten zur Erde zurückgekehrt war und in der Atmosphäre verglühte, veranstaltete das Team von Planet eine Mischung aus Party und Totenwache für seine verlorene Dove.

Das erste Bild, das von einem der Satelliten zurückkam, zeigte ein bewaldetes Gebiet, aber niemand im Team konnte die genaue Position festlegen. Die Instrumente, die Planet damals zur Lokalisierung von Bildern einsetzte, waren noch nicht ausgegoren. Nach ein paar Stunden konnte sich jemand darauf festlegen, dass der Satellit Fotos von Oregon aufgenommen hatte. »Robbie kam mit diesem Bild auf seinem Handy herein«, sagt Marshall. »Es war einfach unfassbar.

---

* »Jurvetson sagt, dass er gerne Leute finanziert, deren Hauptziel nicht darin besteht, eine Menge Geld zu verdienen«, erzählte Marshall mir. »Wenn Geld dein Hauptziel ist, denkst du eher kurzfristig. Wenn man ein längerfristiges Ziel hat, wie Elon mit der Besiedlung des Mars oder wie wir mit der Rettung der Erde, dann wird man viel größere Sprünge machen, um die Dinge dramatisch zu verändern. Larry und Sergey hatten bei Google keinen speziellen Geschäftsplan. Sie wollten einfach nur das Internet nützlich machen. Man schafft etwas, das einen immensen Wert hat, und bindet dann später ein Geschäftsmodell darin ein.«

Es war wunderschön. Ich war so erstaunt, dass man sogar einzelne Bäume erkennen konnte. Die Tatsache, dass es genauso funktionierte, wie wir es geplant hatten, war für mich wie ein Schock. Robbie hat das Bild immer noch auf seinem Handy.«

Als Planet im Laufe mehrerer Monate immer mehr Bilder generierte, verspürten die Mitarbeiter etwas, das Astronauten als den »Overview-Effekt« bezeichnen. Dabei handelt es sich um jene Erfahrung, die Erde von oben zu sehen und eine neue Einsicht in die Zerbrechlichkeit dieses relativ kleinen Objekts zu gewinnen, das in der Leere des Alls existiert, umgeben von einer äußerst dünnen Atmosphäre, die es für die menschliche Existenz erst lebensfähig macht. Die Ingenieure von Planet konnten beobachten, wie sich die Wälder im Laufe der Jahreszeiten verfärbten. »Man konnte sozusagen sehen, wie Afrika atmet«, sagt James Mason, der nach seiner Arbeit an PhoneSat und anderen Missionen bei Ames zu Planet gestoßen war. »Wir konnten miterleben, wie sich unser Planet in Echtzeit weiterentwickelte.«

In jenen frühen Tagen bewiesen die Ingenieure von Planet ein Maß an Handlungsschnelligkeit und Anpassungsfähigkeit, das in der Satellitenbranche ungewöhnlich war. So hatte beispielsweise ein Funkgerät auf einer der Doves einen Softwarefehler, durch den der Speicher des Geräts gelöscht wurde. Um das Funkgerät wieder zum Leben zu erwecken, schrieben einige Spezialisten den Kerncode neu, der das Gerät funktionsfähig machte, und übertrugen ihn dann auf die Satelliten. Sie konnten nur mit dem Satelliten »kommunizieren«, wenn er sich über einer Bodenstation befand, sodass es mehrere Durchgänge brauchte, um den gesamten neuen Code auf dem Funkgerät zu installieren, doch schließlich funktionierte es wieder.

Dieser frühe Versuch bestärkte die Überzeugung der Mitarbeiter von Planet, dass Satelliten eher als flexible denn als starre Systeme betrachtet werden können. Sie mussten nicht jahrelang unverändert im Weltraum bleiben. Sie könnten verbessert und aktualisiert werden, genau wie Computer und Smartphones. Wieder einmal trug Planet dazu bei, die jahrelang vorherrschende Meinung zu widerlegen, dass Satelliten fragile Objekte seien, die man in Ruhe lassen sollte, sobald sie sich im Orbit befanden.

Die ersten beiden Starts stärkten das Vertrauen der Investoren in das junge Unternehmen. Mitte 2013 erhielt Planet eine weitere Finanzspritze in Höhe von 13 Millionen Dollar. Steve Jurvetson leitete erneut die Gruppe der Investoren, der sich unter anderem auch Risikokapitalgeber Peter Thiel und Eric Schmidt anschlossen. Planet verwendete das Geld, um eine Flotte von 28 neuen Doves zu bauen. Diese wurden 2014 mit einer Frachtrakete, die auf dem Weg zur Internationalen Raumstation war, ins All gebracht. Von der ISS aus brachten die Astronauten die Doves in die Umlaufbahn. Im Jahr 2015 waren die Investoren von der Vision von Planet so überzeugt, dass sie weitere 170 Millionen Dollar in das Unternehmen pumpten. Wenig später schon baute Planet mehr als 100 Satelliten und bemühte sich auf allen verfügbaren Raketen um Frachtraum.

Als Planet begann, Satelliten in Serie zu produzieren, und weitere Starts durchführte, stellte sich heraus, dass das Unternehmen die Leistungsfähigkeit seiner ersten Satelliten falsch eingeschätzt hatte. Die ersten Doves hielten sich nur kurze Zeit im All, bevor sie unplanmäßig aus dem Orbit austraten. Als neue Doves ihre mehrmonatige Reise in die erdnahe Umlaufbahn antraten, überhitzten die Geräte, und ihre Batterien gaben den Geist auf. Die Steuerung von Dutzenden sich schnell bewegenden Satelliten von wenigen Bodenstationen aus erwies sich ebenfalls als äußerst schwierig. »Im Grunde genommen mussten wir ein System entwickeln, das diese mitunter schlecht arbeitenden Satelliten bis ins kleinste Detail überwachen konnte«, so Howard. »Wir waren ein kleines, unerfahrenes Team, und das war eine große Herausforderung. Wir dachten, wir müssten nur 100 davon herstellen, sie in den Weltraum bringen und dann einfach alle generierten Daten ausdrucken. Es stellte sich jedoch heraus, dass das doch kein Selbstläufer war.«

Manchmal bekamen die Doves zu viel permanentes Sonnenlicht ab, sodass ihre Temperatur in die Höhe schoss. Dann wurde es zu riskant, Operationen wie das Aufladen der Batterien durchzuführen oder überhaupt etwas zu tun. Deshalb schalteten die Ingenieure von Planet die Satelliten über Tage ab, um sie abkühlen zu lassen.

Auch bei den optischen Linsen gab es Probleme. Bei einem typischen Beobachtungssatelliten wird darauf geachtet, dass das Objektiv keinen Temperaturschwankungen ausgesetzt ist. Bei den Doves erwärmten sich die Linsen jedoch und kühlten dann wieder ab, und diese drastischen Schwankungen führten dazu, dass sie unscharf wurden. »Im Grunde konnten wir im Nachhinein nichts mehr dagegen tun«, so Howard. »Wir hätten wahrscheinlich einen Optikspezialisten hinzuziehen sollen.« Hinzu kam, dass die Funkgeräte nicht leistungsfähig genug waren, um alle Bilder, die die Satelliten sammelten, zu übertragen. »Wir haben eine große Anzahl von Starts durchgeführt, ohne eine Konstellation zu haben, die tatsächlich Daten in der Qualität liefern konnte, die wir brauchten, und in der Geschwindigkeit, die wir benötigten, um rentabel zu sein«, sagt Howard. »Wir hatten große Sorge, dass wir nicht in der Lage sein würden, unsere Ziele zu erreichen.«

Diese Zeit bedeutete für Planet ein böses Erwachen. In der Luft- und Raumfahrtindustrie hatte man sich über das Start-up-Unternehmen und dessen Haltung als neue, innovative Kraft der Branche lustig gemacht. Planet hatte versucht, den Spirit des Silicon Valley auf Satelliten zu übertragen, und sich mit dem Tempo der Tech-Branche aufgemacht, seine ersten 100 Satelliten in die Umlaufbahn zu bringen. Einige Raumfahrtveteranen fanden, dass Planet das bekam, was es verdiente. Satelliten seien nun mal nicht einfach zu bauen, und diese Abtrünnigen der NASA hätten ihre Fähigkeiten überschätzt, hieß es. Sie hätten sich zu sehr auf ihre Visionen konzentriert statt auf die technischen Möglichkeiten.

Planet zog es vor, viele seiner Probleme nicht in der Öffentlichkeit auszubreiten. Marshall war bei Technologiekonferenzen anzutreffen, wo er darüber sprach, wie Planet für eine bessere Welt sorgte, als ob das Unternehmen die meisten seiner Ziele bereits erreicht hätte. Hinter den Kulissen war das Team von Planet jedoch damit beschäftigt, ein Problem nach dem anderen zu lösen und das Know-how zu entwickeln, das erforderlich war, um Hunderte von Satelliten in die Umlaufbahn zu bringen und den Informationsfluss zwischen diesen und der Erde zu koordinieren.

Die erste Aufgabe bestand darin, herauszufinden, wie sich die Raketenstarts besser koordinieren und kontrollieren ließen. Planet wollte viele Satelliten installieren, und das so kostengünstig wie möglich, aber damals gab es einfach nicht genug Raketenstarts. Das Experiment mit der ISS war gut gelaufen, weil der Transport ins All weniger gekostet hatte als ein normaler Raketenstart. Das Problem war jedoch, dass die Umlaufbahn der ISS für die Ziele von Planet nicht ideal war. Die Satelliten benötigten von dort aus Monate, um die perfekten Positionen für die Aufnahmen von Fotos zu erreichen.

In den folgenden Jahren beauftragte Planet Mike Safyan, einen seiner ersten Mitarbeiter, mit dem Aufbau von Beziehungen zu Raketenunternehmen auf der ganzen Welt und der Aushandlung von Verträgen. Planet avancierte zum wahren Globetrotter, wenn es um Raketenbasen ging, und schickte seine Satelliten nach Russland, Indien und zu SpaceX in die Vereinigten Staaten. Planet begann auch, einige neu gegründete Raketenunternehmen zu umwerben, die gerade erst auf der Bildfläche erschienen waren. Diese Unternehmen mussten erst noch beweisen, dass ihre Raketen funktionierten, aber sie versprachen preiswerte und regelmäßige Flüge ins All, und sie nahmen kleine Satelliten als Hauptfracht an Bord und nicht bloß als sekundäre Nutzlast. Zudem legten sie besonderen Wert darauf, die Satelliten in ideale Umlaufbahnen zu bringen. Um die Industrie zu fördern, kaufte sich Planet auf einen der ersten Flüge von einem neuseeländischen Unternehmen namens Rocket Lab ein, das über eine faszinierende Rakete namens Electron verfügte. Kein Unternehmen hatte jemals zuvor so viele Starts aushandeln müssen, und Safyan entwickelte sich zu einem der am besten vernetzten Menschen in der Weltraumindustrie. Er lernte, hartnäckig zu verhandeln und die immer wieder auftretenden Startverzögerungen zu umgehen, um die effizienteste Methode zu finden, die Satelliten rechtzeitig ins All zu bringen.

Um mit den Satelliten angemessen kommunizieren zu können, musste Planet auch ein ausgedehntes Netz von Bodenstationen aufbauen. Dabei handelte es sich um kleine Gebäude, die von ein paar Leuten betrieben werden konnten und über leistungsstarke Antennen und Funkgeräte verfügten, um die Daten zwischen der Erde und den über den Stationen vorbeiziehenden Satelliten hin- und herzuschicken. Die Bodenstationen befanden sich oft an abgelegenen Orten in der Nähe der Pole und des Äquators, und die Ingenieure lernten, wie sie die Datenübertragung zwischen Dutzenden von Bodenstationen und Hunderten von Satelliten koordinieren konnten. Jeden Tag flossen Tausende von Terabytes an verschlüsselten Informationen durch das Netzwerk.

Planet musste darüber hinaus auch die Kunst beherrschen lernen, unzählige Satelliten zu bauen. Als das Unternehmen mehr Geld aufbrachte und sich zu einem ausgewachsenen Betrieb entwickelt hatte, wurden die Gewächshäuser und Plastikschutzvorrichtungen durch eine Produktionsstätte ersetzt, die einen Großteil der unteren Etage des Büros einnahm. Normalerweise bauen Satellitenhersteller ein oder zwei Geräte gleichzeitig, aber Planet musste in relativ kurzer Zeit Dutzende herstellen, für den Fall, dass sich die Gelegenheit bot, an einem bevorstehenden Raketenstart teilzunehmen.

Der Leiter des Werks von Planet hieß Chester Gillmore. Er war stets perfekt gekleidet – mit Fliege – und war ein wahres Energiebündel, das seine Arbeit abgöttisch liebte. Sein Hauptaugenmerk lag darauf, den Herstellungsprozess so flexibel zu halten, dass Planet die vorhandenen Komponenten gegen die neuesten

Computersysteme oder Sensoren austauschen konnte, ohne dabei den hohen Qualitätsstandard der einzelnen Satelliten zu gefährden. Während die ersten PhoneSats nur eine Handvoll Komponenten hatten, bestanden die Satelliten von Planet schließlich aus 2000 verschiedenen Teilen. Fast jedes Teil hatte einen eigenen Strichcode, mit dem die Ankunft im Werk, die genaue Position im Satelliten und die Leistung im Weltraum verfolgt werden konnten.

Kein Unternehmen hatte jemals zuvor den Versuch unternommen, so viele Satelliten zu bauen, und die Methoden von Planet unterschieden sich erheblich von den gängigen Methoden. »Wenn die CIA einen großen Spionagesatelliten bauen will, geht man folgendermaßen vor«, erläutert Gillmore. »Sie verschicken einen Leitfaden mit den technischen Spezifikationen, die sie benötigen. Verschiedene Firmen arbeiten daraufhin sechs Monate lang ihre Kostenvoranschläge aus. Die CIA wählt dann denjenigen aus, der ihr am besten gefällt, und beginnt dann mit dem Entwurf des Satelliten, was vier Monate dauern dürfte. Gut ein Jahr später hat jemand einige Prototypen gebaut, die eine Reihe von Genehmigungen durchlaufen müssen. 18 Monate später ist dann vielleicht der endgültige Satellit fertig. Danach dauert es noch einmal sechs bis neun Monate, bis er gestartet wird. Wenn man dann fertig ist, ist die Technologie, mit der man angefangen hat, etwa fünf Jahre alt.«

Bei Planet brauchte man etwa ein Dutzend Leute, um bis zu 30 Satelliten pro Woche zu bauen. Das Unternehmen stellte in der Regel Leute von außerhalb der Luft- und Raumfahrtindustrie ein und bildete sie in der Fabrikhalle aus. Einer von ihnen war vorher als Anwaltsgehilfe tätig gewesen, ein anderer war Fahrradmechaniker. Die Mitarbeiter wechselten zwischen 42 verschiedenen Stationen, um sowohl Fertigungs- als auch Kontrollaufgaben zu übernehmen. Der Grundgedanke dieses Teams war, flexibel zu bleiben und mit den sich ständig ändernden Komponenten zu arbeiten, die die Ingenieure von Planet benötigen würden. Mit jeder neuen Generation wurden das Sichtfeld, die Auflösung, die Bildqualität, die Akkulaufzeit, die Speicherkapazität, die Rechenleistung, die Standortbestimmung und die Solarpaneele verbessert.[*]

Üblicherweise schickt Planet heute bei einem Start zwischen 20 und 90 Doves ins All. Um diese Satelliten abzusetzen, neigt sich die Oberstufe der Rakete nach

---

[*] Zwischen 2013 und 2021 konnten die Doves ihre Leistung, in diesem Fall die Menge der täglich pro Satellit gesammelten Daten, um das Zehntausendfache steigern.

vorn und dreht sich dann langsam, wobei alle paar Grad ein oder zwei Satelliten freigesetzt werden. Es dauert etwa fünf Minuten, bis alle Doves ausgestoßen sind. Sobald sie im Weltraum schweben, entfalten sich die Solarpaneele an jedem Satelliten, eine Klappe an einem der Enden öffnet sich, und eine Antenne wird ausgefahren.

Neue Doves ergänzen die bereits vorhandenen Satelliten auf einer Umlaufbahn, die um die Pole herumführt. Sie sind so verteilt, dass jeder Satellit für die Aufnahme eines bestimmten Gebiets unter ihm verantwortlich ist. Die Satelliten fungieren sozusagen als Zeilenscanner, unter denen die Erde rotiert, während sie einen nahezu konstanten Strom von Aufnahmen liefern. Um die Satelliten in die optimale Position zu bringen, verwendet Planet seine Technik des differenziellen Widerstands, um eine bestimmte Dove in Relation zu den anderen abzubremsen und einzugliedern.

Sobald der Satellit die richtige Position eingenommen hat, bestimmt sein Lage-, Bestimmungs- und Kontrollsystem seine genaue Ausrichtung. Gyroskope und Sensoren auf der Dove suchen nach Magnetfeldern und orten den Erdhorizont, die Sonne und andere Sterne. Magnettorquer und Reaktionsräder passen dann die Bewegungen des Satelliten an, bis er die gewünschte Stellung erreicht hat.

Die Satelliten befinden sich auf einem sogenannten sonnensynchronen Orbit. Ein einzelner Satellit überfliegt jeden Tag zur gleichen Zeit dieselben Stellen, und diese Umlaufbahn trägt dazu bei, dass die Bilder gleichmäßig Licht und Schatten aufweisen. Jede Dove braucht etwa 90 Minuten für eine komplette Umrundung, was 16 Umrundungen am Tag entspricht. Da sich die Erde unter dem Satelliten dreht, kann er sich um neun Uhr Ortszeit über New York befinden, dann um neun Uhr Ortszeit über St. Louis, dann zur gleichen Uhrzeit über San Francisco und so fort.

Jede Dove sammelt täglich Tausende von Bildern, die mit zwei Millionen Quadratkilometern etwa eine Fläche von der Größe Mexikos abdecken. Die Bilder werden in zehn achtminütigen Sitzungen am Tag über speziell angefertigte Funkgeräte zwischen dem Satelliten und seinen Bodenstationen übertragen. Sobald die Bilder die Erde erreichen, werden sie von der Software von Planet zusammengestellt und aufbereitet. Von Wolken und Schatten beeinträchtigte Fotos werden gelöscht. Die Kunden können sich dann in eine Anwendung einloggen und die Bilder nach Belieben durchforsten. Planet verlangt von Unternehmen und Regierungen einen bestimmten Preis für seine Fotos und bietet unter anderem Journalisten, gemeinnützigen Organisationen, Forschern und Umweltgruppen einen Zugang mit Ermäßigung.

Seit seiner Gründung wird Planet mit der Kritik konfrontiert, dass die Qualität seiner Fotos nicht ausreichend sei. Die von den Doves erzeugten Bilder haben eine Auflösung von drei Metern. Das bedeutet, dass jedes winzige Pixel auf einem Foto auf dem Computerbildschirm einem drei Quadratmeter großen Stück Erdoberfläche entspricht. Sie können Gebäude, Autos und Sehenswürdigkeiten erkennen, aber es ist schwierig, feine Details aus den Fotos herauszuholen. Obwohl Planet im Laufe der Jahre viele Verbesserungen an seinen Satelliten vorgenommen hat, lässt sich die Auflösung aufgrund der physikalischen Beschaffenheit der Satelliten nur schwer erhöhen. Ein Teleskop einer bestimmten Größe, das sich in einer bestimmten Höhe über der Erde befindet, kann nur Bilder einer bestimmten Qualität aufnehmen. Das Argument von Planet gegen solche Kritik ist, dass es vor allem von großem Wert ist, die ganze Erde zu jeder Zeit zu fotografieren anstatt nur bestimmte Orte, die von besonderem Interesse sind. Durch die Erstellung einer umfassenden Aufzeichnung der Erde über einen langen Zeitraum hinweg erkennen die Satelliten von Planet Trends und Veränderungen, die anderen entgehen würden. Nur dadurch, dass die Satelliten klein und damit erschwinglicher sind, konnte das Unternehmen ein so großes Netzwerk aufbauen und einen Datensatz erstellen, über den kein anderes Unternehmen und keine Regierung verfügt.

Um die Qualität seiner Fotos zu verbessern, erwarb Planet 2017 das Unternehmen Terra Bella[*], das unter dem Namen SkySats bekannte Bildsatelliten herstellt. Wie Planet war auch Terra Bella ein Start-up-Unternehmen, das bei der Herstellung seiner Geräte moderne Techniken einsetzte. Die SkySats sind jedoch größer: kühlschrankgroße Einheiten im Vergleich zu den schuhkartongroßen Geräten von Planet. Die stärkeren Satelliten ermöglichen Terra Bella größere Objektive und eine Auflösung von 50 Zentimetern. Außerdem befinden sich die Satelliten in verschiedenen Umlaufbahnen um die Erde, was es Planet ermöglicht, mehr Bilder von verschiedenen Orten und zu verschiedenen Tageszeiten zu sammeln.

---

[*] Terra Bella hieß früher Skybox Imaging und wurde im Jahr 2014 für 500 Millionen Dollar von Google übernommen. Es war als eigenständige Abteilung innerhalb von Google tätig. Will Marshall überzeugte später seinen guten Freund Sergey Brin, das Unternehmen an Planet zu verkaufen.

Das Zusammenspiel der beiden Satellitensysteme verschaffte Planet einen großen technologischen Vorsprung gegenüber den bisherigen Systemen. Die Doves waren omnipräsent und zudem leistungsfähig genug, um Veränderungen auf der Erde jederzeit zu erkennen, sei es, dass ein Wald abgeholzt wurde, ein neues Gebäude errichtet oder eine Rakete abgefeuert wurde. Es gab zwar nicht genug Satelliten von Terra Bella, um die gesamte Erdoberfläche abzudecken, aber sie konnten so eingestellt werden, dass sie einen Ort anpeilten, wenn die Doves etwas Interessantes entdeckten. In den Jahren nach der Übernahme nutzte Planet sein Fachwissen in den Bereichen Herstellung und Start, um weitere große Satelliten zu bauen und sie in die Umlaufbahn zu bringen.

Während Sie dies lesen, befinden sich Hunderte von Planet-Satelliten in der Umlaufbahn, hauptsächlich Doves und etwa zwei Dutzend größere Geräte. Der Stand der Technik hat sich so stark weiterentwickelt, dass Planet an einem Tag mindestens zwölf Fotos von einem einzigen Standort aufnehmen kann. Das gesamte Netzwerk macht weit über vier Millionen Fotos pro Tag, und das Archiv von Planet enthält im Schnitt 2000 Bilder von jedem Fleck der Erde.

KAPITEL 7

DER ALLGEGENWÄRTIGE COMPUTER

Bereits Anfang 2021 kursierten die Gerüchte in den Militärkreisen von Washington, D.C. Es hieß, China sei dabei, sein Atomwaffenarsenal auszubauen und in abgelegenen Teilen des Landes Raketensilos zu errichten. Es gab keine öffentlichen Informationsquellen, die diese Theorie hätten belegen können, aber hinter vorgehaltener Hand waren viele davon überzeugt, dass China insgeheim massiv aufrüstete. Sollte jemand die Existenz der Raketensilos bestätigen können, würde dies auf eine zunehmend aggressive Volksrepublik China hindeuten und die Spannungen zwischen China und den Vereinigten Staaten verschärfen.

Decker Eveleth erfuhr von diesen Gerüchten über die atomare Aufrüstung durch einige Kontaktpersonen in der sogenannten Open-Source-Intelligence-Community. Open-Source-Intelligence-Analysten sind Leute, die öffentlich zugängliche Informationen durchforsten, um zu versuchen, etwas über militärische und wirtschaftliche Aktivitäten herauszufinden. Ihre Erkenntnisse können aus der Durchsicht von Steuerunterlagen, Militärverträgen oder der Analyse von Satellitenbildern stammen. Mit diesen Instrumenten können die Analysten manchmal Details über einen nordkoreanischen Raketentest oder eine illegale Öllieferung an ein Land, das Sanktionen unterliegt, aufdecken. Im Allgemeinen dient die Arbeit dazu, Informationen ans Licht zu bringen, die Regierungen und kriminelle Elemente verbergen wollen – so kann die Öffentlichkeit darüber informiert werden, und es besteht die Möglichkeit, dies in offenen Foren zu diskutieren.

Eveleth studierte am Reed College und war durch sein Hobby, alle möglichen Informationen im Netz aufzustöbern, mit der Open-Source-Intelligence-Community in Kontakt gekommen. Während andere Studenten Bier zapften oder Verbesserungen an ihren Marihuana-Bongs vornahmen, saß Eveleth vor seinem Computer, wühlte sich durch Datenbanken und analysierte Satellitenbilder. Wie sich herausstellte, war er wirklich gut in diesem Metier. Er konnte Muster erkennen, die weitaus erfahreneren Analytikern entgangen wären. Er postete seine Ergebnisse oft auf Twitter und machte so viele fundierte Entdeckungen, dass die alteingesessenen Mitglieder der Open-Source-Community begannen, mit ihm zu chatten.

Mitte Mai 2021 beschloss Eveleth, sich auf die Suche nach den vermeintlichen Raketensilos in China zu machen. Er ging davon aus, dass die Standorte ähnlich aussehen würden wie eine zuvor entdeckte Gruppe von Silos, über denen das chinesische Militär aufblasbare Kuppeln errichtet hatte, um seine Arbeit zu verbergen. Analysten bezeichneten die weißen Kuppeln als »Hüpfburgen des Todes«, weil sie den halbkugelförmigen, überdachten Spielburgen ähnelten, die man auf einem Volksfest oder bei einer Kinderparty findet. Eveleth vermutete außerdem, dass sich die Kuppeln in der Wüste Nordchinas befänden, da das Militär in dieser Region besonders aktiv war und dort riesige Gebiete mit flachem Land zur Verfügung standen.

Um seine Leidenschaft besser ausleben zu können, hatte Eveleth sich ein Konto bei Planet Labs eingerichtet, und er begann, Bilder abzurufen und Tausende von Kilometern Wüste in Raster zu unterteilen, die er nacheinander durchsuchte. Es dauerte mehr als einen Monat, aber Ende Juni machte er eine wichtige Entdeckung: Er spürte etwa 120 der weißen »Hüpfburgen des Todes« auf. An den zuvor erfassten Orten hatte China höchstens ein paar Dutzend solcher Konstruktionen. Sollte Eveleth wirklich 120 neue Silos gefunden haben, würden seine Informationen rund um den Globus für Aufmerksamkeit sorgen und auf ein neues Wettrüsten hinweisen.

Am 27. Juni 2021 um acht Uhr morgens setzte sich Eveleth mit Planet in Verbindung und informierte das Unternehmen über den möglichen Fund. Die Dove-Satelliten hatten im Laufe vieler Monate eine Vielzahl von Bildern von dem fraglichen Gebiet aufgenommen, und Eveleth konnte anhand der Fotos den Bauprozess der Silos nachvollziehen. Um noch bessere und aktuellere Aufnahmen des Geländes zu erhalten, bat Eveleth, ob Planet seine SkySats mit höherer Auflösung auf das Gebiet richten könne. Dem kam Planet gerne nach.

DER ALLGEGENWÄRTIGE COMPUTER

Im Laufe des nächsten Tages sendeten die Ingenieure von Planet Funksignale von ihren Bodenstationen auf der Erde an ihre jeweiligen Satellitenkonstellationen. Die Computer an Bord der Satelliten empfingen die Signale, und die Flugkörper schalteten ihre Reaktionsräder ein, um ihre Position zu verändern und sich besser auf das Ziel auszurichten. Bei einer Geschwindigkeit von 7,5 Kilometern pro Sekunde schossen die Satelliten im Schnellfeuerverfahren Bilder von der Wüste. Die Aufnahmen wurden per Funk zur Erde übertragen, wo sie entschlüsselt und dann von der Planet-Software verarbeitet wurden. Um 8:46 Uhr am 28. Tag seiner Suche loggte sich Eveleth in den Planet-Dienst ein und sah nicht nur die Kuppeln, sondern auch die Gräben für die Kommunikationskabel, die von unterirdischen Einrichtungen ausgingen, in denen das Militär wahrscheinlich seine Startzentralen hatte. Er präsentierte die Aufnahmen den federführenden Köpfen des Open-Source-Informationsdienstes, und alle waren sich einig, dass er tatsächlich die Raketensilos gefunden hatte, über die es so viele Gerüchte gegeben hatte. »Wir wussten, dass dies eine große Sache war«, sagt er. »Es ist ein ganz besonderer Nervenkitzel, wenn man weiß, dass man der Erste ist, der etwas gefunden hat.«

Eveleth zeigte einigen Journalisten die Aufnahmen, und kurz darauf wurden Geschichten über die nukleare Aufrüstung Chinas zum Aufmacher zahlreicher Zeitungen. Das Außenministerium der USA konstatierte, diese Befunde seien »besorgniserregend«. Chinesische Veröffentlichungen versuchten, die Bedeutung der Bilder herunterzuspielen, indem sie Eveleth als Hobbydetektiv diskreditierten, der lediglich zufällig über die Bauten für einen Windpark gestolpert sei. Dieser Versuch der Chinesen, die Aufmerksamkeit auf ein anderes Thema zu lenken, war jedoch lächerlich, denn die Aufnahmen zeigten enorm viele typische Merkmale eines Atomwaffengeländes.

Die Journalisten, die sich mit dieser Story beschäftigten, waren natürlich vor allem an den politischen Konsequenzen der Entdeckung interessiert. Doch keiner von ihnen ging einen Schritt zurück, um sich noch einen anderen wichtigen Aspekt dieser Geschichte vor Augen zu führen: dass ein Student ohne Abschluss nur von seinem Laptop aus eine wichtige chinesische Militäroperation hatte enthüllen können. Und dass er lediglich die Daten von einer Flotte von Hunderten kleiner Satelliten genutzt hatte, die von einem Privatunternehmen gebaut worden waren, nicht von einer militärischen oder staatlichen Einrichtung. Buchstäblich jeder andere konnte dies ebenfalls tun. »Früher war es so, dass die Regierung über Satelliten verfügte, aber wir nicht«, erläutert Jeffrey Lewis, ein Experte im Bereich der Kontrolle von Atomwaffen und Eveleths Mentor. »Heutzutage haben sie Satelliten, die ein wenig besser sind. Das ist natürlich schön für sie, aber es hat keine wirklichen Konsequenzen.«

Schon in den 1940er-Jahren hatten Angehörige der oberen Ränge des US-Militärs Theorien darüber aufgestellt, rund um den Globus Satelliten zu platzieren, die laufend Aufnahmen von der Erdoberfläche machen könnten. Der Angriff auf Pearl Harbor hatte große Lücken in der amerikanischen Informationsbeschaffung aufgezeigt und die Geheimdienste in Washington, D. C., fanden, dass es sinnvoll wäre, jederzeit über einen allgegenwärtigen Blick vom Himmel aus auf die Erde zu verfügen. Das Einzige, was das US-Militär damals davon abhielt, einen Spionagesatelliten zu konzipieren, waren die technischen Grenzen, da nicht klar war, wie man eine Kamera ins All bekommt und wie man dann die von ihr aufgenommenen Bilder erhält.

In den 1950er-Jahren wurde das Verlangen nach Spionagesatelliten sogar noch unabdingbarer. Im Jahr 1957 hatte die Sowjetunion den Sputnik 1 ins All gebracht, was in den USA sofort zu der großen Sorge führte, dass man in Sachen Weltraumtechnologie gegen den Rivalen an Boden verloren hatte. Darüber hinaus machte man sich beim US-Militär Sorgen, weil es kein klares Bild davon gab, wie umfangreich das Raketenarsenal der Sowjetunion war. Spionageflugzeuge konnten sehr nützliche Bilder aufnehmen, aber eigentlich konnte man sie nur über bekannten Orten einsetzen, denn es war zu riskant, sie auf Verdacht durch den sowjetischen Luftraum fliegen zu lassen. Zudem waren die möglichen Flugzeiten noch relativ kurz. Die USA hatten keine Möglichkeit, große Landflächen zu durchsuchen und dabei nach bislang unbekannten Raketensilos und anderen militärischen Anlagen Ausschau zu halten. Ohne exakt einschätzen zu können, was die Sowjets gerade bauten und konstruierten, hatten die USA keinerlei Vorstellung davon, womit sie es zu tun hatten und ob sie beim Rüstungswettlauf vorneweg lagen oder aber erbärmlich hinterherhinkten.

Schließlich stellte die amerikanische Regierung 1958 einen geheimen Plan namens CORONA auf, in dem es um die Entwicklung einer ganzen Reihe neuer Technologien ging, die sicherstellen sollten, dass das geplante Satellitenspionageprogramm auch fruchten würde. Man wollte Raketen bauen, mit denen Satelliten in den Orbit transportiert werden könnten. Diese Satelliten wären mit speziell entworfenen Kameras ausgestattet, die gegen Probleme wie atmosphärische

Störungen oder Vibrationen der Raumfahrzeuge gewappnet sein würden, wodurch sie klare Fotos von der Erde machen könnten. Und als wäre diese Aufgabe nicht schon schwierig genug, mussten die USA auch noch einen Weg finden, diese im All gemachten Fotos zurück auf die Erde zu bringen. Damals waren die Datenübertragungssysteme bei Weitem nicht ausgereift genug, um riesige Datensätze von der Umlaufbahn zu einer Bodenstation zu schicken. Es gleicht eher einer Mär, wenn man hört, dass eine Gruppe von CORONA-Ingenieuren damals überzeugt war, die Satelliten könnten Behälter mit den Filmen darin vom All aus Richtung Erde schießen, die dann, ausgestattet mit kleinen Fallschirmen, abwärtstrudeln würden. Diese Filmkapseln hätten Hitzeschilde, um zu verhindern, dass sie beim Wiedereintritt in die Erdatmosphäre verglühen würden; sie würden dann in der Luft von Flugzeugen eingesammelt, die am Flugzeugbauch mit einem Haken ausgestattet wären, der die Fallschirme abfangen könnte. Keine große Sache, dachte man.

Damit all diese Aktivitäten nicht auffielen, führte die Regierung ein öffentliches Programm namens DISCOVERER ein, dass angeblich eine Reihe von wissenschaftlichen Weltraummissionen durchführen sollte. Wenn es also irgendjemandem auffallen sollte, dass irgendwo ein paar Raketen ins All geschossen wurden, konnte man diese als Forschungseinsätze ausweisen, in denen es darum ging, zum Wohle der gesamten Menschheit Erkenntnisse über die Erde zu sammeln – obwohl es sich in Wirklichkeit um höchst ausgefeilte Spionagetätigkeiten handelte. Die CIA und die Air Force übernahmen die Verantwortung für die technische Entwicklung von CORONA, und für diese Herausforderung – und andere, ähnlich verrückte Vorhaben im Weltraum – wurde eine neue Abteilung gegründet: die Advanced Research Projects Agency (ARPA), später umbenannt in Defense Advanced Research Projects Agency (DARPA).

CORONA war ein monumentales Unterfangen. Die Regierung setzte viele ihrer besten Ingenieure für die Arbeit an dem Projekt ein, zudem stellte sie noch etliche Mitarbeiter aus diversen anderen Berufsfeldern ein, die sich im Rahmen dieses Projekts um alles, was die Fotografien betraf, kümmern sollten. Sie alle wurden zur Verschwiegenheit verpflichtet und aufgefordert, so effizient wie nur irgend möglich zu arbeiten. Doch am Anfang liefen die Dinge nicht ganz so rund. In den ersten 18 Monaten von CORONA schickten die USA gut ein Dutzend Raketen ins All, doch die Missionen scheiterten ein ums andere Mal. Entweder eine Rakete explodierte, oder man konnte eine Kapsel nicht wieder bergen, oder die Kameras hatten nicht richtig funktioniert. Doch mit jedem Start festigte sich das ganze Projekt, und im Jahr 1960 kamen die ersten Bilder aus dem All zurück.

Die Resultate waren spektakulär. Der erste Schwung Fotos deckte große Landflächen der Sowjetunion ab. Mit den Aufnahmen von nur einer einzigen Kapsel bekam man mehr Fotos, als man mit Aufklärungsflugzeugen in einem Zeitraum von vier Jahren erstellen konnte. Die US-Regierung stellte Hunderte neuer Mitarbeiter ein, um in einem neuen Topsecret-Büro mit dem Namen National Photographic Interpretation Center zu arbeiten, wo sie Filmrollen mit jeweils fast 200 Metern Bildmaterial abspulten, wobei sie jedes Einzelbild unter dem Mikroskop untersuchten.

Die erste große Entdeckung, die CORONA ermöglichte, war, dass die Sowjetunion allem Anschein nach ein viel kleineres Arsenal an Atomwaffen besaß, als die USA befürchtet hatten. Das sorgte, wenn auch nur vorübergehend, für große Erleichterung, und es zeigte auch, wie wertvoll das Programm an sich war. Die Bilder boten eine reale Faktenlage, die die USA dann ebenso für militärische Pläne nutzen konnten wie für ihr politisches Vorgehen gegen die Sowjets. Zusätzlich machten die Analysten Unmengen vorher nicht bekannter Orte aus, an denen die Sowjetunion augenscheinlich militärische Aktivitäten unterhielt.

In den folgenden Jahren kam es immer wieder vor, dass Raketen in Flammen aufgingen oder dass die Kameras nicht mehr arbeiteten, doch die USA betrieben das CORONA-Programm weiterhin mit unermüdlichem Einsatz. Allein im Jahr 1961 wurden 20 CORONA-Missionen durchgeführt, und in diesem Tempo ging es in den 1960er-Jahren stetig weiter. Jedes Jahr mussten die Bildanalysten gut 322 Kilometer Bildmaterial sichten. Da es damals noch keine guten Computersysteme gab, um die Informationen, die aus den Aufnahmen gewonnen wurden, zu speichern, sponnen die Analysten oft Geschichten um die wichtigsten Bilder und schmückten ihre Erzählungen mit Details aus. Diese Geschichten erzählten sie dann wiederum neuen, nachrückenden Analysten, wodurch eine spezielle Form der institutionellen Erinnerung entstand, die diese Aufnahmen katalogisierte.[*]

Natürlich führten technische Neuerungen zu großen Veränderungen in der Art und Weise, wie die Satelliten Bilder generierten. Binnen kurzer Zeit schlos-

---

[*] Mein Dank geht an Jack O'Connor für sein brillantes Buch *NPIC: Seeing the Secrets and Growing the Leaders: A Cultural History of the National Photographic Interpretation Center*, das einen Großteil der hier wiedergegebenen Geschichte dokumentiert.

sen andere Nationen sich den USA an und beförderten ihre eigenen State-of-the-Art-Satelliten in die Umlaufbahn. Die Apparate waren zunehmend variabler einsetzbar: Sie ließen sich nun per Fernsteuerung so lenken, dass sie bestimmte Ziele in den Fokus nahmen, und auch die Auflösung der Fotos wurde immer besser. Obwohl diese Programme nach wie vor relativ geheim verlaufen, geht man heutzutage davon aus, dass Dutzende von Spionagesatelliten die Erde umkreisen und dass sie vom All aus sogar Objekte identifizieren können, die nur wenige Zentimeter groß sind. Die Fotografien, die von den Satelliten aufgenommen werden, müssen nun nicht mehr mittels einer Reihe wunderbarer Ingenieurs-Kunststückchen zur Erde zurücktrudeln – sie werden direkt auf Computerdatenbanken übertragen.

In den 1970er-Jahren begann sich der Bereich der Satellitenaufnahmen noch auf andere Anwendungsgebiete jenseits von Spionage auszuweiten. Organisationen wie die NASA begannen, Satelliten zu benutzen, um die Erde genauestens zu untersuchen und somit geologische Veränderungen beobachten zu können. Auch Dank Milliarden von Steuergeldern haben wir nun Millionen von Aufnahmen aus insgesamt 50 Jahren, und diese Bilder stehen jedem zur Verfügung. Seit den 1990er-Jahren hat die US-Regierung privaten Unternehmen die Genehmigung erteilt, ihre eigenen bildgenerierenden Satelliten im All zu betreiben und diese Aufnahmen zu verkaufen, wobei sie die Qualität der Bilder einschränkte, indem sie eine maximale Auflösung für die Fotos der kommerziellen Satelliten vorgab. Trotz dieser Einschränkungen waren diese Bilder sehr hilfreich für das Militär, für Unternehmen und Wissenschaftler, und so stieg eine Handvoll privater Unternehmen mit ihren eigenen Flotten von bildgenerierenden Satelliten in den Markt ein.

In den vergangenen 60 Jahren oblag es Menschen, all diese Satellitenbilder auszuwerten. Beim US-Militär etwa gibt es eine regelrechte Tradition: Man sucht vielversprechende junge Mitarbeiter und schult sie dann intensiv, damit sie lernen, wie man auf einem Foto etwas erkennt, das interessant und wichtig sein könnte. Diese Analysten müssen sich Größe und Umriss von jeder Art militärisch genutzter Panzer, Lkws, Flugzeuge, Flugzeugträger, Raketensilos und Atomreaktoren zahlreicher Nationen dieser Welt einprägen. Wer sich nicht merken kann, dass ein russischer T-64-Panzer zwei Ausrüstungskästen auf seiner Karosserie montiert hat, wohingegen ein T-64B drei solcher Kästen hat, der wird sofort aus dem Programm genommen und bekommt eine andere Tätigkeit zugewiesen. Im

Schnitt bestehen nur etwa zehn Prozent derer, die eine solche Bildauswertungsausbildung antreten, den Kurs.

Wenn die wichtigen Daten und Fakten auswendig gelernt wurden, muss ein Bildanalyst weiter an seiner Spezialisierung arbeiten. Ein einziger Analyst muss sich zum Beispiel sechs Wochen lang das gleiche 80 Quadratkilometer große Stück Land vornehmen und muss dort nach den kleinsten Veränderungen in der Landschaft suchen oder Anbauten bei einer Anlage identifizieren. Ein Großteil dieser Arbeit ist sehr monoton, und einen Durchbruch erreicht man manchmal nur dank der allerfeinsten Details. Vielleicht sind die Fahrzeuge, die vor einem observierten Gebäude ankommen, plötzlich in einer anderen Farbe lackiert, was bedeuten könnte, dass eine andere Gruppe den Standort übernommen hat. Es gibt auch grausige Funde, etwa wenn die Beschaffenheit des Bodens von einem Feld sich von einer Aufnahme zur nächsten verändert hat und dies als Hinweis gedeutet werden muss, dass eine Gruppe Milizionäre dort ein riesiges Massengrab angelegt hat.[*]

Was die Reihenfolge betrifft, wer wann welche Bilder zu sehen bekommt, hat das Militär immer schon den Vorrang gehabt. Sie haben die besten Satelliten und die Bilder mit der höchsten Auflösung. Sehr oft sind ihre Satelliten auf bekannte, wichtige Orte ausgerichtet. So können sie sich etwa sicher sein, dass eines der Geräte dort oben im All immer einen Blick auf Nordkorea gerichtet hat und dass jeden Tag Tausende von Aufnahmen von dort zu den Analysten geschickt werden. Nordkorea weiß das natürlich, und manchmal treffen sie alle möglichen Vorkehrungen, um ihre Geräte und Anlagen vor den Satelliten zu verstecken. Dann wiederum gibt es Situationen, wo Nordkorea versucht, einen Nutzen daraus zu ziehen, dass sie beobachtet werden. Die Raketentests werden oft zeitlich genau so angesetzt, dass man sicher sein kann, dass ein US-Satellit gerade genau über dem Gebiet ist, denn so wird der Test dokumentiert, und Nordkorea kann auf diese Art und Weise seine Macht eindrucksvoll demonstrieren.[**]

---

[*] Menschen mit autistischen Zügen können für solche Arbeiten besonders gut geeignet sein und können bestimmte Muster oder Veränderungen besser erkennen als andere. Schon als junger Student betonte Eveleth: »Ich bin Autist, und wir sind besonders gut bei visuellen Aufgaben.« Dazu passt auch, dass die israelische Verteidigung eine große Anzahl von Soldaten mit Autismus für ihre geospatiale Aufklärungseinheit rekrutiert hat.

[**] In Washington, D.C., hält sich das Gerücht, dass Nordkorea vor seinen Raketentests immer »short« auf südkoreanische Aktien geht, also auf fallende Kurse setzt, weil man darauf spekuliert, dass die Fotos dieser Tests einen negativen Effekt auf den südkoreanischen Börsenmarkt haben und Investoren verunsichern.

Das Militär verfügt jedoch nicht über genug Satelliten, um immer alles observieren zu können, und auch die traditionellen kommerziellen Satellitenunternehmen können die Lücke nicht füllen. Diese extrem hochauflösenden Satelliten sind einfach zu teuer, als dass man sie massenweise bauen und starten lassen könnte. Das hat in der Vergangenheit schon zu großen Informationslücken geführt, und es ist nicht unüblich, dass eine Firma oder ein Analyst von einem bestimmten Gebiet, das von Interesse ist, Bilder angefragt hat, diese aber nicht geliefert werden konnten, sofern dieses Gebiet nicht ohnehin schon auf der Beobachtungsliste stand. Bevor Planet Labs auf der Bildfläche erschien, bedeutete das, dass eine Firma oder eine einzelne Person eine Aufnahme anfragen musste und dann möglicherweise monatelang auf dieses eine Bild warten musste. Ein Satellit musste speziell mit einem »Task«, wie es in der Bildindustrie heißt, beauftragt werden, damit er den bestimmten Ort ins Visier nahm. Eine solche Anfrage nach einer ganz spezifischen Aufnahme kam dann in eine Art Warteliste, hinter Tausenden anderer Anfragen. Wenn die Aufnahme dann endlich erstellt worden war, konnten dafür mehrere Tausend Dollar an Gebühren anfallen.

»Sie müssen bei den Sales-Managern eines dieser bildgebenden Unternehmen anrufen und ihnen genau sagen, was Sie brauchen«, erklärt Jeffrey Lewis, ein Open-Source-Intel-Experte. »Die nennen Ihnen dann einen Preis und schauen auf ihre Flugpläne und sagen Ihnen dann, wo Ihre Anfrage reinpassen könnte. Es gibt verschiedene Preiskategorien, abhängig davon, wie dringlich die Anfrage ist. Aber dann kann es trotzdem vorkommen, dass die Satelliten den Punkt, den Sie brauchen, nicht genau getroffen haben, oder es gibt Wolken, die das Bild, das Sie sehen wollen, trüben oder ganz blockieren. Es ist rundherum ein sehr komplexer Prozess: Man muss mit ihnen genau verhandeln, damit sie einen Satelliten an der richtigen Stelle einsetzen, und dann muss man noch aufpassen, dass man im Rahmen dessen bleibt, was man bezahlen kann.«

Dank Planet schwimmen Leute wie Lewis jetzt geradezu in Bildern von der Erde. Die Aufnahmen, die von den Doves produziert werden, mögen zwar nicht die beste Auflösung haben, aber es gibt viele davon, und sie erzählen neue Geschichten. Zum ersten Mal können wir das sehen, was die Bildanalysten »Lebensmuster« nennen, und das an jedem erdenklichen Ort auf dem Globus. Es sind die täglichen Handlungen von Menschen und Abläufe ganzer Industriezweige, die uns eine detaillierte Faktenlage darüber bieten, was an einem bestimmten Ort wann und wie vor sich geht.

Menschliche Analysten sind nach wie vor wichtig, wenn es darum geht, diese Lebensmuster zu bewerten, aber heutzutage wird diese Arbeit zunehmend von Computern und KI-Software ausgeführt. Tausende von Aufnahmen werden in KI-Systeme eingespeist, damit sie lernen, wie man auf der Erde interessante oder auffällige Orte entdeckt. Künstliche Intelligenz kann sich alles aneignen, jegliches Wissen über Autos, Bäume, Gebäude, Straßen, Frachttanker, Ölquellen und Häuser. Sobald sie weiß, wie diese Objekte aussehen, kann die KI sie rund um die Uhr beobachten und kann die kleinsten Veränderungen feststellen: wenn der Lauf einer Straße sich ändert, ein Haus abgerissen wird, ein Schiff den Hafen verlässt. Dieses globale Analysesystem hört niemals auf zu arbeiten – es dient den menschlichen Analysten als eine Art Wachposten. Sobald sich irgendwo auf der Welt etwas Interessantes verändert, bekommen die Analysten eine Warnung und schauen sich dann genauer an, was da gerade passiert.

Sie kennen doch sicherlich Produkte wie Google Earth und Google Maps, die ganz ähnlich zu funktionieren scheinen. Viele der Aufnahmen, die man dort zu sehen bekommt, stammen von privaten Satellitensystemen, und Google hat ganz zweifelsohne eine bemerkenswerte Leistung vollbracht, all diese Aufnahmen zu nutzen, um die ganze Welt zu katalogisieren. Die Bilder sind allerdings oft schon ein bisschen älter, und in weniger stark besiedelten Gegenden sind sie nicht so gut wie in urbanen Zentren. Wenn man sich anschaut, was Planet und ähnliche Unternehmen mit den neuen KI-Tools erreicht haben, kommen einem die Produkte von Google bloß noch wie Spielzeugvarianten vor.

2019 verkündete Planet, dass man mit eigenen Aufnahmen und KI-Software die erste vollständige Karte mit jeder Straße und jedem Haus auf der Erde erstellt habe. Um die Lesbarkeit dieser Landkarte zu optimieren, hatte die Software alle Gebäude in Blau markiert und alle Straßen in Rot – das Resultat waren Bilder, die fast wie anatomische Zeichnungen aussahen. Eine Stadt wie San Francisco hat Raster mit blauen Kästchen, die von roten Linien durchzogen werden, die wie Venen aussehen. Selbst ein Schnappschuss, der einem die momentane Infrastruktur auf Erden zeigen würde, wäre schon extrem nützlich, aber die Bilder von Planet werden aktualisiert, sobald irgendwelche Straßenverläufe sich ändern oder irgendwo neue Häuser gebaut werden.

Ähnliche Softwaresysteme sind entwickelt worden, um jeden Baum auf Erden darzustellen und sie alle zu zählen. Die KI-Software kann nicht nur die Anzahl aller Bäume errechnen, sondern auch Angaben darüber machen, um welche

Arten von Bäumen es sich handelt. Dann kann sie ihre Biomasse errechnen und zuverlässig ausrechnen, wie viel Kohlendioxid sie binden.

Diese Bilder und Berechnungen bieten präzise Daten für Fragen, die sich vorher nicht so klar beantworten ließen. In Südamerika etwa wurde die Technologie von Planet eingesetzt, um den Zustand des Regenwaldes am Amazonas zu beobachten. Auf der einen Ebene können wir, was leider sehr deprimierend ist, berechnen, wie stark der Regenwald von Jahr zu Jahr zurückgeht. Aber wir können jetzt auch die Menschen für ihre Taten zur Verantwortung ziehen. In der Zwischenzeit wurden in Südamerika zahlreiche Gerichtsverfahren angestrengt – und manche wurden sogar gewonnen –, in denen die Satellitenaufnahmen ein wichtiges Beweisstück waren, um nachzuweisen, dass eine Firma illegal Bäume abgeholzt hat. Die Aufnahmen von Planet sind auch wichtig für Programme zum Ausgleich von CO_2-Emissionen. Prüfer können die Software von Planet benutzen, um herauszufinden, ob ein Unternehmen tatsächlich, wie versprochen, im Namen eines Kunden eine bestimmte Anzahl von Bäumen gepflanzt hat.

Die kommerzielle Nutzung dieser Art von Technologie hilft Planet, ein rentables Unternehmen zu sein. Allein die US-Regierung zahlt jedes Jahr zig Millionen Dollar, um die Bilder dieser Firma für diverse Zwecke zu nutzen, sei es für die Informationsbeschaffung oder für die Umweltforschung. Andere Länder, die oft über gar keine eigene Satellitenflotte verfügen, haben ähnliche Verträge mit Planet abgeschlossen und haben dadurch Zugriff auf die allermodernste Weltraumtechnologie, ohne eigene Satelliten- oder Raketenprogramme einrichten zu müssen. Zu den größten Kunden bei Planet zählen zum Beispiel auch Farmer, die spezielle Sensoren an den Satelliten nutzen, um Erkenntnisse über ihre Feldfrüchte zu generieren, die fast schon wie Zauberei anmuten. So können die Satelliten etwa die Menge an Chlorophyll in den Getreidefeldern ausmessen, was den Bauern Einsichten darüber bietet, ob ihre Feldfrüchte gesund sind und wann es Zeit für die Ernte ist.

In der Zwischenzeit gibt es Start-ups wie Orbital Insight, die Bilder von Planet kaufen und zusätzlich frei verfügbare Aufnahmen von öffentlichen Datenbanken nutzen, um diese Bilder dann für noch spezifischere Bereiche auszuwerten. Zum Beispiel kann Orbital ausrechnen, wie viele Autos in der Haupteinkaufszeit rund um Feiertage vor einem Walmart parken, und daraus schließen, wie viel Betrieb in den Geschäften ist. Diese Daten verkauft Orbital dann an Hedgefonds und andere Wall-Street-Unternehmen, die aus diesen nicht allgemein zugänglichen Informationen finanziellen Nutzen schlagen können. Orbit kann auch alle Maisfelder oder Felder mit anderen Getreidesorten in den USA beobachten und auf Grundlage ihrer Beschaffenheit vorhersagen, wie hoch jeweils die Ernte ausfallen wird. Rohstoffhändler an der Wall Street bezahlen für diese Vorhersagen, die sich als extrem zuverlässig erwiesen haben, und können dann darauf setzen, zu welchem Preis etwa Mais gehandelt werden wird. Dann gibt es wiederum KI-Systeme, die das Bruttoinlandsprodukt jedes Landes auf dem gesamten Globus errechnen können, indem sie zählen, wie viele Häuser nachts beleuchtet sind; sie können die Bewegung jedes einzelnen Schiffes auf See verfolgen und abschätzen, wie viel Kohle pro Tag aus einer bestimmten Mine abgebaut wird. Für jede einzelne dieser Analysen bräuchte es gut 1000 menschliche Analysten – die KI-Software macht das alles ohne die leisesten Ermüdungserscheinungen.

Die beeindruckendste Technologie von Orbital aber betrifft die Art und Weise, wie sie die Ölvorräte des Globus messen können. Die Firma analysiert die Aufnahmen von Öllagerungscontainern, deren Deckel je nach Füllstand weiter oben oder tiefer liegen. Orbit kann anhand des Schattens, der von der Containerwand fällt, wenn der Deckel nicht ganz oben schwimmt, haargenau berechnen, wie der Füllstand jedes einzelnen Containers ist, woraus sich wiederum zu jeder beliebigen Zeit die Gesamtmenge an Öl ermitteln lässt, über die das jeweilige Land gerade verfügt. Orbital hat schon zahlreiche Male seine Bildalgorithmen über Tausende von Lagercontainern in China laufen lassen und dabei herausgefunden, dass das Land über viel mehr Öl verfügt, als es den Analysten und Ökonomen öffentlich mitteilt. James Crawford, der Gründer von Orbital, beschreibt es so: »Wir verkaufen Wahrheiten über die Welt.«

Die Anzahl der Wahrheiten, die die Satelliten von Planet zutage bringen, wächst von Jahr zu Jahr und liefert dabei dringend benötigtes Hintergrundwissen und Details zu vielen versteckten Vorgängen auf der Erde und Machenschaften ihrer Bewohner. Gerade eben konnten die von Planet hergestellten Bilder Wissenschaftlern in Kalifornien helfen, die dortige Dürre zu kontrollieren, weil man mithilfe dieser Aufnahmen berechnen konnte, wie viel Wasser sich noch in den Stauseen befand. Andere Wissenschaftler untersuchen die Wälder und können genau die Gegenden definieren, wo große Waldbrände am wahrscheinlichsten sind, woraufhin man in diesen Gegenden dann die Wälder ausdünnen oder kontrollierte Brände durchführen kann. Diejenigen hingegen, denen die Obhut der öffentlichen Ländereien in Kalifornien unterliegt, benutzen die Satelliten, um zum Beispiel illegalen Drogenanbau aufzudecken.

Open-Source-Analysten haben Berichte über den Bau des ersten eigenständig in China gefertigten Flugzeugträgers vorgelegt, haben von Chinas Übernahme von Inseln im Südchinesischen Meer berichtet und haben nachgewiesen, dass China weitere Umerziehungslager für Uiguren baut. Bei solchen Geschichten landen die Bilder von Planet üblicherweise auf den Titelseiten großer landesweiter US-Tageszeitungen wie *Wall Street Journal* und *New York Times* – sie fungieren dann als visuelle Stütze für die Berichte und machen die Themen für die Leserinnen und Leser ansprechender. Ähnliche Analysen haben zur Entdeckung von Anlagen für ferngesteuerte Raketen im Iran geführt, haben die gigantische Batteriefabrik sichtbar gemacht, die Tesla in Nevada gebaut hat, und haben die Angriffe auf Ölraffinerien in Saudi-Arabien aufgezeichnet. Als im Jahr 2020 eine Explosion die Stadt Beirut erschütterte, konnte Planet sehr schnell Bilder liefern, die das Ausmaß der Zerstörung zeigten. Und als die Coronapandemie sich ausbreitete, veranschaulichten die Aufnahmen von Planet, wie leer die Städte waren, was verdeutlichte, wie die gesamte Wirtschaft rund um den Globus zum Erliegen gekommen war.

Natürlich wird die Wahrheit nicht immer willkommen geheißen. Im Jahr 2019 geriet Planet in einen Konflikt zwischen Indien und Pakistan. Der Premierminister von Indien, Narendra Modi, und seine Regierung gaben an, einen erfolgreichen Bombenangriff auf das Trainingslager einer islamistischen Terrorgruppe im Nordosten Pakistans durchgeführt zu haben, als Vergeltung für einen Selbstmordanschlag, der vorher in Kaschmir stattgefunden hatte. Modi befand sich mitten im Wahlkampf, und er wollte diesen Schlag nutzen, um die Stärke des indischen Staats zu demonstrieren. Doch von offizieller Seite in Pakistan hieß es, die indischen Kampfflieger hätten ihr Ziel verfehlt und die Angelegenheit sei stattdessen von einem pakistanischen Militärflugzeug geregelt worden. Modis Regierung wies diese Behauptungen zurück und beharrte darauf, dass der indische Zugriff eine »große Anzahl« von Terroristen ausgelöscht habe.

In der Vergangenheit war es so, dass die Menschen in dieser Region selbst herausfinden mussten, welche der beiden Regierungen die Wahrheit sprach. Jede Seite präsentierte jeweils ihre eigene Version der Geschichte und warf der Gegenseite gezielte Desinformation vor. Journalisten versuchten dann, vor Ort zu recherchieren und mit den Zeugen der Bombardierung des Terroristen-Camps zu sprechen, aber diese Berichte waren nach wie vor nicht völlig zweifelsfrei und konnten nicht jeden überzeugen.

Planet hatte allerdings Aufnahmen, die eindeutig nachwiesen, dass die Inder tatsächlich das Ziel verfehlt hatten. Die Bomben, die von den indischen Düsenfliegern abgeworfen worden waren, hatten nur leere Felder getroffen. Obwohl Indien für Planet ein wichtiger Markt mit bedeutenden Geschäftspartnern ist, beschloss Planet, diese Bilder auf Anfrage Journalisten zur Verfügung zu stellen, und die daraus resultierende Nachricht war – in einer politisch heiklen Zeit – eine große Blamage für Modi. Will Marshall kommentierte das so: »Bilder lügen nicht.«

»Alle paar Wochen kommt jemand aus unserer Firma zu mir und fragt, ob wir nicht ein bestimmtes Bild veröffentlichen sollten«, resümiert Marshall. »Ich kann mich nicht erinnern, jemals ›Nein‹ gesagt zu haben. Aber es gibt Situationen, in denen wir doch ›Nein‹ sagen würden, nämlich wenn wir Grund zu der Annahme hätten, dass diese Bilder eine Gefahr für Zivilisten bedeuten würden. Bei solchen Risiken sind wir vorsichtig. Aber wenn es nur darum geht, ob es für jemanden peinlich werden könnte, das ist eine andere Sache.«

In den ersten 48 Stunden nachdem Planet die Bilder veröffentlicht hatte, diskutierten die Nachrichtensender Pakistans und Indiens die Aufnahmen unablässig. Die Planet-Kunden in Indien beschwerten sich darüber, dass Planet die Bilder freigegeben hatte, und Marshall wurde auf Twitter mit Tweets bombardiert. Nur wenig später bekam Planet Schwierigkeiten, als sie versuchten, für einen zukünftigen Satelliten einen Platz auf einer indischen Rakete zu buchen. Irgendjemand aus Modis Regierung hatte der indischen Raumfahrtbehörde aufgetragen, diesem Start-up ein bisschen das Leben zu erschweren.

»Es war wirklich dumm – es hatte mit dieser Wahlperiode zu tun und damit, dass Modi zeigen wollte, wie viel Macht er hat«, erklärt Marshall. »Aber allgemein betrachtet ist das Gute daran, dass es gezeigt hat, dass eine Regierung nicht einfach alles machen kann, was sie will, und dann auch noch mit Lügen davonkommt. Dies ist Teil einer Transformation hin zu weltweiter Transparenz. Wir bemühen uns dabei, das ganz vorsichtig und verantwortungsbewusst anzugehen, aber es ist so: Es wird die Art und Weise verändern, wie eine Regierung mit sich und der Welt umgeht. Sie können sich nicht mehr verstecken.«

DER ALLGEGENWÄRTIGE COMPUTER

Im Laufe der Jahre hat die US-Regierung gigantische Summen in kommerzielle Unternehmen gesteckt, die Satellitenbilder generieren. Lange Zeit wurde angenommen, dass die Regierung diese Unternehmen dann auffordern könnte, sensible Aufnahmen unter Verschluss zu halten und ihre Satelliten von den Objekten, von denen die USA nicht möchten, dass andere sie sehen können, zu entfernen. Doch seit es Planet gibt, ist klar geworden, dass es sich nicht mehr vermeiden lässt, dass früher oder später Aufnahmen ans Tageslicht kommen. Es gibt zu viele Menschen, die Zugang zu dem allsehenden Auge von Planet haben, als dass irgendetwas von Interesse übersehen werden könnte. Wie seine Vorgänger tätigt auch Planet zahlreiche Geschäfte mit den USA und dem amerikanischen Militär, und es ist wichtig, dass diese Geschäftspartner ihnen wohlgesonnen bleiben. Doch Marshall ist sich sicher, dass die Tage, in denen man aufgefordert wurde, etwas geheim zu halten, vorbei sind und dass wir uns inzwischen in einer neuen Ära und in einer neuen Realität befinden. »Wir finden, dass diese Daten viel nützlicher für eine offene, demokratische Gesellschaft sind«, erläutert er. »Je mehr Länder das Verstehen und sich daran gewöhnen, desto besser wird ihre Lage sein. Auf einer gewissen Ebene werden wir mit jeder Regierung Konflikte haben, bis sie sich an dieses neue, transparente Verfahren gewöhnen.«

Den meisten Menschen ist überhaupt nicht bewusst, dass es diese Art von bildgenerierenden Satelliten überhaupt gibt oder dass künstliche Intelligenz vom All aus ihre Lebensmuster registriert und analysiert. Wir Normalsterblichen können uns damit trösten, dass die Satelliten unsere Gesichter nicht erkennen können und dass die Arbeit der Analysten sich auf breitere Trends konzentriert anstatt auf Handlungen von Einzelpersonen. Dennoch ist es so, dass wir in der gleichen Lage sind wie die Regierungen: Auch wir müssen uns an dieses »neue, transparente Verfahren« gewöhnen. Über unseren Köpfen existiert inzwischen ein gigantisches Netzwerk an Computer- und Überwachungssystemen, die unermüdlich alles, was wir tun, beobachten und auswerten. Obwohl eine solche Technologie uns sehr ausgefeilt vorkommt, steckt sie eigentlich noch in den Kinderschuhen. Die Kameras werden immer besser. Die Datenmenge nimmt frappierend schnell zu. Die Algorithmen werden immer zielgenauer. Die Gesamtsumme aller menschlichen Aktivitäten wird in eine außergewöhnliche Datenbank verwandelt, und sicher wird es auch Menschen geben, die Wege finden werden, diese Informationen in jetzt noch nicht vorhersehbarer und vielleicht auch ungewollter Weise für sich zu nutzen.

Innovative Analysten und Softwareentwickler haben bereits Lösungen gefunden, wie man die Datenbanken der Satellitenbilder mit Datenbanken verknüpft, die an individuelle Verhaltensweisen gekoppelt sind. Zum Beispiel hat Orbital Insight angefangen, Geolokalisationsdaten, die von Smartphones generiert werden, für eine Optimierung ihrer Bildanalysen zu nutzen. Die Apps, die Sie auf Ihrem Smartphone benutzen, überwachen rund um die Uhr Ihren Standort, und die Hersteller dieser Apps verkaufen diese Daten an Firmen, die Ihre Daten dann anonymisieren – doch, wirklich – und sie nutzen, um zum Beispiel zu verfolgen, wie die Menschen sich in einer bestimmten Stadt bewegen. Orbital kann Daten darüber anfordern, wie viele Menschen in eine Tesla-Fabrik hineingehen und dann von dort wieder hinausgehen, und kann dann daraus ableiten, ob der Fahrzeughersteller etwa Extraschichten eingelegt hat, um zwei- oder dreimal mehr Autos zu produzieren, oder aber ob die Fertigungsstraßen gerade etwas langsamer laufen.

Eine Militäranalystin hat mir erzählt, dass sie für diverse Schifffahrtshäfen rund um die Welt eine automatische Warnung eingerichtet hat. Wenn ein Satellit in einem bestimmten Hafen eine ungewöhnliche Häufung von Aktivitäten feststellt, fängt sie sofort an, die Bilder zu analysieren, um herauszufinden, was dort gerade vor sich geht. Einmal bekam sie eine Warnung für den Hafen von Puerto Cabello an der Nordküste Venezuelas. Sie nahm sich die Satellitenbilder genauer vor und stellte fest, dass ein sehr großer Öltanker in den Hafen eingelaufen war. Dann nahm sie die geografischen Koordinaten des Hafens und speiste diese in diverse Systeme für die Suche in sozialen Netzwerken ein, wodurch die Koordinaten abgeglichen wurden mit den Metadaten von Fotos, die Menschen online gepostet hatten. Schwups fand sie heraus, dass diverse russische Seeleute Bilder von ihrer Reise in der Nähe von Puerto Cabello gepostet hatten. Die Kombination der Daten ließ darauf schließen, dass eine russische Ölfirma soeben dabei war, Venezuela mit Rohöl zu beliefern, und zwar unter Verstoß gegen US-Sanktionen.

Wenn Sie zum ersten Mal davon hören, was durch Planet alles möglich ist, denken viele Menschen zunächst einmal an all die Missbrauchsmöglichkeiten, die diese Technologie bietet, etwa das Ausspähen harmloser Bürger. Und was, wenn ruchlose Diktatoren auf die mächtige Technologie zugreifen könnten, die sie selbst nie hätten aufbauen können?

Marshall erkennt durchaus an, welche Spannungen die Aufnahmen von Planet auslösen können oder welche möglichen Probleme damit in Zusammenhang stehen. Planet trifft dabei jede Menge Vorkehrungen, um die Satelliten zu sichern und um nachzuverfolgen, für welche Zwecke die Bilder benutzt werden. Und dennoch sind ihre Aufnahmen nicht gefeit vor den üblichen Kompromissen, denen die meisten technischen Innovationen ausgesetzt sind: Sie oszillieren zwischen mächtigen Möglichkeiten und großen Gefahren.

Marshall hofft natürlich, dass das Gute das Böse bei Weitem übertreffen wird und dass Planet dabei helfen kann, Lösungen für die wichtigsten Probleme unserer Zeit zu finden. »Die Datensätze, die wir generieren, können uns entscheidend dabei helfen, die globalen Herausforderungen zu meistern, denen wir als Menschheit heutzutage ausgesetzt sind«, betont er. »Abholzung aufdecken und verhindern, illegale Fischerei aufdecken und beenden, die Korallenriffs schützen, die Lebensqualität der Menschen verbessern, indem man ihnen den Zugang zu Wasser ermöglicht, eine bessere Nahrungsmittelproduktion, effizienterer Transport. Wir können der Menschheit helfen, sich besser um unsere Ressourcen zu kümmern.«

ERFINDUNGEN WERDEN OFT durch das Bild einer Glühbirne dargestellt, die über dem Kopf eines Menschen aufleuchtet. Das führt uns zu der Vorstellung, dass eine Erfindung ein Geistesblitz ist, der einem urplötzlich in den Sinn kommt. Und ja, so etwas geschieht tatsächlich hin und wieder. Natürlich erweist man dem ganzen Chaos, das der großen Einsicht vorausgeht, einen Bärendienst, wenn man die Vorstellung von einem genialen Moment feiert. Eine Erfindung ist kein Glücksfall oder ein besonders kluger Gedanke, der einem unter der Dusche kommt: Es ist ein Prozess – und zwar ein seltsamer und weitestgehend unerklärlicher.

Marshall hatte die geniale Idee, die Satelliten als Konstellation zusammenarbeiten zu lassen. Es ist jedoch zweifelhaft, dass er auf diese Idee gekommen wäre, wenn nicht eine Reihe schicksalhaft ineinandergreifender Umstände hinzugekommen wäre. Es brauchte einen kauzigen General mit einer Leidenschaft für Astrophysik, ein idealistisches Kind, das gerne in die Sterne schaute, eine Wohngemeinschaft von Tech-Hippies und die Tatsache, dass sie alle zur richtigen Zeit am richtigen Ort waren, was die Technologie für ein die Erde umspannendes Netz von Weltraumkameras anging.

DER ALLGEGENWÄRTIGE COMPUTER

Eine andere Sache bei den brillantesten Ideen ist, dass sie, wenn sie erst einmal im Entstehen begriffen sind, so einleuchtend erscheinen können. Früher bezweifelte man, dass winzige Satelliten irgendetwas Nützliches tun könnten. Niemand wusste, ob sie mithilfe von Solarpaneelen, die wie Segel gesetzt wurden, im Weltraum manövriert werden könnten. Niemand hatte sich Gedanken über die Massenproduktion von Satelliten gemacht, als wären sie ein gewöhnliches technisches Produkt. Aber dann, als Planet es geschafft hatte, tauchten reihenweise neue Satellitenfirmen auf.

Als ich mit der Recherche zu diesem Buch begann, befanden sich etwa 2000 funktionierende Satelliten in der Umlaufbahn. Mit seinen mehr als 200 Satelliten hatte Planet allein einen Anteil von etwa zehn Prozent an diesem gesamten Bestand. Und so wäre es auch weiterhin, wenn die Situation statisch wäre – was sie ganz sicher nicht ist.

Am Ende des Jahres 2021 befanden sich 5000 Satelliten in der Umlaufbahn. Etwa 2000 von ihnen stammen von SpaceX und wurden von dort in die Umlaufbahn gebracht. Diese Satelliten machen keine Fotos, sondern sind Teil des Starlink-Internetsystems von SpaceX. Die Maschinen umkreisen die Erde und übertragen Hochgeschwindigkeitsinternet an Antennen auf dem Boden. Das wichtigste kurzfristige Ziel von Starlink ist die Schaffung des ersten wirklich globalen Internetdienstes. Jeder, der über eine Starlink-Antenne verfügt, kann sich von jedem beliebigen Ort aus ins Internet einwählen. Für etwa 3,5 Milliarden Menschen, die keinen Hochgeschwindigkeits-Internetanschluss haben, könnte dies ein »Geschenk des Himmels« sein. Sie werden an der modernen Welt partizipieren können. In der Zwischenzeit werden Menschen in Flugzeugen, auf Schiffen, in Autos oder an abgelegenen Orten den gleichen Luxus genießen können. Das Internet wird allgegenwärtig sein. Zum ersten Mal wird sich das von uns geschaffene Informationsnetz wie eine unaufhaltsame Kraft um die Erde bewegen.

Die 2000 Satelliten reichen jedoch nur aus, um einen Teil dieser Vision zu erfüllen. Sie decken nur einen begrenzten Teil des Planeten ab. SpaceX rechnet damit, bis zu 40000 Satelliten in den Orbit zu bringen, um sein gigantisches Netzwerk zu vervollständigen.

SpaceX hat die Philosophie des Satellitenbaus von Planet im Grunde übernommen: Es hat kleinere, modernere Kommunikationssatelliten gebaut, als es sie je zuvor gegeben hat. Nach vielen Versuchen und Fehlschlägen hat das Unternehmen gelernt, wie man sie in Massen produziert. Es fliegt nun die Satelliten relativ nahe am Planeten in der erdnahen Umlaufbahn, um sicherzustellen, dass ihre Signalstärke hoch bleibt. Und es behandelt die Satelliten wie Wegwerfobjekte: Sie steigen auf, umkreisen die Erde für ein paar Jahre, verglühen auf dem Rückweg und werden durch neue, bessere Modelle ersetzt.

SpaceX ist mit seinem Wunsch nach einem weltweiten Internet im Weltraum nicht allein. In den letzten Jahren haben sich auch Unternehmen wie Apple, Facebook, Amazon, Samsung und Boeing mit dem Einsatz von Tausenden von Satelliten befasst, ebenso wie Länder wie China und Russland. Im Moment scheint Amazon der Hauptkonkurrent von SpaceX in diesem Wettbewerb zu sein und will so schnell wie möglich rund 3500 Satelliten in Betrieb nehmen.

Das Unternehmen, das am ehesten in der Lage ist, SpaceX die Stirn zu bieten, ist ein Start-up namens OneWeb. Wie SpaceX wurde es von der Technologie von Planet inspiriert und begann zur gleichen Zeit wie Elon Musk mit der Planung eines massiven Internetsystem im Orbit. Es hat bereits Hunderte von Satelliten mithilfe europäischer und russischer Raketen positioniert. Das alles hat natürlich seinen Preis. Bis Anfang 2022 hatte OneWeb unglaubliche 4,7 Milliarden Dollar von Investoren wie der britischen Regierung, Coca-Cola, SoftBank und der Virgin Group von Richard Branson aufgebracht. SpaceX hat zwar den Vorteil, dass es seine eigenen Raketen besitzt, musste aber ebenfalls Milliarden von Dollar aufbringen, um Starlink zu finanzieren.

Neben diesen großen Akteuren gibt es noch weitere Unternehmen unterschiedlicher Form und Größe, die hoffen, Internetsysteme im Weltraum zu installieren. Sie alle konkurrieren um das Kommunikationsspektrum, das ihre Signale aus der Umlaufbahn auf den Boden und in den Weltraum übertragen wird. Die Satelliten müssen nämlich so angeordnet werden, dass sie die Signale der anderen nicht stören und sich nicht gegenseitig behindern.

In den Vereinigten Staaten überwachen Regierungsbehörden diese Fragen, und auch internationale Gremien, darunter die Vereinten Nationen, blicken in den Himmel. Sie versuchen sicherzustellen, dass die Raketen- und Satellitenhersteller wissen, was sie tun, und dass sie ihre Apparate sicher in die Umlaufbahn bringen. Die Behörden versuchen zudem, die Frequenzen gerecht zuzuteilen und das Gebiet über uns gerecht zu verteilen.

In den letzten Jahren hat sich jedoch gezeigt, dass die Regulierungsbehörden nicht mit den Raketenstarts oder den festen Absichten der Verantwortlichen in den verschiedenen Unternehmen Schritt halten können. Die Regulierungsbehörden haben jahrzehntelang unter Rahmenbedingungen gearbeitet, unter denen alle paar Monate eine Handvoll Raketen in den Himmel flogen und die Zahl der Satelliten nur um 20 bis 50 pro Jahr zunahm. Jetzt hat die Zahl der Satelliten, die ins All fliegen, eine exponentielle Kurve erreicht, und die Unternehmen wollen jährlich Zehntausende von ihnen einsetzen. Musk und andere starten ihre Raketen und Satelliten unter Hochdruck, während die Menschen auf dem Boden Monate oder Jahre damit verbringen, über die rechtlichen Vorteile der verschiedenen Konstellationen zu diskutieren.

Keiner weiß, ob das Internet im Weltraum aus finanzieller Sicht überhaupt rentabel ist. In den späten 1990er-Jahren gab ein Unternehmen namens Iridium fünf Milliarden Dollar aus, um 80 Satelliten aufzustellen und ein Internetsystem im Weltraum aufzubauen. Der Aufbau eines Netzwerks im Weltraum zu einer Zeit, als das Internet und die Mobiltelefone auf dem Vormarsch waren, erwies sich als schlechte Idee. Der anschließende Konkurs des Unternehmens schreckte alle davon ab, etwas so Ehrgeiziges noch einmal auszuprobieren, bis Planet 20 Jahre später auftauchte und den Beweis lieferte, dass sich die Zeiten geändert hatten.

Die 3,5 Milliarden Menschen ohne Zugang zum Hochgeschwindigkeitsinternet leben in der Regel in den ärmeren Teilen der Welt. Wie viel Geld SpaceX oder Amazon mit diesen Kunden verdienen könnten, bleibt abzuwarten. Unternehmen und wohlhabendere Privatpersonen werden für den Komfort einer schnellen Verbindung immer zahlen, wo immer sie sich aufhalten, aber auch hier weiß niemand, wie viele Menschen das am Ende sein werden. Zum jetzigen Zeitpunkt wird SpaceX von seinen Investoren mit mehr als 100 Milliarden Dollar bewertet, und der größte Teil dieser Summe beruht auf der Annahme, dass Starlink eine wichtige Einnahmequelle darstellt. Selbst für ein so effizientes Unternehmen wie SpaceX sind Raketenstarts nicht sehr profitabel. Es ist viel besser, ein weltweites Telekommunikationsunternehmen zu sein, dessen Abonnenten monatliche Gebühren zahlen.

Die Politik der Internetsysteme im Weltraum birgt auch viele Unklarheiten. SpaceX und andere müssen in den meisten Ländern Lizenzen beantragen, um ihre Dienste anbieten zu können. Länder wie China und Russland, die genauestens kontrollieren, welche Arten von Informationen über ihre Netze fließen, verachten die Vorstellung, dass jeder eine Starlink-Antenne kaufen und ihre drakonischen Firewalls umgehen könnte. Doch so gut wie jedes Land, das sich um seine Dateninfrastruktur kümmert und das Geld hat, um zu investieren, wird ein

Weltraum-Internet wollen. Das macht den bevorstehenden Ansturm und Wettstreit der Satelliten zu einer unvermeidlichen Angelegenheit.

Komischer- oder tragischerweise achtet der durchschnittliche Erdbewohner nicht auf das, was da oben passiert. Man wird kaum jemanden finden, der weiß, dass die Anzahl der Satelliten in nur wenigen Jahren von 5000 auf 50 000 ansteigen wird. Tendenz steigend. Selbst Astronomen, die allen Grund hatten, sich über diese Objekte, die ihre Sicht versperren, Sorgen zu machen, und die jahrelang von Elon Musks Versprechen gehört haben, den Himmel mit Starlink-Systemen zu füllen, haben erst dann ernsthafte Einwände gegen die Idee des Weltraum-Internets erhoben, als es bereits im Aufbau war. Zu diesem Zeitpunkt konnten ein paar Beschwerden von Akademikern, die hinter ihren Teleskopen saßen, nichts mehr gegen die Ambitionen von Milliardären und Nationen ausrichten.

Neben diesen Hochgeschwindigkeits-Internetsystemen gibt es Dutzende weiterer Konstellationen, die für Bildgebungs- und langsame Datendienste aufgebaut werden. Einige Unternehmen haben bildgebende Satelliten entwickelt, die eine spezielle Art von Radar verwenden, um durch Wolken hindurchzusehen und nachts Bilder aufzunehmen. Andere haben Geräte entwickelt, die präzise Messungen von Methan, das aus Gasquellen austritt, und des Zustands der Ozeane vornehmen können. Einem Start-up-Unternehmen namens Swarm Technologies ist es gelungen, Satelliten herzustellen, die nicht größer als ein Kartenspiel sind. Die Aufsichtsbehörden waren besorgt, dass Ortungssysteme auf der Erde nicht in der Lage sein würden, die Geräte zu erkennen, und dass sie somit eine Gefahr für alles andere in der Umlaufbahn darstellen würden. Swarm wurde von den US-Behörden untersagt, seine Satelliten zu starten, sie taten dies aber im Jahr 2018 trotzdem, indem sie kurzerhand ihre Zwergsatelliten in eine indische Rakete einschmuggelten. Es war der erste illegale Satellitenstart, an den sich jemand erinnern kann, und auch ein Zeichen dafür, wie überstürzt, unkontrolliert und nicht selten grenzwertig die Raumfahrtindustrie mittlerweile agiert. Swarm erhielt eine Rüge und eine Geldstrafe in Höhe von 900 000 US-Dollar von der Federal Communications Commission – und startete dann einfach weiter Satelliten.*

Die Menschen befürchten natürlich, dass all diese Satelliten in der Umlaufbahn miteinander kollidieren könnten, was für unsere moderne Lebensweise

---

* Nach dem ersten Start hatte sich herausgestellt, dass Radare tatsächlich diese kleinen Satelliten erfassen.

eine schwerwiegende Katastrophe wäre. Es gibt ein Phänomen, das als Kessler-Syndrom bekannt ist und das vorhersagt, dass sich die erdnahe Umlaufbahn infolge einer relativ geringen Anzahl von Kollisionen bereits in ein absolutes Chaos verwandeln könnte. Ein Satellit würde mit hoher Geschwindigkeit auf einen anderen aufprallen, und der Aufprall würde Tausende von Trümmerteilen hinterlassen. Jedes Trümmerteil würde sich dann in ein Hochgeschwindigkeitsgeschoss verwandeln, das mit anderen Satelliten kollidieren und einen Dominoeffekt auslösen könnte. Wenn genügend Trümmer in der erdnahen Umlaufbahn landen würden, wäre es schwierig, neue Raketen und Satelliten durch das dort herrschende Chaos zu schicken. Darüber hinaus könnten bestehende Technologien wie GPS und unsere Kommunikationssysteme in Stücke gerissen werden, was das Leben auf der Erde in eine technische Steinzeit zurückversetzen würde.

Natürlich gibt es jetzt Start-ups, die alle Satelliten und die vorhandenen Trümmerteile verfolgen und ihre Dienste beispielsweise Planet oder SpaceX anbieten. Sie können die Unternehmen über drohende Kollisionen informieren und ihnen mitteilen, wohin sie ihre Satelliten verlegen sollten, um Gefahren zu vermeiden. Andere Start-ups treten auf den Plan und bieten an, den Weltraummüll zu beseitigen.*

Da wir Menschen sind, werden wir ignorieren, ob diese Satellitenkonstellationen solide Unternehmen sind, die das Risiko wert sind oder nicht. Die erdnahe Umlaufbahn hat sich als der aufregendste und zukunftsträchtigste Immobilienmarkt erwiesen, den man sich vorstellen kann. Solange sich die Raketen und Satelliten noch auf der Erde befinden, können Regulierungsbehörden und Regierungen die Dinge bis zu einem gewissen Grad kontrollieren.

Aber wenn etwas erst einmal im Weltraum ist, kann ein Bürokrat oder ein Politiker nur noch wenig tun. Die Unternehmen haben jetzt weitgehend die Möglichkeit, nach Belieben in den Weltraum zu fliegen und dort hinzusetzen, was sie wollen.

Wir befinden uns erst am Beginn des Aufbaus einer neuen Infrastruktur von gigantischem Ausmaß. Es wird ein Kommunikationssystem installiert, das die Erde umgibt und pulsiert wie ein digitaler Herzschlag. Unsere Computer und Handys werden nie mehr außerhalb der Reichweite einer Internetverbindung

---

* Will Marshall hat ironischerweise eine Zeit lang im Ames Research Center an genau dieser Art von Dingen gearbeitet.

DER ALLGEGENWÄRTIGE COMPUTER

sein. Noch interessanter ist jedoch, dass auch unsere sich autonom bewegenden Flugzeuge, Autos oder Drohnen nicht mehr außer Reichweite sein werden. Fast alle Science-Fiction-Geräte, die man Ihnen in den letzten 20 bis 50 Jahren versprochen hat, werden von diesem allgegenwärtigen Informationsnetz abhängen.

Darüber hinaus wird es eine Vielzahl neuer Computer geben, von denen wir erst jetzt einen ersten Eindruck bekommen. Landwirte werden überall auf ihren Feldern Feuchtigkeitssensoren anbringen, und die Geräte werden dem Computer im Himmel melden, was sie erkennen. Das Gleiche gilt für winzige Sensoren an Schiffscontainern und den darin befindlichen Gegenständen. Das Internet wird aus dem Weltraum kommen, allgegenwärtig sein und das Leben, wie wir es kennen, verändern. Es sei denn natürlich, alles geht vorher den Bach runter.

SpaceX mag 2008 mit der Falcon 1 den Startschuss für diesen Vorstoß gegeben haben. Aber man muss sich nicht sehr anstrengen, um starke Argumente zu finden, dass Planet für die schöne neue Welt, die vor uns liegt, genauso, wenn nicht sogar noch mehr, verantwortlich ist. Elon Musk mag die Kosten für den Start einer Rakete um mehrere zehn Millionen Dollar gesenkt haben. Dennoch sind 60 Millionen Dollar für einen Flug ins All immer noch eine Menge. Die Satelliten von Planet waren nicht nur einen Bruchteil besser als der Status quo: Sie waren 1000- bis 10 000-mal besser! Billiger. Kleiner. Leistungsfähiger. Sie haben nicht nur die Art und Weise verändert, wie wir in den Weltraum gelangen, sondern auch, was wir dort tun können, wenn wir dort sind.

Auf der Erde haben die Weltwirtschaft und die Produktivität in den letzten sechs Jahrzehnten einen Boom erlebt, der zum großen Teil auf das Moore'sche Gesetz zurückzuführen ist. Dabei handelt es sich um das Diktum der Technologieindustrie, dass Computer alle paar Jahre doppelt so schnell laufen und gleichzeitig billiger und kleiner werden. Es ist die Kraft des unnachgiebigen Fortschritts, die zu der modernen Welt geführt hat, wie wir sie kennen.

Derselbe Vorstoß hat es nie ganz in den Orbit geschafft. Die Computer und die dazugehörige Technologie in der erdnahen Umlaufbahn waren immer weit hinter der Zeit zurück. Im Weltraum wählte man sich noch mit einem Modem in AOL ein, während man auf der Erde TikTok auf Smartphones konsumierte.

Planet hat die Rechnung vollkommen neu aufgemacht. Anders ausgedrückt: Es brachte Moores Gesetz in den Weltraum. Die Doves waren der erste Schritt, um das Innovationstempo auf der Erde und im Weltraum anzugleichen und unsere terrestrischen und orbitalen Volkswirtschaften auf den gleichen Takt zu bringen.

Das einzige wirkliche Hindernis, das die Weltraumwirtschaft davon abhält, diese neue Realität voll zu nutzen und mit Internet-Geschwindigkeit zu explodieren, ist der Mangel an Raketen, um all die neuen Satelliten zu positionieren. Was es brauchte, waren superbillige Raketen, die ständig abheben, und Risikokapitalgeber, die ihre Entwicklung finanzieren.

Für Menschen, die sich in ihren Träumen bereits als der nächste Elon Musk wähnten, war der Aufruf zum Handeln unmissverständlich: Besorgt euch ein Team und etwas Geld. Es ist höchste Zeit, ins große Raketenrennen einzusteigen.

DAS PETER-BECK-PROJEKT

KAPITEL 8

GROSSARTIG –
WENN'S WIRKLICH SO KOMMT

Als Elon Musk anrief, war es früher Abend. Zumindest bei mir.
Es war im November 2018, und ich hielt mich für ein paar Wochen in Neuseeland auf, wo ich ein Haus in einer hübschen Vorortgegend von Auckland gemietet hatte. Den Tag hatte ich im Stammwerk von Rocket Lab, einem Hersteller kleinerer Raketen, verbracht, und ich war gedanklich ganz bei diesem Unternehmen und seinem Gründer Peter Beck. Das änderte sich, als mich nach dem Besuch in der Fabrik einer von Musks Assistenten kontaktierte, um mir mitzuteilen, dass sein Chef sich jeden Moment telefonisch bei mir melden würde.

Vor Musks Anruf trank ich ein Bier und kaute eins der Cannabis-Gummibärchen, die ich mithilfe eines Freundes* ins Land geschmuggelt hatte. Beides könnte man als Selbstschutz bezeichnen, denn seit der Veröffentlichung meiner Musk-Biografie hatte ich kein ernst zu nehmendes Wort mehr mit ihm geredet – hauptsächlich, weil ihm einiges von dem, was ich in dem Buch geschrieben hatte, gegen den Strich ging und er damit gedroht hatte, mich zu verklagen. In der Folge war unser Verhältnis deutlich abgekühlt. Um den über Jahre angestauten emotionalen Ballast zu lindern und meinen vor Anspannung brummenden

---

* An die Zollbeamten in Neuseeland: Es handelt sich tatsächlich nicht um einen hypothetischen Freund, sondern um einen echten – und ich wäre Ihnen dankbar, wenn Sie mich beim nächsten Mal wieder in Ihr wunderschönes Land reinlassen würden.

Schädel zu betäuben, griff ich also zu THC-haltiger Gelatine und einem Pils. Wer kennt das nicht?

Wäre es nach mir gegangen, hätten wir die Jahre während Funkstille und unsere Meinungsverschiedenheiten gleich zu Beginn des Telefonats angesprochen, aber Musk hatte andere Vorstellungen. Er wusste, dass ich in Neuseeland war, und fixierte sich darauf. »Da gibt's doch nichts als 'ne Menge Schafe«, bemerkte er. »Habe ich zumindest gehört. Eine riesige Menge Schafe. Und Kim Dotcom.«

Für diejenigen, denen der Name nichts sagt: Kim Dotcom betrieb einen Internet-Service namens Megaupload, der es den Usern ermöglichte, große Mediendateien zu tauschen. Weil auf Megaupload Unmengen an urheberrechtlich geschütztem Material getauscht wurden, führten die Behörden in Dotcoms Wahlheimat Neuseeland gemeinsam mit einem Einsatzteam aus den Vereinigten Staaten im Jahr 2012 eine Razzia auf Dotcoms Anwesen durch. Es war eine dieser spielfilmreifen Aktionen, bei der schwer bewaffnete Polizisten mit dem Hubschrauber landen und den Straftäter mit einem Schlag ins Gesicht und ein paar kräftigen Tritten in die Rippen seiner gerechten Strafe zuführen. »Wenn ich in Neuseeland wäre, würde ich mir das Haus von Peter Jackson ansehen, dann ist man quasi beim *Herrn der Ringe* persönlich. Und natürlich Kim Dotcom aufsuchen«, sagte Musk. »Die beiden Sachen. Wir könnten die Razzia nachspielen.«

Wie sich herausstellte, wollte er mit mir darüber reden, dass Tesla gerade ein katastrophales Jahr heil überstanden hatte. Nach einer Weile lenkte ich das Gespräch auf Rocket Lab. Peter Becks Unternehmen hatte kürzlich erfolgreich eine vom firmeneigenen Spaceport (sprich: Weltraumflughafen) gestartete Rakete in den Orbit geschossen und war damit auf dem besten Weg, so erfolgreichen privaten Raumfahrtgrößen wie SpaceX das Wasser zu reichen. Ich fragte Musk, was er von dem Neuling halte. »Dass sie es bis in den Orbit geschafft haben, ist beeindruckend«, räumte er ein. »Das ist verdammt schwer. Bezos hat eine Mörderkohle da reingesteckt, und selbst er hat es nicht geschafft.«

Ich sagte ihm, dass Beck sich freuen würde, bei Gelegenheit mit ihm zu Abend zu essen, was Musk amüsiert zur Kenntnis nahm. »Ich lade euch gerne mal zu einer Runde Steaks ein«, erwiderte er spöttelnd. »Wehe, ich kriege keine Blumen.«

Irgendwann trafen sich die beiden Männer dann tatsächlich, und es war eine recht denkwürdige Begegnung. Aber während des Telefonats zeigte Musk nur wenig Interesse an Rocket Lab und Peter Beck.

Damals, 2018, stand er mit dieser Einschätzung nicht allein da. Dass Rocket Lab SpaceX zu neuem Schwung verhalf, blieb weitestgehend unbemerkt. Die relative Anonymität des Unternehmens hing mit seiner neuseeländischen Herkunft zusammen: Die Abgeschiedenheit des Inselstaats führt häufig dazu, dass der Rest der Welt ignoriert, was dort vor sich geht. Außerdem entbehrte Beck der üblichen Insignien eines Space-Moguls. Er war weder Milliardär, noch leitete er einen global erfolgreichen Tech-Konzern. Er polarisierte auch nicht mit provokanten Aussagen oder exzentrischem Auftreten. Ganz im Gegenteil: Trotz Becks Leidenschaft für seine Arbeit hielt er sich in der Öffentlichkeit eher bedeckt und konzentrierte sich aufs Raketenbauen.

Als ich bei einem Neuseelandbesuch im Jahr 2016 auf Rocket Lab stieß, war neben meiner Neugier auch Glück im Spiel. In der Fachpresse der Raumfahrtbranche waren einige Artikel über ein Unternehmen aus Auckland erschienen, das am Bau einer kleinen Rakete namens Electron arbeite. Obwohl diese Storys meine Aufmerksamkeit erregten, hielten sich meine Erwartungen durchaus in Grenzen. Denn die Electron war im Grunde genommen eine runderneuerte Version der SpaceX-Rakete Falcon 1, die schon im Jahr 2008 erfolgreich durchgestartet war. Rocket Lab baute seine Electron zwar aus moderneren Materialien und hatte sie um einige technische Neuerungen ergänzt, aber ihr lag dasselbe Konzept zugrunde. Es war eine kleine Rakete, gebaut mit dem Ziel, mit jedem Flug kostengünstig ein paar Satelliten ins All zu transportieren.

Was mich allerdings skeptisch machte, war die Person Peter Beck und der Umstand, dass er seine Rakete ausgerechnet in Neuseeland bauen wollte. Aus manchen der erwähnten Artikel ging hervor, dass Beck kein Studium der Raumfahrttechnik abgeschlossen hatte. Genau genommen hatte er niemals eine Universität besucht. Seine Erfahrungen als Ingenieur beschränkten sich auf Jobs in einer Spülmaschinenfabrik und einem staatlichen Forschungslabor. Der Raumfahrttechnik frönte er vor allem spätabends und an den Wochenenden. Sie war sein Hobby. Und diesem Mann war es irgendwie gelungen, diverse Risikokapitalgeber zu überzeugen, sein Freizeitvergnügen zu finanzieren.

Ein Mythos, der in meinen Augen keinen Sinn ergab. Niemand erschafft ein Raumfahrtunternehmen einfach aus seiner Vorstellung heraus. Die Vereinigten Staaten, die über Unmengen an Fachwissen und Ressourcen verfügen, hatten nur ein einziges Raumfahrt-Start-up hervorgebracht: SpaceX. Neuseeland konnte man nicht einmal als Hinterland der Luft- und Raumfahrt bezeichnen. Dort fehlte es an allem Nötigen, um eine Rakete zu bauen. Das Land verfügte weder über gut ausgebildete Raumfahrttechniker und die richtigen Materialien noch über eine vernünftige Infrastruktur. Der Amateur-Raketentüftler Beck musste für all diese Probleme Lösungen finden, ganz zu schweigen von den Grenzen, auf die Raketentechnik auf einer Insel (im wörtlichen und im übertragenen Sinn) zwangsläufig stößt. Seine Investoren hatten, davon durfte man ausgehen, einen fatalen Fehler begangen.

2016 war der Firmenstandort ein großes Gebäude am Flughafen von Auckland. Wie bei jedem Raketenbauer gab es dort Techniker, die auf Computerschirme starrten, einige Räume zum Bau und zum Testen elektronischer Komponenten sowie eine große Werkhalle, in der drei Electrons Gestalt annahmen. Die Firma hatte noch einen weiteren Standort auf einer grünen Wiese, wo sie die Triebwerke testen konnte. Diese Bedingungen waren in verschiedener Hinsicht ideal, denn sie ermöglichten es dem Unternehmen, die Konstruktion und die Tests unweit vom Zentrum einer Großstadt durchzuführen, statt – wie so viele Raumfahrt-Start-ups – in die Wüste zu gehen.

Ich war schwer beeindruckt davon, was Beck erreicht hatte. Eine 18 Meter hohe Electron mit einem Durchmesser von 1,20 Meter befand sich in der Endmontage, und zwei weitere waren auf dem besten Wege dahin. Statt aus Aluminium oder Edelstahl hatte Rocket Lab die Raketen aus Carbonfasern gefertigt, um die Raketen auf diese Weise robuster und gleichzeitig leichter zu machen. Das schwarze Material verlieh ihnen einen aggressiven Hochglanzlook. Es gab den Weltraumphalli ihren Sexappeal zurück. Für den Antrieb der Electron sorgten neun der von Rocket Lab selbst entwickelten Rutherford-Triebwerke, benannt nach dem neuseeländischen Wissenschaftler Ernest Rutherford.[*] Diese Triebwerke waren wahre Kunstwerke: gewundene Metallteile und elektronische Komponenten. Alles sorgfältig arrangiert und präzise aufeinander abgestimmt – genau wie sämtliche Werkzeuge auf den Werkbänken der Produktionshalle.

Als Beck, der damals 39 Jahre alt war, in der Halle auftauchte, tat er das ohne jedes Gewese. Als Mann von mittlerer Größe und Statur war sein voller brauner

---

[*] »Von Rutherford stammt der bekannte Ausspruch ›Wir haben kein Geld, also bleibt uns nichts anderes übrig, als nachzudenken‹«, sagt Beck. »Das spricht uns aus der Seele. Es geht darum, ein Problem zu lösen und genau zu überlegen, welche unterschiedlichen Herangehensweisen es für ein wirklich kompliziertes Problem gibt.«

GROSSARTIG – WENN'S WIRKLICH SO KOMMT

Lockenschopf das Auffälligste an ihm. Offenbar geschmeichelt, dass sich ein amerikanischer Reporter auf den weiten Weg nach Neuseeland gemacht hatte, um einen Blick in seinen Raketenpalast zu werfen, führte er mich persönlich herum und geizte dabei nicht mit detaillierten technischen Erläuterungen über die Electron und die Rutherford-Triebwerke. Dabei stellte er sein Licht so sehr unter den Scheffel, dass er Rocket Lab fast schon unter Wert verkaufte. Raumfahrt-Mogule zeichnen sich in der Regel dadurch aus, dass sie gerne etwas prahlerisch sind und mit stolzgeschwellter Brust daherkommen. Beck wirkte eher wie ein ganz normaler Typ, der zufällig eine Rakete gebaut hatte.

Was die Prämisse seines Unternehmens betraf, gab es bei ihm keinen Raum für Zweifel: Rocket Lab würde vollenden, was SpaceX begonnen und dann aus den Augen verloren hatte: den Bau der weltweit ersten sowohl preiswerten als auch zuverlässigen Rakete, die buchstäblich jederzeit in den Weltraum fliegen konnte.

Nicht lange nach dem ersten erfolgreichen Flug der Falcon 1 im Jahr 2008 hatte SpaceX die Arbeit an der Rakete ruhen lassen und sich ganz der deutlich größeren Falcon 9 gewidmet. Das Hauptziel des Unternehmens war der Aufbau einer florierenden menschlichen Kolonie auf dem Mars, und für diese Aufgabe eigneten sich nur große Raketen. Selbst auf kurze Sicht sah SpaceX keinen praktischen Nutzen für die Falcon 1. 2008 wurden noch nahezu ausschließlich große Satelliten produziert, deren Transport große Raketen erforderte. Es sollte noch einige Jahre dauern, bis Raketen, wie Rocket Lab sie herstellte, populär werden würden. SpaceX hatte eine durchaus gelungene kleine Rakete entworfen, allerdings brauchte die damals niemand.

Nach der Firmengründung im Jahr 2006 verfolgte man bei Rocket Lab ein paar Jahre lang verschiedene Ansätze und Projekte, bis man erkannte, dass sich durch das Aus für die Falcon 1 und den parallel einsetzenden Siegeszug kleiner Satelliten eine einmalige Chance bot: der Bau einer kleinen Rakete, die für fünf Millionen Dollar pro Start 230 Kilogramm Fracht in den Orbit transportieren kann. Statt eines Raketenstarts pro Monat, wie es üblich war, plante Rocket Lab, erst monatlich, dann wöchentlich und schließlich vielleicht sogar alle drei Tage zu starten.

Kosten und Zahl der Starts würden für die Branche eine Revolution bedeuten. Bis dahin wurden Raketen gewöhnlich in zwei Größen gebaut: mittelgroß und groß. Der Beförderungstarif begann in der Regel bei etwa 30 Millionen und endete

153

bei 300 Millionen Dollar. Die Kunden, die für diese Starts zahlten, besaßen große Satelliten, die zwischen 100 Millionen und einer Milliarde Dollar kosteten.

Kleinere Satelliten von Firmen wie Planet Labs, die über weniger Geld verfügten, reisten Huckepack mit den Transporten der Big Player, verstaut in Ecken und Winkeln neben den großen Satelliten, denen das Hauptaugenmerk galt. SpaceX brachte zum Beispiel zuerst die größeren Satelliten – die ja die Hauptlast ausmachten – zu ihrem Ziel, um die kleineren dann einen nach dem anderen hinterhertrudeln zu lassen. Die großen Satelliten wurden mit größter Präzision im Orbit platziert. Die kleinen dagegen wurden wie Fracht zweiter Klasse behandelt und mussten häufig monatelang manövrieren, um die richtige Umlaufbahn zu erreichen.

Ganz anders Rocket Lab: Sie würden sämtliche Bedürfnisse der Hersteller kleiner Satelliten erfüllen. Firmen wie Planet Labs würden nicht länger darauf warten müssen, dass im Laderaum einer der großen Raketen zufällig etwas Platz frei war. Sie würden eine Electron ganz für sich selbst chartern und mit ihr ein Ziel ihrer Wahl ansteuern können. Für ein Start-up, das sein Geschäft erst noch etablieren muss, ist es sicher von unschätzbarem Wert, etwas fristgerecht und pünktlich ins All bringen zu können.

Indem sie regelmäßige Raketenstarts und den günstigen Transport von Satelliten ins All anboten, würde Rocket Lab zu einer Art Expresslieferant in den erdnahen Orbit avancieren. Und 2016 sah es ganz so aus, als ob die Welt genau so etwas brauchte. Unternehmen wie SpaceX und Samsung planten, Abertausende von Satelliten in den Orbit zu fliegen, um neue, weltraumgestützte Internetsysteme zu versorgen. Zahlreiche andere große und kleine Firmen verfolgten ähnliche Ziele zum Bau großer Satellitenkonstellationen. Sollten derartige Systeme realisiert werden, gäbe es nicht genug Raketen, um die nötige Zahl an Starts zu bewältigen. Auch zur Wartung bräuchte man Raketen, um die beschädigten, ausgemusterten oder beim Wiedereintritt verbrannten Satelliten zu ersetzen. Raketen müssten jederzeit startbereit sein, doch die existierenden Hersteller großer Raketen starteten im Schnitt nur einmal pro Monat.

»Wenn man das Internet ins All befördert, dann befördert man eine Infrastruktur ins All, die mit jeder anderen Versorgungseinrichtung vergleichbar ist«, erklärte mir Beck. »Das ist wie bei Strom oder Wasser. Das Internet darf nicht ausfallen. Eine große Rakete kann man einsetzen, um viele Satelliten auf einmal nach oben zu schicken und die Anfangskonstellation zu konstruieren. Aber wenn ein paar Satelliten ausfallen, dann muss man innerhalb von Stunden Ersatzsatelliten hinaufbringen, um die Infrastruktur am Laufen zu halten. An dem Punkt kommen wir ins Spiel: Wir werden nur Stunden brauchen, um etwas in den Orbit zu bringen.«

Auf lange Sicht, prognostizierte Beck, hätte ein verlässlicher, relativ günstiger Transportweg in den Orbit einen enormen Effekt auf die Bereitschaft von Unternehmen, neue Ideen auszuprobieren. Wenn die Reise ins Weltall von einer seltenen, teuren Angelegenheit zu etwas Alltäglichem würde, dürfte die Zahl der Satellitenhersteller rasch anwachsen. Rocket Lab würde die gängige Vorstellung von der Unzugänglichkeit des Weltraums ändern und der Raumfahrtindustrie zu einem weiteren Boom verhelfen.

Während andere es als Problem betrachteten, dass Rocket Lab von Neuseeland aus operiert, verteidigte Beck den Standort als Vorteil. Bei den meisten Raumfahrtnationen lag der Beginn ihrer Weltraumprogramme Jahrzehnte zurück, und mit der Zeit wurden sie immer festgefahrener und bürokratischer. Ihre Weltraumflughäfen waren hauptsächlich in der Hand von Kunden aus dem militärischen Sektor oder von Behörden. Neuseeland dagegen war ein unbeschriebenes Blatt. Der Umstand, dass es dort für Raumfahrtaktivitäten noch keine Rechtsvorschriften gab, eröffnete Beck die einmalige Gelegenheit, einer ganzen Nation Vorgaben für die Regulierung eines Raumfahrtunternehmens zu machen.

Rein logistisch betrachtet, würde sich Rocket Lab beim Start von Raketen mit weniger Menschen, Flugzeugen und Schiffen rumschlagen müssen. Die Firma beabsichtigte, in einem abgelegenen Teil der neuseeländischen Südinsel einen eigenen Weltraumflughafen zu bauen. Theoretisch konnte sie dort nach Belieben Raketenstarts durchführen – ohne dass es jemanden störte. Im Gegensatz zu anderen Raumfahrtunternehmen musste Rocket Lab nicht auf eine Beruhigung des Luftverkehrs warten oder darauf, dass ein Schiff den Weg freigab. Sie bräuchten die Rakete bloß zur Abschussrampe bringen, den Knopf drücken und starten. Und da der Spaceport Rocket Lab gehören würde, müssten sie auch keine Startgebühr von einer Million Dollar zahlen, wie die NASA oder andere Weltraumorganisationen sie gewöhnlich berechneten.

Obwohl einiges dagegensprach, dass Rocket Lab seine Ziele erreichen würde, ermöglichte die bloße Existenz des Unternehmens massive Veränderungen in der Raumfahrtindustrie. Erst wurden Raketen ausschließlich im Regierungsauftrag gebaut. Dann tauchte Elon Musk auf und investierte sein Vermögen in den

Bau einer Rakete. Und jetzt wagte sich eine Firma an diese Aufgabe, die allein mit Risikokapital finanziert wurde. Investoren hatten den Weltraum als Geschäftsfeld entdeckt. Benötigte die Welt eine Rakete, die jede Woche starten konnte? War das ein profitables Geschäft? Würden regelmäßige, preisgünstige Weltraumflüge den Transport von Dingen ins All grundlegend ändern? Es gab Menschen, die bereit waren, viel Geld auszugeben, um das herauszufinden.

Traditionell erforderten Raumfahrtprogramme den Einsatz von Tausenden der besten Wissenschaftler und Techniker sowie Milliarden Dollar an Finanzmitteln. SpaceX hatte diese traditionellen Überzeugungen über den Haufen geworfen, als das Unternehmen die Kosten der Raketenproduktion senkte und junge, unerfahrene Ingenieure einstellte. Nichtsdestotrotz entsprangen viele seiner wichtigsten Technologien den Köpfen erfahrener Veteranen der Raumfahrtindustrie, die auf Anstellungen bei Boeing, Lockheed Martin und der NASA zurückblicken konnten. Auch wenn sie neue Ansätze ausprobierten, wussten diese Männer, welche Fehler sie vermeiden mussten. Rocket Lab verfügte nicht über die Möglichkeit, auf so einen Erfahrungsschatz zuzugreifen.

Weder Beck noch einer seiner Mitarbeiter hatten je zuvor eine richtige Rakete gebaut. Da es sich bei Weltraumraketen im Grunde um Interkontinentalraketen handelt – beide werden mit dem Begriff »Intercontinental Ballistic Missile« (ICBM) bezeichnet –, gelten in den USA strenge Auflagen für Personen, die an diesen Flugkörpern und den damit verbundenen Technologien arbeiten. Das machte es Rocket Lab weitestgehend unmöglich, erfahrene Mitarbeiter früherer US-Raketenprogramme einzustellen, und zwang Peter Beck, ein Team aus unverbrauchten, jungen Köpfen an den Universitäten von Neuseeland, Australien und Europa zu rekrutieren.

Dass sich ein völlig unerfahrener Unternehmenschef mit Unterstützung nicht minder unerfahrener Mitarbeiter im Raketenbau versuchs, war eigentlich zum Scheitern verurteilt. Aber Beck war der geborene Ingenieur und besaß offenbar ein natürliches Gespür für Physik und die Funktionsweise von Maschinen. Er setzte auf sein Talent und darauf, dass die erstaunlichen Fortschritte bei den Materialien und in der Informatik für den Raketenbau ganz neue Bedingungen schaffen und neue Personenkreise erschließen würden. Natürlich ging es dabei immer noch um Raumfahrttechnik, und die blieb eine überaus anspruchsvolle Wissenschaft, aber die Technologie war nicht mehr allein der mythischen Aura des Genialen vorbehalten. Raketen waren zum Alltagsgeschäft geworden.

Das hat nicht den gleichen Sexappeal wie die waghalsigen Unternehmungen der Apollo-Ära oder selbst Elon Musks riskante Manöver mit SpaceX. Im Grunde behaupteten Rocket Lab und seine Investoren, die Technologie sei so weit fortgeschritten, dass jedes Unternehmen, das über genug Kreativität, Können und Kapital verfügt, den Weltraum erreichen kann. Wenn sie damit richtiglagen, würde die Raumfahrt bald weniger magisch und deutlich pragmatischer werden. Möglicherweise war das der Grund dafür, dass sich bis dahin niemand ein Bein ausgerissen hatte, um Beck und seine Firma zu hofieren. In meinen Augen wurde Rocket Lab durch das, was es repräsentierte, allerdings nur umso fantastischer.

Die ersten Raumfahrtpioniere – Konstantin Ziolkowski in Russland, Hermann Oberth in Deutschland und Robert Goddard in den USA – kamen ungefähr zeitgleich auf die Idee, Raumfahrzeuge zur Erforschung des Weltraums zu bauen. Inspiriert von Jules Vernes und H. G. Wells' Science-Fiction-Romanen sowie den Errungenschaften der industriellen Revolution, kombinierten diese Männer in den 1920er-Jahren verschiedene flüssige Brennstoffe, mit dem Ziel, ein Projektil in die Umlaufbahn zu befördern. Goddard gelang 1926 als Erstem von ihnen der Start einer derart angetriebenen Rakete, die allerdings nur zwölfeinhalb Meter hoch flog. »Es würde ein Vermögen verschlingen, um mit einer Rakete überhaupt erst einmal den Mond zu erreichen«, notierte er damals. »Aber wäre es nicht einen Versuch wert?«

Dank der finanziellen Unterstützung von Privatpersonen und militärischen Einrichtungen konnten Goddard und andere ihre Arbeit über die folgenden 20 Jahre fortsetzen. Raketen besaßen zwar kein augenfälliges kommerzielles Potenzial, aber einige Interessierte sahen in ihnen eine Möglichkeit, wissenschaftliches Prestige zu erwerben. Jahrhundertelang hatten wohlhabende Gönner die Konstruktion immer ausgeklügelterer Teleskope finanziert, es lag also nahe, dass Raketen und später Satelliten eine vergleichbare Entwicklung nehmen könnten.[*] Doch der Kalte Krieg und der damit verbundene Wettlauf ins All führten die Raumfahrttechnologie weg von der Finanzierung durch private Investoren und hin zu einer wachsenden Abhängigkeit von Nationalstaaten. In den Vereinigten

---

[*] In seinem Buch *The Long Space Age – The Economic Origins of Space Exploration from Colonial America to the Cold War* hat Alex MacDonald, Chefökonom der NASA und einer von »Pete's Kids«, diese These eindrucksvoll untermauert.

Staaten verortete man die Zuständigkeit für alle Raumfahrtprojekte bei der NASA, und damit hatte es sich. Raketen und Satelliten waren eng verknüpft mit den politischen Ambitionen des Landes und der Macht, die es nach außen hin demonstrieren wollte. Unternehmerische Leidenschaft und persönliche Visionen traten dabei zwangsläufig in den Hintergrund. Die Apollo-Missionen haben zwar viele Menschen inspiriert, aber auch ihre Vorstellung davon zementiert, wer auf welche Weise in den Weltraum fliegen kann.

Im Laufe des Jahrhunderts gab es zwar vereinzelte Versuche von Bastlern oder vermögenden Privatleuten, den Spirit von Goddard neu zu beleben, die scheiterten allerdings allesamt. Erst mit Musk und seinen Ingenieuren wurde die kommerzielle Raumfahrt wieder zu einer erfolgversprechenden Vision. Doch Beck und Rocket Lab hatten das Zeug für den nächsten großen Schritt. Eine Schlagzeile wie »Neuseeländischer Raketenbastler fliegt in den Orbit« hätte ganz sicher Goddards Herz erwärmt, allerdings hätte er wohl kaum damit gerechnet, bis ins Jahr 2016 warten zu müssen, um sie lesen zu können.

Rocket Lab hatte keineswegs vor, sehr komplexe Trägerraketen zu bauen. Große Raketen erforderten weiterhin enorme Investitionen und ein hohes Maß an technischem Know-how. Aber Beck wollte die elegantesten und präzisesten kleinen Raketen bauen. Er träumte nicht davon, Menschen zum Mars oder zum Mond zu schicken – er träumte vom Bau eines Geräts, eines Werkzeugs, das anderen Menschen das Potenzial des Weltraums erschließen würde. »Ich bin angetreten, den Weltraum zu kommerzialisieren«, sagte er im Januar 2016. »Nur das ist wichtig. Wir brauchen kein großes Tamtam. Wir haben einen Job zu erledigen. Also weiter im Text.«

Peter Beck vertrat seine Überzeugung, dass Rocket Lab den Plan zur Eroberung des erdnahen Orbits bis Mitte des Jahres in die Tat umsetzen und die erste Electron ins All schießen würde, so enthusiastisch, dass ich wirklich daran glauben wollte, Rocket Lab würde eine neue, aufregende Ära der kommerziellen Raumfahrt einleiten. Trotzdem konnte ich mir nicht mehr als ein wohlwollendes Lächeln abringen, während ich still in mich hineinkicherte. *War Beck denn nicht klar, was als Nächstes geschehen würde?* Die Geschichte ist immer die gleiche: Erst kommen die Verzögerungen, dann die Explosionen, und schließlich geht das Geld aus.

KAPITEL 9

DIE ABENTEUERWERKSTATT

Peter Beck wuchs am Ende der Welt auf.
Um seinen Heimatort Invercargill zu finden, muss man bis an den südlichsten Zipfel von Neuseeland reisen. Auf den flachen, saftig grünen Weiden nördlich und östlich der Stadt haben sich Kühe und Schafe der ortsansässigen Farmer breitgemacht. Im Westen liegt der Fiordland National Park mit seinen uralten Gletschern. Wie die Finger einer göttlichen Hand prägen zahlreiche Fjorde und Buchten die wunderschöne Landschaft, in der sich Wälder mit Seen und Bergen abwechseln. Das verschlafene Invercargill mit seinen 60 000 Einwohnern duckt sich demütig in die grandiose Szenerie und ist im Rest des Landes als viel zu kalt und windig verschrien.

Das bescheidene Stadtzentrum wirkt, als wären die Gebäude in den 1850er-Jahren aus Schottland und England geradewegs hierher verschifft worden. Die Namen auf den Straßenschildern – Dee Street, Tyne Street, Pork Pie Lane – unterstreichen diesen Eindruck. Touristen besuchen Invercargill wegen seines nostalgischen Charmes, dem man sich unmöglich entziehen kann: Laut der Werbetafel an einem örtlichen Hotel gibt es hier immerhin Sehenswürdigkeiten wie einen 30 Meter hohen, 1889 erbauten Wasserturm aus rotem Backstein, einen tatsächlich hübschen Park sowie Bill Richardsons Classic Motorcycle Mecca*, eine Attraktion, die als »führendes Motorradmuseum in Australien und Ozeanien« angepriesen wird. Nun denn.

---

* Der über Invercargill hängende Viehgeruch und die in ungewöhnlicher Häufigkeit präsente Werbung für kostenfreie Darmkrebs-Vorsorgeuntersuchungen werden nicht erwähnt, aber Plakatwände sind auch nicht für ihre schonungslose Offenheit bekannt.

DAS PETER-BECK-PROJEKT

Bill Richardson steht mit seiner Leidenschaft für Motorräder nicht allein da. Wie weite Teile Neuseelands ist auch Invercargill bevölkert von Technikfreaks, die begeistert ihre Maschinen tunen und Rennen damit fahren. Die größte Berühmtheit der Stadt ist vermutlich Burt Munro, der mit seinen modifizierten Motorrädern diverse Geschwindigkeitsweltrekorde aufstellte und von Anthony Hopkins in einem Kinofilm verkörpert wurde. Auch Peter Beck gehört zu den Menschen, die gerne an Maschinen herumschrauben. Invercargill war als Heimatort also wie geschaffen für ihn.

Wenn man durch den Ort bummelt und die Leute fragt, ob sie Peter Beck kennen, werden zwar manche mit »Ja« antworten, aber bemerkenswerterweise auch einige mit »Nein«.[*] Dabei hat außer Elon Musk niemand so viel Erfolg in der kommerziellen Raumfahrtindustrie wie Beck – weshalb er zu den reichsten Personen des Landes gehört und anderswo sicher jedem ein Begriff wäre. Aber in Neuseeland ticken die Menschen anders.

Es gibt einen Beck, den die meisten Einwohner Invercargills kennen, und das ist Peters Vater Russell, der im Jahr 2018 im Alter von 76 Jahren verstorben ist.

Russell war eine Art Universalgenie und zwei Jahrzehnte lang Direktor der Southland Museum & Art Gallery, wo die Besucher etwas über die Traditionen der Māori, seltene Tiere, regionale Kunstströmungen und vieles mehr erfahren konnten. Obwohl das Museumsgebäude bereits stand, als Russell 1965 nach Invercargill kam, hat es seine auffälligste architektonische Besonderheit ihm zu verdanken. In den 1990er-Jahren beschaffte er die Geldmittel für ein neues, pyramidenförmiges Dach. Diese weithin sichtbare weiße Pyramide gilt nicht nur als die größte Australasiens, sondern der gesamten südlichen Hemisphäre.[**] Das Teleskop in der Sternwarte nebenan verfügt über eine Optik mit 30 Zentimetern Durchmesser, und Russell hatte es als Teenager selbst gebaut. Es wurde zum Treffpunkt der Southland Astronomical Society, und dank ihm kamen viele

---

[*] Das war zumindest im Jahr 2019 der Fall, obwohl es sicher nicht lange so bleiben wird.
[**] Behaupten zumindest Internetquellen.

Schulkinder der Umgebung, darunter auch Peter, erstmalig mit Astronomie in Berührung.*

Neben der Museumsarbeit widmete sich Russell seiner Leidenschaft für Jade, die bei den Māori *Pounamu* heißt. Er studierte die Geschichte des Steins, seine Bedeutung für die Māori-Kultur, wie man ihn zu Schmuck und anderen Kunstwerken verarbeiten konnte, sowie die weltweiten Vorkommen, insbesondere die auf der Südinsel. Russell schrieb mehrere Bücher darüber und galt international als einer der gefragtesten Experten für Jade. Vor seinem Tod vermachte er einem neuseeländischen Forschungsinstitut die wohl umfangreichste Jade-Sammlung, die je zusammengetragen wurde. 1500 Steine, die er auf seinen Reisen rund um den Globus eingesammelt oder erworben hatte.

Auch als Künstler hat Russell Beck überall in Invercargill und an vielen Orten der Südinsel Spuren hinterlassen: in Form von Skulpturen, die auf spielerische Weise wissenschaftliche Themen aufgriffen. Im Zentrum seiner Heimatstadt errichtete er einen großen Regenschirm aus Metall, der als Sonnenuhr fungiert und in seine lichtdurchlässige Drahtbespannung verschiedene Sternbilder integriert hat. Der Griff in Form eines spiralförmigen Farnwedels namens *Koru* – ein häufiges Motiv in der Kunst der Māori – ist ein Verweis auf die Kenntnisse der Ureinwohner Neuseelands über den Sternenhimmel. Nicht weit davon entfernt steht seine Skulptur *Cube of Learning*. Von Weitem sieht sie aus wie ein Würfel, entpuppt sich aber als Rhomboeder, wenn man näher kommt. Eine optische Täuschung, die – so Beck – dem Betrachter etwas vermitteln soll: »Nicht alles ist, wie es scheint, und man muss die Dinge erforschen und hinterfragen.« An der nahen Küste installierte er die Glieder einer überdimensionierten Ankerkette, die vom Fels oberhalb des Strandes scheinbar bis ins Meer hineinreicht.

Nach dem Tod von Russell Beck veröffentlichte die Lokalzeitung einen Nachruf auf ihn. Darin hieß es: »Es schien nichts zu geben, was er nicht konnte.«

---

* Beck verdankt eine der frühesten Erinnerungen an die Phänomene des Weltraums seinem Vater: »Mein Vater hat mir die Geschichte erzählt, dass er mich nachts mit nach draußen genommen und mir eine Sternschnuppe gezeigt hat. Er erklärte mir, dass dies ein Satellit sei und dass dieser Satellit etwas bewirke. Ich fragte ihn: ›All diese anderen Sterne, sind das auch Satelliten? Sind sie von Menschen gemacht, von echten Menschen?‹ Er sagte mir, das seien Sonnen und sie hätten Planeten, und auf ihnen könnten Menschen leben. Das war wahrscheinlich der erste Moment, in dem der Weltraum für mich von Bedeutung war, in dem mir das Konzept eines Satelliten nicht völlig fremdartig schien. Ich hatte Bücher über Bücher, aber dieses Wissen über Satelliten war etwas Supercooles. Sie hatten die Möglichkeit, eine Menge Menschen auf dem Planeten zu beeinflussen.«

DAS PETER-BECK-PROJEKT

Und genau das war der springende Punkt. Becks Vorfahren waren aus Schottland nach Neuseeland ausgewandert, wo sie schon bald in dem Ruf standen, außerordentlich findig und einfallsreich zu sein. Sie entstammten einer langen Ahnenreihe von Schmieden. In Neuseeland begannen sie mit dem Bau von Maschinen für die örtlichen Farmer und legten damit den Grundstein für ein florierendes Unternehmen. Es gab nur wenig, was Russell Beck nicht kraft seiner eigenen Hände herstellen konnte. Und Peter sollte seinem Vater darin in nichts nachstehen.

Invercargill mochte zwar kalt und windig sein, aber es war ein guter Ort, um Kinder großzuziehen. Russell Beck und seine Frau Anne, eine Lehrerin, sorgten dafür, dass der 1977 geborene Peter und seine beiden älteren Brüder in Geborgenheit und Harmonie aufwuchsen. Die Familie lebte in einem gepflegten roten Backsteinhaus aus den 1950er-Jahren mit drei Schlafzimmern und einer großen Werkstatt in einem gutbürgerlichen Viertel der Stadt.

Beim Bauen aller möglichen Dinge konnten die drei Beck-Jungs ihren Tatendrang in der Werkstatt ausleben, dem Dreh- und Angelpunkt ihrer Kindheit. Diente die riesige Garage mit dem olivgrünen Tor anfangs noch als Unterstellplatz für das Familienauto und als Lagerraum für Russells Studienobjekte, wurden diese schon bald von Fräsmaschinen, Drehbänken, Schweißgeräten und allerlei Werkzeugen verdrängt. Der Raum verwandelte sich allmählich in eine Art Forschungs- und Entwicklungseinrichtung.

Wenn die Familie sich eine neue Stereoanlage anschaffte, dann dauerte es nicht lange, bis einer der Brüder sie aus dem Wohnzimmer entführte, in die Werkstatt brachte und die Rückseite des Geräts öffnete, um herauszufinden, wie es funktioniert. Statt sich darüber aufzuregen, dass seine neue High-End-Anlage kaputtgehen könnte, gesellte sich Russell zu seinen Söhnen und sagte: »Also gut, dann schauen wir uns mal an, was in dem Ding so drinsteckt.« Er ermutigte die Jungs zu experimentieren, um sie zu – wie er es nannte – »fleißigen Tüftlern« zu erziehen. »Ich glaube, man lernt am schnellsten«, sagte er mal, »wenn man etwas bauen möchte und sowohl die Fähigkeiten als auch die Möglichkeiten dazu hat.«*

Russell lehrte seine Söhne, mit den unterschiedlichsten Werkzeugen umzugehen, und bemühte sich, sie dabei in Ruhe zu lassen. »Uns sagte nie jemand

---

* Aus einem Interview des Southland Oral History Project.

DIE ABENTEUERWERKSTATT

›Pass auf damit‹ oder ›Mach das so‹«, erinnert sich Peter. »Wenn wir mit einer Bohrmaschine arbeiteten und aus den Augenwinkeln unseren Dad sahen, dann war uns bewusst, dass er uns beobachtete, aber auch, dass er nur dann eingreifen würde, wenn für ihn feststand, dass wir uns sonst ernsthaft verletzen würden. Dass wir all diese Freiheiten hatten und im Rahmen der Möglichkeiten, die uns zur Verfügung standen, einfach machen konnten, was wir wollten, käme heutzutage vermutlich etwas hippiemäßig rüber. Ich nehme an, unsere Kindheit verlief etwas anders als die von anderen.«

Als Teenager verbrachten die Brüder jede freie Minute damit, an Autos herumzuschrauben. Die beiden Älteren kauften billig verbeulte Schrottkisten. Die brachten sie dann in ihre Werkstatt, um sie dort aufzumotzen. Sie entfernten alles bis auf das Fahrgestell und bauten die Fahrzeuge dann neu auf. Die Jungs waren nicht darauf aus, normale, funktionale Autos zu bauen, sondern möglichst schnelle Flitzer, deren Leistung sie an Wochenenden bei Autorennen testeten. Anschließend verkauften sie die Wagen. Mit dem Erlös wurden neue Maschinen für die Werkstatt und weitere Blechkisten angeschafft, bevor das ganze Spiel von vorne begann. »Niemand kaufte sich einfach ein neues Auto«, berichtet Peter. »Man *schraubte* sich eins zusammen. Man holte sich eine klapprige Karre und motzte sie dann auf. So machte man das.«

Eines von Peters ersten großen Projekten war die Konstruktion eines Alu-Fahrrads. Mountainbikes waren damals der letzte Schrei, aber der 14-jährige Peter fand heraus, dass niemand ein superleichtes, superstabiles Aluminium-Bike im Angebot hatte. »Ich wollte den Ferrari unter den Fahrrädern, kein stinknormales Fahrrad.« Als er der Familie von seinem Plan berichtete, warnte ihn sein Vater: »Das ist ein sehr kompliziertes Projekt. Sieh zu, dass du es zu Ende bringst.«

Russell meinte es ernst. Ein Projekt nicht zu beenden, war im Hause Beck nicht akzeptabel. Peter hatte Spaß an der Herausforderung.

Da er kein Geld hatte, durchsuchte er die Abfallcontainer der metallverarbeitenden Betriebe nach Aluminium. In der Werkstatt seiner Schule brachte er sich bei, Teile wie die Lenkungslager zum Drehen des Fahrradlenkers selbst herzustellen. Wenn er ausrangierte Fahrräder fand, nahm er sie auseinander, um Gussformen für seine Aluminiumteile herzustellen. Er erhitzte ein fertiges Metallteil im Ofen seiner Mutter und kühlte ein anderes in der Tiefkühltruhe ab, um sie dann mittels »Pressfügung« zusammenzuhämmern – ein mechanisches Verfahren, das keinen zweiten Versuch zulässt. »Ich rannte erst mit einem glühend heißen Stück

163

aus dem Haus, dann mit einem eiskalten Stück, und anschließend schlug ich mit einem Hammer darauf ein, bis sie sich passgenau ineinanderstecken ließen«, beschreibt er den Arbeitsschritt.

Nach endloser Schufterei war es schließlich vollbracht: Peter Beck hatte sein Vorhaben in die Tat umgesetzt und ein Fahrrad gebaut, das seinesgleichen suchte. Eine ultramoderne Konstruktion mit einem durchgehenden Rahmen aus Aluminiumrohr und einer Sattelstütze, die so weit über das Hinterrad ragte, dass sie der Physik zu trotzen schien. Rückblickend empfand Peter dieses frühe Experiment als bezeichnend für seine Vorgehensweise: Statt sich über eine Reihe weniger ambitionierterer Konstruktionen an sein Ziel heranzutasten, legte er die Latte von Anfang an so hoch, dass sie fast unerreichbar schien. »Es fuhr sich fantastisch«, erinnert er sich. »Die Zeitung brachte mich auf der Titelseite, den Jungen, der selbst ein Fahrrad konstruiert hat. Ich glaube, die entscheidende Erkenntnis ist, dass ich mir die Zwischenschritte sparen wollte. Ich wollte kein normales Fahrrad bauen oder mir eins umbauen. Ich wollte gleich aufs Ganze gehen. Wenn wir in der Schule etwas für die Wissenschaftsausstellung bauen sollten, griff ich nicht zum Messbecher, sondern zum Flammenwerfer. Das war für mich also kein ungewöhnliches Verhalten.«

Mit 15 lieh sich Peter 300 Dollar von seinen Eltern und kaufte sich davon seinen ersten Morris Mini. Die Fahrt nach Hause schaffte er mit Mühe und Not, denn der Rost hatte ein riesiges Loch in den Boden des Wagens gefressen. Er musste höllisch aufpassen, dass er mit den Füßen nicht abrutschte und auf der Fahrbahn landete. Sechs Monate lang lebte er regelrecht in der Werkstatt, während er an dem Wagen arbeitete. Obwohl seine schulischen Leistungen darunter litten, ließen seine Eltern ihn klaglos weitermachen. »Ich kam von der Schule nach Hause und verschwand sofort in der Werkstatt«, erzählt Peter. »Meine Mutter brachte mir das Abendessen und stellte es auf eine Bank, wo es meistens kalt wurde, bevor ich es dann irgendwann aß. Kein einziges Mal sagte sie so etwas wie: ›Leg den Winkelschleifer weg und geh ins Bett.‹«[*]

Zuerst beseitigte Peter sämtliche Rostschäden. Anschließend modifizierte er den Motor und rüstete ihn mit einem Turbolader auf. Dann reparierte er die Aufhängung, bevor er den Wagen von vorne bis hinten umbaute.

---

[*] Da muss ich mich einfach fragen, welche andere Mutter wohl jemals so cool reagiert hat.

»Das meiste habe ich aus Büchern gelernt und indem ich mich mit Leuten darüber unterhielt. Wenn man einen Motor auf das Wesentliche runterbricht, ist er gar nicht so kompliziert.«

Um sich etwas dazuzuverdienen, ging Peter nach dem Unterricht wechselnden Nebenjobs nach. Eine Weile jobbte er bei Thwaites Aluminium, einer Firma, die verschiedene Aluminiumprodukte herstellt und verkauft. In der örtlichen Eisenwarenhandlung E. Hayes & Sons baute er Mühlen und Drehbänke zusammen und reinigte die Toiletten. Beide Unternehmen waren für Beck eine naheliegende Wahl, und die Nebenjobs entsprachen der Familienphilosophie: »Nichts geschenkt, alles erarbeitet.«

Neben der Schrauberei und seinen Gelegenheitsjobs widmete sich Peter mit seinem Vater der gemeinsamen Liebe zum Weltraum. Das Teleskop, das Russell als Teenager gebaut hatte, war alles andere als eine Hobbybastelei. Nicht nur das Metallgehäuse hatte er von Hand gefertigt, er hatte sich auch beigebracht, Linsen und Spiegel selbst zu schleifen. Außerdem hatte er im Garten seiner Eltern eine provisorische Sternwarte aus Holz gezimmert, um das Gerät dort aufzustellen. Der Aufwand – nur um zu Hause die Sterne zu beobachten – mutet vielleicht ein wenig übertrieben an, aber der Kreis schloss sich, als Russell sein Werk ins Museum verfrachtete. Genau dort hatte der sechsjährige Peter mit dem Teleskop seines Vaters erstmals den Nachthimmel erforscht. »Ich denke sehr gerne daran zurück, bis spät in der eiskalten Sternwarte zu sitzen und selbstvergessen in den Himmel zu starren, um dort dann etwas so Abgefahrenes wie den Jupiter zu sehen.«

Etwa im gleichen Alter begann Peter, mit seinem Vater die monatlichen Treffen der Southland Astronomical Society zu besuchen. Die Gruppe zog viele aufgeweckte, intellektuelle Menschen an, denen der wissensdurstige Junge bei ihren Diskussionen lauschte, um sie anschließend mit Fragen zu löchern. Das Durchschnittsalter der Mitglieder lag bei 50 Jahren; mittendrin der kleine Peter, der es auskostete, bei Tee und Keksen bis in die späten Abendstunden aufzubleiben. »Alle hatten eigene Teleskope und berichteten von ihren neuesten Entdeckungen und Erfolgen«, erinnert er sich. »Die meiste Zeit hatte ich keine Ahnung, wovon sie redeten, aber ich fand es immer cool und interessant.«

Als der Halley'sche Komet 1986 die Erde passierte, war Peter neun Jahre alt. Er war von dem Ereignis so fasziniert, dass er jede freie Minute nutzte, um so viel wie möglich über den Kometen in Erfahrung zu bringen. Für ein Schulprojekt fasste er seine Erkenntnisse zu einem Buch zusammen und erwarb sich dadurch den Ruf eines Experten. »Brauchten die Lehrer weiterführende Informationen oder wollten etwas über die neuesten Entwicklungen erfahren, dann kamen sie zu mir.«

Die Sache mit dem Kometen war bezeichnend für Peter Becks Schullaufbahn. Wenn er sich für etwas begeisterte oder es um eines seiner Herzensprojekte ging, stürzte er sich in die Arbeit, und nicht selten wurde er dafür ausgezeichnet. Wenn er keinen persönlichen Bezug zu einem Thema herstellen konnte, hielt sich sein akademisches Interesse jedoch in Grenzen, und im Unterricht fiel er nicht gerade als Überflieger auf. »Ich habe nicht lockergelassen«, erinnert sich Beck. »Ich habe hohe Ansprüche an mich. Etwas zu präsentieren, das nicht gut ausgeführt ist, macht mich wahnsinnig. Aber wenn es mich nicht interessierte, dann gab es Wichtigeres.«

Peter Becks ältester Bruder verließ mit 16 das Elternhaus. John verfolgte erst seine Leidenschaft, Autos zu tunen und zu verkaufen, dann fuhr er Motorradrennen. Der mittlere Bruder, Andrew, zog ebenfalls aus. Statt aufs College zu gehen, fing er in der örtlichen Aluminiumhütte an. Seine Brüder passten zwar wie die Luchse auf ihr Werkzeug auf, aber sie hatten ihm vieles beigebracht und ihn immer tatkräftig unterstützt. »Ich war von guten Ingenieuren umgeben. Wenn ich beim Fräsen einen Fehler machte, wies mich einer meiner Brüder darauf hin, dass ich gerade Mist baute.« Nachdem die beiden Älteren ausgezogen waren, hatte Peter in der Werkstatt freie Hand, was sein Interesse an Maschinen und Technik nur noch weiter befeuerte.

Auch Peter entschied sich, mit 16 auszuziehen. Dem elterlichen Traum, einer der Söhne würde das College besuchen, erteilte er eine Abfuhr. Nach dem Highschool-Abschluss durchforstete er Broschüren über technische Berufe. »Ich wollte einen Beruf erlernen, und ein Studium war einfach nicht das Richtige für mich.« Von allen Ausbildungsmöglichkeiten, die ihn interessierten, war die des Werkzeugmechanikers – der Beruf, für den er sich schließlich entschied – vermutlich die schwierigste, denn dafür musste man alle möglichen Fertigkeiten erlernen, die für die Herstellung zahlreicher in Industrie und Alltag unentbehrlicher Gegenstände erforderlich sind. 1995 zog er nach Dunedin, um eine Lehrstelle bei Fisher & Paykel anzutreten, einem Hersteller von Haushaltsgeräten, der für seine technisch ausgereiften Produkte bekannt ist.

In so jungen Jahren von zu Hause wegzugehen, jagte Beck keine Angst ein. Er war sehr unabhängig und kam schon früh zu der Erkenntnis, dass man entweder

DIE ABENTEUERWERKSTATT

in Invercargill bleibt und mit seinen Kumpels rumhängt oder in die Welt hinauszieht und schaut, was sie einem zu bieten hat. Ihn reizten die Herausforderung, das Unbekannte und die Aussicht, sein Können weiter zu vertiefen.

»Eigentlich interessierte mich alles rund um Pressformen und Werkzeugbau vor allem aus einem Grund: weil es so schwer ist«, erklärte mir Peter. »Es ist Präzisionsmechanik und ein ganz anderes Level als alles, was ich mir sonst noch angeschaut hatte. Wenn mir jemand sagt, etwas sei schwierig, dann gießt er bei mir Öl ins Feuer. Ich benötigte die handwerklichen Fähigkeiten, die mir dieser Beruf vermittelte, um all das tun zu können, was ich mir vorgenommen hatte.«

Von Invercargill nach Dunedin, eine Stadt im Südosten der Südinsel Neuseelands, braucht man mit dem Auto zweieinhalb Stunden. Dunedin ist zwar keine boomende Metropole, mit 150 000 Einwohnern aber fast dreimal so groß wie Becks Heimatstadt. Dank der University of Otago, der ältesten Uni des Landes, und der Otago Polytec ist es eine lebendige Studentenstadt.

Beck stürzte sich in seine Arbeit bei Fisher & Paykel. Seine Ausbilder waren zwei Maschinenschlosser alten Schlags. Sie stammten aus England beziehungsweise den Niederlanden, waren mit Haut und Haaren Werkzeugbauer und erwarteten von dem neuen Lehrling, dass er ihre hohen Standards erfüllte. Für eines seiner ersten Projekte musste der Neuling zwei Vierkantprofile so ineinanderfügen, dass sie an keiner Stelle mehr als ein Tausendstel eines Inch Spiel hatten, also maximal etwa 0,025 Millimeter, sprich: 40-mal weniger als ein Millimeter. Es sollte nicht bei diesem einen Test bleiben, und Beck schnitt dabei ständig so gut ab, dass er eine Auszeichnung nach der anderen einheimste. Zu verdanken hatte er das einer Mischung aus angeborenem Talent, seiner Erfahrung im Umgang mit Werkzeugen und der Bereitschaft, viele Stunden an etwas zu arbeiten.

Beck konnte sein Glück kaum fassen: Fisher & Paykel verfügte über die besten Produktionsanlagen, die man für Geld kaufen konnte, und er konnte sie den lieben langen Tag benutzen. Statt sich in mehrere Schichten dicker Klamotten zu mummeln, um in der heimischen Garage zu werkeln, stand er in Jeans und T-Shirt in einem hochmodernen Werk mit computergesteuerten, 250 000 Dollar teuren Fräswerkzeugen und riesigen Maschinen im Wert von einer Million Dollar, die Formen für einige der weltbesten Haushaltsgeräte produzierten. Und das Beste daran: Weil er ein ungewöhnlich hohes Maß an Kompetenz bewies, übertrug ihm die Firma schon bald die Verantwortung, einige dieser Maschinen zu bedienen. Wenn Beck Vorschläge machte, wie sich Produkte verbessern ließen, hörte man ihm zu und befolgte seine Ratschläge. Seine technische Begabung übertraf nicht nur die der anderen Auszubildenden, sondern scheinbar auch die vieler erfahrener Mitarbeiter. Er schloss die normalerweise vier Jahre währende Ausbildung in der Rekordzeit von drei Jahren ab.

Nachdem er in der Produktion seine Fähigkeiten unter Beweis gestellt hatte, wurde er ins Konstruktionsbüro versetzt, wo er nun Einfluss auf Design, Form und Funktion der Produkte nehmen konnte. Fisher & Paykel war auf die Herstellung hochwertiger Waschmaschinen und Geschirrspüler spezialisiert. Allerdings hatte das Unternehmen Probleme mit der Reinigungsmittelabgabe der Geschirrspüler. Die meisten Gerätehersteller bezogen ihre Spendertechnik vom selben Zulieferer, aber da Fisher & Paykel den Anspruch hatte, bessere Qualität zu liefern als die Konkurrenz, stellte man Beck einen erfahrenen Techniker zur Seite und beauftragte die beiden mit der Entwicklung einer eigenen Vorrichtung. Ohne zu sehr in die sublimen Feinheiten der Spendertechnologie einzutauchen, lässt sich sagen, dass die beiden ein neuartiges konvergent-divergentes Düsensystem entwickelten, das die Wirkung des Wasserenthärters im Reinigungsmittel optimiert.

Beck hatte so viel Freude an seinem Job, dass er seine Arbeitsstätte gar nicht mehr verlassen wollte. Er kam früh am Morgen und ging oft erst um drei Uhr nachts. Die Personalabteilung und seine gewerkschaftlich organisierten Kollegen waren von diesem Arbeitseifer nicht immer angetan. Um sie hinters Licht zu führen, stempelte Beck seine Stechkarte jeden Nachmittag um 17 Uhr, selbst wenn er noch im Gebäude blieb, um einen Job zu erledigen.

»Ich wollte verhindern, dass sich irgendjemand deshalb auf den Schlips getreten fühlt, nur weil ich den Eindruck machte, ich würde länger arbeiten als gewollt«, erklärt er. »Ich wollte ja niemanden vorführen. Hin und wieder wurde die Personalabteilung auf mein Treiben aufmerksam. Dann hieß es: ›Sie arbeiten zu viel, das geht so nicht‹ – und ich musste mich eine Weile unauffällig verhalten.«

In seiner Freizeit arbeitete Beck noch immer an seinem Mini oder an anderen Autos, empfand die Modifikationen aber als immer unbefriedigender. Er verstärkte die Fahrzeuge bereits mittels Kompressoren und Einspritzdüsen, aber er wollte mehr Power, mehr Speed, mehr von allem. Schließlich kam er zu dem Schluss, dass das Herzstück des Antriebs – der Verbrennungsmotor – zugleich das größte Hindernis war.

»Ich hatte das Gefühl, auf der Stelle zu treten«, erinnert er sich. »Also begann ich mit dem Bau von Düsentriebwerken. Die brachten aber immer noch nicht genug Leistung. Und so landete ich schließlich beim Raketenantrieb. Denn das war das, womit ich mich *wirklich* beschäftigen wollte.«

KAPITEL 10

SOBALD DU DEN STARTKNOPF DRÜCKST, KANNST DU NUR NOCH BETEN

In Neuseeland muss man sich schon etwas einfallen lassen, damit man im Alltag klarkommt. Schließlich liegt dieser Inselstaat so ziemlich am Ende der Welt. Südlich von Invercargill trifft man erst in der Antarktis wieder auf Land. Die Kiwis, wie sich die Neuseeländer ein wenig scherzhaft bezeichnen, mussten lernen, mit dem auszukommen, was die Natur ihnen bietet. Das gilt besonders für den großen Teil der Bevölkerung, der Landwirtschaft betreibt und außerhalb der großen Städte lebt. Neuseeland hat nur fünf Millionen Einwohner, weshalb man sowohl auf der Nord- wie auch auf der Südinsel weite Strecken zurücklegen kann, ohne auf einen einzigen Menschen zu treffen, aber auf umso mehr Schafe. Das Klischee entspricht durchaus der Wahrheit. Diese Art von Abgeschiedenheit fördert die Selbstständigkeit und den Erfindungsreichtum der Menschen. Denn in Problemsituationen bleibt ihnen oft keine andere Wahl, als eigene Wege und Lösungen zu entwickeln.

Ein Charakterzug, den die Neuseeländer nicht ohne Stolz »Number 8 Wire«-Mentalität nennen. Das bezieht sich auf eine Drahtsorte, die Mitte des 18. Jahrhunderts beim Bau von Viehzäunen Verwendung fand. Dieser Draht war so billig, dass die Farmer ihn immer massenweise auf Lager hatten und gerne für improvisierte Reparaturen benutzten. Im Grunde genommen war er ein frühes neuseeländisches Pendant zum Duct Tape oder Panzerklebeband: Weil er immer zur Hand war – egal ob es galt, einen Zaun, eine Mikrowelle oder ein Auto zusammenzuflicken –, avancierte der »Number 8 Wire« irgendwann zum Symbol für den typischen Einfallsreichtum und die Ingeniosität der Kiwis.

Peter Beck kann dem nationalen Faible für dieses Ideal nicht viel abgewinnen. Nicht, weil er seinen Landsleuten die damit verbundenen Qualitäten absprechen will, sondern weil er glaubt, dass die Kiwis sich mit dieser Philosophie selbst limitieren. Von einem Agrarstaat, der weitestgehend auf sich allein gestellt ist und versucht, halbwegs über die Runden zu kommen, ist das Land inzwischen weit entfernt. Heute mangelt es weder an klugen Köpfen noch an Ressourcen. Peter ist der Meinung, dass es allmählich an der Zeit ist, ambitioniertere Ziele anzustreben und großartige Dinge zu vollbringen, auf die der Rest der Welt wartet, statt sich für geschickte Basteleien zu feiern, die ein Problem auf der eigenen Farm beheben.

Dieser Standpunkt ist vor allem deshalb so amüsant, weil Peter Beck, als er noch bei Fisher & Paykel arbeitete, die »Number 8 Wire«-Mentalität so sehr verkörperte wie wohl niemand vor und auch niemand nach ihm.

Mit 17, zu Beginn seiner Lehre, entwickelte er seine Faszination für Raketen und Raketentriebwerke weiter. Er hatte ein Haus in einem Vorort von Dunedin gemietet und richtete sich im Gartenschuppen ein Forschungslabor ein. Damit trat er endgültig in seine *Breaking-Bad*-Phase ein. Er lieh sich eine Handvoll Fachbücher in der Bibliothek und las alles, was er über Treibstoffe und die Konstruktion von Raketentriebwerken finden konnte. Beck brauchte nicht lange, um sich für den Bau eines Triebwerktyps zu entscheiden, der mit Wasserstoffperoxid betrieben wurde – ein Stoff, der in verdünnter Form so harmlos ist, dass man sich damit den Mund ausspülen könnte, während er in reinem Zustand hochgradig instabil ist. Tagsüber arbeitete Peter mit Geschirrspülern, in der Nacht mit explosiven Gemischen.

Frei verkäufliches Wasserstoffperoxid hat eine Konzentration von etwa drei Prozent. Damit der Stoff seinen Anforderungen genügte, musste Peter die Konzentration auf buchstäblich brandgefährliche 90 Prozent erhöhen. Nach kurzer Recherche fand er heraus, dass er den Konzentrationsprozess verkürzen konnte, wenn er bei einem lokalen Chemieunternehmen 50-prozentiges Wasserstoffperoxid bestellte. Das Produkt sollte von einem Fachmann sicher bei ihm zu Hause abgeliefert werden. »Ich konnte es kaum erwarten, nach der Arbeit nach Hause zu kommen, wo das Peroxid vor der Tür auf mich wartete«, erzählt Beck. »Es war ein schöner, sonniger Tag, und ich fuhr, so schnell ich konnte, heim.« Nachdem er den Wagen geparkt hatte, erblickte er auf der Veranda den 20-Liter-Behälter mit Wasserstoffperoxid. Aber irgendwas stimmte nicht.

Der Fachmann hatte sich offensichtlich nicht besonders fachmännisch angestellt, denn die Chemikalie griff den Behälter an, ein Fass, das sich fast zu einer Kugel aufgebläht hatte. »Ich saß auf meiner Veranda und dachte: ›Was mache ich bloß damit?‹«, sagt Beck. »Das Ding stand direkt vor der Tür. Um irgendeine Art von Schutzkleidung anzuziehen, damit ich es dort fortbewegen konnte, musste ich erst einmal daran vorbeikommen. Also kroch ich hinüber und ließ etwas Gas ab. Da wurde mir zum ersten Mal klar, dass die Sache wohl komplexer war, als ich gedacht hatte.«

Nachdem er das Gas abgelassen hatte, schleppte Beck das Fass in ein ungenutztes Zimmer. Dort baute er einen Blasensäulenreaktor und führte über Tage eine Reihe von Experimenten durch, um das Wasserstoffperoxid zu destillieren. Eines Morgens wachte er mit hämmernden Kopfschmerzen auf, weil aus seinem Mad-Scientist-Labor Dämpfe entwichen und durchs ganze Haus gezogen waren. Daraufhin verlegte er sein Laboratorium in den Gartenschuppen. Aber auch dort waren die Sicherheitsbedingungen alles andere als ideal.

Wer mit hoch konzentriertem Wasserstoffperoxid herumexperimentiert, der trägt gewöhnlich einen Schutzanzug. Die Chemikalie reagiert mit jeder Art von organischem Material. Bei Menschen bleicht sie die Haut, und sie brennt so höllisch, dass man vor Schmerzen schreit. Wie jeder Teenager war auch Peter durch reelle Bedrohungen durch tödliche Gefahren nicht sonderlich zu beeindrucken. Er hielt sich für ausreichend geschützt, wenn er eine Schweißmaske sowie einen feuerfesten Overall anzog, bevor er Oberkörper und Arme mit Mülltüten einwickelte.[*] Gelegentlich fand das Wasserstoffperoxid dennoch einen Weg durch den improvisierten Schutzanzug und entzündete sich spontan, sodass Becks Kleidung in Brand geriet. »Im Prinzip war es ein Gartenschuppen, aber drinnen sah es aus wie in einem Crack-Labor«, schmunzelt Beck. »Es gab elektrisches Licht, Ventile zischten, Entlüfter brummten, und den ganzen Tag lief ein Kompressor, während ich das Peroxid raffinierte.«

Beck fuhr mit den Experimenten fort und baute ein erstes Triebwerk, das mit seinem selbst hergestellten Kraftstoff lief. Letztendlich entschloss er sich allerdings, eine Methode zu entwickeln, die mehr Sicherheit bieten würde. »Wenn

---

[*] Vermutlich waren die Mülltüten mit »Number 8 Wire« festgezurrt.

jemand Wasserstoffperoxid als Treibstoff für kostengünstige Raketen ins Spiel bringt – was immer noch passiert –, kann ich nur den Kopf schütteln«, sagt er. »Ich bin froh, dass ich diese Erfahrung gemacht habe und das Thema ad acta legen konnte. Das Zeug sieht harmlos aus, aber es ist wirklich gefährlich. Ich habe es aufgegeben, daran weiterzuforschen. Das war mir zu heikel.«*

Beck hatte Wasserstoffperoxid zwar als ungeeignet verworfen, experimentierte aber mit anderen Treibstoffen weiter und investierte mehr und mehr Zeit in die Entwicklung von Raketentriebwerken. Obwohl er bei Fisher & Paykel immer noch häufig bis spätabends arbeitete, um Firmenprojekte abzuschließen, verbrachte er so manche Nacht damit, die hochwertigen Werkzeuge und Maschinen seines Arbeitgebers für seine Nebenprojekte zu nutzen. Im Büro wusste so gut wie jeder, was Beck tat, und einige Mitarbeiter halfen ihm sogar dabei. Eines Tages fragte Beck den Lieferantenmanager von Fisher & Paykel nach dem Preis für ein großes Stück massives Aluminium. Dessen Antwort lautete: 2000 Dollar. Eine Summe, die weit über dem Budget des Auszubildenden lag. »Ich sagte ihm, dass ich einen anderen Weg finden würde, mein Projekt zu verwirklichen, aber ein paar Tage später lag das Aluminium auf meinem Schreibtisch«, erinnert sich Beck.

Alle anderen Arbeiten fanden jedoch in Becks Schuppen statt. Beck wohnte im Ortsteil Kaikorai Valley. Wie viele der Häuser dort lag auch seins an der Hügelflanke am östlichen Rand des Tals, mit Blick auf die weite, üppig grüne Hügellandschaft im Westen. Als Beck seine ersten selbst gebauten Triebwerke testete, hallte der nächtliche Lärm durchs ganze Tal. In der Nachbarschaft jaulten die Hunde, und die Menschen kamen aus ihren Häusern, um zu sehen, was los war. »Schon erstaunlich, dass nie jemand vor meiner Tür stand, um sich zu beschweren«, wundert er sich. »Aber es war ziemlich abgelegen und die Quelle des Lärms nur schwer zu bestimmen. Ich bin mir nicht sicher, ob man damit heutzutage durchkommen würde.«

---

* »Wenn man in ein offenes Glas mit 92-prozentigem Wasserstoffperoxid niest, ist das kein guter Tag«, erläutert Beck das Problem. »Denn Peroxid ist sehr anfällig für organische Verunreinigungen. Und auch für thermische Überhitzung. Man destilliert es exakt bis zu dem Punkt, an dem Wasserdampf entweicht, nicht aber das Peroxid ... dafür muss man viel hin und her probieren. Als ich es so weit destilliert hatte, dass es für den Antrieb rein genug war, begann ich damit zu experimentieren. Ich stellte Petrischalen auf einen Stein im Garten, füllte verschiedene andere Flüssigkeiten in Spritzen und injizierte sie in das Peroxid. Das Grün um den Stein herum war schon bald völlig abgestorben, und da wächst bestimmt heute kein einziger Grashalm mehr.«

DAS PETER-BECK-PROJEKT

Beck studierte Fachbuch-Klassiker wie *Rocket Propulsion Elements* von George P. Sutton und Oscar Biblarz, er durchforstete das Internet nach wissenschaftlichen Abhandlungen und nutzte die Archive der NASA, die recht großzügig Zugriff auf technische Unterlagen oder Handbücher gewährt. Immer ging es ihm darum, seine Raketentriebwerke zu perfektionieren. Je mehr er las und je länger seine Treibstoffexperimente währten, desto mehr erwärmte sich Beck für die Idee, das Erlernte in die Praxis umzusetzen. Mit 18 Jahren fasste er den Entschluss, ein Raketenfahrrad zu bauen.

Das von ihm konstruierte Gefährt sah aus wie eine Kreuzung aus Rennmotorrad und Fahrrad. Die leuchtend gelbe Karosserie des Fahrrads war lang gezogen, der Lenker befand sich knapp oberhalb des Vorderrads, und die Füße stützten sich auf Rasten an der Hinterradnabe. Beim Fahren saß Beck also nicht aufrecht, sondern lag so weit vornübergebeugt, dass seine Brust fast den Rahmen berührte. Obwohl die Karosserie so robust wirkte wie die einer richtigen Rennmaschine, hatte der Rest des Fahrzeugs beinahe etwas Karikaturistisches. Direkt unterhalb der Karosserie befand sich der Raketenantrieb, bestehend aus zwei Treibstoffzylindern, die aussahen, als hätte man sie hastig in Alufolie eingewickelt, und die über ein Gewirr von Schläuchen mit dem Motor verbunden waren. Direkt über dem Hinterrad und hinter Becks Hinterteil ragte ein Auspuffrohr über das Heck der Maschine hinaus. Die Konstruktion wurde von zwei 20-Zoll-Rädern mit BMX-Reifen getragen.

Eines Abends, auf dem Firmenparkplatz, legte Beck sein Leben ganz in die Hände seiner Ingenieurskünste. Mit einem Overall bekleidet und einem ganz normalen Fahrradhelm auf dem Kopf schwang er sich auf seine Erfindung. »Als ich mich das erste Mal daraufsetzte und der Startknopf nur Millimeter von meinem Finger entfernt war, dachte ich: ›Hm. Was passiert jetzt wohl?‹ Aber die erste Fahrt war phänomenal. So kurz sie auch war, bekam ich dennoch einen ersten Vorgeschmack. Etwas zu fahren, das einen Raketenantrieb hat, war ein unbeschreibliches Gefühl. Man will sofort mehr davon. Ein klitzekleiner Knopfdruck reicht, und innerhalb einer Millisekunde rast man davon. Am heikelsten ist es, wenn man vom angepeilten Kurs abweicht. Ist die Maschine am Start nicht perfekt ausgerichtet, dann hat man ein Problem, denn die Fahrtrichtung lässt sich nicht mehr korrigieren. Diese erste halbe Sekunde ist ein wenig beängstigend.«

»Wenn sich die Treibstofftanks leeren«, erklärt er weiter, »wird das Fahrrad immer leichter, und durch die Verringerung der Masse nimmt die Beschleunigung trotz des stärkeren Luftwiderstands zu. Alles geschieht so schnell. Die Beschleunigung. Der Lärm. Das ist die totale Reizüberflutung.«

Betrachten wir die ganze Angelegenheit mal mit dem nötigen Abstand, um zu würdigen, was für eine gewaltige Dummheit sie eigentlich war. Mit einer Körpergröße von 1,70 Meter und einem Gewicht vom etwa 65 Kilogramm war Peter Beck vermutlich gerade kräftig genug, um seine Lockenpracht zu tragen, und sonst wenig mehr. Was sein technisches Können betraf, war er so übereifrig wie selbstbewusst. In seinem unberechenbaren Enthusiasmus erinnerte er an einen jungen Doc Brown mit Dauerwelle. In einem selbst gebauten Gartenschuppen rührte er hochexplosive Brennstoffe zusammen und baute Raketentriebwerke aus Ersatzteilen, die er von wohlmeinenden Menschen zugesteckt bekam. Dieser Typ legte sich also bäuchlings auf eine rollende Bombe.

Nach einer Reihe von Tests gab Beck auf dem Parkplatz von Fisher & Paykel eine offizielle Vorführung für seine Kollegen und Vorgesetzten. Kurz darauf stellte er sein Raketenfahrrad auf dem jährlichen Southern Festival of Speed vor, in dessen Rahmen eine Reihe von Rennen und Dragster-Wettbewerben auf den Straßen von Dunedin ausgetragen wurden.

Selbst bei den Besuchern dieser Veranstaltung, denen aufgemotzte Hot Rods Marke Eigenbau alles andere als fremd waren, sorgte Becks Raketenrad für Stirnrunzeln, und bei den Organisatoren warf es ernsthafte Sicherheitsfragen auf. Die meisten Rennen fanden auf einer acht Kilometer langen Strecke statt. Die Zuschauer am Straßenrand waren nur durch Reifenstapel und Gebete geschützt. Ob das ausreichen würde, wenn der angehende Ingenieur für Geschirrspülmittelspender die Kontrolle über seine zweirädrige Rakete verlor? Um das herauszufinden, begutachtete der »Sicherheitskommissar« der Veranstaltung Becks Fahrrad auf die für Neuseeländer typische entspannte Art und Weise. Er fragte den jungen Mann, ob das Fahrzeug denn auch gute Bremsen habe. Beck versicherte ihm, die Bremsen seien »großartig«, und erhielt die Freigabe für das Rennen – mit einer wichtigen Auflage: Ein Krankenwagen würde ihn auf der gesamten Strecke begleiten.

Bevor sie Beck gegen andere Fahrer antreten ließen, sollte der Teenager die Strecke erst einmal allein befahren – und zwar »langsam«. Allerdings war »langsam« in diesem Fall gar keine Option. Peters Konstruktion kannte nur zwei Modi: »Stehen« und »Hoffentlich geht das gut«. Außerdem konnte er sie nicht einfach an der Startlinie aufstellen und losfahren, wenn die Ampel auf Grün sprang.

DAS PETER-BECK-PROJEKT

Nachdem er aufgestiegen war, musste Beck das Raketenfahrrad erst zum Rollen bringen, indem er sich mit den Füßen vom Boden abstieß, damit es genug Fahrt aufnahm, um das Gleichgewicht zu halten. *Dann* setzte er die Füße auf die Rasten. *Dann* richtete er die Maschine richtig aus. Und *dann* drückte er schließlich den magischen Knopf am Lenker, der sie davonschießen ließ. »Niemand wusste, was da vor sich ging«, erzählt er. »Ein Kerl bollert auf einem seltsamen gelben Vehikel die Straße entlang, und dabei fährt ein Krankenwagen hinter ihm her.«

Zumindest machte Beck etwas her. Seinen ölverschmierten Overall hatte er im Spind gelassen und ihn durch einen rot-schwarzen Rennfahreranzug, gelbe Handschuhe und einen schwarzen Motorradhelm ersetzt. Während seine Mutter sich vermutlich gerade fragte, was sie falsch gemacht hatte, gelang es Beck tatsächlich, die Rakete zu zünden. Am Ende der fünf Sekunden währenden Fahrt wurde eine Geschwindigkeit von fast 150 Stundenkilometern gemessen. Da hatte er bereits begonnen, seine Höchstgeschwindigkeit von weit über 160 Stundenkilometern zu verringern. Da die Bremsbeläge bei einer so hohen Geschwindigkeit geschmolzen wären, konnte Beck das Raketenfahrrad nicht sofort zum Stillstand bringen. Er hatte eine Technik entwickelt, bei der er sich aufsetzte und mit dem Oberkörper genügend Luftwiderstand erzeugte, um die Geschwindigkeit auf 100 Stundenkilometer zu drosseln, bevor er die Bremse betätigte.

Die jubelnde Menge war so begeistert, dass sie eine Zugabe forderte. Beck sollte in einem richtigen Rennen antreten, und wie es der Zufall wollte, stand gerade eine Dodge Viper bereit, die in vier Sekunden von 0 auf 100 beschleunigte. Wie beim ersten Mal nahm Beck etwas Anlauf. Als die beiden Fahrzeuge gleichauf waren, trat der Fahrer der Viper aufs Gaspedal. Beck gewann das Rennen. »Meine Zeit war ziemlich gut«, erzählte er später. »Der Veranstalter war heilfroh, dass alles gut gegangen war.«

Letztendlich arbeitete Beck ganze sieben Jahre bei Fisher & Paykel. Er lernte, eine Vielzahl von Werkzeugen und Maschinen zu beherrschen, und stand bald in dem Ruf, jeden noch so kniffeligen Job zu Ende zu bringen. Auch im Konstruktionsbüro blieben seine Fähigkeiten nicht unbemerkt. Er übernahm immer anspruchsvollere Projekte und galt als Koryphäe darin, die Qualitätsprodukte von Fisher & Paykel noch weiter zu verbessern. Auf dem Höhepunkt seiner dortigen Karriere betraute ihn die Firma mit der Konstruktion der riesigen Prägen und Formpressen für die Herstellung ihrer Haushaltsgeräte. Seine Geräte produzierten ihre Geräte.

Obwohl der ohnehin recht introvertierte Beck während seiner Zeit bei Fisher & Paykel kaum ein Sozialleben hatte, gelang es ihm, dort seine zukünftige Frau Kerryn Morris kennenzulernen. Genau wie Peter arbeitete die Ingenieurin im Konstruktionsbüro. Im Rahmen eines gemeinsamen Projekts entwickelte Beck Teile für ein von Kerryn entworfenes Haushaltsgerät. Die beiden begegneten sich auch regelmäßig bei der »Friday Night Challenge«. Bei diesem wöchentlichen Happening für die Angestellten von Fisher & Paykel, das Peter ins Leben gerufen hatte, schlugen Mitarbeiter abwechselnd eine Aufgabe vor, die der Rest des Teams zu bewältigen hatte. Um die Teilnehmer aus ihrer Komfortzone zu holen, mussten sie von Klippen springen oder Flüsse überqueren, indem sie sich an Seilen entlanghangelten. Es war eine sehr Peter-Beck-mäßige Art der Freizeitgestaltung.

Doch im Grunde begann die Romanze zwischen ihm und Kerryn mit Peters Raketenbesessenheit. Der junge Mann, der endlose Stunden mit seinem Hobby verbrachte, erweckte das Mitleid der Frauen im Konstruktionsbüro. Also luden sie ihn hin und wieder zu sich nach Hause ein, damit er etwas zwischen die Zähne bekam. Aus den gelegentlichen Essen bei Kerryn wurden bald regelmäßige Treffen. Schon bald kümmerte sie sich nicht nur um Peters leibliches Wohl, sondern auch um seine Sicherheit bei den Raketentests.

»Vor einem Testlauf rief ich sie an und bat sie, den Krankenwagen und die Feuerwehr zu rufen, sollte ich nicht innerhalb einer bestimmten Zeit zurückrufen«, erzählt Peter. »Die Triebwerke wurden immer leistungsfähiger, das hätte auch schiefgehen können.« Später kam Kerryn dann einfach bei Peter vorbei, um ihm bei den Tests zu helfen.

Nach dem Raketenfahrrad baute er einen Raketenroller und anschließend einen Raketenrucksack, den er sich mit Rollschuhen an den Füßen auf den Rücken schnallte. Kerryn war bei den meisten Experimenten zugegen und ließ sich von diesen Erfahrungen nicht abschrecken. »Bei einem Test des Raketenrollers bekam ich einen heftigen Stromschlag, als ich den Zünder betätigte«, erinnert sich Beck. »Der Schlag war so gewaltig, dass ich schreiend in die Luft sprang. Als ich wieder zu mir kam, sah ich, wie Kerryn am Boden lag und sich vor Lachen fast in die Hose machte. Ich dachte wirklich, ich sterbe, aber sie fand es unglaublich lustig.«

Kerryn wuchs auf einer großen Farm außerhalb von Dunedin auf, gleich am Meer, wo die Familie Morris seit Mitte des 19. Jahrhunderts Schafe hielt und

Milchwirtschaft betrieb. Auf dem atemberaubenden Anwesen tummelten sich neben dem Vieh auch Seelöwen und Gelbaugenpinguine. Als Farmerstochter verfügte Kerryn über eine solide »Number 8 Wire«-Mentalität. Bevor sie ihren Abschluss in Maschinenbau erwarb, half sie regelmäßig im Familienbetrieb und erledigte so manche Reparatur, die dort anfiel. 2002, als sie bereits mit Peter zusammen war, nahm sie eine neue Stelle bei Schlumberger an, dem Marktführer für Erdölexplorations- und Ölfeldservice. Peter kündigte bei Fisher & Paykel und folgte ihr nach New Plymouth, eine Stadt im Westen der Nordinsel, wo Kerryns neuer Arbeitgeber seinen Firmensitz hat.

Dort fand Peter einen Job bei einem Hersteller von maßgefertigten Yachten für Superreiche. Der Job war nicht ohne Reiz, denn die aus Carbonfasern und Titan gebauten Boote stellten für die Ingenieure eine große Herausforderung dar. Die Eignerkabinen im hinteren Teil der 40-Meter-Yachten befanden sich zum Beispiel in der Nähe der Schiffspropeller und anderer lauter Maschinen. Leute wie Beck wurden angeworben, um Wege zu finden, den Lärm zu dämpfen. Allerdings setzte die Bootsbauindustrie stark auf Tradition und war neuen Ideen gegenüber nicht besonders aufgeschlossen.

Doch Beck ließ sich nicht davon abbringen, Verbesserungsvorschläge zu machen. Anhand von Computersimulationen demonstrierte er, dass seine Neuerungen funktionieren würden. Dennoch wurden die meisten seiner Ideen abgelehnt. »Das Motto lautete: Wir halten uns an Bewährtes«, so Beck. »Das hat mich völlig wahnsinnig gemacht.«

Auch zu Hause hätte es besser laufen können. Seit dem Umzug hatte er keinen Schuppen mehr und ohnehin kaum noch Zeit, an seinen Raketenprojekten zu arbeiten. Kerryn musste beruflich häufig in den Nahen Osten und die Vereinigten Staaten reisen, um dort die Leistung von Öl- und Gasbohrungen zu analysieren. Peter machte das Beste aus der Situation und flog nach Kairo, wo er sich mit Kerryn zum gemeinsamen Urlaub traf – seine erste große Auslandsreise. Und obwohl sein Chef kaum Interesse an Peters Erkenntnissen zeigte, arbeitete dieser weiterhin an Lösungen für die technischen Probleme beim Bau der Yachten. Ob nun Beharrlichkeit oder Glück oder vielleicht auch beides: Genau diese Arbeit sollte Peter Beck schließlich zur Gründung seines Raketenimperiums führen.

KAPITEL 11

NICHT MEHR MEIN AMERIKA

Der Besitzer der Werft hatte von Beck verlangt, für die Kombüse seiner Yacht neue Türknäufe aus Titan von Hand anzufertigen. Beck musste also stundenlang akribisch kleine Metallteile schleifen und feilen, wissend, dass man solche Knäufe einfach hätte kaufen können. Ziel der Plackerei war ein etwas leichterer Knauf, der das Gewicht der Yacht um ein paar Hundert Gramm reduzierte. Als es jedoch darum ging, den Lärm der Motoren und Propeller zu dämpfen, setzte der Schiffseigner auf eine unverhältnismäßig plumpe Lösung: Er ließ das Heck des Schiffs mit Sand füllen. Tonnenweise Sand.

Einen solchen Affront gegen sein technisches Gespür konnte Beck nicht unwidersprochen lassen. Er hatte die Propeller genau studiert und ihre akustische Ausgangsleistung analysiert und war zu dem Schluss gekommen, dass sie sich mit Schalldämpfern und Resonatoren, die auf die richtigen Frequenzen abgestimmt waren, unterdrücken ließ. Beck hatte seine Theorie anhand von Computersimulationen überprüft. Doch bevor er sich mit dem Besitzer der Yacht anlegte, wollte er auf Nummer sicher gehen. Also konsultierte er einen Akustikexperten eines staatlich geförderten Forschungsinstituts namens Industrial Research Limited (IRL).

An drei verschiedenen Standorten beschäftigte das Institut einige der besten Wissenschaftler und Ingenieure des Landes. Sie sollten innovative Ideen entwickeln und Unternehmen bei der Lösung kniffliger Probleme helfen, um so die Wirtschaft des Landes voranzutreiben. Mit einem dieser Spezialisten traf sich Beck im Büro der IRL in Auckland, um seinen Lösungsansatz für das Akustikproblem der Yacht zu besprechen. Er war begeistert von der technischen Ausstattung des angeschlossenen Labors. Als er erfuhr, dass dort eine Stelle frei war, bewarb er sich für eine Anstellung als Ingenieur und bekam den Job.

Während Kerryn über einen längeren Zeitraum beruflich in Libyen beschäftigt war, kündigte Peter nach einem Jahr in New Plymouth bei dem Yachtbauer und zog nach Auckland, die größte Stadt Neuseelands. In einer Wohngegend mit schicken Häusern und einigen netten Restaurants und Cafés gelegen, wirkte das vierstöckige Büro der IRL wie ein Fremdkörper. Aber es kam seinen Aufgaben durchaus erfolgreich nach. Seit Anfang der 1990er-Jahre teilte sich das Institut die Räumlichkeiten inklusive der Labors und Geräte mit diversen Tech-Start-ups, was zu einem regen Austausch von Ideen beitrug. Als Peter Beck 2004 dort anfing, hatte der Staat seine Unterstützung bereits eingeschränkt, weshalb das Institut seine Aktivitäten zurückfuhr, während die Start-ups zunehmend florierten.

Beck, damals gerade 24, arbeitete in einem Team, das sich mit Verbundwerkstoffen wie Kohlenstofffasern beschäftigte. Nicht zuletzt dank Neuseelands stolzer Segeltradition und seinen Erfolgen beim America's Cup hatte sich das Land zu einem Hotspot entwickelt, wo Carbonfaserexperten an ganz neuen Anwendungsmöglichkeiten für ein Material arbeiteten, das bis dahin vor allem bei Booten und Flugzeugen Verwendung fand. Peter Beck fügte sich glänzend ein. Mit seinen praktischen Fähigkeiten war er die perfekte Ergänzung zu den theoretischen Kenntnissen seiner erfahrenen Kollegen, unter deren Anleitung er unter anderem völlig neue und präzise Techniken zum Testen der Belastungsresistenz von bestimmten Materialien erlernte.

Einmal baute er einen Prüfstand, der es den Forschern ermöglichte, in einem Wasserbecken den Aufprall eines Schiffsrumpfes aus Carbonfasern auf einer Welle zu simulieren. Mithilfe der dabei gewonnenen Messwerte entwickelte das Team immer leichtere und widerstandsfähigere Platten, die stabil genug waren, um selbst diesen starken Kräften standzuhalten – Erkenntnisse, die sich als durchaus nützlich erweisen könnten, sollte man später einmal vorhaben, eine Rakete mit Carbonfaserhülle in die Atmosphäre zu schießen.

Ein andermal hatten Beck und sein Team die Aufgabe, einen 20 Meter langen, hölzernen Windturbinenflügel auf Herz und Nieren zu prüfen. Im Keller der IRL baute Beck eine Rahmenkonstruktion, die das Propellerblatt an seinem Platz hielt, und einen Mechanismus, der es in immer stärkere Schwingungen versetzte, um herauszufinden, wie stark man es belasten konnte, bis es brach. Wenn die Maschine eingeschaltet wurde und sich das Holzblatt hin und her bog, erzeugte es ein lautes, dumpfes Geräusch – pfump, pfuuump –, das durch den ganzen Keller hallte. »Er ist ein verdammt pfiffiger Kerl«, sagt Doug Carter über Peter Beck, mit dem er im Labor arbeitete. »Peter hat das ganze Ding selbst entworfen und allein gebaut. Er verteilte die Last auf die Säulen des Kellers. Auf diese Weise leitete er die auf den Rahmen einwirkenden Kräfte ins Gebäude zurück. Die Vorrichtung war so massiv, dass sich Risse in den Wänden bildeten, und wir befürchteten, das Gebäude könnte größeren Schaden nehmen als das Propellerblatt. Er war der geborene Naturwissenschaftler.«

In ihrer Glanzzeit war die IRL ein reines Forschungsinstitut in staatlicher Trägerschaft, das in verschiedenen Disziplinen wissenschaftliche Fortschritte erzielte. Doch zu Becks Zeiten glich die Einrichtung eher einem Beratungsdienst, bei dem Unternehmen gegen eine Gebühr wissenschaftliche Unterstützung erhielten. Das Institut mochte an Glanz verloren haben, beschäftigte allerdings immer noch Hunderte von Spitzenwissenschaftlern, die so gut wie ausnahmslos einen akademischen Grad oder gleich einen Doktortitel hatten. Auch wenn er im Gegensatz zu seinen Kollegen keinen Universitätsabschluss hatte, konnte Beck fachlich durchaus mithalten. »Es war schon ungewöhnlich, dass er keine Qualifikationen besaß«, sagt Carter. »Aber er hätte mit Leichtigkeit an irgendeiner Uni graduieren können. Er saugt Wissen auf wie ein Schwamm. Ich glaube, er ist ein absolutes Ausnahmetalent.«

Der fehlende Universitätsabschluss Becks wurde nur ein einziges Mal zum Problem. In einem Gerichtsprozess, wo das reihenweise Versagen von Carbonfaser-Verbundwerkstoffen bei einem Großprojekt verhandelt wurde, sollte er als Sachverständiger angehört werden. Über die Jahre hatte er immer wieder Vorlesungen an den örtlichen Hochschulen gehalten und sogar Doktoranden betreut, aber die IRL betrachtete das Fehlen eines akademischen Abschlusses als Qualifikationsmangel. Eine Kränkung, die Beck in seinem Verdacht bestärkte, dass Organisationen und Unternehmen bei der Suche nach Talenten häufig den Fehler begehen, schriftliche Referenzen über Erfahrung zu stellen. Laut Beck gibt es »zwei Wege, zu lernen. Man kann eine Universität besuchen und erfährt im Unterricht, was bei einem Wellenbruch passiert, oder man geht in die Industrie und erlebt die Folgen einer gebrochenen Antriebswelle in der Praxis. Das Schlimmste, was an der Uni passieren kann, ist eine schlechte Note. In der Fabrik kommen ganze Produktionslinien zum Stillstand, die Folgen sind also sehr viel schwerwiegender.«

In seinen ersten Jahren bei der IRL stürzte sich Beck in die Forschung. Konnte er sich bei Fisher & Paykel mit den Besonderheiten der Industrie vertraut machen, verfügte er nun über ein neues Instrumentarium, mit dem er das Verhalten von Materialien auf atomarer Ebene untersuchen konnte. »Mir standen stets die besten Geräte und Maschinen zur freien Verfügung«, erinnert sich Beck. »Nicht nur Geräte zur Schwingungs- und Stoßtestung, auch die beste Software, die man sich vorstellen kann. Ich habe zwar nicht viel Neues entworfen, aber ich habe in dieser Zeit enorm viel an Erfahrung und Wissen sowie ein tieferes Verständnis der Physik gewonnen.«

Die Leute im Labor mochten Beck. Ihm fehlte es nicht an Selbstvertrauen, aber er prahlte auch nicht, und wenn er seine Kollegen mal auf effektivere Lösungsansätze aufmerksam machte, dann setzte er sie dabei niemals herab. Dabei kam ihm seine jugendliche Erscheinung sicherlich zugute. Beck war immer noch schlank, und mit seinem Lockenschopf sah er aus wie ein Surfer, der sich zum Spaß gerne einen weißen Laborkittel anzog. Seine Art, seinen Job wie ein Freizeitvergnügen anzugehen, trug zu seinem wie selbstverständlich wirkenden Auftreten bei: Nach der Arbeit sah man ihn manchmal auf dem Parkplatz, wo er mit Öl beschmiert unter einer aufgebockten alten Corvette lag und in seinen Werkzeugtaschen kramte.

Seine promovierten Kollegen verdienten keine Reichtümer, aber weit mehr als Beck, dessen Jahresgehalt anfangs 40 000 Dollar betrug. Zur Finanzierung seiner Nebenprojekte nahm er einen zweiten Job bei einem Werkzeugbauer am anderen Ende der Stadt an. Von 18 bis 21 Uhr arbeitete er dort, meistens in beratender Funktion, dann fuhr er nach Hause und arbeitete von zehn Uhr abends bis zwei oder drei Uhr morgens an seinen Raketentriebwerken und Treibstoffen. Diese nächtlichen Sitzungen zahlten sich aus: Mit der Größe und der Leistung seiner Triebwerke wuchs auch seine Treibstoffexpertise. Beck plante den Bau eines Raketenautos, mit dem er einen nationalen Geschwindigkeitsrekord aufstellen wollte, und hatte bereits mit der Konstruktion der Antriebssysteme und des Fahrzeugrahmens begonnen. Dann kam ihm ein Urlaub dazwischen, der seinem Leben eine völlig neue Richtung gab.

Seine Frau Kerryn musste 2006 aus beruflichen Gründen einen Monat in den Vereinigten Staaten verbringen. Für den Weltraumfreak bot sich damit die Gelegenheit, die Pilgerreise seines Lebens anzutreten. Er hatte bei Mitarbeitern der NASA sowie bei großen US-Raumfahrtunternehmen und bei amerikanischen Hobbyforschern Rat für seine verschiedenen Projekte eingeholt und mit ihnen regelmäßig online korrespondiert. Peter plante, auf seiner Reise einige dieser

NICHT MEHR MEIN AMERIKA

Menschen persönlich zu treffen, um sich über die neuesten Entwicklungen der Luft- und Raumfahrttechnik zu informieren. Er würde nicht nur eine Weltraum-Supermacht besuchen, sondern hätte auch Gelegenheit, diesen Leuten Bilder seiner Projekte zu zeigen und ihnen von seinen praktischen Erfahrungen zu berichten. Vielleicht, aber nur vielleicht würde ihm jemand einen Job anbieten. Obwohl Peter nur gerade so über die Runden kam, sparte er genug Geld für die Reise und bat um einen Monat Freistellung von der Arbeit.

Beck, der meistens sehr akribisch ist, hatte diese Reise ausnahmsweise nicht bis ins kleinste Detail geplant. Er wollte seine Zeit zwischen Kalifornien und Florida – den beiden wichtigsten Raumfahrtzentren der Vereinigten Staaten – aufteilen, arrangierte jedoch nur wenige Treffen im Voraus. Stattdessen wollte er die Unternehmenszentralen und NASA-Zentren besuchen und dort um Termine mit seinen Online-Kontakten bitten. Bei dieser Gelegenheit bekäme er vielleicht Einblicke in aktuelle Forschungs- und Entwicklungsprojekte. Er wusste ganz genau, was er wollte: »Das war eine Möglichkeit, Leute zu treffen und mich in die dortige Branche einzuführen. Das war das Hauptziel.«

Bei der Landung auf dem Los Angeles International Airport überkam Beck ein überwältigendes Gefühl der Ehrfurcht. Hier, im Herzen der kalifornischen Aerospace-Szene, schien alles möglich. Nur ein paar Kilometer südlich des Flughafens erheben sich die grauen Klötze der Firmenzentralen von Boeing Satellite Systems, Northrop Grumman und Raytheon Space and Airborne Systems – die alte Garde der Luft- und Raumfahrtindustrie. Noch ein kleines Stück weiter, und man steht direkt vor dem Hauptsitz von SpaceX und Elon Musks riesiger Raketenfabrik. »Ich war in Amerika. Im Taxi drückte ich mir meine Nase am Fenster platt. Da waren diese Motorradpolizisten, die aussahen wie in der Fernsehserie *CHiPs*«, erinnert er sich. »Die waren gar kein Fantasieprodukt, die gab's wirklich. Ich fuhr an all diesen Raumfahrtgebäuden vorbei, und es war umwerfend.«

Becks erster Stopp in Los Angeles war Norton Sales: Das Geschäft war ein Mekka für Freunde der Raumfahrt. Was von außen wirkte wie ein Pfandhaus in einem billigen Viertel, entpuppte sich nach dem Betreten als reinstes Sammlerparadies für Weltraumfans. Im Laufe der Jahre hatte der Besitzer Triebwerke, Turbopumpen, Ventile und sogar Satelliten aus verschiedenen Raumfahrtprogrammen gesammelt, die nun im ganzen Laden herumstanden. Die Frage, ob er in ein Raumfahrtmuseum gehen sollte, um die einschlägigen Artefakte in Glasvitrinen zu bestaunen, oder sie im Nirwana des Weltraumschrotts tatsächlich in der Hand halten sollte, stellte sich für Beck gar nicht erst. Unter den verwunderten Blicken des Ladenbesitzers arbeitete er sich Regal für Regal, Ventil für Ventil und Stunde um Stunde voran. Anschließend fuhr er zu Boeing, Pratt & Whitney, Lockheed Martin und Aerojet Rocketdyne. In der etwas naiven Hoffnung, damit zu beweisen, dass er kein dahergelaufener Spinner war, hatte er ein Fotoalbum mit Bildern seines Raketenfahrrads, seines Jetpacks und all seiner anderen obskuren Fahrzeuge und Apparate dabei. Manchmal gelang es ihm, am Empfang vorbeizukommen und tatsächlich ein Gespräch mit einem Ingenieur zu führen; weitaus häufiger wurde er vom Sicherheitspersonal aufgefordert, wieder in sein Auto zu steigen und zu einem vereinbarten Termin wiederzukommen.

Ein Raketenfan, der Südkalifornien bereist, kommt um einen Abstecher in die Mojave-Wüste nicht herum. Auch Peter Beck erlag der Anziehungskraft dieses Ortes, an dem die Vereinigten Staaten jahrzehntelang ihre fortschrittlichsten Fluggeräte getestet haben. In jüngerer Zeit hatten sich dort eine Reihe von Raumfahrt-Start-ups niedergelassen, deren gemeinsames Ziel darin besteht, den Orbit auf billigere, schnellere und effektivere Weise zu erreichen. Becks erste Station in der Mojave-Wüste war die Edwards Air Force Base, auf der die USA einen Großteil der staatlich abgesegneten Luft- und Raumfahrttests durchführen. »Ich sah die Hinweisschilder und dachte: ›Allmächtiger! Das ist ja der Heilige Gral!‹«, erzählt er. »Ich war total aufgeregt, sprang aus meinem Auto und machte Fotos vom Wachhaus. Ein bewaffneter Soldat kam auf mich zu und fragte nach einem Ausweis. Ich zeigte ihm meinen Reisepass, der voller Stempel aus dem Nahen Osten war. Das machte wohl keinen so guten Eindruck. Aber irgendwie merkte er wohl, dass ich keine große Bedrohung darstellte, denn er löcherte mich mit Fragen zur *Herr-der-Ringe*-Trilogie, die in Neuseeland gefilmt worden war. Ich glaube, diese Filme haben mir den Arsch gerettet. Er sagte, ich solle mich ja nicht noch mal blicken lassen.«

In der Stadt Mojave fand Beck ein Dutzend Start-ups, die in ihren Hangars auf dem örtlichen Flughafen Raketen, Raumfahrzeuge und Mondfähren bauen wollten. Diese Firmen zeigten sich aufgeschlossener als die traditionellen Raumfahrtunternehmen und akzeptierten Becks Fotoalbum als Beleg dafür, dass er zu ihnen gehörte.

Zu seiner großen Freude entdeckte Beck beim Besuch der verschiedenen Werkhallen, dass die Start-ups in Mojave an ähnlichen Projekten wie er arbeiteten und auch unter ähnlichen Schwierigkeiten litten. Mit einem entscheidenden

NICHT MEHR MEIN AMERIKA

Unterschied: Sie wurden von der US-Regierung mit Forschungsgeldern subventioniert oder von raumfahrtbegeisterten Millionären finanziert, während Beck nur auf die bescheidenen Mittel zurückgreifen konnte, die am Ende des Monats übrig blieben, nachdem er seine Miete bezahlt und Lebensmittel gekauft hatte. »In Neuseeland hatte ich keine Ahnung, wie vergleichsweise gut oder schlecht ich dastand«, sagt er. »Wenn man den Gesamtkontext nicht kennt, weiß man nicht, ob man sich unten, eher im Mittelfeld oder ganz oben befindet. Sie verwendeten die gleichen Geräte, bauten die gleichen Motoren und kämpften mit den gleichen Problemen. Sie taten genau das Gleiche, was ich in meiner Garage tat. Das gab mir endlich einen Bezugsrahmen. Und es war ungeheuer inspirierend.«

Nach seinem Besuch in Mojave stieg Beck erneut ins Flugzeug. Sein Ziel: Cape Canaveral in Florida. Trotz seiner fanatischen Raketenbegeisterung hatte er noch nie eine große Rakete oder eine Startrampe aus der Nähe gesehen. Wie alle anderen Touristen drehte er seine Runden im Kennedy Space Center, nur dass Beck bei jeder Station der Tour in einen fast schon orgiastischen Zustand geriet. »Ich flippte total aus, weil die Batterien meiner Kamera fast leer waren«, erinnert er sich. »Zum ersten Mal in meinem Leben konnte ich echte Raketen anfassen. Das war, als würde man einen Alkoholiker in einen Swimmingpool voller Wodka schubsen.« Nachts rief er Kerryn an. Er erzählte ihr begeistert von seinen Entdeckungen und Erkenntnissen, und sie quittierte seinen Enthusiasmus mit höflichem Interesse.

Der wichtigste Stopp seiner Reise erwies sich in vielerlei Hinsicht als größte Enttäuschung. Von Florida war er zurück nach Los Angeles geflogen, wo er einen Termin für eine Führung durch das berühmte Jet Propulsion Laboratory vereinbart hatte, den Geburtsort von einigen der fortschrittlichsten Raumfahrzeuge der NASA. Zunächst war Beck ganz strahlender Fanboy. Immerhin besuchte er gerade eine *der* heiligen Stätten der NASA, die riesige Raketen gebaut und Menschen auf den Mond geschickt hatte. Doch im weiteren Verlauf der Tour verblasste der Glanz rapide. Beck gewann zusehends den Eindruck, das JPL sei in den 1960er-Jahren stecken geblieben. Die Computer und wissenschaftlichen Instrumente der Forschungseinrichtungen waren völlig veraltet. Dass sich der Reiseleiter gegenüber der Besuchergruppe immer wieder von der NASA desillusioniert zeigte, machte die Sache nicht besser.

Als Beck in einem der Labors einen Ingenieur bei der Arbeit entdeckte, versuchte er, sich von der Gruppe abzusetzen, um mit ihm ins Gespräch zu kommen. Liebend gern hätte er einen Blick auf die Technik geworfen. Aber der Guide hielt ihn zurück und verpasste Becks Neugierde einen Dämpfer. Statt des hektischen Treibens eines Start-ups, wo die Leute geschäftig herumrennen, um ihre Deadlines einzuhalten, während andere nach durchgearbeiteten Nächten auf den Fluren schlafen, stieß Peter Beck beim JPL auf Bürokratie und Verdruss.

»Ich hatte extrem große Stücke auf die NASA gehalten«, sagt er. »Ich konnte es nicht erwarten, all diese abgefahrenen Legierungen und Keramiken, diese spektakuläre Hardware zu sehen. Die NASA sollte allen anderen einen riesigen Schritt voraus sein, und das war sie einfach nicht. Die Leute dort beklagten sich, weil sie keine vernünftigen Computer hatten. Das Ganze war ein Relikt der Vergangenheit. Als ich das Gebäude verließ, spürte ich nichts als Enttäuschung. Es war höllisch deprimierend. Dieser Tag im JPL hat mich fertiggemacht.«

Nicht lange nach dem Besuch des JPL stieg Beck erneut ins Flugzeug. Auf dem 13-stündigen Rückflug nach Auckland schweiften seine Gedanken zurück zu all der beeindruckenden Luft- und Raumfahrttechnik der 1960er-Jahre, die er bei Norton Sales gesehen hatte. Dann zu den Jungs in Mojave, die genau wie er in ihren staubigen Hangars herumtüftelten, und schließlich zu dem deprimierenden Besuch im JPL. Damals wusste Beck noch nichts von Unternehmen wie SpaceX und Blue Origin oder den Möglichkeiten, die sie eröffnen könnten. Er war mit der vagen Hoffnung in die Vereinigten Staaten gereist, einen Job bei einem renommierten Unternehmen wie Northrop Grumman oder Lockheed Martin, der vordersten Front der Luft- und Raumfahrtbranche, zu ergattern. Nur sah es ganz so aus, als hätten sie ihre Vorreiterrolle längst eingebüßt. Ob große Unternehmen oder die NASA, sie alle traten auf der Stelle, und der Geist, der dort herrschte, ließ wirkliche Leidenschaft vermissen. Offenbar mangelte es an neuen Ideen und dem Wunsch, die Luft- und Raumfahrttechnik wirklich voranzubringen.

Als das Flugzeug abhob, beugte sich Beck in seinem Sitz nach vorn und blickte aus dem Fenster. Das Letzte, was er von den Vereinigten Staaten sah, war der leuchtend blaue Schriftzug am Northrop-Grumman-Gebäude. »Das war ein echter Schlag in die Magengrube«, sagt er. »Ich war mit all diesen großartigen Vorstellungen nach Amerika gekommen, und das war der letzte Eindruck, der mir von dieser emotionalen Achterbahnfahrt blieb. Die blauen Buchstaben sahen aus, als würden sie noch einmal aufflackern, um dann jeden Moment zu erlöschen.«

Während die anderen Fluggäste ihre faden Mahlzeiten zu sich nahmen, auf ihre winzigen Fernsehbildschirme starrten oder schliefen, grübelte Beck in seiner Niedergeschlagenheit stundenlang vor sich hin. »Ich fühlte mich, als hätte sich alles, woran ich bisher geglaubt und was ich für wahr gehalten hatte, als Irrtum erwiesen. Mir fehlte plötzlich jeder Antrieb, weiterzumachen und Ziele zu verfolgen, die mir bis dahin wichtig erschienen. Ich musste an ein Gespräch zurückdenken, das ich mit einem der Lockheed-Mitarbeiter geführt und dem ich ein paar Ideen unterbreitet hatte. Ich hatte seine Worte immer noch im Ohr: ›Wenn die Regierung es nicht verlangt und uns dafür bezahlt, machen wir gar nichts.‹ Ich kam zu dem Schluss, dass ich mich entweder in Selbstmitleid suhlen konnte – was ich auch kurze Zeit tat – oder eine Lösung finden konnte, denn genau das sollten Ingenieure eigentlich tun: Probleme lösen. Also würde ich die Angelegenheit selbst in die Hand nehmen.«

In diesem Augenblick erlebte Beck das Ingenieursäquivalent eines religiösen Erweckungserlebnisses. Diejenigen, die eigentlich cooles Zeug bauen sollten, kamen ihrer Aufgabe nicht nach. Sie hatten schlicht und einfach aufgegeben. Wenn es nach Beck ginge, müssten sie eigentlich innovative Alternativen entwickeln, den Orbit zu erreichen und die Interaktion mit dem Weltraum zu revolutionieren. Es war an der Zeit, dass jemand eine erschwingliche Rakete konstruierte, die erschwingliche Satelliten ins All transportieren konnte, und zwar Tag für Tag. Wenn es eine solche Rakete gäbe, auf die sich Unternehmen und Wissenschaft gleichermaßen verlassen könnten, dann würde das einen grundlegenden Wandel im Verhältnis der Menschen zum Weltraum einleiten. Die Gewissheit, dass der Orbit kein unerreichbarer Ort mehr ist, würde über kurz oder lang zur Selbstverständlichkeit werden. Ein Umstand, der völlig neue Möglichkeiten eröffnen würde. Beck hatte seine Berufung gefunden.

Ganz Ingenieur plante er sein weiteres Vorgehen in übersichtlichen Schritten: Erst einmal ein Unternehmen gründen und Geld auftreiben. Dann zunächst etwas Kleines bauen und Vertrauen gewinnen. Als Nächstes etwas Größeres bauen und mehr Geld auftreiben. Der bloße Umstand, dass er nun einen Plan hatte, erfüllte ihn mit neuem Zutrauen, und die alte Begeisterung kehrte zurück. Sein Enthusiasmus war grenzenlos. »So ist das manchmal, wenn etwas unglaublich stressig ist und man eine Lösung findet – das gibt einem ungeheuren Auftrieb«, sagt er. »Das war ein tierischer Adrenalinstoß. Ein echter Tritt in den Arsch. Ich sagte meiner Frau, dass das Northrop-Grumman-Gebäude eines Tages mir gehören würde.«

Kaum war er in Auckland gelandet, machte sich Beck auf den Heimweg und stürmte in seine Werkstatt im Souterrain. Nach kurzer Überlegung hatte er einen

DAS PETER-BECK-PROJEKT

Namen für sein neues Unternehmen: Rocket Lab. Anschließend gestaltete er am Computer ein simples Logo mit einem Schriftzug in Form einer Rakete, aus deren Triebwerk eine rote Flamme herausschießt. Er druckte es aus und klebte es außen an die Werkstatttür. Eine einfache Geste, durch die schlagartig alles sehr real erschien.

Doch statt Hochstimmung empfand Beck eher Frust und Überforderung. Es war Mitte 2006, und bald würde er 30 werden. Peter Beck zweifelte nicht an sich oder seinen Fähigkeiten, und die bevorstehende Herausforderung machte ihm auch keine Angst. Ihn überkam schlicht eine wachsende Panik, dass die Zeit gegen ihn arbeitete. Es gab einfach zu viel zu tun.

KAPITEL 12

SO SCHÖN KÖNNEN NUR RAKETEN FLIEGEN

Peter Beck wusste zwar, dass er ein Unternehmen gründen wollte, das Raketen baut, aber wie genau das aussehen sollte, wusste er nicht. Auch wenn er zwei Jobs hatte, verfügte er nur über beschränkte finanzielle Mittel. Daher hatte er beschlossen, klein anzufangen – wirklich klein. Er würde sogenannte »Sounding Rockets« bauen. Das sind Trägerraketen, die alle wichtigen Merkmale einer richtigen Rakete aufweisen, einschließlich des Triebwerks und der aerodynamischen Konstruktion, nur sind sie nicht so ehrgeizig wie die großen Kaliber. Sie fliegen über die Erdatmosphäre hinaus bis in den Weltraum, erreichen aber nicht die nötige Geschwindigkeit, um in einer Seitwärtsbewegung in eine Umlaufbahn zu kommen.

Obwohl die Leistung dieser Raketen beschränkt ist, sind sie vielseitig einsetzbar. Sie sind in der Lage, Nutzlasten in Bereiche zu befördern, die für Ballons zu hoch und für Satelliten zu niedrig sind. Da sie klein und weniger komplex sind, sind sie auch relativ billig zu bauen. Das macht sie interessant für Wissenschaftler, die Sonden ins All schicken wollen, um dort Messungen durchzuführen oder die Eigenschaften von Chemikalien und Molekülen in der Schwerelosigkeit zu testen. Es gibt nicht viele Hersteller von solchen Trägerraketen, also setzte Beck darauf, dass er unter Universitäten und anderen wissenschaftlich arbeitenden Organisationen Kunden finden könnte, wenn es ihm gelang, die Raketen möglichst schnell und kostengünstig zu bauen.

Trotz seines Erweckungserlebnisses überkamen Beck Selbstzweifel, wie sie jedes riskante, kühne Unterfangen begleiten. Bei der IRL nahm er ein paar Leute beiseite und fragte sie, ob sie die Gründung eines Raumfahrtunternehmens für eine gute Idee hielten. »Einer der Leute, mit denen ich sprach, war Doug Carter, der im Labor für die Akquise zuständig war«, erzählt er. »Ich schilderte ihm meine Pläne – rückblickend ein ziemlich prägendes Gespräch. Er hätte mir sagen können, dass er meine Idee schrecklich findet. Hat er aber nicht.«

Komischerweise erinnert sich Doug Carter ganz anders an das Gespräch: »Er war in den USA gewesen und hatte sich wohl mit einigen Typen von der NASA getroffen. Ich konnte es nicht glauben. Er sagte, dass er sich sehr für Raketen interessiere und ein Unternehmen gründen wolle. Ich weiß noch, dass ich dachte: ›Na ja, das klingt nicht allzu realistisch.‹ Mit seinem Lockenschopf sah er aus wie ein Surf-Dude. Ich räumte ihm keine großen Chancen ein. Ich schlug ihm vor, in die Herstellung von Raketenteilen einzusteigen.« Allerdings hatte Carter eine Idee, die Beck vielleicht helfen konnte. Er hatte einen Zeitschriftenartikel über einen reichen Neuseeländer gelesen, der offenbar eine Vorliebe für alles hatte, was mit dem Weltraum zusammenhing. Der Mann hieß – man mag es kaum glauben – Mark Rocket. »Ich sagte: ›Ruf ihn doch mal an und frag ihn, ob er dir etwas Geld gibt.‹«

Mark Rockets Geburtsname war Mark Stevens. In den Anfangstagen des Internetbooms hatte er ein Tourismus-Portal für Neuseeland gegründet, das unter anderem Mietwagenstationen, Hotels und Freizeitaktivitäten aufführte. Diese Website wurde so populär, dass sie die Aufmerksamkeit des Verlags erweckte, der die neuseeländischen Gelben Seiten herausbrachte. Dieser kaufte Stevens' Unternehmen auf und machte ihn zum Multimillionär.

Stevens war seit Kindheitstagen vom Weltraum fasziniert und träumte davon, eines Tages ins All zu fliegen: »Ich war frustriert, dass ich nicht in Amerika geboren wurde, wo es ein Astronauten- und Raumfahrtprogramm gab.« Da er genug Geld hatte, ließ er seinem inneren Weltraum-Nerd freien Lauf und änderte seinen Namen in Mark Rocket. Er zahlte rund 250 000 Dollar für eine Reservierung in dem von Virgin Galactic geplanten Raumschiff, das begüterte Touristen für ein paar Minuten an den Rand des Weltraums bringen sollte. »Das mit dem Namen war eine dieser Ideen, die einen nicht mehr loslassen«, erklärt Rocket. »Worte haben wirklich Macht, und sie können alles Mögliche bewirken. Man kann sein Leben so gestalten, als wäre es ein Kunstwerk. Was den Trip ins All betrifft, habe ich beschlossen, den Worten Taten folgen zu lassen.«

Als Peter Beck ihn im Jahr 2006 anrief, hätte der Zeitpunkt kaum besser sein können.*
Rocket war enttäuscht, dass sich in der südlichen Hemisphäre in Sachen Raumfahrttechnologie oder kommerzielle Raumfahrt wenig bis gar nichts tat. Er hätte gerne in diesem Sektor investiert, hatte aber bislang nur Leute gefunden, »die keinen besonders verlässlichen Eindruck machten«. Beck dagegen redete am Telefon wie ein waschechter Ingenieur, und sein Plan, eine Trägerrakete zu bauen, erschien Rocket durchaus umsetzbar. Zumindest war er wie geschaffen für diesen Investor.

Rocket bat Beck, ihm detailliertere Informationen zukommen zu lassen, und telefonierte dann herum, um mehr über Becks Hintergrund zu erfahren. In einem Exposé, das er von Beck erhalten hatte, skizzierte dieser die Pläne für eine Rakete, die eine Fracht von 80 Kilogramm für einige Minuten ins All befördern konnte. Als Hauptabnehmer nahm er Universitäten und ihre wissenschaftlichen Abteilungen ins Visier. Rocket fand selbst 80 Kilogramm Fracht noch zu ambitioniert. Er schlug vor, die Zuladung auf 2,5 Kilogramm zu beschränken: »Ich wollte erst mal ein Demonstrationsobjekt bauen, um zu zeigen, dass wir in der Lage sind, das gesamte System inklusive der Triebwerke zu bauen. Aber Peter war fest davon überzeugt, die große Rakete wäre der einzig richtige Weg.«

Trotz der anfänglichen Meinungsverschiedenheiten fasste Rocket nach wenigen Wochen den Entschluss, in Becks Unternehmen zu investieren. Er stellte Rocket Lab einen Scheck über 300 000 Dollar aus und übernahm dafür 50 Prozent des Unternehmens. »Auch wenn es wie eine todsichere Methode anmutete, einen Haufen Geld aus dem Fenster zu werfen, war es doch genau das, was ich wollte. Und damit war ich offenbar allein auf weiter Flur.«

Beck hatte bereits genaue Vorstellungen, was die weitere Zukunft von Rocket Lab betraf, hielt sich seinem neuen Partner gegenüber aber noch bedeckt. Der Plan, in Neuseeland mit 300 000 Dollar aus dem Nichts ein Raumfahrtunternehmen aufzubauen, klang verwegen genug; Beck befürchtete, die einzige Person südlich des Äquators zu vergraulen, die bereit war, seine Hoffnungen und Träume zu unterstützen. Als Gründer noch völlig unerfahren, hatte er noch in

---

* Nach Becks Erinnerung erfuhr er von Rocket nicht durch Carter. Beck erinnert sich daran, wie er eines Tages in seinem Auto fuhr und hörte, wie Rocket ein Interview im Radio gab und über sein Ticket für den Trip mit Virgin Galactic sprach.

den Startlöchern die Hälfte seines Unternehmens aus der Hand gegeben. »Ich hatte Angst, meine Pläne würden einfach zu verrückt klingen«, lautete Becks Erklärung.

Als er das Geld im Sack hatte, marschierte er schnurstracks zurück zur IRL und bat um einen Raum für sein Start-up. Das Institut stellte Rocket Lab nicht nur ein Büro zur Verfügung, sondern auch – für die gefährlicheren Experimente – einen Kellerraum, dessen dicke Betonwände den anderen Menschen im Gebäude einen gewissen Schutz boten. Und das Beste daran war, dass Beck nichts dafür bezahlen musste.

Beck legte sofort los und arbeitete wie ein Besessener an seiner ersten Rakete, an einem Projekt, für das er abermals mit Treibstoffen experimentieren musste. Allerdings ging es diesmal weniger darum, eine Chemikalie mittels Destillation zu potenzieren, sondern verschiedene explosive Stoffe im richtigen Verhältnis zueinander zu kombinieren. Da er so gut wie nichts über Chemie wusste, konsultierte Beck zahlreiche Fachbücher und holte sich Rat bei allen, die ihm helfen konnten, auch bei den Wissenschaftlern in den benachbarten Büros. Nach zahlreichen Experimenten, die sich über mehrere Monate erstreckten, entschied sich Beck für eine Mischung aus Ammoniumperchlorat, Aluminium und Hydroxyl-terminiertem Polybutadien, die zu einem festen Raketentreibstoff zusammengebacken werden. Er konnte das Stück Treibstoff in der Hand halten, und jeden Abend, bevor er das Büro verließ, legte er es in den Safe.

Beck musste lernen, nicht nur ein einzelnes Triebwerk, sondern eine komplette, möglichst elegante Maschine zu konstruieren. Wenn er in der Vergangenheit Triebwerke gebaut hatte, dann immer, um sie mit einem separaten Fortbewegungsmittel wie einem Fahrrad oder einem Paar Rollschuhe zu koppeln. Raketen, selbst kleinere, erforderten einen ganzheitlicheren Ansatz. Beim Raketenbau gibt es keinen Raum für Fehler oder überflüssige Teile. Jede Komponente dieser Maschine, einschließlich des Rumpfs und der Elektronik, musste sorgfältig geplant und mit höchster Präzision konstruiert werden. »Das waren wunderbare Zeiten«, erinnert sich Beck. »Und es waren einfachere Zeiten. Ich war auf mich allein gestellt. Unter solchen Umständen lernt man, wie weit eine einzelne Person mit ihrem beschränkten Wissen kommen kann. Tja, nicht allzu weit.«

Beck war stolz auf sein kleines Unternehmen, den Namen Rocket Lab und das Firmenlogo an der Bürotür. Er hatte sich ganz bewusst für das »Lab« im Namen entschieden, um seiner Firma eine gewisse Seriosität zu verleihen. »Würde sie Rocket Inc. oder Rocket Company heißen, dann könnte das alles Mögliche bedeuten«, lautet seine Begründung. »Aber bei ›Rocket Lab‹ verstehen die Leute, dass es sich um ein Labor handelt, und dadurch gewinnt man an Glaubwürdigkeit.« Um diese Seriosität zu unterstreichen, trug er im Büro einen weißen Laborkittel.

Ursprünglich hatte sich Beck bis zum ersten Start seiner Trägerrakete ein Jahr Zeit gegeben. Auf sich allein gestellt, arbeitete Beck gleichzeitig an der Entwicklung des Raketenmotors, des Gehäuses und der Elektronik. So schnell er konnte, wechselte er zwischen diesen Aufgaben hin und her. Aber er war nicht nur der einzige Angestellte, sondern auch der Chef von Rocket Lab, auch wenn er erst mal lernen musste, wie man ein Unternehmen führt. »Geht man bloß einem Hobby nach, muss man sich keine Gedanken über Versicherungen machen«, erklärt er. »Fackelt man das Haus ab, dann war man wohl schlecht vorbereitet. Aber wenn man als Unternehmen das Gebäude eines anderen abbrennt, dann ist das keine Frage schlechter Planung, sondern ein echtes Problem.«

Beck hatte das Endprodukt genau vor Augen. »Es ist nicht nur ein Konzept«, sagt er. »Ich sehe das fertige Ding förmlich vor mir.« Vom Ausgangspunkt zum Endprodukt zu gelangen, war also bloß eine Frage langer Arbeitsstunden. Seine klare Vision war ein Segen für Beck. Sie half ihm, sich von der schieren Masse der zu bewältigenden Aufgaben nicht einschüchtern zu lassen. »Wenn ich mich einmal zu etwas entschlossen habe, zweifle ich nicht daran, dass ich es auch verwirklichen werde. In meinem Kopf ist das gesetzt.« Allerdings unterschätzte Beck nicht selten, wie viel Zeit und Geld es brauchte, etwas Bestimmtes herzustellen. »Inzwischen habe ich gelernt, dass ich meine Schätzungen immer mit Pi multiplizieren sollte«, sagt er schmunzelnd. »In der Regel ist der Zeit- und Kostenaufwand etwa 3,14-mal so hoch, wie man denkt.«

Im Jahr 2007 beschloss Beck, ein paar Leute zu rekrutieren, die ihn bei seiner Raketenmission unterstützen könnten. Darunter war mit dem Elektroingenieur Shaun O'Donnell auch ein Bekannter von ihm, der aus der Küstenstadt Napier stammte. O'Donnell hatte bei einem Start-up gearbeitet, sich dann im Consulting-Bereich selbstständig gemacht und war hin und wieder für die IRL tätig gewesen, wo er unter anderem beim Aufbau eines Database-Tracking-Systems für neuseeländische Fleischexporte mitgearbeitet hatte. Beck erkannte das Potenzial des Mannes für die Luft- und Raumfahrtbranche, und eines Abends machte er ihm ein Angebot. »Als ich das Gebäude verließ, folgte mir Peter auf dem Bürgersteig«, erzählt O'Donnell. »Es war seltsam, denn so was hatte er noch nie getan. Er sprach mich an und wollte wissen, ob ich mir vorstellen könne, bei seiner Raketenfirma zu arbeiten. ›Ja, das klingt gut‹, dachte ich, fand es aber auch ein bisschen verrückt.«

Beck engagierte ihn auf Teilzeitbasis, um an der Bordelektronik der Rakete zu arbeiten. O'Donnell richtete sich an einem der beiden Schreibtische im Büro ein und baute einen Bereich auf, von wo aus er elektronische Tests durchführte. Wenn er sein Wissen über die Avionik der Rakete vertiefen musste, bemühte er wie Beck diverse Fachbücher … oder die Suchfunktion der NASA-Website.

Nicht lange nach der Einstellung O'Donnells holte Beck Nikhil Raghu an Bord. Raghu war mit seiner Familie aus Indien nach Neuseeland eingewandert, als er zehn Jahre alt war. Er stammte aus einer Ingenieursfamilie, hatte an der Universität von Auckland Maschinenbau studiert und hatte gerade seinen Master gemacht, als er bei Rocket Lab einstieg. Beck engagierte ihn Vollzeit als Head of Engineering and Operations, hätte aber auch »Mädchen für alles« auf Raghus Visitenkarte schreiben können. Neben dem Projektmanagement bestanden Raghus Aufgaben darin, beim Bau der Rakete mit anzupacken, Finanzierungsmodelle für potenzielle Investoren zu entwickeln und sie mit den nötigen Unterlagen zu versorgen, im Grunde also generell alles zu tun, was Beck ihm auftrug.

Weder Peter Beck noch Mark Rocket, der Hauptinvestor des Unternehmens, hatten eine Universität besucht, aber Raghu sah das nicht als Makel. Der junge Ingenieur registrierte schnell, dass Beck die Gabe hatte, abstrakte technische Theorien aus Büchern aufzugreifen und sie in handfeste praktische Anwendungen zu überführen. Raghu empfand Becks praxisorientierten Ansatz als erfrischende Abwechslung von seinem theoriebasierten Studium. »Die Frage ›Meint der das ernst?‹ habe ich mir nie gestellt. Ich habe immer geglaubt, dass Pete wusste, was er tat. Er hat eine ungeheuer mitreißende Art. Er ist extrem motiviert und gibt immer 100 Prozent. Peter lässt einfach nicht locker, wenn er ein Problem knacken will. Als junger Ingenieur ist es ziemlich leicht, sich bloß auf die Theorie zu konzentrieren. Aber wenn wir mit Pete an einem Problem arbeiteten, dann ging er abends nach Hause, um in seiner Werkstatt daran weiterzuarbeiten und die Theorie zu untermauern oder zu widerlegen.«

Das dreiköpfige Team von Rocket Lab muss für Außenstehende ein denkbar merkwürdiges Bild abgegeben haben. Ihr Büro hatte die Größe eines kleinen Apartments. Den wenigen Platz, der ihnen zur Verfügung stand, hatten sie mit provisorischen Trennwänden in verschiedene Arbeitsbereiche aufgeteilt:

SO SCHÖN KÖNNEN NUR RAKETEN FLIEGEN

Computer und Schreibtische hier, Elektronikmontage und Teststationen dort. Die Möbel hatte Beck im ganzen Gebäude zusammengeschnorrt. Kein Stück passte zum anderen. Das Büro hatte zwar ein Fenster, aber da das Gebäude an einem Hang stand, war dadurch nur ein kleiner Streifen blauen Himmels zu sehen. Ein Besucher nannte den Raum ein »Verlies«.

Der Keller dagegen bot mehr Platz, um »coole und gefährliche Sachen zu machen«, so Raghu. Dort stellten sie einen drei mal drei Meter großen Schiffscontainer als Testzentrum für Raketentriebwerke auf.[*] Sie bauten auch einen Schuppen, versiegelten ihn vollständig und sorgten für eine elektrostatische Erdung, um in einer kontrollierten Umgebung an Treibstoffen arbeiten zu können. Solche Vorsichtsmaßnahmen waren notwendig, da sie für die Treibstoffherstellung Ammoniumperchlorat-Kristalle auf die richtige Größe zermahlten.[**] »Das Zeug ist nicht nur extrem feuergefährlich, man sollte es auch nicht einatmen, da es der Gesundheit alles andere als zuträglich ist«, warnt Raghu. Nicht selten ließen die Explosionen bei Rocket Lab im ganzen Gebäude der IRL die Wände erzittern und erschreckten die Menschen zu Tode.

Einige der anspruchsvollsten Experimente fanden unter freiem Himmel statt. Besonders knifflig war die Versuchsreihe, die es Rocket Lab ermöglichen sollte, die Rakete an einem Fallschirm zur Erde zurückzubringen. Für diese Tests simulierten sie das Gewicht der Rakete und ihrer Ladung mit 70 Kilogramm schweren Metallblöcken, die mit allen möglichen Sensoren und Beschleunigungsmessern ausgestattet wurden. Dann suchte sich das Unternehmen einen Piloten, der bereit war, diese schwere Ladung über einem Bombentestgelände abzuwerfen. Während des Fluges warf ein Mitarbeiter von Rocket Lab, der im Bereich der Cargo-Luke des Flugzeugs gesichert war, den Metallblock auf die sandigen Dünen unterhalb der Flugroute. Ein anderes Teammitglied versuchte, dem fallenden Objekt zu folgen und über Funksignale mit ihm Kontakt aufzunehmen. Das klappte oft nicht wie geplant. »Wenn Sie denken, Raketentreibstoff wäre abgefahren, dann beschäftigen Sie sich mal mit Fallschirmen«, sagt Raghu. »Das ist eine wissenschaftliche Disziplin für sich.«

---

[*] Später führte Rocket Lab seine Triebwerkstests auf einem Modellfluggelände und einer Einrichtung von Air New Zealand durch.

[**] Eines Tages warf bei der IRL jemand ein altes Mikroskop weg. »Es war so kaputt, dass niemand es reparieren konnte«, erinnert sich Carter. Beck traf den Besitzer auf dem Weg zur Mülltonne und kaufte es ihm für einen Dollar ab. Er reparierte das Gerät, um damit die Kristalle zu untersuchen.

Im Laufe ihrer Forschungsarbeit fühlten sich die Mitglieder von Rocket Lab durch die absehbaren technischen Entwicklungen bestärkt. In den 1950er- und 1960er-Jahren hatte die Raumfahrtindustrie in relativ kurzer Zeit enorm viel erreicht. Wenn ein kleines Team mit begrenzten Ressourcen sich bei der Problemlösung erfinderisch genug zeigte, könnte es sehr viel mehr erreichen als die im Laufe der Jahrzehnte selbstgefällig gewordenen Schwergewichte der Branche. Davon war Beck mehr und mehr überzeugt.

Allerdings agierte das Unternehmen unter ständigem finanziellem Druck. Rockets Investition war zwar sehr hilfreich, reichte aber irgendwann nicht mehr aus. Peter Beck hatte darauf spekuliert, Kunden aus dem Universitätsbetrieb zu gewinnen und dass diese für künftige Starts im Voraus zahlen würden. Doch die Unis nahmen Rocket Lab nicht ernst, da das junge Start-up noch keinerlei Erfolgsbilanz vorzuweisen hatte. Außerdem erwies es sich als überaus kompliziert, Genehmigungen zu erhalten, um amerikanische oder europäische Ladungen mit einer neuseeländischen Rakete zu transportieren. Beck hätte gerne mehr Mitarbeiter eingestellt, um das Projekt schneller voranzutreiben, aber auch dafür reichte der finanzielle Rahmen nicht aus.

»Es war so frustrierend für Pete und auch für mich«, klagt Raghu. »Wir fragten uns immer wieder: Warum können wir keinen Finanzier auftreiben? Warum brauchen diese Silicon-Valley-Unternehmen bloß eine Idee auf einer Serviette skizzieren und eine läppische PowerPoint-Präsentation, um Millionen von Dollar einzustreichen, und wir beißen auf Granit? Dabei können wir das, was die anderen anbieten, für einen Bruchteil des Geldes machen.«

Um an zusätzliches Geld zu kommen, waren Beck und Raghu ständig auf der Suche nach Zuschüssen. In den Vereinigten Staaten konnten Raumfahrt-Start-ups wie sie gewöhnlich darauf setzen, von der NASA oder der DARPA Aufträge im Wert von ein paar Millionen Dollar einzustreichen. Rocket Lab musste sich mit sehr viel kleineren Deals zufriedengeben, die meistens nichts mit Raumfahrt zu tun hatten. Das Unternehmen sicherte sich einige Aufträge für Ultraschalltests an Carbonfaser-Rümpfen für Superyachten. Im Rahmen eines anderen Auftrags musste das Team von Rocket Lab die Stabilität eines neuen Rohrtypus mittels kleiner Explosionen im Inneren der Rohre testen. Experimente, die Raghu zwar aufregend, aber auch beängstigend fand. Dass Peter Beck, nachdem er 15 Jahre lang Zeug in die Luft gejagt hatte, immer noch im Besitz sämtlicher Finger und Zehen war, beruhigte ihn ein wenig.

SO SCHÖN KÖNNEN NUR RAKETEN FLIEGEN

Im April 2008 erhielt Rocket Lab erstmals größere Medienaufmerksamkeit, als ein Reporter des neuseeländischen Lifestyle-Magazins Metro im Büro der IRL vorbeischaute, um Peter Beck und Mark Rocket zu interviewen. Anlass für die Geschichte war offenbar eine Finanzspritze in Höhe von 99 000 Dollar, die Rocket Lab von der Regierung bekommen hatte, um »Neuseelands erstes Raumfahrtprogramm« zu entwickeln

Die Story übermittelte eine skeptische, aber auch eine sympathisierende und aufgeschlossene Sicht. Gleich zu Beginn wurde darauf hingewiesen, dass die Regierung es versäumt hatte, im Rahmen des Bewilligungsverfahrens einen Experten zu beauftragen, um die Technologie und die Behauptungen von Rocket Lab zu überprüfen. Später wurde die rhetorische Frage gestellt, ob Beck nun »dumm wie Bohnenstroh oder mutig wie ein Löwe« sei. Der Autor berichtete von Becks Heldentaten als Jugendlicher und beschrieb den raketenbetriebenen Roller und den Jetpack, die ihr Schöpfer offenbar in seinem Büro ausgestellt hatte, und er interviewte Beck zum ersten Projekt des jungen Unternehmens.

In diesem Artikel erzählte Beck, dass Ātea, der Name der ersten Raketenbaureihe von Rocket Lab, der Māori-Sprache entlehnt ist und so viel wie »Weltraum« bedeutet. Er zeigte den Reporter ein fünf Meter hohes Modell der Ātea-1 von etwa 20 Zentimetern Durchmesser, betonte aber, dass die Rakete etwas größer sein würde. Für 80 000 Dollar pro Start würde sie 25 Kilogramm Fracht in bis zu 240 Kilometer Höhe transportieren. Nach dem Start würde die Ladung in einem weiten Bogen zur Erde zurückkehren, um schließlich an einem Fallschirm zu Boden zu segeln.

Im Laufe der ersten 18 Monate, die Beck an der Rakete baute, hatte er seine Vorstellungen von dem Gewicht, das sie tragen konnte, offenbar deutlich zurückschrauben müssen. Aber er hatte auch erheblich an unternehmerischem Instinkt gewonnen: Dass Rocket Lab Probleme damit hatte, Universitäten als Kunden zu gewinnen, ließ er sich nicht anmerken, und er beharrte darauf, vor allem in Forschung und Wissenschaft tätige Organisationen im Visier zu haben. Allerdings erklärte er sich sofort aufgeschlossen gegenüber der Idee, die Asche von Verstorbenen ins All zu fliegen, um den Familienangehörigen die Möglichkeit zu geben, ihre Lieben post mortem zu »zertifizierten Weltraumfahrern« zu machen.[*]

---

[*] »Wenn der Artikel auch eine witzige Komponente haben soll, können Sie das gerne schreiben«, so Beck gegenüber dem Magazin.

Beck schlug vor, dass Privatleute für 5000 Dollar Fotos, Visitenkarten oder Haarlocken mit einer seiner Raketen ins All schicken könnten, wirkte dabei allerdings selbst nicht so ganz davon überzeugt. Denn als die Zeitschrift ihn fragte, warum das jemand tun solle, antwortete er: »Da fragen Sie den Falschen. Das mit der Asche finde ich zumindest halbwegs nachvollziehbar. Wenn Sie ins All wollen, dann geben Sie entweder 20 Millionen Dollar für den Flug mit einer russischen Rakete oder 250 000 Dollar für den Flug mit Virgin Galactic aus. Oder aber Sie warten, bis Sie tot sind, und fliegen für ein paar Tausend Dollar mit Rocket Lab. So kommen Sie immerhin ins All. Allerdings sind Sie dann nicht mehr am Leben.« Als Investor, dessen Geld auf dem Spiel stand, demonstrierte Mark Rocket größeres Wohlwollen gegenüber dieser Einnahmequelle. Er könne sich vorstellen, sagte er, dass es sicher nett wäre, die Urne mit der weit gereisten Asche eines Verwandten auf den Kaminsims zu stellen: »Sie wissen schon: Hier ruht Onkel Bob, der war im Weltraum.«

Gleich mehrfach erklärten Beck und Rocket, dass sie niemals Geld von der Rüstungsindustrie annehmen würden – ein Thema, das sich später noch entscheidend auf ihr persönliches Verhältnis auswirken sollte. »Wir haben von Anfang an gesagt: Wenn es das Militär involviert, wollen wir nichts damit zu tun haben«, erklärte zum Beispiel Beck. »Die Versuchung, sich mit dem Militär einzulassen, ist nicht zu unterschätzen, denn da ist viel Geld im Spiel. Aber uns geht es um die Wissenschaft, nicht um das Töten von Menschen. Waffen sind tabu.« Dass Mark Rocket dann einlenkte, war nicht ohne Ironie. »An einem Auftrag der NASA für den Bau von Waffen sind wir natürlich nicht interessiert, aber wir wären sicher aufgeschlossener, wenn es um Forschungskommunikation oder Ähnliches ginge«, relativierte er Becks Aussage. »Um es klar zu sagen: Wir sind keine Anti-Militaristen.«

Der erste große Start war für den September 2008 geplant. An diesem Termin wollte Rocket Lab insgesamt sechs – sechs! – Ātea-1-Raketen in den Orbit schicken und Neuseeland in einen Hotspot der kommerziellen Raumfahrt verwandeln. T-Shirts für das Ereignis waren bereits entworfen, und es wurde um neue Investoren geworben. »Ganz Neuseeland soll stolz darauf sein«, verkündete Beck.

Ein paar Monate nach dem Interview startete SpaceX seine Falcon 1. Obwohl das Unternehmen von Elon Musk ihnen um Jahre voraus zu sein schien, fühlten sich Beck und seine Mitstreiter durch das Ereignis inspiriert. SpaceX verfügte

SO SCHÖN KÖNNEN NUR RAKETEN FLIEGEN

über mehr Geld und mehr Personal, dennoch war die Rakete unter ähnlich beschränkten Umständen entstanden, wie sie bei Rocket Lab herrschten. »Wir hatten Geschichten gehört, dass im Produktionsgebäude Betten aufgebaut waren und sie nachts neben der Rakete schliefen«, raunt Raghu. »Sie haben es durchgezogen. Wir hatten das Gefühl, im gleichen Boot zu sitzen, und ihr Erfolg war eine große Bestätigung für uns.«

Dabei gab es viele in der Raumfahrtindustrie, die SpaceX selbst nach dem hart erarbeiteten ersten Erfolg im Jahr 2008 noch immer für einen Witz hielten. Das Vorhaben, eine Rakete zu bauen, die so klein war, dass seriöse Raketenbauer sie als Spielzeug betrachteten, hätte das Unternehmen beinahe in den Bankrott getrieben. Branchenkenner hielten es für eine ausgemachte Sache, dass das Unternehmen den Versuch, größere Raketen zu bauen, nicht überleben würde. Sie bezweifelten, dass SpaceX bei der Herstellung von Raketen, die billiger und leichter zu fliegen waren, einen echten Durchbruch erzielt hatte. Die Ambitionen von Rocket Lab waren bei Weitem nicht so hochgesteckt: Zweieinhalb Mitarbeiter arbeiteten an einer winzigen Rakete, die nicht einmal die erdnahe Umlaufbahn erreichen sollte. Wenn SpaceX ein Witz war, dann war Rocket Lab eine 90-minütige Sketch-Show.

Wie alle Raumfahrtunternehmen hatte auch Rocket Lab definitiv eines mit SpaceX gemeinsam: Man blieb immer hinter dem Zeitplan.

In den Monaten nach dem *Metro*-Interview schraubte das Start-up seine Ziele mehr oder weniger auf das runter, was Mark Rocket von Anfang an vorgeschwebt hatte. Die Ātea-1, in deren Bau Rocket Lab seine ganze Kraft gesteckt hatte, sollte drei Meter hoch und einen halben Meter breit werden und 2,5 Kilogramm Fracht in eine Höhe von 140 Kilometern befördern. Ziel war es nun, die Rakete Ende 2009 zu starten, also fast drei Jahre nachdem Beck das Unternehmen gegründet hatte.

Obwohl die Ātea-1 von vielen in der Raumfahrtindustrie als Spielzeug betrachtet wurde, sah Beck sie als einmalige Gelegenheit, seine technischen Fähigkeiten unter Beweis zu stellen. Als größte Herausforderung dabei bezeichnete er in einem Interview aus dieser Zeit die – wie er sie nannte – »Spirale des Verderbens«. Die Gesetze der Raketentechnik besagen, dass für jedes zusätzliche Gramm an Masse (etwa für den Treibstofftank oder die Seitenflossen, die verhindern, dass die Rakete ins Trudeln gerät) zehn Gramm Treibstoff hinzugefügt werden müssen. »Angenommen, ich bringe an der Vorderseite der Rakete zehn

Gramm Schrauben an«, erläuterte er das Problem,* »dann brauche ich plötzlich 100 Gramm zusätzlichen Treibstoff, um diese zehn Gramm Schrauben zu heben. Weil ich mehr Treibstoff benötige, muss ich den Treibstofftank vergrößern. Der Tank wird also um weitere zehn Gramm schwerer. Da ich mehr träge Masse hinzugefügt habe, brauche ich weitere 100 Gramm Treibstoff. Das bedeutet: Ich muss erneut den Tank vergrößern.«

Bei Rocket Lab hatte man beschlossen, diese »Spirale des Verderbens« zu den eigenen Gunsten zu nutzen und das Gewicht der Rakete so drastisch wie irgend möglich zu reduzieren, um die effizienteste Trägerrakete aller Zeiten zu bauen. Getreu dieser Prämisse leistete das Unternehmen gleich in mehrfacher Hinsicht Pionierarbeit: bei der Verwendung von Carbonfasern für den Rumpf der Rakete ebenso wie bei der Entwicklung einer leistungsstarken eigenen Treibstoffrezeptur, die Fest- und Flüssigtreibstoffe miteinander kombinierte. Rocket Lab entwickelte sogar eigene Hitzeschildmaterialien, damit die Rakete die Reibungshitze von 1600 Grad Celsius überstand. Um die Ātea-1 fertigzustellen, brauchte Peter Beck letztendlich zwar 3,14-mal länger als erwartet, aber seinem kleinen Team war es auf beeindruckende Weise gelungen, seinen Erfindungsreichtum und sein Können unter Beweis zu stellen.

Im November 2009 ging das Geld allmählich zur Neige. Mark Rocket gewährte dem Unternehmen zwar weitere Darlehen, aber wenn Rocket Lab dauerhaft dem drohenden Bankrott entkommen wollte, dann musste es der Welt seine Technologie unter Beweis stellen. Keine weiteren technischen Verfeinerungen mehr. Keine Zeit mehr, herauszufinden, ob die Rakete tatsächlich funktioniert. »Es hatte sich ein enormer Druck aufgebaut«, erinnert sich Raghu. »Wir haben wochenlang Tag und Nacht ohne Pause gearbeitet.«

Die Suche nach einem geeigneten Ort, an dem Beck seine Stunde der Wahrheit erleben konnte, erforderte ebenfalls viel Einfallsreichtum. Beck bemühte sich zuerst darum, in Australien ein unbewohntes Stück Land in der Wüste zu pachten, aber dort wollte ihn niemand ernst nehmen. Schließlich fand er in der Nähe der Mercury Islands an der Ostküste Neuseelands ein Stück Land, das der Marine gehörte. Von Auckland ist es nur ein Katzensprung zu der aus sieben Inseln bestehenden Kette. Der Ort, für den sich Beck interessierte, war als Waffentestgelände deklariert. Ein Umstand, der es hoffentlich erleichtern würde,

---

* Das Interview wurde im lokalen Fernsehen gesendet.

die Startgenehmigung für eine kleine Rakete zu erhalten. Als er sich die Inseln genauer ansah, fand Beck heraus, dass ein reicher Bankier namens Michael Fay Miteigentümer von Great Mercury Island war. Da Beck annahm, dass sich mit einem reichen Mann, der auf seiner eigenen Insel tun und lassen konnte, was er wollte, einfacher verhandeln ließ als mit dem Militär und da in Neuseeland über ein paar Ecken jeder mit jedem bekannt war, rief Beck einen Bekannten an, der jemanden kannte, der Fay kannte. »Ich stehe nicht gerne in der Öffentlichkeit, deshalb lebe ich auch auf einer Insel«, erklärt Fay. »Aber ein Freund rief mich an und erzählte von diesem Typen, der eine Rakete starten wollte. Er bot an, Peter in meinem Namen zu sagen, er solle sich verpissen. Aber ich sagte: ›Auf keinen Fall. Gib mir seine Nummer.‹«

Bevor er Fay seine Insel für den Start zur Verfügung stellte, wollte er Rocket Lab erst einen Besuch abstatten. Im Büro des Start-ups sah er Fotos von Becks Raketenfahrrad und anderen Erfindungen: »Ich war zuerst skeptisch, erkannte dann aber, wie durchdacht und ausgefeilt seine Konstruktionen waren. Die Ausführung war hervorragend. Er erklärte mir sehr anschaulich, was er genau gemacht hatte und warum es funktionieren würde.«

Schließlich ließ Fay sich auf das Abenteuer ein. Als Beck, Raghu und O'Donnell auf Great Mercury Island eintrafen, stellte er ihnen Hubschrauber, Lastkähne und Boote zur Verfügung. Das Team Rocket Lab brauchte rund eine Woche, um das benötigte Equipment zu dem abgelegenen Ort zu transportieren. Fay erwies sich als idealer Gastgeber. Er war es gewohnt, auf der Insel Prominente wie Bono zu empfangen, und hatte beschlossen, das Ereignis mit einer Party zu begehen. »Ihr konzentriert euch voll und ganz auf den Raketenstart, für alles andere sorge ich«, sagte er zu Peter Beck, verschickte Einladungen an seine Freunde und die Medien und engagierte sogar einen Koch, um die Gäste zu verköstigen.

Als die Nachricht vom bevorstehenden Start bekannt wurde, gab es von offizieller Seite erstaunlich wenig Einwände. Der für die Inseln zuständige Gemeinderat stellte fest, dass der Flächennutzungsplan private Raketenstarts nicht vorsah, sie aber auch nicht untersagte. Dank seiner guten Beziehungen kostete es Fay nur zwei Telefonate, um am Tag des Starts den Luftraum über Great Mercury Island zu sperren. Die betroffenen Fluggesellschaften erklärten sich bereit, sämtliche Flüge umzuleiten. »Als größtes Hindernis erwies sich ein Zollbeamter, der sich in den Kopf gesetzt hatte, dass die Rakete Neuseeland verlassen und dann wieder einreisen würde, wofür gewisse Einfuhrpapiere erforderlich wären«, erinnert sich

Fay. Es bedurfte einiger Gespräche, das Zollamt davon zu überzeugen, dass es einen recht albernen Eindruck machen würde, wenn Beck gezwungen wäre, noch an Ort und Stelle Formulare auszufüllen, nachdem er die erste neuseeländische Rakete ins All geschossen hatte.

Fay hatte sich vorgenommen, die Rakete nach ihrer Rückkehr persönlich aus dem Wasser zu holen. In einem örtlichen Bootsladen erstand er einen Anker, den er an einem Seil befestigte, um damit aus dem Hubschrauber nach der Rakete zu angeln. Mit einem Ersatzraketenkörper, den Beck ihm zur Verfügung stellte, führte er eine Reihe von Testläufen durch. »Wir banden den Anker an den Pilotensitz«, erläutert Fay sein Vorgehen. »Es funktionierte ziemlich gut, abgesehen davon, dass die Rakete ständig mit Wasser volllief. Wir probierten, sie so langsam anzuheben, dass das Wasser ablaufen konnte, bevor wir sie hochzogen.«

In den frühen Morgenstunden des 30. November bereiteten Beck und sein Team den Start der Ātea-1 vor. Sie baggerten ein Stück aus der Hügelflanke, um unterhalb des Startpunkts einen geschützten Unterstand zu errichten. Dort errichteten sie einen Gartenschuppen aus Wellblech, der als Kontrollzentrum dienen sollte. Es sah aus, als hätte ein mit sehr knappen Mitteln ausgestatteter Bilbo Beutlin eine Hobbit-Version von Cape Canaveral gebaut. »Da wir nicht weit vom Startpunkt entfernt waren, stellten wir oberhalb des Unterstands ein paar Holzpfähle als Schutz auf«, schildert O'Donnell die Sicherheitsmaßnahmen. »Ich erinnere mich, dass Pete sagte, wenn etwas schiefginge, könnte der flüssige Treibstoff Feuer fangen und zu dem Loch fließen, das wir in den Hügel gegraben hatten.«

Im Frachtraum der Rakete platzierte Michael Fay eine hausgemachte Lammwurst, die er sorgfältig in Alufolie wickelte. Die Zuschauer – darunter auch einige Nachrichtenteams – kampierten auf den Grashügeln rund um die behelfsmäßige Startrampe und fieberten einer aufregenden Show entgegen, während die Rakete mit einer Māori-Zeremonie gesegnet wurde.

Kein erster Raketenstart verläuft ohne Panne: Das Rocket-Lab-Team hatte mit einem defekten Anschlussstutzen zu kämpfen, der für den Betankungsvorgang unentbehrlich war. Es war nur ein kleines Metallteil im Wert von fünf Dollar, drohte aber die ganze Operation zu gefährden. Fay kümmerte sich um die Gäste, indem er sie mit Essen und Trinken versorgte, während Beck in den Hubschrauber sprang, um zu einem Baumarkt auf der Nordinsel zu fliegen. Er konnte das genaue Teil nicht finden, besorgte aber etwas Passendes und eilte zurück auf die

Insel. In seiner Eile vergaß er, das Ersatzteil zu bezahlen. »Ich hatte ohnehin kein Geld dabei«, erzählt Beck. Nach seiner Rückkehr reparierte er die Rakete vor den Augen der immer ungeduldiger werdenden Menge.

Kurz nach 14 Uhr ging Beck in den Schuppen und bereitete den Start der Rakete vor. In seinem weißen Laborkittel* mit dem schwarzen T-Shirt darunter standen er, Raghu und O'Donnell vor einer Reihe von Laptops und hackten auf die Tastaturen ein. »In der Tradition der großen neuseeländischen Entdecker ... Neuseeland, fliegen wir ins All!«, verkündete er. »Aktiviere Zünder. Aktiviere Sauerstoff ... Zündung. Zehn, Neun, Acht, ... Sauerstoff ..., Sieben, Sechs, Fünf, Vier, Drei, Zwei, Eins.« Als Beck mit der Handfläche auf den großen roten Knopf schlug, war von außerhalb des Schuppens ein gewaltiges Zischen zu hören. Er stürmte durch die offene Tür, blickte nach oben und sah die Rakete fliegen. »Was für eine ausgemachte Schönheit! Oh ja!«, jauchzte er und sprang in die Luft, während Raghu erleichtert lachte. »Sie brennt immer noch!«, brüllte Beck. »Noch 22 Sekunden, und wir haben es in den Weltraum geschafft!« Während die Zuschauer im Hintergrund applaudierten, schüttelte Beck anerkennend Raghus Hand und dankte ihm für die gute Arbeit.

Obwohl so etwas kaum jemandem beim ersten Versuch gelingt, flog die Ātea-1 wunderbar. Sie flog mehr als 100 Kilometer in den Weltraum und ließ sich nach ihrer Rückkehr problemlos bergen. Die Lammwurst wurde nie wieder erwähnt, und vermutlich war das auch gut so. »Es war ein Gefühl ungeheurer Erleichterung«, erinnert sich Raghu. »So viel Blut, Schweiß und Tests. Es war nicht umsonst gewesen. Wir hatten es geschafft. Für das kleine, alte Neuseeland war das eine Riesensache. Wir mussten das einfach tun.«

Nicht lange nach dem Start hatte ein Boot die erste Stufe der Rakete im Meer entdeckt und Beck informiert. Aufgrund technischer Probleme hatte die Rakete während des Fluges nicht so viele Daten an Rocket Lab übermittelt wie geplant. Nach der Bergung zeigten die Überreste des Boosters allerdings, dass die Ātea-1 ihren gesamten Treibstoff verbraucht und tadellos funktioniert hatte. Zurück auf Great Mercury Island, öffnete Fay einige seiner besten Weine.

---

* »Der Laborkittel kam nicht gut an, und ich mochte ihn auch nicht besonders«, sagt Beck. »Aber ich trug ihn aus gutem Grund. Wenn man Raketen konstruiert und so anspruchsvolle Dinge tut, dann darf man nicht aussehen, als ob man nicht wüsste, was man tut. Seien wir ehrlich: Die Anlage befand sich auf einem Bauernhof und war alles andere als Hightech. Wir mussten uns bemühen, unsere Credibility zu verbessern, vor allem in Neuseeland, wo Raumfahrt eher belächelt wurde.«

DAS PETER-BECK-PROJEKT

Fay betrachtete den Launch fast schon unter philosophischen Gesichtspunkten: Weil es in Neuseeland keine Raubtiere gibt und die einheimischen Vögel nie vor etwas fliehen mussten, haben manche von ihnen nie gelernt zu fliegen. Und die Māori haben zwar ein Wort für »Weltraum«, aber keins für »Rakete«. Peter Beck, so Fay, hatte die Beziehung seines Landes zum Himmel und zu den Lüften grundlegend geändert. Die Māori nennen Neuseeland »Aotearoa«, das »Land, in dem der Himmel sich weit ausdehnt und klar ist«. Aotearoa hatte zum ersten Mal etwas in den Weltraum gebracht.

KAPITEL 13

WIE MAN SICH BEIM MILITÄR FREUNDE MACHT

Im Silicon Valley versuchen Start-up-Unternehmen aus der Tech-Branche meist genau dann mehr Geld aufzutreiben, wenn sie bestimmte Zwischenziele erreicht haben. Mit der Anschubfinanzierung schlägt man sich so lange durch, bis man ein Produkt vorweisen kann, das möglichst eindrucksvoll belegt, dass man weiß, was man tut. Anschließend bringt man damit potenzielle Geldgeber zum Staunen und lässt sie davon träumen, was als Nächstes kommen könnte, um sich auf diese Weise einen neuen Schwung noch üppigerer Zuwendungen zu sichern. Wenn Rocket Lab ein kalifornisches Unternehmen gewesen wäre, hätten Bau und Start der Ātea-1 diesem Zweck sicherlich mehr als genügt. Fast im Alleingang und mit einem äußerst knappen Budget hatte Peter Beck eine Rakete ins All gebracht und auf dem Weg dorthin vollkommen neue Technologien angewendet. Er war der Inbegriff jenes Typs hungriger Jungunternehmer, den Investoren so lieben. Sie hätten Schlange stehen müssen, um diesem Technikgenie Geld in den Rachen zu werfen.

Die Realität sah anders aus: Von Becks Triumph bekam kaum jemand etwas mit. Über den gelungenen Raketenstart von Rocket Lab wurde zwar in den örtlichen Medien berichtet, und auch der BBC sowie einer Handvoll anderer ausländischer Sender war er eine kurze Story wert. Doch weder in der Tech-Szene noch unter Weltraumenthusiasten hatte das Ereignis Wellen geschlagen. Beck wurde eher als Kuriosum denn als aufstrebender Titan der Raumfahrt wahrgenommen. Ein schräger Erfindertyp irgendwo aus dem Nirgendwo schickt eine Hobbyrakete ins All. Schön für ihn.

Die einzigen relevanten Akteure, die in Beck und Rocket Lab Potenzial sahen, kamen aus dem Umfeld des amerikanischen Militärs. Wenn es jemandem gelungen war, ein Objekt preisgünstig in den Weltraum zu schicken, dann wollten sie mit diesem Jemand sprechen.

Die Defense Advanced Research Projects Agency, kurz DARPA, eine Abteilung des US-Verteidigungsministeriums für die ganz durchgeknallten Sachen, suchte auf Drängen von Pete Worden und anderen schon seit geraumer Zeit nach Möglichkeiten, Raketen so schnell und so billig wie möglich ins All zu schicken. Die Behörde nahm die Spezifikationen der Ātea-1 unter die Lupe und kam zu dem Schluss, dass sie für die »Responsive Space«-Agenda der Vereinigten Staaten von Nutzen sein könnte. Wobei sich der Begriff »Responsive Space« auf die Fähigkeit bezieht, schnell und effektiv auf sich verändernde Anforderungen im Weltraum zu reagieren. Besonders beeindruckt zeigte sich die DARPA von dem eigens entwickelten Treibstoff und dem stark reduzierten Gewicht durch den weitestgehenden Verzicht auf Metallteile. Beck waren Fortschritte gelungen, die in der Raumfahrtindustrie schon lange diskutiert, aber bis dahin nie erreicht worden waren. Anders als bei seiner ersten Reise in die USA klopfte er diesmal nicht unangemeldet an Türen, sondern kam auf Einladung der DARPA und verschiedener assoziierter Organisationen in die Vereinigten Staaten, um dort einige seiner technischen Entwicklungen und Ideen vorzustellen.

Diese Treffen führten zu einer Reihe von Aufträgen für Rocket Lab. Als Erstes sollte das Unternehmen ein raketenbasiertes System entwickeln, mit dem sich eine hochauflösende Kamera nach dem Ausbruch einer Kampfhandlung am Boden in kürzester Zeit in möglichst große Höhe befördern ließ. Während die Kamera an einem Fallschirm zur Erde zurücksegelte, sollte sie ununterbrochen Aufnahmen von den Vorgängen auf dem Schlachtfeld machen. Kommerzielle Drohnen, die zugleich kinderleicht zu steuern sein mussten, waren im Jahr 2010 noch Zukunftsmusik. Rocket Lab erschien den Militärs als geeigneter Kandidat, um dieses gewünschte Gerät zu entwickeln.

Ergebnis des Projekts, das unter dem Namen »Instant Eyes« lief, war ein nur 500 Gramm schwerer tragbarer Raketenwerfer, der einem Soldaten ermöglichte, per Knopfdruck eine computergesteuerte Kamera in weniger als 20 Sekunden auf eine Höhe von 700 Metern zu befördern, wo diese dann sofort damit begann, hochauflösende Bilder aufzunehmen und die Daten drahtlos an ein Smartphone, ein Tablet oder einen Laptop weiterzuleiten. »Im Wesentlichen war es ein Instrument zur Lageerkennung, das man zu Such- und Rettungszwecken einsetzen konnte oder um sich in einer Gefahrensituation einen Überblick zu verschaffen«, beschreibt O'Donnell das von Rocket Lab konstruierte Gerät.

Die Vereinigten Staaten und Neuseeland sind enge Verbündete, trotzdem gab es rechtliche Hürden, die den amerikanischen Militärs einiges Kopfzerbrechen bereiteten. Die US-Beschränkungen für die gemeinsame Nutzung von Raumfahrttechnologien erlaubten es Rocket Lab eigentlich nicht, einen derartigen Auftrag allein zu übernehmen. Ein kluger Kopf kam auf die Idee, für das Projekt neben dem neuseeländischen Start-up auch eine amerikanische Firma an Bord zu holen, um das Projekt gemeinsam in Angriff nehmen zu können. Dieses Unternehmen würde offiziell als Auftragnehmer fungieren, die Produktion bezahlen und das fertige Produkt verkaufen, während Rocket Lab die Konstruktion des Geräts größtenteils allein bestritt.

Die Vorstellung, dass Rocket Lab die Ātea-1 noch übertreffen könnte, gefiel der DARPA so gut, dass sie den Neuseeländern die nötigen finanziellen Mittel verschaffte, damit das Unternehmen seine Arbeit an kleinen, kostengünstigen Raketen fortsetzen konnte. Zusätzliche Gelder erhielt es von einer Stelle mit der fast schon spektakulären Bezeichnung »Operationally Responsive Space Office« und dem Office of Naval Research. Der Löwenanteil dieser Subventionen war zweckgebunden. Er floss in weiterführende Forschungen an Treibstoffen, insbesondere in die Entwicklung eines sogenannten zähflüssigen Flüssigmonotreibstoffs – auf Englisch »Viscous Liquid Monopropellant«, kurz VLM. Diese Aufträge waren kleine Wunder – nicht nur für Rocket Lab. Denn aus den bereits genannten Gründen kam es nur äußerst selten zur Auftragsvergabe an ausländische Unternehmen durch die DARPA und ihre Busenfreunde beim US-Militär. Das persönliche Raketenprogramm eines ehemaligen Technikers für Geschirrspüler in einem weit entfernten Land zu finanzieren, ist extrem risikobehaftet. Aktionen wie diese können schnell nach hinten losgehen und fallen dann auf den Geldgeber zurück. Doch Beck hatte sich offenbar als interessant genug erwiesen, um insgesamt rund 500 000 Dollar aus den verschiedenen Quellen und für verschiedene Aufträge zu erhalten, wobei das Hauptinteresse der Vereinigten Staaten dem VLM galt.

Raketen werden üblicherweise mit zwei Arten von Treibstoffen betrieben: Fest- und Flüssigtreibstoffen. Festtreibstoffe sind genau das, wonach sie klingen, nämlich feste Treibstoffbrocken. Sie sind unkompliziert, weil sie verhältnismäßig einfach herzustellen und – was noch wichtiger ist – sicher zu handhaben sind. Man produziert den Treibstoff, und bei Bedarf packt man ihn in eine Rakete. Allerdings haben Festtreibstoffe einen gravierenden Nachteil: Ist der Treibstoff einmal entzündet, brennt er ab, ohne dass es ein Zurück gibt. Ein »Abschalten« gibt es nicht.

Viele der Raketen, die heute fliegen, verwenden Flüssigtreibstoffe, meistens eine Mischung aus Kerosin und flüssigem Sauerstoff (LOX). Das Kerosin wird gezündet und dann mit Sauerstoff versorgt, damit das Feuer während des Fluges durch die Atmosphäre und in den Weltraum – wo Sauerstoff Mangelware ist – mit der gewünschten Geschwindigkeit brennt. Diese Stoffe haben den Nachteil, dass sie bei unsachgemäßer Lagerung und Verwendung zur Explosion neigen. Deshalb geben Raumfahrtunternehmen viel Geld für die sichere Handhabung und Lagerung aus, und die Raketen können erst kurz vor Start mit Treibstoff befüllt werden. Kommt es zwischen Betankung und Start zu Pannen, müssen Kerosin und LOX wieder vollständig aus den Tanks entfernt werden, bevor sich Menschen der Rakete nähern dürfen: Das ist ein sehr zeit- und kostenintensiver Prozess.

Der Vorteil von Flüssigtreibstoffen besteht vor allem darin, dass sie mehr Leistung liefern – beziehungsweise das, was Raumfahrtingenieure als »Wumms« bezeichnen –, als Festtreibstoffe dies tun. Außerdem lässt sich genau steuern, wie die Brennstoffe dem Raketentriebwerk zugeführt werden, sodass diese nach Belieben hochgefahren und gedrosselt werden können. Läuft etwas schief, reicht ein Knopfdruck am Computer, um ein Ventil an der Rakete zu schließen und den Treibstofffluss zu stoppen.

Der VLM, den sich die DARPA und ihre Freunde von Rocket Lab erhofften, würde die besten Eigenschaften von Fest- und Flüssigtreibstoff in sich vereinen. Wie der Begriff schon sagt, ist VLM ein zähflüssiger Treibstoff. Er kann in ein Triebwerk gepresst und kontrolliert gezündet werden. Der von Rock Lab entwickelte VLM sollte die Dichte eines Festtreibstoffs haben und sich erst verflüssigen, wenn er von einer Schockwelle getroffen wird. Diese Eigenschaft machte ihn stabiler als reine Flüssigtreibstoffe. Außerdem wollte Rocket Lab Treibstoff und Oxidationsmittel in einem Produkt vereinen. Das war insofern ein großer Vorteil, als dass die Ingenieure kein Verfahren entwickeln mussten, um die Stoffe unter dem Druck, der in einer fliegenden Rakete herrscht, mischen zu müssen.

Die Verträge mit dem US-Militär brachten Peter Beck genug Geld ein, um weitere Mitarbeiter einzustellen. Schon bald arbeitete eine Handvoll junger

Ingenieure in dem immer enger werdenden Büro der IRL. Die Aufträge waren jedoch mit einem hohen Preis verbunden.

Aufgrund seiner Marketingerfahrung war Mark Rocket davon ausgegangen, dass die Kunden nach dem Start der Ātea-1 Schlange stehen würden, um ihre Logos auf der Rakete zu platzieren. Rocket Lab würde weiter nichts tun müssen, als noch mehr von den kleinen Raketen herzustellen, und schon würden sie mit Energydrink-Werbung auf der Hülle und menschlichen Überresten an Bord ins All fliegen, das Geld würde fließen, und alle wären glücklich, wohl selbst die Toten mit ihrem Astronauten-Zertifikat. Doch nichts von alledem passierte. »Der neuseeländische Unternehmersmarkt unterstützte Rocket Lab sehr viel zögerlicher als gedacht«, erinnert sich Rocket. »Das war enttäuschend und machte es deutlich schwerer, Einnahmequellen zu generieren, als ich gehofft hatte.«

Beck bekam die kommerziellen Probleme von Rocket Lab am deutlichsten zu spüren. In dem Jahr, das zwischen dem Start der Ātea-1 und den Finanzspritzen durch das US-Militär lag, hatte Beck reichlich Zeit, sich über seine Zukunft Gedanken zu machen. Am liebsten hätte er den ganzen Tag nichts anderes gemacht, als Raketen zu bauen, aber zu seinem Leidwesen war er immer noch gezwungen, nebenher Geld zu verdienen, indem er Carbonfaser-Tests auf Yachten durchführte oder in irgendeinem Betrieb ein Getriebe umrüstete. Die Arbeit an seinem Raketenprogramm wäre vermutlich immer wieder ins Stocken geraten, hätte Beck nicht so viel Zeit auf Schrottplätzen verbracht, um nach billigen Rohrverbindungen oder Metallstücken zu suchen. »In Neuseeland hielten mich alle für verrückt«, sagt er. »Ich lag nächtelang wach und zermarterte mir das Hirn darüber, wie ich die Finanzen aufbessern könnte.« Irgendwann wurde die Lage so prekär, dass Beck eine zweite Hypothek auf sein Haus aufnahm: »Ich habe unsere Familie in eine ziemlich ernste finanzielle Lage gebracht. Wenn das schiefgegangen wäre, dann richtig. Meine Frau war eine fantastische Ingenieurin, verzichtete aber darauf, arbeiten zu gehen, und kümmerte sich stattdessen um die Kinder. Sie hat eine Menge aufgegeben und viel in Kauf genommen, damit ich meinen Traum verwirklichen konnte. Aber so ist das halt: Entweder man glaubt an etwas oder eben nicht.«*

---

* Irgendwann sagte Kerryn zu Peter: »Ich kann damit leben, dass du alles in Rocket Lab steckst und wir in einer Schuhschachtel leben, aber eines Tages musst du mir eine Million Dollar auf dem Bankkonto vorweisen.«

Angesichts dieser Umstände war Beck nur zu gerne bereit, ein paar kleinere Aufträge für die DARPA und das US-Militär auszuführen. Er dachte, er hätte keine Wahl. Beck war regelrecht besessen davon, Raketen zu bauen, und diese Aufträge gaben ihm die Möglichkeit, seinen Traum zu verwirklichen. Wohingegen Mark Rocket es nicht mit sich vereinbaren konnte, mit »Kriegstreibern« Geschäfte zu tätigen. Er verlangte von Beck, die Angebote auszuschlagen, und als dieser sich weigerte, verließ er das Unternehmen. »Für mich gab es eine klare rote Linie, und für Peter hatte sich diese rote Linie verschoben«, erklärt Rocket. »Ich verstehe, warum er diesen Pfad einschlagen wollte. Er brachte der Firma Geld ein und öffnete ihm eine Menge Türen. Peter drängte auf eine schnelle Entscheidung, und ich wollte dem Unternehmen nicht im Weg stehen. Ich war überzeugt, es gäbe eine andere Möglichkeit, aber er sprach mit einigen hohen Tieren in Amerika und hatte Blut geleckt. Und er war nun mal der CEO.«

Mark Rocket erklärte sich bereit, seinen Firmenanteil an Beck zu verkaufen. Da dieser aber kein Geld hatte, gab Beck ihm fünf Jahre Zeit, um ihn auszuzahlen – eine großzügige Regelung von Rockets Seite, der über diese Abmachung Stillschweigen bewahrte, sodass die Firma in ihrer Bilanz keine Schulden auszuweisen hatte. Damit revidierte er eine Investition, die – sollte Rocket Lab irgendwann durch die Decke gehen – Millionen, ja sogar Milliarden von Dollar wert sein könnte. »Soweit ich mich erinnere, gab es kein böses Blut«, sagt Rocket. »Aber wir standen beide leidenschaftlich für unsere Positionen ein. Ich denke, ich habe mich Peter gegenüber ziemlich fair verhalten.«[*]

Man könnte argumentieren, dass Peter Becks eigentliche Mission – der Bau einer kleinen Rakete für regelmäßige Weltraumflüge – durch die Rüstungsdeals zwangsweise ins Hintertreffen geraten musste. Im Silicon Valley haben es die dortigen Start-ups sehr viel leichter, Kapitalgeber zu finden. Deshalb sind sie oft in der glücklichen Lage, ihre hochfliegenden Tech-Träume jahrelang verfolgen zu können, ohne dabei irgendwelche Kompromisse eingehen zu müssen. Doch Rocket Lab hatte keine andere Wahl. Unter dem Druck, die DARPA

---

[*] Spoiler-Alarm: Rocket Lab ist heute Milliarden von Dollar wert. Beck zahlte das Darlehen etwa fünf Jahre später zurück, nachdem das Unternehmen durch die Ausgabe von Rocket-Lab-Aktien genügend Kapital aufgebracht hatte. Mark Rocket, dem anfangs 50 Prozent des Unternehmens gehörten, hält heute weniger als ein Prozent der Anteile. »Im Nachhinein hätte ich vermutlich manches anders gemacht«, sagte er mir.

zufriedenzustellen, legte Beck die Arbeiten an einer geplanten Ātea-2-Rakete auf Eis und konzentrierte sich zunächst auf Instant Eyes.

Einer der Ersten, die Beck für das neue Projekt einstellte, war Samuel Houghton. Der studierte Maschinenbauer hatte immer von einem Job in der Raumfahrt- oder der Automobilindustrie geträumt, war bei der Suche nach einem interessanten neuseeländischen Arbeitgeber aber einfach nicht fündig geworden. Eine Weile arbeitete er bei Boeing in Australien. Eines Tages bekam er einen Anruf von seinem ehemaligen Professor, der ihm berichtete, dass in Neuseeland ein Raketen-Start-up aufgetaucht sei, das »tüchtige Ingenieure« suche.

Bei der Arbeit an Instant Eyes erwies sich Houghton als echter Tausendsassa: Er half bei der Konstruktion des Raketenwerfers und fand ein geeignetes Testgelände – in der Nähe von Auckland und ohne Flugeinschränkung. Houghton probierte es mit einer bewährten neuseeländischen Taktik: Er rief einen Freund an, der seinen Vater anrief, der wiederum seinen Nachbarn anrief, und schon bald hatte Rocket Lab Kontakt zum Betreiber einer Farm. »Der Typ fand das lustig«, erzählt Houghton. »Ich musste ihn nur davon überzeugen, dass wir wussten, was wir taten, und dass wir keine seiner Kühe abschießen oder Gatter auf den Wiesen offen lassen würden.«

Rocket Lab konstruierte und testete über einen Zeitraum von etwa sechs Monaten immer wieder neue und verbesserte Versionen von Instant Eyes. Den Wochenbeginn verbrachten die Mitarbeiter gewöhnlich damit, einen neuen Prototyp zu entwerfen und zu bauen, ein oder zwei weitere Tage damit, ihn im Labor zu testen, und am Freitag machten sie sich dann auf den Weg zur Farm. Sie packten ihren tragbaren Raketenwerfer auf einen Pick-up und bemühten sich, auf der Fahrt von der IRL zur Farm möglichst keine Aufmerksamkeit zu erregen.

Auf den Weiden der Farm schossen Beck, Houghton und ein paar andere Mitarbeiter Geschosse in die Luft, die dann am Fallschirm wieder zu Boden segelten. Auf diese Weise testeten sie die Leistungsfähigkeit ihrer Geräte und wie deren Flugverhalten durch den Wind beeinflusst wurde. Einen Großteil des Tages kletterten sie über Weidezäune, suchten zwischen den Ginsterbüschen nach verirrten Geschossen, die oft tief im nassen, sumpfigen Boden steckten. Abgesehen von vereinzelten Beschwerdeanrufen, wenn mal wieder ein Farmer von einer Luftraumsperrung daran gehindert wurde, mit einem Kleinflugzeug nach seinen Herden und Ländereien zu sehen, gab es so gut wie keinen Ärger mit den Bewohnern vor Ort. »In der Nähe befand sich ein Bombenabwurfplatz der Air

Force. Die fragte irgendwann: ›Könnten Sie uns bitte erklären, was hier eigentlich los ist? Mit all diesen Raketen?‹«, erzählt Houghton.

Bis er der DARPA einen funktionsfähigen Instant-Eyes-Prototyp vorführen konnte, benötigte Peter Beck nicht mal ein Jahr. Bereits 2011 erhielt Rocket Lab für die erfolgreiche Neuentwicklung Auszeichnungen und kündigte an, sie ein Jahr später auf den Markt zu bringen. So schnell und kostengünstig hat vermutlich seit den 1960er-Jahren kein Rüstungsbetrieb ein Produkt zur Marktreife gebracht.*

Houghton führte den Erfolg auf den Teamgeist der Rocket-Lab-Mitarbeiter zurück. Sie hatten zwar keine große Erfahrung, arbeiteten aber voller Leidenschaft an ihren Projekten. Sogar in ihrer Freizeit wetteiferten sie darum, wer ein Spielzeugauto mit Raketenantrieb am schnellsten über den Parkplatz schießen lassen konnte. Solche Wettbewerbe gewann Beck fast immer, was die anderen Ingenieure allerdings nur noch stärker motivierte, ihn zu schlagen. Auch in Sachen Arbeitsmoral ging er mit gutem Beispiel voran – ein Engagement, das sich auf das ganze Unternehmen übertrug. »Peter trug dir etwas auf, er bat dich einfach, dir etwas anzusehen oder irgendein Teil zu besorgen«, erinnert sich Houghton. »Da ich von einem staatlichen Unternehmen kam, nahm ich mir vor, es in den nächsten zwei oder drei Tagen zu erledigen. Eine dieser Aufgaben bestand darin, jemanden zu finden, der Fallschirme nähen konnte – möglichst in der Nähe. Nach ein paar Stunden erkundigte sich Peter, wie es lief, und ich war noch kein Stück weitergekommen. Es war noch kein halber Tag vergangen, da stellte sich heraus, dass Peter zum Telefon gegriffen und die Sache selbst in die Hand genommen hatte. Er brauchte 30 Minuten. Er hat nichts gesagt oder mich zurechtgewiesen. Aber wenn er etwas erledigen wollte, dann tat er das auch. Und er verschlang die wirklich ganz harten und schwierigen Raketenfachbücher. Es stand immer ein Stapel im Regal. Wenn er mal nicht weiterkam, steckte er gleich wieder die Nase in die Bücher. Auf Basis dieses Wissens war es uns gewöhnlich möglich, die richtigen Schlussfolgerungen zu ziehen, um den entscheidenden Schritt weiter voranzukommen.«

Raghu verließ Rocket Lab schon zu Beginn der Arbeit an Instant Eyes, aber er erinnert sich noch immer gerne daran zurück, wie er und Beck mit irgendwelchen

---

* Nach der erfolgreichen Vorführung in Florida hofften Rocket Labs amerikanische Partner darauf, Instant Eyes tausendfach verkaufen zu können. Doch noch bevor die Geschäfte richtig ins Rollen kamen, nahmen ihnen die schon bald allgegenwärtigen Drohnen die Butter vom Brot.

WIE MAN SICH BEIM MILITÄR FREUNDE MACHT

seltsamen Apparaturen in der Hand über die Flure der IRL liefen und skeptische Blicke von den anderen Wissenschaftlern ernteten, die vermutlich nur inständig hofften, dass die beiden nicht das ganze Gebäude in die Luft sprengten. Es war aufregend, mit Beck zu arbeiten. Aber Raghu wollte reisen und auch auf anderen Fachgebieten Erfahrungen sammeln. Damals schien die Ära kleiner und winziger Satelliten, die fortlaufend von Raketen ins All befördert werden, noch Jahre entfernt zu sein. »Es war ja nicht so, als hätte jemand an unsere Tür geklopft und uns 100 Millionen Dollar in die Hand gedrückt, damit wir SpaceX Konkurrenz machen«, sagt er. »Ich habe den Spaß und die vielen Herausforderungen dort sehr genossen.«*

Da das Instant-Eyes-Projekt so gut lief, intensivierte Rocket Lab die Arbeit an der Entwicklung des VLM. Beck hatte hochgesteckte Ziele: Er wollte nicht nur eine neue Treibstoffklasse entwickeln, sondern das fertige Produkt auch noch in einer eigenen Version der amerikanischen AIM-9 Sidewinder testen, einer selbstgesteuerten Kurzstrecken-Luft-Luft-Rakete.

Erneut leistete das sechsköpfige Rocket-Lab-Team ganze Arbeit. Sie konzipierten, konstruierten und testeten, was das Zeug hielt. Ein Teil des Teams konzentrierte sich auf die Entwicklung des Treibstoffs, der andere auf den Korpus der Rakete. Immer, wenn sie Hilfe bei der Elektronik und der Software benötigten, wurde kurzerhand O'Donnell eingesetzt.

Manche der Tests verliefen erfolgreich. Manche aber auch weniger gut. »Wir schufteten wie die Verrückten. Ich weiß noch, wie ich mal mit Pete zusammen im Keller gearbeitet habe«, erzählt O'Donnell. »Es war bereits Mitternacht, und wir testeten den Treibstoff in einer Rakete. Irgendetwas im System gab nach, und das Gerät baute plötzlich einen gewaltigen Druck auf. Ich versuchte, das Problem in den Griff zu kriegen, aber als ich mich umdrehte, hockte Peter unter dem Schreibtisch und schielte zu mir hoch. Da habe ich mich schon gefragt, ob ich nicht auch besser unter den Schreibtisch krieche.«

Beck pendelte zwischen den Projekten hin und her, und seine entnervende Fähigkeit, Probleme zu lösen, verwirrte die anderen immer wieder von Neuem. Die DARPA finanzierte zunächst die Herstellung von Prototypen, und da ihnen

---

* Raghu ging schließlich in die USA und gründete im Silicon Valley eine Firma namens Alterra Robotics. »So ein leichtes Gefühl des Bedauerns ist immer da«, räumt er ein. »Dann sagt man sich: ›Oh Mann, vielleicht hätte ich doch bleiben sollen.‹«

offenbar gefiel, was sie sahen, verpassten sie Rocket Lab eine weitere Finanzspritze, damit das Unternehmen die Technologie in den Orbit brachte.

Im November 2012 reisten Beck und sein Team nach Great Mercury Island, um ihre VLM-basierte Rakete den US-Militärs vorzuführen. Seit dem ersten Start der Ātea-1 waren inzwischen drei Jahre vergangen. Rocket Lab hatte viel erreicht. Trotzdem hätte eine erfolglose Demonstration das Ende des Unternehmens bedeuten können.

Michael Fay spielte erneut den Gastgeber. Die Medien waren zwar nicht eingeladen, aber die Vertreter der DARPA und von Lockheed Martin wurden in seinem Anwesen einquartiert. Einen Tag vor dem Start hätten Beck und O'Donnell ihre »Alles oder nichts«-Rakete bei einem Testlauf fast in die Luft gejagt. Am selben Abend kam es beim Essen zu einer Auseinandersetzung. Aufgeputscht vom guten Wein wollte ein leitender Angestellter von Lockheed Beck auf die Plätze verweisen, indem er lauthals erklärte, dass es sicherlich erfolgversprechender wäre, wenn Lockheed Martin sich nach dem Testlauf um die von Rocket Lab entwickelte Technologie kümmern würde.* »So nach dem Motto: ›Jetzt pass mal auf, Kleiner. Wir sind Lockheed Martin. Du hast vielleicht ein paar coole Ideen, aber die Erwachsenen müssen noch immer auf dich aufpassen‹«, erinnert sich einer der Anwesenden. »Es war wirklich hässlich. Da wurde richtig geschrien. Andere Gäste, die bei dem Dinner zugegen waren, meinten dagegen, dass jemand, der so weit gekommen ist wie er, überhaupt keine Hilfe benötige.«

Am nächsten Tag wurden diejenigen, die Beck unterstützt hatten, durch die Vorführung in ihrer Meinung bestärkt. Rocket Lab hatte gehofft, eine Technologie zu entwickeln, die die modernste Technik des US-Militärs übertrifft – und genau das war ihnen gelungen. Die Rakete absolvierte einen nahezu perfekten Flug und landete sanft im Meer, wo sie geborgen und analysiert werden konnte.

Al Weston hatte sich eine Auszeit von der Arbeit beim NASA Research Center in Ames genommen, um in Neuseeland Urlaub zu machen. Durch Freunde beim Militär hatte er von dem anstehenden Raketenstart erfahren und Peter Beck aus einer spontanen Eingebung um eine Einladung gebeten. Weston hatte für die Vereinigten Staaten an Waffenprogrammen gearbeitet und in Ames modernste Forschungsprojekte betrieben. Er war also bestens qualifiziert, um Rocket

---

* Lockheed war eines von mehreren Unternehmen, die das von Rocket Lab selbst entwickelte Hitzeschildmaterial gekauft hatten.

Lab und Beck zu beurteilen. Der Ingenieur, der mit ziemlich niedrigen Erwartungen auf Grand Mercury Island ankam, war überwältigt von dem, was er dort zu sehen bekam. »Ich dachte, in Neuseeland gibt es keinen einzigen Menschen, der das Wort ›Rakete‹ überhaupt buchstabieren kann«, erzählt er schmunzelnd. »Ich hielt die ganze Idee für Quatsch, aber wie sich herausstellte, war es das absolute Gegenteil. Peter war alles andere als ein Spinner.«

Nicht lange nach der erfolgreichen Demonstration hielt Beck eine Besprechung mit all seinen Mitarbeitern ab. In dem kleinen Büro von Rocket Lab im Gebäude der IRL lauschte eine Handvoll Twentysomethings seinem Plan für den weiteren Werdegang des Unternehmens. Sechs Jahre lang hatte Beck in den Kellern, Korridoren und Bürozellen eines Forschungslabors geschuftet, und nun, davon war er überzeugt, hatte er sich hinreichend hervorgetan, um von den Investoren in den USA ernst genommen zu werden. Wo andere CEOs vielleicht in Lobeshymnen ausgebrochen wären, entschied sich Beck für einen nüchternen und zielgerichteten Ansatz: Er würde ins Silicon Valley fliegen und nicht ohne eine große Tasche voller Geld zurückkommen. Rocket Lab würde eine echte Rakete bauen.

KAPITEL 14

AUFTRITT ELECTRON

Versetzen Sie sich einen Moment in Peter Becks Lage. 2013 war er Mitte 30 und entsprach keinem der Silicon-Valley-Klischees eines Start-up-Gründers. Er war viel älter als ein visionärer Studienabbrecher oder ein frisch graduierter Überflieger mit einer großen Vision. Gleichzeitig genoss er keinen der Vorteile, die ein Mittdreißiger im Valley gewöhnlich für sich in Anspruch nehmen kann. Er hatte nie für ein erfolgreiches Tech-Unternehmen gearbeitet, geschweige denn eines geleitet. Innerhalb der Branche war er kaum vernetzt. Immerhin: Er hatte einige gewitzte technische Projekte für das Militär durchgeführt, die in der Tech-Welt allerdings nur von wenigen verstanden wurden und denen mit noch weniger Interesse begegnet wurde.

Das größte Handicap war allerdings, dass Beck aus Neuseeland stammte. Den Neuseeländern wird die Bescheidenheit in die Wiege gelegt. Sie haben keinerlei Talent zur Selbstvermarktung, schlimmer noch, sie neigen dazu, jedem, der Erfolg hat, auch noch Steine in den Weg zu legen.* Beck war genetisch und kulturell nicht dafür gerüstet, sich vor einen Raum voller Investoren zu stellen, um ihnen zu erzählen, wie großartig er ist und dass Rocket Lab die Welt verändern wird. Denn weniger als das will man im Valley nicht hören.

Becks letzter Versuch, Geld über einen Investor zu besorgen, war nicht so gut gelaufen. Er hatte die Hälfte von Rocket Lab für mickrige 300 000 Dollar verschenkt. Diesmal wollte er gleich eine ganze Reihe von Risikokapitalgebern aufsuchen und um sehr viel mehr Geld bitten: fünf Millionen Dollar. Anders als

---

* Diese Binsenweisheit gilt für alle Neuseeländer – mit einer Ausnahme: Rugbyspieler.

der unbekümmerte Mark Rocket hatten die kalifornischen Investoren Erfahrung darin, jemanden wie Beck über den Tisch zu ziehen und ihm möglichst große Anteile von Rocket Lab zu den für sie günstigsten Bedingungen abzunehmen. Und bei diesen Investoren wollte er unangekündigt anrufen beziehungsweise im Büro aufschlagen.

Der Pitch von Rocket Lab war aberwitzig. Mit einer PowerPoint-Präsentation informierte er die Investoren über die kommende Weltraumrevolution: Schon in naher Zukunft würden Zigtausende Satelliten darauf warten, in den Weltraum geschossen zu werden, dann würde Rocket Lab parat stehen und bald mehr Raketenstarts durchführen als jeder andere Anbieter. Ja, normalerweise würden derart teure und ambitionierte Projekte von staatlichen Organisationen oder milliardenschweren Unternehmern in Angriff genommen. Und ja, die Herstellung von Raketen verschlingt immer viel mehr Zeit und Geld, als man veranschlagt. Und auch das ist richtig: Raketen haben sich in der Vergangenheit als wenig profitabel erwiesen. Doch diesmal würde alles anders sein, denn Rocket Lab verfüge über genug Schneid und Hingabe, um die zahllosen technischen Herausforderungen zu lösen, an denen sich Tausende jahrzehntelang die Zähne ausgebissen hatten. Er und seine Leute würden beeindruckende Raketen bauen und das ganz große Geld machen. Vertraut mir, Leute. Ich bin Peter Beck. Ich habe einen beeindruckenden Lockenschopf, coole Flipcharts und Enthusiasmus ohne Ende.

Beck trat bei diesen Meetings auf wie ein Marktschreier. Er hatte eine große Tasche dabei, in der sich unter anderem eines der kleinen Raketentriebwerke befand, die er entwickelt hatte. Er druckte eine riesige Konstruktionszeichnung der Rakete aus, die er bauen wollte. Wenn er sie auf dem Konferenztisch ausbreitete, reichte sie von einem Ende des Tisches bis zum anderen. Manchmal leerte Beck wohl auch eine Tüte mit kleinen Plastikbällen auf den Tisch, um so zu demonstrieren, wie viele Satelliten schon bald in den Orbit transportiert werden müssten.

Erstaunlicherweise hatte er damit Erfolg.

Innerhalb von drei Wochen hatte Beck gerade mal bei drei Risikokapitalgebern vorgesprochen und von einer dieser Firmen, Khosla Ventures, mehrere Millionen Dollar erhalten. Der Name Khosla wog fast so schwer wie das viele Geld, denn immerhin stand er für eines der bekanntesten Investmentunternehmen im Silicon Valley. Es war also nicht irgendjemand, der Rocket Lab mit Kapital versorgte, sondern eine Institution, von der man im Allgemeinen annahm, dass sie nichts unüberlegt tat.

»Ich weiß noch genau, wo ich während dieser Zeit wohnte«, erinnert sich Beck. »In einem ›Holiday Inn‹. Im ersten Stock. Das dritte Zimmer am Ende des Flurs. Ich wählte es aus, weil es barrierefrei war. Und es war das preiswerteste Zimmer. Ich weiß auch noch, dass ich den ersten Geburtstag meiner Tochter verpasst habe. Ich erklärte allen, dass ich fünf Millionen Dollar für ein Raketenunternehmen in Neuseeland auftreiben müsse und dass ihre Investition so richtig abheben würde, und zwar in jeder Hinsicht. Die meisten sagten: ›Na gut. Das ist eine eher große Finanzierungsrunde. Wie wäre es mit einer Million?‹ Aber ich hatte mir vorgenommen, fünf Millionen aufzubringen, keine 200 000 hier und 500 000 dort. Ich wollte einen einzigen Investor, der so von meiner Vision überzeugt war, dass er mich und mein Unternehmen von Anfang bis Ende unterstützen würde.«

Dass Beck trotz der vielen Widrigkeiten erfolgreich war, geht in Teilen auf seinen Besuch in Ames und bei Pete Wordens Leuten zurück. Im Rahmen der Due-Diligence-Prüfung von Rocket Lab holten die Investoren Wordens Rat ein. Worden wiederum leitete sie an Weston weiter, der Becks Arbeit aus erster Hand miterlebt hatte. Weston, dessen Worte großes Gewicht hatten, verbürgte sich für Beck. Außerdem erfüllte Beck gleich mehrere der bei Risikokapitalgebern besonders geschätzten Eigenschaften: Er war von Raketen regelrecht besessen, er hatte eine detaillierte Antwort auf jede Frage, und er hatte bereits handfeste Ergebnisse vorzuweisen. Für einen raumfahrtbegeisterten Finanzier, der in dieses Geschäft einsteigen wollte, schien der Neuseeländer ein überschaubares Risiko zu sein.

Etwa zur gleichen Zeit, als im Oktober 2013 der Vertrag zwischen Rocket Lab und Khosla geschlossen wurde, begannen auch andere mit dem Gedanken zu spielen, in das Geschäft mit den kleinen Trägerraketen einzusteigen. Richard Bransons Unternehmen Virgin Galactic hatte bereits jahrelang nicht sonderlich erfolgreich an einem Raumgleiter für Weltalltourismus gearbeitet und wollte die Löcher bei diesem Geschäft nun mit einem weiteren ungewissen Geschäft stopfen. Das Unternehmen stellte ein Team zusammen und begann mit der Entwicklung einer kleinen Trägerrakete, die bei jedem Start mehrere Satelliten befördern sollte. Eine andere Firma namens Firefly Space Systems hatte ziemlich genau die gleiche Idee und begann Anfang 2014 mit der Konstruktion ihrer Rakete. Beide Unternehmen fanden ebenfalls großzügige Investoren und waren ernst zu nehmende Konkurrenten. Dutzende weitere sprangen auf den fahrenden Zug auf, verfügten aber über weniger Kapital und standen im direkten Wettbewerb weitaus weniger gut da.

Alle arbeiteten sie an einer Alternative zur Falcon 1 beziehungsweise wollten sie überbieten. Virgin und Firefly hatten dabei deutlich bessere Karten als Rocket Lab. Vor allem Virgin, denn Branson hatte einen großen Teil des Falcon-1-Teams überzeugt, für sein Unternehmen zu arbeiten. Aufgrund ihrer jahrelangen Erfahrung waren sie fraglos in der Lage, eine vergleichbare Rakete sehr viel schneller und preisgünstiger zu bauen als seinerzeit SpaceX. Auch bei Firefly arbeitete eine Handvoll ehemaliger Angestellter von SpaceX. Beide Unternehmen hatten ihren Sitz in den Vereinigten Staaten, wo sie relativ einfach an US-Kapital herankamen. Peter Beck hatte hingegen nicht einmal die Möglichkeit, amerikanische Ingenieure nach Neuseeland zu holen und sie vor Ort an seiner Rakete arbeiten zu lassen, da die USA um jeden Preis verhindern wollten, dass eine fremde Nation in den Besitz wertvoller militärischer oder raumfahrttechnischer Geheiminformationen gelangte.* Einschränkungen, mit denen Virgin und Firefly nicht zu kämpfen hatten.

Um die Sache etwas zu vereinfachen, verlegte Rocket Lab seinen Sitz offiziell von Auckland nach Los Angeles. Zu Beginn war dieser Umzug eher kosmetischer Natur. Beck und das gesamte Ingenieursteam von Rocket Lab lebten und arbeiteten weiterhin in Auckland. Aber ein kleines Außenbüro in den USA ermöglichte es Rocket Lab, mit weitaus weniger juristischen Hürden mehr amerikanische Investoren anzusprechen und – was noch wichtiger war – in Zukunft sehr viel problemloser Geschäfte mit der US-Regierung, dem Militär und der NASA zu machen. Dass er Rocket Lab mit diesem Schritt zu einem amerikanischen Unternehmen machte, verärgerte so einige von Becks Landsleuten. Doch es gab auch Neuseeländer, die verstanden, dass dies der unkomplizierteste Weg zu den Ressourcen war, die das Unternehmen in den kommenden Jahren benötigen würde.

»Ich bin mindestens so patriotisch wie jeder andere Kiwi, aber – verflucht noch mal – die Amerikaner packen die Dinge an«, sagt Beck. »Nirgendwo sonst

---

* Es geht dabei weniger um die einzelne Person als um die Form und die Richtung des Informationsflusses. Ein Amerikaner hätte problemlos bei Rocket Lab arbeiten und dort ein breites Spektrum an Aufgaben übernehmen können. Allerdings wäre es ihm nicht erlaubt gewesen, an einem Ingenieursmeeting in Auckland teilzunehmen und dort Details über die Funktionsweise eines Triebwerks oder eines elektronischen Systems preiszugeben, wenn diese als schützenswerte Information galten. Wogegen die neuseeländische Regierung einem ihrer Ingenieure ohne Weiteres erlauben würde, in die Vereinigten Staaten zu reisen und amerikanische Rocket-Lab-Mitarbeiter mit vertraulichen Details über technische Angelegenheiten zu versorgen.

auf der Welt kann ein Kiwi unangekündigt in einer Stadt aufschlagen und verlässt sie mit genug Geld, um ein Raumfahrtunternehmen zu gründen. Nach der Vertragsunterzeichnung mit Khosla ging ich schnurstracks in den Supermarkt und kaufte mir eine amerikanische Flagge.«

Zurück in Neuseeland stellte Beck erst einmal neue Mitarbeiter ein. Endlich konnte sich Rocket Lab von einem Konstruktionsbüro in ein richtiges Unternehmen mit richtigen Büros, richtigen Schreibtischen und einer richtigen Produktionshalle verwandeln. Einige der neuen Ingenieure kamen von neuseeländischen Universitäten oder aus der Industrie. Beck hatte Glück, dass manche der australischen Universitäten über recht gute Programme für Luft- und Raumfahrttechnik verfügten. Die Absolventen dieser Hochschulen wünschten sich nichts sehnlicher, als für ein waschechtes Raumfahrtunternehmen zu arbeiten, mussten sich aber in der Regel mit Jobs begnügen, die mit ihrer Ausbildung nur wenig zu tun hatten, da es in der Region keine Raumfahrtunternehmen gab. Eine Anstellung bei Rocket Lab war die Chance ihres Lebens.

Obwohl Peter Beck mit den militärischen Projekten bis dahin voll ausgelastet war, hatte er schon jahrelang genau geplant, was er mit den Millionen tun würde. Er hatte komplette Notizbücher und ganze Computerdesign-Programme mit Entwürfen seiner Electron-Rakete und der Rutherford-Triebwerke gefüllt. Beck wollte mit seinen kleinen Trägerraketen den Gipfel der Ingenieurskunst erklimmen und eine Welle technischer Neuerungen einleiten.

Statt aus Aluminium sollte der Raketenkörper eines Tages aus Kohlenstofffasern (auch Kohlefasern oder Carbonfasern genannt) gefertigt werden. Das würde die Rakete zwar teurer, aber auch deutlich leichter und stabiler machen, sodass sie eine größere Nutzlast transportieren könnte. Und das Material spielte Rocket Lab in die Karten: Neuseeland mischt im America's Cup traditionell ganz vorn mit, und die neuen Hightech-Boote wurden alle mit modernster Carbonfaser-Technologie gebaut. Da die Regatta nur alle vier Jahre stattfindet, waren die heimischen Carbonfaser-Spezialisten nicht immer ausgelastet und sicher dankbar, wenn sie für Rocket Lab arbeiten konnten.

Auch für die Turbopumpe, eine der kompliziertesten Komponenten einer Rakete, hatte sich Peter Beck etwas völlig Neues einfallen lassen. Die Turbopumpe ist ein mechanisches System mit einer Turbine, die sich mit unglaublich hoher Geschwindigkeit dreht. Sie ist im Grunde das einzige bewegliche Teil einer Rakete und muss als Bindeglied zwischen den Verbrennungsgasen auf der einen

Seite und den Treibstoffen wie Flüssigsauerstoff und Kerosin auf der anderen Seite fungieren. Die Aufgabe der Turbopumpe ist es, das Triebwerk mit dem perfekten Verhältnis der Treibstoffe zu versorgen, und das unter immenser Belastung.

Beck wollte einen Großteil der mechanischen Komponenten und Rohrleitungen entfernen und die Treibstoffe von einem batteriebetriebenen Elektromotor in die Brennkammer des Triebwerks pumpen. Die Batterien würden die Rakete zwar schwerer machen, aber die Konstruktion wäre deutlich einfacher und würde eine präzisere Steuerung der Treibstoffzufuhr ermöglichen. Zwar war es bis dahin noch niemandem gelungen, eine elektrische Turbopumpe in einer Rakete anzuwenden, aber Beck war überzeugt, der richtige Mann für diese Aufgabe zu sein.

Die andere technische Neuerung, die bei Rocket Lab zum Einsatz kam, war der 3-D-Druck. Statt die Triebwerke von Hand zu fertigen, wollte Rocket Lab seine Maschinen von Maschinen bauen lassen. Indem sie Metallpulver auftragen, es mit einem Laser bestrahlen und das Metall verschmelzen, können 3-D-Drucker einen Motor Schicht für Schicht aufbauen. Sie waren sowohl in der Luft- als auch der Raumfahrtindustrie schon hier und da zum Einsatz gekommen, etwa beim Bau von Triebwerkskomponenten, allerdings hatte noch niemand versucht, ein ganzes Triebwerk im 3-D-Druckverfahren herzustellen. Die Technologie war zwar noch experimentell, aber wenn alles gut lief, würde sie es Rocket Lab ermöglichen, seine Rutherfords quasi auf Knopfdruck zu produzieren.

Von Ende 2013 bis 2014 stieg die Zahl der Rocket-Lab-Mitarbeiter von etwa zehn auf 20. Beck hatte so lange ums Überleben seines Unternehmens gekämpft, dass er bei der Umsetzung seiner ambitionierten Ideen nichts überstürzen, sondern erst einige der zugrunde liegenden Konzepte auf Herz und Nieren überprüfen wollte. Ein junger CEO aus Kalifornien wäre wohl anders vorgegangen. Wahrscheinlich hätte er reihenweise Leute eingestellt und so rasch wie möglich expandiert. Beck legte dagegen schon damals jene Qualitäten an den Tag, die seine Unternehmensführung später auszeichnen sollten: Er ging sparsam und methodisch vor. Der Gedanke, sich mehr Geld von Investoren beschaffen zu müssen, behagte ihm überhaupt nicht, denn das wäre gleichbedeutend damit, mehr Kontrolle über sein Unternehmen abgeben zu müssen. Seine Devise lautete: »Jeder Dollar an Fremdfinanzierung kostet mich später 100 Dollar Anteilskapital.« Manchmal profitierte Rocket Lab von dieser Haltung, aber manchmal bremste sie das Unternehmen auch aus.

Zu den ersten Mitarbeitern, die neu eingestellt wurden, gehörten Sandy Tirtey, Naomi Altman und Lachlan Matchett, die allesamt mit der Leitung von zentralen Projekten betraut wurden. Tirtey war in Europa aufgewachsen und hatte vor seinem Wechsel zu Rocket Lab an der University of Queensland in Australien gearbeitet. Er stach heraus unter den neuen Mitarbeitern, denn er besaß einen Doktortitel in Luft- und Raumfahrttechnik, und er hatte in Queensland schon an Geräten für die Luft- und Raumfahrt gearbeitet. Altman und Matchett waren eher typische Universitätsabsolventen, die sich gleich nach dem Hochschulabschluss an die irrwitzige Aufgabe wagten, eine Rakete zu bauen, ohne auch nur die geringste Ahnung zu haben, wie man so etwas macht.

Peter Beck versuchte, als vorbildlicher Ingenieur mit gutem Beispiel voranzugehen und eine hohe Arbeitsmoral an den Tag zu legen. Gewöhnlich erschien er gegen 7:30 Uhr im Büro und verließ es um 20 Uhr. »Pete arbeitete mehr als jeder andere«, berichtet ein früherer Mitarbeiter. Beck war noch nie ein Freund von müßigem Small Talk gewesen, und jeder Versuch, mit ihm zu plaudern, war eher unangenehm. Er redete gerne über Raketen und Problemlösungen, darüber hinaus war er nicht besonders gesprächig. Er wirkte nicht unfreundlich, aber für ihn mussten Gespräche zielführend sein.

Da sie alle zum ersten Mal eine Rakete konstruierten, musste das Team von Rocket Lab nahezu sämtliche Arbeitsschritte selbst entwickeln. Den Ingenieuren standen Bücher, Fotos und Online-Dokumente zur Verfügung. Auf Basis dieser Informationen bauten sie dann einzelne Teile oder konstruierten komplette Teile des Raketenkörpers. Beck erhöhte den Schwierigkeitsgrad, indem er darauf bestand, dass die Electron preiswert und möglichst einfach herzustellen sein musste. Ihm reichte es nicht aus, auf Bewährtes zurückzugreifen. Seine Ingenieure sollten neue, kostengünstigere Wege für den Bau komplexer Raumfahrttechnik finden.

Als Rocket Lab beispielsweise eine Vakuumkammer benötigte, hielt Beck seine Ingenieure davon ab, eine teure Kammer zu kaufen. Jeder andere in der Branche hätte dies vermutlich getan. Stattdessen schickte er jemanden los, um einen Industrie-Fleischwolf aus rostfreiem Stahl zu kaufen, um daraus eine Vakuumkammer zu konstruieren.

»Das Ergebnis war eine der besten Vakuumkammern der Welt, und wir bekamen die Dinger praktisch umsonst«, erzählt Stefan Brieschenk, ein ehemaliger Rocket-Lab-Mitarbeiter. »Nach dem gleichen Prinzip ging Peter bei fast jedem verdammten Teil der Rakete vor. Das führte dazu, dass die Leute voller Unglauben reagierten, wenn man ihnen die Vorgehensweise von Rocket Lab erläuterte, weil einfach kaum ein Schritt mit dem vergleichbar war, was ein größeres Unternehmen machen würde.«

Dank seines Hintergrunds als Werkzeugmacher hatte Beck scheinbar eine Art sechsten Sinn dafür, ein Projekt in die richtige Richtung zu lenken. Einige seiner neuen Mitarbeiter tendierten dazu, besonders raffinierte und ausgeklügelte Bauteile zu entwerfen – vermutlich wollten sie ihre technischen Fähigkeiten unter Beweis stellen. Beck ließ es gar nicht erst dazu kommen und machte ihnen entsprechende Vorgaben. »Egal, was ein Ingenieur gerade in Angriff genommen hat, Pete begreift die Zusammenhänge und versteht, welche Technik zur Herstellung nötig ist«, berichtet Brieschenk. »Er kann quasi riechen, ob etwas billig oder teuer wird. Ein Ingenieur liebt das Konstruieren um des Konstruierens willen. Pete hat selbst an der Drehbank gestanden. Er hat selbst geschweißt. Es gibt keine Maschine, die er nicht mit seinen eigenen Händen bedient hat.«

Beck schien auch ein angeborenes Verständnis für Physik zu haben und konnte mit allerlei Zahlen und Ideen auf einmal jonglieren. Es kam häufig vor, dass ein gut ausgebildeter Mitarbeiter auf theoretische Fehler in seinem Ansatz zur Lösung eines schwierigen Problems hinwies. Beck hörte sich die Kritik an, ging nach Hause in seine Werkstatt und baute einen Prototyp, um seine Vorstellung entweder bestätigt zu wissen oder ihr Misslingen einzugestehen. Oft hatte er recht. Vor allem wusste er immer ganz genau, was er wollte. »Man war schon manchmal genervt, weil dieser Typ zu allem eine Meinung hatte«, räumt Tirtey ein. »Aber das ist nun mal sein Job. Und er wusste besser als die meisten von uns, wie man etwas praktisch umsetzen kann. Hin und wieder kam es zu einem offenen Schlagabtausch, aber wenn schließlich eine Entscheidung getroffen worden war, dann wurde sie von allen akzeptiert. Denn selbst wenn es nicht die beste Entscheidung war, ist es immer besser, an einem Strang zu ziehen, als gegeneinander zu arbeiten.«

Um Mitarbeiter zu finden, die den Geist seines Unternehmens mittragen würden, entwickelte Beck ein anspruchsvolles Einstellungsverfahren. Dass man für eine einzige Stelle 100 oder sogar 200 Bewerber zu Vorstellungsgesprächen einlud, war bei Rocket Lab ganz normal. Obwohl er den akademischen Werdegang eines Bewerbers berücksichtigte, interessierte er sich mehr für dessen praktische Fähigkeiten. Häufig mussten angehende Mitarbeiter mehrere Stunden lang fachliche Tests durchführen, etwa eine Leiterplatte analysieren oder eine Pumpe bauen. Wer die Prüfung schneller und besser als alle anderen bewältigte, wurde ausgewählt. »Er stellte den Leuten handfeste praktische Aufgaben, und genau so sollte es auch sein«, resümiert Brieschenk. »Man muss an Ort und Stelle zeigen, dass man der Aufgabe gewachsen ist.«

Genau wie Elon Musk hatte auch Beck die Angewohnheit, übertrieben ehrgeizige Zeitpläne für die Fertigstellung von Projekten vorzugeben. Als Sandy Tirtey Ende 2013 bei Rocket Lab anfing, bekam er einen Plan vorgelegt, nach dem die gesamte Rakete bis November 2014 auf der Startrampe stehen sollte. »Das erschien mir nicht realistisch«, erinnert sich Tirtey. »Aber ich war der Neue. Ich wollte nicht derjenige sein, der das Projekt in Zweifel zieht. Wenn diese Leute das für machbar hielten, dann los. Offensichtlich war es ein bisschen, nun ja, überambitioniert.«

In den Jahren 2013 bis 2015 erlebten die Mitarbeiter von Rocket Lab am eigenen Leib, was für eine elende Schufterei es ist, eine Rakete zu bauen. Der erste Schritt war die Entwicklung eines einfachen Triebwerks, mit dem Ziel, es ein paar Sekunden zum Laufen zu bringen. Nachdem dieses Ziel erreicht war, machten sich die Ingenieure an die Konstruktion eines besseren Triebwerks. Auch das galt es wieder für ein paar Sekunden zu starten. Dieser Prozess wiederholte sich über Monate, dann über Jahre und Hunderte von Tests, bis der Antrieb schließlich so reibungslos funktionierte, wie alle es sich erhofft hatten. Wie bei allen Raketenprogrammen verlief der Fortschritt nur teilweise linear, größtenteils aber nicht. Triebwerke explodierten ohne ersichtlichen Grund, an den Testständen loderten auch schon mal Buschbrände auf. Menschen entwichen nur ganz knapp herumfliegenden Schrapnellen und setzten sich anschließend an ihre Computer, um herauszufinden, warum ihr Triebwerk sie beinahe umgebracht hatte. Und zwischendurch gelang hin und wieder ein entscheidender Durchbruch.

Bei jedem Teil der Rakete – den Treibstofftanks, der Elektronik, der Software, der Außenhülle – war es die gleiche Berg- und Talfahrt. Es gab Phasen mit enormen Fortschritten, in denen es ganz so aussah, als stünde ein Schlüsselprojekt kurz vor dem Abschluss. Doch dann erwies sich ein kleiner Fehler als schwer zu beheben und hielt das Programm monatelang auf. In den Anfangsjahren beauftragte Rocket Lab Subunternehmer mit der Fertigung bestimmter Raketenteile. Die Firma hoffte, auf diese Weise Zeit zu sparen und vom Fachwissen der Spezialisten zu profitieren. Mitarbeiter, die damals schon dabei waren, erinnern sich jedoch an wenige Ausnahmen, wenn überhaupt, in denen diese Strategie erfolgreich war. Die Auftragnehmer waren entweder zu langsam, oder ihnen fehlte das Verständnis für die Komplexität des Systems mit seinen ineinandergreifenden Komponenten, um etwas Brauchbares herzustellen. Die Ingenieure von Rocket Lab mussten die Teile selbst entwickeln und entsprechend viel Zeit darauf verwenden, sich dieses Können anzueignen und es zu perfektionieren.

Obwohl das Unternehmen hinter Becks optimistischem Zeitplan zurückblieb, wusste es durch das Erreichte offenbar zu überzeugen. SpaceX startete derweil immer mehr Raketen, und auch Rocket Labs Konkurrenten Virgin Orbit und Firefly meldeten erste Erfolge mit ihren Programmen. All das machte die kommerzielle Raumfahrt für potenzielle Investoren immer interessanter. Beck wollte die Gunst der Stunde nutzen und erneut ins Silicon Valley reisen, um dort weitere Geldgeber zu finden, die das Geschäft von Rocket Lab ankurbeln konnten. Mit Khosla Ventures im Rücken war es diesmal sehr viel einfacher, Kapital zu beschaffen, und zwar eine Menge. Beck reiste 2015 gleich zweimal nach Kalifornien und trieb bei diversen Risikokapitalgebern rund 70 Millionen Dollar auf. Staatliche Stellen in Australien und Neuseeland sowie Lockheed Martin steuerten weitere Gelder bei.

Zu diesem Zeitpunkt hatte Rocket Lab die beengten Räumlichkeiten der IRL verlassen und war in ein großes Büro- und Fabrikgebäude in einem Industriegebiet am Flughafen von Auckland umgezogen.* Es gab eine Elektronikabteilung und einen Bereich für den Carbonfaser-Bau sowie die Hauptmontagehalle, in der die Electron Gestalt annahm. Die Mitarbeiterzahl des Unternehmens verdoppelte sich jedes Jahr, und es sollte nicht lange dauern, bis auch dieses Gebäude zu klein war und ein Teil der Mitarbeiter in davor gestapelten Schiffscontainern arbeitete.

In der Verlautbarung zur erfolgreichen neuen Finanzierungsrunde stellte Rocket Lab den Start der ersten Electron für Dezember 2015 in Aussicht. Ein netter Versuch, denn selbst wenn die Rakete startklar gewesen wäre, was nicht der Fall war, hätte Rocket Lab immer noch vor zwei großen logistischen Problemen gestanden: Das Unternehmen verfügte weder über einen Standort für einen Raketenstart noch über die nötigen Rechte, eine Rakete ins All zu schießen.

Anfangs hatte Rocket Lab gar nicht vor, seine Raketen in Neuseeland zu starten. Die Vereinigten Staaten boten eine bessere Infrastruktur und eine Reihe von

---

* Es war dasselbe Gebäude, in dem ich Beck 2016 zum ersten Mal treffen sollte.

Orten an der Ost- und an der Westküste, an denen sich das Unternehmen hätte niederlassen können. Auch Standorte in Europa, Südamerika und Asien hatten ihre Vorteile. Letzten Endes kam Peter Beck dann doch zu dem Schluss, dass der logistische Aufwand in seiner Heimat deutlich geringer wäre und dass Neuseeland mit seinen menschenleeren Landstrichen und dem geringen Luft- und Seeverkehr tatsächlich der ideale Standort für Raketenstarts sein könnte.

Ganz im Sinne der Unternehmensphilosophie von Rocket Lab beauftragte Beck den damals 22-jährigen Shaun D'Mello damit, einen geeigneten Ort zu finden. D'Mello kam aus Australien und hatte Mitte 2014 als Praktikant bei Rocket Lab angefangen.* Er hatte dort an diversen Projekten gearbeitet und sich als durchaus kompetent empfohlen. Da sich mit den logistischen Ansprüchen eines Raketenstartplatzes auch sonst niemand auskannte, war D'Mello für den Job mindestens so gut geeignet wie jeder andere.

D'Mello rief auf seinem Computer Google Earth auf und suchte sowohl die Nord- als auch die Südinsel nach unbesiedelten Gebieten in Küstennähe ab. Waren sie von Auckland aus mit dem Auto oder einem kurzen Flug zu erreichen, dann umso besser. Er fand etwa zwei Dutzend Orte, die er auf der Karte markierte, und sah sie sich anschließend genauer an. Dann erstellte er eine Tabelle, in die er Wettermuster, Flugverkehrsdaten und die Anzahl der dort aktiven Fischer eintrug – und natürlich die Umlaufbahnen, die eine Electron vom jeweiligen Ort erreichen konnte. Die Orte mit dem größten Potenzial sah sich D'Mello dann persönlich an. Nach ein paar Wochen kam er zu dem Schluss, dass die Mahia-Halbinsel der am besten geeignete Platz sei, um Raketen zu starten.**

Mit ihrer Lage an der Ostküste von Neuseelands Nordinsel ist die Mahia-Halbinsel so abgelegen wie atemberaubend:*** Saftig grüne Hügel, auf denen Schafe und Rinder weiden, grenzen an steile grasbewachsene Klippen und unberührte Strände mit türkisfarbenem Wasser. Die meisten der 1200 Menschen, die in der

---

*   Um sich ein Bild von D'Mellos praktischen Erfahrungen zu machen, wollte Beck im Vorstellungsgespräch von dem jungen Mann wissen, was dieser als Letztes gebaut hatte. »Meine Antwort hätte kaum enttäuschender ausfallen können, denn ich hatte erst am Tag zuvor ein Schuhregal gebaut«, erzählt D'Mello.

**   Kurzzeitig spielte Rocket Lab mit dem Gedanken, den Raketenstartplatz in Christchurch zu errichten, doch bei den Einheimischen stieß die Idee auf erheblichen Widerstand.

*** Für die Māori ist Mahia seit jeher ein sicherer Hafen oder Zufluchtsort, das galt insbesondere während der Kriege zwischen verschiedenen Stämmen.

Region leben, verdienen ihren Lebensunterhalt als Farmer und Viehzüchter. Will man shoppen gehen oder irgendwohin fliegen, ist die nächste größere Stadt gut eineinhalb Stunden entfernt. Unterbrochen wird die Ruhe nur während der Weihnachtsferien und in den Sommermonaten, wenn bis zu 15 000 Touristen nach Mahia kommen, um zu angeln, zu surfen und zu wandern. Viele der Besucher logieren in sogenannten Baches, für Neuseeland typische, gewöhnlich in Strandnähe gelegene rustikale Ferienhäuschen.

Dass Rocket Lab auf Mahia einen Fuß in die Tür bekam, verdankte das Unternehmen einmal mehr der Großzügigkeit und den guten Beziehungen von Michael Fay. Wenn der wohlhabende Geschäftsmann nicht auf seiner Privatinsel weilte, verbrachte er seine Zeit auf seiner Farm auf Mahia. Nachdem er erfahren hatte, dass Beck sich dort umsah, erkundigte er sich bei Freunden und Bekannten, ob dort Grundstücke zum Verkauf stünden. Ihm kam zu Ohren, dass Onenui Station, eine Schaf- und Rinderfarm, die direkt ans Wasser grenzte, schwierige Zeiten durchgemacht hatte und dass die Besitzer nach neuen Möglichkeiten suchten. Fay trat mit ihnen in Kontakt und erkundigte sich, ob sie sich vorstellen könnten, ins Raketengeschäft einzusteigen.

Früher waren viele der Farmen auf Mahia im Besitz von Māori-Familien, aber im Laufe der Zeit wurden mehr und mehr Ländereien an landwirtschaftliche Großbetriebe verkauft. Doch Onenui Station wurde immer noch von einer Gruppe von 800 Māori-Gesellschaftern betrieben.[*] Nun musste Rocket Lab die Grundstückseigentümer und direkten Anwohner nur noch davon überzeugen, dass es eine gute Idee wäre, in dieser ruhigen, ursprünglichen Landschaft wöchentliche Raketenstarts durchzuführen.

Im September 2015 trafen sich Beck und Fay zum ersten Mal mit George Mackey und seinem Vater, die beide zur Geschäftsleitung von Onenui Station gehörten. »Sie erzählten uns, dass sie von unserem Land aus Raketen starten wollten«, erinnert sich George Mackey. »Wir saßen zusammen und genossen ein hervorragendes Mittagessen. Dann gingen mein Vater und ich, stiegen in unser Auto und fuhren weg. Wir haben ungefähr zehn Minuten lang kein Wort

---

[*] Statt bestimmter Parzellen besitzen die Menschen Anteile an einer Gesellschaft, die das Land als Ganzes verwaltet. Dieses System der Landbewirtschaftung wurde in den 1930er-Jahren eingeführt, um größere zusammenhängende landwirtschaftliche Flächen und damit rentablere Betriebe zu schaffen, obwohl diese Regelung den kulturellen und spirituellen Gepflogenheiten der Māori widerspricht, die sich traditionell einem bestimmten Stück Land verbunden fühlen.

miteinander gesprochen. Dann haben wir uns angesehen und gesagt: ›Was war das gerade? Was zum Teufel sollte das? Meinen die das ernst?‹«

Onenui Station umfasste mehr als 10 000 Hektar Land und rund 25 Kilometer wertvoller Küstenlinie. Bei der Entscheidung für oder gegen einen Kauf- beziehungsweise Pachtvertrag für das Land gab es sehr viel mehr zu berücksichtigen als bloß die unmittelbaren finanziellen Konditionen. Der Bau eines Startgeländes auf Mahia erforderte große Infrastrukturprojekte, einschließlich des Baus von Straßen zum Transport von schwerem Gerät, der Computersysteme sowie der Komponenten zur Energie- und Treibstoffversorgung. Und wenn es Rocket Lab tatsächlich gelingen sollte, regelmäßig Raketen in den Himmel zu schießen, würden sich die Anwohner von Lärm bis hin zu möglichen Verunreinigungen der Fischereigebiete mit einer Vielzahl von Umweltbeeinträchtigungen konfrontiert sehen.

Den Māori gehörte einst ganz Aotearoa – ihr Name für Neuseeland –, aber ihr Landbesitz wurde nach der Kolonialisierung ihrer Heimat auf fünf Prozent des neuseeländischen Territoriums reduziert. Es war also kein Wunder, dass sie Peter Beck und dem Team von Rocket Lab durchaus mit Skepsis begegneten. Um das Geschäft abzuschließen, würde es nicht ausreichen, einen Vertrag mit großzügigen finanziellen Bedingungen vorzulegen und ihnen zu versprechen, ein guter Nachbar zu sein. Rocket Lab würde sich das Vertrauen der Gesellschafter von Onenui Station und der Einwohner von Mahia erst verdienen müssen.

Also wurde Beck reihum bei den örtlichen Stammesführern vorstellig. Wie bei den Māori üblich, musste er als Besucher manchmal Lieder lernen und auch singen. Ungeachtet seiner unbeholfenen Darbietungen überzeugte Beck einige der einflussreichsten Gesellschafter, indem er von seinen Erfindungen und seiner Reise in die Vereinigten Staaten erzählte, bei der er unangemeldet in den Büros der Raumfahrtunternehmen aufgetaucht war. Die Zuhörer waren von seiner Kühnheit und Cleverness angetan. »Er zeigte einen Geist, der uns an Māui erinnerte, einen unserer Halbgötter und Mitbegründer Neuseelands«, erklärt Mackey. »Wir Māori-Grundbesitzer sahen Māuis Geist und dessen Raffinesse in Peter. Er setzt sich durch, kriegt was auf die Reihe, und zwar dank seiner gewitzten Art.«

Wenig später übertrug Peter Beck die Aufgabe, Mahias Anwohner für seine Pläne zu gewinnen, an Shane Fleming, einen Amerikaner, der seit 2015 bei Rocket Lab war. Etwa sechs Wochen lang klopfte Fleming an Haustüren, sprach mit verschiedenen Gruppen und hörte sich ihre Sorgen an. »Wir besuchten rund 200 Bürger«, erinnert er sich. »Ich kann mich nicht mehr erinnern, wie oft ich Tee und Kekse angeboten bekam.«

Die Charmeoffensive war erfolgreich. Nach zwei Monaten intensiver Gespräche mit den Anwohnern und einem weiteren Monat des Feilschens um die vertraglichen Details besaß Rocket Lab seinen eigenen Weltraumflughafen – auf dem Gelände einer Schaffarm.[*] Man einigte sich darauf, das Land an das Unternehmen zu verpachten, das den Gesellschaftern von Onenui Station außerdem für jeden Start eine Gebühr zahlen würde.[**] Je mehr Raketen das Unternehmen abschoss, desto mehr würden die Landbesitzer verdienen. Am 1. Dezember 2015 erreichten zwölf Lastwagen mit Schotter die Farm, wo der Bau des Fundaments für den Weltraumflughafen begann.

Mackey mochte die Vorstellung, dass dieses Fleckchen Erde, das einen ungehinderten Blick auf die Milchstraße bot, zur Modernisierung der Welt beitragen würde. Ihm gefielen Becks Geschichten über die explodierende Zahl von bildgebenden Satelliten und den anstehenden Siegeszug des Satelliten-Internets. »Eine lückenlose Abdeckung würde bei Notfällen, Such- und Rettungsaktionen helfen«, zeigt sich Mackey überzeugt. »Es war aufregend, dazu einen kleinen Beitrag leisten zu können.« Auf lange Sicht hoffte er, dass die Farm mit den Starts genug Geld verdienen würde, um ins Ökotourismusgeschäft einsteigen zu können, indem sie einen Teil des Landes nicht länger bewirtschafteten, sondern mit heimischer Flora und Fauna bepflanzten und es dann sich selbst überließen.

Der Standort, den Rocket Lab für sein Startgelände wählte, lag am südlichsten Ende der Halbinsel. Das Unternehmen machte sich umgehend daran, die

---

[*] Die offizielle Abstimmung der Aktionäre erfolgte durch Handzeichen.
[**] Laut Mackey beläuft sich die Gebühr auf etwa 30 000 Dollar pro Start. Das ist eine beträchtliche Summe für einen Betrieb, der in den Jahren zuvor nur mit Mühe einen Gewinn erwirtschaftet hat. Bevor Rocket Lab auf der Bildfläche auftauchte, hatten die Gesellschafter bereits in Erwägung gezogen, auf dem Gelände ein Gefängnis zu bauen oder auf den Anbau von Kartoffeln umzusteigen. »Ich glaube, dass wir jetzt von allen anderen Māori-Landbesitzern beneidet werden«, resümiert Mackey. Der Pachtvertrag, den Rocket Lab abschloss, hatte eine Laufzeit von 21 Jahren, aber die Māori-Gesellschafter müssen sich alle drei Jahre auf eine Verlängerung einigen. »Wir sorgen uns darum, was geschieht, wenn die Investoren aus dem Silicon Valley beschließen, Rocket Lab an die Russen zu verkaufen«, erklärt Mackey. »Vielleicht wollen wir ja keine Russen auf unserer Farm. Sollte es jemals einen neuen Firmeneigner geben, würden wir uns wünschen, dass er den gleichen Prozess durchläuft, um eine wechselseitige Beziehung voller Vertrauen und Respekt für die Kultur des jeweils anderen aufzubauen.«

nötige Infrastruktur aufzubauen. Es legte ein quadratisches Fundament für die Startrampe von acht mal acht Metern an und baute ein paar Kilometer Straße. Es stellte einen vorgefertigten Hangar auf, in dem die Mitarbeiter an der Rakete arbeiten und diese mit Satelliten bestücken konnten, und ließ schließlich die 55 Tonnen schwere stählerne Rampe anliefern. Je mehr die Anlage Gestalt annahm, desto beeindruckender sah sie aus. Umgeben von vielen Hektar Weideland erhob sich der Weltraumflughafen auf einer steilen Klippe, die weit in den Ozean hineinragte.

Eine ganze Weile waren die Einheimischen zufrieden mit dem Geschäft, das sie abgeschlossen hatten. Rocket Lab stiftete eine Reihe von Stipendien für die örtlichen Schulen. Wo es möglich war, beschäftigte das Unternehmen lokale Subunternehmer und belebte die Geschäfte der örtlichen Restaurants und Ferienhausvermieter. Ein Café auf Mahia änderte seinen Namen sogar in »Rocket Cafe«. Am meisten aber freuten sich die Menschen vor Ort darüber, dass Rocket Lab in eine Highspeed-Internet-Versorgung investiert hatte, die sie ebenfalls nutzen konnten.

Mit der Zeit verschlechterte sich jedoch das Verhältnis zwischen ihnen und Rocket. Die Einwohner, die oft wochen- oder monatelang auf behördliche Genehmigungen für Arbeiten an ihren Häusern und Geschäften gewartet hatten, konnten nicht glauben, dass man Rocket Lab so gut wie jeden Wunsch umstandslos erfüllte. Sie ärgerten sich über die Einschränkungen und Belastungen durch die Bauarbeiten sowie über das Verhalten mancher Mitarbeiter des Unternehmens. Immer wieder gewannen sie den Eindruck, dass besonders einflussreiche Mitbürger von den Rocket-Lab-Angestellten bevorzugt behandelt wurden, während anderen Bewohnern der Halbinsel längst nicht so viel Respekt entgegengebracht und die kulturellen Bräuche der Māori häufig ignoriert wurden. »Sie haben sich häufig benommen wie ein Elefant im Porzellanladen«, erzählt Janey Bowen, die Betreiberin des »Rocket Cafe«. »Häufig war das auf fehlendes Wissen über die grundlegenden Umgangsformen in einer so kleinen Gemeinde zurückzuführen, aber auch auf einen Mangel an guter Erziehung und auf absolute Überheblichkeit. Wenn man in einer Māori-Gemeinschaft aufgewachsen ist und zu den Māori gehört, wie ich es tue, gibt es bestimmte Dinge, die man tun sollte, und Dinge, die man besser lassen sollte. Wir sind keine dummen, ungebildeten Wilden auf einer Landzunge. Also behandeln Sie uns nicht wie welche.«

AUFTRITT ELECTRON

In den Medien und auf Bürgerversammlungen brachten D'Mello und andere ihr Bedauern darüber zum Ausdruck, dass sie in den ersten Tagen des Baus der Anlage nicht mehr Rücksicht auf die Anwohner genommen hatten, und versuchten so, die Situation zu entschärfen, überzeugten damit allerdings die wenigsten. Doch der Unmut der Einwohner ging nie so weit, dass dadurch die Bauarbeiten zum Stillstand gekommen wären. Über einen Zeitraum von etwa einem Jahr baute das Unternehmen seine Anlagen stetig weiter aus und vollzog so schließlich den Schritt, in den Rang des einzigen kommerziellen Raketenunternehmens neben SpaceX aufzusteigen, das über einen eigenen Weltraumflughafen, einen eigenen Spaceport verfügt.

Um diesen tatsächlich nutzen zu können, musste Peter Beck noch eine Reihe weiterer Strippen ziehen. Da Neuseeland noch nie eine Rakete gestartet hatte, verfügte der Staat über keine Gesetzgebung zur Regulierung von Raumfahrtunternehmen und Weltraumaktivitäten. Außerdem war es ein ausgesprochen friedliches Land. In Zukunft womöglich Satelliten für die DARPA oder andere US-Militäreinrichtungen mit Raketen ins All zu transportieren, erschien einer Nation von Schafzüchtern und Filmemachern vielleicht als zu aggressiv. Da Rocket Lab seinen Hauptsitz in den USA hatte, musste sich das Unternehmen nicht nur mit den Neuseeländern, sondern auch mit der US-Regierung gut stellen. Immerhin hatten die Vereinigten Staaten seit vier Jahrzehnten alles getan, um nach Möglichkeit zu verhindern, dass ein anderes Land irgendetwas entwickelte, das auch nur annähernd wie eine Rakete aussah.

Da Neuseeland ein wundersames kleines Land ist, kann man recht mühelos herausfinden, auf welche Weise Peter Beck an die Regierung herangetreten ist: Man kontaktiert einfach die obersten Regierungskreise und lädt John Key zum Brunch ein. Dann kann es passieren, dass der ehemalige Premierminister in Shorts und T-Shirt im Restaurant* auftaucht, und während er einem erklärt, wie sein Land zur Raumfahrtnation wurde, winkt er den Gästen, die ihn wiedererkennen, höflich zu. Zumindest war das meine Erfahrung.

»Ich erinnere mich, dass ich der Idee überhaupt nichts abgewinnen konnte«, erzählte mir Key. »Wirklich? Raketen aus Neuseeland? Das hier ist nicht Cape Canaveral oder das Kennedy Space Center. Ich weiß nicht, ob es Ihnen aufgefallen

---

* Ein Dankeschön an das liebenswürdige Team der »Ampersand Eatery« und ihre höllisch guten Eggs Benedict.

ist, aber unser gesamter Verteidigungshaushalt liegt weit unter einem Prozent des Bruttoinlandprodukts und finanziert zwei Fregatten, drei ziemlich klapprige Schiffe, drei klapprige Flugzeuge und ein paar Panzer. Der Gedanke, dass wir bei der neuesten Weltraumtechnologie ganz vorne mitspielen, passte nicht so recht, denn normalerweise ist diese Technologie eng an militärische Fähigkeiten gekoppelt.«

Es muss irgendwann 2015 gewesen sein, als Beck begann, seine Hoffnungen und Träume an das Büro von John Key heranzutragen. Rocket Lab plante, seine Electron bereits in naher Zukunft in den Himmel zu schicken, deshalb drängte das Unternehmen darauf, schnellstmöglich eine Reihe von Weltraumgesetzen in Kraft zu setzen. Das Anliegen landete auf dem Tisch von Steven Joyce, dem damaligen Minister für wirtschaftliche Entwicklung. »Er kam zu mir und verkündete, er stehe kurz vor dem ersten Raketenstart«, erinnert sich Joyce an die Begegnung mit Beck[*] – ein Paradestück in puncto Kiwi-Kommunikation. »Ich sagte ihm, das sei fantastisch, worauf er meinte, wir bräuchten ein Regulierungssystem. Ich erinnere mich, dass ich erwiderte: ›Oh, und was müssen wir dafür tun?‹ Er erklärte: ›Ihr müsst ein Regelwerk aufstellen, ein Gesetz verabschieden und ein paar Dinge erledigen.‹ ›Scheiße‹, dachte ich, ›also gut.‹ Als ich ihn fragte, bis wann das alles passieren müsse, antwortete er: ›Sechs Monate.‹ Und ich dachte: ›Na schön, das wird ein guter Test.‹«

Key und Joyce wollten eine wirtschaftsfreundliche Regierungspolitik etablieren und erwärmten sich schnell für die Vorstellung, ihr Land könne eine Vorreiterrolle bei einer so aufregenden Technologie spielen. Die Regierung Neuseelands musste im Grunde genommen aus dem Stand heraus eine Reihe neuer Gesetze erlassen *sowie* einen Weltraum- und Waffenkontrollvertrag mit den Vereinigten Staaten abschließen. Dafür beauftragte sie ein Dutzend Regierungsangestellte damit, im Austausch mit Rocket Lab eine möglichst fortschrittliche Weltraumgesetzgebung zu entwerfen. Die Arbeitsgruppe griff auf öffentlich verfügbare Dokumente der NASA und der US-Luftfahrtbehörde Federal Aviation Administration zurück und verfolgte dabei eine Taktik des Borgens, Stehlens und Simplifizierens. Es dauerte zwar länger als sechs Monate, aber im Jahr 2016 traten die neuen Weltraumgesetze in Kraft.

Nur mit einer Eingabe stieß Rocket Lab auf nennenswerten Widerstand, und dabei ging es um Vorschriften im Zusammenhang mit einem Abkommen für

---

[*] Mein Interview mit Joyce fand im Café eines Baumarkts statt.

Operationen auf dem Mond. Er wünsche Rocket Lab zwar viel Erfolg, merkte Key damals an, sei sich aber nicht sicher, dass es dem Unternehmen gelingen würde, auch nur eine einzige Rakete zu starten, geschweige denn, etwas auf den Mond zu befördern. Über den Mond zu verhandeln, erschien ihm – zurückhaltend formuliert – arg optimistisch. »Ich fand, das ging einen Schritt zu weit«, sagt Key. »Für ein Land mit fünf Millionen Einwohnern erschien mir das ziemlich anmaßend. Der Mond war die rote Linie.«

Vergleichbare Gesetze in den Vereinigten Staaten durchzusetzen, erwies sich als schwieriger. Rocket Lab hatte zwar seinen Hauptsitz in Kalifornien, und amerikanische Investoren waren am Unternehmen beteiligt, darunter der auch für das amerikanische Militär tätige Luft- und Raumfahrtkonzern Lockheed Martin, aber die Vorstellung, eine andere Nation könne eine raketenähnliche Technologie entwickeln, die sich der US-amerikanischen Kontrolle entzöge, war der US-Regierung ein Gräuel.

»Hat man eine Trägerrakete konstruiert, die in der Lage ist, einen Satelliten in den Orbit zu bringen«, erläutert Beck das Dilemma, »dann hat man quasi eine Interkontinentalrakete entwickelt. Man kann es drehen und wenden, wie man will, aber so ist es nun mal. Damit wäre man in der Lage, eine thermonukleare Waffe einzusetzen, und das ist mit einer enormen Verantwortung verbunden. Die von uns entwickelte Technologie wäre für gewisse Leute, die damit nicht unbedingt wunderbare Dinge tun wollten, von ungeheurem Wert. Es gibt also aus gutem Grund umfangreiche Kontrollmechanismen, die sicherstellen sollen, dass eine Technologie wie die unsere nicht in die falschen Hände gerät. Seit 40 Jahren verfolgte die US-Regierung eine Politik, die verhindern sollte, dass andere Länder – wenn sie nicht bereits darüber verfügten – die Kapazitäten entwickelten, um Raketen in den Orbit zu schießen. Wir mussten die US-Regierung überzeugen, dass es eine gute Sache, eine sichere Sache, eine kontrollierte Sache ist. Und dass die USA davon profitieren werden.«

Innerhalb der »Five Eyes«-Allianz, in der sich Neuseeland mit Australien, Kanada, dem Vereinigten Königreich und den Vereinigten Staaten zum Zweck des Informationsaustauschs zusammengeschlossen hat, hatte sich der Inselstaat im Südpazifik zudem den Ruf erworben, nicht immer den Wünschen der USA zu entsprechen und bei Zwischenfällen mit anderen Nationen friedliche Gesten dem militärischen Säbelrasseln vorzuziehen. Nicht jeder im Außenministerium der Vereinigten Staaten war überzeugt, dass ein von der neuseeländischen

Regierung unterstütztes Unternehmen sich jederzeit der US-Staatsraison unterwerfen würde.

Key sprach regelmäßig mit US-Präsident Barack Obama, und wenn es sich anbot, thematisierte er bei diesen Gesprächen auch Rocket Lab und das Anliegen des Unternehmens. Außerdem verhandelten Spitzenbeamte beider Länder über die Voraussetzungen, um die Rocket-Lab-Starts auf Mahia teilweise unter Aufsicht der Vereinigten Staaten zu stellen. Allerdings vergingen Wochen, ohne dass man zu einer Übereinkunft kam, und eine Zeit lang sprach alles dafür, dass die Vereinigten Staaten es Rocket Lab partout nicht erlauben würden, vom firmeneigenen Spaceport auf Mahia aus Raketen zu starten. Letztlich, danach sah es zumindest aus, waren es die politischen und nicht die technischen Herausforderungen, die Peter Becks Traum aufhalten würden.

Da die Zukunft seines Raketenprogramms auf dem Spiel stand, flog Beck nach Washington, D.C., und übernahm persönlich die Verhandlungsleitung. »Ich schlug mein Lager in einem ›Holiday Inn‹ auf und beschloss, nicht zu gehen, bevor eine Lösung gefunden ist«, erzählt Beck. »Ich mauserte mich zum Bürokraten und hatte unzählige Meetings mit hochrangigen Mitarbeitern des Außenministeriums.« Nach monatelangem Verhandeln erhielt er Ende 2016 schließlich den ersehnten Vertrag. »Nach der Unterzeichnung des Abkommens saß ich in der neuseeländischen Botschaft neben einem Mann, der gar nicht begeistert war«, erinnert sich Beck. »Er hatte sich seine gesamte politische Karriere über darum bemüht, dass eine heimische Apfelsorte vom Einfuhrzoll befreit wird, und wir hatten mal eben einen bilateralen Vertrag ausgehandelt.«

Im Rahmen dieses Vertrags sicherte Neuseeland zu, Rocket Labs Electron nicht in eine Lenkwaffe zu verwandeln und mit der Rakete keine schädlichen Satelliten von Feinden der USA zu befördern. Die Vereinigten Staaten hatten außerdem das Recht, jederzeit Inspekteure zum Startplatz von Rocket Lab zu schicken, um die Rakete auf Herz und Nieren zu prüfen und die Sicherheit der Starts zu überwachen. Und die USA stellten tatsächlich Babysitter ab, die Rocket Labs Einrichtung auf Mahia im Auge behalten sollten. Neuseeland wiederum konnte es ablehnen, bestimmte Nutzlasten aus den USA zu transportieren. »Die Vereinigten Staaten mussten Neuseeland vertrauen, aber die Neuseeländer mussten auch darauf vertrauen, dass wir unsere Haltung nicht aufgeben würden«, erklärt Joyce den Drahtseilakt. »Ich bezweifle, dass sich die Neuseeländer jemals dafür aussprechen werden, irgendeine Art von Waffe in den Weltraum zu schicken.«

Beck räumte später ein, dass er das Ausmaß des für den Einstieg ins Raketengeschäft erforderlichen juristischen Tauziehens unterschätzt habe. Vielleicht hätte er alle Beteiligten früher an den Verhandlungstisch holen sollen. Aber Rocket Labs Erfolge bei der Entwicklung von Electron erschwerten es sowohl den neuseeländischen als auch den amerikanischen Offiziellen, Becks Anliegen abzulehnen, als er bei ihnen vorstellig wurde. »An diesem Punkt hatten wir unsere Rakete bereits getestet«, legt er die Sachlage dar. »Um sie fertigzustellen, brauchten wir keine Hilfe oder technologische Unterstützung aus Amerika. Sie war fertig. Nichts sprach dafür, dass wir ohne Amerika scheitern würden. Wir mussten nur unsere gemeinsamen Ziele koordinieren.«

Sowohl Rocket Lab als auch Keys Kabinett bekamen wegen des Deals durchaus einen gewissen Gegenwind. In den Medien zeigten sich manche Kritiker bestürzt darüber, dass Rocket Lab nicht nur ein amerikanisches Unternehmen geworden, sondern dazu noch eine enge Allianz mit der US-Regierung eingegangen war. Doch eigentlich schenkte den Vorgängen in beiden Ländern kaum jemand große Aufmerksamkeit. Weder die Behörden in den Vereinigten Staaten noch die neuseeländische Öffentlichkeit nahmen Rocket Lab bislang sonderlich ernst.

Als ich Beck im Jahr 2016 zum ersten Mal traf, äußerte er sich mir gegenüber genauso grenzenlos optimistisch wie gegenüber allen anderen. Er war überzeugt davon, dass sein Unternehmen noch im selben Jahr seine erste und bald darauf die nächste Rakete starten würde und dass es dann in diesem Tempo weiterginge. In der Fabrik in Auckland gab es zahlreiche Raketenkörper in verschiedenen Stadien der Fertigstellung, und was Beck sagte, schien machbar. Ihm zufolge würde Rocket Lab 2017 eine Electron pro Monat abschießen und damit auf dem besten Weg sein, wöchentliche Starts zu ermöglichen.

Von 2013 bis zu diesem Zeitpunkt war so ziemlich alles eingetreten, was Beck bei seinen Gesprächen mit der ersten Gruppe von Investoren im Silicon Valley vorausgesagt hatte. Dutzende von Satelliten-Start-ups waren aus dem Boden geschossen, um es Planet Labs gleichzutun, und sie alle benötigten kostengünstige, schnelle Transportmöglichkeiten in den Orbit. Laut eigenen Aussagen planten große Konzerne wie SpaceX, Samsung und Facebook, zum Aufbau ihrer Mega-Internet-Konstellationen Zehntausende von Satelliten in den Weltraum zu schicken. Schon bald würde die Welt einen kaum zu stillenden Bedarf an Raketen entwickeln, und diesem Autodidakten aus Neuseeland war es irgendwie gelungen, sich in die Position zu versetzen, aus dem anstehenden Weltraumrausch Kapital zu schlagen.

Wie uns die Vergangenheit zeigt, werden neu entwickelte Raketen nie zum angekündigten Zeitpunkt fertig, sondern bleiben immer dramatisch hinter dem Zeitplan zurück. SpaceX hatte vom Baubeginn bis zum Start der Falcon 1 etwa 18 Monate veranschlagt und brauchte letztlich volle sechs Jahre, um eine Falcon 1 in den Orbit zu befördern. Ein Tempo, das ungeachtet der gewaltigen Verspätung als historisch betrachtet wurde. Je nach Betrachtungsweise hatte Rocket Lab entweder seit der Unternehmensgründung im Jahr 2006 oder seit 2013 – als Peter Beck und sein Team den Fokus voll und ganz auf die Rakete richteten – auf den Start der Electron hingearbeitet. Es gelang dem Unternehmen zwar nicht, die erste Rakete, wie von Beck angekündigt, bereits 2016 ins All zu schicken, aber zu Beginn des Jahres 2017 war Rocket Lab endlich so weit zu zeigen, was Becks heiß geliebte Electron auf dem Kasten hatte. Nach gängigem Raumfahrtmaßstab lagen die Neuseeländer damit bemerkenswert gut im Zeitplan. Bevor er im Mai ein Team von Ingenieuren nach Mahia schickte, sammelte Beck weitere 75 Millionen Dollar ein. Damit erhöhte sich die Gesamtfinanzierung des Unternehmens auf 150 Millionen Dollar. Offensichtlich wetteten einige sehr wohlhabende Menschen und eine ganze Nation darauf, dass für Rocket Lab alles bestens laufen würde.

Das Unternehmen hatte bereits Verträge mit zahlenden Kunden abgeschlossen, wollte aber deren wertvolle Fracht nicht beim ersten Start aufs Spiel setzen. Nach den Erfahrungen der letzten Jahrzehnte sprach vieles dafür, dass die erste Electron explodieren würde. Die Frage war eigentlich nur, wann. Schlimmstenfalls würde die Rakete bereits auf der Startrampe in Flammen aufgehen, die gesamte Infrastruktur des Weltraumflughafens zerstören und womöglich noch eine Schafherde mit ins Verderben reißen. Besser wäre es, wenn sie gut 60 Sekunden in der Luft bleiben würde, bevor irgendein Teil den Geist aufgab. Auf diese Weise hätte Rocket Lab die Möglichkeit, Daten über die Leistung der Rakete zu sammeln. Und auf Basis dieser Daten ließen sich dann in der Werkhalle Korrekturen und Verbesserungen an den anderen Electron-Raketen und Rutherford-Triebwerken vornehmen. Sollte die Rakete sogar mehrere Minuten fliegen und den Rand des Weltraums erreichen, würde das an ein Wunder grenzen.

Naomi Altman, die junge australische Ingenieurin, war damit beauftragt worden, alle möglichen Katastrophenszenarien durchzuspielen. Rocket Lab betraute sie mit der Entwicklung des sogenannten Flugabbruchsystems, das die Triebwerke der Electron abschalten sollte, sobald Gefahr im Verzug war. Rocket Lab und seine amerikanischen Aufpasser wollten mithilfe von Sensortechnik und einer speziellen Software die Flugbahn verfolgen, um die Rakete außer Gefecht zu setzen, sobald zu befürchten war, dass sie außer Kontrolle geriet oder eine Gefahr für die Öffentlichkeit darstellte.

Bevor sie bei Rocket Lab anfing, hatte Altman noch nie ein Flugabbruchsystem entwickelt, aber die letzten vier Jahre hatte sie damit verbracht, Bücher darüber zu lesen, solche Systeme aufzubauen und zu testen. Man könnte sagen, dass sie das wichtigste Stück Technik der ganzen Rakete zu verantworten hatte. Die Menschen hätten es Rocket Lab nachgesehen, wenn das Unternehmen den Weltraum nicht gleich im ersten Anlauf erreicht hätte. Sie rechneten sogar damit, dass das Vorhaben scheitern würde. Was sie Rocket Lab allerdings nicht verziehen hätten, wären Sicherheitslücken beim Start. Hätte jemand das Kommando gegeben, die Rakete zu stoppen, und sie wäre weitergeflogen, hätte Rocket Lab als ein Verein leichtsinniger Amateure dagestanden. Ob dabei etwas zu Schaden käme, wäre allenfalls zweitrangig. Peter Beck und sein fröhlicher Haufen junger Leute hätten im Nullkommanichts den Ruf weg, nicht vertrauenswürdig zu sein. Das Unternehmen hätte bei den Vereinigten Staaten und Neuseeland jahrelang um neues Vertrauen werben müssen, um einen weiteren Startversuch unternehmen zu dürfen.

Am 25. Mai reiste Altman nach Mahia. Sie war eine von mehreren Dutzend Rocket-Lab-Ingenieuren, die beim Start, der unter dem schelmischen Slogan »It's a Test« firmierte, dabei sein würden. Viele von ihnen hielten den Zeitpunkt für verfrüht. Nicht, weil sie ernsthaft befürchteten, die Sicherheit sei nicht ausreichend gewährleistet, sondern eher, weil sie die Rakete als Ingenieure, die sie nun mal waren, am liebsten ewig weitergetestet und optimiert hätten. Peter Beck fehlte die Geduld für solche Überlegungen. Der Start war aufgrund des schlechten Wetters bereits um mehrere Tage verschoben worden, und jetzt war es Zeit, endlich den Knopf zu drücken.

Die Prozeduren, die einem Raketenstart üblicherweise vorausgehen, dauerten vom Morgen bis zum frühen Nachmittag. Stundenlang setzte das Team von Rocket Lab Ventile und Tanks unter Druck und ließ den Druck wieder ab, überprüfte die zahllosen Sensoren der Rakete und testete ihre Kommunikationssysteme. Mit der Zeit sammelten sich immer mehr Einwohner von Mahia auf den umliegenden Hügeln, um einen möglichst guten Blick auf das Spektakel zu haben, das in den kommenden Jahren hoffentlich regelmäßig zur Aufführung kommen würde. Eine kleine Gruppe amerikanischer Aufpasser bezog in der Kommandozentrale Position. Von dort überwachten sie jeden Schritt der Rocket-Lab-Mitarbeiter und konnten den Start jederzeit abblasen.

Um 16:20 Uhr* spien die Triebwerke der schwarzen Electron tatsächlich Feuer, und die Rakete lieferte sich einen erbitterten Kampf mit der Schwerkraft. Manche der Zuschauer hielten den Atem an, weil sie das Schlimmste befürchteten, aber Rocket Lab zeigte es allen Zweiflern. Die Electron erhob sich in den Himmel. Als die erste Stufe den gesamten Treibstoff verbraucht hatte, abgetrennt wurde und in den Ozean stürzte, zündete das Triebwerk der zweiten Stufe und setzte den Flug vier Minuten lang fort, 225 Kilometer weit und damit bis ins All. Die Rakete hatte die meisten wichtigen Tests bestanden, und da alle wichtigen Systeme nahezu perfekte Daten sendeten, war sie offenbar bereit für den Eintritt in den Orbit. Just in diesem Moment verlangte das amerikanische Aufpasser-Team den Abbruch des Fluges.

Im Chaos des Augenblicks war sich niemand sicher, was genau geschehen war. Die Rocket-Lab-Ingenieure außerhalb von Mission Control hatten gedacht, alles verliefe absolut nach Plan, und wollten ihren großen Erfolg schon feiern. Doch die amerikanischen Sicherheitsbeauftragten hatten Probleme, die Position der Rakete zu verfolgen. Die Positionsdaten der Electron wurden in kurzen, unvorhersehbaren Schüben übermittelt. Als eine längere Zeitspanne verstrich, ohne dass sie zuverlässige Positionsdaten erhalten hatten, gaben die Amerikaner den Befehl, Electron abzuschalten. Taumelnd stürzte die Rakete, die gerade den Weltraum erreicht hatte, zurück in Richtung Pazifik. »Ich bin einfach rausgegangen und habe mich übergeben«, erzählt Altman, die es schmerzte, die Rakete abschreiben zu müssen. Trotzdem war sie erleichtert, dass ihr Flugabbruchsystem seine Aufgabe erfüllt hatte.

Bei einer anschließenden Analyse stellte sich heraus, dass die Amerikaner ihre Tracking-Software fehlerhaft konfiguriert hatten. Eigentlich war der Flug der Rakete geradezu perfekt verlaufen, und sie hätte mit ziemlicher Sicherheit den Orbit erreicht. Ein banaler Softwarefehler hatte Rocket Lab daran gehindert, das außergewöhnliche Kunststück zu vollbringen, gleich beim ersten Versuch

---

* Eine Zeit, die Elon Musk mit Stolz erfüllen sollte.

erfolgreich ins All zu fliegen. Schlimmer noch: Diesen Softwarefehler, der den Moment des Triumphs ruiniert hatte, hatte das Unternehmen noch nicht einmal selbst zu verantworten. Nein, seine Aufpasser hatten es vergeigt. Sie hatten Peter Beck das Herz aus der Brust gerissen und darauf herumgetrampelt.

Trotz dieser unglücklichen Panne waren die meisten Rocket-Lab-Ingenieure begeistert von dem, was sie erreicht hatten. Die Rakete hatte vier Minuten lang Daten ausgespuckt, die belegten, was für eine bewundernswert konstruierte Maschine sie war. Die jahrelangen Mühen hatten sich also ausgezahlt. Auf Mahia und in Auckland knallten die Korken. Doch manche Leute hatten an dem unverschuldeten Abbruch schwerer zu kauen als andere. »Ich fand es extrem brutal, denn wir hatten so viele komplexe Probleme überwunden, und eigentlich gab es nichts, was diese Rakete hätte aufhalten können«, klagt Tirtey. »Alle jubelten und schüttelten mir die Hand, aber ich ärgerte mich fürchterlich darüber, dass, um sie zu stoppen, bloß irgend so ein Kerl einen Schalter umlegen musste. Ich bin an diesem Abend nicht zur Feier gegangen.«

Rocket Lab brauchte bis Januar 2018, um den Bau und die Tests seiner zweiten Electron abzuschließen und die Rakete für einen neuen Anlauf zur Startrampe zu transportieren. Das Unternehmen betonte, dass es an der Rakete keinerlei Änderungen vorgenommen hatte. Allerdings hatte es die amerikanischen Vertragspartner öffentlich getadelt und ihnen geholfen, ihre Software zu korrigieren. Bei diesem Start – offiziell als »Still Testing« betitelt – zeigte die Electron die beste Leistung, die je eine zweite Rakete erbracht hatte. Sie setzte einen Dove-Satelliten von Planet Labs auf einer nahezu perfekten Umlaufbahn ab und hatte außerdem eine Überraschung an Bord.

Rocket Lab hatte der Rakete ein Objekt namens »Humanity Star« mitgegeben. Es handelte sich um eine geodätische Kugel mit einem Durchmesser von knapp einem Meter, die aus 65 reflektierenden Platten bestand. Der Zweck dieses Geräts bestand darin, sich im Weltraum zu drehen und die Lichtstrahlen – gleich einer himmlischen Discokugel – zur Erde zurückzuwerfen. Ungefragt hatte Rocket Lab uns alle auf die Tanzfläche einer globalen Rave-Party versetzt. Monatelang sollte der Humanity Star das hellste Licht am Nachthimmel sein, bis er schließlich beim Wiedereintritt in die Atmosphäre verglühte. Beck hatte gehofft, dass die Menschen das Objekt als Inspiration sehen würden. »Der Humanity Star sollte die Menschen dazu bewegen, vor die Tür zu gehen, nach oben zu sehen und zu erkennen, dass wir ein klitzekleiner Planet in einem gewaltigen

Universum sind«, sagte er im Februar 2018 in einem Interview mit der britischen Tageszeitung *The Guardian*. »Hat man das einmal verinnerlicht, dann hat man eine andere Perspektive auf den Planeten und eine andere Perspektive darauf, was wirklich wichtig für uns ist.«

Manche Menschen waren vom Humanity Star allerdings nicht so begeistert. In seiner ersten Auseinandersetzung mit der internationalen Presse erntete Beck einigen Spott: Die einen warfen ihm vor, den Weltraum mit »Graffiti« besudelt zu haben, die anderen sprachen davon, dass Beck den Nachthimmel mit seinem Gimmick verunstaltet habe.

Obwohl Becks theatralische Geste den großen Moment von Rocket Lab vorübergehend getrübt hatte, war der Aufstieg des Unternehmens zum Global Player der Raumfahrtbranche nicht mehr aufzuhalten. Mit seinem Raketenstart hatte Rocket Lab alle Konkurrenten in den Schatten gestellt. Es war neben SpaceX das einzige andere private Raketenunternehmen, das im Rennen um die Beförderung Tausender Kleinsatelliten in den Orbit ganz vorn mitspielte. Der kleine Underdog unter den Raketenbauern hatte die erste Runde des Kampfes gewonnen.

»Ich möchte das nicht als *den* entscheidenden Moment bezeichnen«, sagte Beck damals zu mir. »Es war ein erster, wichtiger Meilenstein, eine fantastische Sache, und wir sind alle überglücklich. Aber jetzt geht der Spaß erst richtig los. Ich werde mich erst dann entspannt zurücklehnen, wenn die Schlagzahl unserer regelmäßigen Raketenstarts so hoch ist, dass sich das wirklich auf den Planeten auswirkt. Für mich ist das Licht am Ende des Tunnels etwas näher gerückt, aber mehr auch nicht.«

KAPITEL 15

WIR SIND GANZ BEI IHNEN

Im November 2018 konnte Rocket Lab weitere 140 Millionen Dollar Kapital einholen und avancierte mit diesem Coup zum mythischsten aller Geschöpfe: zu einem »Einhorn« des Weltraums. »Einhorn« deshalb, so die Begrifflichkeiten im Big Business, weil seine Investoren das Unternehmen jetzt mit weit über einer Milliarde Dollar bewerteten. Peter Beck sah sich zwar gezwungen, einen großen Batzen seiner Anteile an Rocket Lab abzugeben, aber er besaß immer noch Anteile an etwa einem Viertel des Unternehmens. Der Junge aus dem Schuppen in Invercargill war nun auf dem Papier Hunderte von Millionen Dollar wert, und er fühlte sich langsam wohl in dieser Rolle.

Beck hatte einen Teil des Risikokapitals verwendet, um einen wahren Palast als neuen Firmensitz zu bauen. Nachdem man die Eingangstür passiert hatte, betrat man einen weißen Tunnel, der vom Boden bis zur Decke mit roten LED-Lichtbändern ausgeschmückt war. Am Ende des Tunnels hatte Rocket Lab in silbernen Buchstaben auf eine schwarze Wand geschrieben: »WE GO TO SPACE TO IMPROVE LIFE ON EARTH« – »Wir fliegen in den Weltraum, um das Leben auf der Erde zu verbessern«. Wenn man von diesem Leitspruch aus nach links abbog und den Empfangsbereich betrat, wurde alles schwarz. So richtig schwarz. Es gab schwarze Wände, einen schwarzen Boden und eine schwarze Decke. Eine Empfangsdame und ein Wachmann saßen auf der rechten Seite und setzten sich, angestrahlt von ein paar Scheinwerfern, von der Dunkelheit ab.

Der absolute Blickfang am anderen Ende des großen, offenen Raums war jedoch ein gläsernes Kontrollzentrum – eine Mission Control de luxe: An der Vorderseite befanden sich drei riesige Bildschirme und ein paar Reihen von Schreibtischen für die Mitarbeiter, die die Starts durchführen würden. Ein Zuschauerbereich außerhalb des Kontrollzentrums war mit weiteren Streifen roter LED-Leuchten abgesteckt worden. Peter Beck hatte mehr oder weniger Darth Vaders geheimen Zufluchtsort für Raketenstarts kreiert – und er machte keinen Hehl daraus. Aus den Surround-Sound-Lautsprechern ertönte Musik aus *Star Wars* in einer Endlosschleife.

Weiter im Inneren des Gebäudes waren die Einrichtungen von Rocket Lab zwar weniger ehrfurchteinflößend, aber nicht minder spektakulär. Hunderte von Mitarbeitern – so viele waren es inzwischen – verfügten über elegante Schreibtische und hochmoderne Labors für ihre Experimente mit der Elektronik und an den Motoren. Die ehemalige Fabrikhalle hatte sich von einer beengten Forschungs- und Entwicklungswerkstatt in eine Kathedrale der industriellen Fertigung verwandelt. Die schlanken Körper der Black-Electron-Karosserien waren perfekt in Reih und Glied geordnet, flankiert von makellosen Werkbänken. Es gab spezielle Bereiche für die Bearbeitung von Carbonfasern, den 3-D-Druck von Motoren, für Vibrationstests und die Lackierung von Raketenteilen. Jeder Bereich war mit großen roten Farbstreifen auf dem grauen, glänzenden Boden abgegrenzt. Zwei riesige Flaggen – die der USA und Neuseelands – hingen von den Dachsparren herab und sollten von den vereinten Aktivitäten zeugen, die unten vonstattengingen.

Das Gebäude und die Einrichtung unterstrichen den Vorsprung, den sich Rocket Lab gegenüber seinen Konkurrenten verschafft hatte. Zu Virgin Orbit und Firefly hatten sich noch zwei weitere finanziell gut aufgestellte amerikanische Kleinraketenhersteller im Wettlauf um das Erreichen der erdnahen Umlaufbahn gesellt: Astra und Vector Space Systems. Alle diese Unternehmen versprachen, dass ihre ersten Starts unmittelbar bevorstünden, aber es gab kaum Anzeichen dafür, dass sie auch nur annähernd eine reale Rakete auf eine reale Startrampe stellen und es mit Electron aufnehmen könnten. In der Zwischenzeit hatte Rocket Lab eine ganze Reihe von Electrons für den Start vorbereitet und Dutzende von Verträgen mit kleinen Satellitenherstellern geschlossen, die einen Schub ins All brauchten.

Rocket Lab hatte in der Tat mit einer Reihe von Ankündigungen den Druck auf seine Konkurrenten erhöht. Im Geheimen hatte Rocket Lab eine sogenannte »kick stage« für seine Rakete entwickelt. Die erste Stufe würde Electron ins All bringen, die zweite Stufe die Satelliten dann in die Umlaufbahn befördern, und am Ende würde die Kick-Stufe mit ihrem eigenen kleinen Triebwerk zünden und die Satelliten nacheinander in superpräzise Umlaufbahnen bringen. Es war wie ein Rundumservice für die Satelliten, bei dem jeder Satellit an der idealen Stelle für seine Aufgabe geparkt wurde. Rocket Lab hatte zudem Shaun D'Mello in die Vereinigten Staaten geschickt, um in Virginia mit dem Bau einer zweiten Startrampe auf Wallops Island zu beginnen. Dies würde es Rocket Lab ermöglichen, neue Punkte im Weltraum zu erreichen, die Häufigkeit seiner Starts zu erhöhen und möglicherweise empfindlichere Nutzlasten für diverse Sparten der US-Regierung zu fliegen.

Etwa zur Zeit des ersten Starts hatte Rocket Lab einen weiteren Schritt zur Verbesserung seiner Zukunftsaussichten unternommen, indem es die Amerikanisierung des Unternehmens vorantrieb. Der vermeintliche Hauptsitz in Los Angeles diente eh mehr der Show und dem Papierkram als allem anderen. Im Jahr 2017 eröffnete Rocket Lab jedoch ein echtes Büro mit echten Mitarbeitern in Huntington Beach.

Das neue Büro brachte für Rocket Lab einige offensichtliche Vorteile mit sich. Es konnte auf den riesigen Talentpool der US-amerikanischen Luft- und Raumfahrtindustrie zurückgreifen und hatte Vertriebsmitarbeiter in der Nähe vieler seiner Kunden, die Satelliten herstellten. Darüber hinaus sah es nun eher wie ein amerikanisches Unternehmen aus, was von entscheidender Bedeutung war, wenn es mehr Geschäfte mit der US-Regierung abschließen wollte.

Man hatte bereits einen Vertrag mit der NASA für einen geplanten vierten Raketenstart unterzeichnet, doch diese Mission war mit Auflagen verbunden. Die Vereinigten Staaten wollten, dass Rocket Lab seine Rutherford-Triebwerke in Kopenhagen und nicht in Neuseeland herstellt. Das neuseeländische Team von Rocket Lab verfügte eindeutig über das nötige Know-how, um die Triebwerke in Auckland herzustellen. Die US-Regierung musste jedoch wie üblich den Anschein erwecken, wertvolles geistiges Eigentum und Geheimnisse der Luft- und Raumfahrt zu schützen, indem sie eine der Schlüsseltechnologien von Rocket Lab in die USA verlegte. Die Folgen des Geschäfts waren klar: Wenn Rocket Lab weiterhin an Onkel Sam verkaufen wollte, musste es den Vereinigten Staaten helfen, ihr Gesicht zu wahren, und es musste auch seinen eigenen Patriotismus hervorkehren.

Einer der wichtigsten Mitarbeiter, die Rocket Lab für den Bau seiner Triebwerksfabrik in Huntington Beach, Kalifornien, einstellte, war Brian Merkel, ein Maschinenbauingenieur, der zuvor vier Jahre bei SpaceX gearbeitet hatte. Bevor er den Job annahm, war Merkel nach Auckland geflogen, um sich mit Beck zu unterhalten. Er fand Beck sympathisch, motiviert und mehr in die tägliche Arbeit der Ingenieure involviert als jeder andere CEO der Raumfahrtindustrie. »Peter kam in einem lila Overall ins Büro und war im Begriff, einen Frachtcontainer zu streichen«, so Merkel. »Er war durchweg sehr praktisch veranlagt, und es schien, dass er sich auch um rein geschäftliche Dinge kümmerte, weil ihm nichts anderes übrig blieb.«

Als Merkel im Januar 2017 mit seiner Arbeit begann, übergab ihm Rocket Lab eine leer stehende, knapp 9300 Quadratmeter große Lagerhalle mit der Anweisung, darin die gesamte Fabrikation aufzubauen und bis August die Triebwerke für die NASA fertigzustellen. Anfangs waren die einzigen anderen Personen, die dort mitarbeiteten, ein Verwaltungsassistent und ein weiterer junger Ingenieur namens David Yoon. Sie alle waren begeistert von der bevorstehenden Herausforderung. »Eine riesige, offene Lagerhalle ist das Schönste, was man vor sich haben kann«, strahlte Merkel. »Es ist wie eine leere Leinwand.«

Merkel hatte schon früh manche Unterschiede zwischen SpaceX und Rocket Lab festgestellt. In Musks Unternehmen antwortete man fast auf jede Aufgabe mit der schnellstmöglichen Umsetzung und war stets bereit, einen Aufpreis zu zahlen, um Dinge zügig zu erledigen. Bei Rocket Lab hingegen herrschte eher eine feine Balance zwischen Geschwindigkeit und Ausgaben, und es wurde eher Wert darauf gelegt, die Aufgaben so kostengünstig wie möglich zu erledigen. Bevor andere Mitarbeiter in die neue Fabrik einziehen konnten, musste Rocket Lab zum Beispiel die Räumlichkeiten streichen und den Boden mit Epoxidharz beschichten. Anstatt ein teures Bauunternehmen zu beauftragen, erledigte Merkel die Arbeiten selbst. »Peter verschwendet keinen einzigen Dollar«, erkannte einer der neuen amerikanischen Arbeiter. »Das ist mal sicher.«

Was Merkel an Rocket Lab besonders beeindruckte, war die Konzentration des Unternehmens auf die schnelle, kostengünstige und wiederholbare Herstellung von Raketen. Diese Denkweise schien den Ingenieuren von Rocket Lab sowohl von Beck als auch durch das Naturell Neuseelands eingeimpft worden zu sein.

»In Neuseeland gab es keine Luft- und Raumfahrtindustrie, und es gab nichts, was über die verdammte Theorie hinausging«, staunt Merkel. »Sie nahmen jedes kleine Teil und googelten es, um herauszufinden, warum SpaceX oder Boeing oder wer auch immer es auf eine bestimmte Art und Weise hergestellt oder benutzt hatte. Dann haben sie sich einfach superbillige Komponenten von der Stange gesucht, die ähnlich einsetzbar waren, und haben Wege gefunden, sie für ihre Belange funktionstüchtig zu machen. Ich war so beeindruckt, wie einfach und clever die Rakete war. Sie nahmen Dinge, die man benutzt, um einen Platten am Fahrrad zu reparieren, und machten sie für Electron nutzbar. Die Beschläge an der Rakete stammten aus australischen Rennwagen, denn das war alles, was sie zur Verfügung hatten und kannten. Sie waren eben waschechte Ingenieure, und sie sind so gut wie jeder andere, mit dem ich je gearbeitet habe.«

Oder wie Yoon, Merkels junger Kollege in den Vereinigten Staaten, es ausdrückt: »Sie haben Dinge getan, die einem unheimlich vorkamen – Dinge, die kein klassisch ausgebildeter Ingenieur je tun würde. Aber dann hat man gemerkt, es funktioniert. Es hat schlicht und einfach funktioniert.«

Mit der Erweiterung des Büros in den USA wuchsen die technischen und rechtlichen Herausforderungen, die die Existenz von Rocket Lab mit sich brachte. Die Vereinigten Staaten hatten noch nie zuvor mit einem Unternehmen wie Rocket Lab zu tun gehabt, das über so wertvolle Raketentechnologie verfügte, die von zwei Nationen gemeinsam entwickelt wurde. Eine Reihe von US-Gesetzen, die sogenannten International Traffic in Arms Regulations (ITAR), verboten es US-Ingenieuren, den neuseeländischen Ingenieuren technische Hilfe bei Electron zu leisten. Die Gesetze waren erlassen worden, um zu verhindern, dass das Wissen über den Bau von Raketen in die falschen Hände gerät, und sie waren ernst gemeint. Die Ingenieure in der Luft- und Raumfahrtindustrie lebten in der Angst, dass etwas so Einfaches wie die Veröffentlichung eines Bildes eines Raketenteils im Internet sie ins Gefängnis bringen könnte.

Rocket Lab wusste jedoch bereits sehr genau, wie man eine Rakete von Anfang bis Ende baut, und die ITAR-Beschränkungen führten zu kaum glaublichen Situationen, die manchmal ans Absurde grenzten. Die neuseeländischen Ingenieure konnten ihre Triebwerksentwürfe in die Vereinigten Staaten schicken und ihren amerikanischen Kollegen alles darüber erzählen, wie sie funktionierten und wie sie zu bauen waren. Aber wenn eine amerikanische Ingenieurin eine Idee zur Verbesserung des Motors hatte, konnte sie im Gegenzug keine weiteren technischen Ratschläge geben.

»Im Grunde konnten die Neuseeländer uns Zeichnungen liefern, sie konnten uns Informationen geben, sie konnten uns alles bereitstellen, was sie wollten«, erzählt Merkel. »Wir mussten nur vorsichtig sein mit dem, was wir ihnen sagten. Ich konnte zum Beispiel dem Motorenteam in Neuseeland nicht sagen, dass sie eine bessere Leistung erzielen könnten, wenn sie dies und das und jenes ändern. Aber da wir die Motoren in den USA herstellten, konnten wir Vorschläge zur

Herstellung machen, wie beispielsweise ›Das wäre viel einfacher zu bauen, wenn ihr dieses andere Material oder dieses andere Verbindungselement verwenden würdet‹. Wenn diese optimierte Fertigung auch die Leistung verbesserte, war das nur ein Zufall.

In den ersten sechs oder sieben Monaten war nicht immer ganz klar, was wir tun durften und was nicht. Bei ITAR hört man immer diese Geschichten über Leute, die persönlich strafrechtlich verfolgt werden, und ich dachte mir: ›Nun, das ist es nicht wert, auch nur ansatzweise eine Grenze zu überschreiten.‹«

Die Ironie in jenen ersten Monaten bestand darin, dass die ersten Triebwerke aus Huntington Beach in eine für die NASA gebaute Rakete eingebaut werden sollten. Die US-Beschränkungen machten es einem amerikanischen Unternehmen einfach schwerer, das bestmögliche Produkt für seine eigene Raumfahrtbehörde zu bauen.

Obwohl sich die amerikanischen Mitarbeiter mit Beck anfreundeten, waren sie von einigen seiner Eigenheiten irritiert. Wenn er sie bat, große Projekte zu übernehmen, gab er ihnen nur rudimentäre Anweisungen und kam dann zu Besuch, um viele ihrer Entscheidungen rückgängig zu machen oder zu konterkarieren. Das geschah bei kosmetischen Aspekten, wenn Beck etwa einen andersfarbigen Teppich oder andere Möbel wünschte,* und es geschah auch bei technischen Problemstellungen. Beck verlangte zum Beispiel, dass die Fabrik innerhalb weniger Monate zehn Triebwerke herstellen sollte, weigerte sich aber, den Kauf verschiedener Maschinen zu genehmigen, die Merkel und andere für die Einhaltung der Fristen für unerlässlich hielten.

Beck hatte auch ein kontroverses Zitat an der Wand am Eingang des Büros in Huntington Beach aufgehängt. Es lautete: »Mach aus allem, was du tust, ein Kunstwerk. Wenn es beschissen aussieht und nicht funktioniert, dann hast du nichts. Wenn es fantastisch aussieht und nicht funktioniert, dann sieht es wenigstens fantastisch aus.« Diese Botschaft wich entschieden von der üblichen »To the final frontier!«-Rhetorik ab, die bei Raumfahrtunternehmen so beliebt ist, und schien auch darauf hinzudeuten, dass Rocket Lab stylishen Äußerlichkeiten den Vorzug vor dem eigentlichen Produkt gab. Die Amerikaner konnten nicht verstehen, warum Beck wollte, dass dies das Erste war, was jeder Besucher von Rocket

---

* »Er hatte einen Blick für gutes Design – vor allem für sein Design«, so Daniel Gillies, der sich nach einem kurzen Engagement bei SpaceX im Jahr 2017 Rocket Lab anschloss.

Lab sah. »Peter ist sehr praktisch veranlagt, aber er ist auch sehr imageorientiert«, meint Yoon. »Dieses Zitat sagt viel über seine Persönlichkeit aus.«

Das amerikanische Büro hatte eine weitere unerwartete Auswirkung für Rocket Lab: Es führte zu ernsthaften Spannungen in Bezug auf die Bezahlung der Ingenieure an den verschiedenen Standorten.

Neue Ingenieure, die in Kalifornien eingestellt wurden, verdienten oft doppelt so viel wie ihre Kollegen in Neuseeland und Australien. Als immer mehr Amerikaner hinzukamen, sprach sich die Diskrepanz bei der Bezahlung im Unternehmen herum. Allen wurde klar, dass Rocket Lab die erste Electron für weniger als 100 Millionen Dollar hatte bauen können, was zum großen Teil auf die relativ billigen Arbeitskräfte in Auckland zurückzuführen war. Dennoch hatten die Ingenieure in Neuseeland wenig Einfluss auf irgendwelche Verhandlungen und kaum Möglichkeiten, an ihrer Situation etwas zu ändern, zumal Rocket Lab das einzige Raumfahrtunternehmen im ganzen Land war.

Zu diesem Zeitpunkt gewährte Beck auch nur denjenigen Mitarbeitern Aktienoptionen, die zu den besten zehn Prozent der Leistungsträger des Unternehmens zählten. Diese Politik stand im Widerspruch zu den Traditionen kalifornischer Technologie-Start-ups, bei denen die Mitarbeiter oft niedrigere Gehälter vereinbart hatten und lange Arbeitszeiten in Kauf nahmen, um dafür im Gegenzug Anteile an dem Unternehmen zu erhalten, in der Hoffnung, an dem finanziellen Erfolg der Firma zu partizipieren und auf diese Weise reich zu werden.

Beck verschärfte die Spannungen noch, indem er offenbar einige seiner Anteile an Rocket Lab, das immer noch ein Privatunternehmen war, auf dem Sekundärmarkt verkauft hatte. Nach der letzten Finanzierungsrunde war er mit einem nagelneuen Auto im Büro aufgetaucht und hatte ein Haus gebaut, das einem Palast glich. Die Mitarbeiter reichten Fotos von den Anschaffungen herum und schimpften, weil Beck sie davon abgehalten hatte, ihre Anteile zu verkaufen. Dass der Chef von Rocket Lab bereits Anteile verhökerte, bevor das Unternehmen seinen Auftrag vollständig erfüllt hatte, machte jedenfalls einen schlechten Eindruck.

Im Großen und Ganzen hielten die Mitarbeiter sowohl in Neuseeland als auch in den Vereinigten Staaten Beck jedoch für eine erfrischend inspirierende Führungspersönlichkeit. Nur aus seiner Motivation wurden sie nicht ganz schlau. Machte es ihm wirklich Spaß, Raketen zu bauen? Wollte er nur reich werden? Wollte er das Universum mit menschlicher Intelligenz zupflastern? Aber sie waren sich sicher, dass er das Unternehmen hervorragend führte und spektakuläre

Dinge auf die Beine stellte. Beck konnte beizeiten fordernd und sehr bestimmend sein, obwohl er nur selten seine Stimme erhob und nie jemanden nur aus einer Laune heraus verbal attackierte. Die Angestellten neigten dazu, seine weniger schmeichelhaften Momente zu entschuldigen, weil er allen anderen half, ihre Träume ebenfalls zu verwirklichen. »Dieser Kerl ist seit 20 bis 25 Jahren vom Raketenbau besessen«, stellte ein Mitarbeiter kurz und bündig fest. »Es gibt nichts, was sich diesem Mann in den Weg stellen könnte. Das ist es, was es braucht, um etwas zu tun, das so verdammt schwer ist.«

Ein Paradebeispiel für Becks Führungsstil konnte man zu Beginn jeder Woche beobachten, wenn er mit allen neu eingestellten Mitarbeitern von Rocket Lab eine Einführungsveranstaltung abhielt.[*] Am Tag vor dem dritten Start im November 2018 erlaubte mir Beck, bei einem dieser Treffen dabei zu sein. Im Folgenden finden Sie einen Auszug aus den Botschaften, die er zu vermitteln versuchte.

> Ihr seid hierhergekommen, um das Kernpotenzial der Menschheit auf ein neues Level zu heben. Ich weiß, das klingt wie die typisch hochtrabenden Worte eines Chefs. Aber genau hierin liegt der Sinn unserer Arbeit. Den Leuten ist nicht klar, wie abhängig wir von der Weltrauminfrastruktur sind. Wenn wir das GPS abschalten, gibt es kein Uber mehr. Es gibt kein Tinder mehr. Der Mensch ist unglaublich abhängig vom Weltraum geworden, aber das ist alles nicht erkennbar. Man mag es nicht sehen können, aber für das reibungslose Funktionieren unserer Lebensweise ist es von absoluter Bedeutung.
>
> In der Raumfahrtindustrie hat sich ein großer Wandel vollzogen. Früher war die gesamte Branche auf den Flug großer Raumfahrzeuge ausgerichtet. Aber diese Art von Weltraum ist passé. Jetzt gibt es kleinere Raumfahrzeuge wie diese Satelliten, die von einem unserer Kunden, Planet Labs, hergestellt werden. Im Inneren eines solchen kleinen Vehikels befinden sich Batterien, Elektronikteile, ein bisschen Code und Solarzellen. Jede einzelne dieser Technologien hat in den letzten fünf Jahren eine enorme Entwicklung durchgemacht.
>
> Und das wirklich Aufregende ist, dass die Unternehmen, die im Weltraum aktiv sind, nicht die Unternehmen sind, an die man auf Anhieb denkt. Sie sind ganz neu. Es ist der Typ, der einen Sensor baut, der in einem Gebäude etwas

---

[*] Rocket Lab hatte zu diesem Zeitpunkt 350 Angestellte, von denen 300 in Neuseeland und 50 in den USA arbeiteten.

misst, und dann plötzlich feststellt, dass er ihn in die Umlaufbahn bringen und diese Technologie der ganzen Welt zur Verfügung stellen kann.

Das ist es, was mich wirklich anspornt. Die Dinge, von denen wir glauben, dass wir sie jetzt für den Weltraum nutzen, sind nicht jene wirklich interessanten Dinge, für die wir den Weltraum in Zukunft nutzen werden. Diese Art von Dingen müssen erst noch erdacht werden, und ihr könntet diejenigen sein, die sie sich ausdenken.

Wir haben bis heute fast eine halbe Milliarde Dollar zusammengetragen. Wir waren nicht nur bei der Kapitalbeschaffung erfolgreich, sondern auch bei den Dingen, die wir erreicht haben. Rocket Lab ist mit der Electron derzeit das einzige Unternehmen der Welt, das kommerziell eine kleine Trägerrakete aktiv einsetzt. Es gibt nur zwei private Unternehmen in der Geschichte der Menschheit, die jemals ein Raumfahrzeug in die Umlaufbahn gebracht haben, und das sind Elons SpaceX mit der Falcon 9 – und wir. Das war's. Es gibt kein anderes.

Der Klub ist sehr klein, und es ist sehr, sehr schwer, dort hineinzukommen. Die Einstiegshürden sind hier einfach gewaltig. Wir müssen etwa die 27-fache Schallgeschwindigkeit erreichen, um in die Umlaufbahn zu gelangen. Wenn man nur einen Bruchteil eines Prozents an Leistung oder einen Bruchteil eines Prozents an Masse verliert, kommt man nicht in den Orbit. Dann ist es nur ein zehn Millionen Dollar teures Feuerwerk.

Es ist eben verdammt noch mal unglaublich schwer.

Das ist nicht nur eine Frage der technischen Anforderungen, sondern auch der Auflagen und der Infrastruktur. Wir mussten einen Ort finden, an dem wir die notwendige Startfrequenz erreichen konnten, denn für mich ist die Frequenz das Wichtigste. Dieser Startplatz auf der Mahia-Halbinsel ist das einzige private Abschussgelände der Welt, von dem aus alle 72 Stunden gestartet werden darf.

Uns geht es darum, das menschliche Potenzial entscheidend zu steigern. Wir fliegen ins All, um den Menschen auf der Erde zu helfen, und das ist superwichtig. Es ist mir auch wichtig, dass wir schöne Dinge bauen. Es ist mir egal, ob es sich um eine Tabellenkalkulation oder ein Ventil für eine Rakete handelt – legt bitte bei allem, was ihr tut, Wert auf Schönheit.

Ihr werdet feststellen, dass jedes Bauteil dieser Rakete einfach schön ist. Der Grund, warum ich so viel Wert darauf lege, ist ganz einfach: Wenn sich jemand die Zeit genommen hat, etwas schön zu machen, funktioniert es im

Allgemeinen auch. Und das gilt nicht nur für Bauteile. Nehmt euch ein bisschen mehr Zeit beim Formatieren einer Tabelle. Verbessert die Schriftarten und verwendet keine schrecklichen Farben, die nicht zusammenpassen. Lasst es einfach schön aussehen. Das ist mir wirklich wichtig.

Natürlich wollen wir ein großes Unternehmen sein, und das gelingt uns auch sehr gut. Und ich stehe nicht gerne auf der Verliererseite, also werden wir uns darauf konzentrieren, weiterhin der Branchenführer zu sein.

Wir tun hier, wozu normalerweise ein ganzes Land nötig ist, und das mit einem kleinen Team. Wenn man sich unsere Konkurrenten ansieht, haben sie viel, viel größere Teams als wir. Aber wir sind einfach viel, viel schlauer. Es wird viele harte Tage geben, denn das hier ist ein Lifestyle. Wir versuchen, einen bedeutenden Einfluss auf die Welt zu haben, was nicht einfach sein wird. Aber wenn ihr einen harten Tag habt, geht einfach runter und berührt die Rakete. Streichelt sie einfach. Das ist alles, was ihr tun müsst, und alles wird wieder gut.

Und denkt daran: Wenn ihr die Rakete streichelt, ist es eure DNA auf der Oberfläche, und eure DNA fliegt ins All, und das ist verdammt cool.

Am 11. November 2018 begann Rocket Lab mit den Vorbereitungen für seinen dritten Start. Es nannte ihn »It's Business Time«, was sowohl eine Anspielung auf einen Song des neuseeländischen Musik-Comedy-Duos Flight of the Conchords war als auch als Ankündigung zu verstehen war, dass Rocket Lab die Testphase endgültig hinter sich gelassen hatte. Ja, es hatte bereits einige Satelliten in die Umlaufbahn gebracht, aber diese Kunden wussten, dass sie mit einer noch unerprobten Trägerrakete ein großes Risiko eingingen. Diesmal setzten Rocket Lab und Beck ihren Ruf voll und ganz aufs Spiel. Sie beabsichtigten, gleich sechs Satelliten im Auftrag von vier Kunden zu transportieren.

Zwei der Satelliten stammten von Spire, einem Satelliten-Start-up, das sich auf die Überwachung von Schiffen, Flugzeugen und Wetterveränderungen spezialisiert hat. Tyvak Nano-Satellite Systems hatte ebenfalls einen Wettersatelliten an Bord, und eine Gruppe kalifornischer Highschool-Schüler hatte einen kleinen Satelliten für ein Experiment zur Datenerfassung gebaut. Die letzten beiden Satelliten stammten von einem australischen Start-up-Unternehmen, Fleet Space Technologies, das plante, seine Maschinen als Grundlage für ein neues weltraumgestütztes Kommunikationsnetz zu verwenden.

WIR SIND GANZ BEI IHNEN

Vieles an diesem Start entsprach dem Spirit, den die heraufziehende Ära des New Space ausgelöst hatte. Fleet hatte noch keinen einzigen seiner Satelliten in die Umlaufbahn gebracht und hatte das letzte Jahr damit verbracht, als sekundäre Nutzlast auf Raketen von SpaceX und der indischen Regierung mitzufliegen. Die Starts dieser Raketen hatten sich jedoch verzögert, und Fleet war kein ausreichend renommierter Kunde, um einen besonderen Platz auf anderen Flügen zu erhalten. Das Unternehmen hatte sechs Wochen zuvor erfahren, dass Rocket Lab einen zusätzlichen Platz auf der Electron haben würde, und war mit seinen Satelliten umgehend vorstellig geworden. Die Geschäftsführerin des Unternehmens, eine Italienerin namens Flavia Tata Nardini, war gekommen, um den Start im Zuschauerbereich außerhalb des Kontrollzentrums zu verfolgen. Sie freute sich, dass Fleet endlich mit seiner Arbeit beginnen konnte, die es winzigen Sensoren, wie sie etwa an Schiffscontainern und Bodenfeuchtigkeitsdetektoren angebracht sind, ermöglichen würde, Daten von ihren abgelegenen Standorten in den Weltraum zu senden und dann zur Analyse zurück an Computer auf der Erde.

Der Platz auf der Rakete war für Fleet aufgrund früherer Fehlstarts von Rocket Lab frei geworden. Das Unternehmen hatte bereits zwei frühere Versuche mit der »It's Business Time«-Kampagne im Mai und Juli unternommen, aber die Starts nach der Entdeckung ernsthafter technischer Probleme abgebrochen. Es gab Gerüchte, dass es bei einem der Starttests zu einer größeren Explosion gekommen sei, aber Rocket Lab hatte den genauen Grund für den Fehlstart geheim gehalten. Das Einzige, was man mit Sicherheit wusste, war, dass inzwischen zehn Monate vergangen waren, seit Rocket Lab das letzte Mal die Umlaufbahn erreicht hatte, und dass es sich doch als schwieriger erwies, Raketen so schnell herzustellen, wie Beck es sich erhofft hatte.

Diese Verzögerungen trugen natürlich zu Unsicherheit und Spannung vor dem dritten Start bei. In einer Besprechung vor dem großen Ereignis brachte eine Gruppe von Rocket-Lab-Ingenieuren Beck und die amerikanischen Sicherheitsbeauftragten alle auf den aktuellen Kenntnisstand, was die Rakete betraf. Das Treffen fand natürlich an einem acht Meter langen Tisch aus Carbonfaser statt.

Selbst in den letzten Stunden vor dem geplanten Start gab es noch einige Probleme mit der Rakete, aber man hatte sich der Sache direkt angenommen und arbeitete daran, sie zu beheben. »Niemand muss hier nervös werden«, sagte Beck, als jemand bemerkte, dass sie wahrscheinlich in letzter Minute einen Anruf wegen eines der problematischen Teile tätigen müssten. »Wir feuern sie einfach ab.«

DAS PETER-BECK-PROJEKT

Rocket Lab musste etwa 4300 behördliche Auflagen erfüllen, damit die US-Behörden grünes Licht für den Flug gaben, während in Neuseeland etwa 40 ähnliche Bestimmungen zu erfüllen waren. »Unsere Einstellung ist: Wenn es für die US-Luftfahrtbehörde gut genug ist, dann ist es auch gut genug für uns«, merkte einer der Neuseeländer an.

Nach dem Treffen vertrieben sich die Leute im Headquarter von Rocket Lab die Zeit damit, über einige der Besonderheiten zu sprechen, die ein Start von Neuseeland aus mit sich brachte. Ein Radiosender ließ rund um die Uhr automatische Durchsagen in der Gegend um Mahia laufen, um so Boote und andere Schiffe vor dem bevorstehenden Ereignis zu warnen. Die meisten Leute waren froh, Rocket Lab aus dem Weg zu gehen, aber die Flusskrebsfischer standen unter dem Druck der Fangquoten und fuhren gerne raus, wenn die Preise für Flusskrebse hoch waren. Bei Bedarf funkte Rocket Lab die Fischer einzeln an und bat sie höflich, ihre Arbeit für 18 Minuten zu unterbrechen, damit Rocket Lab eine Rakete ins All schießen konnte. Die Bauern, die auf der Onenui Station arbeiteten, entfernten sich an den Starttagen von der Abschussrampe, aber die Schafe waren manchmal weniger kooperativ. Die Mitarbeiter von Rocket Lab erzählten von einem Schaf, das vor dem Start am Rande einer Klippe stand und genau dann verschwand, als die Rakete abhob. »Es gibt keine Beweise dafür, dass das Schaf gesprungen ist, denn jemand ging hin, um nachzusehen«, so die Geschichte. »Der Rauch stieg auf, und das Schaf war weg, aber es ist immer noch nicht ganz klar, was genau in dem Moment passiert ist.«

Während die Stunden verstrichen und der Countdown näher rückte, verstummte der Small Talk allmählich. Die Ingenieure und die für den Start verantwortlichen Mitarbeiter von Rocket Lab nahmen ihre Plätze im Kontrollzentrum ein, und Tirtey koordinierte das Ganze. Das neue Hauptquartier ermöglichte es Rocket Lab zum ersten Mal, Publikum bei einem Raketenstart mit dabeizuhaben. Etwa 50 Leute hatten sich im Darth-Vader-Zuschauerbereich versammelt, wo sie durch die Scheiben blicken und den Start und den Flug der Rakete auf den riesigen Bildschirmen verfolgen konnten. Die Zuschauer waren im Wesentlichen Mitarbeiter von Rocket Lab mit ihren Familien, Kunden der Satellitenfirmen und meine Wenigkeit. Der Start fand an einem Sonntag statt, und es waren nicht so viele Angestellte gekommen wie erhofft. Einige der Mitarbeiter hatten offenbar Besseres zu tun. »Offenbar ein neuseeländisches Ding«, meinte einer der Anwesenden. »Ich verstehe die ganze Aufregung nicht.«

Da saß er nun inmitten der Mission Control: Beck trug ein schwarzes T-Shirt, eine schwarze Hose und schwarze Schuhe. Die Zeit der weißen Laborkittel war passé. Zehn Minuten vor dem Start starrte er auf die großen Bildschirme und schlug dann die Hände vors Gesicht. Es sah fast so aus, als ob er beten würde.

Das Schreckliche an dem ganzen Geschäft mit den Raketen ist natürlich, dass man, egal wie gut man sich geschlagen hat, immer nur eine Explosion von einer Krise entfernt ist. Rocket Lab hatte die Welt mit seinen bisherigen Erfolgen zum Staunen gebracht, aber ein größeres Missgeschick bei dieser Mission würde den Vorsprung vor den Konkurrenten schmälern und die Glaubwürdigkeit des Unternehmens untergraben. Der Spruch »It's Business Time« könnte zum bitteren Rohrkrepierer werden.

Beck hatte seinem Team bereits angekündigt, dass er persönlich den Countdown für den Start durchführen wollte. Um 16:50 Uhr war der Mann aus Invercargill mit seinem rollenden »R« über die Lautsprecher von Mission Control zu hören: »Tin, nine, eight, suvun, sux, five, fourrr, thrrre, two, one.« Die Rakete hob ab.

Während sich die Rakete auf den Weg ins All machte, hatte Beck beide Hände in seine lockige Haarpracht gekrallt. Jedes Mal, wenn die Electron einen prekären Moment überwunden hatte, ließ er für einen Moment los und reckte die geballte Faust oder schlug mit der flachen Hand auf den Tisch. »Keep going!!!!«, schrie Tata Nardini wie entfesselt. »Keep going!!!!« Dabei stand die bangende Kundin weit außerhalb des Kontrollzentrums. Nachdem acht Minuten verstrichen waren und die Rakete die Umlaufbahn erreicht und ihre Satelliten ausgesetzt hatte, füllten sich Becks Augen mit Tränen, und er verschränkte die Hände hinter seinem Kopf. Vor allem aber versuchte er jetzt erst einmal, tief durchzuatmen.

Einige Minuten später verließ Beck das Schaltzentrum und kam zu einem Gespräch heraus. Er wirkte erschöpft und von Emotionen überwältigt. »Die Spiele sind eröffnet«, strahlte er. »Diese Ära hat sich immer weiterentwickelt. Das Rennen um kleine Starts ist vorbei. Wir haben bewiesen, dass es machbar ist.« Dann bat er mich, herauszufinden, ob Elon Musk den Start gesehen habe. »Das Team wäre begeistert«, sagte er.

Zur großen Überraschung der ganzen Raumfahrtindustrie startete Rocket Lab nur einen Monat später eine weitere Rakete und brachte, wie versprochen, eine Reihe von Satelliten für die NASA in die Umlaufbahn. Die Konkurrenten von Rocket Lab konnten dagegen in jenem Jahr keinen einzigen erfolgreichen Start durchführen. Auch nicht im Jahr 2019. Und auch nicht im Jahr 2020. Es gab nur Rocket Lab, SpaceX und niemanden sonst.

Im Mai 2019 half ich, ein Treffen zwischen Beck und Musk zu arrangieren. Beck war zu den Büros von Rocket Lab in Kalifornien geflogen, und Musk hatte Zeit in seinem Terminkalender gefunden, obwohl er behauptet hatte, wenig Interesse an Rocket Lab zu haben. Das Treffen sollte die Beziehung zwischen dem Riesen SpaceX und dem Außenseiter Rocket Lab für immer verändern.

SpaceX-Führungskräfte hatten Musk schon lange gedrängt, einige der Falcon-9-Raketen des Unternehmens zu nutzen, um große Mengen kleiner Satelliten in die Umlaufbahn zu bringen. SpaceX hatte zwar gelegentlich kleinere neben größeren Satelliten als Fracht zugelassen, aber einige SpaceX-Mitglieder waren der Meinung, dass es ein gutes Geschäft sein könnte, Tonnen dieser Dinger auf einmal zu fliegen. Pete Worden hatte Musk bereits in der Vergangenheit um Hilfe bei den Ames und seinen Partnern gebauten Satelliten gebeten. Bei einem solchen Treffen zwischen den beiden Männern war Musk schon bei der bloßen Andeutung dieses Ansinnens ausgerastet. »Hören Sie auf damit«, soll Musk gebrüllt haben. »Das kotzt mich wirklich an. Wir werden das nie tun.«

Sollte sich SpaceX in Zukunft dazu entschließen, viele Kleinsatelliten auf einmal zu fliegen, wäre das eine große Bedrohung für Rocket Lab, gerade jetzt, als das Unternehmen so richtig in Fahrt kam. Die großen Falcon-9-Raketen von SpaceX verschafften dem Unternehmen einen allgemeinen Kosten- und Frachtvorteil. Jemand müsste 60 Millionen Dollar für einen SpaceX-Start bezahlen statt der sechs Millionen Dollar bei Rocket Lab, aber er wäre in der Lage, ganze Satellitenkonstellationen mit einer einzigen Rakete in Position zu bringen, anstatt sie Monat für Monat zu kaufen.

Zu diesem Zeitpunkt hatte Brian Merkel seinen Job als Leiter der US-Aktivitäten von Rocket Lab bereits aufgegeben und war zu SpaceX zurückgekehrt. Vor dem Abendessen mit Beck bat Musk einen seiner Vizepräsidenten, sich mit Merkel über Rocket Lab auszutauschen, um herauszufinden, inwieweit das Unternehmen ein echter Konkurrent wäre. »Ich sagte, dass ich nicht beurteilen kann, wie erfolgreich sie als Unternehmen sein werden, aber dass sie großartige Ingenieure sind und dass ihre Raketen starten und sicher fliegen werden«, sagt Merkel. »Ich weiß nicht genau, was bei diesem Abendessen geredet wurde, aber die Leute kamen danach zurück und berichteten, Elon sei beeindruckt gewesen. Ich glaube, Pete hat eine Vision für Rocket Lab vermittelt, die gar nicht so weit von dem entfernt war, was SpaceX im Allgemeinen im Sinn hatte. Ich denke, dass Elon das Treffen als ein Feedback genutzt hat, das ihm sagte, dass Rocket Lab eine Menge Business anzieht und SpaceX etwas davon übernehmen sollte.«

Einer der Gründe, warum Beck um ein Treffen mit Musk gebeten hatte, könnte auf sein Ego zurückzuführen sein.* Verständlicherweise wollte Beck damit deutlich machen, dass er und Rocket Lab im selben exklusiven Klub wie Musk und SpaceX waren. Mehr noch, er wollte, dass Musk ihn als Ebenbürtigen anerkannte. Beck hatte sich viel von seinem bescheidenen neuseeländischen Geist bewahrt, aber er hatte schon immer große Ambitionen gehabt. Der Erfolg von Rocket Lab hatte sein Selbstbewusstsein gestärkt und die Sehnsucht nach Bewunderung geweckt. Das Problem war natürlich, dass sein Bestreben, auf Musks Radar zu gelangen, bedeutete, dass er auf Musks Radar landen könnte, was sich in der Vergangenheit als ein tatsächlich schrecklicher Ort erwiesen hat.

Im August 2019 stellte SpaceX einen neuen Plan vor, der regelmäßige Starts für Kleinsatellitenhersteller vorsah. Man würde eine Reihe Falcon 9 freistellen, und verschiedene Unternehmen könnten dann Frachtraum auf den Raketen kaufen. Wenn ein Unternehmen rund 225 Kilogramm Fracht verschicken wollte, was in etwa dem entspricht, was eine Electron transportieren konnte, würde dies etwas mehr als eine Million Dollar kosten, also fünf Millionen Dollar weniger als das, was Rocket Lab verlangte. Später brachte SpaceX im Rahmen des Programms die Rekordzahl von 143 Satelliten in einem einzigen Start auf den Weg.

Musk wusste es zu diesem Zeitpunkt nicht, aber Beck hatte auch für den alten Elon einige Überraschungen parat.

Für Außenstehende mag Rocket Lab immer noch wie ein unbedeutender Akteur in der Raumfahrtindustrie ausgesehen haben. SpaceX und Musk waren wie schwarze Löcher der Aufmerksamkeit und saugten jede verfügbare Presse auf, wenn es um New Space ging. Beck hatte nicht annähernd den Bekanntheitsgrad von Musk in seinem Heimatland oder anderswo. In der Raumfahrtbranche hingegen bewunderte man Rocket Lab. Electron galt als die vielleicht beste Kleinrakete, die je gebaut worden war. Während die ersten drei Starts von SpaceX in Flammen endeten, waren die ersten drei Starts von Rocket Lab nahezu perfekt verlaufen. Lediglich eine Softwarepanne, die sich der Kontrolle des Unternehmens entzog,

---

* Beck erzählte mir anschließend so gut wie nichts darüber, wie das Treffen verlaufen war, außer dass sie »einen Heidenspaß zusammen hatten«

hatte die ansonsten makellose Erfolgsbilanz getrübt. Kein neues Raketenprogramm hatte jemals so begonnen. Rocket Lab und Beck hatten Dinge herausgefunden, die alle anderen in der Vergangenheit ratlos gemacht hatten.

Nach allem, was man hört, haben die Zusammensetzung und die Kompetenz des Teams von Rocket Lab zu diesem Erfolg geführt. Die Neuseeländer brachten ihre Kreativität und ihren »Can do«-Spirit in das Projekt ein. Die Australier hatten mehr Erfahrung in der Branche und wussten, was nötig war, um etwas von der Forschung und Entwicklung bis zur tatsächlichen Fertigung voranzutreiben. Die Abgeschiedenheit des Vorhabens hatte die Menschen ermutigt, anders zu denken und einfacher zu handeln. Aber selbst diese Bedingungen konnten nicht vollständig erklären, was Rocket Lab erreicht hatte. Es hatte die beste Kleinrakete aller Zeiten für 100 Millionen Dollar gebaut und war dabei fast pünktlich fertig geworden. Das Unternehmen und seine Kultur waren eine absolute Ausnahme in einer Branche, die sich rühmte, von den besten und klügsten Köpfen beherrscht zu werden.

Beck würde es nie laut aussprechen, aber er war das entscheidende Element, das all das möglich machte. Er hatte eine Mischung aus Ingenieursmagie, einer irren Dynamik und einer unvergleichlichen Praktikabilität mitgebracht, die den Konkurrenten von Rocket Lab zu fehlen schien, die Milliarden von Dollar ausgaben, um ihren Konkurrenten einzuholen. Es gab einige urwüchsige Geschichten, die von Becks unerbittlichem Pragmatismus zeugten. In den Anfangstagen des Unternehmens nahm er zum Beispiel eine Handvoll Ingenieure mit auf Exkursionen in die USA, um Museen und NASA-Standorte zu besuchen. Sie landeten etwa im National Museum of Nuclear Science & History in Albuquerque, New Mexico, und untersuchten, welche Art von Isolierung die alten Interkontinentalraketen um ihre Rohre hatten. Dann ging es weiter zum nächsten Ort und zum nächsten, auf der Suche nach Hinweisen zum Bau von Raketen, die einfach in Vergessenheit geraten waren. »Mit Peter zu reisen ist beschissen«, so Tirtey. »Man fliegt die ganze Zeit, und die ganze Reise ist total eng getaktet. Man sieht nicht nur einen Ort pro Tag und übernachtet in einem schönen Hotel. Man besucht diesen einen Ort, sieht ihn, reist dann ab und fährt zum nächsten Ort und schläft dann am Flughafen. Man hat nie Zeit, um etwas zu essen, also holt man sich einfach ein Eis und isst es im Taxi. Es ist alles vollkommen lebensintensiv.« Beck lebte tatsächlich jeden Tag wie ferngesteuert mit demselben zielstrebigen, konzentrierten Denkansatz.

Eine andere Sache, die Beck nie erwähnen würde, ist, dass er eine Reihe von Ordnern in einem Aktenschrank zu Hause hat, in denen die größten Probleme und Herausforderungen von Rocket Lab detailliert aufgeführt sind. Die Informationen in den Ordnern gehen auf die technischen Probleme ein, mit denen Rocket Lab konfrontiert war, und darauf, wie das Unternehmen einen Ausweg aus den Problemen fand. In fast allen Fällen hat sich Beck unter der Dusche oder allein in seiner Werkstatt etwas einfallen lassen, das Rocket Lab über ein unüberwindbares Hindernis hinwegbrachte. Letztendlich war es das Team, das Becks Ideen zum Leben erweckte und sie zum Funktionieren brachte. Aber ohne Becks Erkenntnisse wäre Rocket Lab höchstwahrscheinlich in der gleichen Lage gewesen wie seine Konkurrenten.

Was Beck wirklich antreibt, bleibt für sein Umfeld und vielleicht sogar für ihn selbst ein Rätsel. Manche glauben, seine größte Motivation sei der Wunsch gewesen, reich zu werden und sowohl in Neuseeland als auch in der Welt eine große Nummer zu sein. Als Rocket Lab immer besser dastand, schienen die Tatsachen diese Ansicht zu untermauern. Becks Bescheidenheit wich manchmal dem Wunsch nach mehr Aufmerksamkeit. Er wollte, dass die Menschen Rocket Lab mit der gleichen fast religiösen Inbrunst betrachteten, die sie SpaceX entgegenbrachten. Ohne Frage wollte Beck die Aufmerksamkeit, die sonst fast ausschließlich Musk zuteilwurde, in entschiedenem Maß auch auf sich ziehen.

Nach dem Start unter dem Motto »It's Business Time« besuchte ich Beck in seinem Ferienhaus auf der Südinsel Neuseelands. Wir haben mit unseren Söhnen in einem Fluss nach Gold geschürft. Meine Kinder waren süß, aber ziemlich hoffnungslos, wenn es darum ging, bei diesem Unterfangen zu helfen. Becks Sohn sprang in den Jeep seines Vaters, schleppte die Ausrüstung heraus und begann mit der Suche nach Gold. Wenn andere Leute mit ihren Lastwagen in unsere Nähe fuhren, rief Becks Sohn Dinge, die ihm an ihren Motoren auffielen, allein aufgrund ihrer Geräusche.[*] Danach fuhren wir mit Jetskiern. Beck hatte die schnellsten Maschinen gekauft, die es gab, und es zerriss mich fast, als er mit mir als Sozius hinter ihm mit einem Mal davonbrauste.[**]

---

[*] Meine Jungs zogen ihr eigenes Spiel durch, als hätten sie gerade eine Runde »Dungeons & Dragons« gestartet.

[**] Um mir meine journalistische Unabhängigkeit zu beweisen, weigerte ich mich, mich an Becks Oberkörper festzuhalten, sondern nahm die popeligen Griffe an den Seiten des Jetskis. In der Folge wurde ich jedes Mal, wenn er unvermittelt Gas gab, nach hinten geschleudert und musste meine ganze körperliche Kraft einsetzen, um nicht rauszufallen. Ich bin mir ziemlich sicher, dass Beck mir damit etwas sagen wollte.

Während unseres gemeinsamen Tages versuchte ich mein Bestes, Small Talk zu betreiben und Beck dazu zu bringen, mir zu sagen, was er sich von seiner Tätigkeit als Weltraummagnat wirklich erhoffte. Musks Lebensziel ist es, den Mars zu besiedeln. Hatte Beck ein geheimes, ebenso hochgestecktes Ziel? Was war der Sinn seiner ganzen Arbeit? Aber ich schien keine Fortschritte zu machen. Beck wollte über die Kleinigkeiten des Raketengeschäfts und die Mühen seiner Konkurrenten sprechen. Er erwähnte mit keinem Wort, dass er etwas kolonisieren oder in den Weiten des Weltraums nach Leben suchen wollte. »Verstehen Sie mich nicht falsch, ich denke, dass es die menschliche Spezies auf eine neue Ebene hebt, wenn wir ein paar Menschen zum Mars schicken«, sagte er. »Unbestritten. Ich denke, das ist wunderbar. Aber ich denke, man kann eine größere Wirkung auf eine größere Gruppe von Menschen haben, wenn man den Weltraum kommerzialisiert und zugänglich macht. Auf diese Weise kann man das Leben der Menschen beeinflussen und es verbessern.«

Er fuhr fort: »Wenn wir mal ehrlich sind, was hat es für Auswirkungen auf Ihr oder mein Leben, wenn wir ein paar Leute zum Mars schicken? Wir sind begeistert, und das ist es auch schon. Denn es ändert nicht wirklich etwas an der Art, wie ich mein Leben lebe. Wenn wir jedoch eine Menge Wettersatelliten aufstellen und bessere Wettervorhersagen machen, sodass die Ernte besser ausfällt oder wir entscheiden können, ob wir wandern gehen wollen oder nicht, dann hat das einen bedeutenden Einfluss auf mein Leben.«

Doch Rocket Lab und Beck sollten in den kommenden Jahren noch unter Beweis stellen, dass sie immer für Überraschungen gut sind. Während die Konkurrenz noch versuchte, mit Rocket Lab Schritt zu halten, hatte das Unternehmen bereits seine nächsten Schritte geplant. Beck hatte ein Händchen dafür, seine wahren Absichten zu verbergen, damit ein Rivale keine Ahnung von seinem Masterplan bekam. Ein typisches Beispiel: Kurze Zeit nach der rasanten Fahrt auf den Jetskiern entdeckte Neuseeland, dass es doch ein Abkommen für den Mond brauchte.

AD ASTRA –
ZU DEN STERNEN

KAPITEL 16

RAKETEN OHNE ENDE

Etwa Mitte 2016 schnappte ich von ein paar Freunden von mir, die in der Raumfahrtindustrie tätig sind, einige höchst merkwürdige Gerüchte auf. Sie behaupteten, es gäbe ein Raumfahrt-Start-up, das seinen Sitz in der Nähe der Market Street in San Francisco habe, und dass es dieser Firma gelungen sei, ganz kleine Trägerraketen zu bauen, die binnen kürzester Zeit – praktisch auf Abruf – Dinge ins All befördern könnten. Meine Freunde erzählten mir, dass der Großteil dieser Raketen im Auftrag des Verteidigungsministeriums gebaut werde. Das Militär wollte offensichtlich herausfinden, was möglich war, wenn es darum ging, Objekte ins All zu befördern, sei es auch noch so ungewöhnlich, und ihnen gefiel die Vorstellung, einen Satelliten ins All zu befördern, ohne dass es jemandem auffallen würde.

Ich musste erst ein bisschen herumforschen, bis ich den Namen dieses Start-ups herausbekam: Ventions LLC, mit seinem Geschäftsführer Adam London. Und meine Freunde hatten recht gehabt: Die Adresse, 1142 Howard Street, bedeutete, dass diese Firma im Stadtteil SoMa lag, kurz für South of Market, mitten in San Francisco. Das faszinierte mich alles sehr, zumal es im Internet so gut wie gar keine Informationen zu diesem Adam London gab und man sich nicht vorstellen kann, dass es mitten in SoMa ein Raketen-Start-up gibt, denn dieser Stadtteil ist eigentlich während des Dotcom-Booms bekannt geworden, als dort zahlreiche Internet- und Softwarefirmen aus dem Boden schossen, mit den passenden hippen Cafés, in denen Risikokapitalanleger sich gerne die Klinke in die Hand gaben.

Ich schickte Ventions eine E-Mail in der Hoffnung, dass dieses geheimniskrämerische Start-up vielleicht seine Geheimnisse preisgeben würde, wenn sich ihm die Gelegenheit bot. Sie lehnten mein großzügiges Angebot ab. »Da der Großteil unserer Arbeit in Zusammenhang mit dem Verteidigungsministerium steht, können wir uns wegen der Schweigepflicht leider nicht öffentlich über unsere Arbeit äußern«, antwortete London. »Sollte sich das jedoch in der Zukunft ändern, würden wir sehr gerne auf Sie zukommen.«

Diese sehr höfliche E-Mail steigerte mein Interesse an Ventions: Ich war nun nicht mehr bloß neugierig, ich wurde gierig. In den folgenden Monaten löcherte ich alle möglichen Menschen aus der Raumfahrtindustrie mit Fragen über Ventions und was genau diese Firma für die Zukunft wohl plane. Zudem arbeitete ich mich in die Aufträge ein, die Ventions von der US-Regierung bekommen hatte. Dabei zeigte sich mir folgende Geschichte: Es handelte sich um eine sehr kleine Firma mit knapp einem Dutzend Mitarbeitern, die sich seit Jahren mit dem einen oder anderen Auftrag für die Air Force und die DARPA (Defense Advanced Research Projects Agency) über Wasser gehalten hatte. Alles, was sie dabei verdient hatte, wurde für ein einziges Ziel ausgegeben: für den Bau einer sehr kleinen, sehr kostengünstigen Trägerrakete, die mindestens einen kleinen Satelliten sehr schnell in die erdnahe Umlaufbahn transportieren könnte. Tatsächlich waren die Raketen von Ventions so klein, dass sie unter ein Flugzeug passten – denn ein Flugzeug sollte sie in die Luft hochbefördern und dort abkoppeln, woraufhin die kleine Rakete mit dem Namen Salvo ihre Triebwerke zünden und ins All durchstarten würde. (Dies kommt sehr nah an die »Responsive Space«-Mission heran, von der Pete Worden und seine DARPA-Mitstreiter jahrelang geträumt hatten.)

Aus dem einen oder anderen Grund kam ich nie dazu, über Ventions und das, was ich herausgefunden hatte, zu schreiben. Wahrscheinlich wartete ein Teil von mir immer noch darauf, dass London es sich anders überlegen und mir doch die ganze Hintergrundgeschichte erzählen würde. Und dann geschah etwas Merkwürdiges. Es war im Februar 2017, ich war mit Robbie Schingler von Planet Labs in Indien unterwegs. Schingler erwähnte, dass er eine gewisse Zeit lang bei einer geheimen Raketenbaufirma verbracht habe, die Mitten in San Francisco lag. Tatsächlich sei sein guter Freund Chris Kemp neuerdings Geschäftsführer dieser Firma geworden.

Ich kannte Kemp schon seit Jahren, seit er für die NASA die technische Leitung von Ames übernommen hatte. Vor allem hatte mich immer interessiert, welche Rolle Kemp bei einem Softwareprojekt namens OpenStack spielte, bei dem es darum ging, eine Art von Cloud-Computing-System innerhalb der NASA zu etablieren. Die unabhängige Regierungsbehörde hatte Schwierigkeiten, wenn es darum ging, ihre Daten für die verschiedenen Zentren, Wissenschaftler und Ingenieure zugänglich zu machen. OpenStack war der Versuch der Entwicklung von Software, die es einfacher machen sollte, alle Informationsdatenbanken der NASA miteinander zu verknüpfen. Das Projekt war letzten Endes so erfolgreich, dass die NASA beschloss – auf Drängen von Kemp hin –, diese Software als Open Source allgemein verfügbar zu machen, sodass jeder sie nutzen konnte. Es gab zahlreiche Firmen, die sich schnell den OpenStack-Code sicherten und ihre eigenen gemeinsamen Datenbanksysteme kreierten – tatsächlich wurde OpenStack eines der erfolgreichsten Open-Source-Projekte der Welt.

Im Jahr 2011 beschloss Kemp, die NASA zu verlassen und ein Start-up rund um die Computertechnologie für die OpenStack-Cloud zu gründen. Er gab der neuen Firma den Namen Nebula, in Anspielung auf den Codenamen, den OpenStack bei der NASA gehabt hatte, und generierte von einigen der bekanntesten Investoren des Silicon Valley über 30 Millionen Dollar für das Unternehmen.* Nebula baute eigene Computerserver, die Datenzentren angeboten wurden, und statteten sie direkt mit der OpenStack-Software aus. Sie bauten darauf, dass Unternehmer ihre Kombination aus Server und Software kaufen und diese Technologie dann nutzen würden, um ihre eigenen Cloud-Computing-Systeme zu erstellen. Das war zu den Zeiten, als der Aufstieg der Cloud-Computing-Industrie sich abzeichnete, und Nebula war ein direkter Mitbewerber von Amazon, die damals bereits den noch jungen Markt dominierten. Anstatt Platz auf den Rechnern von Amazon zu mieten, konnte eine Firma mithilfe von Nebula ihr eigenes, intern geteiltes Datenbanksystem einrichten und dadurch die Kontrolle über ihre Informationen behalten.

Kemps Entscheidung, eine Firma auf der Basis einer Technologie zu gründen, deren Entwicklung vom Steuerzahler bezahlt worden war, gefiel manchen der leitenden Figuren bei der NASA keinesfalls. Dazu kam noch, dass Kemp früher einer von »Pete's Kids« gewesen war, und Worden hatte reichlich Feinde, die nur auf die Gelegenheit warteten und sich auf alles stürzen würden, was auch nur im Entferntesten angreifbar war, um ihm und seinen Anhängern das Leben schwer zu

---

* Zu den Investoren gehörten auch die drei Milliardäre, die die ersten Schecks für Google ausgestellt hatten: Andy Bechtolsheim, David Cheriton und Ram Shriram. Was Investitionen betraf, waren diese drei Männer dafür bekannt, einen besonderen Spürsinn für Erfolg zu haben.

machen. Bevor Kemp die NASA verließ und die Firma Nebula ins Leben rief, war er plötzlich Ziel eines Ermittlungsverfahrens. Er erinnert sich wie folgt: »Es waren schon Dutzende Unternehmen gegründet worden, die sich auf Technologien beriefen, die bei der NASA entwickelt worden waren. Dazu gehört zum Beispiel Bloom Energy, die waren damals ziemlich bekannt. Als ich anfing, mich ernsthaft mit dem Gedanken zu befassen, die NASA zu verlassen und eine eigene Firma zu gründen, ging ich schon sehr früh zu den Leuten von Bloom und bat sie um Rat. Sie sagten: ›Halte dich an die Regeln.‹ Und genau das habe ich getan. Ich habe mir einen Anwalt besorgt und darauf geachtet, dass alles ganz sauber abläuft. Aber bevor wir überhaupt richtig losgelegt hatten, wurde einer meiner Partner, der von der Idee vollends begeistert war, etwas überschwänglich und schickte eine E-Mail herum, in der er verkündete, dass wir ein eigenes Unternehmen gegründet hätten.

Das stimmte zwar nicht, aber die Mail wurde von unzähligen Leuten weitergeleitet.

Dann, eines Tages, saß ich in meinem Büro bei der NASA, als plötzlich früh morgens das FBI erschien und mein Büro durchsuchte. Da standen etwa zehn Männer in schwarzen Anzügen und schwarzen Mänteln vor mir, die plötzlich alle meine Rechner und alle Akten beschlagnahmten. Natürlich gab ich ihnen gerne alles, was sie verlangten, aber dann wollten sie auch mein privates Telefon haben. Da habe ich protestiert: ›Nein, Sie können mein Telefon nicht mitnehmen!‹ Aber sie sagten: ›Doch, das gehört jetzt uns.‹ Ich widersprach: ›Nein, das sehen Sie falsch. Sie nehmen mein Telefon nicht mit.‹ Dann legten sie plötzlich die Hände an ihre Waffen, und ich fragte: ›Wollen Sie jetzt auf mich schießen?‹

Sie forderten mich immer wieder auf, ihnen mein Telefon zu geben, aber ich weigerte mich. Es war die reinste Pattsituation. Ich sagte: ›Ihr könnt da rumstehen, solange ihr wollt, und mit den Pistolen wedeln, aber ihr bekommt mein Telefon nicht. Es ist mein Telefon, also verpisst euch.‹ Und sie antworteten: ›Nun gut, dann folgen wir Ihnen nach Hause.‹ Daraufhin rief ich meine damalige Frau an und erzählte ihr: ›Hallo, äh, hier ist das FBI und der Inspector General und jede Menge andere Leute in schwarzen Autos, und die wollen mir bis nach Hause folgen, also dachte ich, ob du mich vielleicht abholen könntest. Ich möchte aufmerksam beobachten, was zwischen jetzt und unserer Ankunft zu Hause passiert.‹

Meine Frau holte mich also vor dem Gebäude ab, und eine ganze Autokolonne voller Agenten folgte uns. Als wir zu Hause ankamen, drückte ich an der Einfahrt den Knopf für das Garagentor, dann fuhren wir in die Garage und schlossen das Garagentor hinter uns. Darüber waren die gar nicht glücklich. Die flippten regelrecht aus. Sie dachten, dass ich drinnen irgendwelche Beweismittel vernichte oder so ähnlich. Aber meine Einstellung war die, dass ich nichts Falsches getan hatte und dass das alles für mich eine große Unannehmlichkeit war.

Sie kamen ins Haus, und ich händigte ihnen noch mehr Computer aus. Sie befragten mich. Man soll eigentlich gar nichts sagen, man soll sie nur darauf hinweisen, dass sie mit deinem Anwalt sprechen sollen. Das habe ich nicht getan. Ich habe ihnen alles gesagt. Sie fragten mich nach der E-Mail und all solchen Dingen.

Nun gut, letzten Endes kam es zu einer Untersuchung vor einem Geschworenengericht, und jeder, der mich kannte, wurde vorgeladen – das Ganze zog sich über ein Jahr hin. Ich war mir dessen zu der Zeit gar nicht bewusst. Es war eine ziemlich ernste Sache. Und alles nur, weil sie dachten, ich hätte eine Firma gegründet, hatte ich aber gar nicht, ich hatte bloß davon geredet.

Am Ende war die Verjährungsfrist erreicht, und ich schmiss eine ›Verjährungsparty‹.«

Diese Anekdote bietet einen guten Einblick in Kemps Charakter: Er versuchte stets, sich an die Regeln zu halten, um bloß in keine bürokratische Falle zu tappen. Gleichzeitig war er über die Maßen ehrgeizig und ließ sich von nichts und niemandem so einfach aufhalten. Für Kemp waren Einschränkungen und traditionelle Strukturen bloße Herausforderungen, die man überwinden musste. Er hatte keinen Sinn für Autoritäten oder deren statische Denkweisen. Viele dieser Charaktereigenschaften waren angeboren, aber die Erfahrungen, die Kemp in der Rainbow Mansion und in Ames gesammelt hatte, hatten ihn mit einem Übermaß an Selbstvertrauen und Überzeugung von seinen eigenen Fähigkeiten ausgestattet.

Im Grunde genommen hätte die Zeit, in der Kemp als Geschäftsführer von Nebula tätig war, seinem Selbstvertrauen einen gewaltigen Schaden zufügen müssen. Nachdem der Aufruhr mit der NASA sich gelegt hatte, brachte er tatsächlich seine Firma an den Start und bekam auch sehr viel Aufmerksamkeit für sein Vorhaben. Doch obwohl Nebula einige frühe Erfolge verbuchen konnte, gelang es ihm doch nie, einen großen Markt für seine Produkte zu etablieren. Im Jahr 2013 trat Kemp von seinem Posten als Geschäftsführer zurück, und 2015 kaufte Oracle einen Teil der Technologie von Nebula und übernahm einige der

Mitarbeiter – es war wie der Ausverkauf einer Firma, die abgewickelt wird. Eine Firma, bei der alle Zeichen auf Erfolg gestanden hatten, war gescheitert.

Doch Kemp schüttelte das Nebula-Debakel einfach ab und schaute sich nach dem nächsten Geschäftsprojekt um. Zudem wurde er noch aufgeschlossener allem gegenüber. Er wurde bei einer Risikokapitalanlagefirma »Gastunternehmer«, was eigentlich nur bedeutete, dass es Investoren gab, die ihm einen Büroplatz anboten, wo er herumsitzen und neue Ideen für Geschäftsgründungen aushecken konnte. Zudem verstärkte er seine Zusammenarbeit mit den Leuten, die das Burning Man organisierten, ein jährlich stattfindendes Festival mit reichlich Sex, Drogen und ausgelebter Kunst, das in der Black Rock Desert abgehalten wird – viel mehr braucht man eigentlich nicht darüber zu sagen, denn das Klischee zum Burning Man ist nun mal reichlich Sex, Drogen und ausgelebte Kunst. Ein Paar Jahre zuvor hatte Kemp beim Burning Man eine Art Vision, die zur Folge hatte, dass aus dem Nerd für Datentechnologie plötzlich ein aktiver und zielgerichteter Unternehmer wurde. In der Zeit nach Nebula drehte es sich bei seinem Umgang mit den Menschen, die das Burning-Man-Festival[*] organisierten, eher um ein persönliches Anliegen, wobei er quasi die Veränderungen seines Wesens bestätigen und somit den neuen, besseren Chris Kemp bestärken wollte.

Wenn er nicht in seinem Büro bei den Risikokapitalanlegern saß und über die Zukunft sinnierte, betätigte Kemp sich als Berater für seine Freunde bei Planet, Robbie Schingler und Will Marshall. Planet hatte so viel Zeit und Geld darauf verschwendet, seine Satelliten auf fremden Trägerraketen zu platzieren, dass die Firma mit dem Gedanken spielte, eigene Raketen zu bauen. Die Geschäftsführung von Planet bat Kemp, rund um den Globus zu reisen, um herauszufinden, was derzeit die neueste Technologie im Bereich der Trägerraketen war, vor allem für kleine Raketen. Und das tat Kemp dann auch mehrere Monate lang. Er besuchte Dutzende von Raketenkonstrukteuren. Natürlich fuhr er auch nach

---

[*] Kemp war manchmal der Leiter des Lunar Fueling Station Camp, das die Festivalbesucher mit Trinkwasser versorgte. »Das ist die eine Sache, die jeder dringend braucht, die aber viele Leute vergessen, wenn sie ihre Vorräte packen«, erklärt er. Er hatte außerdem von zu Hause eine selbstgebaute, solarbetriebene Klimaanlage für sein Zelt mitgebracht. »Es wird hier so ab 11 Uhr richtig heiß, aber die meisten Leute schlafen bis 15 Uhr nachmittags, also habe ich dieses Ding so eingestellt, dass es um 11 Uhr von selbst angeht.«

Neuseeland, um sich Peter Beck und Rocket Lab anzusehen. Schließlich schlug er auch bei Ventions auf und lernte Adam London kennen.

London hatte am MIT seinen Doktor in Luft- und Raumfahrttechnik gemacht – und genau so sah er auch aus. Er war schlank, trug eine Brille, hatte ein jungenhaftes Gesicht. Er sprach meistens nur, wenn er vorher angesprochen wurde, und dann war seine Stimme recht leise, und er sprach mit Bedacht. Seine Worte waren stets sorgfältig gewählt, nie ein Wort zu viel, sodass die meisten Menschen, wenn sie ihm zum ersten Mal begegneten, gleich überzeugt davon waren, dass Adam London verdammt schlau sein musste.

Nach dem Studium hatte London ein paar Jahre lang als Berater bei McKinsey gearbeitet, doch dann hatte er dem Lockruf der Raketenindustrie nicht länger widerstehen können. Er gründete Ventions im Jahr 2005 mit einigen Kollegen – hauptsächlich um mit ein paar Ideen zu experimentieren, mit denen er sich schon zu Schulzeiten beschäftigt hatte. Was für andere Geschäftsführer des Silicon Valley eher unüblich ist: Er schien kein großes Interesse daran zu haben, reich zu werden – *schnell* reich zu werden. Was ihn am meisten interessierte, war das Ingenieurwesen; er konnte Tage damit verbringen, an Problemen mit der Hardware zu tüfteln. Das Resultat war, dass Ventions eher zu einem Forschungs- und Entwicklungsunternehmen wurde als zu einem Technologie-Business.

Das Büro von Ventions in San Francisco sah aus wie eine riesige Werkstatt für Heimwerker. Die Firma hatte ein Gebäude in einer Häuserzeile übernommen – es hatte ein Rolltor wie bei einer Garage, nebenan befanden sich ein Jiu-Jitsu-Studio und eine Druckerei. Oben in einem Loft standen ein paar Schreibtische, an denen Leute an ihren Rechnern arbeiten konnten, aber die Schreibtische passten nicht zueinander, denn Ventions konnte sich keine anständigen Büromöbel leisten. Als Konferenztisch diente zum Beispiel eine große Holzplatte, die auf mehreren Sägeböcken ruhte.

Das meiste passierte unten im Erdgeschoss, wo es einen offenen Raum gab, der vollgestopft war mit Werkzeugen und Raketenteilen. Ein paar Werkbänke waren aufgestellt worden, an denen man Experimente durchführen und Metall formen konnte. Es gab lauter kleine Maschinenteile, die in Aluminiumfolie eingewickelt waren, und im Hintergrund hörte man das konstante Rauschen einer Wasserpumpe, die jemand nicht ordentlich abgestellt hatte. Der außergewöhnlichste Arbeitsplatz besaß eine selbst gemachte Explosionsschutzmauer, die aus einer Wand aus extrem starkem Plastik bestand. Das ermöglichte es den Mitarbeitern von Ventions, Objekte sehr hohem Druck auszusetzen, dann schnell hinter die Schutzwand zu laufen und sich zumindest einzubilden, man sei dort einigermaßen sicher, falls etwas schiefgehen sollte. Während der meisten Zeit des Bestehens von Ventions gehörte ihnen noch nicht einmal die ganze Fläche des Ladenlokals, weil sie sich die Miete nicht leisten konnten, also hatten sie als Untermieter noch einen Maschinenschlosser dabei, der dort an seinen Projekten arbeitete. Jemand hatte mit blauem Klebeband die Mitte des Raums markiert, sodass man erkennen konnte, wo das Territorium von Ventions endete und welcher Teil des Raums dem Maschinenschlosser gehörte.

Da London sehr kleine Raketen bauen wollte, war es genau das, was Ventions versuchte hinzubekommen. Tag für Tag versuchte eine Handvoll von Angestellten, Miniaturversionen von Triebwerken, Turbopumpen und allen dafür benötigten Maschinenteilen herzustellen. »Sie wollten herausfinden, wie klein eine Trägerrakete sein konnte, die trotzdem noch eine sinnvolle Ladung transportieren könnte«, erklärt Matt Lehman, der früher bei SpaceX gearbeitet hatte und 2010 zu Ventions gestoßen war. »Es gibt gewisse Komponenten, die es nicht mögen, wenn man sie verkleinert, also versuchte man bei Ventions, herauszufinden, wie man sie herstellen könnte. Kleine Ventile. Die Einspritzventile. Die Elektronik und die Lenkung. Wir arbeiteten an winzigen Schubdüsen, bei denen die Schubkammer etwa die Größe einer Colaflasche hatte. Wir mussten quasi alles von oben bis unten neu machen. Die gesamte Elektronik passte auf eines dieser Tablette, mit denen Hilfskellner im Restaurant die Tische abräumen. 20 Jahre zuvor hätten die Gegenstücke dieser Teile ein ganzes Zimmer gefüllt.«

Jedes Mal, wenn Ventions einen größeren Test an einem Triebwerk vornehmen musste, fuhren die Mitarbeiter entweder in die Mojave-Wüste oder manchmal zur Castle Air Force Base in Atwater, Kalifornien. Sie verbrachten ein paar mühsame Tage damit, die ganzen Gerätschaften aufzubauen, dann konnten sie bei den ersten Tests dabei zusehen, wie es nicht funktionierte, dann schraubten und drehten sie noch an einzelnen Teilen, bis schließlich aus einem Ende eines Metallrohrs Feuer herausschoss. »Wir haben entweder draußen übernachtet oder in einer Wellblechhütte«, erzählt Lehman. »Wir hatten ein Propanheizgerät, um uns zu wärmen. Im Winter zogen wir uns nachts die Strümpfe über die Hände, es war so kalt, dass man noch nicht einmal Wasser kochen konnte. Am dritten Tag ließ unsere Produktivität merklich nach. Am vierten Tag war klar: Wir mussten schnell da weg.«

RAKETEN OHNE ENDE

Lehman war es gewohnt, mit sehr wenig Komfort auszukommen. Er hatte an der Penn State University seinen Doktorgrad in Maschinenbau erlangt und hatte dann angefangen, für einen Zulieferbetrieb der Luft- und Raumfahrtindustrie zu arbeiten, wo er Nachbauten der russischen Scud-Bodenrakete konstruierte und dann versuchte, sie in die Luft zu jagen. Danach war er zu SpaceX gegangen – damals hatte das Unternehmen noch weniger als 100 Angestellte, und es herrschte die draufgängerische Stimmung eines Start-ups, das noch in den Kinderschuhen steckt. Doch im Gegensatz zu SpaceX gab es bei Ventions keinen solchen Druck, und London führte seine Belegschaft bei Weitem nicht mit solcher Verbissenheit wie Elon Musk. Das Ziel bei Ventions war, das Unternehmen mit technischen Beraterverträgen im Bereich der Luft- und Raumfahrt am Laufen zu halten – es brauchte nur gerade so viel an Einnahmen, dass es sich weiter Londons Ideen widmen konnte. »Die Stimmung war wie bei einer Graduiertenschule auf Steroiden«, beschreibt Lehman es. »Wir gingen auf die Website des Verteidigungsministeriums und suchten mit Schlüsselworten nach möglichen Aufträgen, für die wir geeignet wären. Dann bekamen wir zum Beispiel einen staatlichen Auftrag in Höhe von 100 000 Dollar, mit dem wir acht Monate lang beschäftigt waren. Dann kamen wir zur nächsten Stufe, und da gab es mehr Geld, das für weitere 18 Monate reichte.«

Meistens ist London ein liebenswerter und sehr warmherziger Mensch, und die Kameradschaft, die bei Ventions herrschte, war von seiner Persönlichkeit geprägt. Das Team bestand aus drei bis zwölf Mitarbeitern, je nach Zeitpunkt. Viele der Angestellten waren junge Ingenieure, die erste Schritte im Bereich Raumfahrttechnik machen wollten, und Leute wie Lehman und London brachten ihnen gerne alles bei. 2013 machte ein Kern der Mitarbeiter es sich zum nachdrücklichen Ziel, eine komplette Rakete zu konstruieren und in den Orbit zu bringen, und schon 2015 stand das Unternehmen kurz vor diesem Ziel. Auf der Grundlage eines Vertrags mit der U.S. Air Force plante Ventions, seine kleine Rakete unterhalb eines F-15E-Kampfjets zu befestigen und sie mitsamt einem Satelliten, der 5 Kilogramm wog, in den Orbit zu befördern.

Trotz dieser Gunst der Stunde befand Ventions sich am Scheideweg. Mittlerweile generierten Firmen wie Rocket Lab und Firefly Millionenbeträge zur Investition in ihre Raketen-Start-ups und hatten Hunderte von Angestellten. Ventions arbeitete nach wie vor mit einem winzigen Team und dessen Machbarkeitsnachweis, und sogar London dachte darüber nach, ob es nicht Zeit sei, das geistige Eigentum der Firma zu verkaufen und etwas Neues zu starten. »Wir wurden immer gefragt, was unser Plan sei, unser ultimatives Ziel«, erinnert sich Lehman. »Wir dachten, irgendein Raumfahrt-Start-up würde vielleicht unsere Triebwerke kaufen wollen. Aber dann merkt man, dass dies niemals geschehen wird, denn das Triebwerk ist der eigentlich aufregende Teil des Ganzen, und den will jeder selbst entwickeln. Um ehrlich zu sein, während die Zeit verging und manche dieser Start-ups ihre Finanzierungen sichern konnten, dachte ich, wir hätten unsere Gelegenheit verpasst. Und dann, Ende 2015, traf Adam durch Planet Labs diesen Typen namens Chris Kemp.«

Kemp und London waren beide Männer – und das war es dann auch mit den Gemeinsamkeiten. Kemp marschierte in die Büros von Ventions, voller Optimismus und Ehrgeiz, und redete London als Erstes die Idee aus, die Firma zu verkaufen. Kemp kannte viele der wohlhabendsten Investoren im Silicon Valley, und durch die Erfahrung bei Nebula hatte er regelrechte Skills darin erworben, den Leuten ihr Geld abzuschwatzen. Über Monate hinweg traf er sich abends und am Wochenende mit London im Büro von Ventions und arbeitete an Studien, die beweisen sollten, dass man mit einer kleinen, kostengünstigen Trägerrakete ein realistisches Geschäft machen konnte. Nachdem sie einen Pitch erarbeitet hatten, der tatsächlich halbwegs glaubhaft wirkte, begannen die beiden, Investoren einzuladen, um ihnen ihren Geschäftsplan vorzulegen. Kemp kümmerte sich um den geschäftlichen Teil, und London konzentrierte sich auf die technischen Aspekte, während Lehman die Rolle des zugänglichen Ingenieurs spielte, der die Interessenten durch die Werkhalle führte.

»Diese ganze Idee rund um Risikokapitalanlagen und die Dollarsummen, von denen geredet wurde, das war mir alles so fremd«, erinnert sich Lehman. »Ich dachte mir: ›Mann, dieser Typ, Chris, der ist nicht von meiner Welt!‹, um es mal milde auszudrücken. Er war so enthusiastisch, und er hatte klare Visionen und einen Weitblick für das, was sich entwickeln könnte. Ich denke, Chris würde zugeben, dass er damals gar nicht so viel über Raketen wusste. Ich musste immer genau darüber nachdenken, was er da gerade vorschlug, wenn er Leute zu uns brachte und mit ihnen darüber sprach, was für Erwartungen man in die Firma setzen könnte. Würde das irgendjemanden überzeugen? Würden die Leute sich wirklich dafür interessieren? Immerhin sah das Büro in der Howard Street nicht gerade sehr überzeugend aus. Es sah ganz sicher nicht so aus, wie man sich eine Raketenbauanlage vorstellt.«

Die Fragen, mit denen Lehman sich befasste, spiegeln in etwa das wider, was in jedem gesunden Menschenverstand auch an Fragen aufgekommen wäre. Allerdings kommt man im Silicon Valley nicht weit, wenn man nach dem gesunden Menschenverstand geht. Ventions musste in dem Moment vielmehr Hoffnungen und Träume anbieten, und das konnten Kemp und London richtig gut.

Als Erstes brauchte das Unternehmen einen neuen Namen. Ventions gehörte der Vergangenheit an. Die neue Firma sollte so cool sein, dass sie einfach ... keinen Namen annehmen sollte. Wenn jemand über sie sprechen wollte, könnte er sie einfach als »The Stealth Space Company« bezeichnen – die heimliche, die getarnte Raumfahrtfirma.

Die Stealth Space Company sah vor, eine kleine Trägerrakete im Stile der Falcon 1 oder der Electron von Rocket Lab zu bauen, mit dem Unterschied, dass die neue Rakete noch kleiner wäre und aus den einfachsten verfügbaren Materialien konstruiert würde, wodurch man die Produktionskosten gering halten wollte. Laut den Berechnungen bei den Pitches plante die Firma, eine Rakete zu konstruieren, die knapp unter 70 Kilogramm Ladung ins All transportieren könnte, und das zum Preis von nur einer Million Dollar. Die Stealth Space Company würde ihre erste Rakete schneller entwerfen, konstruieren und starten, als jede andere Organisation es jemals zuvor vermocht hatte – möglicherweise innerhalb von einem oder anderthalb Jahren –, und danach würde sie sich daranmachen, die Rakete für die Massenproduktion zu perfektionieren. Sie würde tonnenweise Raketen bauen müssen, denn sie plante, jeden Tag eine steigen zu lassen. Die Geschichte wurde immer besser, je mehr Kemp und London darüber sprachen.

Manchmal planten sie, die Starts von den bekannten, typischen Startplätzen aus durchzuführen. Dann würde die Stealth Space Company, so der Pitch, ein automatisches Startsystem entsprechend perfektionieren, bei dem die Raketen in einem Schiffscontainer angeliefert und von einer kleinen Gruppe von Mitarbeitern per Lkw zu einer Startrampe gebracht würden. Und dann würden sie per Knopfdruck ins All geschossen. Spezielle Mission-Control-Räume, in denen Dutzende Menschen die Abläufe kontrollierten, gehörten der Vergangenheit an. Die Stealth Space Company wollte lieber, dass so wenig Menschen wie irgend möglich an dem Prozess beteiligt waren. Das lag vor allem daran, dass das Hauptziel der Firma darin bestand, die Raketen von automatisch betriebenen Lastenschiffen aus abzufeuern: Die Raketen würden von der Fabrik aus direkt auf das Fährschiff verladen, es würde ein paar Kilometer auf See hinaussteuern, die

Rakete abschießen und sogleich zur Fabrik zurückkehren und eine neue Rakete abholen.

Im Großen und Ganzen bedeutete das, dass die Visionäre so eine Mischung aus Ford und FedEx des Weltraums im Sinn hatten. Billig produzierte Raketen kämen vom Fließband, würden mit Satelliten beladen und von mehr oder weniger automatischen Robotersystemen gestartet. Kunden, die relativ spontan einen Start buchen wollten, bräuchten bloß auf der Website der Stealth Space Company die Kreditkarteninformationen ihres Firmenkontos eingeben und könnten sofort einen Termin sichern.

Während man bei Rocket Lab sehr pragmatisch vorgegangen war und das Ziel hatte, die theoretisch perfekte kleine Rakete zu konstruieren, zeigte Stealth Space eher eine »Scheiß drauf, leg los«-Attitüde. London hatte unzählige Kalkulationen vorgenommen und war felsenfest davon überzeugt, dass sich kleine Raketen nur finanzierten, wenn ihre Konstruktion ganz simpel war, und dass man nur Geld verdienen könne, wenn man die Skaleneffekte mit einbezog und in die Massenfertigung einstieg.* So wie Planet den Entwurf und die Produktion von Satelliten revolutioniert hatte, würde Stealth Space nun einen ähnlichen Paradigmenwechsel für Raketen einleiten. Der Raketenbau sollte nicht länger als eine wissenschaftliche Konstruktion von Maschinen verstanden werden, sondern einfach als ein Weg zu einem weiteren Produkt, das man schnell und einfach herstellen konnte.

Damals wusste niemand auf der Welt, ob eine einzelne, 250 000 Dollar teure Rakete, die nur eine Ladung von unter 70 Kilogramm ins All transportieren konnte, überhaupt so nützlich sein würde, ganz zu schweigen von dem Gedanken, dass Hunderte davon vom Fließband kämen. Der Gedanke, dass ein Raketenfährschiff regelmäßig in der Bucht von San Francisco hin- und herpendelte, klang ziemlich cool, obwohl man sicher damit rechnen musste, dass der eine

---

* Diese Rechnung, so London, würde sogar für wiederverwertbare Raketen aufgehen. Damit die Kosten, die damit verbunden waren, die Rakete zurückzuholen und wieder auf Stand zu bringen, sich wirtschaftlich auszahlten, musste eine einzelne Rakete im Laufe ihrer Lebensspanne mindestens 20-mal ins All geschossen werden. Das war bislang noch keinem Unternehmen gelungen. Londons Inspiration war ein Artikel von 1993 mit der Überschrift »A Rocket a Day Keeps the High Costs Away« (»Pro Tag eine Rakete, und du verlierst nicht viel Knete«), in dem vorgeschlagen wurde, die ganze Industrie solle einen Richtungswechsel vollziehen und auf Massenproduktion setzen. Den Artikel findet man hier: https://www.fourmilab.ch/documents/rocketday.html.

Luftaufnahme des NASA Ames Research Center in Mountain View, Kalifornien. *(NASA)*

Pete Worden während seiner Zeit als Direktor des Ames Research Center. *(NASA)*

Außenansicht der Rainbow Mansion. *(Will Marshall)*

Das Gründerteam von Planet Labs in der Garage der Rainbow Mansion. In der Mitte Will Marshall. Links Robbie Schingler (sitzend), dahinter Chris Boshuizen. *(Planet)*

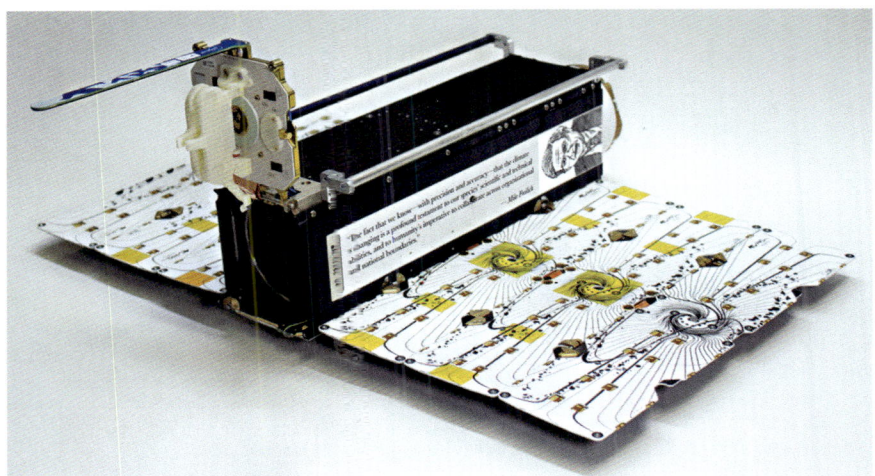

Einer von Planets Dove-Satelliten. *(Planet)*

Zwei Dove-Satelliten beginnen ihre Reise in den Orbit. *(Planet)*

Dove-Satelliten von Planet dokumentieren illegal abgeholzte Regenwaldgebiete im Amazonas. *(Planet)*

In den Monaten vor Beginn des Angriffskrieges beginnt Russland damit, in der Ukraine Truppen und militärisches Gerät zusammenzuziehen. *(Planet)*

Planet-Aufnahme eines chinesischen Raketensilos – auch »Hüpfburgen des Todes« genannt –, das von Decker Eveleth ausfindig gemacht wurde. *(Planet)*

Peter Beck auf seinem Raketen-Bike. *(Rocket Lab)*

Peter Beck während seiner Raketen-Wallfahrt in den USA. *(Rocket Lab)*

Die Electron-Rakete von Rocket Lab kurz vor dem Start. *(Kieran Fanning)*

Startanlage von Rocket Lab auf der Mahia-Halbinsel in Neuseeland. *(Rocket Lab)*

Fertigungshalle von Rocket Lab in Neuseeland. *(Rocket Lab)*

Das von Darth Vader inspirierte Rocket-Lab-Kontrollzentrum in Auckland, Neuseeland. *(Rocket Lab)*

Peter Beck, CEO von Rocket Lab, auf dem firmeneigenen Startplatz in Neuseeland. *(Rocket Lab)*

Chris Kemp und Adam London während einer Party im Gebäude von Astra an der Orion Street. *(Ashlee Vance)*

Ben Brockert während der Arbeit in einer der Triebwerk-Prüfstationen von Astra. *(Ashlee Vance)*

Chris Kemp und seine Crew schieben ihre Rakete auf das Testgelände der Astra-Zentrale in Alameda, Kalifornien. *(Ashlee Vance)*

In diesem jämmerlichen Zustand erwarb das Unternehmen Astra sein heutiges Skyhawk-Gebäude. *(Ashlee Vance)*

Stolz und zuversichtlich erwartet Chris Kemp die Renovierung und Neugestaltung von Skyhawk. *(Ashlee Vance)*

Jessy Kate Schingler während einer Raketen-Programmierung in Realzeit, Kodiak Island, Alaska. *(Ashlee Vance)*

In der firmeneigenen Lodge in Alaska sinniert das Astra-Team über das Leben und Raketen. *(Ashlee Vance)*

Am Rande des Pazifiks in Kodiak, Alaska, wartet eine Astra-Rakete auf ihren Start. *(Astra)*

In Alaska versuchen Astras Techniker in aller Eile, ihre Rakete zu reparieren. *(Ashlee Vance)*

Wenn Astra eine Rakete startet, ist er der oberste Aufseher: Chris Hofmann bei der Arbeit. *(Ashlee Vance)*

So sieht Astras Skyhawk heute aus. *(Jason Henry)*

Astras Raketenfabrik und das umliegende Wohngebiet in Alameda, Kalifornien. *(Jason Henry)*

Max Poljakow im Homeoffice in Menlo Park, Kalifornien. *(Ashlee Vance)*

Die Testanlage für Raketentriebwerke bei Dnipro. *(Ashlee Vance)*

Rakete auf dem Parkplatz des Museums für Luft- und Raumfahrt in Dnipro. *(Ashlee Vance)*

Max amüsiert sich während der Begutachtung des Zustands der Firefly-Rakete auf der Vandenberg Space Force Base. *(Ashlee Vance)*

Tom Markusic in der Firefly-Raketenfabrik in Texas. *(Kelsey McClellan)*

Erster Start der Firefly-Rakete Alpha in Kalifornien. *(Firefly)*

Max' Farmgelände in Texas – im Hintergrund eine Testrampe für Raketen. *(Ashlee Vance)*

(Weitere Eindrücke von der New-Space-Landschaft finden Sie in den Abbildungen am Ende von Kapitel 27.)

oder andere Einwohner der Stadt nicht so begeistert davon wäre, dass in direkter Nähe zu seinem Häuschen jeden Tag Raketen starteten. Und: Ventions hatte gut zehn Jahre gebraucht, um eine experimentelle Rakete wenigstens so halbwegs fertigzukriegen, also schienen die Chancen, dass das Team eine komplett neue, massenproduktionskompatible Maschine entwickeln würde, die innerhalb von 18 Monaten ihren Weg in den Orbit finden würde, allen Ambitionen zum Trotz eher lächerlich gering. Aber nun gut, um die Details würde man sich später kümmern.

Wir schrieben in der Zwischenzeit schon das Jahr 2016, und Kemp und London brauten immer noch ihre wilden Raketenfantastereien zusammen – und nicht wenige Außenstehende waren bereit einzusteigen. Die Investoren hatten beobachtet, was mit SpaceX und Rocket Lab geschehen war, und bei Gott, sie wollten unbedingt auch Raketen besitzen. Genau wie er es London versprochen hatte, gelang es Kemp, zig Millionen Dollar zusammenzutrommeln, um sich damit Ventions und die Forschungs- und Entwicklungsabteilung vorzunehmen und das alles in die Stealth Space Company zu verwandeln: die Firma, die den Himmel revolutionieren würde.

IN DER ZWISCHENZEIT HATTE ICH mich mit Kemp und London in deren Büro in San Francisco getroffen, und wir hatten eine Verabredung geschlossen. Es war Kemp wichtig, dass nichts über Stealth Space verlautbart wurde, bis sie so weit waren, ihre erste Rakete zu starten. Falls ich mich bereit erklärte, ihre Pläne geheim zu halten, würde er es mir erlauben, die gesamte Entwicklung des Unternehmens von der ersten PowerPoint-Präsentation bis hin zum Flug in den Orbit zu begleiten. Ich fand den Vorschlag sofort sehr ansprechend. Es wäre so, als kehrte man in die Vergangenheit zurück und würde zuschauen, wie sich so etwas wie SpaceX erstmals gründete, und mit eigenen Augen sehen, was es brauchte, um aus dem Nichts eine Rakete zu erschaffen. Mit etwas Glück würde Stealth Space es schaffen, alle Erwartungen zu erfüllen, und eine Rakete, die die Erde umrunden könnte, schneller bauen, als es jemals zuvor jemand geschafft hatte, und dann hätte ich bei dieser historischen Leistung ganz vorne in der ersten Reihe gesessen.

Andererseits gab es natürlich auch zu bedenken, dass ich vielleicht sehr viel meiner Zeit verschwenden würde, wenn ich diese Firma bei ihrer Entwicklung beobachtete. Es war unbestritten, dass Kemp bei der NASA gearbeitet hatte, allerdings hatte er im Rechenzentrum gearbeitet. Wie schon Lehman festgestellt hatte, wirkten Kemps Kenntnisse rund um die Raumfahrttechnologie und die technischen Voraussetzungen für den Bau einer Rakete nicht gerade vertrauenerweckend. Oft beschrieb Kemp die diversen technischen Hindernisse bezüglich der verschiedensten Komponenten der Hardware so, als könne man die gleichen Techniken zur Problemlösung anwenden, wie er sie in der Welt der Software angewendet hatte. Ich hatte schon vorher zahlreiche Menschen dabei beobachtet, wie sie ähnliche Argumente benutzten, und die Dinge waren nur selten gut ausgegangen. Probleme bei der Hardware zu lösen, ist oft viel schwieriger und zeitaufwendiger, als die Leute denken, die im Bereich Software tätig sind.

Aber auch Kemps Enthusiasmus und ganz allgemein seine Persönlichkeit führten zu Bedenken. Ab 2016 hatte er es sich angewöhnt, zu jeder Zeit nur schwarze Kleidung zu tragen. Schwarze Lederstiefel. Schwarze Jeans. Körperbetonte schwarze T-Shirts. Eine schwarze Lederjacke. Jeden Tag. Er behauptete, morgens nicht darüber nachdenken zu müssen, was er anziehen solle, es spare ihm viel Zeit, und man muss sagen, dass Effizienz ihm wichtig war. Dennoch fühlte es sich etwas gewollt und ein wenig manieriert an. Ein blonder, blauäugiger Mann um die 40, der so tut, als sei er der Johnny Cash des Weltalls. Zudem war Kemps Eigenart, überbordend Enthusiasmus zu verbreiten, nur noch mit dem Motivationsmanager Joel Osteen zu vergleichen, und es konnte beides bewirken: Begeisterung und Ablehnung. Er schaffte es, dass man wollte, dass er alles, was er sagte, auch durchführen könnte. Aber da war auch dieses kleine Männchen im Hinterkopf, das einem Warnungen zuflüsterte und betonte, dass jemand, der mit so viel Selbstbewusstsein auftrat, entweder von seinen eigenen Illusionen getäuscht wurde oder aber versuchte, etwas zu verheimlichen.

Zu seiner Verteidigung muss man sagen, dass Kemp die Herausforderungen, denen die neue Firma sich stellen musste, niemals in Abrede stellte. Tatsächlich willigte er ein, offener mit mir zu sprechen als jeder andere Geschäftsführer, dem ich jemals begegnet bin. Es gab nur zwei Optionen: Entweder Stealth Space wäre erfolgreich, oder es würde im wahrsten Sinne des Wortes in Flammen aufgehen. Kemp war einverstanden, dass ich beide Optionen in den kleinsten Details würde dokumentieren dürfen. Ich willigte ein.

KEMPS ERSTE AKTION LIESS HOFFEN, dass er tatsächlich wusste, was er da tat. Er hatte einen neuen Hauptgeschäftssitz für Stealth Space gefunden, in einem Gebäude jenseits der San Francisco Bay, in der verschlafenen kleinen Stadt Alameda.

Alameda ist eine Insel und liegt gleich neben Oakland. In den 1940er-Jahren hatte die U.S. Navy angefangen, in den Sumpfgebieten an der westlichen Küste einen riesigen Militärflugplatz zu bauen. In den folgenden Jahrzehnten kamen noch Start- und Landebahnen für das Militär hinzu sowie eine ganze Reihe großer Gebäude, in denen diverse Luftfahrzeuge getestet, repariert und stationiert wurden. 1997 wurde die Air Base geschlossen. Viele der Gebäude waren voller Gefahrengut und wurden einfach sich selbst überlassen. Einige wurden allerdings neu hergerichtet, da die Stadt versuchte, aus dem alten Flugfeld eine Sehenswürdigkeit zu machen. Industrieunternehmen ließen sich in einigen der alten Lagerhallen nieder. In den ehemaligen Büros öffneten nun schicke Restaurants mit Blick auf das Wasser. Im Hangar 1 nahm eine Destillerie ihren Betrieb auf, die den gleichnamigen Wodka produzierte und in dem Hangar auch einen Tasting Room unterhielt.

Kemp war mehrere Wochen lang kreuz und quer durch Kalifornien gereist und hatte sich verlassene Militäranlagen angeschaut. Er hielt nichts davon, die Firmenzentrale an einem Ort zu haben und das Raketentestgelände an einem anderen, weit weg gelegenen Ort, wie es bei SpaceX der Fall gewesen war. Er dachte, man könne vielleicht ein ehemaliges Flugfeld finden, auf dem es Büros gab und auch so etwas wie Bunker, wo die Ingenieure und Mechaniker Schutz suchen konnten, wenn sie die Triebwerke auf Herz und Nieren prüften. Außerdem wollte er, dass der Ort so weit weg von allem war, dass niemand es mitbekäme, wenn Tests vorgenommen wurden.

Schließlich fuhr Kemp zur Alameda-Basis, um sich ein Gebäude auf der Orion Street 1690 anzusehen, und er konnte sein Glück kaum fassen. Aus der Luft betrachtet, ist die Anlage u-förmig angelegt. In der Mitte liegt ein großes Hauptgebäude, rechts und links davon zwei lang gezogene Bauten. Kemp fand heraus, dass die Navy in den 1960er-Jahren in dem großen Gebäude die Triebwerke von Düsenflugzeugen getestet hatte. Die zwei langen Bauten beherbergten Testtunnel. So konnte man ein Triebwerk an dem einen Ende des Tunnels platzieren und es starten, und dann würden das Feuer und die Hitze durch den Tunnel gepresst, wie ein gigantischer Auspuff. An der Öffnung am anderen Ende des Rohrs befand sich eine Metallwand, die leicht nach hinten gekippt war, sie leitete die Abgase hoch durch einen Turm auf der Spitze des Gebäudes, wie ein Schornstein.

Kemp wusste nur vom Hörensagen, was es auf der Anlage alles gab, und die Stadt weigerte sich, ihn auf das Gelände zu lassen, um alles zu inspizieren. Es stand schon seit Jahrzehnten verlassen da, und die Stadt sagte, sie würden auf keinen Fall das Risiko eingehen und ein solch heruntergekommenes, gefährliches Gelände verpachten. Für Kemp klang das natürlich wie eine Aufforderung, nachts heimlich auf das Gelände einzudringen. Er kletterte über einen Zaun, fand Zugang durch eine Tür und schnupperte herum, wobei er sein Mobiltelefon als Taschenlampe nutzte. »Es sah wirklich alles sehr heruntergekommen aus«, berichtet er. »Auf dem Boden stand das Wasser etwa zweieinhalb Zentimeter hoch, und alles war voller Asbest und Müll. Es brauchte viel Fantasie, um sich vorstellen zu können, wie wir dieses Gebäude übernehmen und tatsächlich nutzen könnten.«

Die Stadt hatte das Gebäude benutzt, um dort alle möglichen Dinge einzulagern. Es gab Regalreihen voller Baupläne und Entwürfe. In den Wasserpfützen stapelte sich Baseball-Ausrüstung für die Kinder-Liga. In den Ecken lagen Stapel von alten Nadeldruckern und Mikrowellengeräten. Woanders lagerten mehrere Kühlschränke. Ein Feuerwehrwagen ohne Reifen krönte das Sammelsurium städtischen Abfalls. Überall stank es nach Verfall, an den Wänden und an der Decke waren große Schimmelflecken.

Doch so schlimm das Gebäude auch aussehen mochte, Kemp konnte einfach nicht den Gedanken daran abschütteln, was dort alles möglich wäre. Stealth Space könnte tatsächlich keine 20 Minuten von San Francisco entfernt sein Raketen-Start-up einrichten, und das bedeutete, dass die Firma Zugriff hätte auf die besten Softwareentwickler der Welt. Zudem könnte es die Triebwerke direkt vor Ort bauen und testen und sie in einem eigenen Gebäude zünden, und niemand in der Welt da draußen würde davon irgendetwas mitbekommen. »Ich wusste, dass wir genau so einen Platz brauchten«, sagt er. »Ich sagte zu Adam: ›Stell dir mal vor, wir könnten einen Raketenteststand in einem schallisolierten Bunker bauen, und direkt daneben hätten wir Arbeitsplätze mit Schreibtischen und einem Kontrollraum.‹«

Man muss es Kemp lassen: Seine Überzeugungskraft war so überwältigend, dass es ihm gelang, die Stadtverwaltung davon zu überzeugen, dass sie diese potenzielle Todesfalle an Stealth Space verpachtete. Er trat vor die lokalen Behördenvertreter und präsentierte ihnen einen spektakulären Pitch, bei dem es darum ging, wie Alameda zu einer State-of-the-Art-Fabrik mit jeder Menge neuer Arbeitsplätze kommen würde. Dann preschte er wagemutig voran: Er heuerte Handwerker an, um das Gebäude zu säubern, zu entgiften und neu zu streichen. Anschließend ließ er seine Angestellten bereits die Büros beziehen, während die Stadtverwaltung noch darüber beratschlagte, wie sie sich entscheiden sollte. Es kamen zwar immer mal wieder Leute vom Ordnungsamt, die ihn aufforderten, die Arbeiten einzustellen, aber Kemp machte einfach weiter, und irgendwann gab die Stadt einfach auf. Und Stealth Space bekam den Pachtvertrag für das Gelände – obendrein auch noch zu einem Supersparpreis.

Zwischen Januar 2017, als es auf das neue Gelände zog, und April 2017 machte Stealth Space enorme Fortschritte, sowohl bei seiner Rakete als auch beim Hauptgebäude. Wenn man durch die Eingangstür trat, kam man gleich in einen sehr hohen Zwischenraum – das war der Bereich für die Fertigung der Raketen. Die Wände waren weiß gestrichen, der Boden war ebenfalls weiß und mit Epoxid-Harzlack beschichtet. Alles sah frisch und neu aus – als könne man dort auch chirurgische Eingriffe vornehmen. Die Decke war etwa zwölf Meter hoch; ein Kran hing von ihr herab, der half, schwere Objekte zu bewegen. In der Mitte des Raums stand eine frühe Version der Stealth-Space-Rakete – oder zumindest Teile davon. Das Unternehmen, das inzwischen 35 Mitarbeiter hatte, hatte zwei Brennstofftanks aus Aluminium gebaut und eine Verkleidung aus Carbonfaser – die Raketenspitze. Rund um diesen hohen Zwischenraum waren Arbeitsplätze eingerichtet, an denen jemand an der Verkabelung arbeitete oder an den Rechensystemen, die dann in die Raketen integriert werden sollten.

Ein kleines Team hatte sich den tunnelartigen Gebäudeteilen gewidmet und daran angrenzend einen Teststand errichtet. Das war eine riesige Stahlkonstruktion, die fest im Boden verankert war und an der alle möglichen Schläuche und Kabel montiert waren. Ein chaotisch scheinendes Sammelsurium an technischen Apparaturen sollte das Innere der Rakete widerspiegeln; von hier aus wurde Brennstoff in das Triebwerk geleitet, das außen an der Rückseite des Teststands angebracht war und dessen Ende in den Tunnel hineinragte. Große Tanks mit flüssigem Sauerstoff standen in der Nähe des Teststands, ebenso große Werkbänke, auf denen sich Werkzeuge, Stromkabel, Gewebeklebeband und unzählige Rollen Aluminiumfolie stapelten. Wer in diesem Bereich arbeitete, musste Augen- und Gesichtsschutzmasken tragen. Viele der Gegenstände waren mit einer Frostschicht bedeckt, wegen der sehr niedrigen Temperatur des flüssigen Sauerstoffs.

Ein Besprechungsraum in der Mitte des Gebäudes an der Orion Street war für die Durchführung der Tests in ein Kontrollzentrum umgewandelt worden. Vor einem großen Fernsehbildschirm standen ein paar billige Plastiktischchen, auf denen sechs Laptops aufgereiht waren. Der Bildschirm reproduzierte die Live-Videoaufnahmen, die von einer Kamera gesendet wurden, die gleich neben dem Triebwerk angebracht war. Dort war auch ein selbst konstruierter Schaltkasten mit diversen Schaltern, mit denen der Betrieb des Triebwerks kontrolliert werden konnte. Auch dieser Raum war weiß angestrichen worden, aber nicht alles an bestehenden Gebäudeschäden ließ sich so einfach kaschieren. Teile der Wand fehlten, und über einem der Türstürze klaffte ein riesiges Loch.

Am hinteren Ende des Gebäudes befand sich ein weiterer großer Arbeitsraum, der als Maschinenwerkstatt diente. Hier gab es 3-D-Drucker, Drehbänke, Fräsen und computerbetriebene Metallschneidemaschinen. Die Stadtverwaltung von Alameda hatte Stealth Space gewarnt, dass es in dem Gebäude keinen Strom gäbe, aber Kemp und seiner Mannschaft war aufgefallen, dass man aus diesem Raum surrende Geräusche hören konnte, und entsprechend begeistert waren sie, als sie entdeckten, dass es hier tatsächlich eine funktionsfähige Stromversorgungsstelle gab.

Im Außenbereich, nach hinten raus, hatte Stealth Space einen Platz eingerichtet, wo die Mitarbeiter sich aufhalten und essen konnten. Dieser Platz befand sich in der Mitte des durch die beiden Tunnelenden geformten U. Man konnte zu den Tunneln hinüberschlendern, und wenn man von da aus hinunterblickte, sah man die tiefen Wasserspeicher, die dort aus Sicherheitsgründen angelegt worden waren, falls doch einmal ein großes, unvorhergesehenes Feuer ausbrechen sollte. Wenn man dagegen gut 25 Meter nach oben schaute, sah man die oberen Spitzen der als Auspuff dienenden Schornsteine.

Die meisten Mitarbeiter bei Stealth Space waren Männer etwa Mitte 20. Es gab eine Gruppe, bestehend aus etwa acht Leuten, die zuvor schon bei Ventions gearbeitet hatte und sehr enge Bande hatte. Anfang 2017 hatte die Firma sich die alten Konstruktionspläne für eine sehr kleine Rakete vorgenommen und passte sie jetzt an, um neue Elemente für eine kleine Trägerrakete zusammenzustellen. Die alten Haudegen von Ventions waren begeistert darüber, dass Stealth Space nun genug Geld und den Ehrgeiz hatte, ihre Arbeit mit Vollgas fortzusetzen und den Grundstock für ein richtiges Raketenbauunternehmen anzulegen. Im Großen und Ganzen waren sie Kemp gegenüber etwas verhalten – sie fanden seine überdrehte Form des Managements sowohl belustigend als auch nervig. Dennoch waren sie eingefleischte Raketenjunkies, und es war niemand anders als Kemp, der es ihnen jetzt ermöglichte, ihre Träume wahr werden zu lassen.

Andere Mitarbeiter waren von Raketen-Start-ups gekommen, die nicht mehr im Geschäft waren, oder direkt von der Universität, von Rennwagenteams,

Softwareunternehmen und anderen industriellen Betrieben. Manche hatten sich schon als Kinder für den Weltraum interessiert und waren begeistert bei dem Gedanken daran, dass etwas, an dessen Entwicklung sie nun beteiligt waren, vielleicht irgendwann durch den Orbit fliegen würde. Manche sehnten sich danach, ein reales, fassbares Objekt zu bauen – das schien für sie bedeutsamer zu sein als eine weitere App oder eine weitere Silicon-Valley-Blase. Dann wiederum gab es auch Mitarbeiter, für die Stealth Space einfach nur ein Arbeitgeber war. Sie kümmerten sich um ihre Aufgabe und darum, dass ihre Arbeit die nötige Qualität hatte, aber sie hätten genauso gut auch Schweißer auf einer Ölbohrplattform oder Automechaniker sein können.

Und doch hatten sie alle sich dem Experiment verpflichtet, zu zeigen, wie weit New Space inzwischen gekommen war. London hatte einen Doktorgrad in Luft- und Raumfahrttechnik, aber davon abgesehen gab es nur wenige Mitarbeiter mit höherem akademischem Grad. Tatsächlich arbeiteten ein paar Studienabbrecher bei Stealth Space und zudem Leute, die wohl bei vielen anderen Firmen im Silicon Valley niemals einen Job bekommen hätten, einfach weil sie solch abenteuerliche Lebensgeschichten vorzuweisen hatten. Stealth Space hatte seinen Firmensitz in einem Gebäude errichtet, das vielleicht eher hätte gänzlich aufgegeben werden sollen, und geführt wurde das Unternehmen von einem Spinner aus der Datenverarbeitung, der zuvor schon einmal als Geschäftsführer gescheitert war. Es gab die leise Ahnung, dass ihre Rakete, sofern sie sie jemals funktionsfähig konstruieren würden, auf interessierte Kunden stoßen könnte, aber nichts davon war sicher. Wann immer er die Mission von Stealth Space beschrieb, neigte Kemp dazu, völlig zu übertreiben, aber eigentlich war schon ein Fünkchen Wahrheit daran, wenn er sagte: »Im Grunde genommen bauen wir die NASA neu auf – aber mit einem Millionstel des Budgets und einem Hundertstel der verfügbaren Zeit.«

SpaceX hatte sechs Jahre gebraucht, um von ersten Entwürfen am Zeichenbrett zu einer funktionierenden Rakete zu kommen. Das war Rekordgeschwindigkeit. Um sich klarzumachen, wie viel Zeit sie hatten, um eine ähnliche Aufgabe zu bewältigen, konnten die Mitarbeiter bei Stealth Space einfach auf die Countdown-Uhr hochgucken, die über dem Fabriktor hing. Am 17. April 2017 um 15 Uhr stand dort: 239 Tage, 22 Stunden, 59 Minuten, 41 Sekunden.

Mit anderen Worten: Stealth Space hatte sich das Ziel gesetzt, innerhalb von knapp acht weiteren Monaten eine Rakete zu bauen, damit sie dann im Dezember 2017 ihren ersten Flug absolvieren könnte.

KAPITEL 17

CHRIS KEMP ÜBER CHRIS KEMP, IM FRÜHLING 2017

Nachdem ich bereits ein paar Monate lang Stealth Space begleitet hatte, begriff ich, was für eine besondere Gelegenheit sich mir da bot. Kemp, London und der Rest der Mannschaft hatten ihr Wort gehalten: Sie ließen es tatsächlich zu, dass ich jeden ihrer Schritte beobachtete und jedes ihrer Gespräche aufzeichnete. Ich konnte gemeinsam mit ihnen erleben, was für ein Kampf es war, gleichzeitig eine Rakete zu bauen und ein Unternehmen hochzuziehen.

Je mehr Zeit ich mit ihnen verbrachte, umso wichtiger wurde es mir, Ihnen, liebe Leser, zu übermitteln, wie sie über die Raumfahrtindustrie sprachen, wie sie darüber dachten und wie sie an die Problemlösungen herangingen. Deswegen werde ich sie ganz nah an die Ingenieure heranführen – sowohl wenn die Dinge gut laufen als auch wenn sie furchtbar schiefgehen, und ich werde versuchen, Ihnen das Gefühl zu vermitteln, als seien Sie im gleichen Raum wie die Ingenieure und Techniker, als könnten Sie ihnen beim Plaudern zuhören und sich ein realistisches Bild machen. In einigen der jetzt folgenden Kapitel werden Sie also die Geschichte direkt und ungefiltert von den Akteuren selbst erzählt bekommen. Das ist zwar ein ungewöhnliches Vorgehen, aber es waren ja auch äußerst ungewöhnliche Umstände. Ich zeige Ihnen die Religion der Luft- und Raumfahrttechnik und die Religion des Silicon Valley – völlig ungefiltert und ungeschönt.

Chris Kemp selbst hatte eine ganze Menge unvorhersehbare Überraschungen auf Lager. Obwohl ich denke, dass ich ein ganz passabler Autor bin, fing ich an, mich zu hinterfragen: Würden die Leserinnen und Leser mir glauben, wenn ich Kemp beschrieb und die Art und Weise, wie er spricht und denkt – oder müsste man es sie selbst erleben lassen? Deswegen präsentiere ich Ihnen jetzt Chris Kemp, wie er über Chris Kemp spricht – in seiner eigenen, unvergleichlichen Art.

KEMP: Ich wurde im nördlichen Teil von New York State geboren. Als ich noch ein Baby war, bekam mein Vater, ein Neurobiologe, die Gelegenheit, in Birmingham, Alabama, ein Labor neu aufzubauen. Also habe ich den Großteil meiner Kindheit in einem Vorort von Birmingham verbracht. Damals lebten wir südlich von Huntsville, Alabama, wo das Marshall Space Flight Center steht, und dort gab es auch das Space Camp, an dem ich teilnahm.

Mein Vater war Professor – er unterrichtete und forschte viel. Er veröffentlichte wissenschaftliche Artikel darüber, wie Neuronen miteinander kommunizieren. Ich kann mich daran erinnern, wie ich ihn als kleiner Junge in seinem Labor besuchte, und er führte all diese Experimente durch, bei denen es um die Sequenzierung von DNA ging.

Mein Vater war eine sehr vielseitige Person. Er baute in der Garage eigene Rennwagen und fuhr auch damit herum. Als Kind lernte ich, ihm dabei zu helfen, wenn er an den Autos herumschraubte. Wir hatten eine riesige Garage und etwa zehn Autos. Er spielte außerdem Geige in einem Orchester. Das Geigespielen habe ich von ihm – wenn ich entspannen will, spiele ich heute noch ein bisschen. Ach ja, und er war auch ein sehr ambitionierter Tennisspieler. Er war rundherum vielseitig.

Mein Vater war sehr ernst und bei allem, was er tat, äußerst intensiv und konzentriert. Für mich als Kind war er das Vorbild in dieser Hinsicht.

Meine Mutter war Lehrerin und Pilotin. Sie unterrichtete an einer Privatschule, und sie flog private Flugzeuge. Aber vieles davon hat sie aufgegeben, als die Kinder geboren wurden. Sie war mir und meiner Schwester eine hingebungsvolle Mutter.

Ich war zweifellos ein Sonderling. Der dünne, blasse Junge. Als Schulkind verbrachte ich den größten Teil meiner Zeit nicht mit Gedanken an die Schule, sondern mit eigenen Projekten. Als ich zum Beispiel in der fünften Klasse war, hatte ich mehr Chemiebaukastenteile in meinem Schulschrank als Bücher. Später, als wir Physik und Mathe hatten, verbrachte ich mehr Zeit damit, auf meinem Texas-Instruments-Taschenrechner ausgefeilte Software zu schreiben, um irgendwelche Probleme zu lösen – Hausaufgaben im engeren Sinn blieben auf der Strecke. Ich kann mich noch genau daran erinnern, dass ich fast in einem Kurs für College-Level-Physik durchgefallen wäre, weil ich, anstatt ein Problem zu lösen, lieber die Software schrieb, mit der man das Problem lösen konnte. Es ging um einen Stromkreislauf und wie man an einem bestimmten Punkt die Stromstärke oder Stromspannung bemessen könnte. Man konnte das mit ein paar einfachen Berechnungen herausfinden, aber ich zog den Stromkreis auf meinen Taschenrechner und erstellte eine Befehlsübersicht, mit der man einen Widerstand finden konnte, und dann fand ich heraus, dass der bei 50 Ohm lag.

Ich habe einfach nur die Lösungen aufgeschrieben. Dann war ich nach zehn Minuten mit der Klausur fertig, und die sagten: »Du hast die Arbeitsschritte nicht nachgewiesen. Du hast geschummelt.« Und ich sagte dann: »Nein, verdammt, habe ich nicht. Ich habe nicht nur das Problem verstanden, sondern ich habe es so gut verstanden, dass ich dafür eine Anwendung schreiben konnte. Möchtet ihr den Quellcode sehen?« Nach der Klausur habe ich dann weiter an einem kleinen *Space-Invaders*-Spiel gearbeitet, das ich entwickelt hatte.

Ich bin zum ersten Mal mit dem Internet in Berührung gekommen, da war ich noch superjung. Ich war quasi einer der allerersten User. Das war noch vor CompuServe und AOL. Ich konnte mich von meinem Rechner aus mit dem Universitätsrechner verbinden. Ich sicherte mir die Domäne Kemp.com.

Ich war absolut begeistert von Elektronik. Meine Mama liebte Flohmärkte, und ich fand dort immer für kleines Geld Bücher – wie Dinge funktionieren und wie man etwas repariert. Mit 13 kaufte ich einen kaputten Fernseher, in den ein Blitz eingeschlagen hatte, und dadurch sahen wirklich alle Chips aus wie eine Kraterlandschaft. Ich besorgte mir alle Schaltpläne von Philips und reparierte ganz systematisch jede einzelne Platine. Normalerweise hätte man das Gerät auf den Schrott geworfen, was jemand ja getan hatte, aber wenn man 13 Jahre alt ist, hat man Zeit für so was.

Mir wurde bald klar, dass Computer wertvoll sind und auch einfach zu reparieren, und das bedeutete eine Riesenchance für mich, aktiv zu werden. Meinen ersten Job hatte ich in einem Apple Store, wo ich in der Serviceabteilung arbeitete. Dann fing ich als Teenager an, kaputte Computer zu kaufen, die ich reparierte und wieder verkaufte. So konnte ich schnell aus ein paar

CHRIS KEMP ÜBER CHRIS KEMP, IM FRÜHLING 2017

Hundert investierter Dollar ein paar Tausend machen. Das war mein Geschäft, damit verdiente ich damals Zehntausende Dollar.

Das muss so um 1996 herum gewesen sein, und ich lebte in Saus und Braus mit dem Lifestyle eines Drogendealers. Ich glaube, jeder dachte, dass ich in Wirklichkeit irgendwelche illegalen Drogen verticke. Ich hatte ein Geheimzimmer in unserem Haus, da gab es ein spezielles Bücherregal, das konnte man zur Seite schieben, und dahinter war eine Tür. Sie hatte ein Sicherheitssystem mit Alarmanlage, und in dem Raum standen ein großer Fernsehbildschirm, ein super High-End-Audiosystem und alle meine Rechner.

Ich war auch sehr an der Produktion von Filmen interessiert. Natürlich waren an unserer Schule in Alabama alle große Football-Fans, und unser Schulteam gehörte zu den besseren im Bundesstaat. Einer der Väter hatte ziemlich viel Geld, er spendete Millionen Dollar, damit wir ein nahezu professionell ausgestattetes Fernsehstudio einrichten konnten, sogar mit einem Satellitenfernsehübertragungswagen und Kameras. Ich ging zu den Footballspielen und half dabei, die Spiele live zu übertragen. Schließlich gab ich jede Menge von meinem Geld aus, um mein eigenes kleines Studio zu Hause aufzubauen, mit einem sehr leistungsstarken Computer. Alles zusammengerechnet, komme ich da auf mehrere Hunderttausend Dollar an Ausrüstung. Wir waren eine Familie aus der Mittelschicht – unser Haus hat bestimmt nicht viel mehr gekostet.

In der Highschool habe ich dann quasi professionell mit Videos gearbeitet. Ich bekam von Leuten Geld dafür, dass ich Videoaufnahmen machte, sie schnitt und Animationen einarbeitete. Das habe ich während meiner ganzen Zeit an der Highschool gemacht, und dann habe ich angefangen, für Videoproduktionsfirmen zu arbeiten. Damit habe ich jedes Jahr Zehntausende Dollar verdient, was wirklich eine Menge war für einen Schüler von der Highschool. Es hat gereicht, dass ich mir davon einen BMW kaufen konnte.

Ich hatte ein paar Freunde, aber eigentlich war ich hauptsächlich an meinen Jobs interessiert. Als der Senior Prom näher rückte, der feierliche Ball für die Abschlussklasse der Highschool, heuerte die Schule mich an, ich sollte den Ball auf Video aufzeichnen. Das war irgendwie bescheuert: Ich nahm nicht wirklich teil, wurde aber dafür bezahlt, da zu sein.

Als es Zeit war für mich, ans College zu wechseln, wollte ich mit dem, was ich tat, weitermachen, aber auf einem höheren Niveau. Ich brauchte vor allem einen Zugang zum Internet, aber den gab es in den meisten Studentenwohnhäusern nicht, mit Ausnahme der University of Alabama in Huntsville. Oder zumindest dachte ich, dass die dort Internetzugang hätten. Es gab Ethernet-Anschlüsse, aber die waren nur mit einem Server der Uni verbunden. Als ich das merkte, ging ich zum Rektor der Universität und sagte: »Ich habe nur wegen des Internetanschlusses diese Universität ausgewählt. Sie haben mich getäuscht. Sie müssen das regeln.« Und noch im selben Sommer haben sie das geregelt.

In meinem zweiten Studienjahr fing ich einen Job bei SGI [Technologies] an. Die waren damals so in etwa wie Google heute: die angesagteste Technologiefirma. Sie machten superleistungsstarke Grafikrechner, und als Angestellter konnte ich die Hardware zu einem Sonderpreis kaufen, und die Software dazu gab es sogar umsonst.

Ich kaufte mir sofort einen Rechner, der 10 000 Dollar wert war, und dann besorgte ich mir Software im Wert von 100 000 Dollar. Genau die gleiche Software wie die, mit der sie *Jurassic Park* gemacht haben. Ich traf einen anderen Typen an der Uni, der im letzten Studienjahr war, und wir beschlossen, gemeinsam eine Firma zu gründen. Das war 1998. Wir entwickelten etwas, das eigentlich genauso war wie Instacart, ein Online-Shopping-Tool, aber das war eben 25 Jahre zu früh. Man musste im Lebensmittelladen eine CD-ROM kaufen, sie in den Rechner einlegen, und schon konnten die Leute sofort online gehen – zum ersten Mal in ihrem Leben. Es war genau die gleiche Methode: Man suchte sich die Lebensmittel aus, und dann wurden sie einem von einem Lieferanten nach Hause gebracht. Wir nannten es OpenShop. Ich habe noch diese lustigen Videoaufnahmen von mir aus den späten 90er-Jahren: TV-Aufnahmen, wo ich erläutere, wie man online Lebensmittel kauft.

Als ich an der Uni anfing, war meine erste Freundin eine Studentin aus dem Abschlussjahrgang. Damit begann eine Phase in meinem Leben, wo ich immer mit Frauen zusammen war, die viel älter waren als ich. Das hielt viel zu lange an. Aber diese Frauen hatten alles im Griff.

In der Zeit als Student habe ich auch meinen Pilotenschein gemacht. Ich habe buchstäblich jeden Cent, den ich verdiente, dazu genutzt, fliegen zu lernen. Die ganze Szene, in der die Piloten sich bewegten, faszinierte mich tierisch: Die Leute, die man da traf, waren irgendwie von vornherein schon handverlesen, denn sie waren allesamt der Meinung, dass sie die Welt verändern können.

Wie dem auch sei, es gelang uns, von etwa 60 Menschen aus Huntsville Geld für OpenShop zusammenzutrommeln: insgesamt zehn Millionen Dollar. Dafür musste ich mich sogar mehrere Male in Schale schmeißen, mit Anzug und Krawatte. Tatsächlich hat man dann für gut 25 Millionen oder so unsere Firma gekauft, und das Unternehmen, das uns übernahm, lud mich ein, nach Seattle zu ziehen. Ich hatte genug Geld, um mir ein eigenes Haus zu kaufen, also brach ich das Studium ab und zog um – da war ich etwa 20 Jahre alt. Ich sagte mir: »Scheiß drauf, ich werde Unternehmer.« Und ich habe es nicht ein einziges Mal bereut.

Ich schrieb meinen Eltern einen Brief, um ihnen zu erklären, warum ich die Uni abgebrochen hatte. Ich denke, das war der nachdenklichste Brief, den ich in meinem Leben je geschrieben habe. Ich schreibe nicht so gerne. Ich bin besser als Redner. Ich glaube, ich hatte Angst, dass ich vielleicht nicht vor meinen Eltern stehen und sagen könnte, was ich ihnen sagen wollte, dass ich die Worte nicht rauskriegen würde, weil mein Vater manchmal sehr wütend werden konnte. Ich befürchtete, dass von den vielen Dingen, über die sie wütend werden könnten, ganz oben auf der Liste der Studienabbruch stehen könnte. Natürlich antworteten sie: »Nun, du musst jetzt allein klarkommen.« Und ich antwortete: »Ich weiß. Ich schaffe das.«

In Alabama lernte ich auch Will Marshall kennen, und diese Begegnung hatte einen großen Einfluss auf mein Leben. Ich besuchte einen Freund an der Uni, und dabei begegnete ich Will ganz zufällig. Wir unterhielten uns, dann verabredeten wir uns, und dann machten wir so kleine Abenteuertrips. Ich glaube, als Erstes gingen wir Höhlenklettern. Da gab es zahllose wirklich coole Höhlen, in die man ganz tief hinein- und hinunterklettern konnte. Will sagte gleich: »Klingt gut! Lass uns das machen!«

Auf dem Weg hielten wir bei einem Walmart an, um Taschenlampen zu kaufen. Aber bei Walmart kann man ja auch Waffen kaufen. Will war gerade aus Großbritannien in die USA gekommen und fand, Waffen so zu verkaufen sei das Lächerlichste und Absurdeste, was er je gehört hatte. »Wie bitte? Hier kann man Waffen kaufen?« Also dachte ich mir: »Dieser Typ ist anders. Dieser Typ ist gut.« Er war wie eine schlauere, britische Version von mir. Mich beeindruckte, wie er die Welt sah. Er war sehr offen und liberal, und das sprach mich an, denn genau so waren meine Eltern – beide Akademiker – auch.

In England war er noch im Bachelorstudium, aber er war hierhergekommen, um bei der NASA an einem Programm zu arbeiten, bei dem es darum ging, ein spezielles Raketentriebwerk zu perfektionieren. In diesem Fall sollte Materie und Antimaterie durch ein magnetisches Feld eingeschlossen werden, wobei dieses Feld so verformt werden sollte, dass es eine Art Düse bildete. Stellen Sie sich einen Schuppen mitten im Wald vor, zu dem Stromkabel gelegt sind. Dann legt man einen Schalter um, und das ganze Gebilde macht *bzzzzzzzzzzzz*, und dabei verbraucht es etwa 30 Sekunden lang so viel Strom, wie sonst im gesamten Staat verbraucht wird, während man versucht, die Antimaterie zu halten.

Ich brauche eigentlich nicht zu erwähnen, dass das Projekt gescheitert ist. Wenn es funktioniert hätte, gäbe es jetzt vielleicht mitten in Alabama ein schwarzes Loch – oder zumindest ein größeres, als es ohnehin schon gibt –, ein Loch, das sämtliche Realität in sich aufsaugen würde. Will war da als Praktikant dabei. Wahrscheinlich ist das Ganze geheim, ich sollte lieber nicht darüber reden.

Später fanden Will und ich unseren Spaß daran, in Gebäude einzubrechen. Wir reisten nach England und besorgten uns eine Landkarte mit allen Burgen, die dort jemals gebaut worden sind. Viele davon sind inzwischen völlig zerstört – es sind bloß Geröllhaufen mitten im Wald. Wir beschlossen, eine Woche lang kreuz und quer durch Großbritannien zu fahren und dabei so viele Burgen wie möglich zu erkunden. Mit Touristen hatten wir aber nicht viel am Hut. Wenn man Eintritt zahlen musste, haben wir abgewinkt. Es musste möglich sein, dass wir einbrechen.

Wir fuhren über Land und schauten uns Stonehenge an. Nun ja, wir kletterten über den Zaun des Stonehenge-Geländes. Wir fuhren nach London und fanden eine Stelle, wo man über die Mauer des Buckingham Palace klettern konnte. Hinterher erfuhren wir, dass die Queen gerade da war. Wir landeten in irgendeinem Garten. Es wurde aber nicht auf uns geschossen, wir wurden auch nicht hinausbegleitet. Da war eine Gruppe von Touristen, denen schlossen wir uns für eine Weile an und taten so, als gehörten wir dazu.

Nach meinem Umzug nach Seattle arbeitete ich schließlich für Classmates.com. Das war im Jahr 2000, und die Aussichten waren ziemlich düster. Ich glaubte nach wie vor an das Internet, aber das Internet entwickelte sich zu einem schwarzen Loch – die ganzen Investoren flohen regelrecht. Aber

Classmates hatte sehr gute Umsätze. Sie profitierten davon, dass viele Menschen sich danach sehnen, wieder Kontakt aufzunehmen zu anderen, die sie aus ihrer Vergangenheit kennen. »Hier ist jemand, mit dem du mal befreundet warst. Möchtest du mit ihm oder ihr Kontakt aufnehmen? Das kostet nur 24,95 Dollar im Jahr.« Ich dachte: »Das ist genial, super Idee!«

Diese Firma war praktisch eine Gelddruckmaschine, und ich hatte die Möglichkeit, als führender technischer Leiter alles mitzubeeinflussen. Wir hatten in den Anfängen ein paar Millionen Kunden, aber als ich ging, waren es 50 Millionen. Das war damals ein Riesending. Das war so eine Art Facebook der 90er-Jahre.

Während ich bei Classmates arbeitete, gründete ich nebenher noch eine andere Firma namens Escapia. Ich hatte für die Ferien ein Haus am Strand gemietet, und mir fiel auf, dass etwa 20 Prozent der US-Amerikaner ein Ferienhaus besitzen, das die meiste Zeit über gar nicht benutzt wird. Also entwickelte ich ein System, mit dem man diese Häuser vermieten konnte. Das funktionierte eigentlich so wie Airbnb, aber wieder gut 20 Jahre zu früh. Die Firma wurde dann von HomeAway aufgekauft, und die wiederum wurden von Expedia übernommen.

Die Sache mit den Reisen war anfangs ein reines Hobby, aber dann wurde sie meine Hauptbeschäftigung, weil ich bei Classmates gefeuert wurde. Ich war es gewohnt, einfach nur mein Ding zu machen, aber jetzt erlebte ich zum ersten Mal taktische Schachzüge. Dieser Typ, der Leiter der Ingenieursabteilung, spielte ein übles Spiel. Letzten Endes wurde er auch dafür gefeuert, aber vorher hatte er mich erledigt. Aber eigentlich machte mir das Spaß. Als mir gekündigt wurde – ich glaube, das war das erste Mal, dass mir gekündigt wurde –, begriff ich sofort, was geschehen war. Ich setzte eine Website auf, deren Adresse den Namen des Typen im Titel trug. Dann schuf ich Websites mit den Namen aller seiner Mitarbeiter, und sie alle hatten Bilder von Schachfiguren – von Bauern – darauf. Wenn man auf den Bauern klickte, wurde man direkt auf die Website des Typen weitergeleitet, und da gab es eine Stelle, wo man anonyme Kommentare über ihn reinschreiben konnte. Es sah genauso aus wie die alte Website von FuckedCompany.com. Es gab tatsächlich einige Leute, die Kommentare schrieben und von seinen betrügerischen Machenschaften berichteten, und dann bekam er auch schon die Kündigung. Ich glaube, er hat danach als Immobilienmakler gearbeitet.

Im Grunde genommen war das Ganze aber belanglos. Heutzutage würde ich meine Zeit nicht mehr mit so etwas verschwenden.

Während ich in Seattle lebte, fing Will an, für Silvester irgendwelche Events zu organisieren. Wir nannten sie 4D. Ich glaube nicht, dass irgendjemand sich noch erinnern kann, wofür die D eigentlich standen.

Eine der ersten Veranstaltungen war an der Universität in Oxford. Es ging darum, eine Gruppe von Leuten zusammenzubringen, die alle mehr vom Leben wollten, als bloß Geld zu verdienen oder ihren Job besonders gut auszuüben – Leute, die einen höheren Sinn im Leben suchten. Man wollte versuchen, sein gesamtes Leben als eine Geschichte mit einem Handlungsbogen zu verstehen, und wir wollten sehen, ob diese Gruppe es fertigbrächte, gemeinsam etwas zu schaffen, das größer und bedeutsamer war.

Ich war einer dieser ersten zehn oder 15 Leute, die Will zusammengetrommelt hatte. Jessy Kate gehörte auch dazu. Sie hatte so eine Ausstrahlung wie eine junge, nerdige Lara »Tomb Raider« Croft. Abenteuerlustig, klug, offen. Mich hat die ganze Idee umgehauen.

Wir praktizieren das 4D immer noch. Jedes Jahr zu Silvester suchen wir uns einen neuen Ort für das Treffen aus. Idealerweise ist es ein Ort, an dem die Menschheit etwas geschaffen hat, das etwas Größeres im Leben widerspiegelt. Einmal waren wir im Arecibo Observatory, das ist eine Sternwarte mitten im Dschungel, wo das größte Teleskop der Welt steht. Eine Nacht lang gehörte das uns. Ein anderes Mal trafen wir uns im Biosphere-2-Komplex, der aus mehreren Glaspyramiden mitten in der Wüste besteht, und drinnen gibt es Dschungel, Meere und Wüsten. Die Pyramiden sind luftdicht von der Außenwelt abgeriegelt. Wir sind natürlich heimlich da eingedrungen und haben das Ganze übernommen.

Das sind Orte, wo man, wie ich finde, gut darüber nachdenken kann, zu was die Menschen fähig sind. Irgendjemand hat in den 1980er-Jahren Milliarden Dollar aufgebracht, um ein beeindruckend großes Gelände zu bebauen, in dem sich irgendwelche Leute zwei Jahre lang zu Testzwecken einsperren ließen. Nun gut, wenn jemandem das gelingt, was können wir dann tun? Ich glaube, das ist die Idee hinter 4D, dass wir uns inspirieren lassen.

Bei dem Silvesterevent geht es hauptsächlich darum, Revue passieren zu lassen, was wir im vergangenen Jahr erreicht haben und was wir uns für das kommende Jahr vornehmen. Wir tun uns dann in Paaren mit Menschen zusammen, die rein zufällig gruppiert werden – mit denen reden wir über unsere Ziele, und dann fordern wir einander heraus, in noch größeren Zusammenhängen zu denken. Dann berichten wir in der großen Gruppe von unseren Gesprächen. Die Sache hat auch eine gewisse Verbindlichkeit. Man muss sich vor die Gruppe stellen und zum Beispiel sagen: »Letztes Jahr hatte ich angekündigt, dieses und jenes zu tun. Nun, ich habe es nicht geschafft.« Oder: »Letztes Jahr hatte ich behauptet, ich würde eine Rakete ins All schießen, und es ist mir gelungen.«

Will hielt eines dieser Events in Washington, D. C., ab, als ich gerade mit meiner Reisefirma beschäftigt war. Ich traf diesen völlig durchgeknallten General namens Pete Worden bei der Silvesterparty. Er fiel mir auf, weil er etwa doppelt so alt war wie alle anderen.

Er hielt ein Glas Martini in der Hand und erzählte Geschichten: »Als ich im Pentagon tätig war ...«, und alles, was er sagte, fing an mit »Nun, als ich für das ›Star Wars‹-Programm verantwortlich war ...«, und ich dachte: »Das ist die interessanteste Person, der ich je in meinem Leben begegnet bin.« Was mich nachhaltig faszinierte, war die Geschichte, wie er während eines der Kriege im Irak eine Desinformationskampagne leitete.

Er wurde von der Bush-Regierung geopfert, weil er versucht hatte, den Informationskrieg gegen den eigentlichen Krieg einzusetzen. Sie warfen Radios und Flugzettel ab, mit denen sie versuchten, die Iraker davon zu überzeugen, dass der Krieg vorbei sei. Das – oder sie würden einfach erschossen. Pete glaubte daran, dass Ersteres die bessere Lösung war. Aber anscheinend äußerte die Presse sich kritisch, sie sagten, das sei wie in einem Roman von Orwell und es sei nicht richtig, man könne nicht so agieren. Und dann hat Donald Rumsfeld, der damals Verteidigungsminister war, die ganze Verantwortung auf Pete geladen, und Petes Foto war auf der ersten Seite der *New York Times* und der *Washington Post*. Ich erinnere mich vor allem an folgende Zeilen: »Donald Rumsfeld hat mich gefickt, aber dafür geben sie mir jetzt mein eigenes NASA-Center.«

Und so war es dann auch: Irgendwann bekam Pete sein eigenes Center in Ames, und ich folgte ihm dorthin. Ich brauchte eine Weile, um die Tatsache zu verdauen, dass ich bislang an so nichtigen Projekten gearbeitet hatte, die das Reisen oder Einkaufen erleichterten. Nachdem ich bei der NASA angefangen hatte, begriff ich es endlich. Ich dachte: »Wow. Ich bin jetzt Leitender

Technischer Ingenieur (CTO) bei der NASA. Ich kann jetzt dafür sorgen, dass richtig große Sachen passieren, und das sollte ich auch. Tatsächlich wäre es unmoralisch von mir, diese Gelegenheit nicht zu ergreifen und nicht alles zu versuchen, um möglichst viel Einfluss auf die Dinge zu haben.«

Ich wurde der jüngste leitende Angestellte in der gesamten amerikanischen Regierung. Mir wurde ziemlich schnell klar, dass die Arbeitskultur bei der NASA sich ändern musste. Knapp 100 000 Menschen arbeiten dort, und es ist richtig schwierig, irgendjemandem zu kündigen. Die Frage ist also nicht, wie man jemandem kündigt, sondern wie man es schafft, dass die Leute einem nicht im Weg stehen. Man muss Mitarbeiter finden, die richtig über eine bestimmte Sache denken, und sie dann in die Position bringen, wo sie Dinge verändern können. Dann muss man die anderen Mitarbeiter so neu organisieren, dass sie an Projekten arbeiten, die nicht so wichtig sind und wo sie nicht stören können.

Ich baute eine völlig neue technische Abteilung auf und bildete ein neues Führungsteam, und darüber gab es auch viel Streit. Es gab Angestellte, die wegen ihrer langen Dienstzeit Ansprüche auf bestimmte Posten erhoben, aber mir waren die Beschäftigungszeiten egal, und mir war auch Loyalität egal. Mir war nur wichtig, ob jemand das Zeug hatte, sich um eine bestimmte Sache zu kümmern.

Das Budget, das uns zur Verfügung stand, fanden viele zu gering – man könne damit kaum den laufenden Betrieb aufrechterhalten, hieß es. Das war Quatsch. Wir sparten einige überflüssige Kosten ein, und damit hatten wir Geld über für Investitionen in neue Dinge. Damit konnten wir zum Beispiel die besondere Projektgruppe finanzieren, die etwa für Google Moon, Google Mars und OpenStack verantwortlich war.

Was Stealth Space betrifft: Ich liebe diese neue Herausforderung. Als Mensch muss man lernen und wachsen und sich weiterentwickeln. Man muss für sich eine Position finden, wo die eigene Erfahrung, Leidenschaft und Energie perfekt abgestimmt sind auf die Herausforderung, der man sich stellt. Bei Stealth Space muss man sich Herausforderungen stellen und mit ihnen klarkommen, egal, ob man sich dafür bereit fühlt oder nicht. Viele erfolgreiche Menschen lassen sich ablenken – sei es durch Frauen (oder Männer), materielle Dinge oder irgendein Freizeitvergnügen. Die werden letzten Endes schwer bereuen, ihr Leben so gelebt zu haben.

CHRIS KEMP ÜBER CHRIS KEMP, IM FRÜHLING 2017

Ich habe noch nie zuvor in meinem Leben ein so gutes Gefühl bei einem Vorhaben gehabt wie jetzt. Adam ist brillant. Wir passen perfekt zueinander, wir ergänzen uns. Er deckt den ganzen wissenschaftlichen Bereich rund um den Raketenbau ab. Ich könnte die nächsten fünf Jahre lang Physikbücher wälzen und mich mit Treibstoffdynamik auseinandersetzen, um auch nur ein Fitzelchen von dem zu verstehen, was in einer Rakete vor sich geht, und ich wäre immer noch nur halb so schlau wie Adam.

Ich habe vier Unternehmen aus dem Nichts gegründet, und ich war bei zahlreichen Firmen als Berater tätig. Ich habe selbst mehr als 100 Millionen Dollar an Investitionsgeldern reingeholt, und ich habe anderen Menschen geholfen, 500 Millionen reinzuholen. Ich weiß, wie man Kapital aufbringt und wie man Teams zusammenstellt. Ich glaube nicht, dass das, was wir hier tun, grundsätzlich unmöglich ist. Ich halte es für machbar.

KAPITEL 18
DER LANGE, HARTE WEG

Stealth Space wollte seinem Firmennamen alle Ehre machen und möglichst im Verborgenen operieren. Dabei bot die Weitläufigkeit des ehemaligen Navy-Stützpunkts einen gewissen Schutz. Die Restaurants und Bars, die in der Nähe des Wassers eröffnet worden waren, lagen etwa eineinhalb Kilometer vom Raketenbetrieb entfernt, und die Autos, die dorthin fuhren, fuhren in der Regel auf einer außen herumführenden Straße. Die meisten der großen Lagerhäuser in der Nähe von Stealth Space waren verlassen und verfallen, und an einem beliebigen Tag kamen wahrscheinlich nur ein paar Dutzend Menschen an dem Gebäude an der Orion Street vorbei.

Das soll jedoch nicht heißen, dass der Betrieb von Stealth Space vollkommen unbemerkt ablief. Die Zentrale des Unternehmens befand sich in der Nähe des südöstlichen Randes des Stützpunkts. Ein ramponierter Zaun, etwa 300 Meter von der Raketenfabrik entfernt, markierte die Grenze zwischen dem Stützpunkt und dem normalen Leben in Alameda. Auf der anderen Seite des Zauns, weniger als 800 Meter von den kontrollierten Explosionen bei Stealth Space entfernt, gab es Häuser, Kindergärten, Fußballplätze und Restaurants. Auf der Basis selbst hatte Stealth Space ein Outlet der Möbel- und Haushaltswaren-Kette Pottery Barn und das Pacific Pinball Museum als nächste Nachbarn. Keiner dieser Parteien war zunächst bewusst, dass in ihrem Hinterhof für wenig Geld das Pendant zu einer Interkontinentalrakete gebaut wurde.

Der Plan, den Stealth Space verfolgen wollte, um seine Rakete in Rekordzeit zu bauen, sah vor, die Dinge so einfach wie möglich zu halten. Während Rocket Lab Carbonfaser für den Raketenkörper verwendete, wollte Stealth Space Aluminium einsetzen, das sowohl preiswerter als auch leichter zu bearbeiten ist. Die

Rakete sollte klein sein, nur etwa zwölf Meter hoch und etwa einen Meter breit, sodass kein großes, kompliziertes Triebwerk zum Fliegen benötigt würde. Stealth Space würde seine Rakete mit fünf Minitriebwerken antreiben, die von ein paar Leuten von Hand gebaut werden könnten. Die Ingenieure des Unternehmens wurden gebeten, nach Stellen im Korpus der Rakete zu suchen, an denen sie die Menge an Kabeln und Elektronik reduzieren konnten. Kemp wollte so wenige Teile wie möglich verwenden, um die Dinger zum Fliegen zu bringen. Für die Massenproduktion wäre das umso besser.

Stealth Space wollte sich zudem die Möglichkeit schaffen, seine Raketen mit minimaler Infrastruktur vom Boden aus zu starten. Raketenbauer waren es gewohnt, Wochen, wenn nicht Monate, auf einem von der Regierung betriebenen Startplatz zu verbringen, um eine Rakete für den Start vorzubereiten, und für die notwendigen Arbeiten waren normalerweise Dutzende von Leuten erforderlich. Der Plan von Kemp und London bestand darin, eine mobile Startvorrichtung zu bauen, ein motorisiertes Gerüst, das die Rakete von einer horizontalen in eine vertikale Position bringen konnte. In dessen Gehäuse sollten alle benötigten Anschlüsse für Treibstoff und Elektronik eingebaut sein. Die Startvorrichtung sollte so klein sein, dass sie in einen handelsüblichen Schiffscontainer passen würde und auf dem Land-, See- oder Luftweg an jeden beliebigen Ort transportiert werden könnte, von dem aus Stealth Space starten wollte. Parallel zur Entwicklung der Trägerrakete plante das Unternehmen den Bau eines mobilen Kontrollzentrums, das ebenfalls in einen Schiffscontainer passen würde. Auf diese Weise könnten die Mitarbeiter ihre eigene, vertraute Ausrüstung verwenden, anstatt sich eigens ein Kontrollzentrum an einem Startplatz auszuleihen respektive zusammenzustellen. Außerdem müsste Stealth Space dann nicht die exorbitanten Gebühren zahlen, die Startplätze für die Nutzung ihrer Ausrüstung verlangen.

Im Idealfall würde Stealth Space die Startvorrichtung (den Launcher), das Mission-Control-Modul und die Rakete in Transportcontainer verpacken und verschicken. Das gesamte Equipment würde von einer Handvoll Menschen in Empfang genommen, die die Container leeren und die gesamte Ausrüstung zu dem jeweiligen Startplatz transportieren würden. Die gleichen Personen, die die Ausrüstung auspacken, wären dann auch für den Start verantwortlich. In dieser idealisierten Vorstellung würde der gesamte Vorgang nur wenige Tage dauern. Kemp wollte, dass Raketenstarts von einer coolen Ausnahmeerscheinung zu einem geradezu alltäglichen Ereignis werden, während Stealth Space zu einer innovativen Transportgesellschaft des New Space avancieren würde. Zu diesem Zeitpunkt in der Geschichte des Unternehmens hatte Stealth Space noch nicht genau festlegen können, von wo aus es erstmals starten würde. Kemp flog nach Hawaii und besuchte eine Örtlichkeit in der Nähe eines aktiven Vulkans. Er mutmaßte, dass die Ortsansässigen nicht gerade begeistert sein würden, ein Raketenunternehmen in ihrer Mitte zu wissen, aber er dachte, dass er sie vielleicht überreden könnte, wenn Stealth Space bereit wäre, sich auf einem gefährlichen Stück Land einzurichten, das niemand sonst betreten wollte. »Ich schaute auf ein Lavafeld«, sagte er. »Ich denke, das ist der richtige Ansatz. Es gibt Stellen, an denen sich neues Land bildet, und niemand will auf einer Landfläche leben, die erst seit ein paar Jahren existiert. Das Gute an Land, das vorher noch gar nicht existiert hat, ist, dass es auch ziemlich billig ist.«

Das Unternehmen zog auch einen Weltraumflughafen auf Kodiak Island in Alaska in Betracht. Wie Hawaii war auch diese Insel abgelegen und hatte bei den Starts mit weniger Flug- und Schiffsverkehr zu kämpfen als die meistgenutzten US-Startplätze in Kalifornien und Florida. Der Weltraumflughafen auf Kodiak verfügte außerdem über eine bestehende Infrastruktur, da das US-Militär von dort aus seit Jahren Raketen abschoss. Diese Optionen wären ohnehin nur Notlösungen; Kemp hatte bereits einen Lastkahn mit der Absicht gekauft, ihn zum bevorzugten Startplatz des Unternehmens zu machen. »Er ist 30 Meter lang und 12 Meter breit«, so Kemp. »Es ist einfach schön, ihn so schwimmen zu sehen.« (Irgendwann später fand ich den Kahn wieder, angedockt neben einem ausgemusterten Flugzeugträger. Er war mit Vogelkacke überzogen, und auf der verrosteten Steuermannskabine thronte ein Pelikan.)

Bis zum Sommer 2017 wurden einige Verbesserungen am Gebäude an der Orion Street vorgenommen. Ein Asbest-Reinigungsteam hatte jeden Zentimeter der Räumlichkeiten untersucht und es für die Mitarbeiter sicherer gemacht. Kemp hatte die Wi-Fi-Versorgung verbessert, indem er in die Dachsparren hochgeklettert war, um dort ein paar zusätzliche Router zu platzieren. Und in der Mitte des Gebäudes wurde eine Toilettenanlage installiert. Es war die einzige Toilette, und sie verfügte über vier Kabinen und ein paar Urinale, sodass Frauen, Männer und alle anderen Mitglieder des Geschlechterspektrums während der Arbeit dort ihr Geschäft erledigen konnten.

Das Unternehmen legte seine Prioritäten für den jeweiligen Tag und die kommende Woche während der morgendlichen Besprechungen fest, die immer um zehn Uhr begannen. Kemp hatte stets alle anstehenden Aufgaben auf einem Bildschirm aufgelistet und fragte einen nach dem anderen, an was sie gerade arbeiteten. Auf dem Tisch stand eine Sanduhr mit orangefarbenem Sand, die nach zehn Minuten abgelaufen war und die Kemp jedes Mal mit Begeisterung umdrehte, wenn der Sand zur Neige ging, um die Teilnehmer daran zu erinnern, dass sie zum Punkt kommen sollten. Während des gesamten Prozesses schien er jeden Anwesenden intensiv mit seinem Blick zu fixieren, um zu zeigen, dass er in diesem Moment sehr präsent war und die Dinge schneller erledigt haben wollte. London stand gewöhnlich in der Nähe des hinteren Bereichs und ließ all die Informationen über sich ergehen, während er in Gedanken mögliche Lösungen für anstehende Probleme durchging.

Die beiden Männer waren wirklich grundverschieden. Nach dem Treffen erklärte Kemp zum Beispiel, dass er sich einmal eine Frist von 30 Tagen gesetzt hatte, um seinen Job bei Ames zu kündigen, eine neue Firma zu gründen, sich zu verloben, ein Haus zu kaufen und eine Familie zu gründen. Er hatte das durchgezogen, einen Sohn bekommen – und sich dann kurze Zeit später scheiden lassen. »Die Herausforderung habe ich zwar gemeistert«, erklärte er, »nur war es dann so eine Art ›Aber ich liebe dich nicht‹.« In den folgenden Jahren wechselte Kemp häufig seine Freundinnen und schien eine Vorliebe für schlanke Blondinen zu haben. (Zu dieser Zeit ging er mit einer Cheerleaderin der San Francisco 49ers aus, die einen Abschluss in Chemieingenieurwesen vom MIT hatte.) London hingegen hatte eine Frau und Kinder und beschrieb das Familienleben, als wäre es eine weitere technische Herausforderung: »Mein nomineller Plan besteht darin, dass ich dienstags und donnerstags zu einer vernünftigen Zeit nach Hause komme und mit den Kindern zu Abend esse.«

Bei Stealth Space arbeitete kaum jemand zu vernünftigen Zeiten, was zum großen Teil daran lag, dass die Tücken eines Raketentriebwerks mit Work-Life-*Balance* nicht in Einklang zu bringen sind. In den ersten Monaten im Gebäude an der Orion Street arbeiteten etwa 20 Leute zwischen der Testzelle und dem Testkontrollzentrum und mühten sich, ihr Triebwerk dazu zu bringen, für eine gewisse Zeit Feuer zu spucken.

Manchmal tauchte ich gegen 19 Uhr auf, um die Testaktivitäten zu beobachten. Die Leute in der Testzelle waren gerade dabei, Tanks mit flüssigem Sauerstoff und Kerosin zu füllen, während andere Leute an Drähten und anderen Elementen auf dem Prüfstand herumhantierten. Ein Mann namens Lucas Hundley, der bei Ventions gewesen war, überwachte das Geschehen per Videoübertragung von seinem Posten als Leiter des Kontrollzentrums aus. Da man sich in der Testzelle oft mühsam verrenken musste, wenn an irgendwelchen Dingen geschraubt, gerüttelt und gehämmert wurde, streckten viele der Top-Ingenieure von Stealth Space Hundley zwangsläufig ihren Allerwertesten entgegen. Auch das gehörte eben zur rühmlichen Arbeit an Raketen.

Es konnte zwischen 15 Minuten und zwei Stunden dauern, das Triebwerk für einen neuen Test vorzubereiten, je nachdem, was beim letzten Mal schiefgelaufen war. In den ersten Wochen machte die Maschine entweder gar nichts, oder sie stotterte für ein bis drei Sekunden. Ben Brockert, ein hochgewachsener, stämmiger junger Mann, der dem Leben mit einer gehörigen Portion Zynismus und einer klaren Haltung begegnete, war dafür zuständig, während der Testverfahren die Reihenfolge der Abläufe anzukündigen, und hatte für die meisten Situationen den passenden Galgenhumor parat. Vor einem Test informierte er das Team: »Das Notfallprotokoll sagt, dass wir, wenn es in der Nähe des Triebwerks brennt, die automatischen Sprinkleranlagen anwerfen und das Feuer löschen. Wenn es anderswo brennt, haben wir weniger gute Pläne.« Später, mitten in einer langen Testphase, trommelte er die Truppe zusammen und sagte: »Wir werden so lange weitermachen, bis das Triebwerk funktioniert oder bis wir sterben.« Als ich ihn eines Abends fragte, was er denn so gemacht habe, antwortete er: »Hauptsächlich an meinen Gedichten gearbeitet.«

An manchen Abenden testete Stealth Space das Triebwerk vielleicht fünf- oder sechsmal, wobei das zuständige Personal teils bis zwei Uhr morgens blieb. Das Gebäude an der Orion Street war eine Zeit lang nicht beheizt, weshalb sich die Mitarbeiter um kleine Gasheizer scharten, um die langen Nächte erträglicher zu machen. London schritt währenddessen oft mit einer Tüte Kartoffelchips in der Hand durch das Gebäude. Wenn etwas schiefging, rief er: »Wo ist das Datenprotokoll?« oder: »Das war alles andere als amtlich.« Wenn die Dinge besser liefen, sagte er trocken: »Die Flammen sind aus dem Triebwerksständer rausgeschlagen. Super!« Manchmal ließ Stealth Space einen Ingenieur während der Tests nach draußen gehen, um den Geräuschpegel zu messen, damit sie sich keine Sorgen wegen Lärmbeschwerden der Nachbarn machen mussten.

Passend zum typischen Auf und Ab des Raketengeschäfts schwankte die Stimmung bei jeder Testsitzung zwischen angespannter Aufregung und völliger Erschöpfung. Gleichwohl schien jedermann wirklich daran zu glauben, dass die jeweiligen Korrekturen endlich funktionieren würden und das Triebwerk wie vorgesehen brennen würde. Bei vielen Gelegenheiten zückte Kemp sein Smartphone, um während eines Tests einen Video-Chat mit einem Investor zu führen, in der Überzeugung, dass dies der Moment sei, in dem der Investor den Beweis dafür sehen konnte, dass sein Geld klug angelegt war. Wenn das Triebwerk ausfiel, lächelte Kemp und redete den Fehler klein. Hunger und Müdigkeit zum Trotz arbeiteten alle weiter an der Behebung von Problemen und weigerten sich in der Regel, das Projekt abzubrechen, es sei denn, eine notwendige Komponente wie etwa Flüssigsauerstoff war ausgegangen.

Schließlich machten sich die Mühen und die vielen Stunden bezahlt. Das Triebwerk brannte drei Sekunden lang, dann 30 Sekunden, dann ein paar Minuten und dann im Grunde so lange, wie Stealth Space es mit Treibstoff versorgte. Derweil kauften die Mitarbeiter die anderen Schlüsselkomponenten der Rakete ein und montierten sie in der Fabrikhalle zusammen. Kemp war überzeugt, dass die komplette Rakete innerhalb der nächsten drei Monate zusammengebaut und fast betriebsbereit sein würde.

Im Mai 2017 lud Kemp einen alten Freund aus Ames und der Rainbow Mansion ein, einen Vortrag vor allen Mitarbeitern von Stealth Space zu halten. Creon Levit, so sein Name, verbrachte seine Tage mit der Arbeit an Satelliten bei Planet Labs, hatte aber auch eine weitere große Leidenschaft: das Studium der Raumfahrtgeschichte. In seinem Vortrag ging es darum, warum Raketen so schwer zu bauen und zu fliegen sind. »In den letzten 50 Jahren hat sich nicht viel getan«, erklärte er. »Wir bauen Raketen immer noch mehr oder weniger auf dieselbe Weise. Nichts ist billiger geworden, was die Kosten pro Kilogramm in die Umlaufbahn angeht. Wie kann das sein?«

Der Mensch, so erklärte er, habe schon vor langer Zeit das Periodensystem durchforstet und die besten Chemikalien gefunden, die man miteinander verbinden konnte, um die maximale Energie freizusetzen. Wenn man nicht gerade eine mit Kernenergie betriebene Rakete bauen wolle, sei man darauf angewiesen, flüssigen Sauerstoff mit Kerosin oder Wasserstoff zu kombinieren. »Die Gesetze der Fluiddynamik machen es einem schwer«, gab er zu bedenken. »Die Gesetze der Materialwissenschaft machen es einem schwer. Jede Sekunde strömen tonnenweise Oxidationsmittel und Brennstoff in dieses Ding, und dann zündet man ein Streichholz an. Wenn man das in einem Raum machen würde, würde man das Ergebnis eine Explosion nennen. Bei einer Rakete nennen wir das Zünden, ein Brennen oder Abbrennen, aber im Grunde ist es nur eine ständige Explosion, die eingedämmt und geformt wird. Alles spielt sich in Grenzbereichen ab, um das überhaupt erst möglich zu machen.«

In den frühen 1900er-Jahren wurden die grundlegenden Berechnungen, die auch heute noch für Raketen gelten, ausgearbeitet – und das Ergebnis war brutal ernüchternd. Die von den besten Treibstoffen erzeugte Energie reicht kaum aus, um ein Objekt der Schwerkraft zu entziehen. Etwa 85 Prozent der Masse einer Rakete müssen aus Treibstoff bestehen, während ein Auto nur vier Prozent seiner Masse in Form von Treibstoff benötigt, oder ein Frachtflugzeug 40 Prozent. Damit verbleiben bei einer Rakete 15 Prozent der Masse, um eine Struktur zu schaffen, die den Treibstoff und all die Gerätschaften, die Elektronik und die Computer enthält, die notwendig sind, damit die Rakete etwas Interessantes anstellt. Letztendlich kann ein Raketenbauer von Glück reden, wenn zwei Prozent der Masse der Rakete aus dem Material bestehen, das er ins All befördern will.

Nicht lange nach dem Start einer Rakete erreicht diese den sogenannten Max-Q-Wert, das heißt: den Moment, in dem die Rakete den maximalen aerodynamischen Druck erfährt, dem sie auf ihrem Weg in die Umlaufbahn ausgesetzt sein wird. Dynamische Druckkräfte spürt man, wenn man während der Fahrt die Hand aus dem Autofenster streckt, und man erlebt sie, wenn ein Hurrikan Bäume entwurzelt und Häuser zerstört. Levit stellte fest, dass der Druck, dem die Rakete bei Max Q ausgesetzt ist, etwa 75-mal so hoch ist wie bei einem Hurrikan der Kategorie 5. »Wenn die Rakete an diesem Punkt auch nur im Geringsten seitwärts fliegt, ist das ganze Projekt natürlich im Eimer«, stellte er trocken fest.

Bei den meisten Konstruktionsanwendungen würde man mit diesen unglaublichen Kräften umgehen, indem man seine Maschine überdimensioniert. Man verdoppelt alles, was verdoppelt werden muss, damit das Ding funktioniert. Aber bei Raketen ist das keine Option, weil es keinen Platz für Überschüsse gibt. Zu allem Überfluss spürt Max Q jede Schwachstelle auf und testet jede Schweißnaht und jede Kammer, um zu sehen, ob man den kleinen Spielraum, den man hatte, auch wirklich hinreichend genutzt hat.

Okay, nehmen wir an, Sie haben eine Rakete gebaut, die funktioniert. Nun, die versicherungsmathematischen Tabellen, die von den Versicherungsgesellschaften verwendet werden, zeigen, dass der sechste Start derselben Rakete normalerweise fehlschlägt. Die Verantwortlichen werden übermütig und selbstgefällig und übersehen Probleme. Der nächste Punkt, an dem die Dinge schiefgehen, ist etwa beim fünfzigsten Start. Zu diesem Zeitpunkt entwickeln sich bestimmte Faktoren zu perfekten Feinden, darunter wenig durchdachte Abweichungen vom ursprünglichen Projekt, die Mühlen der Bürokratie und die institutionelle Behäbigkeit, die stets der Tradition vor der Innovation den Vorzug gibt. Levits Botschaft an die Mitarbeiter von Stealth Space, die viel durchgemacht hatten, um überhaupt erst einmal so weit zu kommen, wie sie gekommen waren, lautete schlicht und einfach: »Viel Glück!«

Die positive Nachricht für Stealth Space war aus Levits Sicht, dass das Unternehmen mit einer überschaubaren Anzahl an Explosionen – zerstörten Raketen – klarkommen würde. Es waren schließlich keine Menschen an Bord, und die Satelliten, die man transportierte, waren so weit im Preis gesunken, dass es den Kunden nichts ausmachen würde, wenn sie ab und zu explodieren würden, solange die Fahrten ins All insgesamt günstig waren. Die andere gute Nachricht war, dass wir überhaupt über solche Dinge reden konnten. »Wenn die Erde ein bisschen größer wäre und ihre Schwerkraft ein bisschen stärker, würden Sie erst gar nicht ins All fliegen«, schloss er.

DIE VON LEVIT BESCHRIEBENEN HERAUSFORDERUNGEN sind so schwer zu bewältigen, dass wir den Bau und den Start von Raketen zu einem Klischee verklärt haben. »Das ist keine Raketenwissenschaft«, sagen Menschen sprichwörtlich, wenn sie klarmachen wollen, dass jede andere Bemühung dahinter zurückbleibt.[*] »Meistens werden die in der Luft- und Raumfahrt tätigen Menschen, seien es Astronauten oder Ingenieure, als unsere tapfersten Genies dargestellt, die sich bei ihrer täglichen Arbeit scheinbar unüberwindbaren Herausforderungen stellen und diese dann auch meistern. Die Wahrheit ist heutzutage jedoch viel nuancenreicher.

London passte da mit seinem Lebenslauf voller Abschlüsse am MIT vortrefflich ins Bild. Er hatte weder Charisma, noch lag ihm irgendeine Form der Prahlsucht nahe, aber er strahlte Genialität aus und war auch manuell mehr als geschickt. Er hatte eine innige Beziehung zu Raketen und sprach so liebevoll über sie, dass er sie nahezu mystisch erscheinen ließ. London gefiel es, dass sie »abgekoppelt vom Rest der Welt existierten« und einen Ingenieur erforderten, der das Zusammenspiel verschiedener wissenschaftlicher Teildisziplinen wie Elektronik, Flüssigkeiten und Antrieb verstand und sie alle als Ganzes zum

---

[*] Die Hirnchirurgie natürlich ausgenommen.

Funktionieren brachte. Einmal beschrieb er, wie Hardware zu einem selbst sprechen kann: »Wenn einem etwas merkwürdig erscheint, muss man zuhören, was die Maschine zu einem sagt, und darf es nicht ignorieren.«

Die Arbeit, an der er bei Ventions gesessen hatte, war am äußersten Rande der Raketenwissenschaft angesiedelt. Er hatte sich damals mit der Hoffnung getragen, ein Raketentriebwerk derart zu verkleinern, dass es mit Halbleitertechnik hergestellt werden musste. Er fand Gefallen an dem Gedanken, die gesamte Elektronik und Maschinerie von Raketen auf ihr physikalisches Minimum zu reduzieren. Die DARPA und Pete Worden waren von seiner Arbeit begeistert. London hatte sich eine Zeit lang mit Worden über ein Projekt beraten, bei dem es um die Entwicklung einer winzigen Rakete mit einem Durchmesser von gerade mal 15 Zentimetern ging, die ins All fliegen und den Satelliten eines gegnerischen Landes inspizieren sollte, als wäre die Rakete ein verdeckt operierender Spion. Die US-Regierung hoffte, dass Londons Raketen so klein werden könnten, dass ein anderes Land sie auf dem Radar überhaupt nicht bemerken würde.[*]

London hätte seine Spitzenforschung durchaus weiterbetreiben und ein ruhiges Leben führen können, wären da nicht Kemp und der Ruf der kommerziellen Raumfahrt gewesen. »Ich habe gesehen, wie Rocket Lab ähnliche Dinge wie wir bei Ventions gemacht hat, aber dann haben sie alles dramatisch beschleunigt, indem sie rausgegangen sind und Geld aufgetrieben haben«, sagt London und konstatiert: »Entweder man macht es selbst, oder man sieht zu, wie andere es machen.«

Viele Mitarbeiter von Stealth Space waren jedoch nicht auf der Suche nach höherer Berufung im Bereich der Raketenwissenschaft. Sie schienen eher zufällig in diese Branche hineingeschlittert zu sein als alles andere.

Rose Jornales zum Beispiel wuchs in Südkalifornien als Tochter philippinischer und vietnamesischer Einwanderer auf. Sie war nicht viel größer als 1,50 Meter und ging im Jahr 2000 zur Air Force, wo sie als Elektronikreparaturtechnikerin an Flugzeugen arbeitete, die zwischen den USA und Afghanistan hin- und herflogen. Nachdem sie 2006 das Militär verlassen hatte, arbeitete sie als Kellnerin, heiratete,

---

[*] Planet Labs hatte schon einmal darüber nachgedacht, in das Geschäft mit Raketenstarts einzusteigen, und mit London über diese Idee gesprochen. London schrieb Will Marshall den Vorschlag zu, jeden Tag eine Rakete zu starten. Letztendlich entschied sich Planet jedoch dafür, sich weiterhin auf Satelliten zu konzentrieren.

ließ sich dann scheiden und fand schließlich einen Job bei der Wartung des Air-Train am internationalen Flughafen von San Francisco. 2017 schlug ein Freund Jornales vor, bei Stealth Space vorbeizuschauen und sich das Projekt anzuschauen.

»Ich wusste gar nicht, dass es sich um eine Raketenfirma handelt«, erinnert sich Jornales. »Ich wusste auch nicht, dass sie mir ein Vorstellungsgespräch aufdrängen würden. Plötzlich spreche ich mit vier Leuten, und sie stellen mir all diese Fragen. Oh Mann, ich weiß wirklich nicht, ob ich das jetzt sagen soll oder nicht … Ich war betrunken, als ich dort ankam. Ich hatte tagsüber getrunken. Es war dann einfach nur easy. Das reinste Kinderspiel. Aber ich habe nicht die geringste Ahnung, was sie mich überhaupt gefragt haben.«

Jornales übernahm die Aufgabe, die Kabelbäume zu bauen, die die kilometerlange Verkabelung im Inneren einer Rakete zusammenhalten und bündeln. Danach konzentrierte sie sich auf das Flugabbruchsystem, das dafür sorgt, dass die Rakete in der Luft explodiert, wenn etwas schiefgeht. Sie war eine der wenigen Frauen, die in den ersten Tagen von Stealth Space mit von der Partie waren, obwohl es in der Luft- und Raumfahrt nicht ungewöhnlich ist, dass auf neun Männer in einer Fabrikhalle nur eine Frau kommt. Jornales strahlte jedenfalls eine durchweg positive Energie aus und verbreitete einfach gute Laune. Ihr fröhliches Auftreten kam bei den Leuten, die Schrauben drehten und Metall schweißten, gut an. Tatsächlich verstand sie sich am besten mit den zynischsten und abgebrühtesten Mitarbeitern von Stealth Space. Oder zumindest mit denen, die nach einem anstrengenden Tag in der Luft auch gerne ein paar Bier und dazu vielleicht noch etwas Hochprozentiges tranken.

Der Elektriker und nebenbei Allrounder von Stealth Space hieß Bill Gies und war ebenfalls durch Zufall dazugestoßen. Seine Haarfarbe wechselte ständig zwischen Blau, Rot, Orange, Grün und einer Regenbogenmischung, und seine schicke Vokuhila-Frisur war ein authentisches Relikt seines modischen Wagemuts. Er hatte massig Ohrringe und große Löcher in seinen Ohrläppchen, weil er jahrelang sogenannte Plugs trug. Zeitlos auch seine schwarzen Springerstiefel. Er rauchte massiv und hatte entsprechend nikotingelbe Zähne. Und er wirkte ungepflegt, fast heruntergekommen und war, last, but not least, ein wahrer Griesgram. Kurzum, Bill war unbezahlbar.

Er war mit 18 von zu Hause weg, um einem Mädchen hinterherzulaufen, landete aber letztlich obdachlos auf der Straße. Gies hatte sich jedoch schon als Teenager mit Elektronik beschäftigt und verdingte sich schließlich hier und da als Handwerker für alle Fälle, der Aufzüge, Waschmaschinen und Wäschetrockner, aber auch Arcade-Games gleichermaßen reparieren konnte. Unmittelbar bevor er sich Stealth Space anschloss, hatte er bizarrerweise als Elektriker für eine Geheimgesellschaft gearbeitet. Die Gruppe wurde von einem Multimillionär unterstützt, der ein Haus in San Francisco erworben und es in eine Art Escape-Room mit vielen technischen Spielereien verwandelt hatte – darunter vibrierende Böden sowie Klang- und Lichtillusionen.

Auch Gies hatte von einem Freund von Stealth Space gehört und begann, kostenlos Elektroarbeiten zu erledigen. »Wir waren bis drei oder vier Uhr nachts in der Testzelle, und da stand er plötzlich«, erinnert sich ein Mitarbeiter. »Keiner von uns kannte seinen Namen.« Schließlich war seine Arbeit so effektiv, dass Kemp nicht anders konnte, als ihn für seine Arbeit zu bezahlen. Wenn jemand einen Schlüssel zu einem Lagercontainer oder einem Tor verloren hatte, rief er oder sie Gies an, damit er das Schloss knackte – ohne Schaden, versteht sich.

Die Mitarbeiter von Stealth Space befolgten vor einem Raketentriebwerkstest immer eine Reihe von Prozeduren, um die Sicherheit des gesamten Personals zu gewährleisten. Zu diesen Schritten gehörte, dass jeder den Raum mit dem Triebwerk verlassen musste (wegen der sengenden Hitze und all dem), dass die Panzertüren der Testzelle geschlossen wurden und dass jeder im Gebäude wusste, dass es bald zu einer kontrollierten Explosion kommen würde. Stealth Space hatte auch einen Grundsatz, der das Unternehmen von anderen Raketenfirmen unterschied. Es galt die strikte Regel: »Stellt unbedingt sicher, dass Bill nicht in der Decke über der Testzelle herumturnt.«

Einmal war Gies in das Belüftungssystem gekrochen, um etwas zu reparieren, und die anderen Mitarbeiter von Stealth Space hatten vergessen, dass er dort oben war, während sie ihre Tests durchführten. »Ich dachte: ›Verdammt, es ist plötzlich windig‹«, so Gies. »Als einige Leute mich später herunterkommen sahen, waren sie ziemlich schockiert. Darf ich Ihnen das überhaupt sagen? Die OSHA* kann doch nicht rückwirkend jemanden verklagen, oder?«

Im Laufe der Monate avancierte Gies zu Everybody's Darling im Stealth-Space-Team und setzte seine breit gefächerten Fähigkeiten bei allen möglichen Unternehmungen ein. Er schloss sich der »streng geheimen Abteilung für Partys

---

* Die Occupational Safety and Health Administration ist die für die Sicherheit der Arbeitnehmer zuständige US-Behörde.

und Unfug« des Unternehmens an und half, die ansonsten langweiligen Abläufe bei Stealth Space aufzupeppen. »Wenn ich mir ein Unternehmensleitbild aussuchen dürfte, dann wäre es, dafür zu sorgen, dass wir nie wieder in ein Hotel eingeladen werden, das die Firma schon mal für ein externes Meeting genutzt hat«, postulierte Gies.

Genauso wie Raumfahrtunternehmen dazu neigten, wenig weibliche Mitarbeiter zu haben, fehlte es ihnen an schwarzen Mitarbeitern. Kris Smith war eine Ausnahme. Er kam schon früh zu Stealth Space und erwies sich als unentbehrlich für das tägliche Management der Unternehmensabläufe. Wenn ein Gebäude repariert oder erweitert werden musste oder ein neues Bauprojekt anstand, sorgte Smith dafür, dass dies geschah.

Smith war multiethnisch und in New York aufgewachsen. Seine Kindheit war von einem Alltag geprägt, in dem Drogen und Gewalt an der Tagesordnung waren. Er wurde aus erster Hand Zeuge von Morden und sah zu, wie sich die Eltern seiner Freunde in ihren Wohnzimmern Heroin spritzten. Aber er war als Heranwachsender groß und sportlich und zudem ein hervorragender Basketballspieler, was ihm half, Konflikten aus dem Weg zu gehen. Er besuchte später das College mit einem Basketball-Stipendium und spielte dann im Ausland, unter anderem in Syrien, Mexiko, China und Spanien. Als er in einer Nebensaison in San Francisco trainierte, sah er ein Jobangebot für ein Satelliten-Start-up-Unternehmen, nahm das Angebot an und half beim Aufbau der Büros und Labors. Das Unternehmen war Terra Bella, das Planet Labs schließlich aufkaufte. Smith nahm das Geld, das er aus dem Verkauf erhielt, investierte es in Immobilien und schuf so ein kleines Imperium in der Bay Area.

»Ich versuche, mit so vielen jungen schwarzen und auch nicht-weißen Kids zu sprechen, wie ich kann«, so Smith. »Sie denken, dass es vielleicht ein cooler Weg ist, Profisportler zu werden, aber ehrlich gesagt wird niemand so einfach Profisportler oder Entertainer, weil es verdammt schwer ist. Sie haben keine Ahnung, dass sie auch Ingenieur werden und 300 000 Dollar im Jahr verdienen können. Mit den Aktienoptionen, die sie bekommen, können sie zusätzliche Millionen verdienen, wenn das Unternehmen an die Börse geht. Ich wusste so etwas auch nicht, bis ich hierherkam und es selbst erlebte. Diese Unternehmen haben mein Leben mit Sicherheit nachhaltig verändert.«

Dann gab es da noch die Jungs, die aus dem Autorennsport kamen und zu den beeindruckendsten Technikern schlechthin gehörten. Nach Jahren in der

Navy war Ben Farrant um die Welt gereist, um Motoren bei Langstreckenrennen wie Le Mans zu tunen und von einem Rennteam zum nächsten zu wechseln. Obwohl er keine Erfahrung in der Luft- und Raumfahrttechnik hatte, übernahm er die wichtige Aufgabe, die Triebwerke von Stealth Space von Grund auf zu bauen. »Das Erste, was wir alle vor unseren Vorstellungsgesprächen taten, war, auf Wikipedia zu gehen und etwas über Raketenbau nachzuschlagen«, sagt er.

Groß, schlank und bärtig, schwankte Farrant zwischen einer enormen Pingeligkeit, wenn es um seine Werkzeuge ging, und einer erfrischenden Unbekümmertheit. Alle Werkzeuge an seinem Arbeitsplatz wurden während der Arbeiten am Triebwerk akribisch vorbereitet und dann jeden Abend sorgfältig weggeräumt. Er widersetzte sich der Silicon-Valley-Kultur des späten Ankommens und des langen Bleibens und zog es vor, mit Kopfhörern hart zu arbeiten, seine Arbeit zu erledigen und dann nach Hause zu fahren, um ein Bier zu trinken und es sich mit seiner Frau gemütlich zu machen. Er unterhielt sich nur selten mit seinen Kollegen, zeigte aber gerne, wie man etwas macht, wenn man bereit war, ihm genau zuzusehen. In gewisser Weise fühlte sich Farrant wie ein alter Hase. Vielleicht, weil er gerne eine Flat Cap trug wie die Zeitungsjungen und sich für Zigarettenpausen hinausschlich. Oder vielleicht, weil er es genoss, die Rolle des langsam redenden, ergrauten Veteranen zu spielen, der schon alles gesehen hatte und nur dazu da war, einen Job zu erledigen und dafür zu sorgen, dass andere Leute nicht alles vermasselten.

»Ich erzähle den jüngeren Mitarbeitern, dass Adam und Chris schon als Kinder hiervon geträumt haben«, sagte er. »Wir sind hier, um ihre Träume zu verwirklichen. Aber für mich ist es nur eine weitere Maschine, ein weiterer Antrieb. Die anderen Jungs sind sehr in den Prozess vertieft und wollen die ganze Nacht ackern. Ich denke, es ist besser, seine Sachen in einem vorgegebenen Zeitrahmen zu erledigen. Ich gehe gerne nach Hause und schraube an alten Autos herum oder schaue einfach fern.«

Natürlich gab es bei Stealth Space auch Menschen, die schon in ihrer Kindheit davon geträumt hatten, in der Raumfahrtindustrie zu arbeiten, aber selbst ihre Wege zum Unternehmen waren verschlungen und ungewöhnlich. Einige der am härtesten arbeitenden und talentiertesten Ingenieure hatten es kaum bis zum College geschafft, geschweige denn eine Ivy League School besucht. Sie gehörten zu der Sorte von Menschen, die gerne Dinge bauten und reparierten und ihre Zeit lieber damit verbrachten, diesen Leidenschaften nachzugehen, als sich mit akademischen Anforderungen zu beschäftigen, die sie wenig interessierten. Andere hatten gute schulische Leistungen erbracht, landeten aber bei ihren ersten Jobs irgendwo in den toten Winkeln der Raumfahrtindustrie und versuchten, ihre Fähigkeiten bei Start-ups unter Beweis zu stellen, die sehr wenig Geld oder Mittel hatten. Die drei Ingenieure Ian Garcia, Mike Judson und Ben Brockert fallen auf die eine oder andere Weise in diese Kategorien. Sie hatten unterschiedliche Wege eingeschlagen, arbeiteten aber schließlich alle bei einem Start-up namens Masten Space Systems in der Mojave-Wüste zusammen. Masten wurde im Jahr 2010 durch den Bau eines kleinen Raumfahrzeugs namens Xombie berühmt, das senkrecht starten und landen konnte und ein früher Vorläufer wiederverwendbarer Raketen war. Garcia und Brockert waren maßgeblich am Erfolg von Xombie beteiligt, und das Vehikel war gut genug, um die Aufmerksamkeit von Elon Musk auf sich zu ziehen, als SpaceX versuchte, seine eigenen Raketen wiederverwendbar zu machen.

Garcia war in Kuba aufgewachsen, wodurch er offensichtlich keine Chance hatte, an einer in den USA stationierten Rakete zu arbeiten. Er hatte jedoch bei internationalen Informatikwettbewerben so gut abgeschnitten, dass er ein Vollstipendium für das MIT erhielt. Er wandte seine Begabung für das Schreiben von Software für die Steuerung und Navigation von Raumfahrzeugen an, und nachdem er diese Fähigkeiten bei Masten unter Beweis gestellt hatte, bekam er eine Stelle bei Ventions und dann bei Stealth Space als Leiter der Steuerungssoftware.

Judson gehörte zu jener seltenen Spezies, die die Arbeit bei Ventions und Stealth Space der Arbeit bei SpaceX vorzog. Er hatte seine Zeit bei Masten und anderen Raumfahrt-Start-ups verbracht und sich schließlich im Jahr 2014 zur gleichen Zeit mit Musk und London unterhalten. Man kann mit Fug und Recht behaupten, dass niemand Raketen mehr liebte als Judson, der oft die Nacht neben ihnen verbrachte, nur um in ihrer Nähe zu sein, und der in der Regel in jedem Unternehmen, in dem er tätig war, besser arbeitete als alle anderen. Er erkannte, dass die Einrichtungen und das Equipment von Ventions im Vergleich zu den riesigen Dimensionen von SpaceX entmutigend waren, aber er sah in Adam London etwas Authentisches und Inspirierendes.

»Ventions hatte alles, was an Masten gut war«, befindet Judson. »Die Leidenschaft. Das kleine Team. Der Wunsch, schnell zu sein und sich von dem zu lösen, was die Raumfahrt bisher ausmachte. Aber es war auch realistisch genug. Sie hatten echte Projekte durchgeführt und waren gut organisiert. Adams technisches Wissen war unglaublich. In den meisten Räumen, in denen Sie sich jemals befinden werden, ist er die intelligenteste Person im Raum. Er ist ein guter, eleganter Ingenieur, der Fragen in einfachere Fragen umwandeln kann. Er weiß, wie man Probleme einfacher lösen kann.

Letztendlich habe ich mich für Ventions und nicht für SpaceX entschieden, um die Möglichkeit zu bekommen, das zu tun, was wir jetzt tun. Es war meine Chance, eine führende Rolle zu übernehmen. Ich habe mich dafür entschieden, ein großer Fisch in einem kleinen Teich zu sein. Ich bin eingestiegen, um eine kleine Rakete zu bauen, die Dinge ins All schickt.«[*]

Ben Brockert wiederum, der Miesepeter vom Dienst, hatte seinen Weg zu Stealth Space als eine Art raketenfixierter Hobo gefunden. Er war in einem 50-Seelen-Dorf in Iowa aufgewachsen, wo seine Eltern manchmal Mühe hatten, die Rechnungen zu bezahlen. Mehrere Jahre lang hatte er mit Unterbrechungen die Iowa State University besucht. Er belegte ein Semester lang Vorlesungen und nahm dann Gelegenheitsjobs als Koch, Postzusteller oder Maschinist an, bis er es sich leisten konnte, wieder zur Schule zu gehen. Im Jahr 2007 brach Brockert das Studium ganz ab. »Ich rechnete nach und stellte fest, dass ich ewig brauchen würde, um meinen Abschluss zu machen«, seufzt er.[**]

Seit seiner Kindheit hatte Brockert davon geträumt, später irgendwann etwas beruflich mit der Raumfahrt zu tun zu haben. Er kaufte sich für 500 Dollar einen alten, klapprigen Van und fuhr damit in die Mojave-Wüste, um bei Raumfahrt-Start-ups anzuklopfen. Es dauerte Monate, bis er einen Job fand. In dieser Zeit lebte er in seinem Van und versuchte, die Tage so gut wie möglich zu füllen. »Ich besorgte mir einen Bibliotheksausweis und las alle Bücher über die Raumfahrt und das All, die ich noch nicht gelesen hatte«, sagt er. »Ich verbrachte auch viel Zeit damit, durch die Wüste zu düsen und einfach zu versuchen, zu überleben.«

Durch einen glücklichen Zufall wurde eine Stelle bei Masten frei, und Brockert etablierte sich bald als unverzichtbares Mitglied des Xombie-Teams. Er

---

[*] Kemps Einstieg bei Ventions betrachtet Judson so: »Ich mochte die Energie, die Chris mitbrachte. Stealth Space brauchte jemanden vom Typ CEO. Es braucht da gewisse Qualitäten, ganz gleich, ob man so einen Menschen als Showman oder leicht antisoziale Persönlichkeit oder als was auch immer bezeichnet. Chris hatte von Anfang an diese visionäre Persönlichkeit. Er hat viele der gegenteiligen Eigenschaften von Adam, und wir konnten sehen, dass er derjenige sein würde, der Geld auftreiben würde. Wir dachten: ›Wenn er das schafft, dann folgen wir diesem Typen.‹«

[**] Diese Art der Berechnung fiel Brockert sehr leicht: Er hatte bei seinem Eignungstest fürs College in Mathematik die volle Punktzahl erreicht.

DER LANGE, HARTE WEG

las weiterhin Bücher über Luft- und Raumfahrt und lernte im Laufe der drei Jahre eine Menge bei der Arbeit. »Mojave ist wie ein Bußgang des New Space«, beschreibt er seine Zeit dort. »Es ist beschissen, aber man sitzt seine zwei oder drei Jahre ab und kann dann, wenn man gut ist, woanders einsteigen.«

Als er zu Stealth Space kam, war Brockert oberflächlich betrachtet der unwirscheste Mensch, den man sich vorstellen kann. Chris Kemp bezeichnete ihn gelegentlich als den »Eeyore« des Unternehmens, in Anspielung auf den depressiv-pessimistischen Esel in Winnie-the-Pooh, und das hatte wahrlich seine Berechtigung. Er schlenderte in den Testzellen und in der Fabrikhalle mit einem finsteren Blick umher, der die Leute zu warnen schien, ihn ja nicht zu stören. Wer sich dennoch mit Brockert unterhielt, bekam von ihm die tägliche Dosis Sarkasmus, Zynismus und Pessimismus in einem Schwall serviert. Diese Performance war wunderbar anzusehen, weil Brockert seine Rolle mit Witz spielte und weil sein Körper und seine Haltung so gut zusammenpassten, um den ultimativen Misanthropen zu markieren.

Brockert hatte jedoch auch eine weiche Seite. Er war besessen von Raketen und verfügte über ein sehr großes Wissen über Luft- und Raumfahrttechnik das sich über zahlreiche Disziplinen erstreckte. Wenn man jung oder unerfahren war und echtes Interesse am Lernen zeigte, war er gerne bereit zu helfen und sein Wissen mit anderen zu teilen.

Bei Stealth Space arbeitete Brockert in einer Reihe verschiedener Teams und kam überall dort zum Einsatz, wo der Bau der Rakete die meiste Unterstützung benötigte. Er avancierte auch zum leitenden Verantwortlichen für das Kontrollzentrum, zu dessen Aufgaben es auch gehörte, die Starts anzuordnen. Von Zeit zu Zeit hatte er Wutanfälle, die dazu führten, dass er kündigte oder gefeuert wurde. Aber nach ein paar Wochen oder Monaten tauchte er wieder in Alameda auf.

Letztendlich wollte Brockert unbedingt, dass Stealth Space funktioniert, aber er teilte nicht den großen Optimismus vieler anderer, wenn es um die Beurteilung der Aussichten des Unternehmens ging: »Wir haben erstaunlich viele Fortschritte gemacht und eine Menge erreicht, aber einige der Dinge, über die wir hier sprechen, etwa wie schnell wir eine Orbitalrakete bauen werden, sind völlig unmöglich.«

Das Problem bei der Aufnahme von Risikokapital besteht darin, dass man versucht, Geld für eine Gegenleistung zu beschaffen, und jeder lügt, wenn es um seine Gegenleistung geht, entweder versehentlich oder bewusst. Man muss zu jemandem gehen, der Geld hat, und sagen: ›Hey, wenn du mir etwas Geld gibst, gebe ich dir in ein paar Jahren alles zurück und noch viel mehr auf der Basis dieses Businessplans‹, der aber eigentlich nahezu völliger Blödsinn ist. Keiner der Zeitpläne im technischen Bereich ist jemals auch nur annähernd präzise, und nichts davon ist letztlich so gut, wie es erst mal klingt. Abgesehen davon gibt es derzeit 56 Unternehmen, die sagen, dass sie im Moment kleine Raketen bauen wollen. Ich kenne die meisten von ihnen. Ich würde sagen, in den USA ist Stealth Space in diesem Bereich das Unternehmen, das am ehesten auf dem richtigen Weg ist.«

KAPITEL 19

PARTY, BIS DER MORGEN GRAUT

Im Oktober 2017 konnte Stealth Space nicht mehr Stealth Space sein. Die Personalvermittler des Unternehmens hatten Schwierigkeiten, den Raketenhersteller als seriöses Unternehmen auszuweisen, da die Firma weder eine Website noch einen richtigen Namen hatte. Andere Mitarbeiter hatten ähnliche Probleme im Umgang mit Zulieferern. Stealth Space wollte ernst genommen werden und bei knappen Lieferfristen gute Preise verlangen, aber wenn die Mitarbeiter eine Bestellung unter dem Namen »Stealth Space« aufgaben, lachten die Leute am anderen Ende des Telefons eher.

Monatelang hatte Kemp jegliche Bitten ausgeschlagen, Stealth Space umzubenennen. Der Name solle nicht nur dazu dienen, den Betrieb geheim zu halten, er sei auch eine Aussage über die Unternehmenskultur. Kemp war zu Recht der Meinung, dass zu viele Start-ups in der Luft- und Raumfahrt schon groß auf sich aufmerksam machen wollten, bevor sie auch nur annähernd ein funktionierendes Produkt hatten. Er hatte bei Nebula eine harte Lektion darüber gelernt, was passiert, wenn man Dinge zu hoch hängt, bevor sie überhaupt fertig sind, und er wollte diesen Fehler nicht wiederholen. Bau erst einmal eine Rakete. Lass die Rakete erst einmal fliegen. Erst dann kannst du darüber reden, wie großartig deine Rakete und dein Unternehmen sind. Auf einer pragmatischen Ebene erkannte Kemp jedoch, dass die momentane PR-Strategie viele Dinge auch nicht besser, sondern schlechter machte. So wurde aus Stealth Space Astra Space, oder einfach Astra.

Auch wenn Astra große Fortschritte erzielt hatte, war man hinter dem gewünschten Zeitplan zurückgeblieben. Das Unternehmen konnte auf seinem Fabrikgelände etwas vorweisen, das wie eine komplette Rakete aussah. Es hatte mehrere Triebwerke gebaut, und sie funktionierten oft. Also beschloss Kemp, eine Party zu veranstalten, um den neuen Namen und die bisherigen Leistungen zu feiern. Eingeladen werden sollten nur Personen, die bei Astra arbeiteten, in das Unternehmen investierten oder enge Freunde waren«, und die Veranstaltung sollte im Gebäude an der Orion Street stattfinden, mit der ausgestellten Rakete als Ehrengast. Auf der Einladung stand: »#NoPhotos, #NoSocialMedia! DON'T forget to wear your favorite SPACE SUIT!«

Kemp nahm die Sache mit dem Kostüm sehr ernst. Er besorgte sich einen komplett schwarzen Overall, der mit Lederriemen und vielen Metallschnallen verziert war. Außerdem trug er etwas, das wie ein abgewandelter Fahrradhelm aussah, nur mit ein paar zusätzlichen Teilen, die sich über sein Gesicht legten und eine Art Maske bildeten. Das Ensemble wirkte wie ein SM-Weltraum-Cowboy.

Zu jener Zeit war Kemp gerade im Begriff, Chris Thompson, einen der SpaceX-Mitbegründer, für die Arbeit bei Astra abzuwerben. Er kümmerte sich auch intensiv um die Details der Party. Astra plante, seine Rakete in einer Plexiglasvitrine zu präsentieren. Das gefiel Kemp. Was ihm nicht gefiel, war, dass die Rakete fünf vollständige Triebwerke brauchte, die an ihrer Außenhülle befestigt werden mussten, und es waren noch nicht alle fertig, während die Party näher rückte. Außerdem hatte man vorgeschlagen, anstatt der echten Raketenspitze, in der die Satellitennutzlast transportiert wird, eine Attrappe zu benutzen, weil es einfacher und wahrscheinlich auch sicherer sei, kurzfristig an der Attrappe herumzujustieren. Kemp war der Meinung, dass die Präsentation einer falschen Raketenspitze die Integrität von Astra untergraben würde.

Der Streit um die Triebwerke und die Attrappe für die Raketenspitze entwickelte sich zu einem regelrechten Wortgefecht zwischen Kemp und seinen Ingenieuren. Er warf ihnen vor, nicht zu liefern, was sie versprochen hatten. Sie warfen ihm vor, nicht auf die wiederholten Warnungen gehört zu haben, dass die Arbeiten nicht rechtzeitig abgeschlossen werden würden. Für einen Außenstehenden wirkte der Streit etwas lächerlich. Niemand auf der Party würde eine Ahnung vom tatsächlichen Zustand der Rakete haben, und es würde sie auch nicht interessieren, während sie mit kostenlosem Essen und Alkohol bewirtet wurden und die Nacht durchtanzten.

Kemp hatte jedoch die Tendenz, sich auf Dinge zu fixieren, die er als symbolisch für den Charakter von Astra ansah. Auf der Fahrt zur »Dawn of Space«-Party am 21. Oktober ließ er seine ganze »Kempness« heraus, erklärte seine

Beweggründe für seinen Gefühlsausbruch und erläuterte zudem auch einige seiner Lebensphilosophien. So hörte es sich in seinem BMW-Cabrio an:

KEMP: Ich muss Sie vorab warnen. Ich habe eigentlich keinen gültigen Führerschein. Das Auto ist auch nicht zugelassen. Und sie haben meine Autoversicherung gekündigt. Es ist also ein wenig riskant, mit mir zu fahren, und ich will Sie einfach darauf hinweisen.

Wir haben als Unternehmen im letzten Jahr wirklich hart gearbeitet, und offen gesagt, wir feiern nicht viel. Viele Unternehmen feiern jedes Mal, wenn sie etwas erreicht haben. Das ist nicht besonders effizient. Ich glaube, wenn man eine Kultur des Feierns hat, in der man die Beschaffung von Geld oder den Bau einer Anlage feiert, dann legt man auf die falschen Dinge Wert. Das sind eigentlich alles negative Dinge. Geldbeschaffung ist eine schlechte Sache. Es bedeutet nur, dass es mehr kostet, das zu tun, was wir zu tun versuchen. Eine betriebliche Anlage ist etwas, das man nicht vermeiden kann, mehr auch nicht.

Wir feiern die Dinge, die das Programm wirklich voranbringen, wie den Bau der Rakete und den Aufbau der Infrastruktur für den Start. So kann sich das Team auf die wirklich wichtigen Dinge konzentrieren. Wir haben eine ganze Reihe dieser Dinge auf die Beine gestellt, und zufällig ist es das einjährige Bestehen des Unternehmens, also ein guter Zeitpunkt zum Feiern.

Außerdem sind wir ein »Stealth«-Unternehmen, etwas Heimliches, etwas Getarntes, was heißt, dass wir keine Videos über unsere Arbeit veröffentlichen und auch keine aktuellen Informationen auf einer Website haben. Wir betreiben keine PR. Das lenkt nur ab und ist teuer. Aber das bedeutet, dass unsere Kunden, Investoren und Partner, die uns bei all diesen Dingen unterstützen, nie etwas zu sehen bekommen. Jetzt kann ich all diese Leute zusammenbringen und in 48 Stunden alles auf einmal erledigen. Diese Party erspart mir Hunderte von Stunden für E-Mail-Updates, Besprechungen, Besuche und Besichtigungen.

Unser Hauptkonkurrent, Rocket Lab, hat seine vierte Finanzierungsrunde vor dem ersten Start abgeschlossen. Wenn man vier Finanzierungsrunden aufbringen muss, bevor man sein erstes Produkt auf den Markt bringt, macht man etwas falsch. Man gibt einen Großteil des Eigentums und der Kontrolle über das Unternehmen an diese Investoren ab. Investoren betrachten

Unternehmen in verschiedenen Stadien auf unterschiedliche Weise, und es gibt Dinge, die sie sehen wollen. Wenn man diese Dinge versteht, wird man erfolgreicher dabei sein, das Richtige zu tun, und man wird das Risiko verringern, bestimmte Arten von Investoren ins Boot holen zu müssen. Ich glaube, viele Raumfahrtunternehmen verstehen diese Zusammenhänge überhaupt nicht.

Wir verbringen keine Zeit damit, die Leute dazu zu bringen, über Dinge nachzudenken, die nicht tatsächlich vorhanden sind. Bei dieser Party wollten meine Leute eine Verkleidung an der Spitze der Rakete anbringen, die nichts mit dem echten Flug zu tun hat, nur weil sie schon vorhanden ist und weniger Aufwand bedeutet. Das lässt Integrität vermissen. Es ist für die Kultur, die wir aufzubauen versuchen, absolut entscheidend, dass wir sagen können, dass wir Dinge feiern, die echt sind. Wenn wir also sagen »Lasst uns den Leuten etwas zeigen, das wir gar nicht fliegen werden«, dann ist das ein kompletter, fundamentaler Verrat an diesen Werten.

Was halten Sie von meinem Kostüm? Es vereint postapokalyptischen Schick und einen Raumanzug auf eine etwas außerirdische Art, aber auf eine optimistische außerirdische Art – in Schwarz. Als ich nach Raumanzügen suchte, gab es einen, der eher traditionell weiß war. Und das hätte bedeutet, dass ich einen Haufen weißer Klamotten hätte tragen müssen. Und ich dachte, das hätte das Gesamtkostüm beeinträchtigt. Der weiße Anzug war schön, aber ich wollte einfach nicht zu viel Weiß tragen.

Okay, den nächsten Abschnitt werden wir verboten fahren, und zwar in die Gegenrichtung. Die meisten Menschen sind irritiert, wenn man etwas Verbotenes tut.

Wissen Sie, wie ich meinen Führerschein verloren habe? Damals, als Hillary Clinton für die Präsidentschaft kandidierte, gab es diese Spendenaktion, und ich war mit einer Freundin von mir unterwegs. Wir fuhren auf der Interstate 280, und ich fahre normalerweise nicht zu schnell, na ja, ein bisschen vielleicht, aber ich fahre nicht übermäßig schnell. Aber meine Freundin war ziemlich gestresst, weil wir zu spät kommen würden. Also habe ich Gas gegeben. Ich trat aufs Pedal, und obwohl das hier kein Tesla oder so ist, ist es wie ein Gokart mit einem 250-PS-Motor. Wenn man bei 80 Meilen in den vierten Gang schaltet, kann man in ein paar Sekunden auf 120 Meilen kommen.

Das habe ich nur gemacht, weil ich sie rumkriegen wollte, und in dem Moment, in dem ich Gas gegeben habe und wirklich schnell geworden bin, sagt sie urplötzlich: »Da ist ein Polizist.«

Im Allgemeinen gehe ich damit so um, dass ich es schnell hinter mich bringe und weitermache wie gehabt. Wenn man mir einen Strafzettel verpasst, dann ist das halt so. Ich versuche dann nicht, mir irgendetwas zusammenzureimen. Ich versuche nicht, mir Ausreden auszudenken.

Aber meine Freundin erzählt dem Officer auch noch: »Oh, wir sind auf dem Weg zu einer Hillary-Clinton-Spendenaktion im Haus von Sergey Brin.« Ich denke nur: »Nein.

Nein. Nein. Das darf doch nicht wahr sein.« Das ist ein State Trooper. Wie auch immer, ich bekomme jeden erdenklichen Strafzettel, den es gibt. Rücksichtsloses Fahren. Und so weiter. Horror.

Ich habe mir dann einen Anwalt genommen, und die haben mich tatsächlich entlastet, was erstaunlich war. Ich musste so eine Art Fahrschule besuchen.

Aber ich schaue nur zweimal im Jahr in meine Post. Ich lasse meine Post einscannen, und sie kommt als PDF zu mir. Oft vergesse ich, sie zu lesen, und die meiste Post ist sowieso für nichts gut. Ich mag einfach keine Post.

Im Allgemeinen reicht ein Sechsmonatszyklus, um die meisten Dinge im Griff zu behalten. Diesmal ging der P an aber nicht auf. Denn die Fristen des Gerichts lagen genau in diesem Zeitfenster. Mir wurde gesagt, ich solle die Fahrschule besuchen, was ich dann nicht tat, und dann wurde mir mitgeteilt, dass ich wieder beim Gericht vorstellig werden müsse. Das habe ich alles verpasst. Zu diesem Zeitpunkt hatte der Anwalt aufgehört, sich mit der Sache zu befassen, also wurde sie auch nicht mehr bearbeitet.

Schließlich schaute ich in meine Post, und meine Versicherung war gekündigt worden und meine Zulassung abgemeldet. Es war eine schreckliche Aneinanderreihung von Dingen: »Sie müssen dies tun, oder wir werden das tun.« Ich glaube nicht, dass es einen Haftbefehl gegen mich gab, aber ich denke, das wäre der nächste Schritt gewesen.

Ich wollte mich natürlich darum kümmern, also rief ich die Zulassungsstelle an. Die kalifornische Zulassungsstelle ist eine der unproduktivsten Organisationen, die mir je untergekommen sind. Man geht um acht Uhr morgens hin und steht drei Stunden in der Schlange, und dann stellt man sich an, um sich anzustellen, und selbst dann kommt man vielleicht nicht dazu, mit ihnen zu sprechen. Aber ich habe das gemacht. Sie sagten: »Sie brauchen dies und das und jenes, und dann können Sie wiederkommen.« Das war einfach lächerlich. Ich habe keine Zeit für so etwas.

Also habe ich mir überlegt, was ich alles tun muss. Man muss ihnen Schecks schicken und dies und jenes vermerken. Ich habe keine Schecks. Meine Bank unterstützt keine Schecks. Es ist diese neue Art von Bank, die nicht an Schecks glaubt. Als ich mich anmeldete, fand ich sie toll. Scheiß auf Schecks. Nun, die Zulassungsstelle braucht Schecks. Das sind die Einzigen, die Schecks brauchen. Also musste ich einen Scheck ausstellen und ihn an die Zulassungsstelle schicken, und die Zulassungsstelle brauchte Wochen und Wochen und Wochen, um ihn zu bearbeiten, und dann bearbeitete sie ihn nicht für den richtigen Vorgang.

Lange Rede, kurzer Sinn, ich bin jetzt an einem Punkt, an dem ich glaube, dass mir meine Fahrerlaubnis wieder erteilt worden ist, obwohl es wirklich schwer ist, das zu bestätigen, weil man stundenlang am Telefon warten muss, nur um mit jemandem zu sprechen.

Der Grund, warum wir so etwas wie den Bau einer Rakete machen können, ist, dass man sich nicht ablenken lässt und sich voll und ganz darauf fokussieren kann. Dinge wie die Kfz-Zulassungsstelle lenken einen auf eine wirklich tiefgreifende Weise ab. Man taucht in einen Teil der Gesellschaft ein, der von vorn bis hinten nicht funktioniert. Man denkt kurz: »Wie kann ich das alles in Ordnung bringen?« Man muss diesen Weg zwangsläufig einschlagen, aber es ist und bleibt eine schreckliche Sache.

Raketen sind ein Kinderspiel verglichen mit der Zulassungsstelle.

KAPITEL 20

DAS FREUNDLICHE NEBELMONSTER AUS DER NACHBARSCHAFT

Astra war im Laufe des hinter ihnen liegenden Jahres von sieben auf etwa 70 Mitarbeiter angewachsen. Es war Dezember 2017, und nach der ursprünglichen Countdown-Uhr sollte das Unternehmen ein paar Leute irgendwo auf einer Startrampe haben, um den ersten Flug seiner Rakete zu erleben. Daraus wurde zwar nichts, aber Astra hatte den nächsten wichtigen Meilenstein erreicht: Die Ingenieure hatten die gesamte Rakete zusammengebaut und waren bereit, sie nach draußen zu bringen und die nächste Testreihe durchzuführen. Zum ersten Mal hatten Außenstehende die Möglichkeit, einen Blick auf die Arbeit von Astra zu werfen, denn für die nächste Testrunde musste die Rakete von der Horizontalen in die Senkrechte gebracht werden. Wer genau hinsah, konnte eine Rakete sehen, die über den Bauzaun des Gebäudes an der Orion Street hinausragte.

Chris Thompson, der alte SpaceX-Crack, war offiziell als einer der Top-Manager zu Astra gekommen und brachte Erfahrung, ein rigoroses Auftreten und hoffentlich das dringend benötigte ausgereifte Supervising mit.* Die einst leere Lagerhalle war nun voller Maschinen und Menschen. Bei Astra war ein neuer Rhythmus eingekehrt. Die Menschen trafen früh am Morgen ein und versam-

---

* Die Firma hatte gehofft, Tim Buzza, ein weiteres wichtiges Mitglied des frühen Falcon-1-Teams von SpaceX, einstellen zu können, was ihr jedoch nicht gelang.

melten sich um den Raketenkörper wie Ärzte, die einen Patienten begutachteten, der zwar stabilisiert worden war, aber bald vor einer schwierigen Operation stand. Danach gingen sie zu ihren Schreibtischen im mittleren Raum des Gebäudes und beschäftigten sich bis zum Mittag. Dann kehrten sie zur Rakete zurück, aber dieses Mal mit mehr Energie und größerer Zielstrebigkeit, um einen Eingriff an dem Patienten vorzunehmen.

Das Unternehmen hatte mehrere Scharmützel mit städtischen Beamten, die sich wegen der manchmal leichtfertigen Haltung von Astra gegenüber Regeln und Vorschriften Sorgen machten. In das Gebäude an der Orion Street war einige Male eingebrochen worden, was Kemp dazu veranlasst hatte, die Anlage mit einem Stacheldrahtzaun zu umgeben. Als ein städtischer Inspektor Kemp darauf hinwies, dass dies nicht möglich sei, verdoppelte er den Stacheldraht. »Sie sagten wieder, dass wir das nicht tun könnten«, sagt Kemp. »Ich sagte nur: ›Nordkorea.‹ Sie sagten: ›Was?‹ Ich sagte: ›Nordkorea.‹« Die Strategie ging auf, denn der Bürokrat aus Alameda lenkte ein und beschloss, dass er nicht derjenige sein wollte, der dafür verantwortlich war, dass ein Teil der »Achse des Bösen« einen Blick auf die neueste Raketentechnologie der Vereinigten Staaten werfen konnte.

Während eines verpfuschten Triebwerkstests geriet ein Stück des Dachs an der Orion Street in Brand. Jemand bei Astra schnitt das Dach auf beiden Seiten der Brandstelle auf und lackierte den Bereich nach, damit alles gleich aussah und die Inspektoren nichts bemerkten. Die allgemeine Vorgehensweise bestand darin, den Inspektoren stets einige Schritte voraus zu sein. Beamte der Stadt kamen vorbei und informierten Astra, dass das Unternehmen eine Genehmigung für ein bestimmtes Projekt benötigte. Astra führte das Projekt dann trotzdem durch. Wenn die Beamten zurückkamen, um die Arbeiten entweder zu unterbinden oder zu genehmigen, merkten sie, dass Astra an etwas noch Größerem dran war. Das verärgerte sie, aber es gab wenig, was sie tun konnten. Alameda hatte sich in Kemps Vision eingekauft und sah in Astra einen wichtigen Teil der kommunalen Wiederbelebung und des Arbeitsplatzwachstums in der Region. Entweder würde man bei Astra beide Augen zudrücken, oder man könnte den Laden gleich dichtmachen. Ende.

Am 17. Dezember begann man, die Rakete von ihrem Standplatz in der Fabrikhalle auf die mobile Abschussvorrichtung zu bringen. Die Mitarbeiter mussten die Rakete mithilfe von Kränen, die an der Decke der Halle hingen, hochziehen, dann die mobile Startvorrichtung unter die Rakete schieben und die Rakete langsam in die Halterung der Startvorrichtung befördern. Danach musste die ganze Vorrichtung aus der Fabrik auf den Parkplatz und an die Seite des Astra-Komplexes gerollt werden, wo jemand ein Quadrat aus Beton gegossen hatte, das etwa drei Meter vom Hauptgebäude entfernt war: die provisorische Startrampe. Das Ziel war, die Rakete von der Horizontalen in die Vertikale zu manövrieren, sie auf den Ständer zu heben und dann mit den Experimenten zu beginnen, indem man Flüssigkeiten und Gase durch die Rohrleitungen der Rakete pumpte.

Vom ersten Moment an herrschte in der Halle große Anspannung. Alle starrten auf die Rakete, man tauschte sich aus und fragte sich laut, wie die nächsten wer weiß wie vielen Stunden wohl verlaufen würden. Chris Thompson erzählte krude Anekdoten aus den Anfangstagen von SpaceX. Er erzählte, wie er mit Elon Musk nach Wisconsin gereist war und Musk eines Morgens im Frühstücksraum des Hotels nicht wusste, wie man Pop-Tarts – kleine Frühstückskuchen – am besten zubereitet. »Es war, als würde man sich ein Naturschauspiel im Fernsehen anschauen«, erzählte Thompson. »Er studiert tatsächlich die Aluverpackungen. Dann steckt er die rechteckigen Pop-Tarts waagerecht in den Toaster und geht dann mit einem Finger in das heiße Teil, um sie wieder rauszuholen. ›Fuck! Brennt das!‹, schreit er mitten in der Lobby.« Die Ingenieure, die sich um Thompson versammelt hatten, lachten, obwohl die Geschichte über einen sehr klugen Mann, der sich vor der heiklen Prozedur der Raketenmontage mit der korrekten Ausrichtung vor Pop-Tarts herumschlägt, eher unangebracht wirkte.

Den größten Teil des Vormittags verbrachten die Anwesenden damit, die Rakete oder den von der Decke hängenden Kran zu betrachten, um die Rakete herumzugehen, die Rakete zu berühren, in der Nähe der Rakete Kaffee zu trinken und auf den Werkbänken mit Ersatzteilen herumzufummeln. Das gesamte Unternehmen hatte sich zusammengefunden, um dieses eine Objekt zu bauen, und niemand wollte, dass es zu Schaden kam. Sie hatten jedoch keinen genauen Plan ausgearbeitet, wie sie ihren Schatz handhaben und bewegen sollten. Sie würden die Rakete irgendwann abheben sehen, und all das Reden, Anschauen und Anfassen war eine unbewusste gemeinsame Taktik, um das Unvermeidliche hinauszuzögern. So hatten die Leute zumindest viel Zeit, mir von den neuesten Ereignissen bei Astra zu erzählen.

Zu diesem Zeitpunkt hatte sich Astra bereits darauf festgelegt, seine erste Rakete vom Pacific Spaceport Complex auf Kodiak Island in Alaska zu starten. Damit dies auch erlaubt werden würde, mussten die Verantwortlichen für den

Startbereich in Alaska davon überzeugt werden, dass durch die Rakete auf ihrem Flug keine Bürger in Lebensgefahr geraten würden. Ein Teil des Prozederes bestand darin, dass Astra den Beamten Softwaresimulationen über das mögliche Verhalten der Rakete übermitteln musste. Es gab ein ideales Szenario, in dem die Rakete perfekt durch den vorhergesagten Korridor und ins All fliegen würde. Es gab aber auch alle anderen Szenarien, in denen die Rakete vom Kurs abkam, woraufhin einer der Beamten einen Knopf auf einem Computer drückte und die Rakete deaktivierte. Raketen haben in der Regel einen Sprengsatz an Bord und werden aus der Ferne gesprengt, wenn Gefahr im Verzug ist. Da die Rakete von Astra klein und ziemlich gut geschützt war, brauchte sie keinen solchen Sprengsatz. Wenn der Beamte den Knopf drückte, schalteten sich die Ventile und Pumpen der Rakete ab, und die Rakete stürzte zur Erde zurück.

Ein Unternehmen namens Troy 7 mit Sitz in Huntsville, Alabama, ist auf derlei Simulationen für Raketen und Flugkörper spezialisiert. Seine Techniker können auf einem Computerbildschirm die verschiedenen Möglichkeiten für den Flug einer Rakete demonstrieren, wobei die Animation einem Feuerwerk gleicht, das in einem Pilzmuster explodiert. Ein sogenannter Operator sitzt dann in Alaska tagelang vor einer solchen Animation und übt. Jedes Mal, wenn die Rakete den vorgesehenen Korridor verlässt, wird dann eben auf den Abschaltknopf gedrückt. Um den Flug mit größter Präzision verfolgen zu können, verfügt die Rakete über eine militärische GPS-Einheit, denn die meisten GPS-Chips sind so konzipiert, dass sie sich bei einer Höhe von knapp 18 000 Metern oder einer Geschwindigkeit von 1200 Meilen pro Stunde abschalten, was, wie mir gesagt wurde, ein eingebauter Sicherheitsmechanismus ist, der Terroristen und andere kriminelle Elemente daran hindern soll, Raketen mit handelsüblicher Technologie effektiv auf Ziele zu richten.

Obwohl die Aufsichtsbehörden versuchen, mithilfe von Simulationen und Kill Switches, wie derlei Sicherheitssysteme mit Abschaltvorrichtung allgemein bezeichnet werden, Unfälle zu vermeiden, nehmen sie das Risiko eines *gelegentlichen* Unfalls in Kauf. »Es gibt eine Hippie-Familie, die auf einer Insel in der Nähe von Kodiak lebt«, so Kemp. »Die Berechnungen haben ergeben, dass es in Ordnung ist, sie zu überfliegen. Weil sie statistisch gesehen nicht signifikant sind.«[*] Ein Grund dafür, dass er von Hawaii oder einem Lastkahn aus starten

---

[*] Mir war nicht klar, ob die Familie über ihren Status informiert worden war oder nicht.

wollte, war, dass er sich die Mühe ersparen wollte, den Wert eines Menschenlebens algorithmisch zu ermitteln.

Einige der Gespräche, die sich an jenem Abend rund um die Rakete abspielten, waren eher pragmatischer Natur und spiegelten den mühevollen Weg aller Beteiligten wider. Vita Bruno, die Finanzchefin von Astra und eine stete Stimme der Vernunft, stellte mit Freude fest, dass Astra endlich nach Geschlechtern getrennte Toilettenbereiche in der Fabrik installiert und eine Zentralheizung eingebaut hatte: »Letztes Jahr hatten wir Gasheizer, aber bei denen fingen ständig irgendwelche Dinge Feuer.« Alles in allem schätzte Kemp, dass es 20 Millionen Dollar gekostet hat, bis Astra über Toiletten, eine Heizung und eine Rakete verfügte.

Schließlich war es an der Zeit, nicht länger zu reden, sondern zu handeln. Die Rakete kam in Bewegung. Jemand zog an einer Kette, um das Rolltor auf der linken Seite der Fabrik zu öffnen. Eine kühle Brise strömte in das Gebäude und vermischte sich mit der nach Epoxid riechenden Luft, die durch den Hauptarbeitsbereich wehte. Draußen hängten ein paar Leute den Launcher, also die Startvorrichtung, an einen weißen Ford-Silverado-Pick-up und fuhren ihn bis zum Hallentor. Jetzt wurde der Launcher abgehängt und den Rest des Weges durch die Tür in das Gebäude bugsiert. Die Rakete hing über dem Gebäude an einem blauen Kran, der mit gelben Gurten befestigt war, und wurde langsam auf den Launcher herabgelassen. Es gab ein paar Aufschreie – »Langsam!« und »Fuck!« –, aber im Großen und Ganzen verlief alles reibungslos.

Man wollte den Silverado zurückholen, ihn wieder an den Launcher anschließen und die Rakete aus der Fabrik hinaus auf das seitlich gelegene Testgelände fahren. »Wer auch immer beim Pinball-Gelände geparkt hat, muss sein Auto wegfahren«, rief ein Ingenieur, in der Hoffnung, etwas zusätzlichen Platz für die Operation zu schaffen. Die Strategie ging jedoch nicht so gut auf. Der erste Versuch, die Rakete hinauszufahren, lief ein wenig zu schnell, sodass London einen Schreck bekam, herbeieilte und seine schützende Hand väterlich auf eine Seite der Rakete legte. Nachdem es dem Pick-up gelungen war, die Rakete aus der Fabrik zu ziehen, erwies es sich als schwierig, die zusätzlichen 360 Kilogramm der Rakete auf dem bereits 900 Kilogramm schweren Launcher zu drehen. So koppelte man die Rakete wieder vom Pick-up ab und begann, sie von Hand über den Parkplatz zu schieben. Jemand kam mit einem Sandsack angerannt und begann, Sand vor die Räder der Rakete zu streuen, um die Reibung zu verringern.

Das funktionierte letztendlich mehr schlecht als recht. Als Nächstes kam ein SkyTrak ins Spiel, eine fahrbare Allzweckmaschine, die mit verschiedenen zusätzlichen Geräten wie einem Gabelstapler oder einer Hubvorrichtung ausgestattet werden kann – oder, wie an diesem Tag, einem Gabelstapler mit einem Gurt am Ende. Das Astra-Team befestigte den Gurt an einem Ende der Abschussvorrichtung, hob dieses Ende etwa einen Meter in die Luft und zog das Ganze dann über den Parkplatz. »Es ist egal, wohin ich gehe«, feixte Chris Thompson. »Es scheint immer einen SkyTrak zu geben, der eine Rakete zieht. Wir haben bei SpaceX genau das Gleiche gemacht.«

Ab und zu fuhren irgendwelche Leute vorbei und hielten mit ihren Autos an, um zu schauen, was da wohl vor sich ging. Die Rakete hatte keine pyramidenförmige Verkleidung an ihrer Spitze, die ihr eine raketenähnliche Form gegeben hätte. Sie war ein großer silberner Metallzylinder, der an einigen Stellen mit Klebeband und an anderen mit Pappe zusammengehalten wurde. Im besten Fall sah es aus wie das Experiment eines verrückten Wissenschaftlers. Schlimmstenfalls sah es aus wie eine Bombe, und die Leute schleppten es mithilfe von Sandsäcken und einem SkyTrak-Lift lässig über einen Parkplatz, während sie gelegentlich anhielten, um einen Zug aus ihrem Vaporizer zu nehmen oder einem Schwarm Gänse hinterherzuschauen, der über sie hinwegflog.

Selbst mit der Hilfe des SkyTraks dauerte der Transport der Rakete und des Launchers ewig. Das Astra-Team schaffte im Durchschnitt etwa hundert Meter pro Stunde, als es zuerst über den Parkplatz und dann an der Seite des Astra-Werks entlang – vorbei am Stacheldraht, den Dixi-Klos und den Transportcontainern – zum behelfsmäßigen Testgelände ging. »Wie viele Raketenwissenschaftler braucht man, um eine Rakete zu ziehen?«, scherzte Kemp, der sich dem großen, langsamen Schieben anschloss.

Nach dem mühsamen Einsatz wurde die Rakete schließlich neben dem trapezförmigen Standplatz geparkt. Ingenieure schlossen Drähte und Pumpen an den Raketenkorpus an. Jemand drückte einen Knopf auf dem Steuersystem der Rakete, und die Hydraulikpumpen setzten ein, um die Rakete sanft anzuheben.

»Passt auf eure Finger auf!«, rief ein Techniker. Es dauerte nur etwa eine Minute, bis sich die Rakete von der Seite in die Höhe bewegte, und – perfecto! – schon scharten sich etwa 20 Leute um ihr Baby, um seine Haltung zu begutachten.

»Steht sie gerade?«, fragte jemand. »Ich glaube, sie neigt sich.«

»Nein, es sieht nur so aus, weil etwas mit dem Gebäude nicht stimmt«, antwortete ein anderer.

Obwohl es schon später Nachmittag war, wollten Kemp und Thompson, dass die Crew noch vor der am selben Abend stattfindenden Weihnachtsfeier des Unternehmens einige Tests durchführte. Thompson ließ den Hebebühnenaufsatz auf den SkyTrak setzen, stieg ein und begann, die höheren Teile der Rakete zu inspizieren, um zu sehen, wie gut sie den Transport überstanden hatte. Im Hintergrund stapelte eine Gruppe von Leuten einige Schiffscontainer übereinander, um eine Art Mauer hinter der Rakete zu errichten, damit die Häuser in der Nachbarschaft Astras wertvollstes Gut nicht sehen konnten. Aber es gab nicht genug Container, um die Arbeit zu vollenden, und ein Drittel der Rakete blieb sichtbar.*

Neben Thompson hatte Astra vor Kurzem noch eine Reihe ehemaliger SpaceX-Mitarbeiter eingestellt, und viele dieser neuen Angestellten hatten die operativen Tests übernommen. Die alte Ventions-Crew und andere standen am Rande, beobachteten das Ganze und gaben Ratschläge. Es herrschte eine gewisse Spannung zwischen den beiden Gruppen, und es war leicht, sich mies zu fühlen für den Ventions-Flügel und all die frühen Mitarbeiter, die den größten Teil der Arbeit an der Rakete geleistet hatten.

Für den bevorstehenden Test wollte das Astra-Team flüssigen Stickstoff durch die Rohrleitungen und Treibstofftanks der Rakete leiten. Er ist weniger explosiv als der flüssige Sauerstoff, den sie bei einem tatsächlichen Start verwenden würden, und er ist so kalt, dass er gut geeignet ist, Dinge an ihre Grenzen zu bringen und Teile zu reinigen. Schon bald wurden die Testvorbereitungen zu einer Gemeinschaftsübung, an der sich die meisten fähigen Leute beteiligten. Es war das Äquivalent der Raketenwissenschaft zum Jazz. Kräne wurden gefahren, Drähte wurden befestigt, Knöpfe und Schalter wurden von denjenigen betätigt, die den Willen und das Wissen hatten, diese Aufgabe zu erfüllen. Die Geschichte, wie die Rakete auf den Stand gebracht wurde, hatte zwar auch ihre komödiantischen Elemente, aber dieser Teil der Show erinnerte daran, dass das Unternehmen

---

* »Irgendwann würden die Nachbarn wissen wollen, was da eigentlich vor sich geht«, so Kemp. »Im Grunde genommen haben wir eine Interkontinentalrakete nur 100 Meter weg von ihren Häusern stehen.«

Dutzende von gut funktionierenden, fähigen Spitzenkräften eingestellt hatte, die bei Bedarf gut als Team zusammenarbeiten konnten.

Um 18 Uhr machten sich einige der Büroangestellten auf den Weg zu dem ein paar Blocks entfernten ausgemusterten Flugzeugträger, wo die Weihnachtsfeier, an der auch die Familienangehörigen der Mitarbeiter teilnahmen, begonnen hatte. Die zwei Dutzend Arbeitskräfte an der Rakete schien das nicht zu interessieren. Sie holten ein paar Scheinwerfer hervor und begannen mit ihren Tests. Der Stickstoff wurde eingeleitet, während sich die Mitarbeiter in halbwegs sicherer Entfernung aufhielten und ihre Laptops auf die Messwerte der Raketensensoren überprüften. Flüssiger Stickstoff ist so kalt, dass er sofort kocht, wenn er mit der Außenluft in Berührung kommt, und als die Rakete den Stickstoff ausstieß, füllte eine 200 Meter lange weiße Wolke die Umgebung der Fabrik, stieg über die Zäune auf und trieb in die Nachbarschaft. Sicherlich spähte ein Kind in der Nähe aus dem Wohnzimmerfenster und rannte zu Mama und Papa, um sich nach dem herannahenden Nebelmonster zu erkundigen.

Die Tests wurden so lange fortgesetzt, bis sich Kemp schließlich einschaltete und den Ingenieuren sagte, dass sie die Arbeiten einstellen sollten. »Es wäre die falsche Botschaft an alle, wenn sie diese Zeit mit ihren Familien verpassen würden«, sagte er. In diesem Moment wurde den Ingenieuren klar, dass die Rakete die ganze Nacht unbedeckt draußen stehen musste. Thompson fragte, ob es in der Nähe einen Baumarkt gäbe, und schickte ein paar Leute los, um Planen zu besorgen. Nach ihrer Rückkehr senkte das Astra-Team die Rakete wieder in ihre horizontale Position, und ein paar Mitarbeiter kletterten auf sie und breiteten die Planen aus.

Die Nachzügler liefen zurück ins Astra-Hauptgebäude und zogen ihre Abendgarderobe an. Kemp warf einen letzten Blick auf die Rakete und stellte fest, dass Ben Brockert und Mike Judson immer noch zugange waren. »Ich weiß euer Engagement zu schätzen, aber auf einem Flugzeugträger gibt es eine offene Bar«, teilte Kemp ihnen mit. Brockert und Judson waren die Junkies unter den Raketenjunkies, und beide hätten lieber bis weit nach Mitternacht Tests durchgeführt, als auf der Party einen auf Schönwetter zu machen.

Kemp und ich gingen in Richtung des Flugzeugträgers. Er trug einen formellen Frack, und seine Freundin fröstelte neben ihm in einem winzigen rosa Kleid. Ich fragte Kemp, was er in seiner Freizeit mache.

»Ich arbeite an einer Stiftung, deren Ziel es ist, eine permanente bewohnte Mondbasis zu schaffen, die sich selbst versorgt«, erläuterte er. »Das ist eines meiner Hobbys.« Danach gab er mir einige Ratschläge fürs Leben. »Jeder braucht vier Dinge«, sagte er. »Ein Ziel, eine andere Person, mit der du das Leben teilen kannst, dich selbst, damit du mit dir selbst im Reinen bist, und dann Freunde und Familie. Wenn auch nur ein Bein dieses Stuhls ausfällt, ist man ruiniert. Die Menschen, die der Arbeit zu viel Bedeutung beimessen, werden manchmal gefeuert und sind oft nur noch mit sich selbst beschäftigt. Das sind diejenigen, die Selbstmord begehen.«

Und nun war es an der Zeit, sich unter die Party zu mischen.

KAPITEL 21
NICHT MEHR GANZ SO HEIMLICH

Zu Beginn des Jahres 2018 hatte Chris Kemp zwei große Ziele. Das eine war, die Astra-Fabrik zu vergrößern und sein damit verbundenes Vorhaben, jeden Tag eine Rakete zu bauen und zu starten, voranzutreiben. Das andere war, die erste Rakete von Astra so schnell wie möglich nach Alaska zu bringen und in den Himmel zu bekommen.

Astra hatte ja nicht bei null angefangen. Das Unternehmen profitierte von der jahrelangen Arbeit, die Ventions bei der Entwicklung von Triebwerken, Elektronik sowie Lenk- und Navigationssystemen geleistet hatte. Obwohl diese Entwürfe für eine kleinere, andere Rakete bestimmt waren, hatten sie dem neuen Unternehmen einen Vorsprung verschafft. Aber selbst mit diesem Vorbehalt hatte Astra etwas Bemerkenswertes erreicht. Die Geschichte hat gezeigt, dass es sechs Jahre bis ein Jahrzehnt dauert, bis man mit neu entwickelten Raketen oder anderen Vehikeln für den Weltraum wirkliche Fortschritte erzielt und die Hoffnung haben kann, sie erfolgreich zu starten. Astra hatte in etwas mehr als einem Jahr etwas gebaut, das den Anschein einer brauchbaren Rakete hatte.

Kemp versuchte, die Erwartungen an diese erste Rakete möglichst nicht zu hoch zu hängen. Astra würde sie nach Alaska bringen, starten und das Beste hoffen. Das Unternehmen wollte ein neues Modell der Raketenentwicklung einführen, bei dem es in einem schnellen Rhythmus bauen und testen würde. Die Ingenieure würden die Daten jedes Starts analysieren, einige Optimierungen vornehmen und es dann erneut versuchen.

Wo andere Raketenhersteller nach Perfektion strebten, wollte Astra schrittweise besser werden. Kemp war der Meinung, dass dieser Ansatz das Energielevel bei Astra hochhalten und den Menschen helfen würde, ständig Fortschritte zu sehen, anstatt jahrelang auf die Umsetzung der Theorie, die »Action«, warten zu müssen.

Die meisten Mitarbeiter von Astra waren mit dieser Firmenphilosophie grundsätzlich durchaus einverstanden. Unabhängig davon, ob sie aus der Softwarebranche, der Luft- und Raumfahrtindustrie oder aus anderen Bereichen kamen, gefiel ihnen der Gedanke, einen neuen Ansatz auszuprobieren und zu beweisen, dass Dinge schneller erledigt werden konnten, als andere angenommen hatten. Im Laufe der Zeit sprachen sich jedoch diejenigen, die mehr Erfahrung in der Luft- und Raumfahrt hatten, gegen einige von Kemps Forderungen aus. Sie warnten ihn davor, die Rakete in aller Eile nach Alaska zu schicken, und hielten es für sinnvoller, sie in Alameda weiter zu testen und zu perfektionieren. Die Menschen und die Werkzeuge waren in Alameda – die ganze Manpower und alle wichtigen Instrumente. Niemand wusste, wie die Ressourcen in Alaska aussehen würden, wenn etwas schiefging und repariert werden musste. Aber Kemp bestand auf der Vorgehensweise, die Rakete fertigzustellen und zu verschicken und dann zu sehen, was passiert.

Seit Astra in das Gebäude an der Orion Street eingezogen war, hatte Kemp ein Grundstück auf der gegenüberliegenden Seite an der 1900 Skyhawk Street ins Auge gefasst, das als natürlicher nächster Schritt für die Expansion des Unternehmens dienen sollte. Eine oder zwei Raketen an der Orion zu bauen, würde für den Moment ausreichen, aber er wusste, dass er einen viel besseren Ort brauchen würde, um Hunderte von Raketen herzustellen.

Das Skyhawk-Gebäude war ein riesiges Lagerhaus, das seit Jahrzehnten verlassen dastand. Die Hälfte des Gebäudes glich einer vollkommen in Vergessenheit geratenen Fabrikhalle. Es war verwaist, verdreckt und verfallen. Die andere Hälfte war in einem nicht minder erbärmlichen Zustand. Obdachlose und Jugendliche hatten offensichtlich Jahre damit verbracht, das Grundstück von Grund auf zu ramponieren. Jedes Stück Glas war eingeschlagen, die Wände zertrümmert und die Infrastruktur des Gebäudes kaum mehr zu erkennen. An den Wänden waren grenzwertige Graffiti zu lesen: »Drink piss & listen to dubstep«, »Cat fucker« und »Don't forget: rate us on Yelp!«. Am schlimmsten war jedoch, dass die erste Person, die das Skyhawk-Gebäude inspizierte, eine Leiche entdeckte, die an einer Maschine klebte – offensichtlich hatte jemand versucht, die letzten Kupferteile in der Anlage zu stehlen, war dabei auf ein stromführendes Kabel gestoßen und verweste jetzt dort.

Ungeachtet dessen sah Kemp in dem Gebäudekomplex enormes Potenzial. Er führte mich durch das Gebäude, wobei wir von Bryson Gentile begleitet wurden, einem der ehemaligen SpaceX-Hotshots, der damit beauftragt worden war, in dieser Betonwüste eine hochmodern ausgestattete Fabrik aufzubauen.

KEMP: Das hier sind etwas über 23 000 Quadratmeter. Der Zustand ist wirklich miserabel. Früher wurden die Triebwerke in dem anderen Gebäude getestet und dann in diesem Gebäude überholt. Sie zogen sie aus den Flugzeugen heraus und arbeiteten an Hunderten von Triebwerken, testeten sie erneut und bauten sie wieder in die Flugzeuge ein. Wir nennen dieses Gebäude Skyhawk – in erster Linie, weil es an der Skyhawk Street liegt –, und das andere Gebäude nennen wir Orion, weil es an der Orion Street liegt. Und das sind alles wirklich coole Namen. Wir haben uns gedacht, wenn wir ein Gebäude übernehmen, nehmen wir einfach den coolsten Straßennamen, der in der Nähe ist.

Wir sind etwa sechs Monate, nachdem wir das Orion-Gebäude übernommen hatten, in dieses Gebäude eingestiegen. Uns wurde klar, dass man für den Bau einer Raketenfabrik ein wirklich großes Gebäude benötigt, denn Raketen sind nun mal groß. Seid vorsichtig. Hier liegen überall Glasscherben.

GENTILE: Es gibt hier auch Vögel, die sich im Gebäude eingenistet haben und alles vollkacken.

KEMP: Bryson leitet unser Produktions- und Fertigungsteam, und wir müssen irgendwo eine Fertigungsstraße für Raketen einrichten.

GENTILE: Ich habe die gewaltige Aufgabe, dieses Gebäude in eine vollwertige Raketenfabrik zu verwandeln, in der wir jeden Tag eine Rakete produzieren.

Es gibt hier einige alte Bereiche, in denen früher Motoren mit Säure gewaschen wurden. Sie mussten den Lack mit den ätzendsten Lösungen, die man finden kann, abtragen. Wir sind nicht sicher, was wir mit diesem Teil machen werden. Der wertvollste Bereich für uns ist diese riesige Halle. Wir haben die Brückenkräne und eine riesige Bodenfläche. Wir können die Raketen im Wesentlichen nebeneinander aufstellen und sie in einer Art Fließbandstrategie wie bei Ford zusammenbauen.

KEMP: Astra muss eine Rakete pro Tag hinbekommen, und wenn wir das kostengünstig umsetzen wollen, müssen wir wirklich preiswerte Anlagen haben. Das hier ist ja wohl die perfekte Kulisse für einen apokalyptischen Zombiefilm. Es gibt ein paar Löcher, auf die man achten muss.

GENTILE: Mannsgroße Löcher sogar.

KEMP: Dieses Gebäude wurde seit 25 Jahren nicht mehr genutzt. Sie haben 25 Jahre gebraucht, um den Boden unter den kontaminierten Räumen zu sanieren. Das ist einer der Gründe, warum es jetzt erst genutzt werden kann. Wir mussten warten, bis die Navy den Boden untersucht und sichergestellt hatte, dass sich unter dem Gebäude keine riesige Wolke aus Lösungsmitteln und Kerosin befindet. Das ist eigentlich Bleifarbe.

Kemp nahm ein Stück Bleifarbe in die Hand, nahm es in den Mund, biss es in zwei Hälften und spuckte es wieder aus.

Dennoch stellt sich natürlich die Frage, wie ein Start-up, das vor einem Jahr gerade mal zehn Mitarbeiter hatte, die Stadt davon überzeugen könnte, ein Gebäude mit einer Fläche von 23 200 Quadratmetern und vier Hektar Land zu übernehmen. Wir haben mit Bjarke Ingels einen der weltweit führenden Architekten engagiert, der gerade ein Projekt für einen neuen Google-Campus abgeschlossen hatte. Wir hatten kein Geld, um ihn zu bezahlen, aber wir sagten, wir würden ein altes Gebäude wiederverwenden und eine Raketenfabrik bauen, und Bjarke Ingels war ganz begeistert und kam hierher und traf sich mit uns, um herauszufinden, wie wir ein hybrides Fabrik- und Bürogebäude errichten könnten. Es wird so ähnlich aussehen wie beim Burning Man, wo es all diese Camps gibt, die in konzentrischen Kreisen angeordnet sind. Man kann sich die Kuppeln vorstellen, die von einer großen Raketenproduktionslinie umgeben sind. So wird es in etwa einem Jahr aussehen.[*]

GENTILE: Ich komme ursprünglich aus einer Mischform aus Automobil- und Raumfahrtindustrie. Einige Jahre lang habe ich bei SpaceX das Team für Fertigungstechnik geleitet und im Grunde den Fließband-Ablauf konzipiert. Raketen sind nicht superkomplex. Wenn etwas kompliziert aussieht, liegt das daran, dass man es noch nicht in genügend kleine Teile zerlegt hat. Der Schlüssel zum Bau einer Rakete liegt darin, sie in winzig kleine Teile zu zerlegen.

---

[*] Bjarke Ingels hat dieses Büro im Burning-Man-Stil letztlich nie gebaut. Astra stellte einfach normale Schreibtische in Gruppen an die Seiten der Fabrikhalle.

Wenn man mit einer brandneuen Rakete anfängt, hat man etwa 100 000 Teile, wenn man die winzigen Befestigungselemente mitzählt. Das muss man halbieren und wieder halbieren und wieder halbieren und wieder halbieren.

In Wirklichkeit geht es darum, die Masse der Rakete zu optimieren. Das ist es, worauf es ankommt. Das Ding soll leicht sein und einfach zu produzieren sein. Wenn man sich die Autoindustrie der 1970er-Jahre ansieht, dann ist die Raumfahrtindustrie, was die Metallverarbeitung betrifft, wahrscheinlich genau an diesem Punkt angelangt – mit Ausnahme einiger sehr fortschrittlicher Schweißtechniken.

Wir werden die Maßnahmen, die vor Jahren für die Automobilindustrie entwickelt worden sind, auf Raketen anwenden. Und wir werden modernste Automobiltechnologie wie Fertigungsroboter mit dem neuesten Stand der Technik für Raketen verbinden.

KEMP: Wir werden jede Verbesserung an einer Rakete ultraschnell umsetzen. Alle sechs Monate werden wir eine neue Version dieser Rakete entwickeln. Wir werden ungeheuer viele Daten sammeln, indem wir die Zahl der Raketen und Raketenstarts steigern, und wir werden all diese Informationen an die Konstrukteure weitergeben, um dann bessere Raketen zu bekommen.

Wir haben dieses Gebäude für ein paar Jahre kostenfrei zur Verfügung gestellt bekommen, und das gibt uns die Möglichkeit, groß zu denken und mit den richtigen Mitteln groß zu denken. Wir wollen so weit kommen, dass wir hier jeden Tag eine Rakete bauen, sie zum Pier rollen, sie auf einen Lastkahn setzen und sie von See aus starten.

Ich denke, dass ich in der Lage bin, Gelegenheiten zu erkennen. Die Dinge passieren nicht von allein. In der Regel muss man eine Menge Energie zusammenbringen, um etwas zu bewirken und etwas Magisches entstehen zu lassen.

Erst heute Morgen habe ich mich mit einem der Leute unterhalten, die stark in die Organisation des Burning Man involviert sind. Und ich habe mir Gedanken über diese riesige Anlage gemacht, die wir bald mit Skyhawk haben werden. Wir werden nicht so viel Platz nutzen. Und Künstler brauchen Orte, um ihre Skulpturen hier in der Bay Area aufzubewahren. Und so werden wir auch einen Weg finden, eine Burning-Man-Galerie einzurichten.

Oder als wir einen Platz für Raketentests auf dem Flugplatz haben wollten, teilte ich der Stadt mit: »Wir wollen hier Raketen starten.« Was verrückt ist. Natürlich werden wir unsere Rakete nicht 20 Autominuten von der Innenstadt San Franciscos starten oder fünf Sekunden von der Innenstadt San Franciscos in Raketengeschwindigkeit. Aber wenn ich es anders mache und sage: »Nun, wie wäre es, wenn wir sie nur ein paar Sekunden lang testen? Sie wissen schon, wir halten sie am Boden. Wir werden sie nicht richtig starten.« Dann sagen sie: »Okay. Alles klar.« Aber wenn ich darum gebeten hätte, eine Rakete im Flug zu testen, hätten sie gesagt: »Das ist verrückt. Auf keinen Fall.«

Genauso ist es mit der Kunst. Ich werde hingehen und sagen: »Hey, wir haben diesen großartigen Architekten, und wir haben diese Vision für diesen Campus, und wir wollen Künstler unterstützen.« Ich werde Burning Man nicht erwähnen. Ich spreche nur von Künstlern. Wir werden einfach sagen: »Wir haben hier einige der weltweit führenden Skulpturkünstler, die einige ihrer Werke hier aufstellen werden. Wir werden einen öffentlichen Raum dafür schaffen, und wir möchten, dass die Stadt uns erlaubt, einen Teil des Platzes, den wir nicht in Anspruch nehmen, dafür zu nutzen. Wir werden das auch alles instand setzen. Und übrigens, wir werden auch die Soccer-Plätze dort drüben übernehmen. Wir werden eine Straße durch sie hindurchführen, einen Eingang anlegen und all diese Dinge bauen.«

Sie werden sagen: »Eine Straße? Durch unsere Soccer-Plätze? Was soll das? Kinder spielen auf diesen Plätzen. Das könnt ihr nicht machen. Aber die Künstler sind okay. Die Künstler sind in Ordnung.« Ist es eine taktische Trickserei? Ja. Aber kann man genau so unglaubliche Dinge erreichen? Ja, natürlich.

Im Februar 2018 erreichte Astra den Punkt, an dem es seine Rakete nicht mehr teilweise hinter den Zäunen der Orion Street versteckt halten konnte. Wie Kemp sagte, musste das Unternehmen einen statischen Feuertest der Rakete durchführen, bei dem das Fluggerät am Boden gehalten wird, während seine Triebwerke brennen. Diese Art von Test findet normalerweise in der Wüste oder mitten im Nirgendwo von Texas statt, weil dabei riesige Feuerbälle entstehen und es zu einer Explosion kommen kann. Astra führte ihn jedoch auf dem Nimitz Air Field durch, das etwa zweieinhalb Kilometer von seinem Hauptsitz entfernt ist und neben der Wodka-Brennerei Hangar 1, einem Fitnessstudio und einigen Restaurants liegt.

Man kann sich das Flugfeld als einen sehr, sehr großen Parkplatz vorstellen, der an die San Francisco Bay am nordöstlichen Rand von Alameda grenzt. Obwohl die Navy den militärischen Flugplatz einst für alle möglichen Einsätze nutzte, wurde er wie der Rest des aufgegebenen Stützpunkts viele Jahre lang vernachlässigt und in jüngerer Zeit vor allem für seltsame Einzelprojekte genutzt. So wurden dort zum Beispiel Teile von *The Matrix* gefilmt, ebenso wie Experimente der Dokumentarserie *MythBusters*. Ich war schon zuvor ein paarmal auf dem Nimitz, um an Versuchsfahrten mit selbstfahrenden Autos teilzunehmen, bei denen ich mich quasi in einem Roboter festgeschnallt hatte, der fast 100 Kilometer pro Stunde fuhr.

Im Wesentlichen hatten Adam London und Chris Thompson die Leitung über den statischen Feuertest. Es überraschte niemanden, dass der Schwertransport des mobilen Launchers und der Rakete auf das Rollfeld ein ebenso großes Experiment war wie der Test selbst und mehrere Stunden dauerte. Jedem war klar, dass die Tage von »Stealth« Space, die Tage der Heimlichkeit, von nun an endgültig vorbei sein würden, auch wenn Kemp hoffte, dass nicht allzu viele Leute die feuerspeiende Rakete bemerken würden.

LONDON: Wir führen die letzten Arbeiten durch, um die Startvorrichtung in Position zu bringen und die Rakete zum ersten Mal hier in Nimitz auf sie zu stellen. Wir müssen dann einige Dinge fixieren und ausrichten. Es gibt eine Reihe von Checklisten, auf denen alle Dinge aufgeführt sind, die abgehakt und erledigt werden müssen.

Das Ziel ist ein statisches Feuer, bei dem wir die Triebwerke zünden, während die Rakete an Ort und Stelle gehalten wird. Was auch immer an Ergebnissen dabei herauskommt, es wird spektakulär werden. Einige Ergebnisse werden für die Rakete besser sein als andere.

Einerseits könnten wir einen sehr sauberen Test durchführen. Alle fünf Triebwerke könnten eingeschaltet werden und fünf Sekunden lang laufen. Es ist jedoch ziemlich wahrscheinlich, dass ein oder mehrere Triebwerke nicht anspringen. In diesem Fall würden wir wahrscheinlich die Triebwerke, die gestartet sind, abschalten. Man muss das Ganze dann abbrechen.

Am ganz anderen Ende des Spektrums könnte vielleicht etwas mit einer Batterie passieren, und wir könnten einen Batteriebrand auslösen und die ganze Rakete abbrennen und eine schöne große Explosion verursachen.

NICHT MEHR GANZ SO HEIMLICH

Wir nehmen in Kauf, dass eines der möglichen spektakulären Ergebnisse morgen darin besteht, dass wir nicht nach Alaska fahren und Rocket 1 starten können, weil es keine Rocket 1 mehr gibt. Aber, äh, ich will das jetzt einfach durchziehen, wir werden ja sehen, was passiert.

Es dauerte mehrere Tage, bis der statische Feuertest so funktionierte, wie Astra es sich erhofft hatte. Und als die Triebwerke für zwei Sekunden zündeten, beschädigten sie schließlich die Rakete. Das Feuer schlug vom Boden zurück und traf den Raketenkörper. Ebenso wie Asphaltbrocken und Erdreich. Außerdem schalteten sich einige der Triebwerke vorzeitig ab und ließen als automatische Sicherheitsvorkehrung Treibstoff ab. Der Treibstoff entzündete sich und verursachte noch weitere Feuer rund um den Raketenkörper. Um diese Probleme während der folgenden Tests zu entschärfen, brachten die Astra-Ingenieure feuerhemmendes Material um die Triebwerke herum an. Obwohl die Rakete aussah, als würde sie eine Windel tragen, erwies sich diese Strategie als wirksam, und das Unternehmen konnte seine Experimente fortsetzen.

Viele der Mitarbeiter befürchteten jedoch, dass die Trümmer und das Feuer wahrscheinlich in die Rakete eingedrungen waren und die interne Verkabelung und verschiedene andere Komponenten in Mitleidenschaft gezogen hatten. Sie standen aber zeitlich unter dem Druck, die Rakete schnell nach Alaska zu bringen, und es begann eine Debatte darüber, ob es das Beste sei, einfach weiterzumachen und zu hoffen, dass alles in Ordnung ist, oder Teile der Rakete aufzutrennen, um zu sehen, was im Inneren passiert sein könnte. Ein Ingenieur sagte: »Ich glaube, die Frage ist, wie genau wir schauen wollen«, was nicht gerade das ist, was man hören möchte, wenn man den Zustand einer großen Bombe beurteilen will.

Immer mehr Mitarbeiter hielten den Transport der Rakete nach Alaska für sinnlos. Die Rakete war zu schnell gebaut worden und hatte zu viele Mängel, um zu funktionieren. Es wäre besser, die Rakete in Alameda zu belassen und sie als Testeinheit zu behandeln, während die Arbeiten an einer zweiten Rakete aufgenommen würden, in die vieles von dem einfließen sollte, was die Astra-Ingenieure bereits gelernt hatten. Kemp und London wollten jedoch beide die Rocket 1 fliegen sehen und argumentierten, dass die Startübung an sich schon eine wertvolle Lernerfahrung wäre.

Und wer weiß, vielleicht würde es ja tatsächlich klappen.

Im Februar 2018, kurz vor dem Ende der Testphase, entdeckte ein Verkehrsreporter aus der Gegend die Rakete auf dem Nimitz Air Field. Er saß in einem Hubschrauber und bat den Piloten, näher an das Testgelände herunterzufliegen, damit er herausfinden konnte, was da los war. Es war schockierend, dass Astra schon seit Tagen dort zugange war und keiner der Anwohner den Aktivitäten Beachtung geschenkt hatte. Erst durch die Anwesenheit des Hubschraubers wurden sie hellhörig. »Ich hörte Hubschrauber, und als ich hinter mich blickte, sah ich einen riesigen Lastwagen mit einer riesigen Rakete drauf«, sagte ein Angestellter eines nahe gelegenen Biergartens dem Nachrichtensender ABC.

Während Astra gerade im Begriff war, den Launcher und die Rakete zurück in die Fabrik zu schleppen, hielt ein Nachrichtenwagen von ABC an, und ein Reporter und ein Kameramann stiegen aus.* Kemp drängte seine Mitarbeiter, die Rakete so schnell wie möglich in die Fabrik zu schieben, während er auf das Nachrichtenteam zuging. Er setzte den Reporter davon in Kenntnis, dass das Ding, das wie eine Rakete aussieht, wahrscheinlich keine Rakete sei und dass jede Erwähnung der Nicht-Rakete eine wichtige nationale Sicherheitsoperation gefährden könnte. Der Reporter entgegnete: »Kommen Sie mir nicht mit juristischen Winkelzügen.« Später am Abend erschien die Rakete in den Lokalnachrichten zusammen mit einem Bericht auf der ABC-Website mit der Schlagzeile »SKY7 Spots Stealthy Space Startup Testing Its Rocket in Alameda« (»SKY7 entdeckt heimliches Weltraum-Startup, das seine Rakete in Alameda testet«).

Als es in der Fabrik wieder an die Arbeit ging, erstellte das Astra-Team einen Plan, um so gut wie möglich alle Schadspuren von der Rakete zu entfernen und einige Sichtprüfungen an den verkohlten Teilen vorzunehmen. »Sie ist jetzt gut gewürzt«, sagte Gentile, während Lösungsmittel auf den Raketenkörper aufgetragen wurden. Die Leute lachten über das Nachrichtenteam und Kemps »Das sind nicht die Droiden, nach denen ihr sucht«-Scherz. Vor allem aber befürchtete man, dass sich die Bewohner von Alameda bei der Stadt beschweren würden, jetzt, da viele von ihnen von Astra wussten. Kemp teilte seinen Mitarbeitern mit, dass sie zehn Tage Zeit hätten, um das Beste aus der Rakete zu machen und sie dann verpackt auf ein Schiff nach Alaska zu bringen. Mike Judson, einer der allerersten Ventions-Mitarbeiter, trommelte ein paar Leute zusammen, um mit

---

* Ich stand direkt neben Kemp und konnte es kaum erwarten, zu sehen, wie er mit dieser Situation umgehen würde.

ihnen einen Kreis zu bilden. Sie legten ihre Hände in die Mitte wie eine Sportmannschaft, und Judson rief: »Jungs, bei drei geht's ans große Reinemachen! Eins, zwei, drei!«

Der Nachmittag ging in den Abend und dann in die Nacht über. Die meisten der Angestellten, die noch mit der Reinigung der Rakete beschäftigt waren, hatten 21 Tage ohne Unterbrechung gearbeitet. Ihre Energie erstaunte mich. Der Test sollte ihnen Vertrauen in ihr eigenes Schaffen geben. In vielerlei Hinsicht hatte er die Dinge jedoch verschlimmert und sie dazu gebracht, mehr denn je an der Maschine zu zweifeln. Dennoch hielten sie tapfer durch und verdrängten ihre herkömmliche Herangehensweise, sich neuen Problemen zu stellen und alle möglichen Lösungen dafür zu finden. Als ein paar jüngere Leute schließlich so erschöpft waren, dass sie sich lautstark beschwerten, rief Ben Brockert: »Wenn ihr nicht hier sein wollt, geht nach Hause. Aber sitzt nicht hier und beschwert euch. Ich habe auch keinen Bock auf all das hier.«

»Das werden interessante zehn Tage«, sagte Judson.

KAPITEL 22
AUSGERECHNET ALASKA

Ich saß in einem kleinen Flugzeug auf der Strecke von Anchorage nach Kodiak Island. Ich hatte mich schon auf den Start eingestellt, als die letzten fünf Passagiere an Bord kamen und den Gang entlangliefen. Sie sahen anders aus als die anderen Fluggäste. Sie waren muskelbepackt und hatten offensichtlich beträchtliche Zeit auf der Sonnenbank verbracht. Ihre Kleidung als körperbetont zu bezeichnen, wäre noch untertrieben, dabei erinnerten sie mich eher an typische Helden aus irgendwelchen Schmonzetten. Unter ihnen befand sich sowohl ein jüngerer Typ mit blonden, leicht strubbeligen Haaren als auch ein Mann, der fast genauso aussah, eben nur ein wenig älter und deutlich verlebter. Es gab einen Schwarzen und einen Braunhaarigen mit Ponyfrisur. Ein weiterer dunkelhaariger Typ sah aus wie ein Hobby-Rocker – zumindest kam mir dieses Bild in den Sinn, als ich die fünf beobachtete und versuchte, mir zu erklären, wer sie waren und warum sie in diesen Flieger stiegen.

Als wir schon etwa eine halbe Stunde in der Luft waren, die Getränkewagen waren bereits durch, und die Männer hatten sich eine Runde Bier bestellt, platzte es plötzlich aus einem bärtigen Mann heraus, der ein paar Reihen hinter mir saß: »Oha. Ihr seid die Stripper!« Die anderen Passagiere um uns herum kicherten und nickten zustimmend, als hätten sie gerade alle gemeinsam versucht, das Geheimnis um die fünf Fluggäste zu lüften.

Aus historischen Gründen, die mir nicht näher bekannt sind, ist es wohl so, dass jedes Jahr im März ein Stripklub-Promoter aus Cincinnati in Ohio eine Auswahl seiner besten Männer nach Alaska schickt, wo sie landesweit auftreten. Unsere Männer waren auf dem Weg zu einem Auftritt in der »Mecca Bar«, das ist eine von drei nebeneinanderliegenden Kneipen in der winzigen Altstadt von

Kodiak. Da in Kodiak sonst so gut wie nichts an Entertainment geboten wird, war es klar, dass sowohl Männer als auch Frauen abends ins »Mecca« kommen würden, um den Strippern bei der Arbeit zuzusehen. Nahezu jeder der Passagiere in dem Flugzeug schien sich auf diese jährliche Tradition zu freuen.

Nachdem wir auf Kodiak gelandet waren, wurde es mir auch klarer, warum die Einwohner sich so offensichtlich auf den Strip-Abend freuten. Kodiak ist eine Insel, die direkt südlich von Alaska liegt. Dort leben etwa 14 000 Menschen auf einer Fläche von gut 9300 Quadratkilometern. Kodiak ist wunderschön, so wie Alaska schön ist – aber auch sehr, sehr einsam. Wenn man gerne jagt, angelt oder sich überhaupt gerne in der freien Wildbahn aufhält, hat Kodiak jede Menge zu bieten. Aber wenn man andere Aktivitäten vorzieht, dann schaut man fast komplett in die Röhre. Alles hier dreht sich nur um Arbeit und Alkohol – und wenn dann mal ein knackig gebräunter Jüngling von 25 Jahren in die Stadt kommt, um vor johlendem Publikum seine Hose auszuziehen, will sich das niemand entgehen lassen.

Da es so abgeschieden liegt, ist Kodiak ideal, um dort ein Raketenstartgelände zu errichten, und deswegen siedelte die US-Regierung dort im Jahr 1998 den Pacific Spaceport Complex an. Der Weltraumflughafen liegt an der südöstlichen Spitze von Kodiak, da sich dort Raketen über den Pazifischen Ozean abschießen lassen, ohne Menschen zu gefährden.

Der Pacific Spaceport Complex hat sich allerdings nie zu einem stark frequentierten Weltraumflughafen entwickelt. Bevor Astra sich dort niederließ, waren innerhalb von 20 Jahren nur etwa 20 Raketen von dort gestartet. Meistens handelte es sich dabei um Militärübungen, bei denen es darum ging, von Kodiak aus eine Rakete über den Ozean zu jagen, die dann von einer anderen Rakete, die vom Tausende von Kilometern entfernten Kwajalein-Atoll aus gestartet wurde, abgefangen werden sollte. Im Jahr 2014 testete das Militär eine experimentelle Waffe, aber irgendetwas ging mit der Trägerrakete schief und sie kam vom Kurs ab. Ein Sicherheitsbeamter drückte daraufhin den Notknopf, und die Rakete wurde bereits vier Sekunden nach dem Start zerstört. Die Explosion war so heftig, dass ein Großteil des Weltraumflughafens dabei zerstört wurde. Bis zum Jahr 2017 gab es keine weiteren Starts mehr auf Kodiak, erst dann führte das Militär dort ein paar Geheimoperationen durch.

Viele Bewohner auf Kodiak hatten sich mehr von dem Weltraumflughafen versprochen. Sie wünschten sich, dass die Raketen und all die Menschen, die mit ihnen nach Kodiak kämen, die Wirtschaft vor Ort ankurbeln würden. Noch besser wäre es nach der Vorstellung der Ortsansässigen, wenn auch private Unternehmen am Bau der Raketen beteiligt wären, nicht nur die Regierung.

Im Jahr 2018 schien es dann so, als würde der Pacific Spaceport Complex endlich mal zu seiner Bestimmung finden. Aus gutem Grund hatten zahlreiche Raketen-Start-ups sich den Ort als Startplatz für ihre Flugmaschinen ausgeguckt. Die wichtigsten Raketenstartplätze in den USA – die in Kalifornien und in Florida liegen – wurden vom Militär, von der NASA und von SpaceX dominiert. Deren Raketen bekamen stets Vorrang vor jungen, aufstrebenden Unternehmen, die sich noch nicht etabliert hatten. Kodiak bot eine ähnliche Infrastruktur, und den Menschen, die dort verantwortlich zeichneten, war sehr daran gelegen, Firmen wie Astra Starthilfe zu geben und die möglichen Fehler und Verzögerungen der Start-ups mit Nachsicht zu behandeln. Während meines Aufenthalts auf Kodiak waren mindestens drei Raketenunternehmen vor Ort und schauten sich das Gelände an, und sie waren bemüht, bei den Anwohnern einen positiven Eindruck zu hinterlassen.

In den ersten Monaten des Jahres 2018 hatte Astra kleine Gruppen von Mitarbeitern nach Kodiak geschickt, um die Vorbereitungen für einen Start ins Rollen zu bringen. Sie mussten dabei so pragmatisch wie möglich vorgehen: sich mit den richtigen Leuten am Pacific Spaceport Complex treffen, Unterkünfte finden, die groß genug waren, um eine große Gruppe von Astra-Mitarbeitern dort unterzubringen, und, was am wichtigsten war, die Ankunft der Schiffscontainer vorbereiten, mit denen die Rakete, das Mission Control Center und weitere Ausrüstung auf der Insel ankamen, und alles zum Startplatz befördern.

Die Leitung des Pacific Spaceport Complex hatte Astra ausdrücklich gebeten, die Raketen noch nicht so bald nach Alaska zu schicken. Sie behaupteten, sie müssten noch Verbesserungsarbeiten an einem nicht öffentlich zugänglichen Gelände vornehmen, weil es dort um höchst geheime Militäroperationen gehe, und darum würden die Mitarbeiter von Astra dort nur stören. Doch Adam London hatte sich entschieden, die Rakete trotzdem schon mal in den Norden zu verschiffen – er hoffte, die Dinge dadurch in Gang halten zu können, indem er einen gewissen Zugzwang kreierte. Dies entpuppte sich als kluger taktischer Schachzug. Die Mitarbeiter des Weltraumflughafens waren es gewohnt, im Tempo einer Behörde zu arbeiten, und hatten tatsächlich noch so gut wie gar nichts getan – sie hatten zum Beispiel noch keinen Beton ausgegossen für einige der Gebäude, die Astra nutzen würde. So hatte es den Anschein, als sei die Geschichte von der

»höchst geheimen Militäroperation« eine Ausrede, um mehr Zeit zu gewinnen. Als dann aber die ersten Mitarbeiter von Astra auf dem Gelände erschienen, war das wie ein Weckruf, und plötzlich kam jedermann in Wallung.

Die Fahrt von der Stadt Kodiak zum Pacific Spaceport Complex dauert etwa 90 Minuten. Im März 2018 bedeutete das, dass man sich mit seinem Auto durch Schneestürme und über eisglatte Straßen kämpfen musste, und ab und an musste man noch anhalten, weil Kühe die Straße blockierten. Die Natur bestand hauptsächlich aus Weideflächen, flankiert von Bergen und dem grauen Wasser des Golfs von Alaska, das in riesigen Wellen gegen die Küste klatschte. Schließlich kamen wir am Eingangstor des Weltraumflughafens an – vor uns lagen fast 15 Quadratkilometer an Land, Konstruktionen und Gebäuden, deren einziger Sinn und Zweck es war, Raketen in die Umlaufbahn zu schicken.

Das Gelände bestand aus sieben Hauptgebäuden, die alle durch eine Hauptstraße miteinander verbunden waren. Am nördlichen Ende gab es ein Kontrollzentrum, und ein paar Kilometer südlich davon befanden sich die zentrale Startrampe und ein paar größere Gebäude, in denen die Belegschaften diverser Firmen unbeobachtet an ihren Raketen und Satelliten arbeiten konnten.

Mit seinem typischen Start-up-Elan platzte Astra förmlich überall auf dem Pacific Spaceport Complex dazwischen. Die Firma beanspruchte sogleich das größte der überdachten Gebäude für ihre Rakete. Zudem baute sie ihr eigenes, mobiles Mission Control Center wenige Hundert Meter von dem großen, offiziellen Kontrollraum auf, der dem Weltraumflughafen gehörte. Der Unterschied zwischen diesen zwei Anlagen war tatsächlich skurril: Während die leitenden Angestellten des Weltraumflughafens mitsamt ihren Ingenieuren und Technikern in einem Umfeld arbeiteten, das nett, langweilig und rechteckig war – ein Tribut an die pure Bürokratie –, arbeiteten die Angestellten von Astra in aufgetakelten schwarzen Schiffscontainern. Der untere Schiffscontainer hatte einen Boden aus Holzimitat, entlang der Wände standen Pressholzschreibtische wie von Ikea. Insgesamt gab es neun Arbeitsplätze mit je zwei Monitoren. Oben an den Wänden hingen zusätzlich acht große Monitore – sie zeigten Videos der Rakete aus verschiedenen Blickwinkeln sowie weitere Informationen und Daten, etwa zur Wetterlage und zum Zustand der Rakete. Der Rest der Wandflächen war von Whiteboards dominiert. Neben dem Haupteingang zum Container gab es noch eine Art Vorraum, wo wichtige Gegenstände gelagert wurden: Schokoladenkekse, übrig gebliebene Ethernet-Kabel und eine Schneeschippe.

Eine Stahltreppe führte zu einem weiteren Schiffscontainer hoch, der genau über dem Mission-Control-Raum aufgesetzt war. Dieser Raum war zum Ausruhen vorgesehen und als Plattform, um einen Start beobachten zu können. Dort standen ein paar weiße Ledersofas, eiförmige weiße Ledersessel, ein weißer Tisch, ein weißer Kühlschrank, weiße Schränke – und auch hier wurden die Wände für riesige Whiteboards genutzt. Es sah aus, als hätte Steve Jobs der Wildnis Alaskas einen kurzen Besuch abgestattet und daraufhin beschlossen, sich eine Art weißen Rückzugsort zu schaffen, einen Raum, in dem er sich sicher fühlen konnte.

Die Mitarbeiter von Astra hielten sich nur selten in diesem Ruheraum auf. Sie kamen kurz hoch, um sich einen Kaffee oder ein paar Snacks zu holen oder um ein paarmal durchzuatmen, wobei sie dann durch die Glastür nach draußen blickten, auf die beeindruckende Landschaft. Meistens waren sie jedoch an ihre Schreibtische im Mission-Control-Raum gebunden, in dem es wegen all der Körper und elektrischen Geräte immer recht warm und stickig war.

Wer nicht im Kontrollraum feststeckte, arbeitete in dem großen Hangar an der Rakete. Der Hangar war eigentlich eine geräumige Garage, eine Halle mit einer 15 Meter hohen Decke, von der ein Kran herabhing. Die Rakete lag an einer Seite der Halle horizontal auf dem Launcher. Einige Techniker hatten diverse Kabel angeschlossen, damit sie Strom hatten und ihre diagnostischen Tests durchführen konnten; außerdem verbanden Schläuche die Rakete mit den Treibstofftanks draußen. Da es hier keine Dämmung gab, war der Hangar sehr kalt; die Monteure trugen bei der Arbeit ihre dicken Jacken, und wenn sie ausatmeten, bildeten sich kleine Atemwölkchen.

Wenn es Abend wurde, fuhr das Team von Astra zu einer angemieteten Lodge, die ein paar Kilometer von dem Testgelände entfernt war. Ein geschäftstüchtiger Einwohner hatte nach dem Bau des Weltraumflughafens per Schiff einen Fertigbau mit 60 Zimmern hierher nach Kodiak transportieren lassen, in der Hoffnung, dass während der jeweiligen Startprojekte Menschen hier für einige Wochen am Stück eine Unterkunft brauchen würden. Doch weil der Weltraumflughafen im Laufe der Jahrzehnte gar nicht so viel Betrieb hatte wie zunächst erhofft, hatte sich die Investition kaum ausgezahlt.

Einiges sprach für die Kodiak Narrow Cape Lodge: Das geräumige, zwei Stockwerke hohe Haus war direkt am Wasser gebaut. Der große Aufenthaltsraum im zweiten Stock hatte große Fenster, die zur einen Seite hin einen Blick auf

Farmen und Berge boten, und zur anderen Seite hin blickte man übers Meer. Ab und zu konnte man in der Ferne sogar Wale sehen, wie sie schwammen und Fontänen hochschießen ließen. In dem Raum gab es mehrere große Holztische, wo die Menschen zusammenkommen konnten wie bei einem Familientreffen, es gab aber auch eine Tischtennisplatte, einen Billardtisch und eine Fernsehecke mit mehreren Sofas. Die Wände waren mit ein paar Tierschädeln und Geweihen dekoriert, dazwischen hingen hier und da in kleinen Gruppen Fotos von ehemaligen Gästen der Lodge.

Die eigentlichen Zimmer waren weniger aufregend. Sie waren klein, spartanisch ausgestattet und erinnerten eher an billige Hotels oder Jugendherbergen. Der Speisesaal sah auch eher aus wie eine Kantine als wie ein Landhaus. Es gab mehrere große Tische und einen Buffet-Aufbau; dreimal am Tag kamen Caterer und lieferten das Essen.

Das allem zugrunde liegende Mantra bei Astra war, dass eine Trägerrakete in Windeseile gebaut und gestartet werden sollte – und das mit möglichst geringem Personaleinsatz. Fast alle der Herangehensweisen der Old-Space-Firmen, etwa die endlos vielen Tests, hatte man bewusst außer Acht gelassen, eben weil das typisch für die alten Unternehmen war, und Astra wollte den Geist des New Space verkörpern. Doch als sich das Abenteuer in Alaska in die Länge zog, musste die Leitung bei Astra hinnehmen, dass ihr Glaubenssatz auch einen Preis hatte.

Weil Astra die Rakete so überstürzt nach Alaska gebracht hatte, hatten die Ingenieure tatsächlich keine Gelegenheit mehr gehabt, das gute Stück fertigzustellen. Das war nicht nur nicht gut, es war in der Tat höchst problematisch – man hatte Kemp gewarnt, dass dies zu vielen leidvollen Problemen und fatalen Konsequenzen führen könnte. Und doch machten alle einfach weiter.

Man hatte die Trägerrakete in Transportkisten verpackt und nach Norden geschickt, ohne dass sie alle Tests zu vielen ihrer internen Bestandteile bestanden hatte, und ein Großteil der Software war auch noch nicht fertiggestellt. Eine kleine Gruppe von Mitarbeitern bei Astra hatte sich einige Wochen lang mit den Konsequenzen dieser unfertigen Rakete beschäftigt. Sie hatten Überstunden eingelegt, um in dem Hangar am Innenleben der Rakete herumzuschrauben. Die Mitarbeiter von Astra schenkten dem Verantwortlichen am Hafen von Kodiak immer mal wieder eine Kiste Wein, weil sie hofften, dass die von ihnen bestellten Teile dann vielleicht schneller beim Weltraumflughafen ankämen. Zudem hatten sie einen Weg gefunden, wie sie das Flughafenpersonal so ablenkten, dass denen nicht auffiel, wie viele Überstunden sie tatsächlich machten, denn das hätte sonst Ärger gegeben hinsichtlich der Arbeitsschutzvorschriften.

Den ganzen März über schickte Astra Mitarbeiter nach Alaska, damit sie sich dort mit neu auftauchenden Problemen befassen konnten. Mitte des Monats waren bereits gut zwei Dutzend Leute dort, darunter auch Adam London und Chris Thompson sowie der griesgrämige Ben Brockert und Mike Judson, der Raketen nahezu vergötterte. Weiterhin gehörten noch Roger Carlson dazu, ein alter Veteran von SpaceX, sowie Jessy Kate Schingler, die zu Astra gestoßen war, um Softwareprogramme für die Rakete zu entwickeln.

Jessy Kate, die in Toronto aufgewachsen war, hatte zunächst an der dortigen Queen's University Astrophysik studiert und dann, auf Empfehlung von Pete Worden hin, noch an der Naval Postgraduate School einen Master in Computerwissenschaften gemacht. In Ames hatte sie Chris Kemp geholfen, sein Open-Source-Cloud-Computing-Projekt an den Start zu kriegen, und sie hatte die riesigen, jährlich stattfindenden Space-Raves organisiert. Kurz bevor sie ihren Job bei Astra antrat, hatte sie sich damit beschäftigt, die Netzanbindung der kommunalen Einrichtungen in der Bay Area und in Übersee einzurichten, während ihr Mann Robbie mit Will Marshall an der Gründung von Planet Labs arbeitete.

Kemp hatte Jessy Kate zu dem Raketen-Start-up Astra geholt, weil er hoffte, dass sie mit ihren Coding-Qualitäten an der Rakete mitarbeiten könnte. Zunächst konzentrierte sie sich darauf, Systeme zu implementieren, mit denen man Daten aus der Rakete gewinnen könnte, um Einblicke zu erhalten in deren allgemeinen Zustand und ihre Leistungsfähigkeit. Nachdem sie sich ein paar Monate lang damit beschäftigt hatte, trat sie dem Team für Luftfahrtelektronik bei, um bei der Lenkung der Rakete zu helfen. In Alaska stand sie unerlässlich unter Strom, da sie immer wieder aufgefordert wurde, auf die Schnelle wichtige Softwarekomponenten zu kodieren.

Was als Wettrennen begonnen hatte, bei dem es darum ging, möglichst schnell eine Rakete ins All zu schicken, hatte sich in ein endloses wissenschaftliches Projekt verwandelt, das Mitten in der Wildnis durchgeführt wurde. Erst am 26. März 2018 – einem Montag – gab es endlich einen verlässlichen Startplan. Die Mitarbeiter von Astra sollten in der ersten Hälfte der Woche weitere Tests durchführen, sich dann den Mittwoch freinehmen, damit das Team in Alameda die Software auf den Stand der neuesten Entwicklungen bringen konnte, dann würden am Donnerstag und Freitag noch weitere Back-up-Tests durchgeführt. Am Samstag sollte die förmliche Generalprobe für den Start stattfinden, am Sonntag sollte alles noch einmal überprüft werden, und am Montag, dem 2. April sollte die Rakete dann endlich starten.

Viele waren entsetzt über den schlechten Zustand der Rakete. Die Mitarbeiter des Pacific Spaceport Complex waren noch traumatisiert von der schweren Explosion, die sie 2014 miterlebt hatten, und sie wollten auf keinen Fall, dass sich so etwas wiederholte. Einige der leitenden Köpfe des Weltraumflughafens hielten Astra für einen Amateurhaufen. Sie versuchten, den Ingenieuren über die Schulter zu schauen, während diese damit beschäftigt waren, die Rakete fertigzustellen. Dabei wurden zahlreiche Fragen gestellt, die Letztere unnötig und ärgerlich fanden. Zwar wollten die Mitarbeiter des Weltraumflughafens sehr gerne ein Teil dieser neuen New-Space-Bewegung sein, und sie waren auch interessiert an dem Geld, was damit verdient werden konnte, aber sie konnten einige ihrer eher traditionellen Herangehensweisen nicht abschütteln. »Sie sind der Meinung, dass die Abfolge der Schritte für den Start genauso verlaufen sollte wie in den vergangenen 50 Jahren«, erklärte Brockert. »Sie halten mich sowieso schon für einen Dummkopf.« Irgendwann in dieser letzten Woche vor dem geplanten Start hatte Brockert es satt, und er begann einen öffentlichen Aufstand. Er twitterte: »Ich bin voll und ganz überzeugt davon, dass es für jede kleine kommerzielle Raketenfirma ein Fehler ist, ihre Rakete von einem bereits existierenden Startplatz in den USA in den Orbit zu befördern.« Diese Äußerung kam nicht so gut an bei den Mitarbeitern des Weltraumflughafens, geschweige denn im Verteidigungsministerium, wo der Beitrag auf Twitter eher zufällig gelesen worden war.

Während die Tage und Wochen sich in die Länge zogen, beobachtete Kemp mit Schrecken, wie das Budget, das Astra für den Start eingeplant hatte, in die Höhe schoss. Vonseiten des Weltraumflughafens verlangte man, dass die Firma für Mission-Control- und Sicherheitsspezialisten bezahlte, die nach Alaska eingeflogen wurden und dort herumwarteten, bis die Rakete flugbereit war. Deren Anwesenheit und Dienstleistungen kosteten Zehntausende Dollar am Tag. Der Besitzer der Lodge war es gewohnt, bis zu 100 Gäste zu versorgen, und dementsprechend verlangte er von den Subunternehmern der Regierung üblicherweise hohe Mietpreise für ihre wochenlangen Aufenthalte. Da Astra mit weniger Mitarbeitern die Lodge in Beschlag nahm, wollte er den Verlust ausgleichen, indem er entsprechend mehr Geld für die Zimmer verlangte – jemand berichtete, dass pro Person 270 Dollar die Nacht bezahlt werden mussten. Für den Transport von flüssigem Sauerstoff und Helium nach Kodiak verlangten die Betreiber des Weltraumflughafens 50 000 Dollar, was zur Folge hatte, dass Carlson einen alten Freund in Texas anrufen musste, einen Lieferanten, der das Material etwas günstiger liefern konnte, wenn auch nicht sehr viel günstiger. Und dann waren da noch die ganzen Flüge nach Kodiak und zurück, wenn etwa ein Spezialist oder ein besonderes Werkzeug gebraucht wurde.

Schon vor dem ersten großen Startversuch waren ein paar der Astra-Mitarbeiter kurz davor, aufzugeben. Sie hatten nun schon gut sechs Wochen in Alaska verbracht. An ihrem freien Tag (Mittwoch) gingen einige von ihnen in die Stadt, um sich im »Mecca« und den anderen Bars in der Nachbarschaft zu betrinken. Brockert und ein paar andere Kollegen hatten sich Skeetflinten gekauft und gingen zum Tontaubenschießen an den Strand (Brockert war ein sehr guter Schütze). Issac Kelly, ein Tech-Genie, das schon zu Zeiten von OpenStack mit Kemp zusammengearbeitet hatte, gönnte sich eine Massage. Carlson ging erst im eiskalten Meer schwimmen und ließ dann seine Drohne herumfliegen.

Die meisten anderen Mitarbeiter blieben in der Lodge und arbeiteten weiter. Wie an den meisten Tagen sprachen sie auch heute von nichts anderem als Raumfahrtthemen – und das nicht unbedingt, weil der Start ihrer Rakete kurz bevorstand, sondern weil sie einfach völlig versessen waren auf alles rund um die Raumfahrt. Das heißt: Sie beschwerten sich über die vielen Stunden, die sie arbeiten mussten, und sie jammerten darüber, wie launisch ihre Rakete war, aber sie konnten auch nicht anders, als beim Essen über die verschiedenen Möglichkeiten zu diskutieren, den Mars zu kolonisieren, oder beim Bier Geschichten von ihrer Zeit bei Blue Origin oder SpaceX zu erzählen. Bei einigen dieser Unterhaltungen wurde es offensichtlich, dass selbst diejenigen, die fest an die Durchführbarkeit des Projekts glaubten – die wahren Weltraumjunkies –, sich nicht sicher waren, ob ihre Rakete rein ökonomisch betrachtet überhaupt Sinn machte. Ihren Berechnungen zufolge konnte Astra nur ernst zu nehmende Gewinne einstreichen, solange Konstruktion und Start der Rakete insgesamt nicht mehr als 300 000 Dollar kosteten. Sie zweifelten daran, dass dies realisierbar sei. Aber sie waren sich einig, trotzdem weiterzumachen.

Die Tage verstrichen, und als der 2. April anstand, war Astra alles andere als bereit für den Raketenstart. Die gesamte Belegschaft hatte in der Woche zuvor den kompletten Start wie ein Theaterstück durchgespielt: Jeden Morgen kamen etwa acht bis zehn Mitarbeiter zum Kontrollraum, gut ein halbes Dutzend ging zum Hangar, und der Rest blieb in der Unterkunft. Sie starteten mit der Hoffnung in den Tag, dass die Dinge sich wohl irgendwie fügen würden, und führten ihre Aufgaben aus, als sei die Rakete wirklich drauf und dran, ins All zu fliegen. Doch während die Triebwerkstests, Überprüfungen aller Leitungen und Kommunikations-Checks fortgeführt wurden, ging jedes Mal etwas anderes schief, etwas Neues, und dann begann ein neuer Kreislauf der Fehlerbehebung.

Carlson, ein großer, glatzköpfiger Mann, der die innere Ruhe eines Surfers ausstrahlte, hatte bereits an so gigantischen Weltraumprojekten wie dem James-Webb-Space-Teleskop und der Dragon-Kapsel von SpaceX mitgearbeitet. Er war der erfahrene, zuverlässige leitende Mitarbeiter, der sich um das Tagesgeschäft kümmerte – alle Probleme sickerten zu ihm durch, und er kümmerte sich um sie. Man muss ihm zugutehalten, dass er nie die Fassung verlor. Egal von was für einer neuen Katastrophe die Mitarbeiter ihm berichten mochten, er nickte bloß, verdaute die neue Information, atmete tief ein und entspannte die Schultern. Es schien, als würde Carlson die Verzweiflung der Ingenieure förmlich in seinen Körper aufsaugen, bevor er dann einen Plan ausstieß, mit dem man das aktuelle Problem beheben könnte.

Wann immer die Dinge wirklich schlimm aussahen, landeten sie irgendwann bei London. Der hörte sich die Probleme genau an, wurde für eine quälend lange Zeit ganz still und schlug dann eine mögliche Lösung vor. Nahezu jeder im gesamten Team empfand großen Respekt für London und seinen Verstand. Ich stellte mir während dieser langen Pausen immer vor, wie London in Gedanken jeden Zentimeter der Rakete abtastete – tatsächlich schien er in einen anderen, nerdigen Bewusstseinszustand überzugehen, wenn er versuchte, eins mit dem Objekt seiner Leidenschaft zu werden.

Brockert wurde ebenfalls allseits respektiert – sowohl von denjenigen, die im Kontrollraum arbeiteten, als auch von denen, die unten an der Startrampe beschäftigt waren. Er hatte bereits für eine Reihe von Raketen-Start-ups gearbeitet und hatte die meiste Erfahrung mit dem New-Space-Ansatz: viele Starts, Probleme beheben, dann so schnell wie möglich zurück auf die Startrampe. »Für Ben würde ich alles tun«, sagte ein Ingenieur zu mir. »Wenn er mir sagen würde, dass ich die Hose runterziehen und die Rakete vögeln muss, würde ich das tun, denn das wäre dann sicher wichtig.«

Während ich so die Belegschaft von Astra beobachtete, wurde mir klar, dass die Vorbereitungen zu einem Raketenstart alles andere als sexy und berauschend sind – es sah vor allem sehr nach Plackerei aus. Und hier, so weit entfernt von allem und unter den merkwürdigen Umständen des Alltags in der Lodge, erschien mir die Schinderei sogar noch schlimmer.

Die Lodge war nicht an das öffentliche Stromnetz angeschlossen, sondern wurde von Generatoren betrieben, die wiederum von einem riesigen, draußen gelagerten Brennstofftank versorgt wurden. Man kam also nach einem langen Tag am Weltraumflughafen zurück und wurde von diesem pausenlosen dumpfen Brummton begrüßt. Die Softeismaschine, über die sich am Anfang noch alle gefreut hatten, war sogar noch viel schlimmer, denn sie war noch lauter, sodass man sich beim Essen kaum unterhalten konnte. Selbst die atemberaubende Natur zeigte sich von ihrer abschreckenden Seite, als eines Abends die Astra-Mannschaft beschloss, einen schönen kleinen Gute-Nacht-Spaziergang zu machen und dabei auf den verrottenden Kadaver eines Wals stieß, an dem gerade Adler herumpickten. Die Ausmaße dieses Schauspiels waren an sich zwar beeindruckend, aber der Kadaver stank furchtbar, und der zähflüssige Glibber, der aus den Rückenwirbeln des Tieres austrat, erinnerte jeden daran, dass das Leben sich jüngst ganz anders als geplant entwickelt hatte. Alles in allem fühlte man sich in der Lodge mit ihrem reizbaren Gastwirt und den vielen leeren Zimmern schon sehr an die Filmkulisse von *The Shining* erinnert.

Am 3. April wurde die gesamte Mannschaft von Astra in den weißen Ruheraum auf dem Startgelände zu einer Besprechung gerufen. Draußen war es nach wie vor eiskalt, aber mit so vielen Personen schoss die Temperatur im Raum blitzschnell in die Höhe. Carlson informierte das Team darüber, dass sie ein Problem mit der Zündung der Triebwerke ebenso gelöst hatten wie ein weiteres mit dem Kommunikationssystem, das es den Geräten im Spaceport erlaubte, mit der Rakete zu kommunizieren und sie weiterhin zu kontrollieren. Doch nun schien einer der Kardanringe, die gebraucht wurden, um die Position eines Triebwerks während des Fluges anzupassen, aus der Reihe zu tanzen. Er bewegte sich langsamer als die anderen Kardanringe an den anderen vier Triebwerken, und es wurde befürchtet, dass dies zur Folge haben könnte, dass die Rakete vom Kurs abkäme, da der Kardanring nicht schnell genug reagiere, wenn der Befehl erfolgte, die Position zu verändern. Niemand hatte vor, den Kardanring herauszunehmen und daran herumzubasteln, denn dies würde alles um weitere Tage hinauszögern, also wurden alle möglichen Softwaresimulationen durchgeführt, um herauszufinden, was passieren könnte, wenn man eine Rakete mit einem lahmen Kardanring fliegen lässt.

Keiner der Mitarbeiter bei Astra glaubte wirklich daran, dass diese nicht voll funktionstüchtige Rakete lange genug (ein paar Minuten) in der Luft sein könnte, um die erdnahe Umlaufbahn zu erreichen, aber sie alle, vor allem Kemp, hofften, dass die Rakete wenigstens nahe dran käme. In den vergangenen Wochen hatten sich so viele Schwierigkeiten aufgetan, dass niemand mehr große Erwartungen hatte. Während dieses Meetings sprachen die Mitarbeiter davon, dass schon 35 Sekunden in der Luft ein Riesenerfolg sein würden. Damit könne man genug Daten bekommen und auswerten, um Anpassungen für den nächsten Start vorzunehmen, und es würde allen das Gefühl geben, dass ihre Arbeit – und ihr kleiner Flirt mit dem Wahnsinn – sich ausgezahlt hatte. Außerdem bedeuteten 35 Sekunden Flug, dass die Rakete sich weit genug weg vom Land und somit über dem Wasser befände – so musste niemand einen Crash an Land beobachten und hinterher auch noch die Trümmerteile aufsammeln. Ein Ingenieur drückte es so aus: Er sagte, das Raketenstartprojekt habe jetzt das offizielle FIFI-Niveau erreicht: »Fuck it, fly it« – »Scheiß drauf, lasst sie fliegen.«

Während sie weiterhin die Lage debattierten, kritisierte Chris Thompson die Ingenieure, die üblicherweise unten im Raketenhangar arbeiteten. Sie hatten einige Male nicht gleich auf Funknachrichten reagiert, als Astra Tests an der Rakete durchgeführt hatte, während sie vertikal in der Startposition stand. »Wenn wir an der Startrampe arbeiten, muss jemand für die Kommunikation verfügbar sein«, mahnte Thompson. »Da gibt es keine akzeptable Entschuldigung. Geht verdammt noch mal ans Telefon. Wenn ihr mitbekommt, dass da jemand gesucht wird, meldet euch. So schwer ist das doch nicht, verdammt noch mal. Danke.« Auch Ian Garcia, der im Bereich Lenkung und Navigation eine leitende Funktion ausübte, beschwerte sich, denn er hatte all die Simulationen wegen des Kardanrings durchgeführt, und die Berechnungen hatten viel Zeit in Anspruch genommen. »Tut mir leid, dass du arbeiten musst«, erwiderte Ben Brockert.

Als sie schließlich abends wieder in der Lodge ankamen, schob das Team ein paar der großen Holztische zusammen und hielt ein weiteres Meeting ab. Auf den Tischen standen Bierflaschen, dazu noch Jameson-Whiskey und Bulleit, ein Bourbon. Es gab eine amüsante Kollision mit der Realität, als Adam London – der Raketenwissenschaftler – zehn Minuten lang mit einer Weinflasche kämpfte, die er nicht öffnen konnte, weil der Korken abgebrochen war. Carlson verkündete, dass am Folgetag für alle eine Generalprobe für den Raketenstart geplant sei, wo alle Details wie in Echtzeit simuliert würden. Ein Helikopter würde eine

Runde über dem Meer drehen, um sicherzustellen, dass keine Boote oder Schiffe im Weg waren, zusätzliche Sicherheitskräfte würden am Eingang zum Gelände so tun, als würden sie alle Zugänge absichern. Alle Angestellten von Astra sollten früh morgens an ihren Arbeitsplätzen erscheinen und ihren Dingen so nachgehen, als würden sie den Start vorbereiten.

Während der Probe für den Start, so erläuterte Carlson, würden Mitarbeiter im Kontrollraum immer mal wieder einen Zettel aus dem Hut ziehen, auf dem jeweils ein mögliches Problem benannt wurde – die Rakete verliert an Helium, oder die Angaben zur Voltspannung machen keinen Sinn –, um dessen Behebung sich das Team dann sofort und unter Zeitdruck kümmern musste. All dies würde stattfinden, während ein Mitarbeiter der US-Bundesluftfahrtbehörde im Kontrollraum saß und den Ablauf der Operation von Astra beobachtete.

»Das ist kein Scherz«, mahnte Carlson. »Von jetzt an werden wir immer Leute von der Aufsichtsbehörde im Kontrollraum sitzen haben, und ihr müsst das mit dem gebührenden Ernst behandeln. Eines der Probleme wird die Frage sein, was passiert, wenn die Rakete drei Sekunden nach dem Start explodiert. Was tut ihr dann? Bitte nicht so etwas sagen wie: ›Wir nehmen alle Reißaus.‹ Wir müssen die Daten sichern, denn die sind für uns sehr wertvoll.«

Als Nächstes ergriff Brockert das Wort. Er würde im Kontrollraum die Kommunikation leiten. »Wenn es irgendetwas gibt, von dem eine Gefahr ausgeht, müsst ihr uns Bescheid geben. Jeder kann zu jeder Zeit eine Warnung aussprechen. Selbst wenn die Leute von der Behörde dasitzen und die Repräsentanten des Weltraumflughafens, mit denen ich ja ab und an grundsätzliche Meinungsverschiedenheiten habe, werden wir die Dinge vornehmlich so ausführen, wie ich es sage, denn es ist unsere Rakete. Wenn wir uns dem Ende des Countdowns nähern, habt ihr ein letztes Mal die Gelegenheit, laut zu rufen: ›Nicht starten!‹ Mir wäre lieber, ihr tätet das auf Englisch.«

Am Tag der Generalprobe hielt Milton Keeter im Kontrollraum eine kleine Ansprache und erinnerte jeden noch einmal daran, was auf dem Spiel stand. Keeter war ein grauhaariger Gentleman, der zehn Jahre lang in der Raketenindustrie für die Sicherheit rund um Raketenstarts zuständig gewesen war. Im vergangenen Jahr hatte er hauptsächlich als Mittler zwischen Astra, der Bundesluftfahrtbehörde und den Verantwortlichen des Pacific Spaceport Complex fungiert. Dabei hatte er Unmengen von Papierstapeln gewälzt, um die Erlaubnis für den Raketenstart zu erhalten. Er war meistens sehr freundlich und umgänglich, aber er konnte sehr streng werden, wenn es darum ging, seine Kollegen bei Astra zur Räson zu rufen, weil sie zu verwegene Ideen hatten, oder wenn sich die Bürokraten des Flughafenbetriebs mal wieder von ihrer uneinsichtigen und wenig flexiblen Seite zeigten. »Wir sind schon längst über den Punkt hinaus, wo wir das, was wir hier tun, nicht absolut ernst nehmen«, sagte er. »Ich weiß, dass dies langweilig und schwierig ist, aber es ist wichtig. Wenn die Leute von der Behörde hier irgendetwas sehen, was ihnen gegen den Strich geht, können sie unsere Lizenz widerrufen, und dann bekommen wir keine Starterlaubnis.«

Als die Generalprobe anlief, fühlte ich mich an das Spiel *Dungeons & Dragons* erinnert, mit Keeter in der Rolle des Dungeon Master. Er tauchte mit der Hand in den Hut und zog irgendein Katastrophenszenario daraus hervor – das Monster –, mit dem die Mannschaft sich dann befassen musste. Die Probleme waren am Anfang relativ geringfügig, aber sie wurden immer schlimmer, bis hin zur völligen Katastrophe: Es stimmt was nicht mit dem Computer zur Flugsteuerung oder mit der Kommunikation, und niemand kann mehr sagen, wo die Rakete sich gerade befindet. Ihr versucht, mit dem Notfallsystem, das den Flug abbrechen soll, die Rakete zu stoppen, aber das System funktioniert auch nicht. Die Rakete fliegt quasi blind und ist völlig außer Kontrolle. Die Sekunden vergehen. Ihr hört eine Explosion. Eure Rakete hat es zerfetzt. Ihr seid gescheitert. Carlson und Keeter, kommt bitte zum Büro der Spaceport-Leitung und macht euch auf etwas gefasst. Jeder andere bleibt an seinem Platz. Der Spaceport wird den Funkturm und alle Internetverbindungen herunterfahren, um die Kommunikation mit der Außenwelt zu blockieren. Es wird gleich jemand kommen, um Zeugenaussagen aufzunehmen. Falls es Tote gegeben haben sollte, kommt hier so bald keiner weg.

All die Probeläufe zu absolvieren, inklusive dieses eben beschriebenen letzten Horrorszenarios, dauerte gut sechs Stunden. Danach machte sich das Team von Astra noch einmal an die Arbeit, um die Rakete für den richtigen Startversuch am nächsten Tag vorzubereiten. Sie verbrachten weitere Stunden damit, alle Systeme noch einmal zu überprüfen. Ein paar kleine Probleme tauchten dabei auf, aber es wies nichts darauf hin, dass irgendetwas die Rakete daran hindern würde zu fliegen. Sie würden ihr Glück versuchen.

Als sie abends alle wieder in der Lodge waren, kamen Carlson, Thompson und noch ein paar Mitarbeiter für eine Videokonferenz mit Chris Kemp zusammen. Kemp war unter anderem im Nahen Osten unterwegs, wo er versuchte, noch mehr Gelder für Astra zu generieren. Er betonte, dass er es langsam satt sei, auf den Start der Rakete warten zu müssen. Er wies auch darauf hin, dass sich das Zeitfenster für den Start für Astra bald schließen würde. Einige der Mitarbeiter am Weltraumflughafen waren Subunternehmer, die im Auftrag der Regierung jeweils für eine gewisse Zeit auf einem Startgelände arbeiteten und dann zu einem anderen Gelände weiterzogen – in diesem Fall sei geplant, dass sie binnen weniger Tage für den Start einer Rocket-Lab-Rakete nach Neuseeland reisen würden. Wenn die erst einmal abgereist waren, würde Astra wochenlang warten müssen, bevor sie einen weiteren Raketenstart versuchen könnten. Das wäre nicht nur schmerzhaft wegen der Verzögerung an sich und der daraus entstehenden Kosten, sondern auch, weil Rocket Lab als Mitbewerber seine Rakete dann früher starten würde, was sie Astra sicher unter die Nase reiben würden. Genau dieses verlockende Szenario war es, das Peter Beck im Sinn hatte, als er dem anstehenden Einsatz von Rocket Lab das Motto »It's Business Time« verpasst hatte.

»Heute war der erste Tag, wo es uns gelungen ist, alles, was wir uns vorgenommen haben, zu erreichen, und sogar noch mehr als das«, sagte Carlson. »Wenn wir heute bei der Generalprobe versucht hätten, die Rakete tatsächlich zu starten, dann wäre sie auch geflogen. Einige der Veränderungen, die wir jetzt noch vornehmen können, könnten helfen, aber sie machen mir auch Angst.«

»An der gesamten Rakete gibt es nicht ein Ding, das mir nicht Angst macht«, kommentierte Thompson.

»Die Leitung des Weltraumflughafens hat bereits ein paar Mitarbeiter abgezogen für den Start von Rocket Lab«, berichtete Carlson. »Sie sagen, sie geben uns Zeit bis zum Wochenende, falls sie den Eindruck haben, dass alles gut funktioniert. Sie haben gesagt: ›Hört mal, eure Leute sind jetzt schon seit Ewigkeiten damit beschäftigt, Fehler zu beheben. Irgendwann muss man die Wiederbelebungsversuche am Patienten einstellen.‹ Das ist es, was sie uns gesagt haben, aber ich habe das Gefühl, dass wir in den vergangenen ein, zwei Tagen über dieses Stadium hinausgewachsen sind.«

»Ist die Rakete perfekt? Nein«, fügte Thompson hinzu. »Wird sie fliegen? Ja. Wir werden eine ganze Reihe von Wundern brauchen, aber alles in allem, finde ich, sind wir gut vorbereitet. Ich möchte mein Lob an alle hier aussprechen, die geholfen haben, alles hier zusammenzuhalten.«

»Alle hier fühlen sich leer und ausgelaugt«, meinte Keeter noch. »Mit einer solchen Intensität können wir nicht noch viele weitere Tage durchhalten.

Außerdem werden wir von der Luftfahrtbehörde und anderen Leuten beurteilt. Die Behörde hat Bedenken geäußert, weil Ben so viel flucht und sich nicht professionell verhält.«

»Gut, also eigentlich ist der Samstag die letzte realistische Gelegenheit für uns, die Rakete zu starten«, sagte Kemp. »Für Freitag stehen jede Menge Gespräche mit Investoren an. Es gibt vier bis fünf Investorengruppen, die interessiert sind. Die Leute scharren mit den Füßen, weil sie beim Start live dabei sein wollen. Am liebsten würde ich den Start auf Freitag legen und ihnen dann sagen: ›Entschuldigung, wir haben den Start vorverlegt‹ – das wäre auch eine interessante Art, uns zu positionieren. Unsere Stellung wäre erheblich besser, wenn es uns gelänge, die Rakete zu starten, bevor Rocket Lab wieder die nächste Rakete abschießt.

Je nachdem, wie der Start verläuft, habe ich unterschiedliche Kommunikationspläne erstellt«, fuhr er fort. »Falls etwas schiefgeht, haben wir einen Krisenplan. Ich werde ein paar Kommentare zu unseren Sorgen abgeben und dann, falls jemand betroffen ist, mein Beileid aussprechen. Dann werde ich darüber reden, wie wir gemeinsam mit den Behörden weiter vorgehen werden. Niemand wird als Bauernopfer herhalten müssen. Wir werden gemeinsam, als Team, die Verantwortung tragen.

Es steht außer Frage, dass unsere Arbeit hier auf Kodiak eine große und kostspielige Herausforderung war. Ich freue mich für euch, dass wir uns bald auch andere Startplätze ansehen werden. Lasst uns jetzt hier so viel wie möglich lernen, damit wir dann in drei oder vier Monaten, wenn der nächste Start ansteht, bereits viel besser sein können. Viel Glück, und jetzt lasst uns das Ding in den Himmel bekommen.«

Am Donnerstag, dem 5. April machten die Ingenieure von Astra sich ein weiteres Mal daran, die Rakete auf den Start vorzubereiten und ihre jeweiligen Systemüberprüfungen durchzuführen. Über Nacht hatten sie neue Wetterprognosen bekommen – der Samstag würde wahrscheinlich regnerisch und windig sein, also alles andere als optimale Voraussetzungen für einen Start. Es sah so aus, also müsste der Start schon am Freitag durchgeführt werden.

Über Wochen hinweg hatte die Abfolge der Arbeiten in Alaska immer gleich ausgesehen: Am Morgen verließen die Mitarbeiter voller Optimismus das erste Meeting. Sie hatten einen guten Plan, wie sie das Problem, das sie tags zuvor aufgehalten hatte, beheben würden, und sie waren sich sicher, dass sie ihre Arbeit würden erledigen können und dass die Rakete startklar sein würde. Doch der Tag war noch gar nicht so weit vorangeschritten, da tauchte plötzlich ein neues Problem auf, und schlagartig war der gesamte Tagesablaufplan auf den Kopf gestellt. »Das erinnert mich an die Zeit, wo ich mit SpaceX auf Kwajalein war«, erzählte mir Carlson. »Zwei Schritte vorwärts – und zehn Schritte zurück.«

Der gesamte Prozess hatte sich in ein sinnloses tägliches Ritual verwandelt, in dem die Angestellten das Gefühl hatten, sowohl von der Technologie als auch von der Physik an der Nase herumgeführt zu werden. Obwohl die Rakete zu jeder Zeit immer ein großes Hauptproblem hatte, kam einem die Summe all der Baustellen irgendwann vor, als befinde man sich in einer Komödie voller Irrungen und Wirrungen. Jedes Mal, wenn die Ingenieure eine Sache repariert hatten, schien irgendwo anders wieder etwas Neues kaputtzugehen.

Und trotz allem war die Mannschaft von Astra voll konzentriert und ließ sich durch nichts davon abbringen, die jeweiligen Probleme anzugehen. Nach wie vor standen sie jeden Morgen früh auf und arbeiteten, so hart sie konnten, mit dem Ziel vor Augen und dem festen Glauben an die Sache. Jedes einzelne Mitglied des Teams kannte jedes noch so kleine Detail der Rakete, all ihre Ecken und Enden, Stärken und Schwächen. Sie war wie ein Kunstwerk, das sie jahrelang studiert hatten und deswegen auswendig wiedergeben konnten. Im Anblick der zahlreichen Herausforderungen war das Team zusammengewachsen und hatte sich als unbezwingbar erwiesen: Ihr Ziel war es, die Rakete zu starten.

ALS DIE DEADLINE NÄHER UND NÄHER RÜCKTE, wandten die Ingenieure und Mechaniker bei Astra sich an ihre jeweiligen Götter und versuchten, einen Deal auszuhandeln. Die Atmosphäre war erdrückend. Die Zeit verging unermüdlich und baute so noch weiteren Druck für den Raketenstart auf, neben dem, der durch Chris Kemps Ehrgeiz erzeugt wurde und Adam Londons spürbaren Wunsch, seinen Idolen zu folgen und nun selbst ein »richtiger Raketenmann« zu werden. Doch die Rakete selbst interessierte sich nicht die Bohne für diesen riesigen Berg an Bedürfnissen, die an sie gestellt wurden, und weigerte sich, zu kooperieren. Sie wollte sich partout nicht an die Zeitabläufe halten. Astra musste den Start abblasen und zusehen, wie die letzten Mitarbeiter des Weltraumflughafens ihre Siebensachen packten und nach Neuseeland flogen, wo sie mit Peter Beck verabredet waren.

Einige der Ingenieure von Astra eilten ebenfalls zum Flughafen, sobald klar war, dass der Start nicht stattfinden würde. Sie hatten die Nase voll von Alaska und dieser störrischen Rakete. Schließlich sagte Kemp allen, sie sollten eine Pause einlegen und nach Hause fahren. Astra würde alle in baldiger Zukunft wieder zusammentrommeln und es noch einmal versuchen.

In den folgenden Monaten tat Astra all das, was es schon längst hätte tun sollen: Die Softwareentwickler bekamen genug Zeit, um ihr Coding ordentlich zu Ende zu bringen, anstatt jeden Abend auf die Schnelle Updates schicken zu müssen. Eine Gruppe von Ingenieuren kehrte nach Alaska zurück, wo sie die Teile der Rakete, die am meisten Ärger bereiteten, abmontierten und ersetzten. Im Juni tat sich ein neues Zeitfenster für einen Start auf, also flog eine kleinere Gruppe von Astra-Mitarbeitern zurück nach Alaska, um dort bei dem Einsatz zu helfen und die Sache zu einem guten Ende zu bringen.

Am 20. Juli dann konnte Astra endlich sehen, was die Rakete draufhatte. Die Rakete hatte in den vergangenen paar Wochen natürlich wieder allen sehr viel Ärger bereitet, doch in den letzten Tests hatte sie sich um einiges berechenbarer verhalten. Die Angestellten von Astra hatten inzwischen ein gutes Gefühl. Sie waren sich nicht hundertprozentig sicher, wie die Rakete sich verhalten würde, aber sie waren sich relativ sicher, dass sie auf alle Fälle irgendetwas tun würde.

Während sich draußen der Nebel auf die Startfläche legte, ging das Team im Kontrollraum in einem langen Prozess noch einmal alle Arbeitsschritte durch. Sie waren inzwischen daran gewöhnt, Abbruchbefehle auf ihrem Computerbildschirm aufflackern zu sehen, doch diesmal blieb der Abbruch aus. Ein »Go« folgte dem nächsten, bis schließlich, und wie aus dem Nichts, alle Triebwerke der Rakete Feuer spien. Das unbewegliche Objekt bewegte sich tatsächlich, und zwar ganz schön schnell.

Einige der Mitarbeiter waren so überrascht, dass sie kaum etwas fühlten. Es machte irgendwie keinen rechten Sinn, dass die Rakete jetzt plötzlich doch gestartet war. Andere waren so konzentriert, dass sie nahezu in Trance verfielen, als würden sie mit ihrer Geisteskraft und mit ihrem Körper Strahlen der Bestärkung direkt in das Herz der Rakete beamen. Und glorreiche 30 Sekunden lang schien es, als würden sich all ihre Wünsche und Sehnsüchte erfüllen. Die Rakete fing an hochzusteigen.

Die ersten Jubelschreie waren in Alameda zu hören, wo die Kollegen alles per Videofeed beobachten konnten, doch dann begannen auch die Mitarbeiter in Alaska, die so hoch konzentriert gearbeitet hatten, einen kleinen Moment innezuhalten und sich zu freuen. Und dann, ganz plötzlich, hörte die Begeisterung auf. Die Rakete wackelte nicht, sie ging auch nicht leicht vom Kurs ab, wie es vielleicht bei einem kleinen Fehler vorkommen würde. Stattdessen fing sie an abzustürzen und steuerte, was der schlimmste vorstellbare Fall war, direkt wieder auf den Startplatz zu. Nur wenige Sekunden, nachdem der Absturz eingesetzt hatte, pflügte sie den Boden auf und explodierte, wobei sie nach allen Seiten hin Trümmerteile verstreute. Astra hatte seine eigene Startanlage vernichtet wie mit einer Bombe.

Der Start war aus verschiedenen Gründen eine Riesenpleite. Der Flug der Rakete war so kurz gewesen, dass Astra kaum nützliche Informationen über die Arbeitsleistung der Rakete ableiten konnte. Die Beamten des Pacific Spaceport Complex waren auch alles andere als glücklich und froh. Der Flug von Astra war der erste Start eines Privatunternehmens an diesem Standort gewesen, und man hatte gehofft, dass dieser einen neuen und florierenden Wirtschaftszweig ins Leben rufen würde. Stattdessen mussten sie – wieder mal – erleben, dass eine Rakete auf ihrem Gelände explodierte. Und in der Zwischenzeit mussten sich die Ingenieure von Astra, die Monate auf Kodiak verbracht hatten, zum Startgelände begeben und per Hand die einzelnen Teile der Rakete auflesen.

Erstaunlicherweise gelang es Astra, dass der Start der Rakete und ihre Explosion nicht an die große Glocke gehängt wurden. Die Menschen auf Kodiak wussten, dass ein Start stattgefunden hatte, aber man hatte sie über die genauen Abläufe im Unklaren gelassen. Ein Reporter vor Ort, der von dem Ereignis berichtete, schrieb, das Ergebnis des Teststarts sei »nicht eindeutig«. »Bis auf die Tatsache, dass Rocket 1 gestartet wurde, scheint niemand zu wissen, was danach genau geschah«, schrieb ein weiterer Journalist der Space-Trade-Presse.

Ein oder zwei Tage vergingen, bis einige offizielle Stimmen sich gezwungen sahen, erstmals zuzugeben, dass die Rakete existierte, und ein paar Erklärungen zu dem abzugeben, was sich abgespielt hatte. Die Bundesluftfahrtbehörde gab eine Stellungnahme heraus, in der es hieß, etwas sei »schiefgegangen«. Der Leiter des Startgeländes auf Kodiak teilte der Presse mit, Astra sei »sehr zufrieden« mit dem Ablauf, und ging nicht weiter darauf ein. Kemp sagte gar nichts.

KAPITEL 23
ROCKET 2

In einer idealen Welt hätte Astra tonnenweise Daten von Rocket 1 gesammelt und wäre in der Lage gewesen, allein auf Grundlage dieser Informationen eine Reihe von technischen Anpassungen vorzunehmen. Aber die Dinge in Alameda waren alles andere als ideal. Die erste Rakete hatte so viele Probleme, dass niemand wirklich wusste, warum sie sich so schnell abgeschaltet hatte.

Kemp erzählte den Investoren und allen anderen, die die Astra-Fabrik besuchten, dass der Start ein Erfolg gewesen sei. Er versuchte erst gar nicht zu behaupten, dass die Rakete in den Orbit geflogen sei oder etwas Ähnliches. Aber er stellte den Start und die Qualität der Rakete so rosig wie möglich dar. Zum Teil lag das einfach in seiner Natur als ultimativer Optimist. Zum anderen ging es natürlich auch darum, die Mitarbeiter und alle Außenstehenden von der Sache Astra zu überzeugen.

In Down Under – in diesem Fall Neuseeland – hatte Rocket Lab Druck auf Astra ausgeübt. Die Electron-Rakete von Rocket Lab sah prächtig aus, sie hatte zwei erfolgreiche Starts hingelegt und hatte beide Male erfolgreich die erdnahe Umlaufbahn erreicht. Wer sich in der Raumfahrtindustrie auskannte, fragte sich, ob es überhaupt genug Aufträge für einen kleinen Raketenhersteller gab, geschweige denn für zwei, drei oder vier. Und während Rocket Lab über eine perfekt konstruierte Rakete verfügte, hatte Astra eine sogenannte »Frankenmachine«, weil sie aus unterschiedlichsten Teilen zusammengesetzt war, die mitunter überhaupt nicht für den Raketenbau vorgesehen waren. Mit seiner Rakete könnte Astra gut und gerne einen großen Teil des Pacific Spaceport Complex in die Luft sprengen. Zum Glück für Astra hatte Rocket Lab Mitte 2018 ein Problem und musste seine Starts für eine Weile verschieben, während es nach der

Ursache für ein problematisches Bauteil suchte. Wenn Astra sich schnell genug voranmachte, könnte das Unternehmen den Vorsprung von Rocket Lab vielleicht aufholen.

Nachdem alle Mitarbeiter von Alaska zurückgekehrt waren, stellte sich das Astra-Team, so gut es ging, neu auf. Die erste Rakete hatte zweifellos Mängel, aber es blieb keine Zeit für eine umfassende Überarbeitung der Konstruktion. Die Ingenieure taten ihr Bestes, um die Verdrahtung im Inneren zu vereinfachen und die Teile, die zu Problemen neigten, wie die Batterien und Lenkmechanismen, leichter zu erreichen. Die Zünder der Triebwerke waren in Alaska häufig ausgefallen, und man arbeitete daran, die Ursache dafür zu finden. Das Team der Software-Ingenieure war dankbar, dass sie mehr Zeit hatten, ihren Code zu verfeinern und an der Rakete zu testen.

Rocket Lab hatte angekündigt, dass es im November einen weiteren Startversuch unternehmen würde, und Kemp wollte seinem Konkurrenten zuvorkommen. Astra begann im September damit, Leute zurück nach Alaska zu schicken. Diesmal wohnten sie in gemieteten Häusern statt in der Lodge, um Geld zu sparen. Fast von Anfang an tauchten viele der Probleme, die das Projekt beim ersten Mal geplagt hatten, wieder auf. Der September ging in den Oktober über, während eine Kerngruppe von Mitarbeitern versuchte, Rocket 2 einsatzfähig zu bekommen.

Jeden Morgen machten sich die Mitarbeiter auf den Weg zum Pacific Spaceport Complex und stimmten sich auf einen langen Arbeitstag ein. Roger Carlson, der stellvertretende Leiter der Startaktivitäten, und Milton Keeter, der Leiter für Sicherheit, Lizenzen und Startaktivitäten, waren stets gemeinsam zugegen und saßen oft zusammen in einem Lkw, wo sie über Raketen, Explosionen und die Raumfahrtindustrie im Allgemeinen sprachen.

Andere Mitarbeiter, die in jenem Jahr viel Zeit in Alaska verbrachten, waren Bill Gies, der Punkrock-Elektriker, und Kevin LeFevers, ein junger Techniker, der mit Autorennen in den Bonneville Salt Flats aufgewachsen war, einer Salzwüste in Utah. Sie trafen sich oft mit Issac Kelly, dem Spezialisten für Software und Technologiesysteme, der vor seinem Wechsel zu Astra bei Kemps Cloud-Computing-Start-up Nebula gearbeitet hatte. Zwei weitere wichtige Mitglieder des Teams waren Chris Hofmann, der über SpaceX zu Astra gekommen war, wo er an den Triebwerken der oberen Stufe der Falcon-9-Rakete gearbeitet hatte, und Matthew Flanagan, ein Ingenieur, der eine Menge Arbeit an den

Astra-Triebwerksprüfständen, dem mobilen Launcher und der Rakete selbst geleistet hatte.

All diese Männer hatten am eigenen Leib erfahren, was für eine Tortur ihnen Rocket 1 bereitet hatte, und sie waren nun im Begriff, die Eigenheiten von Rocket 2 kennenzulernen. Sie waren von den ersten Momenten an dabei, als die ersten Container aus Kalifornien eintrafen, bis hin zum Untergang von Rocket 1 und dem nun anliegenden Neubeginn mit dem nächsten Raketenmodell. Ihre Einblicke erwiesen sich als der beste Weg, die Lebenserfahrung des Teams Astra in Alaska sowie dessen alltägliche Erfahrungen beim Versuch, eine neuartige Rakete zu bauen und sie ohne Probleme in den Himmel zu schicken, nachvollziehen zu können – und zu verstehen.

KELLY: Wir kamen Mitte Februar das erste Mal nach Alaska, und die Einzigen, die die Container abholten, waren Bill, ein Typ namens Matt, Milton und ich. Es gab eine Menge Leute, die sich Sorgen machten, dass die Verantwortlichen des Weltraumflughafens uns für Idioten halten würden. Na ja, nicht viele Leute. Aber Milton war definitiv besorgt.

Es schneite, und wir hatten ungefähr minus acht Grad – und wir mussten draußen arbeiten, weil wir noch keinen Innenraum zum Arbeiten eingerichtet hatten. Man arbeitet ein oder zwei Stunden und setzt sich dann mit einer Tasse Tee nach drinnen und versucht, seine Finger wieder beweglich zu bekommen. Man ist hier weit draußen auf einer Insel, und die Leute erzählen all diese Geschichten über Winde mit über 300 Kilometer pro Stunde, die in der Woche zuvor Container umgeworfen haben, und wir sind da draußen auf Gabelstaplern und versuchen, unsere Container auf einen Lkw zu laden. Schwerstarbeit, die in die Knochen ging.

Bill war erstaunt, dass es Bars gab, in denen man rauchen konnte. Am Anfang war er wie ein Kind im Süßwarenladen, aber dann hatte auch er die Nase gestrichen voll.

GIES: Neben mir waren da Milton, Issac und Matt Flanagan. Das meiste musste mit den Händen verrichtet werden, irgendwelche Sachen anschließen, denn wir brauchten selbst generierten Strom. Einmal bugsierte Milton mit einem Gabelstapler eine massive Stahltreppe herum. Issac versuchte derweil, die Schraubenlöcher so auszurichten, dass sie in der richtigen Position waren. Manche benutzten Brechstangen und versuchten, alles aufzustemmen. Die

Jungs in Kalifornien hatten die Container mit dieser seltsamen schwarzen Dichtungsmasse zusammengeklebt. Unglaubliche Mengen davon. Sie dachten wohl, sie würden es einfach in alle Ritzen schmieren, die sie sahen, und dann einfach mal Daumen drücken, dass alles dicht bleibt. Ein Typ am Startplatz hat uns immer wieder empfohlen, dass wir ja auch die großen Teile festschweißen sollen. Ich fragte ihn, warum – schließlich wog einiges von dem Zeug zwei Tonnen.

Und er so: »Ihr würdet euch wundern, was passiert, wenn der Wind erst einmal auf weit über 100 Stundenkilometer ansteigt. Er schleudert dann so einen Container einfach die Straße hinunter. Ich hab's selbst schon erlebt. Ihr solltet den Scheiß festschweißen.«

Issac hat uns gerettet, denn er hatte ein Videospiel mitgebracht. Wir hatten auch die gesamte BBC-Doku *Planet Earth* dabei. Wegen des Wetters und der Länge der Tage dort oben fuhren wir bei Sonnenaufgang los und kehrten vor Sonnenuntergang zurück, damit niemand im Dunkeln fahren musste. Das war Miltons Entscheidung, und ich wusste das zu schätzen. Keiner kannte die Straßen so gut. In Alaska entstehen Staus durch Tierherden auf der Straße.

Dort oben gibt es auch Weißkopfseeadler, so wie wir Tauben haben. Sie sind majestätisch, bis man einen sieht, der einen Big Mac aus einem Müllcontainer rupft. Echte Mülltiere eben.

LEFEVERS: Als wir dort ankamen, war es einfach nur wunderschön. Wir machten all diese Fotos und jede Menge Selfies. Ich war schon mal in Alaska, aber nicht auf einer Insel vor Alaska. Dann fingen wir an zu arbeiten, und am Anfang war es noch amüsant.

In der zweiten Woche wurde es dann schon ein bisschen nervig. Wir arbeiteten zwölf bis 14 Stunden pro Tag. Manchmal auch mehr. Immer weiter, Augen zu und durch. Der einzige Ort, den wir auf Kodiak gesehen haben, war der Startplatz. Zwei Monate lang wurde es dann richtig schwierig. Es gab etliche Momente, in denen es einfach nicht so aussah, als würde es klappen.

KELLY: In Kodiak kann man rein gar nichts unternehmen. Aber irgendwie war das cool. Wir haben alles vorbereitet, und dann durfte ich nach einer sehr langen Zeit den Auslöser drücken und die Rakete starten.

Es waren 20 Sekunden tiefer Zufriedenheit, als wir die Rocket 1 starten ließen. Danach hat man nur ein paar Sekunden Zeit, um sich von dem Stress zu erholen, den Mission Control auslöst – und man denkt nur noch: »Mist, sie kommt wieder runter.«

Wir konnten die Rakete nicht sehen, aber wir konnten die von den Raketensensoren übertragenen Daten ablesen. Rocket 1 stieg an, und Ben Brockert rief die Beschleunigungswerte auf, dann stockte sie und begann dann wieder zu beschleunigen, was bedeutete, dass sie sank. Ben war der Erste, der das bemerkte.

Als sie aufschlug, konnte man den Einschlag von Mission Control aus hören und spüren. Der Aufprall war nur etwa eineinhalb Kilometer entfernt. Es waren zwei Explosionsgeräusche zu hören. Die Rakete durchbrach zunächst die Schallmauer. Und dann schlug sie auf dem Boden auf. Ben sagte: »Wir haben die Erdoberfläche erreicht. Das ist jetzt deine Show, Milton.« Ich musste lachen.

LEFEVERS: Ich glaube, wir hatten insgesamt sechs Versuche oder so. Jedes Mal stiefelten wir los und mussten dann wieder an unsere Arbeitsplätze zurückkehren, um irgendwelche Dinge zu reparieren. Als es schließlich mit dem Start klappte, waren wir alle ziemlich geschockt. Wir hatten uns so daran gewöhnt, dass jemand sagte: »Okay, lasst uns wieder runtergehen und alles ausschalten.« Diesmal war etwas ein bisschen anders.

Sie war gestartet. In dem Moment, in dem sie abhob, war mir alles andere egal. Ich war einfach nur aufgeregt, dass sie es von der Startrampe geschafft hatte. Und zu diesem Zeitpunkt dachte ich: »Alles klar, jetzt bin ich zufrieden.« Alles, was ich wollte, war, die Startrampe endgültig hinter mir zu lassen. Das war von Anfang an mein Ziel mit dieser Rakete.

Ich stand mit meinen Kumpels draußen, und wir haben vor Freude gelacht und geweint wie kleine Kinder. Wir hatten unseren Spaß, und dann hörte ich so ein Pfeifen. Der Nebel war ziemlich dicht, sodass es wirklich schwer war, das Geräusch genau zu orten. Wir haben nichts gesehen. Wir haben nur gelauscht, weil wir dachten: »Wo zum Teufel ist sie, die Rakete? Werden wir jetzt alle sterben oder was? Was ist hier los?«

Und dann schlug sie auf dem Boden auf, man hörte einen lauten Knall, und mein Kumpel meinte vollkommen baff: »Oh, sie ist explodiert!« Ich sagte nur noch: »Ja, das ist sie, ein Problem weniger.« Gut, dass wir das Ding los sind, weißt du? Höchste Zeit für Nummer zwei.

KELLY: Am nächsten Tag brachten uns die Leute auf dem Spaceport so eine Art Kameradschaft entgegen. Sie hatten bereits früher eine gewaltige Explosion erlebt und eine Ewigkeit damit zugebracht, die Trümmer aufzusammeln. Die Alteingesessenen sagten einhellig: »Ja, das ist scheiße für euch.«

Es war wirklich seltsam, die Leute in Alameda zu sehen, mit all dem Jubel, dem Geschrei, dem Champagner und all dem. Denn in Alaska haben wir etwa 20 Minuten später schon wieder gearbeitet. Und wir waren nur zu sechst. Es war eine sehr merkwürdige, einsame Erfahrung, die Rakete zu starten und dann die Trümmer aufzulesen. Jegliche Euphorie war verschwunden. Wir hatten nicht das Gefühl, dass wir auch nur annähernd so viel erreicht hatten, wie wir wollten.

LEFEVERS: Wir gehen also runter von der Rampe, und die Rakete ist in Millionen Stücke zerfallen. Wir mussten alle Batterien finden, was wir auch taten. Und die Heliumtanks finden. Wir fanden einen und einen Teil des zweiten Tanks. Wir mussten alle Treibstofftanks und alles andere abdrehen, was ziemlich heikel war. Ich war zuerst dran, weil ich keine Familie oder so etwas hatte, und ich habe versucht, so zu tun, als ob es mir nichts ausmachen würde. Aber, mmh, es war schon ein bisschen beängstigend. Da spritzte Wasserstoff aus einem Tank in der Nähe der Rampe. Es sah aus wie in einem Kriegsgebiet, und es zischte von überall.

Es war irgendwie schön, das Ganze in Einzelteilen und nicht in einem Stück zu sehen. Wir wollten nicht alles in einem Schiffscontainer mit nach Hause nehmen. Ich wollte es lieber in Millionen von Stücken verteilt sehen, als mit diesem Ding gleich neben dem Werksgelände zu leben oder so ein Scheiß. Ich müsste sie dann jeden Tag sehen und mir sagen: »Gott, du blödes Ding, ich hasse dich.«

Als ich das erste Mal da rausging, dachte ich, einer der Jungs von dem in Mitleidenschaft gezogenen Testgelände wäre sauer. Aber sie konnten nicht wirklich etwas sagen. Es war wie: »Da habt ihr aber noch ein Stückchen Arbeit vor euch, Leute.« Wir waren eh schon angespitzt, da wollten sie uns den Tag nicht noch mehr vermiesen.

KELLY: Wir haben so verdammt lange gebraucht, um den Start vorzubereiten. Ich war fix und fertig. Es gab viele Momente, in denen ich daran dachte, alles hinzuschmeißen. Die Realität sah so aus, dass die Rakete gar nicht fertig war.

Wir haben keine Rakete da hochgeschickt, die hätte starten können. Wir waren zwölf Wochen lang in Alaska und haben drei Startkampagnen durchgespielt. Es sollte ursprünglich mal eine dreistündige Angelegenheit sein.

LEFEVERS: Alles in allem war es wirklich eine schöne Erfahrung, einfach richtig gut. Es gibt einige coole Sachen, die man im Leben machen kann, aber eine Rakete zu starten, ist wohl eine der coolsten Sachen, die man machen kann. Besonders mit einem kleinen Team und einer kleinen Gruppe von Leuten, mit denen man zusammen sein und feiern kann.

Ich habe nach dem Start ein Souvenir aus Alaska mitgebracht. Da war dieser Walkadaver bei der Lodge, und wir haben einen seiner Wirbel in einen Transportbehälter gepackt und zurück nach Kalifornien geschickt. Ich habe das Ding also bekommen – und es stinkt wirklich fürchterlich.

Ich habe den Knochen mit nach Hause geschleppt und ihn in die Badewanne gelegt, um zu versuchen, ihn zu säubern. Ich habe ihn einfach mit Bleichmittel besprüht, eigentlich eine geniale Idee, oder? Doch es stellte sich heraus, dass das Knochenmark des Wirbels wie ein Schwamm ist. Dieser Knochen, der etwa zwei oder drei Kilogramm wog, wiegt jetzt fast schon 20 Kilogramm.

Ich habe ihn ein paar Stunden in der Badewanne gelassen, und er roch immer noch eklig. Also habe ich ihn in etwa 20 Müllsäcke gepackt, weil er überall Wasser verloren hat. Und da wir Sommer hatten, habe ich mir überlegt, ihn in meinem Auto zu lassen, damit das Wasser verdunsten kann. Ich stach ein Loch in die Tüte und ließ sie im Auto. Als ich zurückkomme, sieht es aus wie aus einem Horrorfilm. Verrottender Blubber. Und ein Gestank, als würde man Fett auf der Küchentheke liegen lassen, bis es schimmelt, und das dann mit Müll vermischen. Da ich wohl ein bisschen blöd bin, kam es mir jetzt erst in den Sinn, den Knochen einfach draußen zu lassen. Ich glaube, ich wollte nicht, dass ihn jemand stiehlt. Ich wollte nicht, dass mir jemand meinen verdammten Walknochen wegnimmt. Ich habe ihn in einer Ecke der Fabrik versteckt. Und er trocknete aus. Und jetzt ist er in meiner Wohnung. Er liegt unter meinem Couchtisch.

CARLSON: Jetzt geht es weiter mit Rocket 2. Wir waren dieses Jahr ziemlich oft hier oben in Alaska. Milton und ich haben ein Drittel des Jahres in Kodiak verbracht.

KEETER: Bei mir sind es jetzt, glaube ich, 115 oder 120 Tage.

CARLSON: Wir schreiben Mitte Oktober. Seit zwei Wochen sind wir nun in diesem Einsatz. Anstatt die Rakete auf ein Frachtschiff zu laden, haben wir sie mit einem Frachtflugzeug hierhergeflogen, einer C-130. So war sie in zwei oder drei Tagen hier statt in acht bis zehn Tagen. Am nächsten Tag haben wir eine Generalprobe des Starts durchgeführt.

Wir haben ein Flüssigsauerstoffleck entdeckt und die letzten eineinhalb Tage damit verbracht, dieses Leck zu orten und zu reparieren. Und wir warten auf die Startgenehmigung der Luftfahrtbehörde FAA, der Federal Aviation Administration.

Bei Rocket 1 war das Ziel einfach, sie in die Luft zu bekommen und Daten zu sammeln, und das haben wir geschafft. Das Ziel von Rocket 2 ist, über die gesamte Dauer und Strecke zu fliegen und die zweite Stufe abzutrennen. Wir wollen durch die Max-Q-Phase durch, das ist der schwierigste Teil des Fluges, der nach etwa 65 Sekunden eintritt.

Man steigt auf, und zwar anfangs ziemlich langsam, und während man aufsteigt, wird die Atmosphäre dünner und dünner. Aber irgendwann kommt der Punkt, an dem man sehr, sehr schnell fliegt und noch etwas Atmosphäre übrig ist, also gibt es irgendwo im Flug einen Punkt, an dem man den maximalen dynamischen Druck, die maximalen Vibrationen, die maximale Turbulenz hat. Das ist der härteste Teil des Fluges, und das ist der Teil des Fluges, an dem die Rakete, wenn man sie nicht richtig gebaut hat, in zwei Teile zerbrechen kann. Wenn Sie das überstehen, wissen Sie, dass Sie die Rakete wahrscheinlich gut gebaut haben und über gute Steuersysteme verfügen, mit denen Sie den Flug kontrollieren können.

Das Allerwichtigste bei alldem ist und bleibt die öffentliche Sicherheit. Niemand darf verletzt werden. Darüber hinaus ist die nächste entscheidende Frage, ob man selbst die Mühe und das Risiko wert ist. Man muss den Leuten beweisen, dass man alle einfachen Probleme gelöst hat und dass man etwas hat, das es wert ist, so einen Flug zu wagen und das damit verbundene Risiko einzugehen. Wir sind nicht nur ein paar Leute in einer Garage, die nichts dokumentieren und nur zum Spaß mit einer Rakete losziehen.

KEETER: Zu alldem gehören technische und rechtliche Aspekte. Viele der hier vor Ort tätigen Mitarbeiter des Flughafens müssen als Prüfer fungieren. Sie betrachten die Sache eher aus der Perspektive eines Anwalts. Man hat etwas entwickelt und dokumentiert, und dann hat man das umzusetzen, was man vereinbart hat. Die andere Seite ist die Zulassungsstelle, eine Gruppe, die sich mit allen technischen Details befasst und die Materialverarbeitung, die Flugsicherheit, die Flugbahnen [und] die Gefahrenbereiche bewertet und sicherstellt, dass in diesen Bereichen alles in Ordnung ist.

Letztendlich muss ich die Konstruktion der Rakete so weit analysieren, dass ich nachweisen kann, dass sie kein Risiko für die Öffentlichkeit darstellt. Normalerweise wird das Risiko durch das Flugabbruchsystem begrenzt. Man schafft einen sicheren Bereich, in dem man fliegen kann, ohne die Öffentlichkeit zu gefährden, oder hält zumindest das Risiko für die Öffentlichkeit auf dem erforderlichen akzeptablen Niveau. Das Schöne an Kodiak ist, dass wir uns nicht in der Nähe einer bevölkerungsreichen Gegend befinden. Wir führen stets eine Analyse aller Szenarien durch mit Blick auf zu erwartende Personenschäden. Die sehr theoretische Anzahl möglicher Personenschäden ist in diesem Gebiet so gering, dass uns von der FAA ein viel größerer Spielraum eingeräumt wird.

CARLSON: Wir mussten die Untersuchung unseres ersten Absturzes abschließen, um eine neue Rakete an den Start zu bekommen. Das ist eine Vorschrift. Das hat uns nicht wirklich aufgehalten, aber es war zusätzliche Arbeit. Sie nannten es einen Unfall, eine »Panne«, und das ist die niedrigste Stufe der Untersuchung, die es gibt: die Untersuchung einer Panne. Die Rakete stürzte auf kontrolliertem Gelände in einem Bereich ab, den wir abgezäunt und vor der Öffentlichkeit gesichert hatten. Das Gelände war leicht zu säubern, und es gab nichts, was die Umwelt gefährdete. In gewissem Sinne hat sie nur sehr wenig Schaden angerichtet.

Wenn man eine Rakete bauen will, die unglaublich zuverlässig ist, dann wird sie am Ende sehr teuer. Das ist die richtige Rakete, um einen Menschen oder ein Weltraumteleskop zu transportieren, dessen Bau 20 Jahre gedauert und Milliarden und Abermilliarden von Dollar gekostet hat. Aber wenn man einen Satelliten hat, der nur ein paar Tausend Dollar kostet, oder wenn man ein paar Satelliten hat, die Teil von vielen in einer Konstellation sind, dann sind sie austauschbar, und man braucht nicht die vollumfängliche Zuverlässigkeit.

Wir wollen in der Lage sein, eine sehr erschwingliche Rakete in den Orbit zu bringen. Ich will damit nicht sagen, dass wir vorhaben, Raketen zu bauen, die wir ins Meer plumpsen lassen können, aber wir versuchen, etwas zu bauen, bei dem wir ein bisschen mehr Risiko in Kauf nehmen und die Dinge erschwinglicher halten. Wir kaufen ein kommerzielles Teil, das es schon gibt, das sehr erschwinglich ist und das in Apparaten auf der ganzen Welt funktioniert, anstatt ein 50 Millionen Dollar teures Teil zu kaufen, das in Handarbeit hergestellt und in Raketenprogrammen zu Tode getestet wird. Wir versuchen, ein wenig mehr Risiko in Kauf zu nehmen, und es ist für uns wirklich wichtig zu sehen, dass die Behörden, die für die Sicherheit der Rakete zuständig sind, und die FAA bereit sind, dies zu akzeptieren und mit uns zusammenzuarbeiten. Und das Gute ist, dass wir das von der FAA wirklich gesehen haben, was ich persönlich nicht erwartet hatte.

KEETER: Am Tag des Starts möchte ich natürlich auf das Schlimmste vorbereitet sein. Das muss ich auch sein, denn ich muss in der Lage sein, auf die schlimmsten Szenarien zu reagieren, die passieren könnten. Normalerweise schlafe ich in der Nacht davor nicht gut, also bereite ich mich mental auf das Schlimmste vor. Ich denke, das Wichtigste ist, dass ich in einem Krisenszenario zumindest souverän und ruhig wirke, denn die Jungs – also die jungen Leute – wissen nicht, wie sie mit solchen »Oh Shit, gleich wird das Ding explodieren«-Situationen umgehen sollen.

HOFMANN: Ich werde bei der Rocket 2 die Leitung des gesamten Startvorgangs übernehmen. Für so etwas gibt es nicht wirklich eine Schulung oder dergleichen.

Das eigentliche Start-Countdown-Verfahren besteht aus 22 Seiten mit klein gedruckten Texten, auf denen steht, was zu tun ist. Es sind die letzten fünf oder zehn Minuten, in denen das Herzklopfen am größten ist. Man versucht sicherzustellen, dass man genau in der richtigen Zeit ist, damit die Null auch wirklich die Null ist. Aber der Höhepunkt des Nervenkitzels ist erreicht, wenn wir sagen können: »Wir sind so weit, wir können loslegen, alle Seiten haben grünes Licht gegeben und sind bereit, die Rakete in den Himmel zu schicken.«

Das ist die Krux. Man ist von dem überzeugt, was man tut. Das muss man auch sein, denn man ist der Anführer, man leitet die ganze Prozedur, man spricht mit jedem, man versucht, alle im Zaum zu halten, und geht stoisch seinen Weg, aber man darf nie übermütig werden oder das Gefühl haben: »Ich habe das im Griff.« Es gibt ein gesundes Maß an innerer Anspannung, das man immer haben sollte und das ich bei den Rockets immer hatte. Man muss diesen Adrenalinspiegel haben, bei dem man denkt: »Ich bin bereit, und ich studiere alles ganz genau, um sicherzugehen, dass ich nichts versäume und nichts Wichtiges übersehe, was mir später zum Verhängnis werden könnte.«

CARLSON: Am Tag des Starts versuche ich, sehr entspannt zu sein. Ich bin nicht gestresst und aufgeregt, und ich weiß nicht, wie hoch mein Blutdruck ist, aber ich fühle mich relativ entspannt im Vergleich zum Vortag. Ich möchte am Tag der Markteinführung in dem Zustand sein, dass ich alles getan habe, was ich konnte. Man muss all die Gedanken, die einem durch den Kopf gehen und die einen nachts wach halten, beiseiteschieben und einfach nur den Countdown ablaufen lassen und sich ganz diesem Moment hingeben und sich nur auf die eine Sache konzentrieren. Alles andere um einen herum existiert nicht.

Man hat alles getan, was man konnte. Jetzt muss man nur noch hinnehmen, was kommt, wenn man sich die nächste Zeile der laufenden Prozedur vornimmt. Die Anspannung im Mission-Control-Raum ist einfach extrem hoch. Jeder geht anders mit Stress um.

Man tut alles, was man kann, um das Team zu schulen und gut vorzubereiten. Man tut alles, was man kann, um das Team wissen zu lassen, dass alles gut wird und wir den Tag sicher überstehen werden. Es gibt jedoch immer welche, die gehören einfach nicht in den Kontrollraum. Man muss lernen und wissen, wer die Fähigkeit hat, Entscheidungen zu treffen, und wer gut mit Druck umgehen kann.

Vieles von dem, was wir tun, ist für mich einfach knallharte Ingenieursarbeit, keine Science-Fiction. Die Science-Fiction besteht für uns darin, eine Raketenmontagelinie einzurichten, was vorher noch nie gemacht wurde. Das hat das Militär gemacht. Es wurde schon von Firmen gemacht, die Flugzeuge bauen. Für Raketen ist es bisher noch nicht umgesetzt worden.

JEDER JOB BESTEHT ZU EINEM GEWISSEN MASS aus Schwerstarbeit, Spannungen und Momenten des gefühlten Erfolgs. Im Raketengeschäft werden diese Erfahrungen jedoch noch vielfach verstärkt, insbesondere während der Startkampagnen.

Als sich die Startkampagnen von Astra in die Länge zogen, hatten die Mitarbeiter Mühe, mit der Mischung aus Frustration und innerer Anspannung umzugehen, die sich jeden Tag einstellte. Es fühlte sich an, als würde die Rakete – unberechenbar und fehlbar, wie sie war – die Startrampe nie verlassen. Dennoch musste sich jeder Mitarbeiter mental so einstellen, als würde sie doch starten. Tag für Tag musste man sich so gut wie möglich konzentrieren und unter Druck Probleme lösen. Wenn sich der Countdown Zero näherte, spürten die Mitarbeiter auch den Adrenalinstoß, der jeden Startversuch begleitet, und mussten dann all diese Energie loslassen und am nächsten Tag wieder ihre Arbeit verrichten.

Als der 27. Oktober näher rückte, hatte die Crew in Alaska bereits mehrere Startversuche mit der Rocket 2 unternommen, und jedes Mal musste der Start abgebrochen werden. Sie waren verzweifelt. Wie so oft war Kemp mehr als alle anderen daran interessiert, dass die Rakete flöge, und er wollte den Investoren und potenziellen Kunden von Astra eine gute Show bieten. Er hatte ein System entwickelt, bei dem die Personen, die Astra am nächsten standen, einen geheimen Webcast jedes Versuchs verfolgen konnten. Kemp machte während des gesamten Webcasts die Ansagen für die einzelnen Szenen. Auch wenn der Start der Rakete immer wieder scheiterte, versuchte Kemp, die Zuschauer zu begeistern. Er nannte jedes Mal neue technische Gründe, warum die Rakete nicht starten konnte, und wirkte dabei so kompetent wie souverän.

An jenem Oktobertag hatte Astra nur noch zwei Stunden Zeit, um den Start der Rakete durchzuführen, bevor sich das Zeitfenster wieder einmal schloss und das Unternehmen gezwungen war, wochenlang auf eine weitere Öffnung der Startrampe zu warten. Die Zünder der Triebwerke bereiteten den Ingenieuren wieder einmal Probleme. Eine Zeit lang überlegten sie, ob sie die Zünder testen sollten, aber sie kamen zu dem Schluss, dass eine solche Operation zu dieser späten Stunde wenig Sinn machte.

Am besten wäre es, die üblichen Maßnahmen zu ergreifen, die Rakete erneut zu zünden und zu hoffen, dass sie dieses Mal Lust hatte, ins All zu fliegen.

Die interne Debatte, die zu diesem Ergebnis führte, dauerte etwa zehn Minuten, wobei Chris Thompson, der die Situation von den Astra-Büros in Alameda aus beobachtete, die Optionen mit dem Mission-Control-Team in Alaska besprach. Nachdem sich schließlich alle für den Start entschieden hatten, wollte Kemp den Webcast-Zuschauern dies unbedingt mitteilen, damit sie den magischen Moment von Astra miterleben konnten. Aber er wollte den Zuschauern nicht eher sagen, dass der Startversuch stattfinden würde, bevor nicht alle Astra-Mitarbeiter und die Leute auf dem Weltraumflughafen wussten, dass der Start durchgeführt werden sollte.

Gerade als Kemp versuchte, sich um den Webcast zu kümmern, und Thompson im Begriff war, ein paar letzte Details zu klären, wurde es plötzlich zwischen den beiden Männern hitzig. Sie begannen, sich mitten im Astra-Büro anzuschreien, und Thompson drohte damit, sich aus der Operation zurückzuziehen und das Unternehmen zu verlassen. Kemps Wunsch, die Dinge voranzutreiben, kollidierte oft mit Thompsons Pragmatismus und seinem ruppigen Auftreten, was an den Starttagen zusätzlichen Druck erzeugte.

THOMPSON: Wenn du weiter so einen Druck machst, bin ich raus.

KEMP: Ich mache keinen Druck. Mir war nur nicht klar, ob nach dem Gespräch die Absicht [zu starten] nach Kodiak übermittelt worden ist.

THOMPSON: Ist geschehen.

KEMP: Okay, gut. Mehr wollte ich nicht wissen. Ich wollte dir eigentlich nur nicht vorgreifen und etwas an die Öffentlichkeit weitergeben, bevor man nicht auf Kodiak davon gehört hat.

THOMPSON: Mich interessiert die Öffentlichkeit nicht. Mir ist wichtig, sicherzustellen, dass unseren Leuten auf Kodiak nichts passiert.

KEMP: Das ist auch mir am wichtigsten.

THOMPSON: Ich will hier eigentlich nicht herumstehen und dieses Streitgespräch führen. Lass uns unseren Aufgaben nachgehen, die getan werden müssen.

KEMP: Das ist genau das, was ich zu tun versuche, Chris. Ich habe nur versucht, sicherzugehen, dass deine Teams auf einem Wissensstand sind, bevor ich irgendetwas nach draußen gebe. Vertragen wir uns wieder?

THOMPSON: Ja.

KEMP: Super. Mehr wollte ich nicht Ist doch großartig.

Kemp schaltete sich wieder in den Launch-Webcast ein und brachte alle in seiner freundlich-optimistischen Kemp-Stimme auf den neuesten Stand.

> Also gut. Wir haben ein Update von Mission Control. Nach Überprüfung der Daten der Triebwerke und der Rakete sieht es so aus, als hätten alle Zünder funktioniert. In den nächsten zehn bis 15 Minuten arbeiten die Teams in Alaska daran, die Rakete wieder aufzutanken und sie in einen Zustand zu bringen, in dem wir bei T minus acht Minuten wieder einsteigen können. Bleiben Sie also dran. Wir haben noch etwa anderthalb Stunden im Startfenster, bevor der Tag zu Ende geht.
>
> Zusammenfassend lässt sich sagen, dass wir heute einen weiteren Startversuch unternehmen werden.

Die Rakete wurde an diesem Tag nicht gestartet.

Am 11. November kehrte Rocket Lab zu seiner Startrampe in Neuseeland zurück und startete seine dritte Rakete. Technische Verzögerungen hatten die »It's Business Time«-Kampagne nur vorübergehend aufgehalten, aber jetzt konnte Peter Beck sich freuen: Rocket Lab signalisierte allen in der Branche, dass das Unternehmen einen neuen Meilenstein erreicht hatte und eine Rakete nach der anderen für zahlende Kunden starten wollte. Da Raumfahrtingenieure liebend gern Klatsch und Tratsch untereinander austauschen, hatte sich die Nachricht von Astras verzweifelten Versuchen in Alaska bis zu Beck herumgesprochen. Er hielt die Rakete von Astra für einen Witz und freute sich über den Erfolg seines Unternehmens, während Astra in Alaska Zeit und Geld vergeudete, um auf eine weitere Startmöglichkeit zu warten.

Am 29. November tat Astra sein Bestes, um mit Rocket Lab gleichzuziehen. So hörte es sich jedenfalls im Laufe von 15 Minuten im Mission-Control-Raum von Astra an.

HOFMANN: 40, 33, 32, 31, 30, 20, 15, Zehn, Neun, Acht, Sieben, Sechs, Fünf, Vier, Drei, Zwei, Eins, Zero.

Die Triebwerke werden gezündet. Die Rakete erhebt sich in den Himmel. Im Büro von Astra in Alameda klatschen sich fast alle gegenseitig mit einem High Five ab. Auch von Kodiak ist verhaltener Jubel zu vernehmen.

KEMP: YEAAAAAAAAAAHHHHHHHHHHHHHHHH!!!!!!!!! FUCK, YEAH!! HAHAHAHAHA. Alles klar. Oh mein Gott. Ich fass es nicht. Wunderbar!

20 Sekunden vergehen.

HOFMANN: Triebwerk ausgefallen. Triebwerk fünf ist ausgefallen. Alle Triebwerke sind ausgefallen.

Im Mission-Control-Raum reden alle aufeinander ein. Die Rakete stürzt ganz in der Nähe des Startpunkts ab. Irgendjemand beschließt, den Webcast zu unterbrechen, bevor die Leute das Video des Absturzes und der Wrackteile sehen.

KEMP: Wie viele Sekunden Flugzeit hatten wir? Du hast den Webcast beendet? Wurden alle rausgeschmissen, als du ihn unterbrochen hast? Oh, Scheiße. Mist. Nun, das ist schlecht.

Die Leute im Büro sehen sich ein Video von dem Wrack an. Sie sehen, dass es direkt neben der Startrampe liegt. »Es ist außerhalb der Umzäunung. Kacke!«

MISSION CONTROL: Lasst uns das Equipment retten.

Kemp schaut auf die Videobilder und bemerkt etwas.

KEMP: Was … brennt da? Da drüben ist ein Feuer ausgebrochen. Shit.

MISSION CONTROL: Bodenkontrolle, ihr könnt CXV201 schließen.

RADIO COMMS: Schließen jetzt CXV201.

KEMP: Erkläre einfach in dem Webcast: »Der Test ist abgeschlossen.« Wir können das nicht so einfach abbrechen. Was du gemacht hast, ist, dass du einfach Hunderten von Menschen den Saft abgedreht hast. So können wir auf keinen Fall die Geschichte beenden.

MISSION CONTROL: Bodenkontrolle, ihr könnt jetzt die Wasserzufuhr abdrehen.

RADIO COMMS: Schließen jetzt WV201.

KEMP: Okay, jetzt bekomme ich von *jedermann* ein Feedback. Das war eine schlechte Entscheidung. Was kannst du für die Leute tun, die noch zusehen?

MISSION CONTROL: Tut mir einen Gefallen. Öffnet das Flüssigsauerstoffventil 107.

KEMP: Kannst du wieder auf Bildübertragung schalten? Kannst du auf irgendeinen sicheren Kanal zugreifen? Kann ich meine Moderation fortsetzen?

Kemp geht zurück ans Mikrofon.

Und damit ist der heutige Webcast beendet. Wir hatten einen Flug, der nicht den vollen Umfang erreicht hat. Wir sind dabei, die Telemetriedaten auszuwerten, und werden alle per E-Mail auf dem Laufenden halten. Wir hatten einen erfolgreicheren Flug als unseren ersten und freuen uns darauf, uns auf Rocket 3 zu konzentrieren.

Kemp geht kurz in die Halle, um mit den anderen Astra-Mitarbeitern zu sprechen, die den Start beobachtet haben.

Gratuliere, Adam. Wir mussten sie ja nicht wieder sicher landen lassen. Sorge einfach dafür, dass Rocket 3 länger fliegt, okay?

Kemp kehrt in sein Büro zurück und setzt sich an den Computer. Er beginnt, laut mit sich selbst zu sprechen.

Der zweite Flug war wunderschön. Das war fantastisch. Fantastisch. Okay, ich muss mal hier Prioritäten setzen, wem ich zuerst antworte. Die Investoren schicken mir schon Kurznachrichten. Ich muss jetzt erst einmal die Vorstandsmitglieder anrufen.

Kemp telefoniert.

Hey, ich wollte euch nur ein Update geben. Wir haben die 60 Sekunden nicht ganz erreicht, aber es war ein wirklich schöner Flug, und wir haben eine Menge toller Daten gesammelt. Beim Flug wurde nichts beschädigt wie beim letzten Mal. Wir versuchen immer noch, herauszufinden, wo genau die Rakete gelandet ist. Aber wir haben etwa 30 Sekunden Flugzeit, das ist die ungefähre Schätzung.

VORSTANDSMITGLIED: Okay, das ist wirklich, wirklich aufregend.

KEMP: Das ist besser, als wenn die Rakete erst gar nicht gestartet wäre, und davon waren wir 24 Stunden entfernt. Es war wirklich die letzte Gelegenheit, diese Rakete zu starten. Ich bin froh, dass wir sie gestartet haben. Natürlich hatte ich gehofft, dass sie etwas länger fliegen würde, aber wir haben eine Menge Daten, die wir auswerten können, und das wird Rocket 3 auf jeden Fall besser machen.

VORSTANDSMITGLIED: Wunderbar, wirklich wunderbar. Es freut mich wirklich für dich.

KEMP: Ich weiß deine Unterstützung wirklich zu schätzen. Sobald wir alle Daten und das Video beisammenhaben, werden wir einen vollständigen Download zur Verfügung stellen, der in den nächsten Tagen veröffentlicht wird ... Ja, die Nachtstarts sind immer spektakulär. Ich werde deine Begeisterung an das Team weiterleiten. Ich danke dir. Bis dann.

Kemp legt auf. Ein Ingenieur betritt das Büro, um mit ihm zu reden. Er sagt: »Wir sind ungefähr 100 Meter höher geflogen als beim letzten Mal.«

KEMP: Okay, das passt. Ich werde Sam anrufen.

Hey, Sam, hattest du die Möglichkeit, das zu sehen? Ja, wir haben es geschafft. Die Rakete hat zwar nicht ganz die 60 Sekunden erreicht, aber es war ein schöner Flug, und wir haben Massen an Daten gesammelt, das Team ist ganz begeistert. Und es ist niemand zu Schaden gekommen.

Ich glaube, es lag an den Triebwerken. Wir haben schon ein Triebwerk nach nicht einmal 30 Sekunden verloren. Wir werten jetzt erst einmal die Daten aus. Wir haben es weiter geschafft als beim letzten Flug, wenn auch nicht so weit, wie wir wollten. Aber es ist ein weiterer erfolgreicher Flug. Eine Menge Leute müssen noch lernen, mit so einem Vehikel umzugehen, und wir haben die komplette Operation in vier Stunden geschafft – von den Vorbereitungen bis zum eigentlichen Start. All das wird Rocket 3 besser machen, und genau das nehmen wir in Angriff.

Ja, ich hatte die Nase schon voll von Rocket 2. Ich bin froh, dass wir zumindest einen schönen Nachtstart hatten. Nachts zu starten ist großartig. Wir werden uns auf jeden Fall mit Rocket 3 verbessern – und zwar in jeder Hinsicht.

Kemp legt auf.

Jeder sagt: »Was ist los? Die Übertragung wurde unterbrochen.«

Kemp erhält über sein Smartphone ein Signal, dass es bei ihm zu Hause an der Tür klingelt.

Warum ist da jemand an meiner Haustür? Vielleicht ein Paket oder so etwas.

Ein Angestellter betritt das Büro. »Hat jemand Zeugenaussagen für mich? Wir müssen sie jetzt sofort durchführen. Sie sagen genau, was Sie gesehen haben. Es muss kein Aufsatz sein. Nur was Sie gemacht haben, was Sie gesehen haben und was passiert ist.«

KEMP: Hat das was mit der Anomalie zu tun?

»Ja.«

Nachdem er einige Minuten Zeit hatte, um nachzudenken und die Situation einzuschätzen, wandte sich Kemp an mich und erläuterte mir seine Philosophie in Bezug auf Gespräche über und den Umgang mit gescheiterten Starts. »Wir haben unseren Investoren gesagt, dass sie sich darauf einstellen sollen, dass manche Starts nicht klappen werden. Man kann uns ermutigen, erfolgreich zu sein, aber es sollte kein Ding der Unmöglichkeit sein, wenn wir mal scheitern. Ich glaube, es kommt ganz darauf an, wie man die Dinge sieht. Wenn man einen missglückten Start als großes Problem und unerwartete Katastrophe darstellt, dann wird er auch zum katastrophalen Problem. Wenn man einen Start allerdings als fantastischen Erfolg darstellt, ist es eben ein Erfolg, den man als fantastisch empfindet.«

KAPITEL 24

ES IST EIN JOB

Vor dem ursprünglichen Astra-Gebäude an der Orion Street in Alameda hatte sich eine kleine Wohnwagensiedlung, ein sogenannter Trailer-Park, gebildet. Zu jeder Tageszeit waren drei bis vier Trailer in etwa zehn Meter Entfernung von der Testanlage für Raketentriebwerke geparkt. Viele der Menschen, die hier in Trailern wohnten, hatten Familie in anderen Bundesstaaten und wollten die hohen Kosten für eine Wohnung oder ein Haus in der Bay Area vermeiden. Astra ließ die Mitarbeiter ihre Trailer kostenlos auf dem Firmengelände parken und erhielt so im Gegenzug ein kostenloses Team von Sicherheitskräften, die rund um die Uhr auf dem Gelände waren und mitbekommen würden, wenn jemand versuchte, in die Anlage einzubrechen.

Es war nicht gerade der schönste Trailer-Park der Welt. Die Wohnmobile standen nebeneinander auf einer Kiesfläche, umgeben von Stacheldrahtzaun, Transportcontainern, mit unterschiedlichen Gasen und Flüssigkeiten befüllten Tanks, Werkzeugschuppen und einem Haufen verschiedener Eisen- und Metallteile. Oft stand etwa fünf Meter von den Trailern entfernt eine aufgerichtete Astra-Rakete, um die üblichen Tests an ihr vorzunehmen. Gaswolken und donnernder Lärm zogen über die Trailer hinweg.

Die Leute, die dort wohnten, waren ein eigener Schlag Mensch. Es waren Technikbegeisterte, die hauptsächlich am Bau der Triebwerksprüfstände und des mobilen Launchers arbeiteten und sich mit verschiedenen anderen Hardwareproblemen beschäftigten. Sie hatten dem Raumfahrtgeschäft gegenüber eine eher zynische Haltung, und abends tranken sie gerne Bier, was ihr zynisches Gerede noch beflügelte. Zwei der Bewohner dieses Trailer-Parks waren Les Martin und Matthew Flanagan.

Martin stammte aus Texas. Mit 16 war er zum ersten Mal Vater geworden, und mit 18 Jahren hatte er sich den Marines angeschlossen, wo er zur Infanterie gehörte und auf Panzerabwehrwaffen spezialisiert war. Nach viereinhalb Jahren hatte er sich dann am Texas State Technical College in Waco eingeschrieben und Elektronik studiert. Die nächsten Jahre über hatte Martin in der Halbleiterindustrie gearbeitet, bis ihn eine Flaute im Chipgeschäft dazu zwang, sich einen neuen Job zu suchen.

Im Jahr 2008 sah ein Freund von Martin ein Plakat, auf dem mit Stellenangeboten für ein Unternehmen namens SpaceX in McGregor, Texas, geworben wurde. Eine Raketenfirma in Texas? Das klang verwegen, aber Martin beschloss, dass er es für ein halbes Jahr oder so ausprobieren könnte – bis er etwas finden würde, das mehr Aussicht auf Erfolg hatte. Bei SpaceX hatte er dann an der Elektronik für die Raketentestsysteme des Unternehmens mitgewirkt, und es hatte sich herausgestellt, dass er gut darin war. Er verbrachte dort drei Jahre und ging dann zunächst zu Virgin Galactic in Mojave, Kalifornien, sowie anschließend zu Firefly Space Systems in Austin, Texas. Danach folgte der Job bei Astra. So viel zu der Frage, wie aus einem Marine aus Texas ein Raketentest-Guru werden konnte.

Flanagan war in Virginia aufgewachsen und hatte an der Montana State University einen Abschluss in Maschinenbau und Ingenieurwissenschaften erworben. Im Anschluss hatte er als Ingenieur eine Zeit lang Berufserfahrung gesammelt, bevor er einen Job bei Firefly Space Systems in Austin bekam. Nachdem er dort ein Jahr lang gearbeitet hatte, wechselte er zu einem Start-up-Unternehmen, das sich an einer Umsetzung von Elon Musks Hyperloop – einem Hochgeschwindigkeitsverkehrssystem – versuchte. Schließlich landete auch er bei Astra.

Martin verkrachte sich immer mal wieder mit Chris Kemp, oder er haderte mit seinem Job bei Astra. Dann zog er sich für ein paar Wochen – manchmal auch für ein paar Monate – nach Texas zurück, um Zeit mit seiner Familie zu verbringen. Das eröffnete Flanagan die Möglichkeit, einen großen Teil der Test- und Startinfrastrukturprojekte zu übernehmen. Flanagan war ein unkomplizierter, fleißiger Mann, der zwischen Alameda und Alaska hin- und herreiste und die vielen Verzögerungen ertrug, mit denen das Unternehmen bei seinen ersten Flugkörpern konfrontiert war.

Am 9. Dezember 2018 traf ich mich mit Martin und Flanagan auf ihrem Trailer-Stellplatz. Wir sahen uns das American-Football-Spiel der Dallas Cowboys, die Martin als treuer Fan unterstützte, gegen die Philadelphia Eagles an.

ES IST EIN JOB

Flanagan war nach dem zweiten Astra-Startversuch gerade aus Alaska zurückgekehrt. Im Gegensatz zu so manchen anderen hartgesottenen Raketenenthusiasten bei Astra waren die beiden Männer nicht übermäßig schwärmerisch, wenn es um Raketen ging. Sie begriffen die Arbeit für Astra in erster Linie als Job.

MARTIN: Pass auf, ich verfolge die Launches anderer Unternehmen nicht. Das interessiert mich nicht die Bohne. Ich kümmere mich um meine eigene Rakete, und das war's. Ich habe keine Zeit, mich um die der anderen zu kümmern. Das ist nicht mein Hobby. Es ist nicht meine große Leidenschaft. Ich habe mich um die Raketen von SpaceX gekümmert, bis ich meine Aktienanteile verhökert habe, und danach habe ich mich nicht mehr im Geringsten um SpaceX-Raketen geschert. Wäre ich einen Kopf größer, könnte ich für die Dallas Cowboys spielen. Aber, na ja ... man kann's sich halt nicht aussuchen.

FLANAGAN: Als ich mit dem Studium fertig war, wollte ich in die Raumfahrt gehen. Und jetzt will ich einfach nur noch raus aus der Branche. Nee, es passt schon. Ich meine, das geht schon in Ordnung.

MARTIN: Das Problem mit der Raumfahrt ist, dass alle Jobs an der Westküste sind, verstehst du? Und ich will in Texas leben. Matt will irgendwo leben, wo es keine anderen Menschen gibt. Er hat sein Haus in Montana. Ich habe meins in Round Rock, Texas. Das hier funktioniert also nur, weil wir in Trailern leben. Wenn man in Alameda leben will, gehen jeden Monat 1500 Dollar für ein WG-Zimmer drauf, und dann kommen ja noch sonstige Rechnungen hinzu. In Texas zahle ich mit 1500 Dollar monatlich mein Haus ab.

Das Wohnmobil kostet etwa 300 im Monat, und wir können das Firmen-WLAN nutzen. Die gucken sich nicht unseren Browserverlauf an, was wirklich hilft. Und einen Wasseranschluss haben wir auch. Wir müssen uns nur um das Entleeren unserer Tanks kümmern. Ich vermeide es, hier im Trailer auf die Toilette zu gehen, es sei denn, es geht nicht anders. Ganz einfach weil die schwarzen Tanks sich schnell füllen, und das ist lästig.

Chris, unser CEO, hat sich mal meinen Trailer geliehen, um zum Burning Man zu fahren. Ich bin währenddessen in seiner Wohnung in San Francisco untergekommen.

FLANAGAN: Er hat ein Loch reingebohrt.

MARTIN: Stimmt, er hat ein Loch in meinen Trailer gebohrt.

FLANAGAN: Es ist, äh ... Na, es ist auf jeden Fall 'ne Sache für sich, hier draußen zu leben. Weil dein Garten ein verdammtes Schotterfeld ist, das niemandem so wirklich gehört.

MARTIN: Es ist schon hart, wenn man morgens nach draußen geht und als Erstes auf eine Tankanlage von Flüssigsauerstoff blickt, anstatt die eigenen Kinder unter der Eiche vor dem Haus spielen zu sehen. Verstehst du, was ich meine?

FLANAGAN: Was ich mag, ist, dass ich meine Bleibe hier einfach mitnehmen kann, wenn ich wieder nach Hause fahre. Ich kann darin mit den Kindern zum Campen fahren. Es hat also auch Vorteile.

MARTIN: Meine Kinder mögen den ganzen Camping-Kram nicht. Ich habe kleine reiche, weiße, verwöhnte Kinder großgezogen. Sie lieben die Vorstädte. Ich muss mit ihnen zum Karate gehen. Das ist ihr großes Outdoor-Abenteuer.

Ich versuche, alle zwei Wochen nach Hause zu fahren. Aber letztes Jahr habe ich insgesamt drei Monate in Alaska verbracht. Das wirft meine Pläne immer durcheinander. Ich versuche, es vor und nach meinen Alaska-Besuchen nach Hause zu schaffen, aber das klappt auch nicht immer.

Es ist schon eine komische Branche. Nehmen wir nur mal ein Unternehmen, das so erfolgreich ist wie SpaceX. Wenn ich die Zahlen in meinem Kopf einfach mal so überschlage, verstehe ich beim besten Willen nicht, wie die Geld verdienen. Wenn man sich dann einen Laden wie Virgin ansieht ... Keine Ahnung, wie viel Kohle in dieses Unternehmen geflossen ist, und die haben immer noch nichts geleistet. Aber Virgin war ein großartiger Arbeitgeber. Ich habe nie bessere Sozialleistungen bekommen oder eine bessere Unternehmenskultur erlebt.

Aber der Job war frustrierend. Man arbeitet und arbeitet und arbeitet, ohne Aussicht auf einen konkreten Erfolg. Das ist entmutigend. Und selbst im Unterbewusstsein spielt sich das ständig ab: Mann, wir haben so viel Geld, aber irgendwann müssen wir auch mal was ins All schicken, sonst mache ich das nicht mehr lange mit. Es kommt einem so vor, als ob fast alle sechs Monate oder so eine neue Raketenfirma auftaucht.

FLANAGAN: Besonders in letzter Zeit.

MARTIN: Ich weiß gar nicht mehr, was ich als Kind alles werden wollte, aber ich glaube ... na ja, Raumfahrtingenieur wollte ich auf jeden Fall nicht werden.

ES IST EIN JOB

FLANAGAN: Paläontologe. Das hast du mal erzählt.

MARTIN: Stimmt, habe ich erzählt. Paläontologe. Das wollte ich eine ganze Weile lang werden. Ich glaube, eine Zeit lang wollte ich sogar Anwalt oder Arzt werden. Weil ich aus einer kleinen Stadt in einer ländlichen Gegend stammte und weil das die Leute waren, die gutes Geld verdienten. Aber ja, als Kind waren Dinosaurier meine erste große Leidenschaft.

Aber ich komme eben aus einer ländlichen, armen Gegend. Ich habe immer gearbeitet. Ich hatte nie Zeit, wirklich darüber nachzudenken, was meine große Leidenschaft ist. Ich habe viele dieser Bücher über Leadership gelesen, und dort heißt es immer, dass man nur rausfinden muss, was man am liebsten machen möchte, und der Rest ergibt sich dann. Ich frage mich: Wie zum Teufel soll ich das machen? Und wie zum Teufel soll ich das mit 42, bald 43 Jahren, mit fünf Kindern und einer Hypothek machen? Ja, ja, ja. So ein Vorhaben ist doch von vornweg zum Scheitern verurteilt.

Ich werde einfach zu den 90 Prozent der Amerikaner gehören, die nicht ihre Leidenschaft zum Beruf machen. Oder denkst du vielleicht, der Typ, der bei Discount Tire die billigen Autoreifen verscherbelt, hat eine Leidenschaft für Reifen? Nein. Aber als Geschäftsführer von Discount Tire macht er einen guten Job, also wen interessiert's? Diese Leute verdienen Kohle.

Ich hab Spaß dran, Sachen zu bauen. Das ist was, was ich gerne mache. Dinge so zu erledigen, dass man den anderen zeigt: So geht's, und so zügig geht's, wenn man sich ins Zeug legt – das finde ich richtig geil. So was macht mir Spaß.

Was ich an der Raumfahrt so cool finde, ist, dass es da eine Menge schwieriger Probleme zu lösen gibt. Das ist einer der Bereiche, in dem die Menschen viel Neues und Unterschiedliches ausprobieren. Ständig steht man vor schwierigen technischen Problemen. Ich will nicht sagen, dass ich mich für den Rest meines Lebens auf die Raumfahrt beschränken möchte, aber wenn man eine Leidenschaft für Technik hat, kann man sich hier wunderbar austoben.

Ich meine, die Abfüllung von Coca-Cola ist viel komplizierter als das, was wir tun. Hast du mal gesehen, wie Coca-Cola in Flaschen abgefüllt wird? Da steckt richtig krasse Ingenieurskunst hinter.

FLANAGAN: Und es ist jedes Mal 'ne Punktlandung.

MARTIN: Es ist jedes Mal 'ne Punktlandung. Die vermasseln es nie. Wenn da zum Beispiel »500 ml« auf der Flasche steht, dann sind da auch haargenau 500 Milliliter drin, jedes Mal. Und das ist krass. Millionen von Flaschen pro Jahr. Millionen von Flaschen.

FLANAGAN: Und außerdem ist es so ziemlich eine der langweiligsten Sachen, die ich mir vorstellen kann.

MARTIN: Also, klar, an Raketen zu arbeiten, ist besser als ein klassischer Job. Ich wünschte allerdings, es wäre nicht in der Bay Area. Erst mal will ich festhalten, dass ich kein ultrakonservativer Typ bin. Ich wähle meistens die Demokraten. Aber ich möchte nicht, dass meine Kinder mit Obdachlosigkeit und Haschisch und solchen Sachen in Berührung kommen. Ich bin Christ. Und hier gibt es eine Menge Dinge, die in meinem Haus nicht erlaubt sind.

FLANAGAN: Reden wir doch mal über den Start, der gerade stattgefunden hat. Das war schon eines der unglaublichsten Dinge, die an diesem Tag passiert sind. Ich hatte definitiv nicht damit gerechnet, dass es passieren würde. Weißt du, man macht immer dasselbe, immer und immer wieder, und es passiert auch immer dasselbe, und wenn dann tatsächlich mal etwas anderes dabei rumkommt, dann denkt man sich: »Oh, das ist aber merkwürdig.«

MARTIN: Schon merkwürdig. Tja.

FLANAGAN: Aber vor allem, weil das Triebwerk noch nicht mal gezündet hatte. Jedes Problem, das wir bisher hatten, hatte mit Avionik-Kram und diesen blöden Gyroskopen zu tun. Und dann, an diesem Tag, haben wir einen Triebwerkregler ausgetauscht, und als sie damit fast fertig waren, hieß es plötzlich: »Was meint ihr, wie lang würde es dauern, das Gyroskop noch mal auszutauschen?«

Also haben wir das einfach gemacht. Vorher, am selben Tag, hatte ich Thompson gefragt: »Wo ziehen wir den Schlussstrich? Wann sagen wir, dass wir es eben auf morgen oder so verschieben müssen?« Er meinte: »Na ja, so um eins, halb zwei sollten wir's auf jeden Fall bis zum Countdown geschafft haben.« Und nun war's so kurz vor zwei, halb drei vielleicht, als sie es endlich geschafft hatten, und dann hieß es: »Alles klar, los geht's.«

MARTIN: Ich hielt das Ganze für verrückt, weil ich am Abend zuvor von den Problemen gehört hatte und dachte: »Klingt nach 'ner verdammt ernsten Sache.«

Tja. Und Chris Kemp hat eine E-Mail rausgeschickt: »Wir versuchen es morgen wieder.« Und meine Reaktion war eher: »Klappen wird's wohl trotzdem nicht.« Und das war dann natürlich der Tag, an dem es tatsächlich geklappt hat.

FLANAGAN: Na ja, die Rakete hat die Umlaufbahn nicht erreicht, also technisch gesehen hat es nicht geklappt. Aber sie hat die Rampe verlassen. Das ist so eine der Sachen, die mich von Astra überzeugt haben. Kemp war entschlossen, die Sache so schnell wie möglich an den Start zu kriegen, und ob das Ding dann unbeschadet durch den Himmel kam, war nicht mehr so wichtig. Er sagte: »Wir werden das schaffen, und das nächste Projekt wird dann besser sein, und das danach wird noch besser sein.« Bei diesem Projekt gab es eine gewisse Zögerlichkeit. Man muss eine Menge Auflagen erfüllen und so.

Aber es braucht halt die Bereitschaft, einfach zu sagen: »Scheiß drauf, wir probieren das aus und schauen, was passiert, und beim nächsten Mal machen wir es dann besser«. Es bringt nichts, nur rumzusitzen und … na, du weißt schon … zu optimieren, zu perfektionieren, etwas immer wieder zu wiederholen, bis man sicher ist, dass es die beste Sache der Welt sein wird. Und am Ende scheitert man dann wahrscheinlich an irgendwas Trivialem, an Banalitäten. Es ist also besser, so schnell wie möglich ans Ziel zu kommen und sich gleich den Kopf zu zerbrechen, als dass man versucht, sich durchzuwursteln. Und man sollte auf dem Weg dorthin nicht zu viele Leute verheizen.

MARTIN: Weißt du, es hat jemanden wie Elon gebraucht, um das alles ins Laufen zu bringen. Jemanden, der eigenes Geld hatte. Wenn es keinen Elon gegeben hätte, würden wir alle nicht existieren. Bei allem Guten und Schlechten, was sich über ihn sagen lässt – ohne ihn würden wir nicht existieren. So kommen wir an Gelder. Wir reiten alle auf seiner Welle. Das ist schlicht und ergreifend die Wahrheit.

Aber was es schwierig macht, ist einfach die Physik des Weltraums. Wenn man ein Triebwerk baut, das so viel Schubkraft hat, na ja, das würden auch Studenten hinkriegen, verstehst du? Aber sobald das Ding leicht genug sein soll, dass man es dahin kriegt, wo es hinsoll, da geht es dann ans Eingemachte. Da hat man dann nur wenig Sicherheiten und kaum Spielraum.

FLANAGAN: Feuer und Schub zu erzeugen, ist nicht schwer. Vor allem im Vergleich zu einem Verbrennungsmotor. Da gibt es natürlich eine Menge beweglicher Teile. Aber etwas in den Weltraum zu bringen, ist schwierig. Es ist schwierig, Schub zu erzeugen und den dann in ausreichendem Maße zu optimieren. Es ist schwierig, die richtigen Materialien und Teile auszuwählen, damit das Ganze leicht genug ist, um weit genug zu kommen.

MARTIN: Und die Herausforderung besteht darin, das Ziel zu erreichen, bevor einem das Geld ausgeht.

FLANAGAN: Korrekt.

MARTIN: Lange dauert das nämlich nicht. Man treibt ein bisschen Geld auf, und das kann ganz schnell wieder aufgebraucht sein, das meine ich damit. Die Menge an Geld, die in diese Sache gesteckt wird – das ist absurd. Es gibt auf jeden Fall ein paar Scharlatane in diesem Business. Und wofür ist das alles gut? Ich sehe die Notwendigkeit nicht. Es macht keinen Sinn. Die Leute, die das Risikokapital reinbuttern, haben ihr Geld mit Software und solchen Sachen verdient. Und die sind eben vernarrt in den Weltraum. Ich glaube, die finden es einfach cool, ihr Geld in solche Sachen zu investieren.

Selbst bei uns dreht sich eigentlich alles um das eine Ziel, jeden Tag eine Rakete zu starten. Wenn es irgendwann so weit ist, werde ich entweder längst unter der Erde liegen, oder mir wird das Geld aus den Hosentaschen regnen, wenn ich die Straße entlanglaufe, und ob sie nun täglich starten oder nicht, wird mir schnuppe sein.

FLANAGAN: Es würde mich wundern, wenn es eine Nachfrage nach täglichen Lieferungen ins All gäbe. Das scheint mir eine vollkommen verrückte Idee zu sein.

KAPITEL 25

DER RESET-BUTTON

Die nun auch schon viele Jahrzehnte alte Geschichte der Raumfahrt hat gezeigt, dass neu entwickelte Raketen oft schon bei ihrem ersten Flug explodieren. Die Raumfahrtindustrie ist geradezu stolz auf ihre Misserfolge, denn Raketenwissenschaft wird automatisch damit verbunden, dass das Geschäft auf die harte Tour abläuft. Weder die Maschinen selbst noch die Menschen, die sie bauen, würde jener geheimnisvolle Zauber umwehen, wenn Raketen immer funktionieren würden.

Aber ganz egal, wie sehr die Mitarbeiter einer Raketenfirma sich auch versichern, dass sie mit einer Explosion rechnen, etwas in ihnen glaubt immer daran, dass sie die Ausnahme von der Regel geschaffen haben. *Sie* werden es sein, die zu jenen gehören, die es dieser Rakete ermöglicht haben, gleich beim ersten Versuch mit Bravour den Himmel zu erobern. Denn sie sind schlauer gewesen und haben härter gearbeitet. Die Rakete weiß das. Die Schicksalsgötter wissen es. Der schiere Wille wird diese Rakete in den Orbit befördern.

Es ist dieses Fünkchen Glaube – im Zusammenspiel mit dem Traumapotenzial einer Explosion –, das jeden missglückten Start zu einer so bitteren Erfahrung macht. Man hat sich erlaubt, die Möglichkeit eines Erfolgs in Betracht zu ziehen, und dann wird einem auf so unmissverständlich deutliche Weise vor Augen geführt, wie sehr man sich geirrt hat. Die Rakete hat es nicht wirklich beinahe geschafft. Sie ist verdammt noch mal explodiert. Der fliegende Trümmerhaufen, das, was mal Rakete war, regnet als Verkündung deines Selbstbetrugs vom Himmel, und jeder kann sehen, dass du nicht den geringsten Anlass gehabt hast, an dich selbst zu glauben.

Als Raketenprogramme noch ausschließlich von Regierungen durchgeführt wurden, versetzten solche Misserfolge auch dem Nationalstolz einen Schlag. Aber man wusste ja, dass die Vereinigten Staaten und auch die Sowjets es weiterhin versuchen würden, weil der Raketenflug Anordnung von oben war. Ein kommerzieller Raketenhersteller jedoch steht unter einem anderen Druck. Investoren wollen Ergebnisse sehen. Die Mitarbeiter wollen glauben, dass sie für die richtige Firma arbeiten. Explosionen werfen die Frage auf: »Wie lange können wir so weitermachen, bevor uns das Geld ausgeht?«

Sollten die Explosionen Kemp verunsichert haben, so hat er das mir gegenüber nie durchblicken lassen. Es stimmt zwar, dass die Raketen nicht getan haben, was sie tun sollten, aber Astra hat aus den Einsätzen gelernt, ohne dass dabei Menschen oder Eigentum in größerem Umfang zu Schaden gekommen wären. »Es hat sich nichts geändert«, sagte er. »Das Resultat dieser Launches werden für uns bessere Raketen sein. Sie haben uns zu einem Unternehmen gemacht, das weiß, wie man vorzugehen hat. Ich betrachte diese Raketen nicht als Erfolg oder Scheitern. Sie sind alle gestartet, und sie haben uns effizienter gemacht.«

Laut Kemp brauchte die erste Rakete nur die Startrampe zu verlassen, und das hat sie getan. Von der nächsten Rakete erwartete man bei Astra, dass sie Max Q erreicht, ihre zweite Stufe zündet, ins All fliegt und ihre Verkleidung öffnet, um das Aussetzen eines Satelliten zu simulieren. Zwar hat die Rakete nie Max Q erreicht, aber einige der wichtigen Vorgänge fanden statt. »So habe ich es im Gespräch mit unseren Investoren gesagt, und so haben wir das Ergebnis dem Vorstand mitgeteilt«, sagte Kemp. »Sie hatten keinerlei Problem damit, weil sie vorher genau gewusst haben, worauf sie sich einlassen. Bei uns hält nicht die öffentliche Meinung Gericht, weil wir keinen Twitter-Feed haben. Ich denke also, die Strategie funktioniert. Wenn wir in aller Öffentlichkeit kommunizieren würden, welche Schritte wir unternehmen, würden die Leute unser Vorgehen vielleicht durch eine andere Brille betrachten – das wäre allerdings die falsche Brille.«

Ab Anfang 2019 hatte Astra damit begonnen, hinter den Kulissen größere Veränderungen an seiner Rakete vorzunehmen. Bis dahin war dem Unternehmen daran gelegen, Adam Londons These zu beweisen, der zufolge kleine, billige Raketen revolutionäres Potenzial hätten. Nun aber sollten die Raketen größer werden. Die Astra-Ingenieure legten fest, dass die Triebwerke nun doppelt so viel Schubkraft wie bisher erzeugen müssten und dass die Raketen breiter und länger werden sollten. Das Unternehmen würde außerdem auf seine teure Carbonfaserverkleidung zum Schutz der Satelliten während des Starts verzichten und stattdessen Metall verwenden, und es würde seine mobilen Launcher effektiver machen. Chris Thompson, der bei SpaceX maßgeblich an der Entwicklung der Falcon-1-Rakete beteiligt gewesen war, würde die nächste Generation der Astra-Technologie leiten.

Rocket Lab hatte seine Electron-Rakete im November und Dezember 2018 sowie erneut im März 2019 erfolgreich geflogen. Kemp räumte unumwunden ein, dass Astra durch den Erfolg von Rocket Lab dazu gezwungen gewesen sei, eine größere Rakete zu bauen, die sich mehr am Angebot des Konkurrenten orientierte, und dass man schnell handeln musste. Astra hatte 2016 etwa 20 Millionen Dollar und 2018 weitere 75 Millionen Dollar aufgebracht. Kemp drängte nun den Vorstand von Astra, zusätzliche Mittel zur Verfügung zu stellen, und bat, die Zahl der Mitarbeiter des Unternehmens von 115 auf 140 zu erhöhen. Der Vorstand stimmte seinen Forderungen zu.

Obwohl die beiden einzigen Raketen des Unternehmens explodiert waren, gelang es Astra, Flüge für künftige Missionen an zahlende Kunden zu verkaufen. Für die größere Rakete war der Preis für eine Nutzlast von 100 Kilogramm von einer Million Dollar auf 2,5 Millionen Dollar pro Start gestiegen. »Rocket Lab sagt, dass sie 200 Kilogramm für 5,6 Millionen Dollar anbieten können«, so Kemp. »Wir haben überschlagen, dass die Materialkosten unserer Rakete etwa fünfmal niedriger sind als die für deren Rakete. Wir könnten uns irren. Vielleicht sind sie dreimal niedriger. Vielleicht sind sie auch siebenmal niedriger. Unsere Rakete mag vielleicht 20 bis 30 Prozent weniger Leistung bringen, aber in der Herstellung wird sie um 500 Prozent günstiger sein.«

Kemp machte sich auch weiterhin stark für den Gedanken, dass Astra den Konkurrenten Rocket Lab durch Schlichtheit würde ausstechen können. Rocket Lab nutze zu viele ausgefallene Baukomponenten und Konstruktionstechniken, als dass es jemals in der Lage sein würde, seine Rakete in Serie zu produzieren. Astra hingegen würde auf Metall und Roboter setzen, um seine Maschinen in hundertfacher Ausführung herzustellen. »Unsere Produktionslinie wird sich genau an Tesla orientieren«, sagte Kemp. »Es wird Roboter geben, die Bauteile positionieren, die schweißen, nieten und bohren. Das wird wie eine moderne Autofabrik aussehen.« Darüber hinaus hatte Astra einen von Googles Top-Managern eingestellt, um ein automatisiertes Softwaresystem zu entwickeln, das alle

Arbeitsabläufe des Unternehmens – von den Prüfständen über die Rakete bis hin zur Startanlage – zusammenführt.*

Chris Kemp und Peter Beck haben ihre Fehde nie in die Öffentlichkeit getragen, aber die beiden hatten nicht viel füreinander übrig. Kemp hatte Rocket Lab und Beck einen Besuch abgestattet, als er im Auftrag von Planet Labs Firmen auskundschaftete, die sich auf Raketenstarts spezialisierten, und man hatte ihn königlich behandelt. Beck hatte Kemp mit einem Hubschrauber zum Startplatz von Rocket Lab auf der Mahia-Halbinsel geflogen. Er hatte zudem viele Informationen über die Technologie und die Zukunftspläne von Rocket Lab preisgegeben, in der Hoffnung, eine Reihe von Startaufträgen von Planet zu erhalten. Nach der Reise sprach sich Kemp Planet gegenüber für eine Zusammenarbeit mit Rocket Lab aus, und die beiden Unternehmen gingen eine Partnerschaft ein. Nachdem Kemp dann aber Astra gegründet hatte, sah Beck den Besuch in Neuseeland in einem neuen Licht und sah in Kemp fast schon einen Spion auf geheimer Informationsbeschaffungsmission.

In seinen Gesprächen machte Kemp dem Unternehmen Rocket Lab und seiner Ingenieurskunst ein etwas vergiftetes Kompliment. Beck habe eine fast perfekte Rakete gebaut, sagte er, aber das sei auch das Verhängnis von Rocket Lab. Die Betriebskosten seien zu hoch. Kemp bezeichnete Beck zudem als Amateur, was die Beschaffung von Geldern anbelange; dieser wisse nicht, wie man das Spiel im Silicon Valley zu spielen habe. Beck habe verzweifelt Geld benötigt, und die Risikokapitalgeber hätten seine Verzweiflung dazu genutzt, ihn zu zwingen, große Unternehmensanteile zu ungünstigen Konditionen abzutreten. Darüber hinaus habe Rocket Lab zu lange gebraucht, um seine erste Rakete zu entwickeln und fliegen zu lassen. »Wir haben Gelder aufgetrieben und dann einen Start durchgeführt«, sagte Kemp. »So was lieben Investoren. Als wir erneut Geld aufnahmen, konnten wir eine hohe Bewertung für das Unternehmen erreichen. Rocket Lab hat fünf Jahre gebraucht, um das gleiche Finanzierungslevel zu erhalten wie wir.«

In Becks Augen wiederum war Astra ein fast schon skurriles Unternehmen. Er las Berichte über die fehlgeschlagenen Starts und klopfte die Leute nach Informationen über die Konkurrenz ab. Soweit Beck das beurteilen konnte,

---

* Der betreffende Manager, Mike Jazayeri, verließ das Unternehmen im Januar 2020, nachdem er den Job eineinhalb Jahre innehatte.

verschwendete Astra seine Zeit und ging den Raketenbau nicht mit der Stringenz an, die es gebraucht hätte, um Erfolge zu erzielen. Außerdem hielt er Kemp für unaufrichtig und fast schon gefährlich leichtsinnig. »Ich kann doch keinen Schrott bauen«, sagte er. »Wenn Sie einen Flugkörper wollen, der Sie nicht nur im glücklichen Ausnahmefall in den Himmel befördert, dann kommen Sie zu mir, fliegen Sie mit meiner Rakete. Wenn jemand eine Rakete bauen will, die Dinge in die Umlaufbahn schleudert, einfach nur ein grob zusammengezimmertes, unpräzises Teil, weil er glaubt, dass der Markt das braucht, dann soll er sich meinetwegen daran versuchen. Aber ich bin nicht dafür geschaffen, Schrott zu produzieren.«

Während Rocket Lab seine Starts vorantrieb, konzentrierte sich Astra sowohl auf die Herstellung einer größeren Rakete als auch auf den Bau der riesigen neuen Fabrik in dem verwaisten Gebäude an der Skyhawk Street. Im Februar 2019 hatte Astra das große Gebäude mit mehr als 23 000 Quadratmetern Nutzfläche zum ersten Mal renoviert, hatte neben der verwesten Leiche auch den Unrat und die Trümmer von Jahrzehnten entfernt, um dann die von Kemps Freunden angefertigten Burning-Man-Skulpturen hineinzukarren. In den darauffolgenden Monaten strichen die Arbeiter die Böden und Wände weiß, schleppten alle möglichen Schweiß- und Metallschneidemaschinen an, richteten Arbeitsplätze für ein Großraumbüro ein und entwickelten eine echte Fertigungsstraße, an der mehrere Raketen gleichzeitig gebaut werden konnten. Zum ersten Mal in der Geschichte von Astra hatten die Mitarbeiter Platz, sich zu bewegen, und das Gefühl, sich in einem Gebäude zu befinden, das irgendwie den Anforderungen entsprach.

Kemps Fähigkeit, die Stadt davon zu überzeugen, Menschen im Skyhawk-Gebäude arbeiten zu lassen, war mindestens so beeindruckend wie die Arbeit, die seine Ingenieure in die Rakete steckten. Als das Gebäude für die Reparatur von Düsentriebwerken genutzt worden war, hatte die Navy tonnenweise Farbverdünner und andere Chemikalien in das Grundwasser unter dem Gebäude entsorgt. Eine mehrere Milliarden Dollar teure Säuberungsaktion hatte die Lage entschärft, aber es wurde allgemein befürchtet, dass weiterhin Chemikalien in die Luft gelangten. Um die Stadt und seine Arbeiter zu beruhigen, beschichtete Kemp den Boden mit einem speziellen Epoxidharz, das alle schädlichen Verbindungen einschließen würde.

»Aus reiner Fürsorge kaufte ich außerdem ein Gas-Chromatografie-Labor und fing an, es selbst zu betreiben«, sagt er. »Das sieht aus wie dieses Geigerzähler-

Ding aus *Ghostbusters*. Es hat rund 30 000 Dollar gekostet, und ich nehme alle sieben Minuten eine Luftprobe, genau an der Stelle, an der mein Schreibtisch und mein Team stehen werden. Ich habe nicht ein einziges Molekül Trichlorethylen, Benzol oder sonstiges Zeug entdeckt, weswegen die Leute Bedenken hatten. Das hier würde die unbedenklichste und sauberste Luft in Amerika sein. Ich liebe solche regulatorischen Hürden, weil sich dann außer mir niemand für die Gebäude interessiert, die ich anmieten möchte. Andere Leute würden mit solchen Projekten einfach keinen Erfolg haben.«

Genau wie zu seinen Orion-Zeiten begann Kemp auch diesmal damit, seine Angestellten samt Ausrüstung im Skyhawk unterzubringen, noch bevor die Stadt dies genehmigt hatte. »Irgendwann sagte ich ihnen, dass ich das Gebäude am 1. April in Betrieb nehmen wolle, und sie drohten mir gleich mit einer Gefängnisstrafe«, sagt er. »Und ich antwortete: ›Okay, gut. Jetzt kommt endlich mal ein Gespräch in Gang.‹ Nachdem ich gedroht hatte, trotzdem in das Gebäude zu ziehen, stellten sie ihre Forderungen. Sie hatten ja mitbekommen, dass wir die ganze Zeit den Ausbau vorantrieben. Da traf im Grunde genommen die unaufhaltsame Kraft von Astra auf die unbewegliche Bürokratie der Regierung.«

Als man Kemp sagte, dass es 26 Wochen dauern würde, ein Umspannwerk für das Skyhawk bereitzustellen, fand er einen Weg, das Ganze in ein oder zwei Wochen zu bewerkstelligen. Wenn man dem Unternehmen mitteilte, dass es eine bestimmte Maschine nicht installieren oder eine geplante Änderung am Gebäude nicht vornehmen dürfe, führte das Unternehmen die Arbeiten mitten in der Nacht aus; dann bekamen die Verantwortlichen in der Stadtverwaltung entweder erst gar nichts davon mit, oder sie konnten die Sache nicht mehr rückgängig machen. Das ganze Manöver machte sich letztendlich bezahlt. Die Stadt berechnete Astra 57 Cent pro Quadratmeter für die Fabrik, was etwa einem Sechstel des üblichen Preises für ein fertiges Gebäude in Alameda entsprach. Das Beste an der Sache: Astra handelte mit der Stadt einen Mietkredit aus, der es dem Unternehmen erlaubte, mehr oder weniger kostenlos im Skyhawk zu arbeiten, solange Astra das Gebäude in einen vorschriftsmäßigen Zustand brachte.

Nachdem die nötigste Infrastruktur für das Skyhawk aufgebaut worden war, begann Astra damit, das Gebäude in eine hochmoderne Fabrik umzuwandeln. Im Skyhawk gab es zum ersten Mal in der Geschichte des Unternehmens eine richtige Eingangslobby, mit Sitzgelegenheiten, ein paar ausgelegten Zeitschriften und einer alten, aufgerichteten Ventions-Rakete. Im Inneren der Fabrik hatte

Astra ein authentisches Mission Control Center eingerichtet, sodass Besucher durch die Glasscheiben beobachten konnten, wie dort gearbeitet wird. Die Schreibtische der meisten Mitarbeiter befanden sich etwas abseits von der Mission-Control-Einrichtung und waren grüppchenweise nach Zuständigkeitsbereichen aufgestellt: das Führungsteam, das Team für den Antrieb, das Avionik-Team und so weiter. Etwas weiter im Fabrikinneren befanden sich Werkbänke, die für bestimmte Aufgaben wie den Bau von Triebwerken oder Antennen vorgesehen waren. An einer Station hatte Astra das gesamte Innenleben einer Rakete – die Computer und die komplette Verkabelung – auf mehrere Tische verteilt. So konnten die Ingenieure das Innenleben der Rakete nachbilden und auf die Schnelle Software-Updates oder neue Komponenten testen. Etwa die Hälfte der Fabrikfläche wurde für die eigentliche Herstellung der Raketen genutzt, darunter auch die Bereiche, in denen die Mitarbeiter unter Verwendung enorm großer Werkzeuge die Treibstofftanks und Bugspitzen der Raketen montierten.

Wie sich herausstellte, wurde das Arbeitstempo von Astra dadurch gedrosselt, dass man gleichzeitig an einer neuen Rakete und einer neuen Fabrik arbeitete. In den ersten Jahren hatte das Unternehmen wie verrückt versucht, eine Rakete in Rekordzeit zu bauen und in den Orbit zu bekommen. Die Misserfolge hatten jedoch zu vorsichtigerem Verhalten geführt. Während Astra die Triebwerke und den Rumpf von Rocket 3 vergrößerte, zogen die Monate ins Land. Das Unternehmen hatte sich verpflichtet, dieses Mal weitaus mehr Tests durchzuführen, da seine Mitarbeiter sich nicht mehr mit der Vorstellung abfinden wollten, der Rakete in Alaska ständig und immer wieder Erste Hilfe leisten zu müssen. Außerdem hatte man sich entschlossen, groß angelegte Raketentests durchzuführen, bei denen die Triebwerke auf der Castle Air Force Base gezündet wurden, so wie es Ventions getan hatte, und nicht etwa auf dem nahe gelegenen Flugplatz.[*] All diese Verfahren erforderten Zeit und Geld.

Im Mai, Juni, August, Oktober und Dezember 2019 brachte Rocket Lab weitere Electrons an den Start. Das Unternehmen stellte außerdem ein geheimes Programm vor, mit dem seine Raketen wiederverwendbar gemacht werden sollten. Das bedeutete, dass Kemps frühere Wirtschaftlichkeitsberechnungen bald grundlegend überarbeitet werden müssten, da die Kosten pro Trägerrakete für

---

[*] Auf dem Flugfeld gab es zu viele neugierige Blicke und nicht die nötige Infrastruktur, um viele Tests durchführen zu können.

Rocket Lab stark sinken würden. Keine dieser Nachrichten machte Kemp besonders glücklich.

Ende 2019 hatte Astra die Konstruktion seiner dritten Rakete abgeschlossen und war zuversichtlich, dass das neue Modell dem Unternehmen eine ganze Weile lang gute Dienste leisten würde. Kemp nutzte die Vorteile des Skyhawk-Komplexes voll aus und begann mit dem Bau nicht nur einer, sondern gleich mehrerer Raketen des Typs 3 – und zwar bevor das Unternehmen überhaupt wusste, ob sie denn auch funktionieren würden. Astra verbrauchte sein Risikokapital in alarmierendem Tempo, und mit jedem erfolgreichen Rocket-Lab-Start gestaltete sich die Beschaffung weiterer Gelder zu günstigen Konditionen – beziehungsweise überhaupt die Beschaffung weiterer Gelder – schwieriger.

Kemp musste sich auch der Tatsache stellen, dass Astra nicht länger unter dem Radar der Öffentlichkeit fliegen konnte: Das Unternehmen hatte sich für die Teilnahme an einem von der DARPA ausgeschriebenen Wettbewerb namens »Launch Challenge« angemeldet. Die DARPA hatte zwölf Millionen Dollar ausgelobt, um herauszufinden, welcher Raketenhersteller zwei Raketen von zwei verschiedenen Orten aus mit nur wenigen Tagen Abstand starten konnte. Erschwerend kam hinzu, dass die Teilnehmer im Vorfeld nicht wussten, an welchen Orten die Starts stattfinden würden und welche Nutzlast sie mitführen sollten. Dutzende von Unternehmen hatten sich um die Teilnahme beworben, und die DARPA reduzierte das Teilnehmerfeld auf die Unternehmen Astra, Virgin Orbit und Vector Space Systems. Es war geplant, den Wettbewerb Anfang 2020 stattfinden zu lassen, begleitet von einer großen PR-Kampagne.

ENDE JANUAR DES JAHRES 2020 fand im Skyhawk-Gebäude eine Besprechung aller Beteiligten in angespannter Stimmung statt. Seit dem letzten Startversuch von Astra war mehr als ein Jahr vergangen, und das Geld wurde knapp. Das Führungsteam hatte beschlossen, den Mitarbeitern klarzumachen, wie wichtig Kostenkontrolle war, indem es eine Reihe von 75-Zoll-Bildschirmen am Arbeitsplatz aufstellte. Auf den Bildschirmen waren Informationen zu den wichtigsten Projekten der einzelnen Teams zu lesen. Das Triebwerksteam zum Beispiel hatte den Namen seines Triebwerks – Delphin – in großen Lettern oben auf dem Bildschirm stehen, zusammen mit den Namen der Teammitglieder, zu denen Ben Farrant und Kevin LeFevers zählten. Ein Countdown auf der linken Seite des Bildschirms zeigte an, wie viel Zeit noch zur Erfüllung einer wichtigen Aufgabe verblieb, ein Countdown in der Mitte bezog sich auf den nächsten wichtigen anstehenden Test, für den das Team Teile liefern musste, und ein Countdown ganz rechts zeigte die Zeit bis zum nächsten Raketenstart.

Unter diesen Countdown-Uhren befand sich ein Diagramm, das das aktuelle Monatsbudget des Teams und die davon bereits verbrauchte Summe anzeigte. Das Budget des Triebwerksteams betrug 40 000 Dollar, von denen bisher 34 160 Dollar ausgegeben worden waren. Darunter befand sich eine Liste der kürzlich getätigten Anschaffungen, zu denen ein thermisches Beschichtungsspray, abgeschirmte Stromkabel, ein Rundsteckverbinder zur Wandmontage und eine elektronische Schaltvorrichtung mit einem Druckstift-Aktuator zählten. Ein Bild links von diesen Zahlen zeigte ein wütendes Cartoon-Häschen mit verschränkten Armen, was offensichtlich bedeutete, dass das Triebwerksteam noch zu tun hatte. Das Team Launch Operations hatte einen eigenen Bildschirm. Das Team First Stage Avionics hatte einen eigenen Bildschirm. Jedes Team hatte seinen eigenen Bildschirm.

Auch wenn Kemp stets zuversichtlich war, dass Astra die erforderlichen Mittel aufbringen könne, war man sich dessen innerhalb der Belegschaft weniger sicher. Viele waren der Ansicht, dass Astra gerade noch genug Geld hatte, um ein paar weitere Raketen zu starten, und wenn diese wie ihre Vorgänger explodieren würden, wäre das Unternehmen am Ende. Kemp setzte voll und ganz darauf, dass die Raketen funktionieren würden; er hielt es für besser, nach einem Erfolg (und somit aus einer Position der Stärke heraus) zu versuchen, Geld aufzutreiben, anstatt mögliche weitere Explosionen abzuwarten und dann erst auf Bettel-Tour im Sinne der Unternehmenserhaltung zu gehen. Hinzu kam, dass Vector Space Systems, Astras Konkurrent bei der DARPA-Launch-Challenge, im Dezember Konkurs angemeldet hatte, ohne auch nur versucht zu haben, seine erste Rakete zu starten.

Als das Geld knapp wurde, war Adam London gezwungen, sich wieder auf seine Talente als McKinsey-Consultant zu besinnen. Er übernahm die Verwaltung für die laufenden Geschäftsfinanzen von Astra und suchte nach Möglichkeiten, Snacks und Werkzeugschränke billiger zu kaufen. Unter vier Augen sagte London gegenüber Freunden, dass er glaube, dass Astra nicht in der Lage sein würde, weitere Gelder aufzutreiben, und dass das Unternehmen bald ein ähnliches Schicksal wie Vector erleiden würde.

Die Mitarbeiterbesprechung fand im Lunch-Bereich außerhalb des Kontrollzentrums statt. Die Angestellten, die es bisher gewohnt waren, von Caterern verpflegt zu werden, holten sich nun ihre preisgünstigeren, vorgefertigten Lunchpakete und hörten während des Essens den Vorträgen von Kemp und den anderen Führungskräften zu. Viele der Angestellten hatten wochen-, wenn nicht monatelang ohne Pause gearbeitet. Sie waren erschöpft. Doch einige der kürzlich durchgeführten Tests waren gut verlaufen, und es sah so aus, als würde es nur noch eines großen Vorstoßes bedürfen, um die Rocket 3 nach Alaska zu bringen.

KEMP: Na dann. Fangen wir an. Ihr habt in den letzten Wochen eine unglaubliche Menge an Arbeit geleistet. Ich bin noch nie so begeistert von diesem Unternehmen gewesen wie jetzt.

Wie ihr wisst, haben Adam und ich sehr viel Zeit an unseren Schreibtischen verbracht, während ihr in euren Testzellen gewesen seid, um herauszufinden, wie wir für das Unternehmen so viel Zeit wie möglich herausholen können, um unsere Rakete nach Kodiak zu schaffen.

Im letzten Quartal haben wir im Durchschnitt 5,5 Millionen Dollar pro Monat ausgegeben. Wir haben uns das in der Mitte des Quartals angeschaut, und es war viel mehr, als wir prognostiziert hatten. Ich habe mit euch viel über dieses Thema gesprochen.

Unser Ziel ist es, über genügend Mittel zu verfügen, um die erste Jahreshälfte zu überstehen, ohne dass wir größere Eingriffe am durchzuführenden Programm oder dem Mitarbeiterstab, mit dem wir dies umsetzen wollen, vornehmen müssen.

Wir haben uns unsere Prognosen angeschaut und uns gefragt: »Wie konnten wir im vierten Quartal so danebenliegen?« Das Problem war ganz offen gesagt eine Kombination aus schlechter Planung und einem unerwartet hohen Arbeitsaufkommen, das aber nötig ist, um die Rakete startbereit zu machen. Niemand hat einen Fehler gemacht. Wir haben nur einfach wirklich schlecht geplant. Als wir überlegt haben, wie unser Plan sich verbessern lässt, waren wir auf euren Input angewiesen. Inzwischen haben wir einen viel besseren Plan vorliegen.

Ich persönlich schreibe im Fehlerprotokoll alles auf, was ich selbst aus dieser Erfahrung gelernt habe. Wenn ihr möchtet, könnt ihr das nachlesen. Ich kann nur jedem Mitglied des Führungsteams raten, sich ausgiebig damit zu befassen.

Wir müssen uns jetzt sehr darauf konzentrieren, Geld und Zeit für die richtigen Dinge aufzuwenden. Wenn euer Team mehr Geld braucht, um seine Arbeit erledigen zu können, dann wollen wir nicht, dass ihr das erst bemerkt, weil ihr bestimmte Sachen nicht anschaffen könnt. Wir möchten das schon vorher auf dem Schirm haben und das Geld so umverteilen, dass ihr gar nicht erst bemerkt, dass es ein Problem geben könnte. Erfolg definiert sich für mich auch dadurch, dass ihr das Geld zur Verfügung habt, das ihr braucht. Ihr werdet aber keine überschüssigen Mittel haben. Wir versuchen, da in den nächsten sechs Monaten ein Gleichgewicht zu finden. Ich werde so viel Geld wie möglich auftreiben, um uns einen größeren Puffer zu verschaffen, damit unser Plan aufgeht.

Wenn ihr der Meinung seid, dass der Plan euren Bedürfnissen nicht gerecht wird, dann fangt nicht einfach an, euch über dies oder jenes zu beschweren. Sprecht mit euren Vorgesetzten über eure Bedenken. Lasst uns miteinander kommunizieren, transparent sein und uns gegenseitig in die Verantwortung nehmen. Unsere Aufgabe ist es, euch dabei zu helfen, die Dinge zu erledigen, die ihr erledigen müsst, um einen erfolgreichen Launch durchzuführen, denn wenn wir das hinkriegen, dann haben wir hier ein wirklich erfolgreiches Unternehmen.

Ich werde Adam auch ein paar Anmerkungen machen lassen.

LONDON: Wir haben keine gute Arbeit geleistet, als es anfangs darum ging, all das hier auf den Weg zu bringen und es euch zu kommunizieren. Dafür entschuldige ich mich. Wir werden es in Zukunft besser machen.

Bisher sieht der Januar gemessen an unserem aktualisierten Plan eigentlich ganz gut aus. Stand heute Morgen haben wir bisher etwa 2,5 Millionen Dollar ausgegeben, und bis Ende des Monats werden wir weitere eine Million Dollar für die Gehaltsabrechnungen ausgeben. In den bisherigen Ausgaben enthalten ist eine einmalige Zahlung in Höhe von 500 000 Dollar; diese Summe zahlen wir Alaska für unseren Startplatz, und sie muss zu Jahresbeginn gezahlt werden. Wir haben also bisher tatsächlich nur zwei Millionen Dollar ausgegeben, was gut ist. Aber wir müssen vorsichtig sein. Wir müssen sicherstellen, dass ihr die Zulieferer wie vereinbart bezahlt, damit die Dinge am Laufen bleiben, und wir müssen darauf achten, wie wir unsere Mittel einsetzen. Denkt daran, dass wir im Allgemeinen immer das Richtige für das

Unternehmen tun werden. Wenn ihr der Meinung seid, dass das nicht der Fall ist, möchte ich das direkt mitgeteilt bekommen. Bitte kommt dann auf mich zu.

Ich glaube, wir haben wirklich genug Schränke, Werkzeugkisten, Tische und sonstige Dinge, um den Start abwickeln zu können. Wenn ihr glaubt, dass das nicht der Fall ist, lasst es mich wissen. Und wie ihr heute erfahren habt, werden wir ein paar Änderungen vornehmen, was das Mittagessen und die Snacks anbelangt. Wir werden dieses neue Lunch-Format an zwei Mittagen pro Woche anbieten. Das ist im Durchschnitt fünf Dollar pro Person und Mahlzeit günstiger, als es das bisherige Catering-Angebot war. Es macht also einen Unterschied. Wir bieten statt zwei Fleischsorten nur noch eine an. Ich finde die Salatbar großartig, deshalb werden wir die auch weiterhin an drei Tagen pro Woche anbieten. Das Abendessen wird beibehalten. Die Snacks werden wir von jetzt an im Großhandel besorgen.

Insgesamt werden wir durch diese, wie ich finde, eher harmlosen Maßnahmen ein Drittel unserer bisherigen Ausgaben für Lebensmittel einsparen. Letztes Jahr haben wir etwa 1,5 Millionen Dollar für Lebensmittel ausgegeben. Damit senken wir unsere Ausgaben auf etwa eine Million.

Wir verpflichten uns euch gegenüber, alles in unserer Macht Stehende zu tun, um euch die drei euch zustehenden Chancen zu geben, unsere Rakete in die Umlaufbahn zu bringen. Ich glaube, wir sind auf gutem Wege dahin, das zu erreichen. Ich weiß, dass es anstrengend ist. Ich weiß, dass wir alle unglaublich hart arbeiten. Aber wir sind auf einem guten Weg, und ich denke, es wird funktionieren.

Ich denke, wir alle müssen einsehen, dass der Mensch nur ein begrenztes Maß an Arbeit leisten kann. Und wenn man sich dieser Grenze annähert, muss man das den Leuten sagen, weil es keinen Sinn macht, diese Grenze zu überschreiten. Es kostet uns mehr Zeit, wenn ihr übermüdet seid und deswegen Fehler macht, als wenn ihr eine Pause einlegt. Wir haben ein sehr großes Team. Wir haben die Möglichkeit, sicherzustellen, dass unsere Teammitglieder bei Bedarf ein oder zwei Tage Pause machen können.

Diejenigen von euch, die drei Wochen am Stück durchgearbeitet haben, sollten sich überlegen, wie sie sich eine Auszeit von ein oder zwei Tagen nehmen können. Wir müssen unbedingt zu einem Punkt gelangen, an dem so etwas tragbar ist. Gleichzeitig müssen wir aber Fristen einhalten; die

Startanlage muss am 5. und die Rakete am 11. versendet werden. Wir müssen denjenigen helfen, die ohne eigenes Verschulden die Hauptlast dieser Situation zu schultern haben.

KEMP: Lasst uns weiterhin mit vollem Einsatz daran arbeiten, dass diese Rakete verschickt wird. Wir tun alles, was in unserer Macht steht, sowohl aus finanzieller Sicht als auch in unserem Bemühen, die Erwartungen, die an diesen Launch geknüpft sind, so gering wie möglich zu halten – denn uns ist klar, dass sowohl eure Familien als auch unsere Geldgeber und Kunden uns zusehen. Vielleicht müssen wir auch noch beim nächsten Launch die Erwartungen gering halten. Damit wir alle Möglichkeiten haben, die Erwartungen zu übertreffen.

Wenn Rocket 3 nicht funktioniert, haben wir ein kleines Team von Leuten bereitstehen, die herausfinden werden, woran es liegt, damit wir das Problem beheben und so schnell wie möglich starten können. Man kann in keine Sache der Welt Milliarden von Dollar und unendlich viel Zeit investieren. Die Fristen, die wir haben, sind wichtig, weil sie uns fokussieren. Wenn wir weiterhin großartige Arbeit leisten und den Menschen einfach nur vermitteln können, was wir vollbringen, dann wird dieses Unternehmen anders sein als alle Raumfahrtunternehmen bisher.

Wir haben eine Möglichkeit, die Dinge richtig einzufädeln und diesem Unternehmen drei Startversuche zu ermöglichen, ohne dabei irgendwas Verrücktes anzustellen. Ohne die Kontrollstrukturen unseres Unternehmens zu verändern. Ohne die Kontrolle an Investoren abzugeben. Ohne Leute zu entlassen. Solange wir alle zusammenarbeiten, müssen wir keine großen Veränderungen vornehmen, damit das funktioniert. Lasst uns einfach diese Rakete ausliefern. Dann kriegen wir das schon hin.

Am 2. März begann der eigentliche Teil der DARPA-Launch-Challenge. Die Regierungsbehörde schickte ein Filmteam in die Astra-Zentrale, um den Start von Rocket 3 zu dokumentieren. Es war das erste Mal, dass abgesehen von den Astra-Mitarbeitern, Investoren und Familienangehörigen jemand bei einem Startversuch im Gebäude war, und diesmal sollte der Start auch über das Internet in die ganze Welt übertragen werden. In Anbetracht dessen beschloss Astra, eine richtige Launch-Party zu veranstalten und lud rund 100 Gäste ein, das Geschehen auf Großbildschirmen in der Lobby zu verfolgen.

Rocket 3 war etwa einen Monat zuvor auf den Weg nach Alaska gebracht worden und hatte dort die üblichen Prüfungen und Problemchen durchlaufen. Indessen war Vector in Konkurs gegangen, und Virgin Orbit hatte sich komplett aus dem Wettbewerb zurückgezogen. Damit blieb nur Astra als einziger Teilnehmer übrig. Wenn das Unternehmen eine Rakete erfolgreich starten könnte, würde es von der DARPA zwei Millionen Dollar erhalten. Gelänge dies bis zum 18. März erneut, würde es weitere zehn Millionen Dollar erhalten.

Bar jedes Wettbewerbsgedankens hatte die DARPA nun alles zugunsten von Astra ausgelegt – ein Schritt, der kontrovers aufgenommen wurde. Ursprünglich war vorgesehen, dass die DARPA den Wettbewerbern den Startplatz mit nur wenig Vorlaufzeit mitteilte, um deren Fähigkeit zu testen, eine Rakete und die gesamte benötigte Startinfrastruktur auf die Schnelle an einen weit entfernten Ort zu transportieren. Der zweite Start würde dann an einem ganz anderen Ort stattfinden. In diesem Fall hatte die DARPA Astra einen Heimvorteil verschafft, indem man im Voraus mitteilte, dass der Start in Alaska stattfinden würde. Außerdem hatte man Astra mitgeteilt, dass das Unternehmen auch den zweiten Start von Alaska aus durchführen könne. Es schien klar, dass die verschiedenen beteiligten Parteien versuchen wollten, ihr Gesicht zu wahren, um den Wettbewerb mit nur einem Teilnehmer noch irgendwie erfolgreich aussehen zu lassen.

Die DARPA hatte Astra ursprünglich ein großes Startfenster eingeräumt, das sich über mehrere Tage erstreckte, aber technische Verzögerungen und ein Schneesturm hatten die zusätzliche Zeit aufgefressen. Nun musste Astra am 2. März starten, wenn es die zwei Millionen Dollar gewinnen und die Chance wahren wollte, weitere Gelder einzustreichen. Sollte dies nicht gelingen, würde die DARPA den Wettbewerb gänzlich beenden.

Die Astra-Mitarbeiter konnten es kaum erwarten, das verdammte Ding in den Himmel zu schicken. Viele von ihnen hatten sich vier Monate lang ohne Unterbrechung und unter enormem Druck mit der Rakete beschäftigt. Die Leute in der Lobby des Orion-Gebäudes, die Hors d'œuvres naschten und sich Drinks genehmigten, wussten so gut wie nichts über die jüngsten Anstrengungen des Astra-Teams oder die internen Debatten, die die vergangenen Starts ausgelöst hatten. Die meisten Gäste erwarteten, dass alles reibungslos ablaufen würde.

Und anfangs sah es auch so aus, als könne der Tag zu etwas Besonderem werden. Etwa eine Stunde vor dem Start begann Astra mit dem Countdown, und die Uhr tickte unaufhörlich runter. Im Gegensatz zu früheren Starts, die durch zahlreiche Unterbrechungen und langwierige Fehlerbehebungen beeinträchtigt worden waren, verlief dieser Launch zunächst reibungslos. Zu diesem Zeitpunkt begegnete ich Startvorgängen, die zu einer festgelegten Uhrzeit an einem festgelegten Tag stattfinden sollten, schon mit einem gewissen Zynismus, und ich weiß noch, dass ich ein wenig schockiert war, wie gut die Dinge liefen. Als die Minuten verstrichen, verschwand mein Zynismus völlig, und mein Körper füllte sich mit Adrenalin. Ich wollte, dass mein Glaube Berge versetzt.

Aber dann, als ich neben einem der hoffnungsvollen Investoren von Astra stand, blieb die Countdown-Uhr bei 52 Sekunden stehen. Eines der Leitsysteme der Rakete sendete Daten, die keinen Sinn ergaben. Das Team brauchte etwas Zeit, um die Informationen zu analysieren und festzustellen, ob man den Launch fortsetzen konnte.

Im Laufe der nächsten Stunde meldeten die Astra-Ingenieure, dass der Sensor eine Fehlfunktion gehabt haben müsse. Den falschen Daten zufolge war die Rakete entweder umgekippt oder stark bewegt worden, dabei stand sie immer noch aufrecht und stolz auf der Rampe. Um den Sensor zu reparieren, würde Astra den Start für diesen Tag wohl aussetzen müssen, was wiederum bedeuten würde, dass sie die Challenge nicht mehr gewinnen könnten. Es bestand jedoch eine reelle Chance, dass die Rakete auch ohne den Sensor wie geplant fliegen würde, da andere Systeme einspringen und das Problem ausgleichen könnten. Wie üblich stritten sich Thompson und Kemp über die richtige Vorgehensweise. Die Rakete war Thompsons Baby, und er wollte nicht, dass sie explodierte. Kemp wollte, dass die Rakete abhob, er wollte den Wettbewerb unbedingt gewinnen. Letztendlich sagte Astra den Start ab, und sämtliche DARPA-Mitarbeiter und Gäste gingen mit einem Gefühl der Enttäuschung nach Hause.

Nachdem das Startfenster sich geschlossen hatte, musste Astra einige Wochen warten, bevor man einen neuen Versuch durchführen konnte, wodurch man Gelegenheit hatte, das fehlerhafte Teil zu reparieren und zusätzliche Prüfungen durchzuführen. Am 24. März bereitete sich Astra erneut auf den Start vor, doch dieses Mal gab sich das Unternehmen wieder geheimniskrämerisch und informierte niemanden über das Ereignis, was vermutlich auch gut so war.

Am Tag vor dem Start führten die Astra-Ingenieure die übliche Reihe von Tests durch. Als sich der Tag hinzog, ging ihnen das Helium aus, mit dem Teile der Rakete befüllt wurden. Irgendwer beschloss, etwas von dem Helium abzuzweigen, das für die zweite Raketenstufe vorgesehen war, um es für die erste Stufe zu nutzen, die gerade getestet wurde. Das Helium war jedoch im Laufe des Tages stärker als üblich gekühlt worden, und als es in die erste Stufe geleitet wurde, konnte ein Kunststoffventil die niedrige Temperatur nicht bewältigen und fror in geöffneter Stellung ein. Helium strömte in den Tank und ließ einen zu hohen Druck entstehen, dem der Metalltank nicht gewachsen war. Die Rakete explodierte noch auf der Startrampe.

Die Explosion wurde von Anwohnern in Alaska bemerkt und gelangte so in die Nachrichten in Kodiak. Die Beamten des Weltraumflughafens sagten lediglich, dass es sich um eine Anomalie gehandelt habe. Kemp erklärte auf Nachfrage der Pressevertreter, die Rakete sei bei einem Test beschädigt worden, ohne weitere Einzelheiten zu nennen.

Eine solche Explosion war das schlimmstmögliche Szenario, und entsprechend waren die Leute bei Astra am Boden zerstört. Die Rakete war zerstört – zum Teil aufgrund von Unachtsamkeit und zum Teil, weil jemand die Verwendung eines billigen Plastikventils anstelle eines Ventils aus rostfreiem Stahl abgesegnet hatte. Astra würde mit der Rocket 3 keinerlei Daten erheben können, weil sie nie auch nur eine Sekunde geflogen war. Und bevor das Unternehmen noch einen weiteren Versuch starten konnte, musste man erst mal den Bau einer neuen Rakete abwarten.

KAPITEL 26

GELD IN FLAMMEN

Chris Kemp wollte eine weitere Rakete starten, aber wie immer kam es anders. Der letzte Startversuch hatte die Astra-Mitarbeiter Demut gelehrt und sie auch ein wenig beschämt. Nicht nur, dass die Rakete bei einem Routinetest explodiert war, die Explosion hatte auch den mobilen Launcher in seine Einzelteile zerlegt. Für Rocket 3 zeichnete Chris Thompson verantwortlich – der Mann, der sich um SpaceX so verdient gemacht hatte –, und man fragte sich, wie er es hatte zulassen können, dass die Astra-Crew in Alaska etwas derart Gefährliches wagte, wie gefrierendes Helium von einem Tank in einen anderen zu verfrachten. Unter den Mitarbeitern der Fabrik kursierte jedoch das Gerücht, dass Thompson auf die Toilette gegangen und deshalb nicht anwesend gewesen sei, als die Entscheidung mit dem Helium getroffen wurde. Bei ihm war im wahrsten Sinne des Wortes die Kacke am Dampfen, als die Rakete explodierte.

Um in Alaska einen neuen Versuch unternehmen zu können, musste Astra seinen Launcher komplett neu aufbauen und außerdem die nächste Rakete, Rocket 3.1, den üblichen Testprozeduren unterziehen. Doch inzwischen hatte die Covidpandemie zugeschlagen, und die ohnehin schon schwierigen Aufgaben gestalteten sich noch herausfordernder. Die Auslieferung von Bauteilen verzögerte sich. Viele Geschäftspartner durften ihre Fabrikanlagen nicht mehr betreiben. Flüssigsauerstoff wurde empfindlich teurer und war nur noch schwer zu bekommen, da die Krankenhäuser Sauerstoff in großen Mengen bestellten, um ihre Patienten am Leben zu erhalten.

Obwohl Astra seinen Nutzen noch niemandem wirklich hatte beweisen können, wurde es vom Pentagon als wichtiger Akteur für die nationale Sicherheit eingestuft, wie auch viele andere Unternehmen aus der Raumfahrt. Aufgrund dieser Einstufung erhielt Astra eine Ausnahmegenehmigung der Regierung, durch die sich die Schließungen vermeiden ließen, von denen viele Unternehmen betroffen waren. Der Betrieb konnte also aufrechterhalten werden. Dennoch kamen nur etwa 15 Prozent der Astra-Beschäftigten zur Arbeit in die Fabrik, da das Unternehmen bemüht war, Infektionswege unter den Mitarbeitern zu begrenzen. Um Geld zu sparen, entließ Astra außerdem etwa 20 Prozent seiner Mitarbeiter. Das Unternehmen benötigte weiterhin jeden Monat einige Millionen Dollar, um den Betrieb aufrechtzuerhalten, und in den ersten Monaten der Pandemie war es beinahe unmöglich, neue Gelder aufzutreiben. Niemand wusste, wie sich die Weltwirtschaft entwickeln würde, und verunsicherte Investoren hielten an ihrem Vermögen fest.

In Anbetracht all dieser Umstände dauerte es eine Weile, bis Astra eine neue Rakete bauen, testen und nach Alaska schicken konnte: Erst am 12. September 2020 fiel eine kleine Gruppe »maskierter« Mitarbeiter in das Skyhawk-Gebäude ein, um den Versuch zu unternehmen, ihre neueste Errungenschaft ins All zu schicken, die Rocket 3.1.

Chris Hofmann, der den Launch leitete, stand in der Mitte des Kontrollzentrums. Mit seinem orangefarbenen Irokesenschnitt war er leicht zu erkennen, und die großzügigen Ibuprofen- und Antazida-Vorräte, die in Reichweite standen, verdeutlichten den Stress, den sein Job mit sich brachte. »Das muss diesmal funktionieren«, sagte er und merkte an, dass Astra – wenn man all die Starts, Explosionen und Startabbrüche an der Rampe zusammenzählte – diesen Prozess nun etwa zwei Dutzend Mal durchlaufen hatte.

Aufgrund der geringen Anzahl von Personen im Skyhawk verlief der Start entspannter als sonst. Die einzigen Mitarbeiter, die sich außerhalb des Kontrollzentrums aufhalten durften, waren diejenigen, die im Anschluss für die Problembehebung und die Datenanalyse vor Ort sein mussten. Bryson Gentile hatte am Vormittag Bier besorgt, nur für den Fall, dass es etwas zu feiern gäbe. Tatsächlich aber hatte sich vor Ort eine eher zynische Stimmung breitgemacht. Leute beklagten sich darüber, dass man zwar ständig daran gearbeitet habe, die Rakete zu verbessern, dass sich aber nach wie vor täglich neue Problemfelder auftäten. Am Abend zuvor hatte ein Heliumleck einen Startversuch vereitelt, und es war durch ein Bauteil verursacht worden, das bis dato nie Probleme gemacht hatte und das man auch seit Wochen nicht angefasst hatte.

Matt Lehman, ein Ventions-Veteran, erzählte mir in einer ruhigen Minute, dass sein nächster Job nicht in der Raumfahrt liegen würde. »Ich habe Adam all die Jahre begleitet und muss das jetzt durchziehen«, sagte er. »Aber manchmal frage ich mich wirklich, was das alles bringen soll. Wir haben bereits GPS-Systeme im Weltraum. Wir haben Überwachungssysteme. Wir können auch ein Weltraum-Internet aufbauen, aber ich habe bereits Zugriff auf mehr Katzenvideos, als ich jemals brauchen werde.«

Kemp wirkte noch fitter als sonst. Er hatte durch eine Fastenkur, bei der er sieben Tage lang ausschließlich Wasser zu sich genommen hatte, ein paar Kilo abgenommen. Trotz der grassierenden Covid-19-Pandemie war er vor Kurzem bei einem Treffen mit Elon Musk gewesen und hoffte, dass die Begegnung Glück bringen würde. »Wenn wir nur endlich diese Rakete starten, wird alles besser«, sagte er. Während er das sagte, verließ jemand das Kontrollzentrum, schnappte sich eine Flasche Whisky von einem Schreibtisch, goss ein paar Schluck in einen Mülleimer und ging dann zurück zu seinem Arbeitsplatz.

Als an diesem Freitag der Nachmittag in den Abend überging, war irgendwann der Punkt gekommen, an dem Astra bereit war, die Rakete auf den Weg zu schicken. Wieder begann der Countdown. Wieder hob die Rakete ab und fand einen neuen Weg zu scheitern. Gleich nach dem Start schien es, als versuche sie, in die entgegengesetzte Richtung der vorgesehenen Flugbahn zu steuern. Kurz nach dem Launch betätigten die Mitarbeiter des Weltraumflughafens den Notausschalter, den »Kill Switch«, und zerstörten die Rakete, sodass sie nicht mehr über Kodiak Island zurückfliegen konnte.

Nach dem Start twitterte das Unternehmen: »Start und Abflug erfolgreich, aber der Flug wurde während der Verbrennung der ersten Stufe beendet. Sieht so aus, als hätten wir eine gute Menge an nominaler Flugzeit. Weitere Updates folgen!« In einer virtuellen Pressekonferenz erklärte Kemp kurz darauf, es sei »ein wunderschöner Start« gewesen. »Wir sind unglaublich stolz auf das, was wir erreicht haben«, sagte er. »Wir haben dieses Startsystem von Anfang an für die Massenproduktion konzipiert, und wir glauben, dass wir es in Kalifornien in großem Maßstab herstellen können.«

Die Astra-Mitarbeiter, die den Start im Skyhawk-Gebäude mitverfolgt hatten und ihn nun in kleiner Runde analysierten, offerierten eine andere Sichtweise auf das Ereignis. »Es muss etwas wirklich Krasses passiert sein«, sagte Lehman. »Das Ding ist in die falsche Richtung losgegangen.« Die Rakete hatte nach wenigen Sekunden zu taumeln begonnen, als würden die Triebwerke sich gegen die eigentlichen Anweisungen zur Wehr setzen. Im Skyhawk waren sich fast alle einig, dass ein Softwarefehler schuld am Rückwärtsflug der Rakete sein müsse oder dass womöglich ein Richtungssensor verkehrt herum eingebaut worden war. Es hätte auch ein ganz simpler Fehler sein können – vielleicht hatte jemand eine falsche Zahl in das Leitsystem eingegeben. Was auch immer die Ursache war, es war eine Katastrophe.

London war bestürzt, tröstete sich aber damit, dass die Explosion an einem sicheren Ort stattgefunden hatte. »Fast der gesamte Treibstoff ist in einem hübschen Feuerball verbrannt«, sagte er. »Für die Umwelt ist das eine recht harmlose Sache.« Er war der Ansicht, dass die Leitsysteme der Rakete irgendwann herausgefunden hätten, was zu tun war, und dass die Rakete ihre Mission ausgeführt hätte, wäre sie nicht von den Sicherheitsleuten in die Luft gesprengt worden.

Peter Beck, der das Geschehen von ferne verfolgt hatte, hoffte, dass dieses jüngste Missgeschick Kemp davon abbringen würde, die Raketen von Rocket Lab als übertechnisiert zu bezeichnen. Er fragte sich außerdem, ob dies das Ende von Astra insgesamt bedeuten könnte. »Dem muss doch inzwischen bestimmt das Geld ausgegangen sein, oder nicht?«, fragte mich Beck.

In früheren Zeiten hätte diese jüngste Explosion vielleicht zum Untergang von Astra geführt. Vor Musk und SpaceX hatten sich ein paar Multimillionäre im Raketengeschäft versucht, und sie alle hatten aufgegeben, als ihre Unternehmungen im Laufe der Jahre ihr Vermögen aufzehrten. Es war ohnehin nie klar gewesen, worin die Belohnung für einen Erfolg bestanden hätte. Die US-Regierung und die NASA schotteten ihr Raumfahrtprogramm ab und überragten als sehr gut finanzierter Konkurrent alle privaten Raumfahrtunternehmen. Außerdem war mit dem Start von Raketen nicht viel zu verdienen. Wenn man das machte, dann weil man es wollte und weil es eine interessante Option darstellte, überschüssiges Kapital auszugeben. Musk war die einzige reiche Person, die mit ihrem Unternehmen wirklich am Ball blieb, und wäre seine vierte Rakete nicht erfolgreich geflogen, hätte wahrscheinlich auch er sich von der Raketentechnik verabschiedet.

Obwohl Astras Kontostand in gefährlich niedrige Bereiche trudelte, schaffte es Kemp, die ganze Sache am Laufen zu halten, denn dies war eine neue Zeit, in der Risikokapitalgeber mit ihrem Geld quasi ins All vordrangen, und Kemp sprach ihre Sprache. Er hatte alle Astra-Raketen als »Beta«-Projekte angepriesen. Sie waren ganz einfach die physischen Äquivalente von Softwareanwendungen, die ein Start-up-Unternehmen im Internet oder auf einem Smartphone testen konnte. Manchmal funktionierten sie, manchmal eben nicht. Wichtig war, dass man weitermachte, bis es irgendwann *klick* machte.

Natürlich hatten innerhalb der Raumfahrtindustrie diejenigen, die nicht für Astra arbeiteten, einen nüchterneren Blick auf die Bemühungen des Unternehmens. Astras ursprüngliche Idee, in aller Schnelle eine Rakete zu bauen, sie fliegen zu lassen und daraus Lehren zu ziehen, hatte durchaus ihren Reiz. Die meisten Leute hätten jedoch erwartet, dass das Unternehmen inzwischen schon Erfolge vorzuweisen hätte. Was Raketen anbelangte, war das Modell von Astra klein und eher schlicht. Wenn sie schon explodieren musste, dann sollte sie sich damit wenigstens ein paar Minuten Zeit lassen, damit Astra die wichtigen Flugdaten sichern konnte, mit denen man Explosionen in Zukunft vermeiden könnte. Entweder lag es an Astras Mitarbeitern oder daran, wie das Unternehmen generell an den Raketenbau heranging – oder an beidem.

Astra hatte jedoch keine Zeit für tiefe Selbstreflexion oder ein Überdenken der eigenen Arbeitsweisen. Das Unternehmen konzentrierte sich darauf herauszufinden, wer an welcher Stelle Mist gebaut hatte, mit der Folge, dass auch die letzte Rakete wieder zum Rohrkrepierer wurde. Anschließend wurden entsprechende Korrekturen an einer bestehenden Rakete vorgenommen, die in der Fabrikhalle auf ihren Launch wartete, und dann schickte man die neue Maschine nach Alaska.

Am 15. Dezember führte Chris Hofmann erneut einen Countdown durch und ließ Rocket 3.2 starten. Und diesmal, bei Gott, flog sie – und sie flog für lange Zeit. Die Rakete machte genau das, was von ihr erwartet wurde, als die erste Stufe abfiel, das Triebwerk der zweiten Stufe zündete und die Rakete ihren Weg in die Umlaufbahn fortsetzte. Chris Kemp und Chris Thompson, deren Verhältnis schon seit Langem zerrüttet war, umarmten sich im Skyhawk-Kontrollzentrum, und ihr überschwängliches Schreien wurde von den Schutzmasken kaum gedämpft. Die Kameras an Bord der Rakete zeigten Bilder von der Erde, die sie hinter sich ließ, und vom tiefen Schwarz des Weltalls, das vor ihr lag.

Nach wenigen ekstatischen Sekunden konzentrierte sich das Astra-Team wieder auf den Launch und stellte fest, dass zwar alles gut, aber nicht perfekt gelaufen war. Gerade als sie sich ihrem Ziel näherte, war der Rakete der Treibstoff ausgegangen. Sie hatte es zwar in den Weltraum geschafft und war dabei das wohl schnellste privat finanzierte Flugobjekt, dem dies je gelungen war, aber die eigentliche Umlaufbahn hatte sie nicht ganz erreicht. Der Start war also eine seltsame Mischung aus Erfolg und Misserfolg gewesen, und niemand wusste genau, was davon zu halten war – außer Kemp natürlich.

»Es war ein schweres Jahr«, sagte er. »Das Wichtigste war, das Jahr mit einem Sieg zu beenden. Ich glaube, viele Leute haben in dieses Projekt Blut, Schweiß und Tränen investiert. Wir hatten das Geld, es noch einmal zu versuchen. Wir hatten noch eine Rakete, die wir an den Start bringen konnten. Aber es wäre schwer gewesen, dafür alle wieder hierherzubekommen und noch einmal mit allem von vorn zu beginnen.«

Gleich im Anschluss daran machte Kemp Konkurrenten wie Rocket Lab ein etwas zweifelhaftes Kompliment: »Ehrlich gesagt, ziehe ich meinen Hut vor denen«, sagte er. »Sein Team dazu zu motivieren und zu inspirieren, acht, ja zehn Jahre lang durchzuhalten, das ist eine unglaubliche Herausforderung.«

Im Januar 2021 hatte Kemp dann ein richtig gutes Gefühl. »Die Rakete funktioniert so, wie sie ist«, sagte er. »Wir übergeben sie an die Produktion. ›Legt los!‹, ganz einfach. Wir werden diesen Sommer unsere erste Nutzlast fliegen, und dann werden wir direkt anfangen, jeden Monat zu fliegen.«

Astra plante auch gleich den Bau eines zweiten Weltraumflughafens, um mehr Startmöglichkeiten zu haben. Wie zuvor schon SpaceX hatte das Unternehmen das Kwajalein-Atoll als den nächsten Standort seiner Wahl ins Auge gefasst.

»Es ist ein langer Weg dorthin«, sagte Kemp. »Hoffentlich wird das alles einfacher, wenn wir ein Flugzeug haben. Wir haben bereits ein Team für unseren Weltraumflughafen. Das ist nun, als ob man sich überlegt, wo das nächste Starbucks stehen soll. Da gibt es so viel zu berücksichtigen. Wie hoch sind die Kosten? Gibt es in der Nähe einen Flughafen, auf dem man eine C-130 landen kann? Wie sieht es mit den Regularien vor Ort aus? Wir sind bemüht, die Genehmigung für mehrere weitere Projekte zu erhalten. Unser Plan ist, zunächst auf nationaler Ebene zu bauen und anschließend auch im Rest der Welt Weltraumflughäfen zu errichten. Das sind ja im Grunde genommen nur Betonflächen mit Zäunen drum herum.«

All das würde viel Geld kosten, aber Kemp sagte, der letzte Start habe dieses Problem gelöst. Unmittelbar danach habe er begonnen, Nachrichten an Investoren zu verschicken, und das Geld sei eingetrudelt. »Haufenweise Geld«, sagte er.

Dieser Quasi-Erfolg änderte auch die Art und Weise, wie Kemp über Astra redete. Es ging ihm dabei immer noch um die Fließbandproduktion der Raketen, aber nun zog er die Sache ein bisschen anders auf. Indem er wiederum auf die Welt der Softwareherstellung Bezug nahm, sprach er darüber, Astra zur Basis einer globalen Plattform zu machen – und zwar nicht irgendeiner Plattform, sondern eines seriösen Forums, das sich der Verbesserung des Lebens auf der Erde verschrieben hat.

»Ich habe jetzt eine konkretere Vorstellung davon, wohin das alles führen soll«, sagte er. »Hier geht es nicht darum, den Mars zu besiedeln. Was Elon da vorhat, ist typisch Elon. Mir geht es darum, sicherzustellen, dass Astra seine eigene, ganz und gar einzigartige Geschichte erzählen kann. Und es geht tatsächlich um die gute alte Erde. Es geht darum, das Leben hier auf der Erde zu verbessern.«

Astra hatte schon immer als zukünftiges FedEx des Weltraums gegolten und sich auch so präsentiert. Das Unternehmen wollte täglich neue Satelliten in die Umlaufbahn schicken, und zwar so billig wie möglich. Aber jetzt erst hatte Kemp die richtige Sprache gefunden, in der sich seine Mission beschreiben ließ. Den Milliardären war daran gelegen, Dinge und Menschen ins weite All zu entsenden, um der Erde so den Rücken zu kehren. Astra jedoch würde die Erde umarmen.

»Wir werden völlig neue Grenzen setzen und es einer ganzen neuen Gruppe von Pionieren ermöglichen, im Weltraum Neues zu bauen«, sagte er. »Planet Labs hat ein Jahrzehnt, eine Milliarde Dollar und 30 Neuauflagen der Doves gebraucht, um sein System tragfähig zu machen. Aber seit der Gründung von Planet Labs sind 400 weitere Weltraumunternehmen an den Start gegangen. Unternehmen, die Dutzende von Milliarden Dollar eingestrichen haben. Das ist irre viel Geld. Und diese Unternehmen konzentrieren sich alle auf die Erde. Sie verbinden Dinge auf der Erde. Sie beobachten Dinge auf der Erde. Und sie alle teilen ein Ziel: das Leben auf der Erde zu verbessern.[*] Das größte Ziel ist es, all diese Ideen möglich zu machen – damit jemand, dem in seinem Studentenwohnheim eine Idee kommt, die Möglichkeit hat, etwas ins All zu schicken. Lasst uns die Kosten für all das senken, damit wir das Ganze richtig groß aufziehen können.«

Ich diente Kemp offensichtlich als Testballon für seine neuen Ideen. Ihm schien, als sei mit dem gelungenen Start die nächste Phase in Astras Existenz

---

[*] Astra ging sogar so weit, sich den Satz »Improve Life on Earth from Space« schützen zu lassen.

eingeleitet worden und als würde es für die Zukunft eine größere Botschaft brauchen als nur die Massenproduktion von Raketen. Er war auf der Jagd nach etwas. Er hatte die Evolution des Unternehmens vor Augen. »Es steht Großes bevor«, sagte er. »Und ein paar wirklich große Leute werden mit an Bord sein.«

KAPITEL 27

ODER ERGIBT DAS ALLES KEINEN SINN?

Chris Kemp rief mich an einem Sonntagnachmittag Ende Januar 2021 mit einer großen Neuigkeit an: Am 2. Februar würde Astra an die Börse gehen und Aktienanteile über die Nasdaq verkaufen. In gewöhnlichen Zeiten hätte die Idee eines Astra-Börsengangs keinen Sinn gemacht. Aber dies waren keine gewöhnlichen Zeiten.

Im Vorfeld der Covid-19-Pandemie hatten sich die stets einfallsreichen Genies an der Wall Street in ein Finanzinstrument verliebt, das es Anlegern ermöglichte, sich in Unternehmen einzukaufen, die zwar wenig Gewinn abwarfen, dafür aber jede Menge Hype genossen und Perspektive versprachen. Dieses Instrument wurde »Special Purpose Acquisition Company« oder kurz »SPAC« genannt.

Um eine SPAC zu gründen, mussten sich ein paar reiche Leute zusammentun, Geld einsammeln und zusichern, dieses Geld irgendwann in der Zukunft für den Erwerb eines Unternehmens zu verwenden. Das bedeutet, dass die SPAC selbst überhaupt nichts machte; es handelte sich lediglich um einen Pool von Barmitteln – in der Regel Hunderte Millionen Dollar. Die Leute, die den Geldpool zusammengetragen hatten, machten sich dann erst – weltweit – auf die Suche nach einem Unternehmen, das sie kaufen und in die SPAC einbringen könnten, sodass Unternehmen und SPAC zu einer Entität verschmelzen würden. Verrückt daran ist unter anderem, dass eine SPAC an der Börse gehandelt werden konnte, noch bevor sie ein Unternehmen erwarb. Investoren konnten einsehen, wer den Geldpool zusammengestellt hatte, und wenn ihnen der Background dieser

Fundraiser zusagte oder wenn sie fanden, dass die Fundraiser smart oder bedeutend wirkten, konnten sie Anteile an der SPAC kaufen und darauf hoffen, dass diese schließlich etwas Interessantes zum Erwerb finden würde.

Verrückt war auch, dass SPACs in der Vergangenheit eher misstrauisch beäugt worden waren. Es gab sie schon seit Jahrzehnten, und sie hatten immer zu den zwielichtigeren Finanzinstrumenten gezählt. In der Vergangenheit war die Gründung von SPACs eher ein Ausdruck der Verzweiflung seitens der Geldgeber gewesen; sie hatten damit fragwürdige Unternehmen aufgekauft, hatten sie oberflächlich aufgehübscht und sie dann ahnungslosen Investoren als etwas Besonderes angepriesen. Oftmals haben diese Investoren dabei ihr gesamtes Geld verloren.

Um das Jahr 2019 herum dachten sich ein paar Leute im Silicon Valley und an der Wall Street, dass sie SPACs einen neuen Anstrich und damit auch einen besseren Ruf verleihen könnten. Sie argumentierten, dass es viele noch unrentable Technologieunternehmen gäbe, die sich aber eines Tages in riesige Imperien verwandeln würden. Investoren sollten die Möglichkeit haben, sich frühzeitig in diese Unternehmen einzukaufen und von deren Wachstum zu profitieren, und den Unternehmen sollte es so ermöglicht werden, große Mengen an Barmitteln aufzutreiben, um so schneller wachsen zu können.

In gewöhnlichen Zeiten versucht ein Unternehmen, mindestens ein paar Jahre lang Gewinne zu erwirtschaften und seine Wachstumsrate zu steigern, bevor es an die Börse geht. Das liegt zum Teil daran, dass die US-Vorschriften es Aktiengesellschaften verbieten, Spekulationen über ihre künftige finanzielle Performance anzustellen. Von den Investoren wird erwartet, dass sie ein Unternehmen anhand seiner bisherigen Finanzkennzahlen beurteilen und ihre eigenen Prognosen über die künftige Entwicklung anstellen. Je besser ein Unternehmen in den letzten zwei, drei, vier Jahren abgeschnitten hat, desto wahrscheinlicher ist es, dass die Anleger dem Unternehmen bei einem Börsengang Vertrauen schenken.

Da die Wall Street jedoch von Zeit zu Zeit beschließt, sinnvolle Dinge abzuschaffen, war es den SPACs und den von ihnen erworbenen Unternehmen mehr oder weniger freigestellt, über ihre künftige Performance zu sagen, was immer sie wollten, um potenzielle Investoren so in einen Zustand maximaler Erregung zu versetzen: *Wird unser Medikament in fünf Jahren Krebs heilen können? Wir glauben eigentlich schon, ja. Werden wir das Problem der globalen Erwärmung* lösen? *Wir denken, wir lehnen uns nicht zu weit aus dem Fenster, wenn wir das mit »Ja« beantworten. Werden sich unsere Einnahmen verdoppeln, verdreifachen und verfünffachen? Bestimmt. Gegenfrage: Warum denn nicht?*

SPACs animierten alle möglichen Arten von Investoren, wie Risikokapitalgeber zu agieren. Sie konnten gefährliche Wetten eingehen und hoffen, dass ein Unternehmen wirklich den großen Wurf landen würde. Einer Börse solche Möglichkeiten einzuräumen, trägt nicht zu ihrer Stabilität bei, und es spricht einiges für die Annahme, dass viele Anleger das Risiko, das sie eingehen, nicht wirklich verstehen. Aber was soll's. Reiche Leute wollten mehr Geld verdienen, und in Anbetracht des volatilen, oft deliriösen Zustands der Finanzmärkte während der Pandemie stellte das große SPAC-Revival wohl keine allzu große Überraschung dar.

Der Kaufinteressent für Astra stellte sich als eine SPAC namens Holicity heraus. Diese SPAC war ein Jahr zuvor von dem Milliardär Craig McCaw gegründet worden – eine Legende der Telekommunikationsbranche. Er hatte 300 Millionen Dollar von einigen Freunden, darunter Bill Gates, gesammelt und diese zusammen mit weiteren, von der Investmentfirma BlackRock bereitgestellten 200 Millionen Dollar verwendet, um sie in Astra zu investieren und das Unternehmen an die Börse zu bringen.

Im Rahmen der Vereinbarung würde Astra zunächst mit Holicity fusionieren und dann – nachdem man einige kleinere regulatorische Hürden im Laufe der folgenden Monate überwunden hatte – den Handel an der Nasdaq unter dem Tickersymbol ASTR aufnehmen. Da Holicity jedoch bereits ein börsennotiertes Unternehmen war, konnten Anleger im Grunde sofort mit dem Kauf von Astra-Aktien beginnen, während die verschiedenen involvierten Parteien den für den Abschluss des Geschäfts erforderlichen Papierkram erledigten. Als Kemp den Deal am 2. Februar ankündigte, sprang der Aktienkurs von Holicity von 10,34 Dollar auf 15,00 Dollar. Am Ende der Woche wurden die Aktien zu 19,37 Dollar gehandelt. Innerhalb weniger Tage war Astra vom Beinahe-Bankrott zu einem Unternehmenswert von zwei bis vier Milliarden Dollar aufgestiegen.

In unserem Gespräch vor der Bekanntgabe nutzte Kemp alle Möglichkeiten, die SPACs bieten, indem er Astra als Unternehmen mit einer glorreichen Zukunft vorstellte. Potenzielle Investoren sollten wissen, dass die Astra-Raketen die Umlaufbahn zwar knapp verfehlt hatten, das Unternehmen aber herausgefunden habe, woran es gelegen hatte. Astra würde bis Mitte 2021 erneut starten; nachdem dies erfolgreich verlaufen wäre, würde das Unternehmen in der zweiten

Hälfte des Jahres jeden Monat einen weiteren Launch durchführen. Anschließend würde Astra anstreben, täglich eine Rakete in seiner Fabrik zu produzieren und täglich eine Rakete von einer der Startrampen zu launchen, die das Unternehmen über die ganze Welt verteilt bauen wolle. Was die Nachrichten der Kategorie »Neu und jetzt noch besser!« anbelangte, so verkündete er, dass Astra auch in das Satellitengeschäft einsteigen werde, indem es viele der gängigsten Satellitenteile direkt in seine Raketen einbauen werde. »Dies wird es den Kunden ermöglichen, sich auf ihre Kamera, ihre Software oder das spezielle Funkgerät zu konzentrieren, das sie fliegen wollen«, sagte er. »Wir versuchen, eine Plattform zu schaffen, bei der der Start als solcher nur das Basisangebot ist.«

Kemp, der die Gunst der Stunde eindeutig spürte, fand auch Zeit, gegen Rocket Lab zu schießen. »Ich weiß nicht, was Rocket Lab macht«, sagte er mir. »Die basteln an ihren Hochleistungs-Ferrari-Raketen, die sie in großen Abständen starten. Sie haben es vor ein paar Jahren in den Orbit geschafft, und bis heute haben sie nur ein paar Launches im Jahr. Als börsennotiertes Unternehmen haben wir jetzt die volle Kapazität, um den täglichen Weltraumbetrieb aufzunehmen.«

Als Peter Beck von Astras Kapitalbeschaffung und Börsengang erfuhr, traf ihn bei Rocket Lab fast der Schlag. Er schrieb mir, dass es eine Sache sei, Risikokapitalgeber zu übervorteilen, die sich der Gefahren bewusst waren, die sie eingingen, eine ganz andere aber, Mütter und Väter zu übervorteilen, die versuchten, sich eine Rente anzusparen. »Man mag mich altmodisch nennen, aber gibt es denn wirklich keine Integrität mehr?«, fragte er.

Beck hatte schon lange Zweifel an den technischen Fähigkeiten von Astra, und Kemps Verkaufspraktiken behagten ihm überhaupt nicht. Warum, so fragte er sich, sollte irgendwer glauben, dass es einen Markt für eine Rakete gäbe, die nur etwa 45 Kilogramm Fracht in die Umlaufbahn befördern kann? Und warum vor allem sollte irgendwer Kemp vertrauen? »Ihre Zahlen ergeben doch gar keinen Sinn«, schrieb Beck. »Ich glaube, dass Kemp jetzt endlich eine Lektion erteilt bekommen wird.«

Für mich war einer der unglaublichsten Teile der ganzen Ankündigung, dass Craig McCaw und Bill Gates zu den Unterstützern von Astra zählten. In den 1990er-Jahren hatten die beiden ein Satelliten-Start-up namens Teledesic finanziert, um mit einem Kapital von lediglich neun Milliarden Dollar ein aus Hunderten kostengünstigen Satelliten bestehendes Kommunikations- und Internetsystem im erdnahen Orbit zu errichten. Wie zuvor schon Iridium und vergleichbaren Unternehmungen war auch Teledesic kein Erfolg beschert, und man stellte den Betrieb 2002 weitestgehend ein, ohne irgendetwas erreicht zu haben.

Aus irgendeinem Grund hatten diese Leute beschlossen, im Jahr 2021 wieder ins Weltraumgeschäft einzusteigen, aber anstatt sich um lukrative Satellitendienste zu bemühen, wollten sie sich in die wenig einträgliche Welt der Raketenstarts wagen.

»Letztendlich war das ganze System, das wir bei Teledesic verfolgten, einfach falsch«, sagte McCaw. »Es machte keinen Sinn, Männer in Laborkitteln mit dem Bau von Satelliten zu beauftragen, und je mehr Leute aus den Bereichen Verteidigung und Old Space man einstellte, desto mehr verkleisterten sie das Unternehmen. Wenn man versuchte, eine Rakete zu benutzen, die nicht von den großen Raumfahrt- und Verteidigungsunternehmen kontrolliert wurde, dann hieß es: ›Wenn Sie nicht unsere Rakete benutzen, werden wir Ihr Unternehmen zerstören.‹ Allein für die Versicherung zahlte man damals so viel wie heute für etwa 30 Astra-Launches.«

Er schien die Investition in Astra als einen Racheakt oder zumindest als eine Art Wiedergutmachung zu sehen. »Wir kehren zurück zum Objekt mit dem größten Frustrationspotenzial, an dem sich noch am meisten ändern muss, nämlich zu den Raketenstarts«, sagte er. »Die Lieferanten aus der Verteidigungsbranche haben sich mit Händen und Füßen gegen Unternehmen wie SpaceX gewehrt, aber Elon Musk hat ihnen offensichtlich eine neue Geschäftsphilosophie aufgedrückt. Die alten Herren werden nun zu Fußnoten der Raumfahrt. Sie werden beiseitegeschoben, weil kommerzielle Raumfahrtprojekte so viel besser abschneiden werden.«

Als die Pandemie über die Welt hereinbrach, sah es so aus, als ob die gesamte New-Space-Gang, mit Ausnahme von SpaceX, Planet Labs und Rocket Lab, verschwinden könnte. Die Start-ups, die Raketen bauten, hatten allesamt zu kämpfen. Die Satelliten-Start-ups verbrannten massenweise Geld, während sie Gelegenheiten abwarten mussten, ihre Fracht ins All befördern zu lassen. Die Lage wurde immer verzweifelter, und es sah so aus, als würde es nur noch schlimmer werden, da die Weltwirtschaft zusammenbrach und über Nacht das Investitionskapital verschwand. Kein Investor bei klarem Verstand würde Hunderte von Millionen oder gar Milliarden von Dollar in ein hochriskantes Unternehmen stecken, während die Apokalypse ihren Lauf nahm.

Doch wie wir alle wissen, geschah das Unglaubliche: Die Regierungen fingen an, Geld zu drucken und es zu verteilen; weltweit stiegen die Aktienmärkte, und obszöne Mengen an Geld flossen in Technologieunternehmen. Raketen- und Satellitenhersteller waren plötzlich hervorragend aufgestellt und konnten mit ihren idealistischen Geschäftsplänen, die sich über die Mühsal des Planeten Erde erhoben, von der Investitionseuphorie profitieren. Nicht lange nach Astra fusionierte auch Rocket Lab in eine eigene SPAC, gefolgt von Planet und mehr als einem Dutzend anderer Raumfahrtunternehmen. Keines der Unternehmen war profitabel, aber jedes war plötzlich wie durch Zauberei Milliarden von Dollar wert.

Astra begann sofort damit, seinen neu erworbenen Reichtum zu nutzen. Zunächst stellte das Unternehmen eine Reihe von Führungskräften aus namhaften Silicon-Valley-Firmen ein. Am skurrilsten war dabei die Ernennung von Benjamin Lyon zum Chefingenieur. Lyon kam von Apple, einem Unternehmen, das bis zum heutigen Tag, da ich diesen Text schreibe, keine Raketen hergestellt hat. Er hatte bei Apple für die Entwicklung von Trackpads für Notebooks und für iPhones verantwortlich gezeichnet sowie angeblich für Apples krisenanfälliges und geheimnisumwobenes Programm für selbstfahrende Autos. Kemp argumentierte, dass Lyon einen frischen Blick auf die Dinge mitbrachte und dass Astra von seinem Wissen über die Herstellung von Industrieprodukten profitieren könne. In anderen Gesprächen sagte man mir, Lyon sei eingestellt worden, um den Investoren von Astra ein gutes Gefühl zu geben. Er hatte sich im Valley einen guten Ruf erworben, und der Vorstand war der Ansicht, dass er Kemp bremsen könne, wenn der mal wieder im Begriff war, übers Ziel hinauszuschießen. Obwohl er nie zuvor auch nur ansatzweise eine Rakete gebaut hatte, wurde Lyon im Grunde die Aufsicht über den Raketenbau übertragen, wodurch Thompson und London an den Rand gedrängt wurden.

Da der letzten Rakete der Treibstoff ausgegangen war, bevor sie die Umlaufbahn erreichte, hatte Astra außerdem beschlossen, in den Bau einer neuen, größeren Rakete zu investieren. Sie wurde um 1,50 Meter verlängert und etwas breiter gemacht, damit sie mehr Flüssigsauerstoff und Kerosin aufnehmen konnte. Auf Grundlage des neuen Designs änderte das Unternehmen erneut den Preis pro Start. Es wollte nun pro Launch rund 3,5 Millionen Dollar für die Beförderung von lediglich 50 Kilogramm Fracht in den Orbit abrufen. Auf der Website des Unternehmens verkündete man stolz, rund 500 Kilogramm Fracht in den

Weltraum befördern zu können, aber mysteriöserweise gab es keine Details darüber, wie dies mit einer so kleinen Trägerrakete möglich sein sollte, und niemand machte sich die Mühe, das Unternehmen dazu zu befragen.

Am 1. Juli 2021 wurde der gesamte SPAC-Papierkram abgewickelt, und Astra begann unter dem Ticker ASTR offiziell den Handel an der Nasdaq. Es war das erste reine Raketenunternehmen, das jemals an die Börse ging, was einen bedeutenden Moment in der kommerziellen Raumfahrtindustrie markierte. Kemp und viele Astra-Mitarbeiter flogen nach New York, um die Opening Bell der Nasdaq zu läuten.

In einer kurzen Ansprache in der Börse versuchte Kemp, der ganz in Schwarz gekleidet war, potenzielle Investoren über Astras Werdegang zu informieren. »Vor vier Jahren gründeten Adam London und ich Astra im Stillen, mit der kühnen Mission, das Leben auf der Erde vom Weltraum aus zu verbessern«, sagte er. »Unsere Vision für einen gesünderen und besser vernetzten Planeten hat das talentierteste Team der Welt dazu inspiriert, eine Rakete zu bauen und sie starten zu lassen – schneller als jedes andere Unternehmen vor uns und zu einem Bruchteil der Kosten. Wir haben jetzt die Ressourcen, um unseren Hundertjahresplan umzusetzen. Lasst uns den Weltraum für alle zugänglich machen.« Er versprach außerdem, im Sommer die erste kommerzielle Mission von Astra zu starten und dass man bis 2025 in der Lage sein würde, täglich Flüge durchzuführen.

Nach der Rede versammelte sich das Astra-Team um Kemp, um auf der Opening-Bell-Bühne der Nasdaq zu feiern. Lyon, der Neuzugang von Apple, stand neben Kemp und London in der ersten Reihe, ebenso wie einige der anderen neuen Führungskräfte, die Astra gerade eingestellt hatte. Chris Hofmann und eine Handvoll weiterer Astra-Veteranen waren ebenfalls anwesend, wenn sie auch meist am Rande des Geschehens blieben. Was die meisten Beobachter der Veranstaltung nicht wussten, war, dass viele der Personen, die Astra in den vergangenen vier Jahren aufgebaut hatten, das Unternehmen in den letzten Wochen verlassen hatten. Les Martin war gegangen. Matt Lehman war gegangen. Ben Farrant war gegangen. Roger Carlson, Ben Brockert, Milton Keeter, Bill Gies, Issac Kelly, Rose Jornales und Matt Flanagan waren ebenfalls fort. Einige waren entlassen worden. Einige von ihnen waren ausgebrannt und hatten neue Karrieren eingeschlagen. Einige von ihnen waren mit der Ankunft des neuen Managements nicht einverstanden und hatten das Gefühl, dass die Investoren von Astra das Unternehmen in eine falsche Richtung gedrängt hatten. Unabhängig davon, ob sie noch im Unternehmen arbeiteten oder nicht, fragten sich die derzeitigen und ehemaligen Astra-Mitarbeiter, ob sie ihre Aktienanteile am Unternehmen halten oder lieber jetzt verkaufen sollten, da externe Investoren die Aktie in die Höhe trieben, begeistert von dem Gedanken, im Raketengeschäft mitmischen zu können.

Ende August hatte das neu formierte Astra-Team seine erste Chance zu beweisen, dass es das Unternehmen in die richtige Richtung lenkte. Astra würde noch keine richtige kommerzielle Mission durchführen, wie Kemp es versprochen hatte, da sich noch kein Kunde gefunden hatte, der eine echte Nutzlast auf die Rakete des Unternehmens laden wollte. Die U.S. Space Force erklärte sich jedoch bereit, den Start zu unterstützen, um Astras Fähigkeiten auf die Probe zu stellen. Außerdem wollte man einige Sensoren an Bord der Rakete installieren, um sich so einen Eindruck davon zu verschaffen, welchen Bedingungen ein Satellit ausgesetzt wäre, wenn man ihn auf diese Weise ins All befördern würde. Wie üblich reisten ein paar Leute nach Alaska, um den Launch der Rocket 3.3 vorzubereiten, während sich der Rest der Astra-Mitarbeiter im Skyhawk-Gebäude versammelte, um seine Arbeit im Kontrollzentrum zu erledigen (oder einfach nur zuzusehen).

Anders als in der Vergangenheit gelang es Astra, diese Rakete schnell vom Startplatz wegzubekommen, und zwar auf so spektakuläre Weise, wie man es in der Raketenindustrie zuvor kaum je gesehen hatte. Direkt beim Start fiel eines der fünf Triebwerke aus und verursachte eine kleine Explosion. Durch den fehlenden Schub bekam die Rakete Schlagseite. Anstatt jedoch abzustürzen, bewegte sich die Rakete einige Meter über dem Boden langsam seitwärts. Sie driftete von der Startrampe weg und auf den Metallzaun zu, der das Startgelände umgab. Das Ganze sah beinahe so aus, als würde ein Betrunkener von seinem Stuhl aufstehen und davonstolpern wollen. Absurderweise setzte die Rakete ihren Flug in Bodennähe fort und steuerte geradewegs durch eine etwa drei Meter breite Öffnung im Zaun, so als hätte jemand gewusst, was passieren würde, und ein Tor für sie offen gelassen. Nachdem sie ihren Flug auf diese Weise noch für eine unangenehm lange Zeit fortgesetzt hatte, tat die Rakete, was niemand mehr für möglich gehalten hatte, und begann tatsächlich, himmelwärts zu fliegen. Sie hatte genügend Treibstoff verbrannt, damit die vier verbliebenen Triebwerke ihre Arbeit tun und die Rakete in Richtung Weltraum stoßen konnten. Die Astra-Crew und die Zuschauer, die den Start per Videostream verfolgten, beobachteten mit offenen Mündern, wie die Rakete erst Max Q und dann Überschallgeschwindigkeit erreichte und ihren Flug noch für zweieinhalb Minuten fortsetzte, bevor sie vom Kurs abkam und von den Verantwortlichen des Weltraumflughafens eliminiert wurde.*

Ein paar Tage lang war die Rakete eine kleine Internetberühmtheit. Weder eingefleischte Raumfahrtveteranen noch die Space-Nerds, die Stunden damit zubrachten, sich Übertragungen von Raketenstarts online anzuschauen, hatten je erlebt, dass eine Rakete auf so bizarre Weise versagt respektive sich auf so spektakuläre Weise gefangen hatte. Wieder fiel es den Leuten schwer zu verstehen, was für ein Gefühlschaos eine solche Maschine in ihnen auszulösen vermochte. Es war verblüffend, dass ein Triebwerk im Augenblick des Starts ausgefallen war. Doch irgendjemand musste irgendetwas richtig gemacht haben, denn die Software der Rakete hatte weitergearbeitet, die Lage analysiert und sich selbst korrigiert.

Die aufmerksamsten Beobachter von Astra wussten jedoch, dass dieser Start in gewisser Weise der bisher schlechteste gewesen war. Raketenprogramme machen für gewöhnlich stetige Fortschritte: Die erste Rakete explodiert. Die zweite fliegt eine Zeit lang und explodiert dann. Die dritte erreicht beinahe ihr Ziel, und dann gibt es erst einen Erfolg und dann noch einen Erfolg und noch einen weiteren Erfolg. Astra hingegen hatte im Dezember des Vorjahres den Rand der Umlaufbahn berührt und nun, acht Monate später, einen Irrsinnsflug sondergleichen hingelegt. Das Schlimmste daran war, dass ausgerechnet das Bauteil die Rakete zum Absturz gebracht hatte, das den meisten Tests und Analysen unterzogen worden war. Dem Anschein nach war Astra nicht in der Lage, die wichtigsten Lektionen aus seinem Scheitern zu lernen. »Der Weltraum mag schwer zu erobern sein, aber genau wie diese Rakete geben wir nicht auf«, twitterte Kemp.

In der Vergangenheit hatten private Raketenunternehmen die meisten ihrer Experimente hinter verschlossenen Türen durchführen können. Sie waren nicht verpflichtet, die Öffentlichkeit dabei zusehen zu lassen, wie sie Dinge sprengten, und veröffentlichten in der Regel erst dann Aufnahmen, wenn ihre Raketen funktionierten. Das hatte bisher auch für Astra gegolten, aber jetzt, als börsennotiertes Unternehmen, hatte es den mutigen Schritt gewagt, seinen Startversuch als Live-Videostream zu senden. Das Unternehmen, das so lange auf

---

* https://www.youtube.com/watch?v=kfjO7VCyjPM. Viel Vergnügen!

Geheimhaltung gesetzt hatte, präsentierte sich nun der breiten Öffentlichkeit und war willens, sich der Kritik zu stellen – und das Urteil ließ nicht lange auf sich warten.

Als die Finanzmärkte am Montag nach dem Start öffneten, fiel der Aktienkurs von Astra um 25 Prozent. Die besten Kommentatoren des Internets stürmten Reddit und andere Online-Foren, um ihre Bestürzung über die Performance von Astra zum Ausdruck zu bringen. Viele von ihnen hatten in das junge, vielversprechende Raketenunternehmen investiert und hatten entsetzt mit angesehen, wie die Rakete mal seitwärts und dann wieder aufwärts geflogen und schließlich explodiert war. Während die meisten Unternehmen ein paar Monate oder Jahre Zeit haben, um ihr Produkt zu einem Erfolg zu machen, existierte Astra in einem Bereich, in dem es deutlich binärer zuging: Entweder man schaffte es in den Weltraum und war erfolgreich, oder man scheiterte, weil das eigene Produkt sich buchstäblich in Luft auflöste.

Infolge des missglückten Starts sah sich Astra sofort mit Klagen konfrontiert – auch das hatte es in der Raketenindustrie so noch nicht gegeben. Mutige Anwälte aus mehreren Kanzleien boten ihre Hilfe bei der Klärung der Frage an, ob Astra und seine Führungskräfte ihre Fähigkeiten überschätzt und gegen das Wertpapierhandelsgesetz verstoßen hatten, indem sie ihre Rakete gesprengt hatten.

Diese Klagen, so erbärmlich und zynisch sie auch sein mochten, unterstrichen die Komik der Tatsache, dass Astra ein börsennotiertes Unternehmen war. Nur wenige Menschen auf der Welt hatten eine Vorstellung davon, was es brauchte, um eine Rakete zu bauen; kaum jemand konnte einschätzen, ob die Herstellung einer Rakete ein rentables Geschäft sein konnte. Diejenigen, die den besten Einblick hatten, hielten den Einstieg in den Raketenbau im Allgemeinen für eine sehr schlechte Idee. Astra jedoch hatte sich auf eine Bühne begeben, auf der das Unternehmen von einer Öffentlichkeit beurteilt wurde, die sich für weltraumkundig hielt und davon träumte, die Eroberung des Alls in irgendeiner Form zu begleiten, oder die einfach aus den Schwankungen zwischen idealistischem Hype und gedrückter Stimmung Kapital schlagen wollte.

Der Gang an die Börse war für Astra und für Kemp ein moderner faustischer Handel. Unter keinen anderen Umständen hätte ein solches Unternehmen eine siebte Chance erhalten, eine Rakete in den Orbit zu bringen. Da Astra jedoch so viel Geld gesammelt hatte, konnte es theoretisch noch jahrelang weiter Raketen bauen und in die Luft jagen. Es schien – zumindest mir – völlig irrational, dass sich die Dinge so entwickelt hatten. Hunderte von Millionen Dollar waren in ein Produkt geflossen, das nicht funktionierte und selbst dann noch von fragwürdigem Wert war, wenn es anständig flog.

Betrachtete man das Ganze jedoch aus anderer Perspektive, war es perfekt.

Chris Kemp verkörperte den Geist des Silicon Valley. In seinem durchtrainierten, gesunden Körper steckte ein unerschöpflicher Vorrat an Optimismus, Energie, Kampfgeist und Intelligenz. Diese Eigenschaften verbanden sich mit dem Bedürfnis, Gesetze, Autoritäten und so ziemlich alles andere bis an ihre Grenzen zu treiben. Sein ganzes Leben lang hatte er dieses Spiel trainiert, und er war gut darin. Viele Menschen mochten ihn nicht und hielten ihn für skrupellos. Andere fanden ihn liebenswert und hielten ihn, mehr als alles andere, schlichtweg für nützlich. In vielerlei Hinsicht war Kemp wie geschaffen für die Führung eines Unternehmens im verrückten Zeitalter des New Space.

Einer der entlassenen Astra-Mitarbeiter hat es vielleicht am besten ausgedrückt. Er war kein Kemp-Fan, aber er war Realist. Er hatte miterlebt, wie viele der Leute mit Raketenbauerfahrung zu Astra gekommen waren und sich abgemüht hatten, eine funktionierende Rakete zu bauen. Er hatte gesehen, wie Adam London, die vielleicht klügste Person im Unternehmen, von den Raketenmodellen, an denen er so gerne arbeitete, weggeholt wurde, um sich stattdessen mit Budgetfragen und Essensoptionen zu befassen. Er hatte gesehen, wie Leute von namhaften Unternehmen zu Astra wechselten und Titel und Aktienoptionen erhielten, während sie versuchten, beim »next big thing« Kasse zu machen, sei es nun eine Rakete oder ein Werbealgorithmus. »Die einzige Person, die die ganze Zeit über transparent war, war Kemp«, sagte er. »Er ist die einzige Person in dieser Firma, die genau das getan hat, was sie versprochen hat, nämlich einen Haufen Geld einzusammeln, damit alle anderen versuchen können, ihre Träume zu verwirklichen.«

DIE KOMMERZIELLE RAUMFAHRT IM SCHAUBILD

STARTFÄHIGE RAKETEN

Die jüngste Generation von Raketen, von denen einige wiederverwendbar sind, kann die jeweilige Fracht so kostengünstig in den Weltraum befördern wie keine Raketen zuvor.

SpaceX Falcon 9
22 800 kg
maximales Frachtgewicht zur erdnahen Umlaufbahn

Firefly Beta
8000 kg

Rocket Lab Neutron
8000 kg

Firefly Alpha
1000 kg

Rocket Lab Electron
300 kg

Astra Space Rocket 3
200 kg

Rakete	Satelliten
Astra Space Rocket 3	1
Rocket Lab Electron	2
Firefly Alpha	7
Rocket Lab Neutron	61
Firefly Beta	61
SpaceX Falcon 9	175

Wie viele jeweils 130 Kilogramm schwere Satelliten können mit einem Raketenflug dieses Typs in die erdnahe Umlaufbahn transportiert werden?

CREDIT: EVAN APPLEGATE   DATA: COMPANY REPORTS

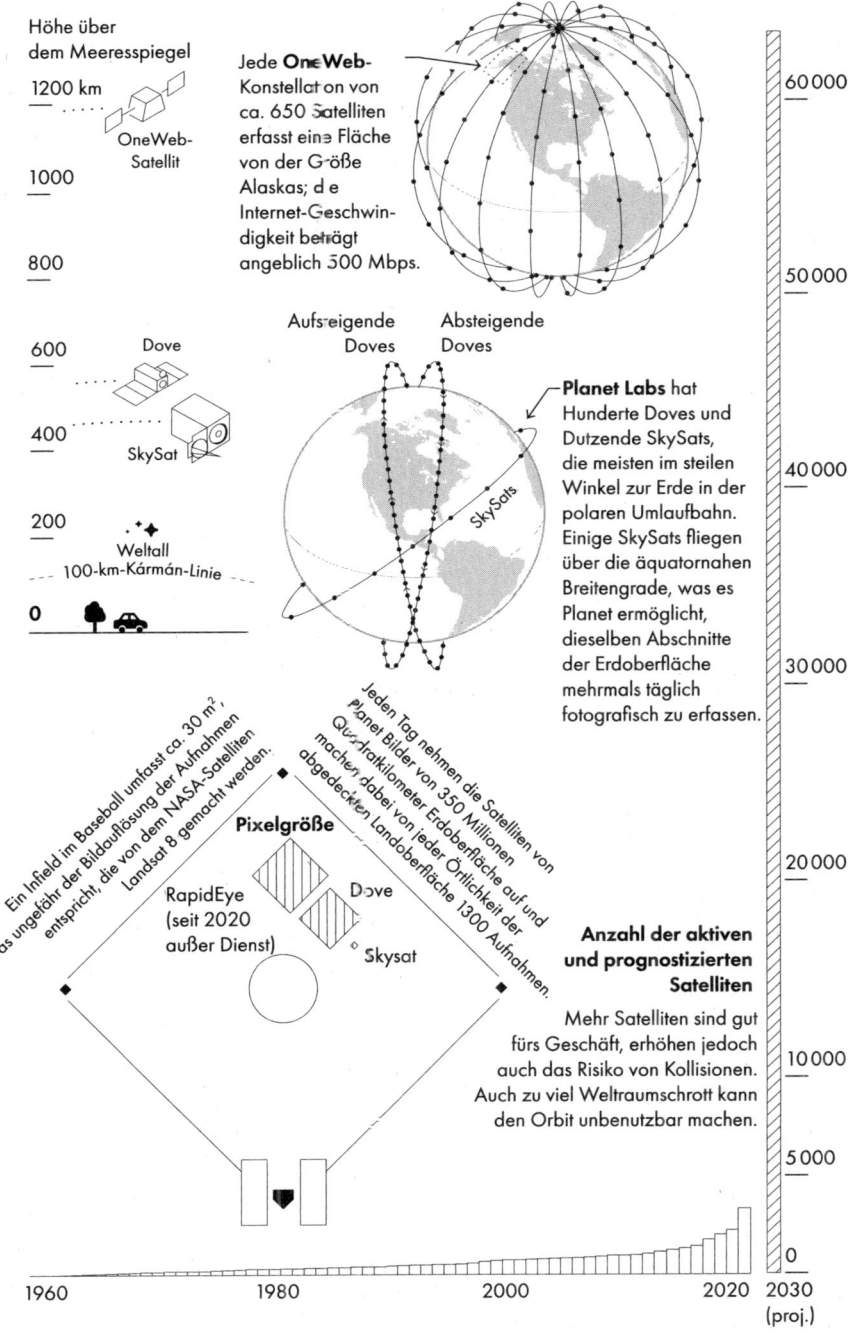

DATA: UNION OF CONCERNED SCIENTISTS, NASA, JONATHAN MCDOWELL

MAD MAX 2.0

KAPITEL 28
ÜBER DIE LEIDENSCHAFT

Da Max Poljakow sich nun einmal in Texas befand, wollte er auch typisch texanische Dinge tun. An einem Oktobernachmittag im Jahr 2018 sprang er mit ein paar seiner neuen Arbeitskollegen in einen Truck und fuhr zur »5-Way Beer Barn« in Briggs, das etwa 80 Kilometer nördlich von Austin liegt. Bei dem beliebten Drive-thru konnte man einfach ranfahren und sein Fenster runterlassen, woraufhin eine sehr nette Frau kam und mit dem typischen Südstaatendialekt fragte, was man haben wolle (»What y'all need today?«). Man bekam dann nicht nur Bier und Schnaps – sogar ein Heuballen wurde einem auf Wunsch direkt zum Fahrzeug gebracht.

Poljakow stammt aus der Ukraine, und er zeigt für viele Dinge eine außergewöhnlich große Begeisterung. Als wir uns zum Beispiel der großen roten Scheune näherten, rief er: »Die Beer Barn! Schaut euch das nur mal an! Hier geht's direkt rein! Und guckt mal, was da steht. Wir sind zur richtigen Zeit zur Beer Barn gekommen!« Er war begeistert darüber, dass es einen Futtertrog für Rehwild gab. Seine Augen wanderten vom Kautabak zu den Stangen mit getrocknetem Rindfleisch. Er war völlig überrascht und ganz angetan von der Tatsache, dass die Beer Barn neben Bargeld auch Kreditkarten als Zahlungsmittel akzeptierte. Er sog alles in sich auf und genoss diese Erfahrungen so offensichtlich, dass es einen glatt neidisch machen konnte. »Kultur ist Kultur!«, stellte er auf der Rückfahrt fest – die Hand fest um einen Kasten mit 24 verschiedenen Biersorten.

Es ist sehr wahrscheinlich, dass Sie bis gerade eben noch nie zuvor von Max Poljakow gehört haben. Das ist einerseits überraschend, aber andererseits auch wieder nicht. Neben Elon Musk und Jeff Bezos hat Poljakow mehr von seinem persönlichen Vermögen in dieses große Wettrennen rund um den New Space gesteckt als jeder andere Mensch. Allein 200 Millionen US-Dollar seines Geldes flossen in das Raketen-Start-up Firefly Aerospace. Er hatte also einen guten Grund, nach Texas zu kommen: Er wollte sehen, wie sein Geld bei der gigantischen Testanlage und Produktionsstätte für Raketentriebwerke, die Firefly dort betrieb und die nur wenige Hundert Meter von der Beer Barn entfernt lag, verwendet wurde. Er wollte zudem, dass man im Headquarter der Firma im nahe gelegenen Cedar Park auf seine Anwesenheit aufmerksam wurde. Ich war Poljakow erstmals ein Jahr zuvor im Silicon Valley begegnet, wo wir damals beide lebten. Die Menschen in der Raumfahrtbranche hatten von einem mysteriösen und sehr reichen Typen aus der Ukraine gesprochen, der nun in der Raketenbranche mitspielte, und ich wollte mehr über ihn herausfinden. Nach dem, was man im Internet erfuhr, war Poljakow Chef von Noosphere Venture Partners, wobei es allerdings recht vage blieb, was für Geschäfte dieses Unternehmen eigentlich betrieb. Er war zudem auch an einigen sehr erfolgreichen Online-Plattformen für Dating und Gaming sowie an Firmen für Unternehmenssoftware beteiligt. Aus dem öffentlich zugänglichen Lebenslauf wurde allerdings nicht wirklich ersichtlich, wie er so viel Geld hatte verdienen können, dass er damit ein Raketenunternehmen finanzieren konnte, und man erfuhr auch nicht viel dazu, was für eine Art Mensch Poljakow war.

Bei meinem ersten Besuch in Poljakows Büro in Menlo Park begegnete ich einem Mann von Anfang 40, etwas größer als der Durchschnitt, aber mit dem typischen Bierbauch, den Väter so haben. Sein Haar war kurz geschnitten und hellbraun, sein Gesicht ließ ihn mal wie eine Putte und mal wie einen Lausbuben aussehen. Poljakow kam mir an der Tür entgegen und führte mich durch sein Büro. Es war offensichtlich, dass dieser Mann ein Herz für Sci-Fi-Kunst und einen ausgeprägten Sinn für Humor hatte. Über dem Eingang stand eine Skulptur, die aus Dutzenden kleiner Sicherheitskameras bestand, und in der Nähe eines Besprechungsraums stand eine weitere Figur – ein Cyber-Schwein aus Metall. Überall standen Unmengen von Kunstwerken rund um das Thema Kosmos und Raumfahrt – kleine Modelle von Raketen und Satelliten ebenso wie große, nicht definierbare Maschinenteile. Er schien sich auch für religiöse Ikonografie zu begeistern, denn an zahlreichen Wänden hingen Bilder von Heiligen.[*]

---

[*] Dieser Besuch fand Jahre vor der Invasion Russlands in die Ukraine statt; ein Konflikt, der immense Auswirkungen sowohl auf Poljakow als auch auf die im Folgenden beschriebenen Personen und Orte haben sollte.

ÜBER DIE LEIDENSCHAFT

Diese höchst unterschiedlichen Objekte – halb Kunst, halb Techno-Dekor – entsprachen auch dem Eindruck, den ich von ihm als Menschen gewinnen konnte: Worte und Ideen schossen in einer schier unfassbaren Geschwindigkeit aus seinem Mund; dabei hatte er einen slawischen Akzent, an den ich mich erst einmal gewöhnen musste.

Zu Beginn seines verbalen Dauerfeuers erfuhr ich, dass Poljakow sich bislang eher gedeckt gehalten hatte, weil er der Presse nicht wirklich traute, vor allem nicht den Journalisten der westlichen Welt. Er hatte unserem Treffen nur zugestimmt, weil sein »Chief Lieutenant«, ein Belarusse namens Artiom Anisimow, mich empfohlen, für die Qualität meiner Berichterstattungen garantiert und in den Raum gestellt hatte, dass ich vielleicht kein ganz so schrecklicher Mensch sei.

Nach etwa einer halben Stunde harmlosen Plauderns fasste Poljakow etwas Zutrauen und fing an, sich zu öffnen. Firefly war gerade mitten in dem Prozess, seine erste Rakete zu bauen. Sie würde viel größer sein als die Raketen, die von Rocket Lab, Astra und anderen Start-ups gebaut wurden, aber kleiner als die Falcon 9 von SpaceX. Wenn man in Fahrzeuganalogien dachte, wären die kleinen Raketen wie kleine Mittelklassewagen, SpaceX wäre ein Sattelzug und Firefly wäre dann der Minivan des Weltraums. Er würde eine große Menge an Frachtgut transportieren können, und das zu einem vernünftigen Preis. Doch sich nur auf die Rakete zu konzentrieren sei dumm, meinte Poljakow, denn er habe noch viel größere Ziele. Er wollte Raketentriebwerke bauen, Satelliten und Software, ja, er wollte im Grunde genommen einen Großteil der Raumfahrtindustrie kapern. Um seine Businesspläne und Strategien zu beschreiben, benutzte er Redewendungen wie »volle Attacke« oder »mit Leidenschaft«, und dementsprechend lieferte er mehrere Monologe ab, die sich um diese Begriffe drehten und erklärten, wie seine Energie und sein Geschäftssinn in Kombination dafür sorgen würden, die Mitbewerber auszustechen und sie ein für alle Mal in die Vergessenheit zu schießen.

Ich brauche wohl nicht zu betonen, dass Max mir von Anfang an gut gefiel. Und es wurde immer besser.

Poljakow erzählte mir, dass seine Eltern für die Raumfahrtprogramme der Sowjetunion gearbeitet hatten. Die Ukraine war damals ein Zentrum für die Entwicklung und Herstellung von Interkontinentalraketen (ICBMs) und Raumfahrtraketen gewesen. Doch seit dem Niedergang der Sowjetunion war das Land in eine wirtschaftliche Stasis verfallen, und die Raumfahrtindustrie der Ukraine war sogar vollständig zusammengebrochen, wodurch auch alle Talente plötzlich verschwunden waren. Poljakow hatte einen großen Plan, der zu Zeiten des Kalten Krieges noch undenkbar gewesen wäre: Er wollte die besten Aspekte der alten sowjetischen Raumfahrttechnologie mit dem Besten der amerikanischen New-Space-Ingenieurskunst kombinieren. Dafür wollte er in der Ukraine Produktionsstätten und wissenschaftliche Einrichtungen aufbauen, in der sowohl die Top-Ingenieure des sowjetischen Raumfahrtprogramms arbeiten sollten als auch vielversprechende neue Talente. Diese Mitarbeiter würden die Technologie entwickeln und sie dann nach Texas importieren. Damit wäre Firefly *das* Unternehmen, in dem sich das Wissen der zwei wichtigsten Raumfahrtsupermächte der Geschichte vereinen ließe. Selbst Elon Musk hätte gegen solch einen Giganten keine Chance.

Der Plan klang unausgegoren, weil er unausgegoren war. In den USA gibt es strikte Reglementierungen für Raumfahrttechnologie, und weder die Regierung noch das Militär würden sich mit dem Gedanken anfreunden, dass irgendein »dahergelaufener« Typ aus der Ukraine eine Art intellektuelles Fließband herstellte, das den ehemaligen Ostblock mit Zentraltexas verband. Und doch hatte die Idee etwas Bestechendes an sich. Die Welt hatte sich verändert, warum also sollte man nicht Nutzen ziehen aus Jahrzehnten wissenschaftlicher Erkenntnisse und fantastischer technologischer Entwicklungen, anstatt sie ungenutzt verkümmern zu lassen oder aber – noch schlimmer – zu riskieren, dass sie einem Feind der USA in die Hände fielen? Vielleicht war Poljakow tatsächlich der eine Mensch auf Erden, dem es gelänge, so etwas umzusetzen.

Diverse Leute aus der Raumfahrtindustrie, die ebenso wie ich versucht hatten, im Internet etwas über Poljakow herauszufinden, waren zu dem Schluss gekommen, dass er entweder krumme Geschäfte machte oder ein Spion war, oder aber ein Spion, der krumme Geschäfte machte. Die Tatsache, dass er so viele Dating-Plattformen besaß und dazu noch aus der Ukraine kam, schien die Idee zu bestärken, dass er etwas Arges im Schilde führen müsse. Vielleicht wollte er US-amerikanische Technologie abschöpfen und sie in die Ukraine oder – schlimmer noch – nach Russland überführen. Vielleicht hatte er das viele Geld ja mit skrupellosen Geschäften verdient, von denen wir überhaupt nichts ahnen konnten. Und außerdem sprach er so komisch.

Um ehrlich zu sein, mir waren all diese Gerüchte völlig schnuppe, als wir uns das erste Mal trafen. Der Mann, der da vor mir stand, war bombastisch und voller Übertreibungen, aber er war ganz augenscheinlich auch sehr intelligent und so voller Lebensfreude, dass man gerne seine Gesellschaft suchte. Nie zuvor hatte ich jemanden erlebt, der in seinen Gesprächen mit so viel Eifer und Idealismus eine logische Verbindung herstellen konnte zwischen dem Weltraum, Unternehmertum und seiner Heimat. Poljakow betonte, er sei in die USA gekommen, um zu beweisen, dass ein Immigrant die großartigsten Dinge bewerkstelligen könne. Er wies darauf hin, dass er großartige Raketen bauen wolle, von denen diese großartige Nation profitieren werde, wovon dann, so hoffte er, seine Landsleute zu Hause ebenfalls begünstigt würden. Ein großer Teil von mir glaubte ihm.

EIN PRÄZISES BILD VON FIREFLY abzuliefern, von seiner Vergangenheit und Gegenwart, ist gar nicht so einfach, und wir werden nachher darauf zurückkommen, aber was Sie jetzt wissen sollten, ist, dass die Firma 2014 von einem Mann namens Tom Markusic und zwei weiteren Mitstreitern gegründet wurde. Markusic leitete Firefly für mehrere Jahre, bis das Unternehmen dann im Jahr 2017 bankrottging. Das war der Moment, als Poljakow wie von Zauberhand auf der Bildfläche erschien und die Firma rettete. Er setzte Markusic sogar wieder als Geschäftsführer ein.

Markusic erfreut sich in der Raumfahrtbranche eines sehr guten Rufs. Er hatte bei der NASA gearbeitet, bei SpaceX, bei Blue Origin und bei Virgin Galactic. Im Bereich des Raketenantriebs hat er bahnbrechende und enorm zukunftsweisende Forschung betrieben. Er ist zwar kein gebürtiger Texaner, aber Markusic weiß genau, wie man als solcher rüberkommt: Er trägt oft Jeans, Cowboystiefel und ein kurzärmeliges Hemd mit Kragen. Er hat einen Schnäuzer und ein Ziegenbärtchen. Ihm gefallen Waffen, Bier und Trucks, und am besten gefallen ihm alle drei zusammen. Und als wolle er seiner Method-Acting-Darstellung des urwüchsigen Texaners noch das i-Tüpfelchen aufsetzen, stapft Markusic jeden Tag voller Selbstvertrauen und auch ein bisschen prahlerisch durch seinen Betrieb. Er sagt seinem Team Worte wie: »Jede Woche bläue ich das jedem von euch ein: ›Denkt mit beim Arbeiten‹ und: ›Geht wieder zurück an die Arbeit!‹«

Poljakow und Markusic zusammenzubringen war so, als würde man mit einem Zauberspruch eine Bühne erschaffen, auf der sich das Theater des Absurden abspielen konnte. Ein reicher Exzentriker aus der Ukraine, der ein Raketenunternehmen besaß, von dem eigentlich niemand wollte, dass er es besitzt. Er hatte der Wiedereinsetzung von Markusic als Chef bei Firefly zugestimmt, weil er hoffte, dass Markusic tatsächlich wusste, wie man Raketen baut, und weil der

Rest der Welt es dann besser würde aushalten können, dass Firefly überhaupt noch existierte. Es stellte sich später heraus, dass keiner der beiden wirklich viel für den anderen übrighatte, aber sie wurden vereint von dem gemeinsamen New-Space-Traum – einer Vision, die viele teilten: Vielleicht kriegen wir das ja hin?! Yeah, das wäre mal absolut cool!

Als Beweis, wie wunderbar bizarr diese beiden Männer waren, wenn sie gemeinsam auftraten, werde ich Ihnen hier kurz skizzieren, wie es zu dem eingangs erwähnten Ausflug zur Beer Barn kam. Poljakow besichtigte gerade das Gelände von Firefly, das im tiefsten texanischen Buschland liegt, während Markusic uns allen beweisen wollte, dass er ein außergewöhnliches Talent habe und er seine Raketenfirma auf keinen Fall ein zweites Mal bankrottgehen lassen würde.

> **POLJAKOW:** Texas ist gut! Sehr gut sogar! Nicht wie Kalifornien. Das hier ist das echte Amerika. Echt und wahr. Einfach nur gut! Als ich hier ankam, konnte ich diese Leidenschaft spüren, diese Energie, alles war in Synergieeffekten aufeinander abgestimmt, alles bewegte sich gemeinsam auf die Sterne zu. Es ist so, wie wenn man die Frau findet, die man heiraten will. Erst sieht man nur ihre Schönheit, und dann entdeckt man nach und nach all ihre anderen Qualitäten. Man wacht einfach auf, und man spürt die Energie, dass man etwas tun muss, stimmt's? Ja, ja. Volle Attacke – Attacke. Attacke! Verstehen Sie das? Ja. Das ist der Grund, warum wir Raketen bauen!

> **MARKUSIC:** Hier ist unser Testgelände. Das Wichtigste an einem Testgelände ist, dass das Wetter gut sein muss, denn man arbeitet viel draußen im Freien. Texas ist eigentlich das ganze Jahr über trocken. Es wird im Sommer zwar heiß, aber das lässt sich aushalten. Die Winter sind recht mild. Und man braucht viel Platz, denn die Arbeit ist sehr laut. Man braucht auch Platz für den Fall, dass etwas schiefgeht und explodiert – man will das Land und die Menschen in der Nähe nicht gefährden.
>
> In Texas ist die Ölindustrie sehr stark vertreten. Wenn man einen Raketenprüfstand baut, braucht man viele Konstruktionsteile, die zusammengebaut oder geschweißt werden, man braucht Rohre und Leitungen und Ventile und Maschinenhallen und all so was. Und dafür gibt es hier in der Gegend tatsächlich jede Menge Zulieferbetriebe.
>
> Wir haben uns überall rund um Austin umgeschaut, und dieser Ort bot die perfekte Kombination aus geringen Kosten und unkomplizierter Bürokratie.

ÜBER DIE LEIDENSCHAFT

Wir können hier bauen, was wir wollen – wir brauchen keine Baugenehmigung oder so etwas, und das ist wichtig, um die Kosten niedrig zu halten und damit nichts ins Stocken gerät. Es gibt keine Lärmschutzbestimmungen, es gibt nichts, was uns daran hindert, hier zu tun, was getan werden muss.

POLJAKOW: Unser Land! Seht nur, wie schön es ist! Die Firefly Farm.

MARKUSIC: Die Rocket Ranch. Wir zahlen etwa 300 Dollar im Jahr an Grundsteuern, weil dies eine Farm ist. Und Max ist der Farmer.

POLJAKOW: Ich sehe aus wie ein Farmer, aber mein Hobby sind Raketen. Oh! Schaut mal da – meine wunderschönen Kühe!

MARKUSIC: Ja. Davon haben wir um die 100. Diese Kühe haben schon einiges miterlebt.

POLJAKOW: Wunderschöne Kühe Seht euch meine wunderschönen Kühe an! Wunderschönes Testgelände! Noch mehr Kühe! Schaut nur, wie viele Kühe wir haben! Wir sind quasi die Weltraumoligarchen der Kuhhaltung.

MARKUSIC: Rindfleisch.

POLJAKOW: Rindfleisch!

MARKUSIC: Rindfleisch und Raketen. Nun gut. Wir schauen uns gleich ein paar der Maschinen an, aber erst möchte ich Ihnen die neuen Prüfstände zeigen. Den zweiten Teil der Rakete montieren wir direkt am Prüfstand.

POLJAKOW: Wir haben mit allem bei null angefangen! Seht euch mal diese Kuh an. Ist das ihr Penis?

MARKUSIC: Nein, das dürfte wohl das Euter sein. Ha. Sonst hätte die Kuh ja vier Penisse! Lassen Sie uns hier hinübergehen, ich glaube, von hier aus kann man das alles besser erkennen.

Wie Max bereits gesagt hat: Wir haben das alles hier von Grund auf neu gebaut. Das war mal eine reine Viehweide. Unter dem Boden befindet sich Kalkkruste, das benutzt man für den Untergrund im Straßenbau. Wir haben viel davon hier selbst abgebaut, um unsere eigenen Straßen zu bauen. Wir machen quasi alles selbst. Die ganzen Schweißarbeiten, alles, was Sie hier sehen, haben wir hier in unseren kleinen Fabrikhallen angefertigt. Bei SpaceX war ich von Anfang an für das Testgelände verantwortlich, und da habe ich wirklich viel gelernt. Ich glaube, das ist es, was uns von den anderen abheben wird.

Hier drüben ist unsere Werkstatt für Verbundwerkstoffe. Wir machen viele verschiedene Dinge hier. Es gibt Reinheitszonen für die Montage der Raketentriebwerke und der Fluidsysteme. Das da ist ein Ofen, in dem wir die Verbundstoffteile aushärten.

POLJAKOW: Heavy Metal. Kein Silicon Valley. Sehen Sie? Heavy Metal. Wie viele Tests werden heute durchgeführt? Gibt es heute wenigstens ein paar Tests, bei denen es richtig knallt im Triebwerk?

MARKUSIC: Ich sage den Mitarbeitern, sie sollen zweimal am Tag testen. »Führt einen Test durch. Montiert den Motor ab. Repariert ihn. Setzt ihn wieder ein.« Es dauert dann etwa fünf Stunden, bis sie bereit sind für einen weiteren Test. Da drüben, wo die Bäume sind, möchten wir noch eine weitere Anlage bauen. Wir können eine Mauer drum herum bauen, wie bei Alamo, und wir können da ein Safe House für dich installieren, Max, eine richtige Festung.

POLJAKOW: Falls irgendwelche scheiß russischen Spione kommen und versuchen, mich zu töten.

MARKUSIC: Genau, und wenn die Russen dann kommen, kannst du einfach da reingehen, und dann können die dich mal.

POLJAKOW: Wollen wir zur Beer Barn fahren?

MARKUSIC: Wir haben reichlich Bier im Büro.

POLJAKOW: Ach Mann, das macht keinen Spaß. Ich will in die Beer Barn!

MARKUSIC: Okay, lasst uns ein Bier trinken gehen. Meinst du, die haben um zwei Uhr mittags schon auf?

POLJAKOW: Natürlich haben die um zwei Uhr schon auf, was sollen die denn sonst machen? Auf zur Beer Barn!

KAPITEL 29

GOTT HAT MICH BEAUFTRAGT

Die Geschichte von Tom Markusic ist eigentlich leicht zu erzählen. Er war im Grunde genommen auf einer göttlichen Mission. Seinen Auftrag sah er darin, die Intelligenz der menschlichen Spezies im gesamten Universum zu verbreiten. Markusic stammt aus Mantua, einem unscheinbaren Arbeiterstädtchen im Nordosten des Bundesstaats Ohio mit knapp 1000 Einwohnern. Hierhin verirrt sich niemand. Sein Vater arbeitete bei General Motors am Fließband, die Familie besaß ein Stück Land in unberührter Natur, wo Markusic und seine zwei Brüder sich unbeobachtet herumtreiben konnten und Fallen für Füchse und Bisamratten aufstellten.* Obwohl er sich später in seinem Leben mit den esoterischen Ideen und Konzepten der Physik beschäftigte, war Markusic in einem sozialen Umfeld aufgewachsen, in dem Arbeit und schiere Muskelkraft einen höheren Stellenwert hatten als Intelligenz. »Ich wuchs in sehr bescheidenen Verhältnissen auf – jeder in meiner Familie schuftete sich ab, aber es gab nicht den leisesten Hauch von akademischer Bildung in unserer gesamten Familiengeschichte«, erklärt er. »In jener Gegend brauchte man das auch nicht zwingend. Es gab gute Jobs in der Industrie, und denen gingen die Menschen auch nach.«

Als Markusic 13 Jahre alt wurde, bekam er einen Job auf der Stachowski Farm, einem Familienbetrieb, der bekannt war für seine Araberpferde, die hier gezüchtet und eingeritten wurden. Er kümmerte sich um die Pferde und half beim Heubündeln.

---

* Anstatt von seinen Eltern Taschengeld einzufordern, verdiente Markusic sich etwas Geld, indem er die Tiere tötete, ihnen das Fell abzog und die Felle dann verkaufte.

Irgendwann hatte er sich so weit hochgearbeitet, dass er für die Reparaturen der mechanischen Geräte zuständig war. Hier bekam der Teenager einen ersten Vorgeschmack von Motoröl und Maschinen, und, was noch viel wichtiger war, er wurde gezwungen, von Grund auf zu lernen, wie die Maschinen funktionierten. Er selbst bezeichnet dies als »die Essenz des Ingenieurwesens«. »Nehmen Sie mal eine Maschine auseinander, die Heuballen fertigt – da drinnen ist es wie in einem Zaubergarten«, schwärmt er etwa. »Es ist wie eine Rube-Goldberg-Maschine, also eine Art Nonsens-Gerät, das absichtlich alle Arbeitsschritte verkompliziert – überall sind kleine Metallstückchen und winzige Knoten, und alles schiebt sich irgendwie ineinander. Mich mit diesen Maschinen auseinanderzusetzen, bedeutete auf mentaler Ebene, dass ich lernte, Herausforderungen zu meistern und nicht nachzulassen, auch wenn man eigentlich keine Lust mehr hat.«

Die Arbeit auf der Farm barg noch einen weiteren, nicht vorhersehbaren Vorteil: die Menschen, denen Markusic dort begegnete. Da einige der Araberpferde bis zu einer Million Dollar wert waren, kamen im Sommer vermögende Käufer mit ihren reichen Kindern vorbei, um sich die Tiere genauer anzusehen und sie zu reiten. Markusic kam auch mit auf Pferdeschauen, die landauf und landab veranstaltet wurden. Bei diesen Ausflügen lernte er eine gesellschaftliche Schicht kennen, die bei dem Kleinstadtbuben aus dem Mittleren Westen großen Eindruck hinterließ und ihm die Augen öffnete für all die Möglichkeiten, die sich ihm jenseits von Mantua boten.[*]

Die Eltern von Markusic kümmerten sich kaum um seine schulischen Leistungen, aber das brauchten sie auch nicht. Der Junge war von Natur aus wissensdurstig, ja, es ging sogar so weit, dass er die Schule als »befreiend« und »verführerisch« bezeichnete, weil sie einen Wirkungsbereich darstellte, den er kontrollieren konnte und in dessen Zusammenhang er keinerlei Erwartungshaltung ausgesetzt war. In den wichtigen Fächern kam er gut klar, und wenn ihn etwas interessierte, konnte er sich richtig darin vertiefen.

Nachdem er die Highschool abgeschlossen hatte, wusste er nicht recht, was er als Nächstes tun sollte. Rein akademisch hatte er ordentliche Leistungen abgeliefert, aber niemand in seiner Familie hatte jemals erwähnt, dass er vielleicht ein College besuchen könne. Damals hatte Markusic eine Freundin, seine

---

[*] Markusic hat nach wie vor mit den Besitzern der Farm Kontakt, und wenn sie nach Austin kommen, wo Michael Dell, einer ihrer Kunden, lebt, gehen sie zusammen aus.

Schulkameradin Christa English, mit der er seit ihrem gemeinsamen zehnten Lebensjahr befreundet war. Die Eltern von Christa waren Immobilienmakler – für sie war es selbstverständlich, dass der nächste Schritt ein College sein müsse. Christas Vater wies Markusic darauf hin, dass er, sofern er weiterhin mit Christa zusammen sein wolle, studieren müsse, und riet ihm, sich ein entsprechendes Fach und einen Ort zum Studieren auszusuchen. Markusic dachte ein bisschen darüber nach. Dann fiel ihm ein, dass er sich als kleiner Junge immer für Raketen und Flugzeuge interessiert hatte, und er fand, dass er dieses Interesse genauso gut auch im Rahmen eines Studiums verfolgen könne.

Was in diesem Zusammenhang etwas merkwürdig ist: Markusic hat noch eine zweite Variante zu dieser Geschichte – wie er zur Luft- und Raumfahrt kam –, die nichts damit zu tun hat, dass er einem Mädchen oder dessen Eltern gefallen wollte. Diese zweite Version ist viel mystischer, und sie beginnt, als Markusic in der fünften Klasse war. Er hatte soeben zu Weihnachten einen Raketenbaukasten geschenkt bekommen. Er riss die Packung auf, baute die Rakete zusammen und ging auf das 200 Hektar große Maisfeld, das in der Nähe seines Elternhauses lag. Der Himmel war an diesem Tag blau, es war windstill, vor dem aufgeregten Jungen lag ein riesiges, unberührtes Schneefeld. Er schob die Rakete an dem Metallstab, der aus der Startrampe heraus lugte, nach unten und zündete die Zündschnur. Dann ging die Post ab.

»Das sehr laute Geräusch hat mich irgendwie erschüttert«, erinnert er sich. »Ich weiß noch, wie ich in den klaren blauen Himmel hinaufschaute – ich sah nur noch die Geschwindigkeit, mit der das Ding hochschoss, und dann segelte es so dahin. Es trennte sich, der Fallschirm kam raus, und es bewegte sich wieder abwärts. Inzwischen konnte ich es riechen – ich roch den Rauch, den es produzierte. Wenn mich damals jemand fotografiert hätte, dann hätten sie sicher ein riesiges, breites Grinsen aufgenommen – von einem Ohr zum anderen.

Und dieses Erlebnis, das war, nun ja, irgendwie metaphysisch. Für mich fühlte es sich an, als wäre ich dem Schicksal begegnet. Ich dachte: ›Dies ist das Leben. Dies ist es, wofür ich auf der Welt bin.‹

Ich bin Christ, und ich glaube an die Vorsehung, und ich glaube, dass wir alle hier eine bestimmte Aufgabe haben und dass es einen Plan für jeden von uns gibt. Damals wusste ich das nicht, aber wissen Sie, nun denke ich, dass ich damals so eine Art Resonanz vom Universum verspürt habe, einen Hinweis auf meine Bestimmung. Also glaube ich, dass ich dafür geschaffen wurde, Raketen zu bauen, und das war die erste emotionale Reaktion, die ich zu der ganzen Sache hatte. Ich war ein Fünftklässler, ich hatte keinerlei Unterstützung, ich wusste nicht genau, was ich werden wollte, und dann stand plötzlich alles fest. Das war für mich eine tiefe Leidenschaft, und das war es, was ich mit meinem Leben anstellen wollte.«

Sie können sich aussuchen, was schlussendlich der Grund war: das Mädchen Christa English, die göttliche Spielzeugrakete oder eine Kombination aus beiden. Was auch immer die Initialzündung gewesen sein mag, Markusic verfolgte fortan seinen Traum mit einer unerschütterlichen Entschlossenheit. Zunächst schrieb er sich an der Ohio State University ein und machte seinen Bachelor in Luft- und Raumfahrttechnik; dann folgte das Masterstudium in Raumfahrttechnologie und Physik an der University of Tennessee. Schließlich ging er als Doktorand nach Princeton, wo er sich auf Maschinenbau und Raumfahrttechnik spezialisierte. »Schlussendlich habe ich so viel studiert, bis es keine Abschlüsse mehr für mich gab«, schmunzelt er. »Wenn man bedenkt, wo ich herkomme, ist es schon außergewöhnlich, dass ich in Princeton meinen Doktortitel gemacht habe.«

Nun ja, wenn man sich im Auftrag Gottes zu einer intergalaktischen Mission aufmacht, muss man sich eben hohe Ziele setzen, und genau das tat Markusic auch. Er stürzte sich in das hoch komplizierte Sachgebiet der Plasmaphysik, auch bekannt als die Erforschung des »vierten Aggregatzustands der Materie«.

Es gibt die drei Aggregatzustände: fest, flüssig und gasförmig – und dann gibt es noch Plasma, was man sich als eine Art elektrifiziertes Gas vorstellen kann. Wenn man ein Molekül stark genug erhitzt, beginnen seine Atome aufzubrechen. Dann trennen sich die Elektronen von den Zellkernen; es bilden sich Ionen, und der Körper des energetischen Chaos geht in den Plasmazustand über. Blitze, Aurora borealis (Polarlicht), die Sternenkerne und nukleare Waffen – sie alle sind Beispiele für Plasma. Markusic sah Plasma als eine vielversprechende Energiequelle für eine ganz neue Generation von Raketen. Reisen in die erdnahe Umlaufbahn oder Flüge zum Mond waren ihm egal – Markusic wollte Raketen entwickeln, die noch über den Mars hinausreisen könnten, bis in die letzten Winkel unseres Sonnensystems. Um so etwas hinzubekommen, muss man die chemischen Explosionen, die in den konventionellen feuerspeienden Raketen stattfinden, ersetzen und stattdessen das nahezu grenzenlose Potenzial von Plasma nutzen, wobei man im Grunde elektrische Energie in Materie einbringt und diese dann beschleunigt.

Markusic erklärt das folgendermaßen: »Anstatt die Dinge einfach nur aufzuheizen, interagieren wir mit der nuklearen Struktur der Dinge. Wir nehmen also elektrostatische und magnetische Felder und lassen diese mit Materie interagieren. Wenn man diese elektromagnetischen Interaktionen benutzt, kann man Materie und Partikel noch mehr antreiben und sie auf sehr hohe Geschwindigkeiten beschleunigen, viel höher, als man es jemals mit einem thermischen Gerät könnte.«

Die U.S. Air Force und die NASA zeigten großes Interesse an dieser Art von Technologie, die sie sowohl für militärische Operationen als auch für die Erforschung der Tiefen des Weltraums anwenden wollten. Die beiden Organisationen zahlten für Markusics Ausbildung, und er war im Gegenzug eine Weile an der Edwards Air Force Base tätig, wo er von 1996 bis 2001 an Plasmastrahltriebwerken für Satelliten arbeitete. Das Militär hoffte, diese Technologie benutzen zu können, um bildgenerierende Satelliten während ihres Fluges neu auszurichten, zum Beispiel, indem man einen auf Indien eingestellten Satelliten im Falle eines Konflikts oder in einer ähnlich heiklen Situation auf eine Umlaufbahn über dem Irak umstellte. Im Anschluss landete Markusic beim NASA Marshall Space Flight Center in Huntsville, Alabama, wo er eines der führenden Mitglieder eines Forschungsteams wurde, das sich mit fortschrittlichen Antriebssystemen befasste. Er arbeitete dort mit großen Unterdruckkammern und führte diverse Experimente zu Antriebssystemen durch, in denen es etwa um die Eigenschaften von Faktoren wie Antimaterie und atomarer Energie ging. Es bestand die Hoffnung, dass man diese Technologie nutzen könne, um die Eismonde des Jupiters zu erforschen und um vielleicht binnen Rekordzeit den Mars zu erreichen.

Während seiner fünf Jahre bei der NASA verschob sich jedoch das Hauptaugenmerk der Bundesbehörde von der reinen Forschung zur bemannten Raumfahrt. Doch selbst an einem Arbeitsplatz wie der NASA, wo man viele Nerds findet, fiel Markusic in die Kategorie der »Supernerds«, und die Finanzierung für viele der Projekte von »Extremforschern« lief aus. Um ihn bei Laune zu halten und sein Interesse anzufachen, setzte die NASA ihn als Leiter einer an die TV-Serie *X-Files* erinnernden Einheit ein, die sich um merkwürdige Briefe und E-Mails kümmern sollte, in denen Menschen behaupteten, große Durchbrüche erzielt oder mysteriöse Phänomene beobachtet zu haben. »Manchmal rief jemand an und sagte: ›In meiner Garage schwebt ein merkwürdiges Objekt‹ oder: ›Ich habe ein wahnsinnig gutes Perpetuum mobile erfunden‹, dann musste ich mir einen Privatjet der NASA schnappen und der Sache auf den Grund gehen«, erzählt Markusic. »Ich habe einen Doktortitel. Ich kenne mich gut mit Physik aus. Ich kenne mich gut mit Technik aus. Also konnte ich dorthin fahren und abschätzen, was da vor sich ging, und danach hier Bescheid geben, ob wirklich etwas an der Sache dran war. Es war nie etwas dran.«

Einmal bekam er einen Brief von einer Firma, die ihren Sitz in einer Einkaufsmeile hatte. Er flog hin, um sich den Betrieb anzusehen, und fand dort einen Mann mit einem dreieckigen Objekt vor sich – an den Wänden standen zahlreiche Rentner, die dort waren, um die Vorgänge zu beobachten. Das Objekt war an jeder Seite etwa 30 Zentimeter lang; ein paar Drähte waren an seinem Körper festgemacht, an den Seiten waren etwa 1,20 Meter lange Schnüre befestigt. Die beiden unterhielten sich zunächst ein bisschen, dann betätigte der Mann einen Schalter, um den Strom einzuschalten, und plötzlich flog das Objekt auf und schwebte etwa einen Meter hoch in der Luft, wobei die Schnüre nun seitlich gespannt waren, um das Objekt in seiner Position zu halten. »Eigentlich schwebte es da nur so vor sich hin«, sagt Markusic. »Als ich mich dem Objekt näherte, schossen plötzlich kleine Blitze aus meinen Zehen in den Boden hinein. Das hat ein bisschen gezwirbelt. Es war irgendwie verstörend.« Nach der Vorführung unterhielt Markusic sich noch einmal mit dem Erfinder, und dann wurde ihm klar, dass die ganzen älteren Menschen, die der Vorführung beigewohnt hatten, all ihre Ersparnisse in dieses Objekt investiert hatten, das sie für ein Antischwerkraftgerät hielten.

Markusic war verwirrt. Nachdem er in sein Hotelzimmer zurückgekehrt war, fing er an, im Internet nach Erklärungen zu suchen. Er musste sich ein bisschen einarbeiten, doch dann stieß er auf etwas, das man den Biefeld-Brown-Effekt nennt, wobei eine hohe elektrische Spannung (von etwa 60 000 Volt) an ein paar Drähte angebracht wird. Die Spannung bewirkt, dass die Luft sich in Plasma aufspaltet, was wiederum einen ionischen Wind entstehen lässt, der stark genug ist, um ein Objekt in die Höhe steigen zu lassen.

Am nächsten Tag kehrte Markusic zum Büro des Erfinders zurück. Die Investoren waren ebenfalls alle wieder da, sie warteten gespannt auf das Urteil des Mannes von der NASA. Markusic erklärte, dass dieses Gerät mitnichten eine bahnbrechende Entdeckung sei, sondern lediglich die Nachahmung eines wohlbekannten Experiments. Es sei keine Maschine, die die Schwerkraft aufheben könne, und sie sei für die NASA uninteressant, weil sie Sauerstoff brauche, um irgendetwas von Interesse hervorzubringen, und den gebe es im Weltall nun mal nicht. Markusic fügte dem noch hinzu, dass die NASA sich auf keinen Fall an den Entwicklungskosten in Höhe von 100 000 Dollar beteiligen würde, die der

Erfinder für weitere Forschungen beanspruchte. Dann verließ er das Büro, und den Investoren wurde allesamt übel.

Natürlich war die Zeit bei den *X-Files* eine kuriose Ablenkung, aber für Markusic war das keine befriedigende Arbeit. Abends las er Ratgeber über Management und ging Gehaltslisten durch, um zu verstehen, wie sich das freie Unternehmertum von einer staatlichen Einrichtung unterschied. Sich derart selbst weiterzubilden war in Ordnung, doch Markusic fand, dass die meisten Publikationen voller Informationen waren, die sich von allein erklärten und offensichtlich waren, und dass sie kaum brillante Einsichten vermittelten. Ihm wurde langweilig – er hatte das Gefühl, tief im Inneren zu verwelken. Doch just in dem Moment, als er darüber nachdachte, bei der NASA zu kündigen, geschah etwas Bemerkenswertes.

Es war mitten im Jahr 2006. David Weeks, einer seiner Kollegen bei den *X-Files*, spazierte in das Büro von Markusic und erzählte ihm, dass er einen wirklich interessanten Auftrag bekommen habe. Ein Multimillionär, oder Milliardär oder so etwas Ähnliches, befinde sich auf einer Urwaldinsel im Südpazifik und versuche dort, eine Rakete zu starten. Die NASA wolle, dass jemand diesen reichen Typen und seine Mannschaft ins Visier nehme, um zu schauen, ob man von diesem Projekt etwas lernen könne oder ob es Grund zur Sorge gebe. Das Management der NASA wollte, dass ein Altgedienter wie Weeks dorthin fliegen sollte und einen jüngeren Mitarbeiter mitnahm, und so wurde Markusic sein Begleiter, wie bei Scully und Mulder in den echten *X-Files*. Markusic hatte nie zuvor von Elon Musk gehört, und auch nicht von SpaceX, und er fand den Auftrag auch nicht sonderlich interessant. Was er bislang wusste, war, dass SpaceX eine kleine Rakete namens Falcon 1 besaß, die mit den für kleine Raketen typischen Treibstoffen betrieben wurde: Flüssigsauerstoff und hochwertiges Kerosin. Das war ein Feuerspucker, kein Plasmadynamo. Langweilig. »Mich interessierte nur fortgeschrittene Technologie, nicht so ein alltäglicher Lutscher, bei dem wir schon alle Probleme gelöst hatten«, erinnert er sich. Nichtsdestotrotz schien eine Reise in den Südpazifik ihm vielversprechender zu sein als eine weitere Reise zu einem verrückten Erfinder in irgendeiner Einkaufspassage. Markusic und Weeks flogen von Alabama nach Hawaii und von dort aus mit einem weiteren Flugzeug mitten ins Nichts: zum Kwajalein-Atoll, das zu den Marshall-Inseln gehört.

Das wichtigste Hotel auf Kwajalein sieht aus wie eine Militärkaserne. Hier stellte Markusic seine Taschen und einen Stapel mit Büchern über Managementstrategien ab. Die Umgebung war allerdings alles andere als vergleichbar mit Huntsville. Militärische Anlagen aus der Zeit von Ronald Reagan und entsprechende Topsecret-Waffensysteme. Befestigte Verteidigungsstellungen der Japaner aus dem Zweiten Weltkrieg. Haie. Alles in allem nicht gerade ein Umfeld, auf das Markusic große Lust verspürte. »Es war einfach nur ein total verwilderter Ort«, sagt er. »Ich saß da am Strand und betete vor mich hin: ›Sei eins mit der Natur. Sei eins mit der Natur.‹«

Jeden Tag bestiegen Markusic und Weeks einen Katamaran und segelten nach Omelek hinüber, zu der Insel des Atolls, auf der SpaceX sich eingerichtet und auch seine Startrampe gebaut hatte. Dort werkelten mehrere Dutzend Mitarbeiter von SpaceX an der Falcon 1. Viele von ihnen waren erst Mitte 20, sie trugen T-Shirts, waren verschwitzt, versuchten, sich die Insekten vom Leib zu halten, und sahen alles in allem nicht so aus wie die Raketenkonstrukteure und Wissenschaftler bei der NASA. Als die Sonne unterging und es Nacht wurde, machten sie ein riesiges Lagerfeuer, schleppten Unmengen Alkohol an und feierten.

So verging ein Monat. Eigentlich hätte Markusic das alles abstoßend finden müssen, aber es faszinierte ihn. Jeden Abend kehrte er in sein Hotelzimmer zurück, zu den Büchern mit ihrem Businesskauderwelsch, den abgedroschenen Phrasen und Plattitüden. Währenddessen gab es da draußen junge Männer und Frauen, die sich die Hände schmutzig machten und etwas taten, das ganz schön beeindruckend war. Alles, was Markusic bisher erstrebt hatte, fühlte sich plötzlich unecht und falsch an. Die Welt von SpaceX dagegen erschien ihm echt – eine Welle der Spiritualität holte ihn plötzlich ein, ganz ähnlich wie damals, als er als kleiner Junge auf dem schneebedeckten Feld gestanden hatte.

»Was ich meine, ist, diese Leute waren eins mit der Maschine«, erklärt er. »Sie bauten diese Rakete. Sie haben unter schweren Mühen geschuftet. Sie erlebten Enttäuschungen. Sie erlebten Rückschläge. Es gab definitiv Mitarbeiter, die viel zu viel tranken. Ja, es gab auch Übergriffiges[*]. Wirklich äußerst unprofessionelles Verhalten, aber gleichzeitig gab es eine beeindruckende Teamarbeit und seitens des Managements Verhaltensweisen, die ziemlich fortschrittlich waren und in den Büchern, die ich gerade las, empfohlen wurden.

---

[*] Gemeint ist das sogenannte »teabagging«, bei dem Männer nichts ahnenden Opfern, gewöhnlich Männer, ihren Hodensack aufs Gesicht oder auf den Körper legen, um die Umstehenden zu belustigen. Ein solches Verhalten wäre bei der NASA niemals durchgegangen, aber bei SpaceX gab es keine Verhaltensregeln.

Dann kam der Moment, wo es bei mir geklickt hat und ich verstand: Es gibt eine ganze Welt da draußen, wo man bloß so tut, als würde man etwas tun, und dann gibt es die andere Welt, in der wirklich etwas getan wird. Also fing ich an, jeden Tag ein wenig mehr mit ihnen zusammenzuarbeiten, ich schnappte mir einen Schraubenschlüssel und packte einfach mit an. Und abends haben wir dann gefischt, haben auf der Insel gezeltet, haben Lagerfeuer gemacht und zugeguckt, wie die Kokosnusskrebse über uns drüber krabbelten.«

Markusic begriff, dass es zwar ein großes Wissen gab über Flüssigbrennstoffraketen und wie sie theoretisch funktionierten, aber dass es gar nicht so einfach war, sie auch zum Fliegen zu bringen. Die Theorie der Ingenieurwissenschaften praktisch anzuwenden, war nicht so einfach. Auch die reale Umgebung – Insekten, die Hitze, der Wind, die salzige Luft, die förmlich alles rosten ließ – und der Druck, unter dem das Team stand, erschwerten die Lage. Dieser Kampf erschien Markusic als eine wahre Herausforderung.

Zudem erkannte er, dass die Menschen sich nicht dafür interessieren würden, auf den Mars zu fliegen oder andere, exotisch neue Technologien auszuprobieren, die einen weiter in die Tiefen des Universums vordringen ließen, wenn nicht spürbar mehr Energie in diese Industrie investiert würde. Dinge ins All zu bekommen, musste normal, allseits bekannt und auch bezahlbar werden, und diesen Wandel könnten nur privat geführte Unternehmen vollziehen. Firmen wie SpaceX und Dutzende andere New-Space-Unternehmen würden die Grundlagen perfektionieren, was dann wiederum den Weg frei machen würde für die fortgeschritteneren Technologien, mit denen Markusic sich schon gut zehn Jahre lang beschäftigt hatte. »Im Grunde genommen habe ich auf dieser Dschungelinsel zu mir gefunden, fühlte mich wie eine Art Ureinwohner«, erinnert er sich.

Nach seiner Rückkehr in die USA dauerte es nur wenige Wochen, bis er sich bei Musk und einigen der tonangebenden Figuren bei SpaceX so beliebt gemacht hatte, dass man ihm einen Job anbot. Markusic war inzwischen mit Christa, seiner Freundin aus Schulzeiten, verheiratet. Sie hatten drei Kinder, und ein viertes war unterwegs. Damals war das Gehalt bei SpaceX nicht sehr hoch – hauptsächlich lockten sie ihre Angestellten mit Aktienoptionen und dem Versprechen auf künftigen Geldsegen, in Wirklichkeit waren die Arbeitsbedingungen, vor allem die Anzahl der Stunden, grenzwertig bis nahezu unmenschlich. Die jungen Angestellten, die den Großteil der Belegschaft ausmachten, konnten damit umgehen, aber Markusic musste seine Familie versorgen und das Haus abbezahlen. Christa verspürte wenig Lust, die Familie aus dem schönen roten Backsteinhaus in Alabama herauszunehmen und in ein kleineres, dafür aber teureres Haus in der Nähe der Zentrale von SpaceX in Los Angeles zu ziehen – von dem grauenhaften Verkehrschaos dort ganz abgesehen. Markusic äußerte diese Bedenken SpaceX gegenüber, und sie boten ihm folgende Alternative: Er könne in das Buschland von Zentraltexas ziehen und dort für das Unternehmen ein Testgelände für Raketentriebwerke errichten. An Orten, wo kaum jemand leben möchte, sind große Wohnhäuser eben sehr günstig.

Markusic nahm den Job an und ging damit auch ein großes persönliches Risiko ein. Die bürokratischen Richtlinien bei der NASA waren so, dass es nahezu unmöglich war, jemanden wie ihn zu entlassen. Er hätte die nächsten 30 Jahre lang Bücher lesen, herumbasteln und darauf warten können, dass die NASA sich doch wieder für den Zauber von Plasmatriebwerken interessierte, und hätte dabei ein sehr komfortables Leben führen können.* Stattdessen beschloss er, auf den »riskantesten Schnellzug« unter den weltweit agierenden Unternehmen aufzuspringen. Immerhin war die erste Falcon 1 von SpaceX im März 2006 gestartet und gleich darauf wieder zur Startrampe zurückgestürzt, wobei sie die gesamte Anlage auf der Insel zerstört hatte. Niemand wusste so ganz genau, über wie viel Geld Musk eigentlich verfügte, um das Projekt durchzuziehen. Es machte keinen großen Sinn, sich in Kredite zu stürzen, um in Texas ein großes Haus zu kaufen, wenn man nicht wusste, ob das ganze Abenteuer nicht binnen weniger Monate vorbei wäre.**

»Wenn man für die Regierung arbeitet, bekommt man mit, wie ein Programm nach dem nächsten gestrichen wird, weil es politisch nicht passt oder warum auch immer«, erzählt Markusic. »Das kann sehr demoralisierend sein, denn man arbeitet hart an etwas, das dann zerschlagen wird, im Anschluss arbeitet man hart an etwas Neuem, und es wird dann wieder zerschlagen. Man kann sein ganzes Leben in diesem Teufelskreis zubringen, dass etwas mit großem Tamtam angekündigt und nie zu Ende gebracht wird. Und dann kann man sich sagen: ›Hach, was soll's, ich habe eine sichere Rente und so, also ist doch alles gut, es

---

* Bei der NASA bezeichnet man einen Angestellten wie Markusic als »gold badger«, als goldenen Dachs, denn er war ein unbefristeter Mitarbeiter in Regierungsdiensten und kein bloßer Auftragnehmer.

** »Um das zu machen, musste man jung und verrückt sein«, sagt Christa, worauf Tom erwidert: »Aber das Problem war, dass ich etwas älter und verrückt war.«

ist mir egal.‹ Oder man tut sich mit so völlig durchgeknallten Typen zusammen, die ihr privates Geld investieren und die mutige Pläne und Visionen haben. Denen kann man sich anschließen, und dann kann man versuchen, tatsächlich mal etwas bis zum Ende durchzuziehen. New Space ist eine Gelegenheit, Dinge wirklich zu verwirklichen.«

Im Juni 2006 gab Markusic seinen Einstand auf dem Testgelände von McGregor in Texas, wo damals nur eine Handvoll SpaceX-Mitarbeiter in Vollzeit arbeitete. Die Anlage hatte bereits den geschichtsträchtigen Ruf als ein Ort, wo Dinge in die Luft gejagt werden. Im Zweiten Weltkrieg hatte das Militär hier TNT und Bomben herstellen lassen, und in den folgenden Jahrzehnten war das Gelände ab und an von Herstellern von Chemikalien und Munition genutzt worden, ebenso wie von Luft- und Raumfahrtunternehmen, die hier ihre Raumfahrzeuge testeten. Der direkte Vorgänger von SpaceX war Beal Aerospace, ein Privatunternehmen des Milliardärs Andrew Beal, der hier innerhalb von drei Jahren Millionen von Dollar buchstäblich verbrannt hatte, bevor er Ende 2000 schließlich aufgab.

Die direkte Umgebung war nicht gerade sehr vertrauenerweckend. Es gab Maisfelder und Rinder und ein kleines schwarzes Haus, vor dem ein Boot abgestellt war, dazu peitschte der Wind, und es war gut 42 Grad Celsius heiß. Einer der Arbeiter vor Ort, Joe Allen, war schon seit Jahrzehnten dort – als das Militär die Anlage betrieben hatte, zu Zeiten von Beal bis hin zu der Übernahme durch SpaceX. Er war hoch geschätzt wegen seiner Gemütsart und weil er das Land in- und auswendig kannte – »Dort braucht ihr nicht graben, da haben wir es schon 1978 versucht, und es ist nicht gut ausgegangen« –, aber er verkörperte auch die härteren Seiten des Lebens vor Ort: Allens erste Frau hatte einmal auf ihn geschossen – und getroffen –, und während seiner Zeit in McGregor wurden ihm dreimal Papiere für eine Vaterschaftsanerkennung vorgelegt, wobei er immer betonte: »Nur eines davon war wirklich mein Kind.«

Die Angestellten von SpaceX waren zwischen Los Angeles und McGregor hin- und hergependelt, um neue Geräte zu testen, und sie benahmen sich, als wären sie auf einem Ingenieursabenteuerspielplatz ohne jegliche Regeln. Es war allen klar, dass das Gelände ausgebaut werden musste und dass daraus eine seriösere, permanent betriebene Einrichtung werden sollte, und das war ein Teil von Markusics Arbeitsauftrag. Der andere Teil betraf die Verfeinerung der Antriebstechnologie von SpaceX. Nur wenige Wochen nachdem er den neuen Job angetreten hatte, wurde das vierte Kind von Tom und Christa geboren. Christa spürte, dass die Verantwortung für die Erziehung dieser vier Kinder für die absehbare Zukunft nun hauptsächlich auf sie zurückfallen würde. Tom arbeitete regelmäßig bis tief in die Nacht in McGregor – manchmal bis zwei oder drei Uhr früh. Der gemütliche Arbeitsalltag bei der Regierung war vorbei – nun fand er sich in der Hölle eines Start-ups wieder. »Ich wollte nicht so vor mich her segeln, bis ich irgendwann den Löffel abgebe, wissen Sie«, sagt er. »Ich wollte ein bisschen Abenteuer. Aber das Leben ist kompliziert, und manchmal sind Abenteuer einfach dämliche, blöde Risiken.«

Markusic hatte Glück. Er fing als Angestellter mit der Nummer 111 bei SpaceX an und versuchte in den folgenden fünf Jahren bei einer Reihe ganz unterschiedlicher Projekte sein Glück. Natürlich konzentrierte er sich zunächst auf die Falcon 1 und auf all die Tests, die nötig waren, damit die Rakete endlich die Umlaufbahn erreichte. Im September 2008, nach vielen Mühen und Anstrengungen, gelang genau das einer SpaceX-Rakete – nachdem das Unternehmen gut 100 Millionen Dollar ausgegeben hatte. Christa schrieb zur Feier des Tages einen Blogeintrag und spielte dabei auch auf die christlichen Empfindungen des Paares in diesem Prozess an:

29. September 2008 – Und so geschah es …
Und so geschah es auf Erden, dass der Falke sich in die Lüfte emporschwang.

Und es gab all überall große Freude, Festlichkeiten und Frohsinn.
Tief im Westen war auch der Große Mann* selbst außer sich … Und erwachsene Männer umarmten sich und weinten sogar. Man lag sich in den Armen und küsste sich. Die Freude war allgegenwärtig. Als die Kunde des Erfolgs

---

* Die Beschreibung »Großer Mann«, die Christa hier benutzt, kann man in zweifacher Hinsicht lesen: wie andere Menschen auf Musk sahen und wie Musk sich selbst sah. Christa hat es eigentlich nie gefallen, mit ansehen zu müssen, wie ihr Mann sich einem anderen unterwarf. Während eines unserer Interviews erzählte sie mir, dass sie kurz zuvor meine Biografie über Elon Musk gelesen hatte und sie fast beendet hatte, aber dann hatte der Kater der Familie draufgepinkelt. Sie fand das zugleich lustig und treffend. »Kleine Kater sind nahezu besessen von dem Gedanken, wer im Haus das Alphatier ist«, erläuterte sie. »Es fühlte sich an, als ob Elon in unserem Haus wäre. Es ist so eine Art testosterongesteuerte territoriale Sache. Der Kater fühlte sich von dem Buch über Elon angezogen, so als platze das Buch förmlich vor Testosteron und Alphahormonen. Und deswegen musste er sich genau da drüberhocken und draufpinkeln. Es war verrückt. Aber ich dachte: ›Nun ja, ich muss das Buch fertiglesen.‹ Also nahm ich einen Fön und versuchte, es so hinzukriegen, dass ich es wieder lesen konnte.«

sich auch in der Ferne ausbreitete, schickten die Menschen aus allen Winkeln der Welt Lob und Glückwünsche.

Und es war gut.

Viele Angestellte von SpaceX empfinden eine Art Hassliebe für Musk. Sie bewundern seinen Tatendrang und all die Möglichkeiten, die sich allen, die ihn umgeben, bieten, weil der Mann so unvergleichliche Visionen hat und niemals aufgibt. Gleichzeitig finden sie aber auch seine Anforderungen zermürbend; seine Wutausbrüche sind demotivierend, und die vielen Stunden der Arbeit sorgen für totale Erschöpfung. Aber Markusic liebte es, für Musk zu arbeiten. Ihm gefiel, dass dieser geradeheraus war und dass er darauf vertraute, dass jeder seine Arbeit erledigte. »Er sagt zum Beispiel: ›Ich will dieses und jenes, und zwar dann und dann, und jetzt geh und kümmere dich drum‹«, schwärmt Markusic. »Ich blühte auf, weil er so viel verlangte.«

In der späteren Phase seiner Zeit bei SpaceX pendelte Markusic hin und her zwischen Texas und Los Angeles, wo die Firma ihm eine Wohnung gekauft hatte. Er fertigte Studien zur Marktlage für noch viel größere Raketen an, und er begann erste Schritte in der Arbeit am Raptor, dem Raketentriebwerk, das SpaceX letztendlich entwarf, um damit ihre gigantischen Raketen zu fliegen. Doch das Pendeln bedeutete, dass er nicht mehr genug Zeit für seine Frau und die vier kleinen Kinder hatte. Bis zum Jahr 2011 war SpaceX auf eine Mitarbeiterzahl von 1000 Angestellten angewachsen. Markusic fand, dass es vielleicht bald Zeit für eine Veränderung sei. »Es war völlig klar, dass SpaceX erfolgreich sein würde«, erinnert er sich. »Dieses Phänomen, das man New-Space-Movement nannte, war real geworden. Doch damit das weiter voranging, brauchte es mehr Unternehmen wie SpaceX, und ich konnte dabei helfen, das umzusetzen.«

Markusic schickte ein paar E-Mails an Freunde und streckte die Fühler aus – er ließ wissen, dass er neue berufliche Möglichkeiten in Betracht zog. Es dauerte nur wenige Minuten, da bekam er Mails mit neuen Jobangeboten. Wenig später trafen sich Tom und Christa in den Büros von Blue Origin in Kent, Washington, mit Jeff Bezos.

Das Paar war besonders beeindruckt von der Einrichtung des Blue-Origin-Büros. Bezos hatte alle möglichen Objekte rund um das Thema Raumfahrt gesammelt, darunter Kosmonautenanzüge, ein Modell der *Star Trek Enterprise* und

Briefkästen, die von herabstürzenden Miniasteroiden zerbeult worden waren. In der Mitte des Büros stand ein riesiges Objekt, das ein bisschen wie eine Patrone aussah – ein Raumschiff im Steampunk-Look, das an die Geschichten von Jules Verne erinnerte. Markusic hatte das Gefühl, dass Bezos intelligenter und freundlicher war als viele der anderen Tech-Milliardäre, denen er bislang begegnet war, und so beschloss er, eine Stelle als leitender Systemingenieur anzunehmen.

Die Dinge liefen aber nicht so gut. War es bei SpaceX fast schon frenetisch zugegangen und standen dort alle immer unter Strom, bewegte sich Blue Origin doch eher betulich. Das Firmenlogo besteht aus zwei Schildkröten, die auf den Hinterbeinen stehen und in die Sterne hinaufschauen – eine Anspielung auf die Fabel von der Schildkröte und dem Hasen. Bezos wollte mit diesem Logo betonen, dass es bei Blue Origin mehr um den stetigen Fortschritt ging und darum, das Rennen um die industrielle Nutzung des Weltraums als einen sehr lang andauernden Prozess zu verstehen, den er am Ende gewinnen würde. Die daraus resultierende Firmenkultur gefiel Markusic aber nicht. Er kam ins Büro und fand eine Mail vor, in der für später in der Woche ein betriebsinterner Fahrradausflug angekündigt wurde, oder jemand anderes hatte ein Rezept für Haferekekse gepostet – was er tatsächlich erwartete, waren Mails, die alle aufforderten, härter, schneller und länger zu arbeiten. »Wenn ich so einen Mist in irgendeiner anderen Firma rumschicken würde, würden die mich feuern«, schimpft er. »Es gab dort einen Fokus auf Work-Life-Balance, den war ich nicht gewohnt. Ich weiß, dass das falsch ist, aber ich fand das irgendwie beleidigend. Ich fühlte mich wie ein Teil des Museums, ein Ausstellungsstück aus der Sammlung. – ›Und hier zu Ihrer Rechten sehen Sie Tom Markusic, der früher bei SpaceX war.‹«

Markusic hielt es gerade mal zwei Wochen bei Blue Origin aus.

Im Hintergrund lauerte bereits Richard Branson, der mit Virgin Galactic ebenfalls große Pläne für die Raumfahrt hatte. Wie Musk und Bezos hatte auch Branson, der Mann mit der Löwenmähne, Anfang der 2000er-Jahre damit begonnen, das Weltall als ein Spielfeld für seine Unternehmen zu betrachten. Branson war schon immer ein echter Showman, und so konzentrierte er sich zunächst auf den Weltraumtourismus: Er wollte einen Raumgleiter entwickeln, der Menschen für ein paar Minuten an den Rand des Universums bringen würde, wo sie Schwerelosigkeit erfahren würden und die Erde einmal aus einer ganz anderen Perspektive sehen könnten. Ein solcher Ausflug sollte 250 000 Dollar pro Trip kosten. Virgin Galactic begann im Jahr 2004 und hatte schon einige Fortschritte erzielt, obwohl die Firma inzwischen, das war 2011, noch gut zehn Jahre von einem richtigen Weltraumflugzeug entfernt war und es noch länger dauern würde, bis sich daraus ein Geschäft entwickeln ließe. Dennoch beschloss man dort, noch mehr Projekte anzugehen und noch mehr konstruieren zu lassen.

Branson hatte Markusic angerufen und ihm erzählt, dass Virgin gerade dabei sei, einen Großteil der alten Truppe von der Falcon 1 zusammenzuführen. Branson fragte ihn, ob er nicht auch dazustoßen wolle. Der Plan war, eine kleine Rakete zu bauen – ähnlich der von Rocket Lab oder der, die später von Astra gebaut wurde – und lieber Satelliten anstatt Menschen zu transportieren. Der große Unterschied sollte darin bestehen, dass Virgin die Rakete mit einem Flugzeug in die Atmosphäre bringen und sie dann freisetzen würde. Der Raketenantrieb würde erst dann starten und den Rest erledigen. Das klang nach einer ziemlich wilden Idee, aber es war eindeutig besser, als sich wie ein Relikt in einem Weltraummuseum zu fühlen. Also zogen Markusic, Christa und die Kinder in die Mojave-Wüste, wo Virgin Galactic sein Hauptquartier hatte.

Im Zentrum der Stadt Mojave liegt der Flughafen. Dort gibt es Parkbuchten für Flugzeuge, in denen kommerzielle Fluglinien zu Hunderten ihre Maschinen deponieren, wo sie schön trocken stehen und nur ganz langsam verfallen, während sie darauf warten, dass sie repariert, wieder eingesetzt oder schlussendlich als Ersatzteillager ausgeschlachtet werden. Es gibt dort einen Kontrollturm und auch eine sehr lange Startbahn, und deswegen ist Mojave ein äußerst heiß begehrter Ort, wenn es darum geht, Prototypen und ungewöhnliche Flugmaschinen auf Herz und Nieren zu testen. Es gibt genug Platz, falls mal etwas schiefgeht.

Rund um die Startbahn stehen große Hangars, in denen jene merkwürdigen Menschen hausen, die man vielleicht als unverbesserliche Schrauber bezeichnen könnte. Vor allem gibt es hier jedoch auch Platz für Weltraum-Start-ups: Firmen, die aus drei, vier oder fünf Mitarbeitern bestehen, die über Jahre hier in der Wüste arbeiten und ab und zu mal einen Auftrag von der Regierung oder von einer Forschungseinrichtung ergattern, mit deren Geld sie dann ihre Rechnungen zahlen können, während sie im Hinterzimmer ganz, ganz langsam die Rakete ihrer Träume zusammenbauen.[*]

Es gibt in Mojave nur wenige Unternehmen, deren Anlagen professionell und gepflegt aussehen und sich daher vom Rest absetzen, und Virgin war schon

---

[*] Masten Space Systems ist so ein typisches Beispiel.

immer eines davon. Virgin hatte genug Geld, um einen riesigen Hangar zu kaufen, der weit genug entfernt war von dem Plebs, der sich meistens die Gebäude in der Nähe der Startbahn aussuchte. Die Böden in der Fabrik von Virgin* sind mit Epoxidharz ausgelegt, daher glänzen sie schön, und die Räume sind voller ausgefallener Maschinen. In den Gängen stehen lebensgroße Pappfiguren von Richard Branson, sodass man sich danebenstellen und ein Foto mit ihm machen kann. Und es gibt richtige Büroeinheiten, in denen Menschen an Rechnern arbeiten, die diesen Namen auch verdienen.

Es ist nur eine kurze Fahrt von der Virgin-Zentrale zu ihrem großen Prüfstand für Raketentriebwerke, der einem vorkommt wie ein Labyrinth aus horizontalem und vertikalem Metall, das teils rot und teils weiß lackiert ist. Genau wie zuvor schon in Texas sollte Markusic die Anlage ausbauen. Auf einer Betonplatte mit einem Turm sollte eine Weltklasseanlage entstehen, voller Instrumente, die Myriaden von Messungen vornehmen könnten, wo man nach Lust und Laune Triebwerke starten lassen konnte und wo auch mal zwölf Meter hohe Flammen aus einem Triebwerk schlagen würden. Sein wichtigster Auftrag bestand allerdings darin, sich zu überlegen, wie die Rakete von Virgin, die den Namen LauncherOne trug, aussehen sollte und was sie würde leisten können. Die Firma hatte das Ziel, etwa 400 Kilogramm Fracht für weniger als zehn Millionen Dollar pro Start in die Umlaufbahn zu transportieren.

Damals wurden sowohl der Geschäftsbereich rund um Flüge ins All als auch das Geschäft mit den Satellitentransporten von George Whitesides** geleitet, der ebenfalls in Princeton studiert hatte, allerdings hatte sein Fach nichts mit Ingenieurwissenschaften zu tun gehabt; er hatte einen Abschluss in dem Studienfach Öffentliche und Internationale Beziehungen. Die einzig ernst zu nehmende Erfahrung, die Whitesides mit der Raumfahrt vorzuweisen hatte, war im Jahr 2010 eine einjährige Stelle als Stabschef unter dem damaligen NASA-Verwalter Charles Bolden, Jr. Nebenbei hatte er noch durch seine engen Freundschaften mit Will Marshall, Chris Kemp und den Schinglers das eine oder andere in Sachen Raumfahrt mitbekommen. Whitesides ist groß und dünn, voller Enthusiasmus,

---

* Das Gebäude heißt FAITH (Vertrauen); das ist ein Akronym aus »Final Assembly, Integration and Test Hangar« – also »Hangar für Endmontage, Zusammenführung und Tests«.

** Später spaltete Virgin die zwei Geschäftsbereiche in zwei Unternehmen auf: Whitesides blieb der Geschäftsführer von Virgin Galactic, für Virgin Orbit wurden neue Führungskräfte bestellt.

begeisterungsfähig und optimistisch. Eine Weile lang war die Chemie zwischen ihm, Markusic und dem Rest der Crew bei Virgin bestens.

Doch schon im Jahr 2013 begann Markusic, eine andere Meinung über die Zukunft der LauncherOne zu haben als Whitesides und andere. Sie stritten über die Art des Antriebs, den die Rakete nutzen sollte, wie viel bezahlte Ladung die Rakete aufnehmen könnte und wie viel störende Ablenkung die Weltraumtourismussparte von Virgin eigentlich bedeutete. »Was die da vorhatten, entsprach nicht dem, was ich vorhatte«, erklärt Markusic. »Ich meine damit nicht, dass sie falschlagen, aber unsere Visionen ließen sich nicht vereinbaren.«

Markusic hatte nun die gesamte Phalanx von Weltraummilliardären durchgespielt, und ihm blieb nun nur noch eine Option – die schmerzhafteste überhaupt, wenn er wirklich andere Wege gehen wollte: es selbst zu versuchen. Als hätte der Herr seine schützende Hand über ihn gehalten, waren die SpaceX-Aktien, die Markusic besaß, in der Zeit, die er bei diversen Weltraumunternehmen gearbeitet hatte, erheblich im Wert gestiegen. Er verkaufte einen Großteil seiner Aktien auf dem privaten Markt, was ihm ein kleines Vermögen einbrachte. Zudem freundete er sich mit zwei Geschäftsmännern an, die inzwischen als Investoren tätig waren: P. J. King und Michael Blum. Eines Abends saßen die drei in Blums Jacuzzi, tranken mehrere Flaschen Wein und trafen die Art von schicksalhaften Entscheidungen, die das ganze Leben beeinflussen und die zwangsläufig erfolgen, wenn man zu viel getrunken hat. »Wir steckten die Köpfe zusammen und sagten: ›Lasst uns das machen‹«, erinnert sich Markusic.

DIE REISE VON FIREFLY SPACE SYSTEMS begann im Januar 2014.* Wieder einmal waren die Markusics so etwas wie Vagabunden der Raumfahrtindustrie – sie packten ihre Kisten und zogen zurück nach Texas. Doch dieses Mal zogen sie nicht in einen abgelegenen Ort wie McGregor, sondern ließen sich etwas näher an der Zivilisation nieder: Das Unternehmen eröffnete seinen Hauptsitz in Cedar Park, einem kleinen, umtriebigen Vorort etwa 32 Kilometer nördlich von Austin.**

---

* In den ersten Monaten befand sich das Büro von Firefly in Hawthorne in Kalifornien, gleich neben dem Hauptsitz von SpaceX. Der Grund dafür war ganz einfach der, dass P. J. King, einer der Mitbegründer, dort ein Büro hatte.

** Christa und die Kinder hatten gegen den Umzug nichts einzuwenden. Ihr neues Haus lag auf einem drei Hektar großen Grundstück, direkt neben einem Naturschutzgebiet. Eine Herde Rehe schlief hinten in ihrem Garten, und auch Wildschweine liefen dort manchmal entlang.

Markusic wusste, dass Rocket Lab schon seit Jahren tätig war, aber er hielt das Unternehmen mehr für eine Organisation, die sich mit Forschung und Entwicklung befasst, als für ausgewachsene Raketenbauer. Tatsächlich hatte Rocket Lab einen Auftrag vom US-Militär, in dem es darum ging, neue Treibstoffe und sehr kleine Raketen, die sofort einsatzbereit wären, zu entwickeln. Ihr zukünftiges Arbeitspferd – die Electron – wurde erst im August 2014 der Öffentlichkeit vorgestellt. Markusic wusste offensichtlich auch nichts von den Plänen bei Virgin, in den Markt für kleine Raketen einzusteigen; er fand ihren Ansatz grundsätzlich fehlerhaft. Andere Firmen, die sich hier und da bemühten, beschrieb Markusic als »Mohobby grade«, womit er sich auf die verträumten Bastler bezog, die in der Wüste Südkaliforniens in irgendwelchen Hallen vor sich hin schraubten. »Es ist kein Kunststück, etwas zu konstruieren, wo am einen Ende Feuer herausschlägt, aber zwischen dem und einem Vehikel, das in den Orbit aufsteigen kann, liegen Welten«, lautete seine lapidare Meinung.

Alles in allem war der Markt für kleine Raketen für Markusic eine Art offenes Spielfeld – für ihn war es ein Wettrennen darum, wer zuerst etwas seriös in die Umlaufbahn bringen könnte. Und sobald ein Unternehmen herausgefunden hatte, wie es gelingen könnte, wäre der Himmel im Nullkommanichts voll von Raketen, die jedes Jahr Hunderte, wenn nicht Tausende Satelliten ins All brächten. Markusic entschied sich für den Firmennamen Firefly (Glühwürmchen), nachdem er die Insekten eines Abends in seinem Garten beobachtet hatte, wie sie funkelnd herumschwirrten. Könnte es im All nicht irgendwann genauso aussehen? Myriaden von Raketen, die sich ihren Weg durch das Nichts bahnen?

Zusätzlich zu dem Hauptquartier in Cedar Park kaufte Firefly ein 200 Hektar großes Stück Land in Briggs, einer kleineren, etwas entlegeneren Stadt in den Buschsteppen von Zentraltexas, etwa eine halbe Stunde nördlich von ihrem Hauptsitz. Dort wollte Markusic wieder einmal einen Prüfstand und Fertigungsanlagen für die Triebwerke und Raketengehäuse bauen. Er hatte sich bewusst für Texas entschieden, weil der Bundesstaat eine Kultur des Laissez-faire betrieb und weil das Land billig war. Firefly könnte nach Belieben Dinge in die Luft schießen und hätte ausreichend Platz, um alle wichtigen Unternehmungen und Vorhaben gleich nebeneinander ausführen zu können. Man müsste nie wieder die Triebwerke in Kalifornien herstellen lassen und sie dann für Tests nach Texas rausfahren, wie es bei SpaceX der Fall gewesen war. Die Ingenieure und Techniker würden vor Ort Veränderungen an ihren Produkten vornehmen und diese auch gleich umsetzen können, und dann könnten sie ihre Teile gleich wieder in die Werkanlage mitnehmen und noch mehr Veränderungen durchführen, mehr Tests ansetzen und so weiter. Und das Beste war, dass sowohl Cedar Park als auch Briggs nahe genug an Austin lagen, sodass man talentierte junge Ingenieure anlocken konnte, denen das Leben in Kalifornien zu teuer war, die aber trotzdem in der Nähe einer bunten, pulsierenden Stadt leben wollten.

Mit Blick auf die Zukunft traf Markusic auch Vorkehrungen für ein mögliches Scheitern, obwohl er auf das Beste hoffte. »Wir wussten, dass unsere Angestellten ohne Probleme einen neuen Arbeitsplatz finden würden, falls das Projekt platzen würde. Das ist etwas anderes, wenn man die Leute in die Mojave-Wüste oder nach McGregor holt«, erklärt er. »Wir wussten, dass unsere Mitarbeiter ihre Häuser sogar mit Gewinn würden verkaufen können, falls Firefly scheiterte, denn Austin gehört zu den Städten in den USA mit dem höchsten Wachstum.«

Eine Zeit lang lief bei Firefly wirklich alles glatt. Es gelang Markusic, ein paar Mitarbeiter aus den Unternehmen seiner früheren Arbeitgeber abzuwerben, und er konnte zahlreiche junge Ingenieure einstellen, die frisch von der University of Texas und anderen Universitäten aus der Gegend kamen. Alte Mitstreiter wie Les Martin, der die Testanlagen für SpaceX und Virgin[*] gebaut hatte, tauchten in Briggs auf, sie gossen den Zement und übernahmen den Metallbau. Markusic bemühte sich, seiner Rolle als Big Boss gerecht zu werden. Er lernte, wie man ein großes Unternehmen führte und den Überblick über diese hochkomplexe Operation behielt.

In Interviews, die er damals mit diversen Medien führte, verriet er, dass die erste Rakete von Firefly Alpha heißen würde und dass sie eine ganz andere Herangehensweise an diese Art von Flugkörper darstellen würde. Anstatt für das Raketengehäuse Aluminium oder eine Legierung zu verwenden, würde die Rakete von Firefly aus Kohlenstofffasern beziehungsweise Carbonfasern bestehen.[**] Dieses Material war teurer, und man brauchte echte Expertise, um vernünftig damit arbeiten zu können, man musste das Material in einem Ofen erhitzen und formen, doch es hatte auch große Vorteile, denn die Rakete würde viel leichter und robuster sein. Das Unternehmen hatte auch noch ein paar

---

[*] Und später Astra.
[**] Bei Rocket Lab wurde dies offensichtlich auch schon getan, aber es wurde damals als absolute Ausnahme betrachtet, und es war zudem nicht weithin bekannt.

Überraschungen auf Lager, was die Treibstoffe und die Konstruktion des Triebwerks betraf.

Wenn alles gut ginge, würde Alpha ab Ende 2017 Satelliten oder andere Fracht mit bis zu 450 Kilogramm Gewicht in eine erdnahe Umlaufbahn bringen können, und das für acht Millionen Dollar pro Start. Danach würde Firefly eine größere Rakete namens Beta bauen, die mehr als eine Tonne Gewicht in den Orbit befördern würde. Und danach – halten Sie sich fest – würden sie einen wiederverwendbaren Raumgleiter namens Gamma konstruieren, an dessen Seiten Raketen angebracht wären, die ihm beim Start helfen und ihn in den Orbit bringen würden. Der Raumgleiter würde dann im All seine Missionen ausführen und danach zur Erde zurückgleiten.

Man spürt, wie sehr Markusic in diesen ersten Jahren von Firefly in seinem Element war, auch weil er, wie alle Geschäftsführer eines Raketen-Start-ups vor ihm, der Presse eine Litanei völlig überzogen optimistischer Versprechen präsentierte. Das Ziel, bereits im Jahr 2017 die erste Rakete zu starten, war bereits der Hammer. Aber die Vorstellung, dass Firefly schon ein Jahr später Profite würde einfahren können, könnte eigentlich nur jemandem wie Musk einfallen.

Es hatte etwa sechs Jahre gedauert, die Falcon 1 zu konstruieren und in die Umlaufbahn zu bringen. Zweifellos hatten Menschen wie Markusic viel aus dieser Erfahrung gelernt, konnten das Gelernte nun anwenden und vielleicht den einen oder anderen Prozess beschleunigen. Doch innerhalb von drei Jahren mit nichts zu starten und es bis ins All zu schaffen, das wäre eine der größten Errungenschaften im Ingenieurwesen überhaupt. Die Menschen, die im Bereich Technologie und Start-up arbeiten, machen immer unrealistische Versprechungen. Das gehört dazu, es sorgt dafür, dass alle in Bewegung bleiben, und es gibt den Investoren das Gefühl, dass sie ihr Geld auf etwas gesetzt haben, das bald schon realisierbar ist. Dennoch scheint es so, als würden die Geschäftsführer von Raketen-Start-ups an einer ganz besonderen Art von Selbsttäuschung leiden, die bei ihnen viel stärker ausgeprägt ist als bei anderen Menschen. Vielleicht liegt es daran, dass das ganze Business mit Raketen im Vergleich zu anderen Bereichen von Technologie und Wirtschaft ohnehin so schwer zu begreifen ist, dass man dem allen immer noch eins draufsetzen muss. Anstatt konservativer aufzutreten, muss das Ganze noch absurder klingen. Dann können die Investoren, die mit großer Wahrscheinlichkeit all ihr Geld verlieren werden, an der großen Zugkraft dieser gigantischen Lüge teilhaben und so ihre eigenen rationalen Neuronen zum Schweigen bringen, die sich verzweifelt um Aufmerksamkeit bemühen.*

Wie dem auch sei ... Markusic verbreitete überall wilde Geschichten über Firefly und genoss das Rampenlicht als Geschäftsführer, nachdem er so viele Jahre lang immer als der verrückte Antriebsspezialist vom Dienst im Schatten irgendwelcher Milliardäre gestanden hatte. Und tatsächlich gelang es der Truppe von Firefly, ihren großmäuligen Boss gut aussehen zu lassen. Im September 2015 veröffentlichte das Unternehmen eine Pressemitteilung, in der es feierlich die Fertigstellung seines ersten, zwölf Meter hohen Prüfstands sowie eines 1000 Quadratmeter großen Fertigungs- und Kontrollzentrums bekanntgab. Noch im selben Monat setzte Firefly den nagelneuen Stand ein, um erste Tests an dem neuen Triebwerk durchzuführen, das, Gott sei Dank, auch tatsächlich funktionierte. Das Unternehmen hatte inzwischen 60 Angestellte, und Markusic fand, man könne nun versprechen, dass bis zum Jahr 2019 weitere 200 Arbeitsplätze geschaffen würden, denn dann, so sagte er, würde Firefly im Jahr gut 50** seiner Alpha-Raketen bauen und sehr wahrscheinlich Profite einfahren.

Es gelang Markusic, sich die Rhetorik anzueignen, die es braucht, um sich vom Spezialisten für futuristische Plasmaantriebe in einen großspurigen Unternehmer zu verwandeln. Die Mission von Firefly sei, wie er sagte, ein »Model T« der Raketen zu bauen, etwas, das bezahlbar und absolut zuverlässig wäre. Das Unternehmen selbst würde zu einer Art Transportfirma, deren Aufgabe es wäre, die aufblühende Wirtschaft im erdnahen Orbit zu versorgen. »Ich sehe das so: SpaceX und Blue Origin sind ein bisschen wie Netscape – die erste Welle –, und wir sind dann eher wie Google«, konstatierte er. »Ich bin ganz zufrieden damit, wenn Elon und Jeff sich streiten, wer von ihnen als Erstes den Mars erforschen wird. Sollen sie! Ich bleibe einfach hier und verdiene ein paar Milliarden Dollar.«

Anfang 2016 war Firefly bei jedem, der in der New-Space-Industrie tätig war, das Gesprächsthema. Es gab inzwischen rund um den Globus mehr als 25 Firmen, die

---

* Ein Nachteil des neuen Standorts in Texas war der, dass Markusic und Firefly potenzielle Investoren nicht so einfach mit einem Rundgang beeindrucken konnten, wie es in Kalifornien der Fall gewesen wäre. »Die reichen Leute kamen ganz gerne mal mit dem Auto vorbei, um ihren Freunden zu zeigen, an welcher Raketenkonstruktion sie beteiligt waren«, erklärt Markusic. »Es ist so: Ihre Investition wird zu einem Teil ihrer Identität, und sie möchten das anderen Menschen präsentieren.« So komisch dies klingen mag, es entspricht voll und ganz meinen Erfahrungen.
** Warum nur 50?

mitgeteilt hatten, dass sie planten, kleine Raketen zu bauen und sie in die erdnahe Umlaufbahn zu bringen. Elon Musk hatte Ingenieure in allen Winkeln der Erde davon überzeugt, dass sie mit ein paar Freunden das Universum erobern könnten, wenn sie nur bereit wären, hart genug daran zu arbeiten. Bei sehr wenigen dieser Bemühungen steckte allerdings genug Kapital dahinter, und die Menschen, die sich wirklich in der Raumfahrt auskannten, lachten nur darüber. Rocket Lab sah tatsächlich noch ganz vielversprechend aus, weil sie über Risikokapitalfonds verfügten und weil sie in ihrer Fabrik in Auckland reale, keine eingebildeten Raketen stehen hatten. Aber der Geschäftsführer hatte noch nicht einmal studiert, und er hatte keinerlei Erfahrung bei anderen Raumfahrtunternehmen wie SpaceX oder Blue Origin gesammelt, noch nicht einmal bei einem der alten, traditionellen Raumfahrtgiganten. Vielleicht war Firefly da noch die sicherste Bank, immerhin hatten deren Gründer und die dort arbeitenden Ingenieure den richtigen Stallgeruch. Was ebenso wichtig war: Sie operierten ausschließlich in den USA, was bedeutete, dass sie schnell an Investoren herankämen und staatliche Aufträge bekommen könnten.

Das ist der Grund, warum so viel Geld in die Kassen von Firefly floss. Das Start-up hatte zunächst ein paar Millionen Dollar von einer kleinen Gruppe von Investoren bekommen, darunter die Mitbegründer, deren Freunde und eine weitere Handvoll wohlhabender Leute. Mitte 2016 konnten sie weitere 20 Millionen Dollar auftreiben, womit sich der Gegenwert des Unternehmens auf Papier von anfangs etwa zwei Millionen auf 110 Millionen Dollar erhöhte. In der Zwischenzeit hatten sie von der NASA einen Auftrag bekommen, der gut 5,5 Millionen Dollar wert war und bei dem sie für die Raumfahrtagentur Satelliten ins All bringen sollten, und sie hatten weitere gültige Verträge von anderen Regierungsbehörden und Unternehmen im Wert von 20 Millionen Dollar vorliegen. Laut Markusics Berechnungen würde es etwa 85 Millionen Dollar kosten, bis die erste Rakete in der Umlaufbahn war, und es sah so aus, als wäre Firefly auf einem guten Weg, dieses Ziel auch zu erreichen.

Doch hinter den Kulissen liefen die Dinge nicht so rund. 2015 leitete Virgin Galactic rechtliche Schritte gegen Markusic und die beiden Mitbegründer ein. Virgin warf Markusic vor, deren geistiges Eigentum abgeschöpft zu haben und diese Informationen dann zugunsten von Firefly benutzt zu haben. Obwohl Firefly gerade eine Riesenmenge Geld zusammengetrommelt hatte, brauchte die Firma noch mehr – allerdings wurde einer der wichtigsten europäischen Investoren angesichts des herannahenden Brexits nervös und weigerte sich, weiterhin Geld in das Raketen-Start-up zu investieren. Die Aussichten verschlechterten sich zunehmend, als im September 2016 eine Falcon-9-Rakete von SpaceX mitten auf der Startrampe explodierte. Das war eine durchaus reale Vorführung der Risiken, die das Raketengeschäft in sich barg, und sie schreckte einen weiteren großen Investor von Firefly ab. All dies bedeutete, dass Markusic neue Unterstützung suchen musste – Menschen, die sich bereit erklärten, ein Raketenunternehmen finanziell zu unterstützen, dem ein Rechtsstreit bevorstand. »Die Sache mit dem Gerichtsverfahren hatte die früheren Investoren nicht gestört, aber jetzt gerieten wir plötzlich in Panik«, erläutert Markusic. »Wir hatten Meetings mit Investoren, wir waren verzweifelt, und dann hing da noch das Damoklesschwert dieses Rechtsstreits über unseren Köpfen – es fühlte sich wirklich an, als hätten sich Naturgewalten gegen uns verschworen.«

Die Lage wurde für Firefly sehr schnell immer schlimmer. Das Start-up verbrauchte gut eine Million Dollar pro Woche, und Markusic setzte Himmel und Erde in Bewegung, um noch jemanden zu finden, der ihm half, seinen Weltraumtraum zu finanzieren. Während er zu Investoren flog oder stundenlang in einem Mietwagen durchs Land fuhr, wurde ihm klar, dass er als Geschäftsführer nicht unbedingt sehr weitsichtig gehandelt hatte.* Er hätte die Ausgaben seines Unternehmens besser im Blick behalten sollen, vielleicht hätte er die eine oder andere Kündigung aussprechen sollen oder alle Arbeiten, die nicht absolut notwendig waren, einstellen sollen. Stattdessen hatte er bei Firefly Vollgas gegeben, bis die

---

* Markusic hat mir einmal eine feurige Rede zum Thema Weitsicht gehalten und dazu, wie sie in Bezug zu setzen ist zum derzeitigen Zustand der USA: »Ich glaube, als Kultur planen wir in Amerika die Dinge viel zu genau. Als meine Eltern jung waren, ging es eher darum, das zu tun, wonach einem der Sinn stand. Man sollte impulsiv sein: ›Einen Job finden, viel Sex haben, Kinder kriegen, es wird schon alles gut gehen.‹ Meine Kinder dagegen, die Generation der Millennials, haben Bucketlists und planen alles ganz genau durch: ›Ich werde studieren, und dann wird mein Gehalt so und so hoch sein, und an diesem Punkt in meinem Leben werde ich heiraten, und dann werde ich ein Kind haben.‹ Wenn sie dann um die 30 sind, merken sie plötzlich, dass die biologische Uhr tickt. Ich denke nicht, dass man immer davon ausgehen sollte, dass alles so läuft wie geplant, und deswegen denke ich auch, dass man nicht alles durchplanen sollte. Damit bescheißt man sich selbst. Und möglicherweise verpasst man dadurch auch Gelegenheiten, die sich einem heute ergeben, weil man so darauf fokussiert ist, alles im Leben zu organisieren. Und das Gleiche, finde ich, trifft auch auf Organisationen zu. Das ist etwas, was ich wirklich gelernt habe bei SpaceX. Elon hat immer darauf geachtet, dass unser Hauptaugenmerk auf dem lag, was als Nächstes anstand. Es ist doch so, die Mentalität, die wir uns aneignen müssen, muss lauten: Wenn wir das nächste Ding richtig hinbekommen, eröffnet sich uns die Gelegenheit, danach einen weiteren Schritt zu nehmen. Aber wenn wir immer zehn Schritte im Voraus denken, verlieren wir den Fokus, und dann kriegen wir die Sachen nicht richtig hin. Ja. Deswegen ermuntere ich alle, schon mit 18 Kinder zu kriegen.«

Bankkonten plötzlich leer waren. »Einer der Gründe, warum wir so viel Geld verbrauchten, war, dass ich wollte, dass die Leute hierhin kommen – also die Investoren – und die Energie spüren«, gesteht er. »Ich wollte, dass die mitbekommen, dass wir fliegen. Ich wollte, dass sie die Dringlichkeit nachvollziehen, dass sie den Drang verspüren, jetzt in das Projekt einzusteigen, weil hier gerade etwas passierte. Dafür muss man eben viel Geld ausgeben, es ist also ein zweischneidiges Schwert. Wir waren richtig gut in Fahrt, und plötzlich gab es den totalen Stillstand.«

Ende des Jahres 2016 musste Firefly den Großteil seiner Belegschaft beurlauben. Markusic sagte seinen Angestellten, dass er nach wie vor hoffte, neue Investoren sichern zu können, und sie dann bald wieder an ihren Arbeitsplatz zurückkehren könnten. Manche von ihnen kamen tatsächlich trotzdem ins Büro, da sie glaubten, es würde bald neues Geld geben. Doch so kam es nicht. Im April 2017 musste Firefly Konkurs anmelden – die Firma hatte 30 Millionen Dollar verbrannt.

»Ich schlafe ohnehin nicht sehr viel, aber zu der damaligen Zeit schlief ich nur etwa drei Stunden die Nacht. So ist das, wenn man aufwacht und gefühlt alle Probleme der Welt auf einen niederprasseln«, erinnert sich Markusic. »Es war vor allem emotional unheimlich anstrengend. Ich war in die Knie gegangen, ich betete um die Kraft, das alles durchzustehen. Es wäre ja eine andere Sache gewesen, wenn wir einen Fehler gemacht hätten, wenn wir mit dem Projekt gescheitert wären oder einfach nicht schlau genug gewesen wären – aber die Sache lief ja richtig gut!«

Von außen betrachtet machte der Konkurs wenig Sinn. In der ganzen Welt gaben Investoren für New-Space-Projekte Geld aus, und zwar in Rekordhöhen. Man hatte jedoch angefangen, die Führungsqualitäten von Markusic infrage zu stellen. Die Gemeinschaft der Raketenkonstrukteure ist eben nur eine kleine Gruppe, und schnell machten Gerüchte die Runde, die besagten, Firefly sei schlecht organisiert und hinke sehr stark hinter den Zeitplänen her. Auch wenn Markusic meinte, dass so gut wie alles richtig gelaufen sei, sahen andere doch nur ein weiteres Raketen-Start-up, das irgendwie herumgewurstelt und ganz viel Geld vergeudet hatte.

In seinen dunkelsten Stunden streifte Markusic allein durch die leeren Büros von Firefly. Er erinnerte sich an Dinge. Er weinte. Er machte seitenweise Listen mit allen Vermögenswerten von Firefly und überlegte sich, wem er die wohl verkaufen könnte, wenn das Insolvenzverfahren losging. Vor allem aber betete er nach wie vor, dass jemand aus dem Nichts auftauchen und seine Firma retten würde. Immerhin hatte Gott ihn geschaffen, damit er Raketen baute, und nun würde Gott ihm sicher irgendeine Form von Hilfe schicken.

KAPITEL 30

VOLLE ATTACKE

Artiom Anisimow hatte zugesehen, wie Firefly wie ein Kartenhaus in sich zusammengefallen war – und er hatte einen Plan entwickelt.

Anisimow wurde 1986 in Assipowitschy geboren, einer Kleinstadt im Herzen von Belarus (Weißrussland), wo man vom Untergang der Sowjetunion besonders stark in Mitleidenschaft gezogen worden war. Als es seine Familie in die Mongolei zog, war er noch ein kleiner Junge. Sein Vater war beim Militär und diente im Krieg der Sowjets in Afghanistan. Er hoffte, durch diesen Einsatz besser für seine Familie daheim sorgen zu können. Nach vier Jahren Militärdienst in der Mongolei bekamen die Anisimows ihre Entlohnung und die Zusage für eine Einzimmerwohnung in ihrer Heimat in Belarus.

In Assipowitschy gab es nicht viele Möglichkeiten, seine Zukunft rosig zu sehen. Kriminelle hatten in der Stadt das Sagen, die Wirtschaft war zusammengebrochen, die Schulen waren heruntergekommen. Aber Anisimow war klug und fleißig, und so konnte er sich als Teenager für ein Schüleraustauschprogramm anmelden, durch das er zu einer Familie nach Tennessee kam. Der Gastvater war Chirurg, die Mutter arbeitete als Aushilfslehrerin, die Kinder waren sportlich und durchweg beliebt. Der Besuch bot Anisimow einen Geschmack der Annehmlichkeiten, die die USA zu bieten hatten. »Es ist nicht einfach zu erklären«, gibt er zu bedenken. »Man lernt, dass es Orte gibt, wo die Menschen anders leben, und man lernt, dass diese anderen Dinge vielleicht besser sind.«

Anisimow studierte zunächst in Belarus, dann in Litauen und schließlich in Nebraska – dabei machte er diverse Abschlüsse in Jura. An der University of Nebraska studierte er unter Frans von der Dunk, einem der weltweit führenden Experten für Weltraumrecht. Dieser Professor überzeugte Anisimow, dass das

Weltraumrecht schon bald eine richtig große Sache sein würde, denn die Branche schien sich rapide zu verändern. Kurzum entschloss sich Anisimow, seine Karriere dementsprechend auszurichten.*

Nach seinem Abschluss ging Anisimow nach Washington, D. C., und bemühte sich dort um einen Job in der Raumfahrtindustrie. Er war noch unerfahren und unsicher, wie er genau vorgehen sollte, also tauchte er oft ohne Vorankündigung in der Zentrale eines Unternehmens auf und bat darum, mit dem Personalmanagement sprechen zu können. Einmal musste er per Anhalter zum Gelände einer Firma in Virginia fahren, weil er keinen eigenen Wagen besaß und auch kein Geld für ein Taxi hatte. Probleme mit dem Visum und eine Reihe unglücklicher Zufälle, aufgrund derer er Jobs in diversen Unternehmen knapp verpasste, führten schließlich dazu, dass er fast zwei Jahre lang als Parkwächter vor einem Supermarkt arbeiten musste. Er nutzte die Zeit, um für das Anwaltsexamen zu lernen, das er dann auch bestand, und knüpfte derweil Kontakte in die Raumfahrtindustrie.

Anisimow entwickelte sich zu einem regelrechten Space-Junkie. Er schlich sich bei Weltraumkonferenzen ins Publikum und unterhielt sich mit allen möglichen Menschen. Er führte zahllose Gespräche, und schließlich trug diese Strategie Früchte: Er landete ein paar Aufträge, er arbeitete als Jurist – erst für ein Start-up, dann für das nächste. 2013 zog er ins Silicon Valley, und schließlich, nach vielen Irrungen und Wirrungen, bekam er einen Job als Max Poljakows rechte Hand für alle Belange rund um die Raumfahrt.

Anisimow verfügt über ein nahezu enzyklopädisches Wissen der Weltraumgeschichte, der politischen Regeln der Branche und der wichtigsten Figuren in der Welt der Raumfahrt. Er ist ein unermüdlicher Netzwerker, und er hatte eine lange Liste von Kontakten erstellt, die sich für Poljakow als sehr wertvoll erweisen sollten. Er hatte auch ein gutes Gespür für die Vorgänge in der Branche und für ihre innere Struktur; er wusste, wer gerade auf einem guten Weg war, wer Schwierigkeiten hatte und wie man die Schwächen von anderen zu seinem eigenen Vorteil nutzen konnte.

---

* Als er in Nebraska ankam, hatte Anisimow genau 160 Dollar bei sich. Seine alte Gastfamilie aus Tennessee war so großzügig, für ihn einen Studienkredit über 75 000 Dollar aufzunehmen, wovon Anisimow die Kosten für das Studentenwohnheim, sein Essen und die Studiengebühren bezahlen konnte. Er zahlte der Familie einige Jahre später alles zurück.

Damals, im Jahr 2016, hatte Poljakow große Pläne für den Weltraum, aber es fehlte ihm an Erfahrung, um diese Pläne auch in die Tat umzusetzen. Er hatte viel Geld verdient mit Internetplattformen und Software für Unternehmen; die Weltraumprojekte liefen nur so nebenher. Er finanzierte eine Firma namens EOS Data Analytics, die Satellitenbilder aufnahm und analysierte – in etwa so, wie es bei Planet Labs getan wurde –, und er finanzierte auch ein paar Konstruktionsprojekte in der Ukraine. Von einem Weltraumimperium war er also noch denkbar weit entfernt.

Als die Geschichten über die finanziellen Schwierigkeiten von Firefly zunehmend in die Öffentlichkeit kamen, erkannte Anisimow eine Möglichkeit, wie Poljakow richtig groß rauskommen könnte. Er streckte die Fühler nach Markusic aus, nahm Kontakt zu ihm auf und fragte, ob dieser Interesse habe, sich mitPoljakow zu treffen und Verhandlungen aufzunehmen. Anisimow spürte, dass Firefly, auch wenn das Unternehmen gerade etwas strauchelte, Poljakow geradewegs in das Geschäft mit Raketen katapultieren könnte – und dass er dadurch gleich in ein laufendes Projekt einzusteigen vermochte. Markusic erklärte sich gerne bereit, Poljakow zu treffen. Das war im Herbst 2016, und die beiden blieben bis Ende des Jahres in lockerem Kontakt. Im Januar 2017 saß Markusic dann erster Klasse in einem Flugzeug mit Ziel Ukraine, um sich Poljakows Heimat anzusehen und die Optionen im Detail zu besprechen.

Es gibt zwei Versionen zu der Geschichte, was dann geschah und wie es kam, dass Poljakow schließlich der Besitzer von Firefly wurde.

In der einen Version der Geschehnisse spielt Poljakow den edlen Ritter. Als das Unternehmen sich seinem Tiefpunkt näherte, tauchte er plötzlich mit tonnenweise Geld auf und rettete Firefly vor dem sicheren Untergang. Markusic hatte alles versucht, um andere Interessenten zu finden, aber es hatte sich niemand gefunden. Die Partnerschaft mit Poljakow half sicherzustellen, dass die Technologie, die bei Firefly entwickelt worden war, weiterleben würde und dass all die Menschen, die bis dato am Unternehmen beteiligt gewesen waren, schlussendlich nicht mit leeren Händen dastehen würden, sondern entlohnt würden. Ganz einfach.

Die andere Version der Geschehnisse hat einen etwas zynischeren und finstereren Plot. In dieser Variante lernte Markusic Poljakow kennen und spürte sogleich die Gelegenheit, die Mitbegründer des Unternehmens und die bestehenden Investoren aus der Firma rauszudrängen und noch einmal, quasi finanziell bereinigt, ganz von vorn anzufangen. Anstatt Ende 2016 alles zu geben, damit Firefly am Leben bleibt, habe Markusic das Unternehmen quasi wissentlich untergehen lassen und in den Konkurs geführt, wodurch die Aktionäre mit leeren Händen dastanden. Das hatte den Weg frei gemacht für Poljakow, der nun wie im Sturzflug angerauscht kam und die Vermögenswerte von Firefly ungemein günstig ersteigern konnte, wobei die Versteigerung, so hieß es, manipuliert war, sodass nur er den Zuschlag bekommen konnte.

Firefly Space Systems gab es nicht mehr, und ebenso wenig gab es die Kapitalbeteiligungen der früheren Investoren. Stattdessen wurde Firefly Aerospace aus der Taufe gehoben – mit Poljakow und Markusic als Mehrheitseigentümer.

Die Menschen, die von dieser Version der Geschichte überzeugt sind, sind die ehemaligen Mitbegründer von Firefly. Schließlich erstatteten sie Anzeige gegen Markusic und Poljakow, mit dem Vorwurf, sie unrechtmäßig aus just jenem Unternehmen rausgedrängt zu haben, das sie selbst mit aufgebaut hatten. Poljakow und Markusic haben solche Anschuldigungen von sich gewiesen; sie sagen, sie seien einfach nur Geschäftsleute, die unter sehr verzweifelten Umständen ein Geschäftsabkommen erzielt hätten.[*]

Wie dem auch sei, die Sache endete damit, dass Poljakow nun ein Raketenunternehmen besaß, in das er sofort 75 Millionen Dollar reinsteckte. Dies ermöglichte es Firefly, viele der ehemaligen Angestellten wieder einzustellen, die Raketenproduktion wieder aufzunehmen und ihre Anlage zu expandieren. Es kommt nicht oft vor, dass jemand wie Markusic in einer solchen Situation Geschäftsführer bleiben kann. Normalerweise ist es so, dass der neue Besitzer einer Firma, die vor die Wand gefahren wurde, auch ein neues Management mitbringt. Das liegt zum einen daran, dass dieses dem neuen Besitzer gegenüber loyal ist, und zum anderen daran, dass man annimmt, dass es das Geschäft besser leiten kann als die Vorgänger. In diesem Fall aber blieb Markusic im Chefsessel. Er hatte einen frischen Investor davon überzeugen können, seinen göttlichen Auftrag – die Mission, ins Weltall zu fliegen – zu finanzieren.

Nichts bringt das Blut so sehr in Wallung wie der Kauf eines Unternehmens, das Raketen baut. Der Max Poljakow, dem ich nach der erfolgreichen Übernahme begegnete, war optimistisch bis zum Anschlag. Zwar besaß er schon eine Firma, die von Satelliten generierte Daten analysierte, nun aber wollte er richtig

---

[*] Während ich dies schreibe, läuft der Rechtsstreit noch.

ran an den Speck: Poljakow wollte seine eigene Hardware bauen. Er wollte Satelliten entwickeln und die entsprechenden Trägerraketen, die sie hochbrächten. Andere Unternehmen konzentrierten sich auf einen spezifischen Teil der Sparte. Planet konstruierte Satelliten. Rocket Lab konstruierte Trägerraketen. Firefly dagegen wollte eine einzige, zentrale Anlaufstelle sein, was auch große finanzielle Vorteile hätte. Das Unternehmen könnte seine eigenen Satelliten zum Selbstkostenpreis in die Umlaufbahn bringen, anstatt einer anderen Raketenfirma dafür Unsummen zahlen zu müssen. Zudem könnten sie die Starts ihrer eigenen Satelliten priorisieren und andere Kunden warten lassen, bis eine Trägerrakete verfügbar wäre.

Poljakows Meinung nach hatte die erste Generation der kommerziellen Weltraumunternehmen große Fehler gemacht. Die Raketen, die von Rocket Lab, Virgin und Astra gebaut wurden, waren zu klein. Die Satellitenfirmen konstruierten schlampig gefertigte Geräte, die im All zu schnell kaputtgingen, außerdem waren sie den Zeitplänen der Raketenbauer ausgesetzt. Manche dieser Unternehmen waren Firefly mit ihren Produkten voraus, aber trotz der zeitlichen Vorteile begingen sie strategische und technische Fehler. »Man lehnt sich einfach zurück und schmunzelt, denn das ist alles so richtig scheiße«, kommentierte Poljakow.

Poljakows Berechnungen zufolge würde es ihn eine »zweistellige Millionensumme« kosten, bis Firefly seine erste Trägerrakete fertiggestellt hätte, und er ging davon aus, dass dies etwa im Sommer 2019 der Fall sein könne. »Wir werden viel weniger Zeit brauchen, um das zu schaffen, als Rocket Lab«, sagte er. Firefly wollte unter anderem die Kosten niedrig halten, indem man die Expertise aus der ukrainischen Luft- und Raumfahrt nutzte. Poljakow hatte Zugriff auf Entwürfe für sehr komplexe Bauteile, die über Jahrzehnte hinweg perfektioniert worden waren und die man jetzt nach Texas mitbringen könnte. »Wir werden dieses ukrainische Erbe in die USA bringen, genauso wie SpaceX sich in Teilen an dem Erbe der NASA* bedient hat«, stellte Poljakow fest. »Wir haben gutes Material. Präzise Ballistik und Lenksysteme. Ein gutes Erbe sollte gut eingesetzt werden.« Die Ingenieure aus der Ukraine waren auch nicht so teuer, was Firefly half, die

---

* Das stimmt allerdings. In seiner Firmengeschichte war SpaceX durchgängig ein Partner der NASA, wenn es um technische Errungenschaften ging, welche die NASA über Jahrzehnte hinweg entwickelt hatte.

Personalkosten niedrig zu halten. »Es geht um Disziplin und Fortschritt«, so Poljakow.

Zusätzlich sollte die Trägerrakete von Firefly etwa zehnmal mehr Ladung aufnehmen können als die kleinen Raketen der Wettbewerber. »Virgin ist geliefert«, stellte Poljakow kurz und bündig fest. »Peter Beck mit seinen 150 Kilogramm – das bringt doch auch nichts. Bislang betrachten wir diese Branche mit einem gewissen Zynismus. Das ist doch alles nur Hype. Wir wollen doch gar nicht zum Mars fliegen. Vergiss das. Wir sind hier, weil wir Geld verdienen wollen – und zwar viel Geld.«

Den Ursprung von Poljakows großem Vertrauen in die Raumfahrt muss man wohl in seiner Kindheit verorten. Er entstammt sehr einfachen Verhältnissen und hatte sich nach dem Fall der Sowjetunion durch das hierdurch entstandene Chaos gekämpft, und er hatte ein Vermögen verdient. Er wollte das Wissen, das er in seinen anderen Geschäften generiert hatte, nutzen und Menschen wie Peter Beck und Chris Kemp einfach wegblasen. »Die meisten Player im Weltraumgeschäft sind wie Kinder«, befand er. »Sie verstehen nicht, was ein Dollar wirklich wert ist. Sie haben nicht die ersten 100 Dollar verdient und dann vor Freude geweint. Es ist alles nur eine große Show. Der reinste Zirkus. Aber genau deswegen liebe ich das Weltraumgeschäft.

Was im Moment abläuft, das ist eine Blase, und sie wird von Regierungsgeldern im großen Stil finanziert. Es wird viele Unternehmen geben, die das nicht überleben werden, und weil wir die Satelliten und die Raketen kontrollieren, werden wir sie aufkaufen und den Markt konsolidieren. Dann werden die Projekte weiterlaufen, denn die Menschheit hat eine Leidenschaft für den Weltraum. Das ist das letzte große Abenteuer – the final frontier.«

MAXYM POLJAKOW WUCHS IN Saporischschja auf, einer Stadt mit gut 750 000 Einwohnern im Südosten der Ukraine. Wie in einem Großteil des ganzen Landes hatten sich auch in Saporischschja die Wirtschaft und das Alltagsleben seit Jahrhunderten um die Landwirtschaft gedreht. Doch mit der Gründung der Sowjetunion bekam Saporischschja plötzlich eine neue Identität als industrielles Powerhouse. Erst kamen die Eisenbahnstrecken. Dann ein Stausee. Dann siedelte sich eine Fabrik nach der nächsten an. Die Sowjets liebten es, Modellstädte zu schaffen, die jeweils mit unterschiedlichen Intentionen konzipiert wurden, und so wurde beschlossen, das neu geformte Saporischschja als Inbegriff der industriellen Macht zu präsentieren. Starke junge Männer wurden überall im sowjetischen Reich angeheuert, um die Stadt aufzubauen und danach in ihren Fabriken für Stahl, Aluminium und schwere Maschinen zu arbeiten. Sie wurden mit guten Gehältern angelockt, aber das tägliche Leben dort war trostlos. Die meisten lebten in Baracken, in denen es weder Toiletten noch fließend Wasser gab. Es gibt noch Überreste dieser geschäftigen Zeiten, allerdings haben sie längst ihren Glanz verloren. Die Fabriken haben Rost angesetzt, die Wände bröckeln und dienen nur noch als Staffage für Graffitikünstler. In einem Park, der entlang der allseits bekannten »Allee der Metallarbeiter« liegt, steht die Statue eines muskelbepackten Arbeiters – das Hemd ist aufgeknöpft, die Werkzeuge hat er bereits in den Händen, doch der Weg, auf den er herabschaut, ist voller Unkraut.[*]

Poljakows Eltern entstammten einer anderen Klasse von Arbeitern; sie kamen erst später in der Geschichte der Stadt nach Saporischschja, denn sie waren Wissenschaftler, die für das sowjetische Raumfahrtprogramm arbeiteten. Dieses Programm spielte in diesem Teil der Ukraine eine große Rolle. Poljakows Vater Valeriy schrieb Software, die verschiedene Systeme in Raketen und Raumfahrzeugen miteinander verband – damit diente sie faktisch als eine Art Betriebssystem für diese Vehikel. Der Code wurde für einige der komplexesten Luft- und Raumfahrtsysteme eingesetzt, die jemals entwickelt worden sind, unter anderem für die International Space Station (ISS) und für die Mir (die russische Raumstation), außerdem für die riesige Energia-Rakete, die 100 Tonnen Ladung in die Umlaufbahn transportieren konnte, und für das Buran-Spaceshuttle, das allerdings nur sehr kurz in Betrieb war. Poljakows Mutter Ludmila arbeitete in derselben Abteilung, sie half bei der Entwicklung von Hardwaresystemen, die dafür sorgten, dass die sowjetischen Raketen sanft zur Erde zurückkehrten und somit wiederverwendet werden konnten.

Die Familie lebte in einem kleinen Haus, das Poljakows Großmutter gehörte. Während der hitzigsten Zeiten des Kalten Krieges und des sogenannten Space Race, des »Wettlaufs ins All«, konnten Poljakows Eltern das Leben in vollen Zügen genießen – sie fühlten sich voller Energie, weil sie Teil einer so ehrgeizigen wissenschaftlichen Gemeinschaft waren und weil sie unter Gleichgesinnten leb-

---

[*] Jedem, der sich für die Hintergrundgeschichte der Region interessiert, empfehle ich das Buch von Roman Adrian Cybriwsky: *Along Ukraine's River: A Social and Environmental History of the Dnipro*.

ten, die relativ freidenkerisch waren, und fernab der Bürokratie und Kontrolle durch Moskau und Kiew. Es gab gelegentlich auch handfeste Anerkennung, wenn ein Wissenschaftler etwas wirklich Bemerkenswertes vollbracht hatte. Als zum Beispiel 1987 die Energia-Rakete ihren Jungfernflug erfolgreich absolvierte, bekamen die Poljakows zur Belohnung eine 60 Quadratmeter große Wohnung in einem besseren Teil der Stadt.

Doch der Verfall und Niedergang der Sowjetunion bedeutete auch den Untergang für Saporischschja und seine Raumfahrtzentren. Die Budgets waren ohnehin schon stark geschrumpft, als Mütterchen Russland endgültig den Stecker zog. Falls die Ukraine ihr Raketenprogramm fortführen und all ihre Talente und Ressourcen nutzen wollte, musste sie einen Weg finden, wie sie das allein würde bewerkstelligen können. Für die Poljakows waren die direkten Auswirkungen dieser Veränderungen katastrophal. »Nachdem die Sowjetunion auseinandergefallen war, erhielt mein Vater fünf Dollar im Monat, um unsere vierköpfige Familie zu ernähren.« Poljakow erinnert sich: »Mein Vater sagte mir: ›Wenn ich dich erwische, wie du irgendwas machst, das mit dem Weltraum zu tun hat, gibt es Ärger.‹«

Valeriy hoffte nach wie vor, dass irgendjemand einen Weg finden würde, um die Energia-Rakete oder das Buran-Spaceshuttle wieder zum Leben zu erwecken, aber die Jahre vergingen, ohne dass sich irgendetwas Bemerkenswertes tat. Ludmila hielt die Familie über Wasser, indem sie in den Niederlanden große Mengen an Tulpen und Rosen kaufte, die sie dann zu den großen Feiertagen in der Ukraine verkaufte. »In ihrer Familie haben die Leute immer schon einen Blick für alternative Möglichkeiten gehabt«, erklärt Poljakow. Die Familie besaß außerdem auf dem Land eine Datscha, und die erwies sich als Lebensretter. Dort konnten sie Kartoffeln, Gurken und Tomaten anpflanzen und in einem Keller lagern, was sie dann durch den Winter brachte. »Jede Familie brauchte mindestens 400 Kilogramm Kartoffeln, sonst konnte sie nicht überleben«, so Poljakow. 1994 hatte Ludmila ihr Blumengeschäft so weit etabliert, dass sie im Jahr 2000 Dollar verdiente. »Mein Vater wurde gedrängt, die Weltraumarbeit abzuschreiben, diesen ganzen Mist hinter sich zu lassen und auch mehr Geld zu verdienen«, sagt Poljakow. »Es war sehr schmerzhaft. Er hatte dieser Geschichte sein ganzes Leben gewidmet.« Schlussendlich nahm Valeriy eine Stelle als Ingenieur an – er reiste für einen Monatslohn von 50 Dollar durch den Nahen Osten, Usbekistan und Tadschikistan und kontrollierte Industrieregler, die in alten Fabriken aus der Sowjetzeit eingesetzt waren.

Während die Eltern ums Überleben kämpften, glänzte der junge Poljakow in der Schule. Er gewann nationale Wettbewerbe in Mathematik und Physik und erledigte mit Leichtigkeit alle Aufgaben. Mit 18 schrieb er sich für Medizin ein und studierte sechs Jahre lang, mit dem Ziel, Geburtshelfer und Gynäkologe zu werden. Doch im Jahr 2000 brach er das Studium kurz vor Abschluss ab – er hatte bei ein paar Geburten geholfen, und er hatte mitbekommen, wie wenig ein Arzt, der für das nationale Gesundheitssystem arbeitete, verdiente.

Dies fiel genau in die Zeit des ungezügelten Dotcom-Booms, und Poljakow hatte bemerkt, dass niemand in der Ukraine bislang die sich dadurch bietenden Chancen ergriffen hatte. Große amerikanische Technologieunternehmen wie Intel und IBM suchten überall auf der Welt nach Arbeitskräften, die gut in Mathematik waren und die kostengünstig Code schreiben konnten; teilweise wurden 1000 Mann starke Teams von Softwareentwicklern in Ländern wie Russland oder Indien angeheuert. Bereits während seines Studiums hatte Poljakow erste Erfahrungen als Unternehmer gesammelt, indem er eine Firma zum Outsourcen von Softwareentwicklung gründete, bei der ukrainische Ingenieure als billige Arbeiter an den meistbietenden Kunden vermittelt wurden.

Nachdem er sich entschieden hatte, kein Arzt zu werden, fokussierte Poljakow seine gesamte Energie auf größere Unternehmungen im Digital- und Online-Bereich. Er lernte, wie man eine Softwarefirma aufbaut, die ihre eigenen Produkte herstellt, und er bot auch erste eigene Internetdienste an. Mit seinen beiden Start-ups HitDynamics und der Maxima Group unterstützte er andere Unternehmen dabei, ihr Online-Marketing und ihre Anzeigenkampagnen besser zu planen. Er war außerdem Mitbegründer mehrerer Dating-Plattformen, darunter auch Cupid, und er betrieb auch frivol klingende Webportale wie Flirt oder BeNaughty. Doch die im Jahr 2005 gegründete Website Cupid war von allen die erfolgreichste. Im Laufe der nächsten Jahre erfuhr sie enormen Zulauf, bis sie einen Kundenstamm von 54 Millionen Nutzern hatte; im Jahr 2010 ging sie sogar an die Börse. Und während all dessen promovierte Poljakow auch noch an der Nationaluniversität von Dnipropetrowsk und erlangte einen Doktorgrad in Internationaler Wirtschaft.

Die Stadt Dnipropetrowsk, oder kurz Dnipro, liegt etwa 100 Kilometer nördlich von Saporischschja. Hier schlug Poljakow seine Zelte auf. Hier gab es genug schlaue Studenten, die das Talent hatten, das er für seine Unternehmen brauchte, und so eröffnete er in der Innenstadt mehrere Büros. Ich selbst reiste im August

2018 nach Dnipro, um mir dort ein Bild zu machen von der Stadt und dem, was Poljakow da so trieb.

ALS ICH IN DNIPRO ANKAM, fühlte ich mich, als sei ich in die Vergangenheit gereist. Mein Flugzeug landete an einem Flughafen, der aussah wie aus einem Katalog für rechteckige Formen, wie sie in der Sowjetunion bevorzugt eingesetzt wurden. Das Hauptterminal war rechteckig und bestand aus rechteckigen Zementblöcken; es hatte rechteckige Fenster und natürlich ein rechteckiges Dach. Die Farbskala reichte von Weiß zu Grau – es war alles recht öde. Doch als ich erst einmal in einem Wagen saß und mich in Richtung Innenstadt bewegte, fiel mir auf, dass Dnipro viele schöne Seiten hatte, von denen man am Flughafen nichts mitbekam. Natürlich waren viele Gebäude im Stil des sowjetischen Brutalismus gebaut: riesige Gesteinsbrocken, dazu noch in einem Stadium des fortgeschrittenen Verfalls, denn sie waren seit Jahrzehnten vernachlässigt worden. Aber es gab Parks, Märkte, große Plätze und den Fluss, Dnipro, der sich durch diese Millionenstadt schlängelte.

Poljakow hatte angeboten, meine Reise nach Dnipro zu bezahlen, aber das hatte ich abgelehnt. Dies hinderte ihn aber nicht daran, zu versuchen, mich so gut es ging während meiner Reise vor Ort unter Kontrolle zu halten. Er hatte mehrere Mitarbeiter organisiert, die mich überallhin begleiten sollten, und behauptete, dies sei zu meinem Schutz notwendig, weil Dnipro nicht so weit von der Krim entfernt sei, wo die Ukraine und Russland faktisch Krieg führten. Meine Reisebegleiterinnen waren zwei sehr attraktive Frauen namens Tanya und Olga, dann war da noch ein Bodyguard mit kantigen Gesichtszügen, den ich jetzt mal Dimitri nenne. Auf meiner ganzen Reise trugen Tanya und Olga stets figurbetonte Kleider und Stöckelschuhe, während Dimitri dunkle Camouflage-Outfits trug, eine Pistole mit Halfter und andere für den Personenschutz unverzichtbare Objekte. Der Autor, die Supermodels und der Türsteher: Wir sahen aus wie eine osteuropäische Variante des A-Teams.

Die Stadt Dnipro hat eine lange und glorreiche Geschichte, die auch von der Schwerindustrie stark geprägt ist. Als die Russen nach dem Zweiten Weltkrieg hierhin kamen, waren sie sofort ganz angetan von den Möglichkeiten der Stadt als Industriestandort, und so wählten sie Dnipro als die Stadt aus, in der große Militärmaschinen, Flugzeuge und Autos hergestellt werden sollten. Deutsche Kriegsgefangene wurden herbeigeschafft, die helfen sollten, neue Fabrikanlagen zu bauen, und in den Folgejahren lief alles so gut, dass der damalige sowjetische Regierungschef Josef Stalin entschied, Dnipro solle in Zukunft auch als Stützpunkt für geheime Luft- und Raumfahrtprojekte dienen. Also begannen Arbeiter etwa 1950, eine große Automobilfabrik umzubauen – in eine Produktionsstätte für Interkontinentalraketen (ICBMs). Und in der Folge wurde Dnipro eine sogenannte »geschlossene Stadt«.

Poljakow wollte, dass ich etwas über diesen geschichtlichen Hintergrund erfuhr, also schickte er mich und meine Begleiter als Erstes zum örtlichen Museum für Luft- und Raumfahrt. Manch einer mag vielleicht denken, dass ein solcher Ort mit modernem Schnickschnack ausgestattet ist und über spektakuläre Multimediadisplays verfügt, die die Errungenschaften der sowjetischen und ukrainischen Waffen- und Raumfahrtprogramme anpreisen, doch mitnichten. Das zweistöckige Museum für Luft- und Raumfahrt führte im Inneren die bereits außen zur Schau gestellte uninspirierte Studie in Rechtecken und Grautönen fort und fügte dem noch die Ästhetik von staubigen, dunklen Höhlen hinzu. Es gab zahlreiche Exponate – Satelliten, Triebwerke, Brennstoffkammern –, die in relativ leeren Räumen ausgestellt waren, während an den Wänden Porträts von grimmig dreinschauenden Bütteln der Behörden und von Technikern in Militäruniform hingen.

Eine wirklich gute Sache hatte das Museum allerdings, und das war mein Museums-Guide, ein leicht sediert wirkender, aber sehr fachkundiger älterer Herr, der so um die 80 sein mochte. Er erklärte mir, dass nach dem Ende des Zweiten Weltkrieges die Amerikaner gekommen seien und alle deutschen Raketenexperten in die USA gelockt hätten, wohingegen die Russen alle Pläne und schematischen Skizzen für die Geschosse in die Hände bekommen hätten, die die Wissenschaftler dort hatten konstruieren wollen. Mit den Plänen hatten die Sowjets einen guten Einstieg in diese Materie, und die Fachkräfte in Dnipro sollten die Entwürfe dann weiterentwickeln. Die ICBM-Fabrik der Stadt lief 1951 an, und bereits im Jahr 1959 wurden dort bis zu 100 Raketen im Jahr hergestellt. Im Laufe der Jahre wurde sie sogar die weltweit produktivste aller Fertigungsstätten für Interkontinentalraketen und fertigte eine reiche Palette an fliegenden Todesröhren – darunter die von den US-Behörden »Satan« genannte SS-18. Letzten Endes wurden in Dnipro etwa 60 Prozent der bodengestützten Raketen der Sowjetunion gefertigt. Bei einer so gewaltigen Menge kam sogar der sowjetische Premierminister Nikita Chruschtschow nicht umhin zu prahlen:

»Bei uns laufen Atomraketen wie Würstchen vom Band.« In den folgenden vier Jahrzehnten wurden dort ICBMs mit immer größerem Vernichtungspotenzial und immer größerer Reichweite hergestellt. »Letzten Endes waren beide, die Sowjets und die USA, an einem Punkt angelangt, wo sie sich gegenseitig mehrfach hätten auslöschen können«, konstatierte mein Museums-Guide »Wir hätten binnen 18 Minuten jeden Flecken der USA erreicht und eine Vier-Millionen-Einwohnerstadt in eine Wüste verwandeln können.« Mit anderen Worten: Das Programm war ein schlagender Erfolg.

Anschließend weihte mein Begleiter mich in die Raumfahrtgeschichte der Stadt ein. 1962 erreichte der erste in Dnipro gefertigte Satellit die Umlaufbahn. Drei Jahre später produzierte das Land bereits 24 Satelliten. Einer der berühmtesten besaß ein bildgenerierendes System, das Aufklärungsbilder von der Erde machen konnte und dabei klare Bilder von Objekten mit einer Größe von knapp fünf mal fünf Metern erstellen konnte. Nach diesen Errungenschaften wandten die Ingenieure sich in Dnipro der Konstruktion von Trägerraketen zu und schufen einige der zuverlässigsten sogenannten Arbeitspferde des sowjetischen Raumfahrtprogramms. Die berühmteste in Dnipro gebaute Trägerrakete war die Zenit, eine 61 Meter hohe Schönheit, die in den 1980er-Jahren auf der Bildfläche auftauchte. Elon Musk hat sie einmal als eine der besten Trägerraketen, die je gebaut wurden, gelobt, und das erzählen einem die Menschen in Dnipro immer noch gerne. Die Eltern von Poljakow waren übrigens an der Entwicklung eines Großteils der von meinem Museums-Guide in den höchsten Tönen angepriesenen Technologie beteiligt gewesen.

Wenn man einige der Interkontinentalraketen, Trägerraketen und Triebwerke sehen möchte, braucht man nur zum Parkplatz des Museums rausgehen, denn da stehen sie, auf dem Asphalt, in logisch nicht nachvollziehbarer Anordnung, wie vernachlässigter Weltraummüll. Und doch war es irgendwie cool, dort zu stehen, inmitten dieser Objekte.

Nach dem Museumsbesuch bestiegen meine Begleiter und ich einen Van – unser Ausflug in die Geschichte der Raumfahrt ging noch weiter. Wir fuhren aus der Stadt hinaus, wo die Häuser Wäldern weichen. Wir verließen die Schnellstraße und fuhren eine schlecht asphaltierte Seitenstraße entlang, bis wir zu einem Checkpoint kamen – das Tor war mit einem elektrischen Stacheldrahtzaun gesichert. Ein paar Männer in Uniform kamen und sahen sich meinen Pass an. Ihr halbherziges Gehabe rund um die Sicherheitsvorkehrungen ließ mich vermuten, dass sie entweder ihren Job nicht liebten oder aber dass irgendwer im Hintergrund ein paar Strippen gezogen hatte, um all dies zu ermöglichen, denn nur wenige Augenblicke später befand ich mich jenseits des Eingangstores und mitten in dem ehemaligen hochgeheimen sowjetischen Raketentestgelände, das sich zwischen 160 Hektar Bäumen versteckte.

Der Höhepunkt dieses Besuchs war ein statischer Teststand, mit dem einige der besten Trägerraketen, die jemals gebaut worden sind, ihren Einstand gefeiert hatten. Das Gerüst war mehrere Stockwerke hoch und etwa 30 Meter breit: ein kompliziertes Gewirr aus Kreuz- und Querstreben, das definitiv aussah wie die Erfindung eines verrückten Professors, der irgendwo im Wald unausgegorene Raketenexperimente durchführt. Gigantische Abgasrohre aus Metall führten von der Hauptkonstruktion weg zu einem in Beton gefassten Speicherbecken, für das man einige Hektar Bäume gefällt hatte. Während eines Tests befestigten die Techniker hoch oben im Teststand ein Triebwerk, dann drückten sie ein paar Schalter, und dann schossen Flammen durch diese riesigen Rohre, die wie Elefantenrüssel aussahen, wobei eine Feuerwand mit dem dazugehörigen donnernden Lärm auf den Wald zurollte.* Die dort lebenden Eichhörnchen, Füchse und Hasen nahmen hoffentlich rechtzeitig Reißaus.

Zu ihren besten Zeiten muss diese Anlage spektakulär gewesen sein. Über 1000 Menschen haben in dieser Raumfahrtfestung gearbeitet, die auch über ihre eigenen Treibstoffproduktionsanlagen und gigantische Wassertanks verfügt und von wo aus eine Eisenbahnstrecke direkt zum Raumflughafen Baikonur im Süden Kasachstans führt, wo die Russen vorzugsweise ihre Raketen starten. Doch obwohl die Ausmaße an sich und die allgemeine Fremdartigkeit dieses Ortes nach wie vor beeindruckend waren, sah die Anlage gleichzeitig auch heruntergekommen und unzeitgemäß aus. Jegliche Metallteile des Teststands zeigten Spuren von Rost. Das Innere – ein hochkompliziertes, erschreckendes Gewirr aus Kabeln und Rohren – sah aus, als habe man dort seit 50 Jahren nichts mehr verändert. Etwa zehn Meter vom Teststand entfernt befindet sich ein Bunker, in dem die Ingenieure hinter ihren Computern saßen und die Tests durchführten – mit seinen sechs kleinen Fensterchen, die in den geschwärzten und schrammigen Zementbau eingelassen waren, kam mir der Bau vor wie ein Gefängnis aus

---

* Jedes Jahr werden Hunderte von Bäumen in der direkten Umgebung neu gepflanzt – dies soll als Ausgleich dienen für die Bäume, die gefällt wurden, um die Anlage dort zu errichten.

dem Zweiten Weltkrieg, das man inzwischen längst vergessen hat – ein Rechenzentrum mit der Ästhetik eines Gulags.

Mein Guide vor Ort war ein untersetzter Wissenschaftler, der schon seit über 30 Jahren auf diesem Testgelände und mit dieser Ausstattung gearbeitet hatte. Er geizte nicht mit seiner Zeit und seinem Wissen. Von ehemals 1200 Mitarbeitern sei die Anzahl nun auf 250 geschrumpft. Früher wurden jeden Tag drei Tests durchgeführt, so groß war der Bedarf der Sowjets an neuen Flugkörpern und Raketen für die Weltraumfahrt. Derartige Tests würden nun aber nur noch selten durchgeführt, etwa wenn besonderer Bedarf angemeldet wird seitens eines Landes oder eines Unternehmens, das ein neues Triebwerk ausprobieren oder von den Ukrainern lernen will. »Früher war hier mehr los, es hat etwas mehr Spaß gemacht«, so mein Guide. »Es war hier voll mit jungen Menschen. Viele unserer ehemaligen Mitarbeiter haben sich inzwischen selbstständig gemacht. Wir hoffen darauf, dass unsere Erfahrung irgendwann wieder gebraucht wird, dass vielleicht Start-ups zu uns kommen. Wir sind da ganz offen – wir werden mit jedem zusammenarbeiten.«

Als die Sowjetunion unterging, brach die Nachfrage nach ukrainischer Raketentechnologie und dem entsprechenden Ingenieurwesen zusammen. Russland fokussierte sich auf die Optionen im eigenen Land, etwa auf die Sojus-Trägerrakete. Die Zenit galt jetzt als Trägerrakete aus einem Land, für das Russland sich nicht mehr interessierte und über das es keine Kontrolle mehr hatte. Um diese Lücke zu füllen und um zu verhindern, dass das Ergebnis von Jahrzehnten der Luft- und Raumfahrttechnologie der Ukraine in feindliche Hände fiel, ergriffen US-Regierungsbeamte die Initiative. Den klügsten Köpfen der Raumfahrtforschung gaben sie Greencards und boten ihnen Professuren an Universitäten wie dem MIT oder dem Caltech an, oder sie offerierten ihnen Stellen in regierungseigenen Forschungslabors. Doch die Ukraine hatte einmal 50 000 Menschen in dieser Branche beschäftigt – inzwischen ist die Zahl auf etwa 7000 gesunken. Obwohl die USA für einige einen Job finden konnten, war die große Mehrheit doch gezwungen, sich entweder eine andere Arbeit zu suchen oder ihr Talent in anderen Ländern feilzubieten, wie etwa in Indien und China. Es gibt noch zwei weitere Länder, die in diesem Zusammenhang meist nur mit bedeutungsschwangerem Unterton genannt werden: Iran und Nordkorea. Selbst die Ingenieure, die noch eine Stelle in der ukrainischen Raumfahrtbranche haben, werden oft verdächtigt, nebenher die Betriebsgeheimnisse von der Anlage im Wald bei

Dnipro zu verkaufen, weil ihre Gehälter nur noch ein Bruchteil dessen sind, was sie einmal waren.*

Die Maschinenbaufirma Yuzhmash ist heute für viele der Anlagen der ukrainischen Luft- und Raumfahrt zuständig. Sie unterhält den Raketenteststand im Wald ebenso wie eine 800 Hektar große Produktionsstätte am Stadtrand von Dnipro – genau in dieser Anlage wurden über Jahrzehnte atomare Marschflugkörper und Raketen hergestellt.

Wenn man, so wie Poljakow, die richtigen Leute kennt, kann man als Journalist auch diese Anlage besichtigen – was selten genug vorkommt. Der Ablauf war ungefähr genauso wie zuvor: Die Supermodels, der Türsteher und ich sprangen in einen Minibus, fuhren zu der Fabrik für Interkontinentalraketen, mussten vor einem mit Stacheldraht gesicherten Zaun warten und irgendwelchen Wachen unsere Pässe zeigen. Diese Wachen nahmen ihren Job allerdings ernster als ihre Kollegen von der Testanlage und zögerten den ganzen Prozess etwas hinaus. Bislang hat noch kaum ein Journalist es geschafft, hinter diese Mauern zu kommen, und die Sicherheitsleute können von einem Moment auf den

---

* Der bislang größte Versuch, die Raumfahrtindustrie in der Ukraine wieder zum Leben zu erwecken, erfolgte 1995, als das Konsortium Sea Launch von Unternehmen aus den USA, Russland, der Ukraine und Norwegen gegründet wurde. Ihr Plan war, Raketen von Rampen im Meer aus zu starten. Es mag zwar verrückt klingen, aber Sea Launch ist real. Das Konsortium brachte insgesamt 500 Millionen US-Dollar auf und kaufte ein 200 Meter langes Schiff namens »Sea Launch Commander«, auf dem sich die Ausrüstung, ein Mission Control Center und 240 Mitarbeiter befanden. Zudem erwarben sie noch die »Odyssey«, eine ehemalige Ölbohrinsel, die 132 Meter lang und 67 Meter breit war und als Abschussrampe dienen sollte. Gemeinsam transportierten die beiden Schiffe eine Zenit-Rakete mit russischen Triebwerken zu einem Startplatz mitten im Ozean, etwa auf Höhe des Äquators.
Die Sea Launch war aus mehreren Gründen eine brillante Idee: Zunächst einmal brachte sie den Russen und Ukrainern Geld für ihre Raumfahrtindustrie ein, was bedeutete, dass die Ingenieure beschäftigt blieben und ein sicheres Einkommen hatten. Als US-Investor stieg Boeing in das Projekt mit ein; mit dem Segen der US-Regierung hielten sie einen Anteil von 40 Prozent an diesem Konsortium. Außerdem bedeutete diese mobile Startrampe, dass die Sea Launch sie zu einem idealen Standort bewegen konnte, von dem aus man dann diverse Raketen ins All schießen konnte. Im Oktober 1999 wurde der erste Start von dieser Plattform aus durchgeführt. Dabei beförderte die Zenit-Trägerrakete für den Sender DirectTV einen Kommunikationssatelliten ins All. In den folgenden 15 Jahren schoss die Sea Launch gut drei Dutzend weitere Raketen für diverse privatwirtschaftliche Kunden hoch, darunter EchoStar und XM Satellite. Aber als die Russen im Jahr 2014 auf der Krim einmarschierten, womit sie im Grunde genommen einen Krieg gegen die Ukraine begannen, kam das Projekt zum Erliegen. Jeglicher Gedanke daran, dass diese beiden Länder gemeinsam an einem Raketenstart kooperieren würden, musste verworfen werden.

nächsten beschließen, einen solchen Besuch mit sofortiger Wirkung zu beenden. Ich musste tatsächlich aus dem Wagen aussteigen und etwa zehn Minuten dort herumstehen, während meine ukrainischen Begleiter und die Wachen sich unterhielten und diverse Formulare durchgingen. Wir standen mitten auf einer großen asphaltierten Fläche; auf der einen Seite standen ein paar Fabrikgebäude, auf der anderen eine Reihe von Bäumen. Wie ich bereits erwähnt hatte: Das Gelände war unfassbar riesig, aber es kam mir vor, als sei es nahezu verlassen. Ich schaute mich um und sah einen Lieferwagen, an dessen Seite eine 15 Meter lange Rakete befestigt war – wahrscheinlich ein Ausstellungsstück. Zwei uniformierte Männer fuhren auf einem kleinen Traktor herum, der aussah, als sei er aus den 1960er-Jahren – das war's.

Da ich gegen Ende des Kalten Krieges groß geworden bin, hat man mich genug antisowjetischer Propaganda ausgesetzt, damit ich jetzt von dem, was ich mir da ansehen musste, sowohl beeindruckt als auch ein bisschen enttäuscht war. Eine völlig hirnrissige Abfolge von Geschehnissen hatte mich hierhergebracht, zu einer Fabrik, deren wichtigstes Ziel es unter anderem einmal gewesen ist, mich auszulöschen. Irgendwie wünschte ich mir, die Umgebung sähe noch düsterer und furchteinflößender aus. Aber nein. Es war einfach nur eine weitere sehr große Anlage in einem ausgehöhlten und stark angeschlagenen Zustand. Sie war weniger die Überbringerin des Untergangs als das viel deprimierendere Altersheim, in dem der Untergang seine letzten Lebensjahre verbringen würde.

Die alten Werksanlagen für die Interkontinentalraketen habe ich nicht zu sehen bekommen, und ich weiß auch nicht, ob es auf dem Areal nicht auch noch eine total coole »Achterbahn des Todes und der Zerstörung« gibt. Das liegt daran, dass ich vom Haupteingang gleich zu den Bereichen geführt wurde, wo die Weltraumraketen gefertigt wurden, wo mich ein weiterer, noch älterer Tourguide in Empfang nahm. Er erklärte mir, dass Yuzhmash hier Zenit-Trägerraketen fertigte – oder es zumindest *könnte*; zudem die ersten Stufen der Antares-Rakete, die von der amerikanischen Orbital Sciences Corporation benutzt wurde (in der Zwischenzeit sind sie von Northrop Grumman gekauft worden); die Cyclone-4-Rakete, die ursprünglich von einer brasilianischen Startrampe aus Satelliten in die Umlaufbahn bringen sollte, bis dieser Vertrag irgendwann platzte, und noch eine Vielzahl diverser Raketentriebwerke.

Yuzhmashs optimistischer Plan sah vor, 20 Raketen im Jahr herzustellen. »Im Moment haben wir nicht so viele Aufträge«, sagte mein Guide. In den letzten paar Jahren hatte Yuzhmash sich von denjenigen seiner Mitarbeiter getrennt, die mit der Raketenkonstruktion beschäftigt waren, und die übrig gebliebenen Ingenieure und Techniker mussten oft mit ansehen, wie ihre Arbeitswoche aus Kostengründen auf zwei oder drei Tage reduziert wurde, oder aber sie hatten einfach schon seit Monaten kein Gehalt mehr ausbezahlt bekommen. Um die Verluste aufzufangen, die aus den verlorenen Aufträgen für die Luft- und Raumfahrt generiert wurden, hatte Yuzhmash Mitarbeiter eingestellt, die alles Erdenkliche herstellten: Traktoren, elektrische Rasierapparate, Flugzeugfahrwerke und Werkzeuge. Das erklärte mir dann auch, warum ich während meiner Tour am einen Ende der Halle Raketenhüllen sehen konnte, während am anderen Ende gerade Busse zusammengebaut wurden. Obwohl das Unternehmen sichtlich schwierige Zeiten durchmachte, war mein Guide äußerst stolz auf die Fabrik. Er zeigte mir Argon-Lichtbogenschweißgeräte und Röntgengeräte, mit denen man überprüfen konnte, wie präzise die Schweißnähte waren. Er war sehr stolz darauf, dass Elon Musk gesagt hatte, er bewundere die Zenit-Trägerrakete. Er machte einen Scherz darüber, dass Nordkorea möglicherweise Zugriff auf die ukrainische Technologie hatte. Das bezog sich auf eine alte Story in der *New York Times*, der dann noch zahlreiche weitere Artikel gefolgt waren, in der darauf hingewiesen wurde, dass die Nordkoreaner es irgendwie geschafft hatten, in besorgniserregend kurzer Zeit ihre Raketentechnologie zu verbessern, und dass die Raketentriebwerke den RD-250 ähnelten, die hier in dieser Fabrik gefertigt worden waren. »Schreiben Sie bloß nichts über Nordkorea«, lachte er. »Es gibt genug falsche Informationen im Internet. Deswegen waren auch schon Inspekteure hier.«

Wir wanderten von einer großen Fabriketage in die nächste – überall lagen und standen Raketenhüllen, Zwischenringe und Verkleidungen, als warteten sie darauf, benutzt zu werden. Die meisten Menschen, die hier ihre Runden drehten, waren im Alter von 50, 60 oder 70. Seitlich entlang jeder Werkskammer saßen Frauen in weißen Laborkitteln hinter Holzarbeitstischen, neben ihnen standen große Aktenschränke aus Metall – sie schauten mir zu, wie ich von einem Punkt zum nächsten schlenderte. Eine große Traurigkeit hing über allem. Es gibt keinen Zweifel daran, dass ukrainische Ingenieure außergewöhnlich sind.[*] Viele

---

[*] Außer Raketen aller Art machen die Ukrainer auch erstaunlich gute Flugzeuge. In einer Fabrik nicht weit von hier, in Kiew, haben die Ingenieure und Mechaniker die Antonow konstruiert, ein gigantisches Frachtflugzeug mit einer Flügelspanne von 88 Metern. Als die Russen im Februar 2022 in der Ukraine einmarschierten, hatten sie es gleich auf die Antonow-Fabrik abgesehen.

Länder und Unternehmen haben große Schwierigkeiten damit, die Produkte zu bauen, die hier mit einer nahezu beängstigenden Effizienz aus den Fabriken kullerten. Doch all dieses Wissen und das immense Potenzial sind paralysiert worden: von der Politik, der Korruption und dem stetigen Fortschritt außerhalb der Fabrikmauern.

ALS ICH MEINE REISE NACH Dnipro antrat, hatte Russland bereits im Süden der Ukraine die Krim-Halbinsel annektiert. Wladimir Putins Truppen hatten sich schon seit Jahren mehr und mehr im östlichen Teil der Ukraine ausgebreitet, und die Anspannung machte sich auch in Dnipro bemerkbar, das nur etwa 160 Kilometer vom äußeren Rand der Konfliktzone entfernt lag. Die Menschen in der Stadt machten sich Sorgen darüber, was als Nächstes geschehen würde, denn Putin hatte schon früh unmissverständlich erklärt, dass er gerne die Kontrolle über Dnipro und das Umland hätte und es zu einem Teil von Russland machen wollte. Viele Menschen in Dnipro, aber auch in anderen Gegenden der Ukraine, hatten das Gefühl, dass sie ausgerechnet in einer Zeit der großen Not vor allem von den USA im Stich gelassen worden waren, und das, obwohl sie alles getan hatten, was der Westen verlangt hatte: Sie hatten ihr Atomwaffenarsenal entsorgt, sich der Demokratie zugewandt und versucht, die Verbindungen zu Europa zu intensivieren. Lokale Politiker dagegen taten dem Land keinen Gefallen, weil sie mit ihren korrupten Aktivitäten Gelder abschöpften, die dringend benötigt wurden, um die Wirtschaft in der Ukraine wieder anzukurbeln.

Die Kombination aus der militärischen Präsenz der Russen einerseits und der dysfunktionalen Politik des Landes andererseits führte dazu, dass in Dnipro regelrechte Wild-West-Vibes herrschten, die in jenen Jahren vor dem neuerlichen Angriffskrieg Russlands nahezu belustigend wirkten. Zum Beispiel ging ich einmal mit meinen Begleiterinnen und dem Muskelpaket ins Restaurant, aber am Eingang stand ein Metalldetektor, was zur Folge hatte, dass mein Bodyguard draußen in der Eingangshalle auf mich warten musste. Er saß da, gemeinsam mit anderen Bodyguards, und alle hielten ihre Pistolenhalfter auf dem Schoß. Sie plauderten in der Bodyguardzone, während ihre Kunden und ich es uns im Restaurant gut gehen ließen. Angenommen, man wollte mal einen Joint rauchen und einfach nicht mehr darüber nachdenken, dass Putin drauf und dran war, ein ganzes Land zu unterjochen. Dann ging man im Darknet auf eine Website namens Hydra, suchte sich sein Gras aus, zahlte mit Bitcoin und bekam dann

GPS-Koordinaten mitgeteilt. Dann fuhr man zu ebendieser festgelegten Stelle, buddelte in der Erde herum, und schon hatte man die Schmuggelware mitsamt einem Datum, wann sie »beerdigt« worden war, und allem Drumherum.* Oder vielleicht verspürte man Lust, mit einer Bazooka auf ein Schwein zu schießen. Auch das war machbar, vor allem, wenn man Poljakow kannte.**

Ob es ihm in die Wiege gelegt worden war oder ob er es gelernt hatte – in diesem Umfeld blühte Poljakow jedenfalls richtig auf, und er schien ganz genau zu wissen, wie man sich verhalten musste. Sein Unternehmen hatte zwei der höchsten Gebäude in Dnipro übernommen, und er selbst hatte ein Büro im obersten Stockwerk. Von dort konnte er auf den Fluss blicken, auf die Wälder und die Gebäude der Universität, an der er früher studiert hatte. Oft arbeitete und trank er bis spät in die Nacht, sodass er dann gleich im Büro schlief, weshalb ein Bett Teil der Einrichtung war. Das Büro war zudem in jeder Ecke mit Sicherheitskameras ausgestattet, und es hatte dicke, schalldichte Türen, sodass niemand seinen Gesprächen lauschen konnte.

Während ich sein Büro in Dnipro besuchte, erfuhr ich mehr über Poljakows verschiedene Unternehmen. Seine Dating-Websites und die Unternehmenssoftware liefen so gut, dass er schlussendlich sieben Firmen gegründet hatte, von der jede im Jahr Einnahmen von über 100 Millionen Dollar generierte. Auch bei Sparten wie Online-Gaming, Robotik und Software für künstliche Intelligenz hatte er seine Hand im Spiel. Viele der Dating- und Gaming-Websites schienen dem Standard zu entsprechen, aber es gab auch Firmen in diesen Bereichen, die ethisch eher zweifelhaft waren. Der Begriff »Gaming« für Online-Spiele schien sich manchmal eher auf Online-Wetten zu beziehen. Und die »Dating-Websites« waren manchmal Plattformen, auf denen gefälschte Accounts von attraktiven Frauen lediglich dazu dienten, Männer dazu zu bringen, dass sie ihre Kreditkartennummern mitteilten und sich für »Abos« anmeldeten, die danach nahezu unkündbar waren. Die Besitzverhältnisse solcher Unternehmen waren oft hochkomplex, und die Finanzen liefen über Offshore-Konten. Als ich ihn besuchte, arbeiteten nahezu 5000 Menschen in Poljakow Unternehmen – es waren die reinsten Gelddruckmaschinen.

Eines Abends gingen wir in ein sehr schickes Restaurant in Dnipro. Es waren etwa ein Dutzend von Poljakows Spitzenkräften anwesend, inklusive Anisimow.

---

* Ich mache keine Angaben dazu, ob ich so etwas getan habe.
** Siehe die vorherige Fußnote.

Ein rundlicher, quirliger Mann, der vorher in der ukrainischen Armee gedient hatte, schien hauptsächlich dafür verantwortlich zu sein, dass ich Zugang zu den ehemaligen sowjetischen Anlagen bekommen hatte. Ein paar der anwesenden Frauen schienen für einige der Online-Projekte verantwortlich zu sein. Es war gar nicht einfach, mir zu merken, welcher Tätigkeit jeder Einzelne nachging, was auch daran lag, dass die Kellner unsere Gläser mit einem endlosen Strom Scotch der schottischen Traditionsmarke Oban füllten. Die Gäste merkten an, dass Poljakow einmal den gesamten in der Ukraine lieferbaren Vorrat an Oban aufgekauft hatte und dass er um ein Haar für 19 Millionen Dollar die Destillerie gekauft hätte, es sich dann aber doch anders überlegte. Es mag sein, dass nicht alle diese Geschichten der Wahrheit entsprechen, aber in dem Moment – und auch am nächsten Morgen – erschienen sie mir einfach nur schlüssig.

Im Laufe der drei Stunden, in denen wir dort aßen und tranken, wurde mir klar, dass all diese Menschen Poljakow gegenüber äußerst loyal waren. Die meisten arbeiteten schon seit Jahrzehnten für ihn; sie hatten geholfen, aus kleinen Firmen, die auf wackligen Beinen standen, gigantische Unternehmen zu machen. Es war offensichtlich, dass er die, die zu diesem Erfolg beigetragen hatten, entsprechend großzügig entlohnte. Während des Essens nannte er die Top-Performer beim Namen, aber er kommentierte auch, wer noch mehr Geld für ihn hätte verdienen können. Viele Toasts wurden ausgesprochen, und Poljakow erinnerte seine wichtigsten Geschäftsführer daran, dass die Gewinne, die sie mit Software, mit Wetten und mit geilen Männern generierten, jetzt für etwas benutzt werden würden, das groß und ruhmreich sei. Ihre Anstrengungen seien der Schlüssel dafür, dass die Raketen bei Firefly funktionierten.

»Manchmal glaube ich fest daran, dass man schon mit gewissen Ideen geboren wird, die quasi vorher einprogrammiert wurden«, sinnierte Poljakow. »Und dann kommen bestimmte Zeiten, und dann öffnet man sich und man beginnt, diese Ideen zu fühlen. Man muss diese Leidenschaft spüren. Man muss diese Leidenschaft für die Sache spüren. Deswegen bin ich nach Amerika gekommen und habe keinen Cent von jemand anderem benutzt. Es geht darum, wie man mit seinem eigenen Geld das Beste aus seiner Leidenschaft herausholt.«

ALS KIND HATTE POLJAKOW DIE WIRKMACHT des ukrainischen Ingenieurwesens nahezu täglich miterlebt, und dann hatte auch er enorm darunter gelitten, als das Land ins Chaos stürzte. Er hatte es sich zu seiner persönlichen Mission gemacht, das Know-how der ukrainischen Raumfahrt so weit wie irgend möglich zu erhalten und eine neue Generation von Ingenieuren zu inspirieren, wieder in großen Maßstäben zu denken. Um diese Mission zu befördern, hatte er in Dnipro einen Ableger von Firefly installiert, mit Produktionsstätten sowie Einrichtungen für Forschung und Entwicklung. Zudem hatte er große Geldsummen in das örtliche Bildungssystem gepumpt.

Eines Morgens holten meine Begleiter mich ab, um die ukrainische Fabrik von Firefly zu besichtigen. Dort arbeiteten altgediente Ingenieure, die früher für Yuzhmash Maschinen überprüft hatten, Seite an Seite mit jüngeren Ingenieuren, die direkt von der Universität kamen. Poljakow hatte Millionen ausgegeben, um Produktionsanlagen zu beschaffen, die technisch auf dem neuesten Stand waren: hochwertige 3-D-Drucker, Laserschneider, Drehbänke und Fräsanlagen. Das Gebäude hatte ursprünglich als eine Fabrik zur Fertigung von Fenstern gedient – die frei liegenden Metallpfeiler und Backsteinwände erinnerten einen gleich an die Vergangenheit von Dnipro als dreckige Arbeiterstadt. Aber Poljakow wusste, wie man Örtlichkeiten vollständig verwandelt – die Fabrik war nun ein heller und sauberer Ort, voll spürbarer jugendlicher Energie. Über 100 Mitarbeiter waren in der Anlage tätig. Der Gedanke dahinter war, dass man hier dank der niedrigeren Lohn- und Materialkosten die Raketenteile ebenso günstig herstellen konnte wie irgendwo sonst auf der Welt. Was aber noch wichtiger war: Man konnte hier auf eine jahrzehntelange Expertise in der Luft- und Raumfahrt zurückgreifen, um auf einen technischen Stand zu kommen, an den andere Raketenbauer nicht würden heranreichen können.

Es gab gute Gründe, Poljakows Strategie zu vertrauen. Die Russen sind seit Langem führend in der Konstruktion von Raketentriebwerken – sie haben Fortschritte in der Hardware gemacht, bei denen die amerikanischen Ingenieure kaum hinterherkommen. Ein Beispiel: Das amerikanische Raketenunternehmen United Launch Alliance (ULA), das für das US-Militär höchst geheime Satelliten ins All schickt, verlässt sich ironischerweise schon seit Jahren auf die in Russland hergestellten RD-180-Triebwerke.[*] Gleichermaßen haben die ukrainischen Ingenieure großes Talent – mit der sogenannten Turbopumpe haben sie ein wegweisendes

---

[*] Die Übernahme der Krim durch die Russen hat allerdings dazu geführt, dass diese missliche Situation jetzt langsam zu einem Ende kommt. Die ULA ist im Moment dabei, auf neue Triebwerke umzustellen, die von Blue Origin hergestellt werden.

Raketenantriebssystem entwickelt. Es handelt sich dabei um einen Mechanismus, der das Mischungsverhältnis der Treibstoffe reguliert, wenn diese in die Brennkammer einer Rakete geleitet werden. Obwohl es auf dem Papier relativ einfach aussieht, eine solche Pumpe zu bauen, hat sich herausgestellt, dass wirklich gute Turbopumpen sehr schwer zu konstruieren sind – wodurch schon manches Raketenprogramm stark verzögert wurde, wie zum Beispiel die Falcon 1 von SpaceX. Mitarbeiter des Firefly-Werks in der Ukraine hatten die Turbopumpen entworfen, die für die Raketen dieses Unternehmens benutzt werden, und sie hatten den amerikanischen Ingenieuren beigebracht, wie man sie baut. Old Space trifft auf New Space, oder wie Poljakow sagt: »Wir haben das Beste aus beiden Welten.«

In einem nahe gelegenen Forschungs- und Entwicklungslabor ließ Poljakow ein Team an neuen Triebwerken arbeiten, die für Satelliten benutzt werden sollen. Es handelt sich dabei um Ionentriebwerke, bei denen ein Gas, wenn es mit Strom befeuert wird, einen Ionenstrahl erzeugt, dessen Schubkraft einen Satelliten antreiben und auch dabei helfen kann, die Ausrichtung des Satelliten zu verändern, etwa um eine Kollision mit einem Objekt zu verhindern oder einfach um ihn in eine bessere Position zu bringen, wenn er eine bestimmte Aufgabe zu erfüllen hat. Die Mannschaft in der Ukraine gab an, ihren neuesten Triebwerk-Prototyp innerhalb knapp eines Jahres entwickelt zu haben. Das Endprodukt, so ihre Angabe, würde etwa 200 000 Dollar kosten, wohingegen vergleichbare Triebwerke in anderen Ländern Millionen kosteten.

An einem weiteren Tag während meines Ausflugs nach Dnipro besuchten wir die dortige Universität. Wieder einmal sah das Gebäude von außen alles andere als beeindruckend aus, aber innen glänzte alles. Poljakow hatte der Institution Millionen Dollar gespendet, ihre Einrichtungen auf den neuesten Stand bringen lassen und neue Studiengänge einrichten lassen, darunter Ingenieurwissenschaften, Cybersicherheit, Künstliche Intelligenz, Luft- und Raumfahrttechnik und Robotik. Er hatte die Reparaturkosten für das lokale Planetarium übernommen, und er hatte Wettbewerbe für Ingenieure ins Leben gerufen. Zudem hatte er versucht, mit seinem Geld sicherzustellen, dass die besten Lehrkräfte in der Stadt blieben. »Die Gehälter der Professoren sind immer noch erbärmlich«, findet er. »Also bezahlen wir sie, und wir richten Lehrstühle für Ingenieure ein, und wir versuchen, das Ökosystem zu verbessern.«

Poljakows Plan war, nach dem Vorbild des Silicon Valley die Universität zu ermutigen, dass sie ein System schuf, bei dem die Professoren und die Studierenden ihr intellektuelles Eigentum, alles, was sie in der Forschung entwickelt hatten, auch als Grundlage für neue Privatunternehmen nutzen konnten. Außerdem war er bestrebt, neue Risikokapitalanleger an Land zu ziehen und grundsätzlich alle Beteiligten dazu zu animieren, stärker unternehmerisch zu denken. Mit etwas Glück würden nur wenige Erfolge ausreichen, um der Universität einen Geldsegen zu sichern und den Studierenden größere Träume zu ermöglichen. So könnte das ganze Unterfangen auch ohne Poljakows Unterstützung weiterwachsen. »Wir versuchen, ein nachhaltiges Modell zu installieren«, erklärt er. »Wenn die Situation stabil ist, dann kann die Leidenschaft ihren Platz finden, und dann fangen die Leute an, Ideen zu entwickeln. Leidenschaft und Taten müssen eins sein.«

Wenn man seine Fluchereien und seinen Hang zum Bombastischen mal außer Acht lässt, erkennt man, dass Poljakow ein sehr intellektueller Mensch ist. Er ist unglaublich belesen, angenehm nachdenklich und äußerst reflektiert. Wie viele Menschen aus seinem Kulturraum kann er in poetischen, ja nahezu religiösen Bildern über die Naturwissenschaften reden. All seine philanthropischen und bildungsrelevanten Bemühungen werden von einer Organisation namens »Noosphere« koordiniert. Dieser Name ist eine Hommage an den russisch-ukrainischen Wissenschaftler Wladimir Wernadski, der in den 1930er- und 1940er-Jahren das Konzept der Noosphäre entwickelte.

Nachdem er die ersten paar Jahrzehnte des 20. Jahrhunderts miterlebt hatte, wurde Wernadski sich des Umstands bewusst, dass die Menschheit aufgrund der sich rasant entwickelnden Technologie einen Einfluss auf die Erde hat, der nur mit geologischen und anderen Naturgewalten vergleichbar ist. Er benutzte den Begriff Noosphäre, um dieses Phänomen zu umschreiben, und bezeichnete es in seinen Publikationen als »die Energie menschlicher Kultur«.

In einem Artikel, den Wernadski 1943 schrieb, zwei Jahre vor seinem Tod, brachte er seine Begeisterung in nahezu euphorischen Worten zum Ausdruck, denn er wähnte die Menschheit kurz davor, ihr maximales Potenzial erreicht zu haben. Dabei ignorierte er die Gräuel des Zweiten Weltkrieges und schwärmte darüber, wie es den Menschen gelungen war, derartig mächtige Maschinen und hervorragende Kommunikationssysteme entwickelt und geschaffen zu haben, und wie man nun auf dem besten Weg sei, die Geheimnisse der Atome und der nuklearen Energie zu entschlüsseln. Er fand, die Menschheit müsse sich nun kurz vor der absoluten Erleuchtung befinden, in der es keine Grenzen des Möglichen mehr gäbe. »Die Noosphäre ist ein neues geologisches Phänomen auf unserem Planeten«, schrieb er. »Hier wird der Mensch erstmals eine großflächige geologische Kraft. Immer größere kreative Möglichkeiten liegen vor ihm. Es kann gut sein, dass die Generation unserer Enkelkinder zur absoluten Blüte heranreifen wird.« Später fügte er hinzu: »Für die Zukunft scheinen Träume wie aus einem Märchen möglich zu sein; der Mensch hat das Bestreben, über die Grenzen seines Planeten hinaus in den Kosmos vorzustoßen. Und wahrscheinlich wird ihm das gelingen.«

Es ist schade, dass Wernadski im Rest der Welt nicht so bekannt ist, wie er es bis heute in Russland und der Ukraine ist, wo er in Kiew die Ukrainische Akademie der Wissenschaften gründete und das Interesse des Landes für die Naturwissenschaften befeuerte. Denn obwohl er von Technologie und Fortschritt beeindruckt war, rief Wernadski die Menschen auch dazu auf, diesen Fortschritt im Einklang mit der Natur zu gestalten – um etwa unsere wunderbaren neuen Werkzeuge dazu zu benutzen, Wasser und Luft so sauber wie nur irgendwie möglich zu halten. Seine Vision beinhaltete, dass alle Menschen gleichermaßen vorankämen, dass sie sich über die Kontinente hinweg vereinen würden mit dem gemeinsamen Ziel, die Erde zu perfektionieren, und dass sich die menschliche Spezies dann im Weltall ausbreiten würde.

Wernadskis Ideen lieferten einige der konzeptionellen Grundlagen des sowjetischen Raumfahrtprogramms. Es war also logisch nachvollziehbar, warum Poljakow sich an dessen Schriften orientierte und sich selbst ebenfalls als ein Werkzeug verstand, dessen Aufgabe es war, zu helfen, »die Energie der menschlichen Kultur« auch über die Grenzen unseres Planeten hinweg zu verbreiten.

Doch am meisten war Poljakow von den zugrunde liegenden Ideen getrieben, das Potenzial der Menschen in ihrer Gesamtheit auszuweiten. Er ist davon überzeugt, dass die Menschen dann am besten seien, wenn eine kritische Menge von schlauen, leidenschaftlichen und wohlmeinenden Menschen an einem Ort zusammenfindet und ein gemeinsames Ziel verfolgt. Die Renaissance sei dafür ein gutes Beispiel, und vielleicht auch die ersten Jahre der Sowjetunion, als die Menschen noch vereint an die Sache glaubten. Laut Poljakow konnte man früher auch im Silicon Valley solche Qualitäten entdecken, bis die Menschen abgelenkt wurden, nicht mehr weit genug in die Zukunft blickten und sich zu sehr darauf konzentrierten, viel Geld zu verdienen. »Wir alle sind zu geldgierig geworden«, so sein Urteil. »Man zieht Geld raus und immer mehr Geld, und damit macht man alles kaputt.«

Poljakow wollte sein Geld in die Ukraine investieren, das Land damit wiederbeleben und eine Basis schaffen für »leidenschaftliche Menschen, die die Dinge verändern und etwas tun wollen«. Der erste Schritt bestand darin, diejenigen Menschen ausfindig zu machen, die profundes Wissen in der Weltraumfahrttechnologie hatten, damit sie ihr Wissen an die nächsten Generationen weitergeben konnten – die Erkenntnisse, die in Jahrzehnten harter Arbeit generiert worden waren, durften und sollten nicht einfach verkommen. »Wir haben schon die Großväter verloren, und auch manche der Väter«, und in solchen Momenten klingt er sehr ernst. »Wir sollten keine dritte Generation verlieren. Es geht darum, Wissen weiterzugeben. Es geht darum, ein anderes Gefühl zu erzeugen. Es geht darum, den Boden zu nähren. Wenn man so etwas wie diesen Ort verliert, kann man das Ganze ganz oft nie wieder neu aufbauen.«

Allgemeiner betrachtet, wollte Max Poljakow ein Vorbild für alle jungen Menschen sein und ihnen zeigen, was man mit Leidenschaft alles erreichen konnte. Die Rakete von Firefly sollte seinen Anstrengungen ein Denkmal setzen, sie sollte ein Zeichen dafür sein, dass ein Junge aus Saporischschja oder aus jedweder anderen Stadt große Dinge bewirken konnte. »Du wachst einfach auf und fühlst die Energie, spürst, dass du etwas tun wirst, stimmt's?«, beschreibt er es. »Aber du willst etwas tun, das Gutes bewirkt. Etwas Großartiges.«

KAPITEL 31

RAKETEN KOSTEN EINE STANGE GELD

Ein paar Monate nach meiner Reise in die Ukraine im Jahr 2018 schmiss Poljakow in seinem Haus in Menlo Park in Kalifornien eine Oktoberfestparty. Viele seiner leitenden Mitarbeiter aus den diversen Firmen waren dabei, aber auch ein paar Leute aus der Raumfahrtindustrie. Zudem waren einige seiner Nachbarn da – Menlo Park ist einer der wohlhabendsten Vororte im Silicon Valley und somit auch einer der reichsten Vororte der Welt.

Poljakow hatte die Villa ein paar Jahre zuvor ganz spontan gekauft. Er wollte mit seiner Familie nach Kalifornien ziehen und hatte einen Immobilienmakler damit beauftragt, in der Gegend rund um das Silicon Valley nach geeigneten Häusern zu suchen. Als der Makler eine Handvoll vielversprechender Grundstücke ausfindig gemacht hatte, flogen er und seine Frau nach Kalifornien, um sich die Häuser anzusehen. Der Makler hatte vor allem das Haus am Robert S. Drive empfohlen und die Poljakows gewarnt, dass sich Grundstücke im Valley sehr schnell verkauften. Also beauftragte ihn Max, das Haus zu jedem angemessenen Preis zu kaufen. Dann eilte er zurück zum Flughafen, um mit seiner Frau in die Ukraine zurückzufliegen. Wenige Tage später war das Geschäft abgeschlossen, und in der Wochenzeitung *Palo Alto Weekly* erschien folgender Bericht: »Rekordsumme für Menlo Park: Eigenheim für 7,6 Millionen Dollar verkauft.« Was der Makler Poljakow nicht gesagt hatte, war, dass er nun für die ganze Stadt den künftigen Marktpreis für Immobilien hochgeschraubt hatte.

Das Haus sah aus wie ein kleines Schloss. Es hatte nach hinten raus einen riesigen Garten mit Pool und Gästehäusern. Doch Poljakow wollte noch mehr

Privatsphäre, und so überredete er eine ältere Dame, deren Grundstück an seines grenzte, ihm auch ihr Haus zu verkaufen. Die Frau hatte seit Jahrzehnten dort gelebt und weigerte sich zunächst, die zahlreichen Angebote anzunehmen. Doch Poljakow ließ nicht locker. Er beauftragte jemanden, ihre Kinder ausfindig zu machen, und sagte ihnen, wie viel er für das Grundstück zahlen wolle. Daraufhin überzeugten die Kinder ihre Mutter, doch zu verkaufen, und Poljakow und seine Familie besaßen fortan zwei aneinandergrenzende Grundstücke.*

Das Ergebnis war ein noch größerer Garten hinter dem Haus, dem Max noch eine *banya* (eine Sauna) und eine Outdoor-Bar hinzufügen ließ. Am Abend der Party hatten die Hunderte von Gästen reichlich Platz, konnten herumflanieren und die unfassbare Menge an köstlichem Essen und an Getränken aller Art genießen. Max' Frau Katya war die perfekte Gastgeberin, die vier Poljakow-Kinder spielten und waren sehr wohlerzogen. Max trug eine Lederhose, er sang und feierte und forderte jeden Gast auf, den Kaviar zu probieren, der offensichtlich irgendwie ins Land geschmuggelt worden war. Alle hatten viel Spaß.

Das Jahr 2018 ging in das Jahr 2019 über, und Poljakow war nach wie vor begeistert davon, im Raketenbusiness zu sein. Wir trafen uns immer mal wieder in seinem Büro in Menlo Park, tranken Oban-Whisky und tauschten Gerüchte aus über das, was in der Branche gerade los war. Poljakow hatte nie auch nur ein freundliches Wort übrig für die traditionellen, alteingesessenen Unternehmen wie Boeing und Lockheed Martin – er fand, sie seien korrupt und würden den US-Steuerzahler schröpfen. Über die Russen wusste er noch weniger Gutes zu berichten. Sich mit Max zu unterhalten, konnte eine intensive Erfahrung sein, einfach weil er so viel zu sagen hatte und so schnell sprach und weil er jedes Thema mit so viel Inbrunst behandelte. Und doch genoss ich diese Gespräche sehr. Nur äußerst selten begegnet man jemandem, der ohne Unterlass über seine Leidenschaft spricht und das Gesagte noch mit seiner Persönlichkeit unterstreicht. Max Poljakow war ebenso ungewöhnlich wie faszinierend.

---

* Nur kurz nach ihrem Umzug lud Katya, die Frau von Max, einen russisch-orthodoxen Priester aus der Gegend ein, denn sie wollte für die Familie Verbindungen zu einer religiösen Gemeinde vor Ort aufbauen. Als der Priester erschien, hatte Max bereits ein paar Drinks intus. Er beschloss kurzfristig, den Priester zu beeindrucken, indem er einen Knopf drückte, durch den die Abdeckung des Pools aktiviert wurde. Als der Pool vollständig abgedeckt war, lief er darauf herum und rief: »Schauen Sie mal! Ich kann auf dem Wasser wandeln! Ich bin wie Jesus!« Ich bin mir sicher, dass die großzügige Spende, die kurze Zeit später bei der russisch-orthodoxen Gemeinde einging, die Spannungen milderte, die durch diesen Auftritt möglicherweise entstanden waren.

Er blieb stoisch bei seiner Überzeugung, dass die kleinen Trägerraketen allesamt sinnlos seien. Sie konnten nur Frachten zwischen etwa 90 und 230 Kilogramm ins All bringen. In der Folge von Poljakows Investitionen in das Unternehmen beschloss man also bei Firefly, die Alpha-Rakete größer zu machen, sodass sie etwa eine Tonne Ladung tragen könnte. Eine zweite, noch größere Trägerrakete namens Beta war bereits in Arbeit – die sollte sogar rund acht Tonnen Ladung transportieren können. Mit solchen Nutzlasten könnten die Kunden von Firefly mit jedem Start gleich Dutzende von Satelliten hochschicken anstatt nur einige wenige pro Flug. Weil die Dinge in der Raumfahrtindustrie sich immer viel langsamer entwickeln als zunächst geplant, ging Poljakow davon aus, dass die wirklich große Nachfrage nach Raketenstarts erst in ein paar Jahren einsetzen würde. Bis dahin wäre die Alpha flugbereit, und wenn die Beta den Betrieb aufnähme, könnten die Firmen, die kleine Trägerraketen bauen, ihren Job an den Nagel hängen. »Wir wissen, wie der Markt in drei bis fünf Jahren aussehen wird«, sagte er. »Wir werden zur richtigen Zeit am richtigen Ort sein – mit einem Produkt, das den Markt verschlingen wird.«

Es gab einmal eine Zeit, da dachte Poljakow, er müsse vielleicht 50 bis 75 Millionen Dollar in Firefly investieren, bis die erste Rakete fliegen könne. Wenn die Rakete erfolgreich wäre, wäre seine Investition von einem Augenblick auf den anderen Milliarden wert. Er hatte in der Vergangenheit schlechte Erfahrungen mit Risikokapitalanlegern und Investoren gemacht, und ihm gefiel der Gedanke nicht, andere finanzielle Partner mit in das Unternehmen zu holen.* Seine mangelnde Bereitschaft, Investoren von außen mit einzubeziehen, sowie Verzögerungen bei den Tests mit Alpha hatten ihn bereits dazu gezwungen, 100 Millionen Dollar aufzubringen, nur um Firefly am Laufen zu halten. Er betonte, diese zusätzliche Summe sei von vornherein als Teil des Geschäftsdeals geplant gewesen. »Die erste Regel in der Aerodynamik lautet: Ohne Geld fliegt nichts«, so Poljakow. »Es gibt nichts Besseres, als sein gesamtes eigenes Geld in eine Firma zu stecken. Das facht die Leidenschaft erst richtig an.«

Mit dem Geld war eine beeindruckende Menge an Ausrüstung angeschafft worden. Die Anlage von Firefly in Texas war nach dem neuesten Stand der Technik ausgestattet und hätte bei jedem Konkurrenten blanken Neid ausgelöst. Es gab zwei riesige Teststände, sodass die Raketen sowohl in der Vertikalen als auch

---

* Tatsächlich war er der Meinung, dass Risikokapitalanleger der absolute Abschaum seien.

in der Horizontalen geprüft werden konnten. Es gab eine eigene Fabrik für die Fertigung der großen Raketengehäuse aus Carbonfaser. Und es gab ein Mission Control Center für die Tests. Hunderte von Mitarbeitern wuselten auf dem Gelände herum und winkten bei der Arbeit den Rindern zu. Meistens funktionierten die Triebwerke tadellos und spien minutenlang Feuer. Dann gab es aber auch Tage, an denen etwas schiefging, explodierte und anschließend als Metallschrott an einer abgelegenen Stelle auf dem Gelände landete – ein Mahnmal des technischen Scheiterns. Es gab Mitarbeiter, die behaupteten, Firefly könne schon im Jahr 2019 von einer Abschussrampe auf der Vandenberg Air Force Base im Süden Kaliforniens aus starten, aber ich hatte meine Zweifel, ob irgendjemand dieses Datum wirklich ernsthaft in Erwägung zog.

Auch in der Ukraine kam Poljakow mit seinen Programmen gut voran. Die Renovierung und Erweiterung des Planetariums in Dnipro, ein Projekt, das mehrere Millionen Dollar gekostet hatte und den Kindern der Stadt gewidmet war, war so gut wie abgeschlossen. An den Instituten für Ingenieurwissenschaften gab es erste Schritte hin zur Gründung von noch mehr Start-ups, und Poljakow hatte auch das Imperium seiner Tech-Unternehmen ausgeweitet, vor allem im Fintech-Sektor hatte er einen großen Schritt vorwärts gemacht. »Meine Zeit ist gekommen«, sagte er. »Ich kann das spüren. Wenn ich auch nur irgendeines dieser Unternehmen verkaufen wollte, könnte ich damit fünf Jahre lang Firefly finanzieren.«

Zudem produzierten ukrainische Raketenwissenschaftler Spitzentechnologie für Firefly. Zu meinem großen Erstaunen war es Poljakow und Anisimow gelungen, ein Spezialabkommen mit der US-Regierung auszuhandeln, das es legal machte, wenn geistiges Eigentum aus der ukrainischen Raumfahrtforschung nach Texas übertragen wurde. Es war eine Abmachung, die nur in die eine Richtung gültig war: Die ukrainischen Ingenieure von Firefly durften ihren amerikanischen Kollegen alles nur Erdenkliche beibringen, aber die in Texas entwickelte Technologie musste in den USA bleiben. Trotzdem war es schon mal ein Schritt in Richtung von Poljakows Ziel, die beiden Länder zu verbinden und die Raumfahrtindustrie der Ukraine wieder zum Leben zu erwecken. Selbst Rocket Lab aus Neuseeland, das von einem Land aus agierte, das zu den engsten Verbündeten der USA zählte, hatte schwer kämpfen müssen, um besser dazustehen, denn die US-Regierung versuchte mit allen ihr zur Verfügung stehenden Mitteln, sämtlichen Ausländern den Zugriff auf US-amerikanische Raumfahrttechnologie zu verwehren.

Dieses besondere Abkommen mit den USA abzuschließen, hatte Firefly Monate gekostet und war äußerst kompliziert gewesen, und das hatte Poljakow ziemlich frustriert. Die Ukraine war eigentlich eine Alliierte der USA, und daher, so fand er, hätte man die Gelegenheit zu einer tiefen und breit angelegten technologischen Partnerschaft begrüßen sollen. So viele Einwanderer waren in die USA gekommen, um Tech-Unternehmen in Bereichen wie Software, Internetdienste und Computer-Hardware zu gründen. Sie wurden lautstark willkommen geheißen und brachten sogar noch Investitionen von ausländischen Geldgebern mit ein. Zudem war etwa der Russe Yuri Milner inzwischen einer der größten Investoren im gesamten Silicon Valley. Er hielt gigantische Anteile an Firmen wie Facebook, Twitter und Airbnb.* Milner hatte enge Verbindungen zu Freunden von Wladimir Putin, und es war nicht klar, was genau seine Beziehung zu Mütterchen Russland bedeutete. Doch darüber regte sich so gut wie nie jemand auf – tatsächlich hatte Milner freie Hand und konnte nach Lust und Laune in alles investieren.

Poljakow erklärte sich das selbst so, dass für die Raumfahrt offensichtlich andere Gesetze galten. »Die Raumfahrt ist eben einer dieser Bereiche, wo Fremde nicht willkommen sind«, schlussfolgerte er. »Wahrscheinlich ist dies von allen Geschäftssparten die schwierigste, um als Außenstehender dort einzusteigen. Hoffentlich kann ich irgendwann erzählen, dass es einen Ukrainer gibt, der es geschafft hat.«

Im Headquarter von Firefly in Texas wurde Markusic nicht müde, die Ankunft des Investors Poljakow als ein »verdammtes Wunder« zu beschreiben. 2018, etwa ein Jahr nachdem der Investitionsvertrag für gültig erklärt worden war, hielten die beiden Männer eine Rede vor Mitarbeitern, in der sie enthusiastisch die Zukunft beschrieben.

MARKUSIC: Gut, alles klar, ich fange mal an. Ich wollte einen kurzen Überblick über die Woche geben. Wir haben das große Glück, dass Max diese Woche hier ist, was nur sehr selten vorkommt, und deswegen sollten wir uns eine Minute Zeit gönnen und …

POLJAKOW: Ich bin immer hier.

---

* Er hatte auch in Planet Labs investiert.

MARKUSIC: Wir nähern uns dem Ziel. Wir schaffen das, es nimmt Form an, ich hoffe, ihr habt alle auch so ein Gefühl. Aber es gibt im nächsten Jahr noch sehr viel zu tun, damit wir den geplanten Start schaffen. Es wird eine große Herausforderung sein.

POLJAKOW: Wir sind wieder auf der richtigen Spur, weil wir nämlich nicht tot sind. Das ist doch schon mal eine gute Nachricht für all die Leute, denen gekündigt worden ist. Ihr seid zur Familie zurückgekehrt, und jetzt werdet ihr hier bei der Familie bleiben. In unserer Familie dreht sich alles um Leidenschaft und Energie – sehr viel Leidenschaft und Energie.

MARKUSIC: Wir haben hohe Erwartungen an euch. Max erwartet viel von euch, und, das sage ich euch ja jede Woche, wenn wir im Zeitplan bleiben und das geschafft kriegen, was wir uns vorgenommen haben, dann werden wir, glaube ich, auf jedem Level Unterstützung finden.

POLJAKOW: Für mich ist das ein Hobby. Ich bin ganz vernarrt darin. Wenn ihr keinen Erfolg habt, bringt mich das nicht gleich um, stimmt doch, oder? Aber es gibt andere Gründe, warum wir erfolgreich sein müssen. Es gibt Leute da draußen, die uns hassen. Leute wie Richard Branson. Na ja, der ist oldschool, der ist mir eigentlich egal. Aber es gibt Lobbyisten in Russland, in China und in der Ukraine, da gibt es all diese Leute, die wollen, dass Firefly scheitert. Ihr müsst das fühlen und den Spieß einfach umdrehen, denn jedes bisschen negative Energie arbeitet gegen uns. Aber die Firefly-Familie kann alles in positive Energie umwandeln, in neue Impulse.

Wir wollen dasselbe Gefühl haben wie Rocket Lab. Nur ist unsere Rakete viermal größer. Wir sind im Grunde genommen alle in einem Ring und kämpfen um Geld, Erfolg und Ruhm, stimmt's? Wir wollen, dass Amerika wieder great wird, stimmt's? Dieses Gefühl müsst ihr haben.

Habt keine Angst davor, Risiken einzugehen. Ihr sollt Risiken eingehen, und dabei können auch mal Sachen in die Luft fliegen. Wir testen, es fliegt uns um die Ohren, testen, es fliegt uns um die Ohren und so weiter und so fort. Ihr seid in Amerika. In Texas, stimmt's? Dies ist nicht Kalifornien, stimmt's? Also blasen wir alles in die Luft. Wir haben einen sehr engen Zeitplan, aber es geht nur so. Ihr habt das Recht, Fehler zu machen.

Mein Standpunkt lautet: Das Internet ist eine wunderbare Sache. Man muss viel weniger Geld investieren, man produziert nur 70 Prozent eines

Produkts und wirft es auf den Markt, und man macht trotzdem irre viel Geld damit. Aber auch die Wissenschaft ist wunderbar. Ihr habt euch für die Seite der Wissenschaft entschieden, weil sie eine Herausforderung ist. Ihr habt euch für die Wissenschaft entschieden, weil das euer Weg ist. Dies ist die größte Herausforderung eures Lebens. Aber ihr werdet dabei enorm viel Leidenschaft in euch spüren. Es gibt nicht viele Menschen, die das schaffen, was ihr schafft. Denkt immer daran. Verliert nicht die Energie eurer Leidenschaft. Wenn die Dinge in diesem Unternehmen mal nicht so gut laufen, wenn ihr merkt, dass ihr zu rational denkt, dann schickt mir eine E-Mail.

MARKUSIC: Denkt daran, alle eure E-Mails werden überwacht.

Diese frühen Feel-good-Vibes und Poljakows rundum positiver Ausblick auf sein Leben als Raketentycoon begannen sich allerdings in eine ganze andere Richtung zu entwickeln, als das Jahr 2019 ohne einen Raketenstart verging und Firefly auch Anfang des Jahres 2020 keine Aussicht auf einen Start hatte. Firefly musste die gleichen schmerzhaften Konstruktionsstücken durchleben wie jedes andere Raketenunternehmen: Die Triebwerke funktionierten prima, aber es dauerte seine Zeit, bis das Gehäuse der Rakete gebaut und all die Elektronik aufeinander abgestimmt war.

Die Teams in der Ukraine schickten Entwürfe für einige der kompliziertesten Teile der Rakete, wie etwa die Turbopumpe, aber ihre Kollegen in den USA hatten Schwierigkeiten, sie entsprechend zu konstruieren und zu begreifen, wie man sie überhaupt richtig anwenden sollte. Poljakow hatte das Gefühl, als habe er Markusic ein wunderbares Geschenk gemacht, dass dieser aber den Vorteil verplempere, den Firefly dadurch hatte. Es brauchte keinen Oban, um einen Monolog von Poljakow darüber loszutreten, wie inkompetent und langsam Markusic war.

Poljakows Frustration war verständlich und unvermeidlich. Er hatte den Fehler gemacht, optimistisch zu denken, dass Firefly die Termine würde einhalten können. Jeden Monat musste er weitere fünf bis zehn Millionen Dollar in Firefly investieren. Ursprünglich hatte er damit gerechnet, für den Bau der ersten Rakete 50 Millionen Dollar aufbringen zu müssen, doch inzwischen waren es bereits fast 150 Millionen.

Niemand außer Poljakow selbst wusste, wie viel Geld er denn eigentlich besaß, aber es war klar, dass er nicht über so viel Kapital verfügte wie Musk oder

RAKETEN KOSTEN EINE STANGE GELD

Bezos mit ihren vielen Milliarden. Jeder Scheck, den er ausstellte, bedeutete für ihn ganz realistisch auch eine schmerzhafte finanzielle Einbuße. Unsere Gespräche über Wernadski und darüber, wie man auf der ganzen Welt eine Gruppe von Menschen mit ähnlicher Leidenschaft vereinen könne, war nun einem steten Lamentieren Poljakows gewichen: dass er mit diesem Geld einen Privatjet oder eine eigene Insel oder beides hätte kaufen können. Seine Frau, so sagte er, war nicht begeistert von diesem Raketen-Gambit.

Poljakow empfand es geradezu als Kränkung, dass die US-Regierung sich nicht liebevoller um Firefly kümmerte. Die Firma war übergangen worden, als es um Verträge für die NASA und das Militär ging. Dabei ging es ihm weniger darum, dass Rocket Lab, obwohl sie nur kleine Trägerraketen hatten, einige der Aufträge bekommen hatte. Es ärgerte ihn, dass die kleinen Firmen in Mojave, die mehr wie Tante-Emma-Läden geführt wurden, zig Millionen Dollar bekamen, um so etwas wie ein Mondlandefahrzeug zu entwickeln, während Poljakow in der Zwischenzeit sein eigenes Geld ausgab, um eine große Rakete zu bauen, was aber niemanden wirklich zu interessieren schien. Er merkte an, dass die Regierungsvertreter etwa in einem Land in Osteuropa, wenn er dort so viel Geld ausgegeben hätte, sich die Beine ausgerissen und alles getan hätten, um sicherzustellen, dass er sich wie ein König fühlte.

Es gab Zeiten, da wollte Poljakow Markusic feuern, aber die beiden waren durch ihren Vertrag aneinander gebunden. Markusic gab Firefly die nötige Glaubwürdigkeit und ein amerikanisches Gesicht. Poljakow hatte zudem bereits so viel Geld ausgegeben, dass er nicht noch weitere Verzögerungen riskieren wollte, die durch einen Wechsel in der Geschäftsführung unausweichlich gewesen wären. Tief in seinem Herzen spürte er, dass Markusic sich nur für Markusic einsetzte und dass er Poljakow am liebsten loswürde, wenn sich irgendeine Gelegenheit dazu böte. Manchmal sagte Poljakow ihm das geradewegs ins Gesicht. Markusic ließ diese Beschimpfungen über sich ergehen, weil er Poljakows Geld brauchte. Max besaß 80 Prozent von Firefly, was bedeutete, dass für Markusic kein Weg an Mad Max vorbeigehen würde.

DIE CORONAPANDEMIE MAG VIELE MENSCHEN AUSGEBREMST haben, aber nicht Poljakow. Obwohl er vorher mit kommerziellen Airlines geflogen war, beschloss er nun, sich manche der Ärgernisse zu ersparen, die durch Covid-19 entstanden waren, indem er Privatjets benutzte. Dabei fiel ihm auf, dass er sehr gerne privat flog und dass die Reisezeit dadurch so stark verkürzt wurde, dass er häufiger Markusic über die Schulter gucken konnte. War Poljakow vorher etwa einmal pro Quartal zu Besuch im Headquarter von Firefly, flog er jetzt, im ersten Halbjahr 2020, etwa alle zwei Wochen nach Texas.

Im August 2020 begleitete ich Poljakow und Anisimow bei einem solchen Besuch. In den vergangenen Monaten hatte Firefly Dutzende Mitarbeiter nach Südkalifornien verlegt, wo sie an der Vandenberg Air Force Base arbeiteten. Ihre Aufgabe war es, eine bereits existierende Startrampe so herzurichten, dass sie für den ersten Start der Alpha bereit wäre. Unser Plan sah vor, erst Vandenberg zu besichtigen und dann schnell nach Texas zu fliegen, wo die Rakete zusammengebaut wurde, bevor sie dann per Lkw nach Kalifornien gebracht würde.

Wir trafen uns gegen sechs Uhr früh am Flughafen in Oakland, starteten und tranken ein paar Bier. Es war nur ein kurzer Flug runter nach Vandenberg*, doch Poljakow war während des gesamten Fluges übellaunig. Seiner Meinung nach hatte Markusic gut ein halbes Jahr an dem Startplatz herumgebummelt. Wie schwer konnte das schon sein? Firefly musste doch gar keine neue Startrampe bauen, sie sollten bloß nachrüsten. »Scheiße«, schimpfte Poljakow. »Scheiß auf Tom.«

Wenn sie nicht im Besitz des Militärs wäre, könnte man denken, die Vandenberg Air Force Base sei ein Urlaubsresort. Das Areal erstreckt sich über eine Fläche von knapp 400 Quadratkilometer entlang der atemberaubend schönen Küste Kaliforniens. Es gibt Wälder aus Eukalyptusbäumen und weite Flächen mit niedrigem Gebüsch, gegen die der Pazifische Ozean seine Wellen schlägt. Während wir durch diese wie verzauberte Landschaft fuhren, sahen wir mitten in dem übers Land wabernden Nebel ein Schild, auf dem stand: »Welcome to Space Country« – ein Verweis auf die jahrzehntealte Geschichte dieses wichtigsten Luft- und Raumfahrtzentrums von Kalifornien, von wo aus bereits so viele Flugkörper und Raketen abgeschossen worden waren.

Da es sich um eine Militärbasis handelt, mussten wir uns in einem Sicherheitszentrum anmelden und bekamen dort Ausweise, die uns Zugang zum Gelände gewährten. Weil ich US-amerikanischer Staatsbürger bin, dauerte die Anmeldung bei mir nicht lange, und ich bekam gleich einen Pass, der für das ganze

---

* Die verfügbare Lektüre an Bord umfasste Zeitschriften wie *Farm and Ranch*, in der hauptsächlich große Ländereien zum Verkauf angeboten wurden, und *Executive Controller*, worin Privatflugzeuge zum Verkauf standen.

Jahr gültig war. Doch im Gegensatz dazu musste Poljakow fast eine Stunde lang warten, und dann bekam er nur einen Tagespass, und das, obwohl er mehr als 100 Millionen Dollar gezahlt hatte, um diesen Besuch überhaupt erst zu ermöglichen – letzten Endes musste er sogar jedes Mal eine Million Dollar bezahlen, wenn er als Gast auf dem Gelände von Vandenberg einen Start live verfolgen wollte.* Man behandelte ihn wie einen Anstreicher oder Elektriker, und dazu noch so ein komischer aus dem Ausland. Jemand aus unserer Gruppe kommentierte das so: »In einem anderen Land hätte man uns inzwischen schon längst mit Bier und Prostituierten versorgt.«

Nachdem alle Sicherheitsüberprüfungen abgeschlossen waren, stiegen wir in einen SUV, und Anisimow fuhr uns zum Space Launch Complex 2, der zwei Startrampen hatte. Auf dem Weg dorthin ließ Poljakow das Autofenster runter und sog die kühle Luft in sich auf. »Ah, gut, sehr erfrischend«, sagte er. »Hier muss es Gold geben.« Als wir uns dem Gebäudekomplex näherten, sah er ein Schild von Firefly. »Ganz ehrlich, mein Freund«, rief er. »Das gehört alles mir. Theoretisch!«

Eine Art Tourguide erschien, um Poljakow in Empfang zu nehmen. Er arbeitete schon seit Jahrzehnten in Vandenberg und war auch historisch sehr bewandert. Er erzählte uns von den großartigen Flugkörpern und Satelliten, auch von den ganzen CORONA-Spionagesatelliten, die von der Startrampe aus abgeschossen worden waren, die Firefly bald benutzen würde. Damals, so schwärmte er, konnten die USA binnen 18 Monaten ein komplettes Raketenprogramm konzipieren und die entsprechende Infrastruktur für den Start bereitstellen. »Heutzutage schaffen wir es noch nicht einmal, innerhalb dieser Zeit eine Studie darüber zu verfassen, wie der Start sich auf die Umwelt auswirken könnte«, sagte der Mann.**

Poljakow hatte bald keine Lust mehr auf Geschichten aus der Vergangenheit und verabschiedete den Mann. Stattdessen gingen wir zur eigentlichen Startrampe und zum Kontrollzentrum hinunter. Firefly hatte in ein paar beigefarbenen Flachbauten Büros eingerichtet, die aussahen, als stammten sie noch aus dem

---

* Er musste sogar 500 000 Dollar für jeden abgesagten Start bezahlen.
** Mit etwas Glück, sagte man uns, könnten wir bei unserem Besuch auch einen Blick auf Hirsche, Berglöwen oder Schwarzbären erhaschen. Wir könnten aber auch kein Glück haben und stattdessen den »Fluch der Slick-6« auf uns ziehen, wobei Slick-6 eine Air-Force-Bezeichnung für die Startanlage war. Anscheinend war dieser Fluch eine Folge dessen, dass die Air Force einen Teil ihrer Startanlage auf dem Gebiet einer Totenstätte der indigenen Chumash errichtet hatte.

Kalten Krieg. Um zu den Startrampen zu gelangen, brauchte es nur wenige Autominuten – man erkannte das Areal an den Turmspitzen, die zwischen den Hügeln und Gebüschen herauslugten. Poljakow trieb sich in der Nähe der Büros herum – er suchte nach jemandem, an dem er seine Wut auslassen konnte. Ein ehemaliger Ingenieur von SpaceX kam an uns vorbei, und Poljakow bat ihn, uns ein Update über die mechanischen Arbeiten zu geben, die gerade an der Startrampe vorgenommen wurden. Der Ingenieur betete die optimistische Timeline mit all den Daten hinunter, die die Schweißer ihm übermittelt hatten. »Schweißer erzählen doch nur den letzten Mist«, geiferte Poljakow. »Zeigen Sie mir die Rampen.«

An einer Startrampe gab es einen riesigen blaugrünen Turm. Er war früher einmal eingesetzt worden, um die Raketen der NASA in aufrechter Position zu halten, und war danach nicht mehr benutzt worden. Die NASA hatte sich bereit erklärt, für die Entsorgung des Turms zu bezahlen, damit neue Kunden den Platz nutzen konnten, und einige Mitarbeiter der Basis waren gerade mit diesem Auftrag beschäftigt. Die zweite Startrampe war bereits bereinigt und an Firefly übergeben worden. Hier war man gerade damit beschäftigt, die eigenen Aufbauten auf dem Betonboden zu errichten. In einem Gebäude, das zwischen den beiden Startrampen lag, befand sich ein Datenzentrum, von dem aus man die Starts kontrollieren und Informationen von den Raketen empfangen konnte. Auch dieses Gebäude stammte noch aus dem Kalten Krieg. »Falls es hier nach Kot riechen sollte, liegt das daran, dass die Abwasserleitungen gerade verstopft sind«, informierte uns der Herr, der Poljakow herumführte. Das Mission Control Center, das für die Starts benutzt wurde, war etwa 18 Kilometer entfernt; um dort hineinzukommen, musste man sich einer weiteren Sicherheitskontrolle unterziehen, also verzichteten wir auf den Besuch.

In der Zwischenzeit hatte Markusic sich dazugesellt und inspizierte mit Poljakow das Gelände und die jeweiligen Arbeiten. »Warum hat Rocket Lab schon eine neue Rampe, Tom?«, fragte Max.

»Deren Rakete ist klein«, antwortete Markusic. »Es ist eine winzig kleine Rakete. Außerdem steht das gesamte Land, Neuseeland, hinter ihnen.«

Einer der Mitarbeiter von Firefly wollte Poljakow zeigen, dass sein Geld dort klug eingesetzt wurde. Er wies auf einen Lagerschuppen, den man zu einem günstigen Preis ergattert hatte, weil jemand dort einen Motorradunfall gehabt hatte. »Vielleicht ist er gestorben«, sagte der Angestellte. »Ich weiß es nicht genau. Wir müssen einfach nur die Ecke neu verspachteln.«

In einem anderen Lagerschuppen in der Nähe befand sich nichts bis auf einen etwa zwei Meter hohen roten Metallschrank. Auf der Seite klebte ein Warnschild: »ACHTUNG EXPLOSIONSGEFAHR! Kein offenes Feuer«. In dem Schrank befand sich die Explosionsvorrichtung, die in der Firefly-Rakete gezündet würde, falls irgendetwas während des Fluges schiefging. Die Vorrichtung war etwa halb so groß wie ein Schuhkarton und bestand aus zwei Füllungen. Eine war für den Kerosintank vorgesehen, die andere für den Tank mit Flüssigsauerstoff.

Poljakow stellte sich vor den Schrank und machte ein paar »Max Danger«-Posen für Fotos. Ansonsten fand er keinen großen Gefallen an der Tour. Er stichelte unablässig gegen Markusic, bis es wirklich unangenehm wurde – zumindest empfand ich das so. Jedes Mal, wenn wir in den Wagen stiegen, um zu einer neuen Location zu fahren, nahm Poljakow einen großen Schluck aus seiner Flasche Whisky, und das löste seine Zunge nur noch mehr. Markusic versuchte, die Stimmung aufzuheitern, und erzählte Max, dass es am nächsten Tag in Texas zu seinen Ehren ein gebratenes Schwein geben würde. »Ich weiß noch nicht, ob ich es schaffe«, sagte Poljakow. »Kann sein, dass meine Frau etwas dagegen hat. Sie mag es nicht, wenn die Leute bei Firefly mich verwöhnen und mich wie einen König behandeln.«

Bevor wir zum Flughafen zurückkehrten, ließ Markusic alle Mitarbeiter in einem Hangar zusammenkommen. Er wollte eine Rede halten, und er wollte Max' Stimmung aufhellen. Er begann damit, allen mitzuteilen, dass an einem der nächsten Tage in Texas ein besonders wichtiger Test stattfinden würde. Wenn die Rakete diesen Test bestünde, würde sie daraufhin nach Kalifornien kommen. Die Mannschaft in Vandenberg müsse sich also noch mehr sputen, denn das Einzige, was einen Start dann noch hinauszögern könne, sei der Zustand der Startrampe. Die Geschwindigkeit der Crew versus Poljakows schwindende finanzielle Möglichkeiten und seine zunehmende Ungeduld – darum ging es letztlich.

MARKUSIC: Ich wollte bei dieser ganzen Angelegenheit nur noch einmal persönlich mit euch ins Gespräch kommen. Wie ihr wisst, habe ich diese Firma vor etwa fünf Jahren gestartet, und ich habe viele Tiefpunkte erleiden müssen. Heute ist Max Poljakow hier. Er hat verdammte 150 Millionen Dollar in dieses Projekt gesteckt!

Applaus.

Ganz genau, jetzt seid ihr am Zug. Wenn alles andere nichts zählt, dann schulden wir es diesem Kerl hier, dass wir den Job zu Ende bringen und ihn für alles, was er hier getan hat, belohnen und das Risiko, das er für uns eingegangen ist, wertschätzen.

Die nächsten Schritte sehen folgendermaßen aus: Diesen Herbst noch kommen wir raus. Diesen Winter. Wir werden diese Rakete starten, und wir werden den Markt für alle kleinen Trägerraketen übernehmen. Es gibt einige kluge Leute da draußen, die etwas Ähnliches planen, aber sie hinken meilenweit hinter uns her. Ihr wisst alle, wie schwer der Job ist. Wir haben die unglaubliche Möglichkeit, den anderen voraus zu sein. Wir können der Welt beweisen, dass wir ein ernst zu nehmendes Unternehmen sind, indem wir die Alpha flugtauglich machen.

Wie viele von uns waren schon mal dabei, als eine Raketenfirma ihre erste Rakete gestartet hat? Keiner! Wisst ihr, was? Das ist eine unglaubliche, verdammte Riesengelegenheit für uns! Das ist kein normaler Job. Das ist etwas, davon könnt ihr euer ganzes Leben lang zehren. Ich möchte, dass ihr euch dessen bewusst seid und das nutzt, um euch jeden Tag neu zu motivieren. Ihr seid Teil von etwas, das ganz unglaublich und besonders ist, und Gott oder das Universum oder was auch immer hat euch dafür ausgesucht.

Wir haben jetzt August, und im November oder Dezember oder so werden wir starten. Wir haben noch genug Zeit.

Der Flug von Vandenberg zum Austin-Bergstrom International Airport dauerte drei Stunden, und er war äußerst aufschlussreich. Markusic gesellte sich zu uns und einem Kühlschrank voller Bier. Kurz nach dem Start machte eine weitere Flasche Oban die Runde. Poljakow hielt sich nicht lange zurück und betonte gleich, wie tief enttäuscht er sei, weil es in Vandenberg nur so langsam vorging. »Meine Frau hat die Nase voll davon, dass Firefly so viel Geld kostet, Tom«, sagte er.

Es stellte sich heraus, dass Markusic und Poljakow versucht hatten, Geld aufzutreiben, um die Finanzierung von Firefly für die nächsten Jahre zu sichern. Laut Markusic stand ein Vertragsabschluss kurz bevor, und der würde Firefly Hunderte Millionen Dollar einbringen.

Man möchte meinen, dass Poljakow sich über so einen Deal gefreut hätte, aber das war nicht der Fall. Einerseits hasste er es, Markusic jeden Monat einen

Scheck ausstellen zu müssen, aber andererseits würde dieser Vertragsabschluss stattfinden, bevor Firefly die erste Rakete startete. Das bedeutete, dass die Firma nach wie vor noch jeder Menge Unwägbarkeiten ausgesetzt war und dass die Investoren mit ihren Rahmenbedingungen engmaschiger sein würden. Wenn Markusic seinen Job ordentlich gemacht und schneller gearbeitet hätte, wäre Firefly schon längst über einen erfolgreichen Launch hinausgekommen, und Poljakow würde jetzt Milliardengewinne einstreichen. Stattdessen müsste er jetzt bald einen großen Anteil an dem Unternehmen zu einem Spottpreis abgeben. Und was genauso ärgerlich war: Er würde bald seine Position als der Lord von Firefly aufgeben müssen. Es könnte sein, dass die neuen Investoren keinen großen Gefallen an ihm finden würden. Oder aber Markusic könnte einen Weg finden, Max zu hintergehen und ihn irgendwie aus dem Unternehmen zu kicken.

Markusic wollte natürlich nur sicherstellen, dass die Firma am Leben blieb. Er war stolz darauf, die Investoren gefunden zu haben, denn das würde auch Poljakow finanziell entlasten. Er war überfordert von den vielen verschiedenen Stimmungen, die Max unberechenbar machten.

Der Oban und die Flughöhe sorgten gemeinsam dafür, dass etwa nach halber Strecke alle an Bord ziemlich betrunken waren. Poljakow und Markusic stritten sich, während Anisimow und ich so taten, als würden wir davon nichts mitbekommen, und uns weitere Shots einschenkten. Die Debatte war zwar hitzig, aber irgendwie auch therapeutisch. Die beiden Männer sagten einander endlich, was sie wirklich dachten. Poljakow beschwerte sich über all das Geld, das er verloren hatte. Markusic beschwerte sich darüber, was für eine Nervensäge Poljakow war. Poljakow warf Markusic vor, ihn mit einer endlosen Abfolge falscher Versprechen gelockt zu haben. »Dinge versprechen – das kann ich gut«, sagte Markusic – der Oban hatte dafür gesorgt, dass er keine Zurückhaltung mehr zeigte.

Nachdem wir in Texas gelandet waren, ging die Party in einem Restaurant in der Nähe unseres Hotels weiter. Poljakow hatte dort die beste Suite gebucht. Alle tranken weiter, und Poljakow und Markusic setzten ebenfalls ihr Streitgespräch fort. Christa, die Frau von Markusic, kam dazu. Sie schien nicht gerade sehr beeindruckt zu sein von unserem Zustand. Doch ihre Anwesenheit hatte sofort einen Einfluss auf das Treffen. Die Spannungen ließen nach. Es wurde wieder gelacht. Alle zogen wieder an einem Strang und freuten sich auf die Zukunft von Firefly. Ich trank meinen Scotch und fragte mich, wie man solche Raketen eigentlich baut.

KAPITEL 32
GRENZEN

Ein neuer Tag. Eine neue Perspektive. Das war zumindest der Plan. Mit dröhnendem Kopf traf ich am nächsten Morgen Poljakow und Anisimow, um mit ihnen zur Firefly Farm hinauszufahren. Wir hatten gehört, dass der wegweisende Triebwerkstest, den Markusic auf der Vandenberg Base erwähnt hatte, bereits stattgefunden hatte und erfolgreich gewesen war. Den Leuten war nach Feiern zumute, und Poljakows Anwesenheit in Austin bot die willkommene Gelegenheit, es richtig krachen zu lassen. Firefly hatte einen Caterer beauftragt, draußen auf dem Testgelände ein ganzes Schwein zu braten und für abends ein großes Barbecue vorzubereiten. Als wir auf dem Gelände ankamen, war das Schwein bereits fertig hergerichtet, mit Alufolie über den Ohren und auf einem großen Spieß. Alle Arbeiter dort sprachen darüber und schauten sich das Schwein an. Es war eine große Sache.

Poljakow war nicht ganz so begeistert von dem Schwein wie die anderen. Ich hatte ihn in der Vergangenheit schon öfter mal bei schlechter Laune erlebt – er konnte sich dann über eine reale oder eingebildete Grenzüberschreitung aufregen, aber meistens währte der Ärger nur kurz, und dann beruhigte er sich wieder. Doch diesmal war es so, dass der zerknirscht-brummige Vandenberg-Max nur ein mildes Vorspiel war im Vergleich zum wutschnaubenden und abweisenden Texas-Max. Er brauste durch die offenen Gatter seiner Firefly Farm, ohne sich ein einziges Mal über die Kühe zu freuen, und steuerte geradewegs auf die Fabrikgebäude und die Arbeiter darin zu. Poljakow fand einen Schweißer und wetterte gleich los – wie es denn sein könne, dass so viele Deadlines geplatzt seien. »Mann, beschweren Sie sich bitte nicht bei mir«, antwortete der Schweißer.

Die Angestellten von Firefly waren auf das, was jetzt kam, nicht vorbereitet. Sie hatten wochenlang und nahezu ohne Pausen gearbeitet, um den Triebwerkstest durchführen zu können, und sie hatten es geschafft. Alle, die daran beteiligt waren, waren ziemlich stolz. Einer der Angestellten aus der Marketingabteilung zeigte mir den Ausschnitt aus einem Dokumentarfilm, der gerade über Firefly gedreht wurde. Darin gab es eine Szene von Jahren zuvor, als Markusic unter Tränen allen mitteilte, dass die Firma schließen müsse. Jetzt waren sie hier, sie standen kurz vor einem gigantischen Erfolg. Doch Poljakow sah eigentlich nur sein Geld zwischen den Fingern zerrinnen, und er sah, dass seine totale Kontrolle über die Firma bald ein Ende haben würde. Die Dinge wurden nur noch schlimmer, als Tom Max darauf hinwies, dass einige der Verzögerungen, über die er sich so ärgerte, Problemen mit der ukrainischen Turbopumpe geschuldet seien. Poljakow entgegnete, dass die Jungs in den USA eben einfach keine Ahnung hätten, wie man etwas richtig konstruiert, und dass ihnen die Kenntnisse fehlten, um die Nuancen der Technologie überhaupt begreifen zu können.

Während eines Meetings kamen ein paar leitende Angestellte herein und baten Poljakow, ein Dokument zu unterschreiben, dass es Wirtschaftsprüfern erlauben würde, seine Finanzen auf den Prüfstand zu stellen. Die potenziellen Investoren hatten dies beantragt, es war ein Teil der üblichen Due Diligence bei einem solchen Geschäft. Gleichzeitig musste er noch ein weiteres Dokument unterschreiben, mit dem er garantierte, Firefly noch für ein weiteres Jahr zu finanzieren, auch wenn kein neues Geld durch andere Investoren dazukäme. Poljakow fühlte sich ans Messer geliefert: Firefly brauchte ihn, um zu überleben, und gleichzeitig waren sie bereit, ihn jederzeit aus dem Weg zu räumen. Zudem erinnerten ihn alle möglichen Leute immer wieder daran, dass alles schwieriger sei, weil er als Ukrainer in die Firma involviert war, was weder die US-Regierung noch die anderen Investoren besonders überzeugend fanden für ein US-amerikanisches Raketenbauunternehmen.

Ich verließ den Raum, als Poljakow und Markusic richtig aufeinander losgingen. Sie waren so auf ihren Streit fokussiert, dass sie meine Anwesenheit gar nicht wahrnahmen, doch es fühlte sich nicht richtig an, bei etwas zuzuhören, das klang wie die Trennung zweier zornentbrannter Liebhaber. Irgendwann kamen die beiden aus dem Raum heraus. »Scheiß drauf«, sagte Poljakow. »Wir fliegen nach Hause.« Er würde einen anstehenden Test verpassen, das gegrillte Schwein und die Party zu seinen Ehren.

»Heute hätte ein guter Tag sein können«, sagte Markusic. »Heute hätte ein großartiger Tag sein können.«

Während des Heimflugs schliefen Poljakow und Anisimow. Ich suchte im Kühlschrank nach einem Bier – einfach nur, weil ich in einem Privatjet saß und es sich anfühlte, als müsse man das tun.

Max hatte bei mir schon lange einen Stein im Brett. Manchmal konnte man den Eindruck gewinnen, dass er ein bisschen verrückt war. Na gut, er *war* ein bisschen verrückt. Aber genauso hatte ich ganz oft den Eindruck, dass er von allen Weltraummogul der realistischste war. Er durchschaute den ganzen Hype, der diesen Markt umgab, und er sprach viel pragmatischer und weniger verstiegen über das Geschäft. Er hätte wirklich alles nur Erdenkliche mit seinem Geld anstellen können, aber er hatte es auf Raketen abgesehen, denn das war für ihn wie eine höhere Berufung. Er tat dies zu Ehren seiner Familie, seines Landes und der Wissenschaften. Er war ein gigantisches Risiko eingegangen, und er hatte Menschen wie Anisimow davon überzeugt, ihn auf diesem Weg zu begleiten. Er war umringt von loyalen Angestellten, die er offensichtlich gut entlohnte, die aber auch an den Mann und seinen Charakter glaubten. Die Mitarbeiter bei Firefly hatten leider niemals die Gelegenheit gehabt, dafür ein besseres Gespür zu entwickeln. Um Poljakow richtig verstehen zu können, brauchte es Zeit und auch geistige Flexibilität, allein schon, um aus seinen manchmal etwas verqueren englischen Reden die wahre Bedeutung zu entschlüsseln. Diejenigen, die die Zeit und Gelegenheit hatten, das zu tun, konnten bald erkennen, dass er ein Mensch ist, der alles genau durchdenkt, authentisch ist und eine philosophische Ader hat.

Aus all diesen Gründen hatte ich großes Verständnis für Poljakow. Natürlich gaben die Ingenieure bei Firefly ihr Bestes, um die Rakete so schnell wie möglich zu bauen, aber ich konnte die Dinge auch von Poljakows Standpunkt aus betrachten. Er war es, der alles riskierte. Sie riskierten nichts. Sie machten ihre Arbeit und nahmen ihn als selbstverständlich hin. Poljakow hätte sein riesiges Vermögen seinen Kindern vermachen können, er hätte seine Familie für Generationen finanziell absichern können. Stattdessen hatte er sich auf Markusic eingelassen. Und am Ende des Tages schien es doch so, dass Markusic sich immer nur um Markusic kümmerte. Poljakow war das schon von Anfang an klar gewesen, aber sich dessen bewusst zu sein und es auch zu spüren, das waren zwei verschiedene Paar Schuhe. Es wurde nur klar, dass Poljakow der ewigen Spielchen müde war. Er hatte doch bloß Raketen bauen wollen – all die anderen Probleme waren nicht absehbar gewesen.

Wir landeten in Oakland und gingen in die private Flughafenlobby. Rein zufällig war auch Chris Kemp gerade da. Er war soeben geflogen, er brauchte Flugstunden, um seinen Privatpilotenschein zu behalten. Ich stellte die beiden einander vor – Kemp schien keinen blassen Schimmer zu haben, wer Poljakow war.

Das war eine weitere Demütigung an einem Tag, der ihm schon so viele Enttäuschungen eingebracht hatte. Poljakow hatte eine der ukrainischen Turbopumpen in eine Reisetasche gepackt und fragte Kemp, ob er sie sich anschauen wolle. Kemp blickt kurz in die Tasche und heuchelte milde Begeisterung. Die Männer verabschiedeten sich leicht hilflos, und wir fuhren los in Richtung Silicon Valley. »Verdammtes arrogantes Arschloch« – so kommentierte Poljakow die Begegnung mit Kemp.

IM NOVEMBER 2020 TRANSPORTIERTE FIREFLY dann doch die gute alte Rakete von Texas nach Vandenberg. Es war klar, dass der Start auf keinen Fall mehr vor Jahresende vonstattengehen würde, aber vielleicht im Februar oder März. Unter normalen Umständen hätten dieser Meilenstein und die Aussicht auf ein Ende vielleicht Poljakows Laune verbessert, aber die Umstände waren inzwischen alles andere als normal.

Im Februar 2020 hatte die Website Snopes eine lange Geschichte publiziert, die Poljakow als den letzten Abschaum der Menschheit darstellte. Ein Journalist hatte sich in diverse Dating-Plattformen eingearbeitet, bei denen es so aussah, als würden sie von Poljakow finanziert, und er hatte festgestellt, dass sie nur in wirklich sehr abstrakten Begriffen als Dating-Portale verstanden werden konnten. Es ging dabei um Domains wie plentyofhoes.com, iwantumilf.com und shagaholic.com. Der Bericht auf Snopes behauptete, dass Poljakow und seine Geschäftspartner diese Websites über eine Reihe von Briefkastenfirmen finanzieren würden und dass ihr vornehmlicher Zweck darin bestünde, ahnungslose Internetsurfer um ihr Geld zu bringen. Die Leute meldeten sich bei solchen Websites an, hieß es, und bekämen dann von angeblichen Frauen Spamnachrichten. Sobald ein Abonnent versuchte, sein Monatsabo zu kündigen, würde er entweder nichts mehr von der Website hören oder an alle möglichen Adressen weiterverwiesen.

Das war keine große Neuigkeit. Die ursprünglichen Mitbegründer von Firefly hatten damals ähnliche Vorwürfe ausgesprochen, als sie gegen Markusic und

Poljakow klagten. Doch in der Zwischenzeit hatte Firefly einige große Aufträge von der NASA und anderen Behörden an Land ziehen können, darunter eine Mondmission. Durch diese Verträge wurde die Sache etwas komplizierter. Snopes wies darauf hin, dass es keinen großen Sinn mache, mit jemandem, der allem Anschein nach in der Unterwelt des Internets operierte, staatliche Verträge abzuschließen. In seinen Stellungnahmen gegenüber der Presse wies Poljakow diese Anschuldigungen betrügerischen Handelns kategorisch von sich und sagte: »Alle meine Geschäfte und alle meine Investitionen operieren innerhalb der legalen Grenzen und legen, wo zutreffend, auch alle Nutzungsbedingungen offen. Mein Fokus liegt auf dem Weltall.«

Die Snopes-Story war nicht alles. Ich hatte einen Beitrag für die Zeitschrift *Bloomberg Businessweek* geschrieben, in der ich von meiner Zeit mit Poljakow in der Ukraine berichtete und von den Plänen bei Firefly, die Technologien der Sowjets und der USA zu bündeln. Auch dies war keine große Neuigkeit für die Leute, die sich in der Luft- und Raumfahrtindustrie auskannten. Die US-Regierung hatte dem einseitigen Austausch von Technologien zwischen den beiden Ländern ihren Segen gegeben, und jeder, der dieses Abkommen finden wollte, konnte das ohne viel Aufwand tun. Trotzdem wurden die Leute misstrauisch. Während eines Meetings in Texas fragte zum Beispiel sogar ein Angestellter von Firefly Poljakow vor versammelter Mannschaft, wie man denn sicherstellen könne, dass er nicht heimlich in Texas entwickelte technische Innovationen in die Ukraine zurückschmuggelte.

Poljakow zufolge waren es diese beiden Artikel, die mit dafür verantwortlich waren, dass alle Versuche, für Firefly weitere finanzielle Unterstützung von außen zu sichern, platzten. Langwierige Verhandlungen fanden statt, ein Vertrag war nahezu reif für die Unterzeichnung, und dann sagten die Partner in letzter Minute wieder ab, weil sie den Artikel auf Snopes gelesen hatten oder weil sie plötzlich der Meinung waren, Poljakow sei ein Doppelagent für die Ukraine oder für Russland.

Ich verstand nicht, worüber sich alle so aufregten. Es kam mir merkwürdig vor, dass Wall-Street-Investoren plötzlich Mitleid mit Männern hatten, die im Internet Pornoseiten abonnierten. Ganz ehrlich: Wenn man sich für eine Website interessiert, die »BöseMami.com« heißt, braucht man sich nicht zu wundern, wenn man von irgendjemandem übers Ohr gehauen wird. Man könnte genauso gut kritisieren, dass Jeff Bezos sich erst einmal dafür rechtfertigen müsste, wie er seine Mitarbeiter bei Amazon behandelt, und Musk macht sowieso immer fragwürdige Musk-Sachen. Eine moralische Grenze zu setzen für Weltraumtycoons – das war neu.

Darüber hinaus hätte Poljakows Engagement in der Ukraine wirklich ein riesiger Gewinn für die USA sein können. Es gab kaum Zweifel, dass die ukrainische Technologie inzwischen ihren Weg gefunden hatte zu einigen der größten Feinde der USA. Niemand außer Poljakow schien ein Interesse daran zu haben, die Sicherheitslücken in der Ukraine zu stopfen, indem man in die Raumfahrtindustrie des Landes investierte. Inzwischen gab es da diesen Typen, der mit seiner netten, mustergültigen Familie im Silicon Valley lebte und der gerade 200 Millionen Dollar für ein Raketenunternehmen gezahlt hatte und der willens war, sich um das Problem zu kümmern. Für mich sah das tausendfach besser aus als die Alternative.

Die gescheiterten Verhandlungen machten Poljakow richtig wütend. In jedem anderen Land würde man ihn als Wirtschaftshelden und Tech-Celebrity feiern. Aber in den USA war er ein Objekt des Misstrauens und war nicht willkommen. Er war bereit, seinen ganzen Ärger auf den Tisch zu bringen, und das tat er dann auch.

POLJAKOW: Hier sickert jede Menge nach China und in andere nicht so prickelnde Länder durch, und keine andere Firma wird jemals etwas dagegen tun. Ich bin die letzte Hoffnung, wenn es darum geht, das geistige Eigentum der Sowjets in die USA zu bringen, wo wir es zu etwas Gutem einsetzen können. Selbst Elon Musk ist im Vergleich zu mir ein Weichei. Das ist doch alles nur patriotische Scheiße!

Hier geht es nicht mehr um die Sowjets gegen die Amerikaner. Es geht um Menschen, die ihr Leben dem Wissen gewidmet haben. Es geht um die Noosphäre. Es geht um Wissen. Sie alle sollten Respekt vor Wissen haben.

Ich bin mit meinen Überzeugungen am Ende. Die Leute denken, ich wäre ein Spion oder so. Das ist sehr schmerzhaft. Ich bin vor acht Jahren mit meiner Familie in die USA gekommen, um ihnen den amerikanischen Blick auf die Welt zu zeigen und das amerikanische Leben. Ich zahle meine Steuern an den IRS.

Amerika hat seine wahre Größe verloren. Wir sind alle Immigranten. Neulich habe ich mit meinem Vater was getrunken, und er hat gesagt: »Was hast du denn erwartet? Du hast zwei oder drei Generationen von Durchschnittsamerikanern übersprungen. Du bist im Raketengeschäft. Sie verstehen dich nicht, sie hassen dich, und sie werden versuchen, das alles zu zerstören.« Ich bin so etwas wie eine Anomalie, leider. Irgendwann kommt der Punkt, da sage ich: »Scheiß drauf. Selbst meine Leidenschaft hat ihre Grenzen.«

KAPITEL 33

ZAPPENDUSTER

Am 4. Dezember 2020 rief Poljakow mich an und ergoss einen Schwall erschütternd schlechter Nachrichten über mich. Die US-Regierung, so erzählte er, weigere sich, Firefly eine Starterlaubnis für die Rakete auszustellen, solange er nicht die Firma aufgeben und den Großteil seiner Aktien an einen akzeptableren Investor verkaufen würde. Die Regierung habe bereits verlangt, dass er vom Firefly-Vorstand zurücktrete, und es gebe mehrere Behörden, die Druck auf ihn ausübten und die Möglichkeit erwähnt hatten, Nachforschungen über seine Unternehmen anzustellen oder ihm zumindest ganz grundsätzlich unangenehm auf die Pelle zu rücken.

Als all dies passierte, war Poljakow gerade von einem Besuch bei der Vandenberg Base zurückgekehrt. Er hatte das Gefühl, dass die Tatsache, dass die Rakete von Firefly nun endlich am Startgelände angekommen war, diese plötzlichen Maßnahmen gegen ihn ausgelöst hatte. Bislang hatte kaum jemand daran geglaubt, dass sie es überhaupt so weit schaffen würden. Sie hatten es gerne zugelassen, dass der Ukrainer für die Experimente bezahlte, aber jetzt, wo es fast so weit war und der Start der Rakete kurz bevorstand, sei es wohl Zeit, einzuschreiten und die Kontrolle zu übernehmen. Vielleicht hatte jemand, der wohl hoch oben in der Bürokratie der Regierung sitzen musste, das angeregt. Vielleicht hatten Boeing oder Lockheed Martin oder Northrop Grumman interveniert und hatten den einen oder anderen Gefallen eingefordert, weil sie nicht noch mehr Verluste schreiben wollten angesichts eines weiteren Start-ups im Stile von SpaceX. So oder so: Poljakow war am Arsch. Bevor die Rakete starten konnte, musste er die Macht über das Unternehmen abgeben und seine Anteile verkaufen.

Auf der Vandenberg Base hatte man Poljakows Tagesbesucherpass auf den Status »Escort only« reduziert. Das bedeutete, dass er sich nicht mehr frei bewegen konnte. Jemand musste ihn auf Schritt und Tritt begleiten, wenn er sich die Rakete, die er gebaut hatte, genauer ansehen wollte. Er durfte auch nicht mehr einfach mit irgendjemandem aus dem für die Technik zuständigen Team sprechen, das die Rakete wartete. »Ich kann noch nicht einmal ohne Begleitung zur Toilette gehen«, erzählte er.

Der Startschuss für diese neuen Maßnahmen bestand Poljakow zufolge aus einer Reihe von Briefen, die er erhalten hatte: vom Finanzministerium, von der Air Force und der NASA, um nur einige zu nennen, in denen er aufgefordert wurde, die technische Kontrolle über die Firma aufzugeben. In den Briefen stand, dass er fortan keine strategischen oder führungsrelevanten Entscheidungen betreffend Firefly mehr fällen dürfe. Markusic sei von nun an das einzige Mitglied des Vorstands, bis ein paar verlässliche Amerikaner gefunden worden seien, die mit einsteigen würden. Zudem sollten die Fabriken von Firefly in der Ukraine geschlossen werden. Wutschnaubend zog Poljakow vom Leder.

POLJAKOW: Alles dreht sich nur um: »Werdet endlich verdammt noch mal diesen Max los.« Die Entscheidung war unmissverständlich: Ich sollte alles aufgeben, mich im Grunde genommen opfern und die Firma verlassen. Und die Seele, die ukrainische Leidenschaft oder die sowjetische Leidenschaft, wird auf brutalste Weise vernichtet. Amerika will nicht dafür verantwortlich sein, dass Max richtig viel Geld verdient.

So läuft das nun einmal in den USA. Wenn man auf so hohem Niveau Zugriff hat auf strategisch wichtige Güter und ein gewisses Erfolgslevel erreicht, dann versuchen sie, es dir wegzunehmen. Es ist eine Mischung aus der Politik der Regierung, rivalisierenden Firmen, die schlecht über dich reden, und Nachrichtendiensten. Sie wollen wissen, wer dieser Ukrainer ist, der in die USA kommt und der 200 Millionen Dollar investiert. Ihrer Meinung nach ist das so: Der ist Ukrainer, der kommt aus der Internetbranche, er ist hier, weil er Raketen fliegen lassen will. Wer zur Hölle ist dieser Typ, warum haben ihn russische Geheimagenten noch nicht zur Seite geschafft? Es ist doch offensichtlich, dass er was mit zwielichtigen Firmen und Organisationen zu tun haben muss. Klar. Und dann ist da noch seine zweite Hand, dieser Typ aus Belarus. In Belarus hängen alle am Rockzipfel Russlands.

All die Angebote, die ich jetzt gerade für meine Aktienanteile bekomme, liegen sogar niedriger als das, was ich investiert habe. Vielleicht werde ich in zwei oder drei Wochen meine Anteile für 80 Cent pro Dollar verkaufen. Vielleicht werde ich das tun, einfach nur, um noch mehr Ärger zu vermeiden.

Tom ist das alles egal. Er hat genau das Gleiche schon einmal getan.

Sie werden mich natürlich dazu bringen zu verkaufen, aus einem einfachen Grund: Niemand wird mehr Geld investieren, solange ich davon profitiere. Man hat mir schon mitgeteilt, dass ich maximal 20 Prozent von Firefly behalten darf, wenn ich Glück habe. Im Moment besitze ich 85 Prozent.

Du willst, dass ich das so mache wie in *The Wolf of Wall Street*, stimmt's? Er bekommt von der Regierung ein Angebot, und dann geht er hin und sagt ihnen: »Fuck you!« Aber du weißt auch, wie es mit ihm endete, oder? Willst du, dass ich das auch so mache? Aber diesmal wird es noch brutaler sein.

Also, meine Familie und ich, wir fliegen am 20. Dezember nach Edinburgh. Das ist jetzt alles geregelt. Der Flieger ist gebucht. Wir holen uns am 21. Dezember in Edinburgh einen Weihnachtsbaum. Meine Kinder, meine Frau, meine Katze. Wir nehmen einen Privatjet von Global Express. Ohne Rückflug. Punkt.

Es war schon immer klar, dass es so enden würde. Das ist unser Fehler. Auch nur zu denken, dass man uns erlauben würde, dies zu tun, nur weil wir verdammt noch mal unser Vaterland lieben. Aber man hat uns einfach einen Strich durch die Rechnung gemacht. Wenn man kurz vor dem Raketenstart steht, kriegt man plötzlich innerhalb von zehn Tagen fünf Briefe. Bam! Bam! Bam!

Weißt du, was? Vielleicht gebe ich 90 Prozent meiner Anteile der University of Texas. Scheiß drauf. Die anderen zehn Prozent gehen an die Universität in Dnipro. Die Texaner werden ihre Position verteidigen. Mit denen wird sich niemand anlegen. Republikaner. Ted Cruz. All das. Ich würde es lieber so regeln, als dass irgendein Hedgefonds oder Risikokapitalanleger da rankommt. Lieber verschenke ich alles.

Man investiert 200 Millionen Dollar, widmet dem ganzen vier Jahre seines Lebens, bringt die Technologie hier rüber, riskiert, von den Russen ermordet zu werden. Man bekommt kein bisschen Unterstützung durch die US-Regierung. Man kriegt keine Aufträge von denen. Man hat mir gesagt, dass wir diese Verträge niemals bekommen werden, und zwar wegen mir. Man hat mich quasi aus den USA rausgeschmissen. Fick dich, Max! Geh woanders dein Leben leben.

Unsere Rakete ist flugbereit. Sie wird den Markt auf den Kopf stellen. Am Ende geht sie dann wahrscheinlich in den Besitz von so was wie der Northrop Grumman Corporation oder von irgendwelchen privaten Unternehmensbeteiligungen über. Sie werden einfach weiterhin unsere Starterlaubnis blockieren – bis ich weg bin. Sie lassen dich einfach hier sitzen und warten, und du blutest finanziell aus, bis kein Geld mehr da ist.

Wenn man erst einmal einen Erfolg vorzuweisen hat, können die anderen einem nicht so einfach widersprechen. Elon kennt das. Wenn die Rakete erst einmal an der Startrampe steht und startet, wird all der ganze andere Mist vergessen sein. Vor dem Start denken alle, das wäre ein Riesenfake, ein Betrug, um Geld zu waschen oder so. Aber wenn sie an der Rampe steht und startbereit ist, dann sind alle plötzlich ganz still. Deswegen versuchen sie, mich noch vor dem Start aus dem Weg zu räumen. Das ist ein glatter Schlag in die Fresse.

Mach dir keine Sorgen. Es ist für mich finanziell nicht das Ende. Ich werde nach Schottland ziehen, wir machen Business im Internet, Finanztechnologie, Werbetechnologie, noch mehr Gaming-Seiten, Wettspiele. Ich meine, was soll's, ich bin ein legaler Bürger Großbritanniens, verdammt noch mal.

Und tatsächlich zog Poljakow kurz darauf mit seiner Familie nach Schottland, wo er ein palastähnliches Landhaus kaufte. Beziehungsweise, er kaufte gleich zwei. Aber er hat nicht den Großteil seiner Anteile an Firefly an die University of Texas überschrieben. Das war eine etwas überdramatische Aussage gewesen, die von seiner Wut getriggert worden war. Ebenso wenig hat er seine Firefly-Anteile direkt verkauft. Er plante keinen Abgang wie in *Wolf of Wall Street*, einfach weil sein Kampfgeist gebrochen war, er wollte nicht mehr auf solch einem Niveau kämpfen. Aber er legte Wert auf einen würdigen Vertragsabschluss, vor allem, weil zu der Zeit gerade andere Tech-Unternehmen schwindelerregende Preise aufriefen.

Im Mai 2021 gab Firefly bekannt, dass das Unternehmen 75 Millionen Dollar von einer Investorengruppe bekommen hatte, der unter anderem Jed McCaleb angehörte, der zuvor mit Kryptowährung Milliarden verdient hatte. McCaleb wurde gleich zum Vorstandsmitglied ernannt. Es gab auch noch zwei weitere

Direktoren: Deborah Lee James und Robert Cardillo. James war vier Jahre lang administrative Leiterin bei der Air Force gewesen, und Cardillo war vormals Leiter der National Geospatial-Intelligence Agency, der US-Behörde für militärische, geheimdienstliche und kommerzielle kartografische Auswertungen und Aufklärung. An die Stelle des Ukrainers hatte man also eine Veteranin des Militärs und einen Top-Spion gesetzt. »Das ist eine rein geschäftspolitische Entscheidung«, betonte Markusic gegenüber Journalisten. »Da Firefly in Zukunft noch enger mit der US-Regierung zusammenarbeiten wird, haben Max und ich beschlossen, dass es das Beste sei, wenn die Führungsriege des Unternehmens aus US-Bürgern besteht. Max ist kein US-Bürger, aber ein sehr scharfsinniger Geschäftsmann.«

Poljakow wurde gezwungen, sich von gut der Hälfte seiner Anteile an Firefly zu trennen – er verkaufte sie für 100 Millionen Dollar an nicht genannte Investoren. Ihm wurde nicht erlaubt, mit irgendjemandem in dem Unternehmen, das er gerettet und wieder auf die Beine gestellt hatte, zu sprechen. In der Folge dieser neuen Abschlüsse hatte Firefly einen Marktwert von mehr als einer Milliarde Dollar.* Auf dem Papier hatte man Poljakow um mehrere Hundert Millionen Dollar gebracht, aber zumindest müssten jetzt und in Zukunft andere Menschen die laufenden Kosten für Firefly übernehmen.

Zur Belohnung gab die NASA Firefly sogar noch einen weiteren Auftrag, der gut 93 Millionen Dollar wert war. Sie sollten ein Mondlandegerät entwickeln, mit dem im Jahr 2023 auf dem Mond wissenschaftliche Experimente durchgeführt werden sollen. Der einzige Grund dafür, dass ein solcher Vertrag überhaupt jemals zustande kommen konnte, ist der, dass Poljakow schon vorher die Rechte an dem israelischen Beresheet-Landefahrzeug erstanden hatte, das 2019 in den Mond gekracht war. Die NASA hatte diese israelische Technologie als wertlos erachtet, als Poljakow noch bei Firefly aktiv war, doch nun bauten sie auf seine Bereitwilligkeit und seinen Geschäftssinn beim Verkauf der Rechte an dem Landefahrzeug. Markusic veränderte die Geschichte und erzählte der Presse, man werde bei Firefly einen völlig neuen Lunar Lander bauen, der sich nur ganz vage am Beresheet orientiere. »Dies ist zu 100 Prozent amerikanische Technologie«, behauptete er.

Etwa zur gleichen Zeit befand sich ein weiteres Weltraum-Start-up in einer ganz ähnlichen Lage. Es hatte einen russischen Gründer, der ebenfalls die Kon-

---

* Markusic erzählte Reportern zudem, dass Firefly plane, bis zum Jahresende Hunderte Millionen Dollar an weiteren Investitionen zu generieren.

trolle über seine eigene Firma aufgeben musste und von waschechten Amerikanern ersetzt wurde. Ich schrieb eine Geschichte darüber, in der ich die zwei Vorgänge in einen Zusammenhang setzte und darauf hinwies, dass es den Anschein habe, als wolle die US-Regierung in der Raumfahrtindustrie aufräumen. Die bloße Tatsache, dass ich den Russen gemeinsam mit Poljakow in meinem Artikel erwähnte hatte, führte zum direkten Ende meiner Beziehungen zu Poljakow und Anisimow, mit dem ich inzwischen gut befreundet war, und so blieb es für eine ganze Weile. Poljakow hielt den Russen für einen Verbrecher und konnte nicht fassen, dass ich es gewagt hatte, ihre jeweilige Situation miteinander zu vergleichen. Er antwortete nicht mehr auf meine Textnachrichten und ging nicht ans Telefon.

Anfang Juni 2021 kam Poljakow für einen kurzen Besuch zurück in die USA. Die Trägerrakete von Firefly befand sich noch immer in der Vandenberg Base, ohne Launch. Sie war dort nun schon seit Monaten. Markusic meinte, die Verzögerung sei durch Corona verschuldet, das habe großes Chaos in die Lieferketten gebracht, und daher komme man an bestimmte Teile nicht mehr heran. Poljakow war das inzwischen nicht mehr wirklich wichtig. Er war vor allem ins Silicon Valley gekommen, um der Abschlussfeier seiner Tochter an der Highschool beizuwohnen und um sein Haus zu verkaufen. Die Veröffentlichung meiner Geschichte war nun schon einige Monate her, und schließlich willigte er zögerlich ein, mich zu treffen.

Als ich an einem Dienstag gegen 14 Uhr in sein Büro kam, wies Poljakow mir einen Stuhl und begann sogleich, all die Situationen aufzuzählen, bei denen ich ihm in den vergangenen Monaten geschadet hätte. Meine Artikel erweckten den Anschein, als trinke er zu viel Alkohol. Er merkte an, dass die amerikanische Öffentlichkeit offensichtlich kein Vertrauen hatte in Menschen, die zu viel tranken. Zudem hätte ich zu dem Narrativ beigetragen, dass er ein dubioser Ausländer mit dubiosen Dating-Websites sei, und ich hätte bei anderen den Eindruck vermittelt, dass er verschroben sei. All das warf Poljakow mir vor, während er uns beiden eine Runde Scotch eingoss – in Metallbechern, die die Form von umgedrehten Hirschköpfen hatten.

Obwohl er sich ausgiebig über meine vermeintlichen Schwächen ausließ, richtete sich der Großteil seiner Tirade gegen den Rest der Welt. Seine Familie war bereits vor ihm in einem Privatjet eingereist, und sie waren lange an der Zollkontrolle festgehalten und befragt worden. Die Grenzbeamten hätten nicht nachgelassen, bis sein 14-jähriger Sohn verkündet habe, wie glücklich er über seine Greencard sei, weil diese es ihm ermöglichen würde, eines Tages am MIT zu studieren. Poljakow zufolge hatte dieser kurze Ausbruch von US-Patriotismus und Ehrgeiz, gepaart mit dem Privatjet, die Beamten dann doch davon überzeugt, dass diese Familie nicht in die USA zurückgekehrt war, um als Schmarotzer auf Kosten des Staates zu leben. Poljakow selbst hatte kein solches Glück gehabt, als er vier Tage später einreiste. Die Zollbeamten hielten ihn etwa zwei Stunden lang fest und bombardierten ihn mit Fragen darüber, warum er in das Land zurückgekehrt sei.

Poljakow meinte, dass er nun in gewisser Weise seinen Frieden geschlossen habe mit dem, was aus Firefly geworden sei. Die US-Regierung hatte ihn zwar gezwungen, einen großen Teil des Unternehmens zu verkaufen, aber er besaß nach wie vor gut 50 Prozent, und er ging davon aus, dass diese Anteile mindestens eine Milliarde Dollar wert wären, sobald die Firma einen erfolgreichen Raketenstart vorzuweisen hätte. Früher oder später würde er den Rest seiner Anteile auch verkaufen und sein Vermögen mehren. Darüber hinaus hatten seine Gaming-Firmen während der Pandemie sehr stark profitiert. Er gehe davon aus, bald ein oder zwei dieser Firmen zu verkaufen, womit er weitere ein bis zwei Milliarden Dollar lockermachen würde. In Schottland besaß er mehrere Hektar Land mit vielen Tieren und drei Seen. Außerdem wolle er jetzt endlich mal eine Whisky-Brennerei kaufen. Es sei gut, Max zu sein.

Aber er blieb nicht lange friedlich. Poljakow machte eine Kehrtwende und begann, all die zweifelhaften Investitionen aufzuzählen, in die seine Mitbewerber verwickelt waren. Andere US-amerikanische Raketen- und Satellitenbauer hatten Geld von chinesischen und russischen Investoren bekommen. In manchen Fällen hätten sie die Quelle des Geldes unkenntlich gemacht, damit das Ganze besser aussieht. Es erschien Poljakow äußerst unfair, dass andere Unternehmen machen konnten, was sie wollten, wohingegen sein guter Name durch den Dreck gezogen worden sei. Was das betraf, hatte er recht. Die Menschen in der Weltraumindustrie sind nahezu zu allem bereit, wenn das bedeutet, dass sie weitermachen können. In den Boomjahren 2020 und 2021 war plötzlich jede Menge Geld verfügbar, und es hatte den Anschein, als würde die US-Regierung gezielt wegsehen, wann immer es ihren Interessen diente.

In einem besonders leidenschaftlichen Moment sagte mir Poljakow, er habe soeben ein Telefongespräch mit einem der führenden Köpfe an der University of

Texas beendet. Ursprünglich habe es einen Plan gegeben, demzufolge er weiterhin Millionen Dollar für einen Ausbau der Fakultät für Ingenieurwissenschaften gespendet hätte, denn Poljakow fand es wichtig, Ingenieure zu unterstützen. Doch nun habe er es satt. Das Institut könne sich nun gerne einen anderen Sponsor suchen. Ach ja, und Markusic, der könne ihn mal. Tom habe Max ins Gesicht gesagt, dass er ihn für einen russischen Spion und einen Pornokönig halte. Poljakow fand, Markusic sei ein undankbares Stück Scheiße, das erst eine Riege von Investoren um ihr Geld gebracht habe, dann ihn selbst und das trotzdem nach all den Jahren noch keine Rakete habe starten können. Markusic kümmert sich um niemanden außer um Markusic, schloss Poljakow.

Gegen Ende unseres Gesprächs forderte Poljakow mich auf, ihn nicht noch einmal zu enttäuschen. Er machte Scherze darüber, dass er Leute in seiner Truppe habe, die sich mit Deepfake wirklich gut auskennen, und dass dann gefälschte Videos im Internet auftauchen könnten, die mich bei allen nur erdenklichen Dingen zeigen würden. Das war so ein typischer Moment mit Max, wo ich mir ziemlich sicher war, dass er so etwas niemals tun würde, aber ich war nicht 100 Prozent sicher. In Wahrheit genoss ich es, wenn Max Poljakow mit einer seiner Schimpftiraden loslegte. Und ein Teil von mir freute sich über den Gedanken, dass ich vielleicht einer der wenigen Menschen bin, die wirklich wissen, wie er tickt. Er ist eben ein wahrer Geheimniskrämer.

Als der vierte Scotch in die Gläser geschüttet wurde, kam der Max zum Vorschein, den ich für den wirklich authentischen Max halte, auch wenn das nicht lange währte. Er wetterte gerade wieder darüber, wie undankbar die USA seien. Endlich war es dem Land gelungen, seine Leidenschaft abzutöten. »Es ist traurig«, sagte er. »Es sollte nicht so ein Ende nehmen.« Er hatte Tränen in den Augen. Dann versuchte er, die Stimmung wieder aufzuheitern, und schlug vor, auf das Wohl von »Uncle Sam« zu trinken.

Da er nun anfangen würde, sein Büro auszuräumen, bestand er darauf, dass ich etwas zur Erinnerung mitnehmen solle – ein Abschiedsgeschenk, denn dies werde unser letztes Treffen in diesem Land sein. Er stand von seinem Schreibtischstuhl auf und fing an, durch die verschiedenen Räume zu laufen, vorbei an all den Science-Fiction-Kunstwerken, den Raumfahrtartefakten, den religiösen Objekten. Ich wartete derweil im Empfangsbereich auf ihn; nach ein paar Minuten kehrte er zurück mit der Skulptur eines Wikingers. »Du bist doch Finne, oder?«, fragte er. »Nein«, antwortete ich. »Du bist Finne oder Skandinavier«, beharrte er. »Nein, eigentlich nicht«, sagte ich. Poljakow blickte mich an, er wirkte frustriert. »Doch, bin ich«, antwortete ich schnell.

Die Skulptur zeigte einen Wikinger, der in einer Hand ein langes Tierhorn hält, dessen Öffnung etwas über der anderen Hand des Mannes schwebt. Die Geste soll verdeutlichen, dass der Wikinger sein Gefäß ausgetrunken hat und seine Gefährten nicht betrogen hat, indem er nur so getan hat, als würde er sein Horn leeren. Max erklärte, dass er genau wie dieser Wikinger sei: ein Krieger, ja, aber einer, dem man trauen könne.

Es dauerte schließlich bis zum September 2021 – dann erst konnte Firefly die erste Rakete starten. Mehr als ein Jahr war vergangen, seit wir nach Texas gereist waren und die Grillparty mit dem Schwein hatten sausen lassen. Für einen ersten Versuch lief der Start erstaunlich gut. Die Rakete hob fast punktgenau ab und flog etwa zweieinhalb Minuten lang. Unterwegs versagte eines der vier Triebwerke, und so hatte die Rakete nicht genug Druck, um es bis in die Umlaufbahn zu schaffen, aber das war kein Grund zur Sorge. Im Reich der Raketen galt dies schon als Erfolg.

Poljakow war nach Vandenberg geflogen, um beim Start live dabei zu sein. Er musste mit dem Rest der ganz normalen Zuschauer in den Rängen stehen. Während die meisten Leute den Start ausgiebig feierten, wurde Poljakow nur noch aufsässiger. Er drohte damit, die Technologie für das Mondlandefahrzeug wieder zurückzuholen, was einen herben Rückschlag bedeuten würde für die Hoffnungen der USA, wieder auf den Mond zurückzukehren. Die Leidenschaft war wie weggeblasen. Das Weltall sei nun nichts mehr als ein Mittel für alle anderen, sehr viel Geld zu verdienen. Er würde sich an Tom und den USA rächen und jemand anderem seine Turbopumpe anbieten. »Wenn die diese Rakete zwei oder drei Jahre früher gestartet hätten, hätten wir die Mitbewerber auslöschen können«, mutmaßte er. »Jetzt werde ich all mein Geld ausgeben und mit 50 glücklich sterben.«

EPILOG

Mitte des Jahres 2022 besuchte ich ein Unternehmen namens LeoLabs im Silicon Valley. Es hatte mehr als 100 Millionen Dollar aufgebracht, um ein Netz aus Radarstationen aufzubauen, das sich über die ganze Welt erstreckte. Von diesem Netzwerk aus sollte in den Weltraum geblickt werden, um jedes Objekt im erdnahen Orbit nachzuverfolgen, darunter Satelliten, ausgebrannte Raketen und Trümmer, die infolge von Kollisionen und Explosionen zurückgeblieben waren. Große Objekte ließen sich ohnehin leicht ausmachen, aber die Technologie von LeoLabs war so gut, dass sie auch Objekte von nur wenigen Zentimetern Größe erkennen konnte.

In der Vergangenheit haben Regierungen und Militärs das Geschehen in der erdnahen Umlaufbahn überwacht. Sie wollten wissen, was ihre Verbündeten und Feinde im Weltraum im Schilde führten, und natürlich wollten sie sicherstellen, dass ihre Raketen und Satelliten dort unterwegs waren, wo sie nicht mit anderen Raumfahrzeugen kollidieren konnten. Die Vereinigten Staaten hatten für diese Art von Aufgaben eigene Radarsysteme entwickelt und teilten die erhobenen Daten oft bereitwillig. Im Jahr 2022 schafften ihre Systeme es jedoch nicht mehr, alle in den Weltraum beförderten Objekte nachzuverfolgen.

Das 2015 gegründete Unternehmen LeoLabs hatte darauf gesetzt, dass für den erdnahen Orbit langfristig ein gewisses unternehmerisches Management notwendig sein würde, um katastrophale Zustände zu vermeiden. Die ersten vier Radarstationen hatte man in Texas, Costa Rica, Neuseeland und Alaska errichtet. Allein mit ihnen ließen sich bereits Hunderttausende von Objekten identifizieren, die die Erde umkreisen. Man konnte Satellitenbahnen nachvollziehen und prognostizieren, konnte bestimmen, wann und mit welcher Wahrscheinlichkeit sie miteinander oder mit noch im Weltraum befindlichen ausgebrannten

Raketen zusammenstoßen würden. In den Folgejahren würde das Unternehmen immer weitere Radarstationen errichten, um das Gesamtgeschehen weltweit und zu jeder Zeit überwachen zu können.

Die Bilder, die das Ortungssystem und die Software von LeoLabs lieferten, gaben verblüffende Einblicke. Man konnte Tausende von SpaceX betriebene Starlink-Satelliten erkennen, die in einem mathematischen Gittermuster rund um den Erdball platziert worden waren. Auch Hunderte weitere Satelliten von OneWeb und Planet Labs waren in diese Matrix eingebettet. Zudem ließen sich ganze Weltraumschrottfelder erkennen, die sich rund um unseren Planeten erstreckten. Der beachtlichste Trümmerregen der jüngeren Vergangenheit hatte sich 2021 ereignet, als Russland einen seiner eigenen Satelliten mit einer Rakete abschoss, um anderen Ländern zu verdeutlichen, dass man über die Möglichkeiten verfügt, auch andere Satelliten nach Belieben zu zerstören. Der Abschuss zerlegte den Satelliten in über 1500 Trümmerteile.

Um sicherzustellen, dass Satelliten nicht miteinander kollidieren, wird LeoLabs von Unternehmen wie SpaceX und Planet dafür bezahlt, diese Raumfahrzeuge im Weltraum ausfindig zu machen und ihre Bewegungen nachzuverfolgen. Wenn LeoLabs die Möglichkeit einer Kollision sieht, benachrichtigt es die Unternehmen, die dann Maßnahmen ergreifen, indem sie die Antriebssysteme der firmeneigenen Objekte nutzen, um deren Umlaufbahn geringfügig zu verändern. Es befinden sich schlicht zu viele Satelliten und andere Objekte im Weltraum, als dass dies manuell erfolgen könnte. Im Jahr 2022 sendete LeoLabs unfassbare 400 Millionen Kollisionswarnungen pro Monat aus, auch mit kleinsten Partikeln. Die Computersysteme von SpaceX, Planet und anderen Unternehmen empfingen diese Warnungen und setzten diese in entsprechende Ausweichmanöver um. Hier auf der Erde gingen die meisten von uns ihrem Alltag nach, in seliger Unkenntnis über die Dinge, die sich über uns abspielen.

»Die erdnahe Umlaufbahn wird heute im Grunde genommen nicht ausreichend verwaltet«, stellt Dan Ceperley fest, der CEO von LeoLabs. »Bevor ein Satellit entsendet wird, muss ein Betriebsablauf eingerecht werden, aus dem hervorgeht, dass Maßnahmen zur Kollisionsvermeidung getroffen wurden. Außerdem muss man eine Lizenz für die Kommunikation mit den Bodenstationen erhalten. Aber sobald man diese Unterlagen eingereicht hat und der Plan genehmigt wurde, kann man loslegen. Man kann seinen Satelliten ins All schicken, und der Sache wird nicht weiter nachgegangen. Das ist eigentlich ziemlich verrückt, denn diese Satelliten bleiben teilweise für Jahrzehnte dort oben und gelangen in alle möglichen Umlaufbahnen. Das ist einfach alles unorganisiert. Ich glaube aber, dass wir mit ein wenig mehr Organisation noch viele weitere Satelliten in den Weltraum schicken können.«

Die Geschichte von LeoLabs ist im Grunde genommen das Paradebeispiel des neu entfachten Wettlaufs ins Weltall. Wir sind an einem Punkt angelangt, an dem ein fünfzigköpfiges Start-up-Unternehmen das Luftverkehrskontrollsystem für den erdnahen Orbit übernommen hat. Es ist beruhigend, dass es ein Unternehmen gibt, das diese Art von Arbeit leistet, aber gleichzeitig beunruhigt es auch, dass eine solche Aufgabe vom kommerziellen Sektor übernommen wurde. Ich vermute, dass die kommerzielle Raumfahrt noch eine ganze Weile in diesem Zustand verharren wird – ein Zustand, der sich irgendwo zwischen aufregend und beängstigend bewegt.

Es ist klar, dass SpaceX heute die dominierende Präsenz in der kommerziellen Raumfahrtindustrie ist. Das Unternehmen verfügt über die beeindruckendste Raketenflotte überhaupt und baut und entsendet mehr Satelliten als jedes andere Unternehmen oder Land. Elon Musk mag auf den Mars fixiert sein, aber er hat auch fleißig daran gearbeitet, die Wirtschaftlichkeit der erdnahen Umlaufbahn unter Beweis zu stellen. Mit dem Start der Falcon 1 hat SpaceX diese Mission begonnen, und das Unternehmen hat sich nie auf seinen Lorbeeren ausgeruht.

Die Zukunft der übrigen Akteure wird von ihrer Wettbewerbsfähigkeit und von der Entwicklung der kommerziellen Raumfahrt selbst abhängen. Milliarden und Abermilliarden von Dollar wurden in Hunderte von Raumfahrt-Start-ups gepumpt. Planet hat ein Dutzend Konkurrenten. Rocket Lab, Astra und Firefly haben zwei weitere Dutzend. Die orgiastische SPAC-Blase an der Technologiebörse Nasdaq hat das zunehmende Investoreninteresse an der kommerziellen Raumfahrt noch befeuert. Doch seit sich die Konjunktur Anfang 2022 weltweit abgeschwächt hat und die Finanzmärkte auf schmerzhafte Weise in die Realität zurückgeholt wurden, ist das Geld wieder knapp geworden. In diesem Umfeld geringer Risikotoleranz sahen sich auch die hochgradig spekulativ arbeitenden Raketen- und Satellitenunternehmen einem höheren Leistungsdruck ausgesetzt.

Es ist eine heikle Angelegenheit, ein Buch wie das hier vorliegende zu schreiben. Ich habe Ihnen damit einen tiefen Einblick ermöglicht, was es bedeutet, ein völlig neues Spielfeld für den Kapitalismus zu schaffen. Eine Geschichte, die ich nahezu in Echtzeit nachverfolgt habe. Es besteht aber durchaus die Möglichkeit, dass eines oder mehrere der auf diesen Seiten vorgestellten Unternehmen nicht mehr existieren werden, wenn Sie dieses Werk lesen oder darüber etwas hören.

Für mich steht jedoch fest, dass dieser neue Wirtschaftszweig in irgendeiner Form weiter ausgebaut und eine wichtige Rolle in unser aller Leben spielen wird. Das satellitengestützte Internet, die bildgebenden Technologien und die Wissenschaft, die aus den Aktivitäten im Orbit resultieren, werden die Grundlage für eine neue Computerinfrastruktur bilden. Und wir müssen davon ausgehen, wie bereits erwähnt, dass weitere Auswirkungen folgen werden – Auswirkungen, die wir bisher weder in Worte fassen noch ausloten können.

Das Ganze ist quasi ein Risikospiel, und die damit zusammenhängenden Annahmen werden von vielen noch infrage gestellt. Diese Leute sind eher davon überzeugt, dass die kommerzielle Raumfahrtblase schließlich platzen wird, ohne dass die ganze Aufregung sich gelohnt hat. Aber auch wenn es auf dem Weg dorthin einige schmerzhafte Momente geben wird, bin ich zuversichtlich, dass das nächste Kapitel unserer technologischen Entwicklung fortgeschrieben und zu tiefgreifenden Veränderungen in der Funktionsweise unserer Welt führen wird. Das liegt in der Natur der Technik und des menschlichen Geistes, wenn ihm neue Spielwiesen geboten werden. Wie steht es so schön am Anfang meines Prologs in dem Zitat aus *Miracleman*: »Schaut hinauf: Wir haben die Gesetze der Schwerkraft aufgehoben, das Dach der Welt niedergerissen, das so tief hing.«

Und nun zurück zu unseren Hauptfiguren.

Wie Sie vielleicht schon vermutet haben, lief es für Max Poljakow nicht sonderlich gut. Nicht lange nach dem ersten Start von Firefly wurde er von der US-Regierung mit Schreiben überhäuft, in denen man ihn mehr oder weniger beschuldigte, im Auftrag Russlands zu arbeiten oder dass es zumindest eines Tages dazu kommen würde. Die US-Behörden argumentierten, dass Poljakow beschließen könnte, amerikanische Luft- und Raumfahrttechnologie an Russland weiterzugeben, und dass er deswegen eine ernsthafte Bedrohung für die nationale Sicherheit der USA darstelle. »Was die nationale Sicherheit jenseits der Geheimhaltungsebene betrifft, so beziehen sich die Bedenken auf den Einfluss Poljakows auf das Unternehmen Firefly Aerospace, auf die potenzielle Weitergabe an Russland von geschütztem, nicht öffentlichem geistigem Eigentum sowie

EPILOG

von technischen Informationen im Zusammenhang mit sensiblen Kundendaten der US-Regierung«, schrieb die Regierung gemäß mir in Kopie vorliegender Dokumente.

Die Bedenken der US-Regierung enthielten kaum konkrete Angaben. Tatsächlich gab es keine spezifischen Vorwürfe gegen Poljakow. Die Dating-Websites oder vermeintlich ruchlose Geschäftsbeziehungen wurden nicht erwähnt. Die Regierung verwies einfach seitenlang darauf, dass Russland ein Gegner der USA im Weltraum sei, dass Poljakow aus der Ukraine stamme und dass Russland und die Ukraine früher gemeinsam Raumfahrzeuge gebaut hätten. Obwohl es keine stichhaltigen Hinweise gab, weshalb Poljakow, der Russland verachtete, dem Land hätte helfen sollen, verlangte die amerikanische Regierung, dass er seine *sämtlichen* Firefly-Aktien schnellstmöglich verkaufen solle.

Um zu beweisen, dass man es ernst meinte, hinderte die Regierung Firefly daran, seine nächste Rakete zu starten. Sie schnitt das Unternehmen von der Vandenberg Space Force Base[*] ab und verhinderte, dass Firefly die für den Start erforderlichen Lizenzen bekam. Außerdem wurde einigen von Poljakows anderen Unternehmen die Möglichkeit genommen, Finanztransaktionen durchzuführen, indem sie auf eine schwarze Liste der US-Regierung gesetzt wurden.

Eines Abends veröffentlichte ein wütender Poljakow einen Beitrag in den sozialen Medien, in dem er ankündigte, alle seine Anteile an Firefly für einen Dollar an Tom Markusic zu verkaufen. In dem Beitrag beschuldigte er zwei Dutzend Bundesbehörden, ihn hintergangen zu haben. »Ich hoffe, Sie sind jetzt zufrieden«, schrieb er. »Das Urteil über Sie alle wird die Geschichte fällen.«

Den Ein-Dollar-Verkauf hat er dann nicht wirklich durchgeführt, aber er hat sich von seinen Firefly-Aktien getrennt. Am 24. Februar 2022 gab er bekannt, dass eine Private-Equity-Firma ihn für eine nicht näher bezifferte Summe freigekauft habe. In den Wochen vor dem Verkauf hatte er sich bei mir beschwert, dass die Regierung ihn in eine unmögliche Lage gebracht habe. Poljakow musste schnell verkaufen und einen Deal abschließen, denn auf ihm lastete im wahrsten Sinne des Wortes der gesamte Druck der US-Regierung. Nur sehr wenige Leute wollten sich auf dieses Geschäft einlassen. Poljakow mochte vielleicht seine Investition zurückerhalten und ein kleines Plus gemacht haben, aber auch nicht

---

[*] 2021 wurde die Vandenberg Air Force Base in Vandenberg Space Force Base umbenannt.

viel mehr als das. Mit Sicherheit aber hat er an dem Deal nicht das verdient, was Firefly tatsächlich wert war.

War Poljakow ein russischer Agent? Ich wäre entsetzt, wenn dies tatsächlich der Fall wäre, und die Regierung hat es zweifellos versäumt, ihre Behauptungen auch nur annähernd mit Beweisen zu untermauern.

Ich vermute, dass die Konkurrenten und Kritiker des Unternehmens beschlossen haben, aktiv zu werden, als deutlich wurde, dass Firefly eine echte Konkurrenz darstellt. Lobbyisten wurden eingeschaltet. Eine Hand wusch die andere. Poljakow war ein Ziel, das man leicht ausschalten konnte.

Als die Nachricht von Poljakows Verkauf an die Presse ging, hatte Wladimir Putin gerade seinen Angriff auf die Ukraine begonnen. Gleich am ersten Tag des Krieges warfen die Russen eine Bombe in der Nähe der Raketenfabrik in Dnipro ab. In den folgenden Tagen gaben meine ehemaligen Guides ihre Jobs in der Öffentlichkeitsarbeit auf, um stattdessen Molotow-Cocktails herzustellen und das Schießen mit Maschinengewehren zu lernen. Ukrainische Scharfschützen bezogen ihre Posten auf dem Dach von Poljakows Büro. Ingenieure, die zuvor für Firefly gearbeitet hatten, traten nun entweder in die Armee ein oder flohen aus dem Land. Jegliche Hoffnung auf eine Wiederbelebung der ukrainischen Luft- und Raumfahrtindustrie war im Begriff, ausgelöscht zu werden – gemeinsam mit einem Großteil des Landes. »Fucking fuck!!!!«, schrieb mir Max. »Russische Motherfucker!«

Das Einzige, was Poljakow in dieser Zeit etwas Trost spendete, war, dass genau die Leute, die seine Anteile an Firefly erworben hatten, Tom Markusic bald darauf als CEO absetzten.* Die professionellen Investoren zeigten für Verzögerungen und Kostenüberschreitungen weniger Verständnis als der ukrainische Raumfahrtfanatiker. Firefly würde seine Arbeit ohne das ungleiche Paar fortsetzen.

Im Oktober 2022 unternahm Firefly seinen zweiten Versuch eines Raketenstarts, der ein großer Erfolg war. Die Rakete erreichte die Umlaufbahn und setzte einige Satelliten ab. Der Start, den Poljakow aus der Ferne über das Internet verfolgte, brachte dem Unternehmen Milliarden von Dollar ein. Firefly hatte die Umlaufbahn dank Poljakows Risikobereitschaft, dank seiner Investitionen und Führungsqualitäten mit unglaublicher Geschwindigkeit erreicht, aber

---

* Markusic blieb allerdings im Vorstand des Unternehmens und arbeitete dort weiter als leitender technischer Berater.

EPILOG

der neue CEO, von den Investoren gerade erst eingesetzt, heimste dafür die Lorbeeren ein.

Zu diesem Zeitpunkt hatte Poljakow längst andere Sorgen.

Von dem Moment an, als die Ukraine angegriffen wurde, war er aktiv geworden. Er setzte alles daran, möglichst viele Satellitenbilder zu beschaffen und sie dem ukrainischen Militär zukommen zu lassen. Poljakow bezahlte einen Großteil der Bilder selbst, und seine Ingenieure analysierten sie für die Armee und informierten diese über russische Truppenbewegungen und andere Aktivitäten. Ukrainische Militärs glauben, dass Poljakows schnelles Handeln eine wichtige Rolle bei der Beendigung der frühen Belagerung von Kiew sowie bei der Unterstützung des überraschend starken Widerstands der Ukraine gegen die Russen gespielt hat. Poljakow erhielt eine Reihe von Auszeichnungen und Belobigungen aus den höchsten Rängen der ukrainischen Regierung. Er hat die kommerzielle Raumfahrttechnologie genutzt, um das russische Militär zu überrumpeln und zu schwächen. Eine Weltraum-Supermacht hat sich von Start-ups und schnellem Denken demütigen lassen.

Doch noch bevor Poljakow auf der Bildfläche erschien, war der massive Einfluss der Satellitenbilder bereits zu spüren, denn einige der anderen Akteure dieses Buches wurden zu wichtigen Figuren auf der geopolitischen Bühne. In den Wochen vor dem Krieg hatte Russland geleugnet, dass es einen Einmarsch in die Ukraine plane. Die Propaganda und das politische Handeln der russischen Regierung hatten jedoch keine Chance gegen die Bilder, die täglich von Planet Labs produziert wurden. Die Welt konnte sehen, wie sich die russischen Streitkräfte an der ukrainischen Grenze sammelten. Wir alle wussten, was da auf uns zukommen würde.

Im weiteren Verlauf des Krieges waren die Bilder von Planet Labs ständig im Fernsehen, in Zeitungen und in den sozialen Medien zu sehen. Die Welt konnte zusehen, wie 40 Kilometer lange russische Konvois vor Kiew im Schlamm stecken blieben. Wir bekamen die Vorher-nachher-Bilder von zerstörten Krankenhäusern und Schulen zu sehen. Russland versuchte, eine andere Wahrheit über einige der Angriffe mit Bomben, Drohnen und Raketen zu erzählen, und behauptete, die Gebäude seien militärische Ziele gewesen. Aber die Bilder logen nicht. Und als es zu weiteren Artillerie- und Raketeneinschlägen und Angriffen kam, haben Open-Source-Analysten die Satellitenbilder mit normalen Fotos und Berichten vom Kriegsgeschehen verglichen, um mehr über das tatsächliche Kriegsgeschehen zu erfahren. Niemals zuvor war ein militärischer Konflikt auf diese Weise dokumentiert worden.

EPILOG

Als die Russen versuchten, die Kommunikationsinfrastruktur der Ukraine zu zerstören, schickte SpaceX der Ukraine Tausende von Starlink-Antennen. Das satellitengestützte Internet ermöglichte es dem ukrainischen Militär, in einer Weise weiter zu operieren, wie es noch wenige Jahre zuvor unmöglich gewesen wäre. Die Militäreinheiten konnten weiterhin sicher miteinander kommunizieren, da die Russen nicht in der Lage waren, die Verschlüsselungstechnologie von Starlink zu knacken. Dieselben Starlink-Systeme ermöglichten es ukrainischen Drohnenbetreibern, Tausende von Angriffen von Standorten im ganzen Land aus zu koordinieren. Wolodymyr Selenskyj telefonierte mit Elon Musk, um ihm zu danken, und auch ukrainische Generäle bedankten sich online in ähnlicher Weise.

Auch wenn in früheren Konflikten bereits Satellitentechnologie eingesetzt wurde, war dies der erste echte »Space War«. Die von kommerziellen Raumfahrtunternehmen entwickelten Instrumente verschafften der Ukraine Vorteile, die das russische Militär demütigten und den Verlauf des Konflikts veränderten.

Planet Labs ging im Dezember 2021 an die Börse, auf dem Höhepunkt des SPAC-Hypes. Das Unternehmen nahm auf diese Weise Hunderte Millionen Dollar ein und wurde mit fast drei Milliarden Dollar bewertet. Planet Labs gab an, dass es 800 Kunden habe und einen Jahresumsatz von etwa 130 Millionen Dollar erziee. Will Marshall und Robbie und Jessy Kate Schingler wurden zu Multimillionären und leben auch heute noch gemeinsam in ihrer Kommune. Die meisten der in diesem Buch erwähnten Hauptakteure aus den Anfangstagen des Unternehmens sind nach wie vor dort tätig.

Chris Boshuizen aber verließ Planet 2015, nach einer Auseinandersetzung mit Marshall und Robbie. »Ich hatte oft den Eindruck, dass die Rolle, die ich zwischen den beiden spielte, darin bestand, die Wahrheit aus ihren idealistischen Vorstellungen herauszufiltern«, sagt er rückblickend. »Es ging darum, einen pragmatischen Ansatz für das zu finden, was sie tun wollten. Wir waren alle erschöpft, und Will und Robbie hatten sich mehr oder weniger entschieden, es lieber allein zu versuchen. Wir unterhielten uns darüber, und ich sagte ihnen, dass ich ihre Entscheidung unterstütze. Ich konnte ihnen ansehen, dass es ihnen schwerfiel, mich überhaupt zu fragen. Anschließend umarmten wir uns herzlich.

Wahrscheinlich ging es letztlich darum, dass mir ein Leben allein wichtiger war als das gemeinsame Leben in einem Haus. Ich habe mich mehr oder weniger mit den Dingen abgefunden. Ich denke immer noch, dass die Gründung von

EPILOG

Planet eine der besten Sachen ist, die ich je gemacht habe, und ich bin stolz darauf. Aber ich sage den Leuten immer: ›Drei Gründer sind zu viel.‹«

Boshuizen wurde später Risikokapitalgeber. Eine seiner ersten Investitionen ging in ein neuseeländisches Raketen-Start-up namens Rocket Lab. Ende 2021 flog er als Tourist an Bord einer Blue-Origin-Rakete ins All.

Außerhalb von Planet Labs haben Marshall, Robbie und Jessy Kate einen Großteil der letzten Jahre damit verbracht, eine menschliche Kolonie auf dem Mond zu planen, wie man das eben so macht. Sie leiteten eine Organisation namens Open Lunar Foundation, die den Aufbau der ersten privat finanzierten Mondsiedlung anstrebte. Diese Gruppe, der auch Chris Kemp, Pete Worden, Creon Levit, Ben Howard und Steve Jurvetson angehörten, war der Ansicht, dass die Preise für Raketen inzwischen so weit gesunken waren, dass statt ganzer Nationen auch Einzelpersonen eigene Mondmissionen durchführen könnten. Sie hofften, auf dem Mond eine neue Zivilisation zu gründen, die für Menschen aller Nationen offen sein und neue Regeln der Regierungsführung haben würde. Es ging darum, eine neue Gesellschaftsform zu schaffen, die sich nicht an unsere irdischen Traditionen anlehnte.

Ich habe ein paar Jahre lang an den Open-Lunar-Meetings teilgenommen. Die ursprüngliche Idee war, ein paar Dove-Satelliten in die Umlaufbahn des Mondes zu schicken, um den besten Ort für eine Siedlung ausfindig zu machen. Daran anschließend sollten in mehreren weiteren Missionen Robotersonden auf der Mondoberfläche platziert werden. Danach würde ein Habitat gebaut werden. Sergey Brin und der russische Tech-Investor und frühe Planet-Labs-Unterstützer Yuri Milner wurden als Finanziers des Programms vorgeschlagen, und oft fanden die Treffen in Milners 100-Millionen-Dollar-Villa im Silicon Valley statt.

Open Lunar schraubte seine Hoffnungen und Träume schließlich zurück und ist jetzt eher ein politisches Projekt. Jessy Kate ist nach wie vor einer der führenden Köpfe der Gruppe und versucht, die Politik und die Strategien der verschiedenen vorgeschlagenen Mondsiedlungen zu beeinflussen.

Die Weltraumfreunde treffen sich immer noch jedes Jahr zu Neujahr im Rahmen ihres 4D-Klubs – »dream, drive, develop and deliver«, sprich: »träumen, lenken, entwickeln und umsetzen«. Will Marshall, Jessy Kate, Robbie, Chris Kemp und die anderen treffen sich, um in der Gruppe offen über ihre Hoffnungen und Ambitionen zu sprechen und eine Bilanz ihres Lebens zu ziehen. Die Veranstaltung ist eine jährliche Erinnerung an die besondere Verbindung, die die

Freunde eingegangen sind. Es gibt nicht viele Menschen, die über so viele Jahre hinweg eine so enge Freundschaft führen und sich die Mühe machen, sie in ein Ritual einzubinden. »Meiner Meinung nach ist Jessy die geistige Anführerin der Gruppe«, sagt einer der Rainbow-Mansion-Freunde, der an den 4D-Treffen teilgenommen hat. »Sie sagt nicht viel, aber ich denke, sie treibt die Dinge in gewisse Richtungen. Man merkt diesen Leuten an, dass sie das gemeinsam erlebt haben, dass sie diesen Weg gemeinsam gegangen sind.«

2015 hat Pete Worden das Ames Research Center verlassen, und die Einrichtung ist seitdem nicht mehr dieselbe. Tatsächlich hat sich die NASA nach Wordens Weggang neu organisiert, sodass die Führungskräfte der verschiedenen Forschungszentren nun der NASA-Zentrale und nicht mehr den jeweiligen Zentrumsleitern Bericht erstatten müssen. Mit dieser Strategie sollten Alleingänge der Direktoren einzelner NASA-Zentren verhindert werden und dass jemand wie Pete Worden jemals wieder auftaucht. Wie Sie sich vielleicht schon denken können, geht es in Ames jetzt ziemlich langweilig zu.

Worden und Kevin Parkin, ehemaliger Ames-Mitarbeiter und Rainbow-Mansion-Mitstreiter, haben für Yuri Milner an Projekten zur »Deep Space«-Erforschung gearbeitet. »Expansion in das Sonnensystem und darüber hinaus. Das ist mein Ziel«, sagt Worden. »Irgendwann sollten wir die Planeten rund um die nahen Sternsysteme besiedeln.«

Al Weston arbeitet immer noch für Ames, jedoch nicht mehr im Auftrag der NASA. Er ist in einen der Hangars gezogen, die Google übernommen hat, und baut dort eine Luftschiff-Flotte für Sergey Brin.

Wenn ich einen Spionageroman oder eine fiktionale Version dieser Geschichte schreiben würde, wäre Pete Worden das Superhirn, das die Handlung vorantreibt. Worden hat jahrzehntelang von der Möglichkeit geträumt, quasi auf Zuruf einen Satelliten auf eine kostengünstige Rakete schrauben zu können, damit das Militär alles ausspionieren kann, was es will. Ohne ihn gäbe es vielleicht weder Planet Labs noch Astra. Wenn man ein Auge zudrückt, ließe sich vielleicht sogar sagen: Ohne Worden gäbe es nicht einmal SpaceX oder Rocket Lab. Schließlich war er es, der die Regierung überredet hat, Musk bei seinem Falcon-1-Projekt zu unterstützen, und Al Weston, Wordens Abgesandter in Neuseeland, hat die Leute davon überzeugt, in Beck zu investieren. Worden hat diese Dinge quasi Realität werden lassen. Ein General für geheimdienstliche Operationen außerhalb der offiziellen Kanäle freundet sich mit einem Haufen aufgeweckter junger Leute an

EPILOG

und überredet sie, ohne dass sie es merken, sich seiner Führung unterzuordnen – das wäre doch eine ziemlich gute Story.

Peter Beck ist ganz der Alte geblieben – er ist der Konkurrenz noch immer einen Schritt voraus.

Rocket Lab ging Mitte 2021 an die Börse und holte auf diesem Weg Hunderte Millionen Dollar ein. Das Unternehmen hat heute einen geschätzten Marktwert von mehreren Milliarden. Der Börsengang etablierte Beck als einen der führenden Unternehmer Neuseelands und machte ihn zu einem der reichsten Bürger des Landes. Er zeigte jedoch auch, dass das Raketengeschäft nach wie vor schwierig ist. Obwohl Rocket Lab die Nachfolge von SpaceX angetreten hat, konnte es bis 2022 noch immer keinen Gewinn mit seinen Raketenstarts erzielen.

Das Unternehmen wird einen Großteil seiner neu gewonnenen Mittel für den Bau einer großen, wiederverwendbaren Rakete namens Neutron verwenden, die in direkter Konkurrenz zur Falcon 9 von SpaceX stehen wird. Rocket Lab hat auch die Techniken perfektioniert, mit denen sich die Electron zu einer wiederverwendbaren Rakete machen lässt, damit das Unternehmen die Frequenz seiner Starts weiter erhöhen und dabei gleichzeitig die Kosten niedrig halten kann. Darüber hinaus hat Rocket Lab je eine weitere Startrampe in Neuseeland und in den Vereinigten Staaten errichtet. Das Unternehmen ist bereits Dutzende Male erfolgreich ins All geflogen und hat Hunderte von Satelliten in den Orbit der Erde gebracht.

Auch bei Rocket Lab geht es nicht mehr nur um Raketen. Das Unternehmen hat damit begonnen, die meisten gängigen Satellitenteile in seinen eigenen Fabriken herzustellen. Die Kunden können anschließend einfach die technischen und wissenschaftlichen Teile bereitstellen, mit denen sie die Raketen für die zugedachte Nutzung ausstatten, indem sie diese in die Softwareumgebung von Rocket Lab einbauen. Durch den Einstieg in das lukrativere Satellitengeschäft konnten die Einnahmen und Gewinne des Unternehmens gesteigert werden, was dazu beigetragen hat, das Unternehmen als eine Art »Alles aus einer Hand«-Anbieter für die Raumfahrt zu etablieren.

Rocket Lab hat es nicht geschafft, den Wunsch von Peter Beck umzusetzen und alle drei Tage eine Rakete zu starten. Die Coronapandemie hat das Unternehmen ausgebremst, da Neuseeland eine der strengsten Lockdown-Regelungen hatte und weil es eben einfach sehr schwierig ist, am laufenden Band Raketen zu starten. Nichtsdestotrotz ist Rocket Lab das einzige Unternehmen, das in puncto

Effizienz an SpaceX herankommt und eine ähnliche Erfolgsbilanz vorweisen kann, was die Starts anbelangt.

Im Juli 2022 schickte Rocket Lab im Auftrag der NASA eine Nutzlastrakete zum Mond. Es war die bisher ehrgeizigste Mission eines kleinen Raketenherstellers in der Geschichte der Raumfahrt, und die Rakete des Unternehmens funktionierte perfekt. Wie Beck vorausgesagt hatte, musste Neuseeland seine Raumfahrtgesetze um Mondmissionen erweitern. Rocket Lab hat weitere Verträge für Mondmissionen abgeschlossen, und es existieren auch schon einige Verträge für Missionen, die Richtung Mars und Venus führen sollen.

Zu meiner großen Zufriedenheit hat Neuseeland auch ein Gesetz erlassen, das sicherstellt, dass Satelliten, die von seinem Territorium aus gestartet werden, während ihrer gesamten technischen Lebensdauer betreut werden. Das bedeutet, dass die Gesetze des Landes vorschreiben, dass die Satelliten im Weltraum überwacht und nach Ende der Nutzung fachgerecht entsorgt werden. Neuseeland ist meines Wissens das einzige Land, in dem es solche Vorschriften gibt.

Astra blickt auf eine sehr bewegte Geschichte zurück. Im März 2022 gelang es dem Unternehmen, im Auftrag zahlender Kunden Satelliten in den Orbit zu befördern. Trotz aller vorangegangenen Explosionen und beträchtlichen Dramen war das Unternehmen mit Rekordgeschwindigkeit ins All vorgeprescht. Außerdem ist es Astra gelungen, neben SpaceX und Rocket Lab einen Platz in der Elite der »Weltraum-Klubs« einzunehmen.

Im Mai 2022 berief Astra in seinem Werk eine Investorenrunde ein, um die guten Nachrichten zu feiern. Ich war erstaunt, als die Bürgermeisterin von Alameda dort auftauchte und die Gäste mit einem Loblied auf das Unternehmen begrüßte. »Ich glaube, dass Chris Kemp und Astra für Alameda das leisten können, was Elon Musk und Tesla für Fremont geleistet haben«, sagte sie und bezog sich dabei auf Teslas Autofabrik in einer nahe gelegenen Stadt. »Nur ohne die Kontroversen – nicht wahr, Chris?«

Tatsächlich aber hatte die Stadt Alameda einige Monate zuvor versucht, Astra aus seiner Fabrik zu vertreiben. Nun aber war es unmöglich zu leugnen, was das Unternehmen aufgebaut hatte. Die Fabrik hatte sich erneut vergrößert, und es gab mehrere Raketen, die startklar für ihren Flug ins All waren. Astra hatte zudem den Bau einer eigenen Internet-Satellitenkonstellation mit 13 600 Flugkörpern beantragt. Das Unternehmen würde sie alle in einer nahe gelegenen neuen Fabrik entwickeln und bauen.

EPILOG

Als Kemp die Bühne betrat, wies er auf die Verdienste der kommerziellen Raumfahrt während des Krieges in der Ukraine hin. Er verwies auf alle an die Börse gegangenen Raumfahrtunternehmen. Er prognostizierte bis 2040 eine eine Billion Dollar schwere Weltraumwirtschaft. Er machte sich auch über Rocket Lab lustig, weil das Unternehmen immer noch nicht in so dichter Frequenz Raketenstarts durchführte, wie Peter Beck es vorausgesagt hatte.

Zum Abschluss der Veranstaltung lobte er die Arbeit seiner Mitarbeiter. Astra sei das kleinste Team gewesen, das jemals einen Satelliten in die Umlaufbahn gebracht habe, »vier Jahre schneller als jedes andere Unternehmen in der Geschichte der Raumfahrt«. Dass man zunächst auf die Produktion kleiner, billiger Raketen gesetzt hatte, mag sich als falsch erwiesen haben, aber das Unternehmen wollte seine Sache auf jeden Fall durchziehen.

Nur ein paar Wochen später, im Juni 2022, änderten sich die Pläne von Astra erheblich. Das Unternehmen hatte einen weiteren Start, bei dem es versuchte, im Auftrag der NASA einige Satelliten zur Wetterbeobachtung ins All zu befördern, doch die Satelliten gingen verloren, als die Rakete es nicht ganz bis in die Umlaufbahn schaffte. Bei Astra hatte man gehofft, einen erfolgreichen kommerziellen Start nach dem nächsten durchführen zu können, aber es sollte anders kommen.

Zunächst verpasste Kemp der Sache einen positiven Anstrich, indem er wissen ließ, das Unternehmen werde sich ins Zeug legen und seine Rakete reparieren. Doch im August beschloss das Unternehmen, das kleine Raketenmodell gänzlich zu verwerfen und sich stattdessen auf den Bau einer größeren Rakete zu konzentrieren. Die neue Rakete von Astra würde in der Lage sein, fast 600 Kilogramm in die Umlaufbahn zu befördern, und »im Laufe des Jahres 2023« solle mit den Teststarts begonnen werden, so Kemp.

Welche Schlüsseltechnologie es Astra ermöglichen würde, in so kurzer Zeit eine größere Rakete zu bauen, teilte Kemp öffentlich nicht mit. Die Triebwerke für diese neue Trägerrakete würden nicht von Astra entwickelt, sondern von Firefly, und sie sollten von einer in der Ukraine hergestellten Turbopumpe angetrieben werden.*

Kemp enthüllte die neuen Pläne von Astra, als das Unternehmen seine Ergebnisse für das zweite Quartal 2022 vorlegte. Es wies für das Quartal einen Nettoverlust von 82 Millionen Dollar aus und verfügte noch über 200 Millionen Dollar an Barmitteln. Das Geld würde ausreichen, sagte er, um eine große Rakete zu entwickeln, um diese dann in der Fabrikanlage in Alameda dutzendweise auszustanzen. »Wir haben aus Rocket 3 die nötigen Lehren gezogen«, schrieb er mir. »Rocket 4 ist der Grund, warum wir das Unternehmen an die Börse gebracht haben.«

Chris Kemp kleidet sich noch immer ganz in Schwarz.

---

* In einer weiteren unerwarteten Wendung kündigte Northrop Grumman, ein Unternehmen für Rüstungstechnik, im Jahr 2022 an, dass seine alte Antares-Rakete künftig nicht mehr mit Triebwerken aus russischer Produktion, sondern mit Firefly-Triebwerken betrieben würde. Sollte es Poljakows Anliegen gewesen sein, Russland zu helfen, hätte er dem Land einen fürchterlichen Bärendienst erwiesen, indem er für die Entwicklung einer Technologie bezahlte, die nun von zwei US-Unternehmen genutzt wird.

DANKSAGUNG

Fünf Jahre lang an einem Buch zu arbeiten, stellt auch das Umfeld vor große Herausforderungen. Es erfordert viel Geduld und Wohlwollen seitens der dargestellten Akteure, viel Support aus dem eigenen Freundeskreis und viel Toleranz seitens der Familie.

Meine Frau Melinda und meine Söhne Bowie und Tucker haben alle guten und schlechten Seiten dieses Projekts miterlebt. Ich habe die Jungs zum Lachen gebracht, als ich ihnen mit meiner Max-Stimme die Anekdote mit den Kühen vorgelesen habe. Ich habe ihnen etwas über die Raumfahrt beigebracht und ihnen die eine oder andere Rakete gezeigt. Aber ich habe mich viele, viele Monate in meiner Schriftstellerhöhle eingesperrt – zu viele Monate – und habe dadurch viel Zeit mit ihnen verpasst, die ich nie wieder zurückbekommen werde. Trotzdem haben ihr Lächeln und ihre aufmunternden Worte mich bei der Stange gehalten. Ich bin ein glücklicher Vater.

An guten Tagen bekam Melinda mit, wie ich voller Begeisterung ins Haus gerannt kam, weil ich etwas Erstaunliches erlebt oder ein fantastisches Interview geführt hatte. An schlechten Tagen sah sie, wie ich unter all dem Stress einknickte und kurz vor einem Kollaps stand. Die ganze Zeit über hat sie mich unermüdlich ermutigt und unsere Familie intakt gehalten. Das mag jetzt vielleicht rührselig klingen, aber ich bin mir zu 100 Prozent sicher, dass ich ohne Melinda nie etwas von Bedeutung geschrieben hätte. Sie hat mich vor meinen schlimmsten Neigungen bewahrt und mir nur das Beste gegeben. Sie ist mir zu gleichen Teilen Muse und – um es mit Shakespeare zu sagen – besserer Engel, der nie fehlt. Ich liebe sie.

Es gab Menschen auf dieser Reise, die ich wieder und wieder um Informationen gebeten habe und die trotzdem noch mit mir sprachen: Chris Kemp. Max

DANKSAGUNG

Poljakow. Will Marshall. Robbie und Jessy Kate Schingler. Adam London. Artiom Anisimow. Pete Worden. Peter Beck. Morgan Bailey. Trevor Hammond. Ich weiß die Zeit, die sie mir geschenkt haben, sehr zu schätzen und werde mich dafür niemals angemessen revanchieren können. Das Gleiche gilt für die vielen Mitarbeiter der verschiedenen Unternehmen und insbesondere für die Leute von Team Astra, die mich Woche für Woche vorbeikommen und sie in ihrer Arbeit unterbrechen ließen.

Meinen Literaturagenten David Patterson habe ich während dieses Unterfangens in einige sehr unangenehme Situationen gebracht. Er hat alles mit Bravour gemeistert, wie es sich für einen Profi gehört. Er ist nicht nur ein hervorragender Navigator der Verlagswelt, sondern auch ein großartiger Psychologe. Danke, David, dass du immer für mich da warst und mir geholfen hast, durchzuatmen.

Howie Sanders, mein Mann in Hollywood, ist unermüdlich in seinem Optimismus und seiner Ermutigung. Jedes Mal, wenn er mich anruft, fühle ich mich einfach gut und habe das Gefühl, dass alles in Ordnung sein wird. Von Anfang an hat er an dieses Projekt geglaubt und mir geholfen, mein Material auf immer neue Möglichkeiten abzuklopfen. Danke, Howie, dass du groß denkst und immer mein Bestes im Sinn hast.

Ich habe es geschafft, meine Lektorin Sarah Murphy zu quälen, und sie hat darauf mit Freundlichkeit und Unterstützung reagiert. Während des Redaktionsprozesses hat es sich oft so angefühlt, als würden wir zwei mit einem Verstand denken. Vielen Dank, Sarah, dafür, dass du es mit mir ausgehalten hast und so viel Liebe und Zuneigung in dieses Buch gesteckt hast.

Einer der größten Glücksfälle in meinem Leben war die Begegnung mit Brad Stone. Wir arbeiten schon seit langer Zeit zusammen und sind eng befreundet. Er ist so anständig, hilfsbereit und weise wie kein anderer Mensch. Auch wenn jeder von uns sein eigenes Ding macht, betrachte ich uns als Team, das gemeinsam durch den Journalismus und das Schreiben navigiert.

Ich hatte außerdem das Glück, bei Bloomberg arbeiten zu können. Ich kenne kein anderes Unternehmen, das Reporter besser unterstützt. Das erste Lob gebührt Mike Bloomberg, der es mir ermöglicht hat, an allen Ecken und Enden der Welt nach neuen Storys zu suchen, und der mir jede erdenkliche Möglichkeit gegeben hat, meine Talente voll auszuschöpfen. Das mag jetzt wie Schleimerei geklungen haben, aber ich bezweifle, dass Mike das hier überhaupt zu Gesicht bekommen wird – und es ist nun mal eben die Wahrheit. Für Bloomberg zu

DANKSAGUNG

arbeiten, bedeutete außerdem, dass ich unvergleichliche Kollegen, Redakteure und Freunde hatte. Jim Aley, Kristin Powers, Jeff Muskus, Max Chafkin, Alan Jeffries und Victoria Daniell waren alle so liebenswürdig, meine Eigenwilligkeiten zu tolerieren, und sie haben durch ihre Bemühungen dazu beigetragen, dass die Texte, die unter meinem Namen erscheinen, heute so viel besser sind. Ich bewundere sie alle.

Ebenfalls zum Klub der von mir Verehrten zählen Meghan Schale, Francesca Kustra und Shirel Kozak. Diese großartigen Filmemacherinnen standen mir zur Seite, als ich mir mühselig das Know-how erworben habe, wie sich aus einigen Themen dieses Buches ein Dokumentarfilm erstellen lässt. Zu sagen, dass es ein steiler Lernprozess gewesen ist, wäre eine hehre Untertreibung. Ich habe als Autor nicht das nötige Talent, um die Dankbarkeit zum Ausdruck zu bringen, die ich diesen drei Frauen gegenüber empfinde. Ihr Talent erfüllt mich mit Ehrfurcht, und ihre Großzügigkeit werde ich nie vergessen.

David Nicholson und Diana Suryakusuma hatten das Pech, sich stundenlang von mir durch ferne Länder führen lassen zu müssen, wenn wir in irgendwelchen Bars beim dritten Scotch saßen und ich unweigerlich damit anfing, Geschichten über die Absurditäten des neuen Wettlaufs ins All zu erzählen. Ihr Pech war mein Gewinn. Die beiden sind mir heute mehr Verwandte als Freunde. Mein Leben wäre nicht dasselbe, wenn ich sie nicht getroffen hätte, und ich würde alles für sie tun. Sollten Sie in der chilenischen Wüste jemals von einem Schamanen vergiftet werden, dann sind das die Leute, die Sie an Ihrer Seite wissen wollen.

Die erste Person, der ich einen Entwurf für ein neues Buch schicke, ist Keith Lee. Wir haben uns zufällig auf einem Tennisplatz kennengelernt, und seitdem sind unsere Familien miteinander verflochten. Es freut mich unendlich, dass meine beiden Jungs Keith – dieses Musterbeispiel eines fürsorglichen Vaters und Ehemanns – kennenlernen durften. Keith ist ein stets großzügiger Geist, der meine Arbeit klug und aufmerksam kommentiert. Er gibt mir den Mut, weiterzumachen.

Ich möchte auch den guten Menschen in Idaho und insbesondere Pete und Marianne dafür danken, dass sie mir einen Ort gegeben haben, an dem ich Teile dieses Buches in wunderschöner Umgebung schreiben konnte. Dasselbe gilt für Neuseeland und seine großartigen Bewohner. Ich war schon in vielen Ländern, aber ein besseres als Aotearoa findet sich nirgends. Es ist ein magisches Land.

DANKSAGUNG

Zuletzt möchte ich meiner Mutter Margot und meinem Vater John dafür danken, dass sie jeden kreativen Impuls, den ich je hatte, gefördert haben und immer für Überraschungen gut waren. Danke auch an Blase und Judy – ich hatte wirklich Glück, in eine so herzliche und liebevolle Familie hineingeboren zu werden.

Meine Eltern sind vor nicht allzu langer Zeit aus einer Laune heraus nach Mexiko gezogen und haben sich inmitten einer Ansammlung wunderbarer Menschen niedergelassen. Zwei dieser Menschen – *mis amigos Julián y Andrés* – sind mir zu Tennispartnern, Nachbarn und lebenslangen Freunden geworden. Der größte Teil dieses Buches wurde in Mexiko geschrieben. Dort haben großartiges Essen und großartige Menschen dazu beigetragen, mich von der Arbeit loszureißen, wodurch sich sowohl mein Körper als auch mein Geist erholen konnten. Die Coronapandemie war eine beschissene Sache, keine Frage, aber ohne sie hätte ich weder all die unerwartete zusätzliche Zeit mit meinen Eltern (und meinen kleinen felinen Schreibgefährten namens Uno, Dos und Tres) gehabt, noch hätte ich Gelegenheit gehabt, mich in Mexiko zu verlieben.

Sollte ich jemanden vergessen haben, so hat diese Person wohl einfach keinen bleibenden Eindruck hinterlassen. War nur ein Scherz. Auch euch gilt meine Bewunderung.

STICHWORTVERZEICHNIS

3-D-Druck 221, 242, 278, 471
4D 288, 514 f.

A

Abrahamson, James 56
Advanced Research Projects Agency (ARPA) 47, 127, 206, 262
AIM-9 Sidewinder Missile 213
Airforce Research Laboratory 62
Airforce Reserve Officer Training Corps (AFROTC) 55
Allen, Joe 437
Allen, Paul 24, 247
Alpha 445, 448, 484, 488
Altman, Naomi 222, 236 ff.
Amazon 25, 113, 141 f., 263, 495
Ames Research Center 51, 515
Anisimow, Artiom 421, 451 ff., 469, 479, 484 f. 489 ff., 502, 521
Antares-Raketen 39, 105, 114, 466, 518
Antonow (Transportflugzeug) 467
Apollo-Mission 52, 55, 158
Arecibo Observatory 288
Künstliche Intelligenz (KI) 69, 86, 132, 137, 469,472
Astra 30, 69, 242, 309 f., 315–325, 329, 331, 335–355, 364 ff., 368, 371 ff., 380–387, 391–401, 403, 405–413, 441, 445, 455, 508, 515, 517 ff.
– und Rocket 2 354 f., 364, 369
– und Rocket 3 368 f., 385, 388, 391 f., 394 ff., 399, 410, 519
Atchison, Tom 101 f.
Ātea-1 197–200, 202 f., 205 ff., 209, 211, 214

B

Beal, Andrew 437
Beal Aerospace 437
Bechtolsheim, Andy 263
Beck, Russell 160–163, 165
BeNaughty 459
Beresheet-Landefahrzeug 501
Beta 446, 478
Beukelaers, Vincent 111
Bezos, Jeff 24, 28 f., 57, 150, 419, 439 f., 483, 494
Biblarz, Oscar 174
Biefeld-Brown-Effekt 432
Bildgebende Satelliten 108, 143, 229, 509
Biosphere-2-Komplex 288
Black Rock Desert 100, 266
BlackRock 405
Blair, Tony 95

Bloom Energy 264
Bloomberg Businessweek 5, 494
Blue Origin 28, 186, 342, 423, 439 f., 447 f., 471, 514
Blum, Michael 443
Boeing 48, 64, 141, 156, 183 f., 211, 244, 465, 477, 497
Bolden, Charles 442
Boshuizen, Chris 74 f.
– Abschied von Planet Labs 513 f.
– Gründung von Planet Labs 36, 60 f., 73
– und der Lego-Satellit 97 ff.
– und das PhoneSat-Projekt 100–112
»Hüpfburgen des Todes« 124
Boyd, Jack 52
Branson, Richard 24, 141, 218 f., 440 ff., 481
Brexit 448
Brieschenk, Stefan 222 ff.
Brin, Sergey 66, 76, 87, 121, 313, 514 f.
Brockert, Ben 296, 305 ff., 322, 333, 340–346, 357, 409
Bruno, Vita 319
Buran-Spaceshuttle 457 f.
Burning-Man-Festival 87, 101, 112, 266, 327 ff., 373, 383
Bush, George W. 59, 63, 289
Buzza, Tim 17, 19, 315

C

Carbonfaser 220, 225, 251, 277, 292, 479
Cardillo, Robert 501
Carlson, Roger 340, 342–348, 350, 354, 359–363, 409
Carter, Doug 180 f., 190 f., 195
Castle Airforce Base 268, 385
Ceperley, Dan 507
Cheriton, David 263
China 22, 25 f., 77 f., 123 ff., 134 f., 141 f., 303, 464, 481, 495
Chruschtschow, Nikita 461
Classmates.com 286 f.
Clementine-Mission 57
Clinton, Hillary 312 f.
Kalter Krieg 53, 58, 157, 422, 457, 466, 486
Common und die Black Keys 72
CORONA-Plan 126 ff., 485
Cosmogia 106, 110 f.
COVID-Pandemie 23, 395, 397, 403, 483
Crawford, James 134
Cube of Learning (Skulptur von Peter Beck) 161
CubeSat 102 ff.
Cupid 459
Cyclone-4-Rakete 466

STICHWORTVERZEICHNIS

D
Dangerous Sports Club 65
DARPA (Defense Advanced Research Projects Agency) 47f., 127, 196, 206ff., 210, 212ff., 231, 262, 300, 386f. 391ff.
Deep-Space-Erforschung 515
Dell, Michael 428
Delphin-Triebwerk 386
Delta Clipper 57
Differenzieller Widerstand 42
DirectTV 465
DISCOVERER 127
D'Mello, Shaun 226, 231, 343
Dnipropetrowsk (Dnipro) 459–462, 465, 468f., 471f., 479, 499, 511
Dotcom, Kim 150
Doves (Satelliten) 37, 41f., 113–116, 119–122, 131, 145
Dragon-Kapsel 343

E
EchoStar 465
Edwards Airforce Base 184, 431
Electron (Raketenmodell) 27, 118, 245, 247, 249, 251, 253, 255, 271, 353, 381, 385, 516
– Konzept 151–154, 220, 222
– erster Launch 158, 225f., 232, 234, 236ff., 242, 444
Elizabeth II., Queen 94
Energia-Rakete 457f.
English, Christa 429f.
EOS Data Analytics 453
Escapia 69
ESA (Europäische Weltraumorganisation) 93
Eveleth, Decker 123–126, 130
Expedia 287

F
FAA (Federal Aviation Administration) 360ff.
Falcon 1 12, 14, 16, 18ff., 21ff., 26f., 30, 43, 48, 50, 53f., 66, 80, 145, 151, 153, 198, 219, 236, 271, 315, 381, 433f., 436, 438, 441, 446, 472, 501, 515
Falcon 9 23, 153, 249, 254f., 354, 421, 448, 516
Farrant, Ben 204, 386, 409
Fay, Michael 201–204, 214, 227
Federal Communications Commission 143
Ferraro, Matthew 111
Firefly Aerospace 30, 420, 454, 509
Fireflyfarm 425, 490
Firefly Space Systems 218, 372, 443, 454
Fisher & Paykel 116ff., 171, 173, 175–178, 181
Flanagan, Matthew 354f., 371–378, 409
Fleet Space Technologies 350f.
Fleming, Shane 228
Flirt 345, 459
Flüssigsauerstoff (LOX) 15, 208
Flüssigtreibstoffe 200, 207f.
FuckedCompany.com 287

G
Gamma 446
Garcia, Ian 305, 345
Garver, Lori 78
Gates, Bill 405f.
Gemini-Mission 52

Gentile, Bryson 325ff., 332, 396
Geolokalisationsdaten 138
Gies, Bill 301ff., 354f., 409
Gillies, Daniel 246
Gillmore, Chester 118f.
Goddard, Robert 12, 157f.
Google 66, 71f., 76, 84, 87, 115, 121, 132, 226, 263, 284, 327, 381, 447, 515
– und das Ames Research Center 68f.
– Google Mars 75, 290
– Google Moon 75f., 290
– und das PhoneSat-Projekt 104, 109
Gorbatschow, Michail 58
GPS-System 98, 107, 144, 245, 318, 397, 469
Grassley, Chuck 79
Great Mercury Island 201, 203, 214
Griffin, Michael 53, 64, 69
Guiana Space Center 416

H
Hacker-Häuser 83
Halley'scher Komet 165f.
Hawking, Stephen 96
HitDynamics 459
Hofmann, Chris 354, 362, 366f., 396, 399, 409
Holicity 405
HomeAway 287
Hopkins, Anthony 160
Houghton, Samuel 211f.
Howard, Ben 111, 113, 116f., 514
Hubble-Weltraumteleskop 53
Humanity Star 239f.
Hundley, Lucas 295f.
Hydra 468
Hyperloop 51, 372

I
ICBM-Fabrik in Dnipro 421, 461f.
Indien 26, 29, 35, 37ff., 42f., 94, 117, 135f., 194, 262, 431, 459, 464
Indian Space Research Organisation (ISRO) 37
Industrial Research Limited (IRL) 179
Industrielle Revolution 157
Ingels, Bjarke 327
Instant Eyes Projekt 206, 211ff.
International Astronautical Congress 59, 96
Internationale Raumstation (ISS) 116f., 457
International Space University 77, 97
International Traffic in Arms Regulations (ITAR) 77, 245
Intimidator 5 101
Iridium 142, 406
Israelische Verteidigung 130

J
James, Deborah Lee 501
James-Webb-Space-Teleskop 343
Jazayeri, Mike 382
Jet Propulsion Laboratory (JPL) 53, 95, 185
Jobs, Steve 74, 338
Jornales, Rose 300f., 409
Joyce, Steven 232, 254
Judson, Mike 305f., 322, 332f., 340

525

STICHWORTVERZEICHNIS

Jurvetson, Steve 102, 112, 115, 514

K
Keeter, Milton 346 ff., 354, 359–362, 409
Kelly, Isaac 342, 354–357, 409
Kemp, Chris 69–72, 74, 95, 262–266, 270 f., 273–291, 293 ff., 297, 300, 302, 307, 309–314, 316, 318–332, 339–342, 345, 347, 349–354, 364–370, 372, 377, 380–391, 393 ff., 397–401, 403, 405 f., 408–413, 442, 456, 493, 514, 517 ff.
– und das Ames Research Center
– und Burning Man 266, 327 ff.
– und die Open Lunar Foundation 514
– und OpenStack 262 f., 290
– und die Rainbow Mansion 81 ff.
Kennedy, Fred 23, 47 f., 185
Kennedy Space Center 231
Kessler-Syndrom 144
Key, John 231–235
Khosla Ventures 217 f., 220, 225

King, P. J. 443
Klupar, Pete 62, 98 f.
Kodiak Island 294, 317 f., 334–339, 342, 349, 352, 356, 359, 361, 365 f., 388, 394, 397
Kodiak Narrow Cape Lodge 338
Kwajalein-Atoll 12 f., 16 ff., 21, 30, 48 f., 335, 350, 400, 433

L
LADEE (Lunar Atmosphere and Dust Environment Explorer) 67 f., 97
Launch Challenge 386 f., 391
LauncherOne 442 f.
LCROSS (Lunar Crater Observation and Sensing Satellite) 68
LeFevers, Kevin 354, 356–359, 386
Lego-Satellit 97 ff.
Lehman, Matt 268–271, 273, 397, 409
Leno, Jay 76
LeoLabs 506 ff.
Levit, Creon 62, 74, 297 ff., 514
Lewis, Jeffrey 126, 131
Lindbergh, Charles 52
Lockheed Martin 48, 64, 156, 184, 186 f., 214, 225, 233, 477, 497
London, Adam 261 f., 267–273, 279 f., 286, 293, 295 f., 299 f., 305, 319, 330 f., 336, 340–343, 345, 350, 380, 387, 389, 398, 408 f., 413, 521
Long Space Age, The (MacDonald) 157
Lunarfueling Station Camp 266
Lunar Landers (Mondlandegeräte) 66, 501
Lyon, Benjamin 408 f.

M
MacDonald, Alex 72, 157
Mackey, George 227 ff.
Magnettorquer 41, 120
Mahia-Halbinsel 226, 249, 382, 416
Make (Magazin) 98, 194
Mangalyaan 37
Markusic, Tom 423–450, 453 f., 480–484, 486–493, 498, 501 f., 504, 510 f.

– und Blue Origin 440
– Gründung von Firefly 423, 443–449, 454, 480, 482 f., 493, 501
– und die Finanzmittel 425,
– und SpaceX 423, 434–440, 443
– und Virgin Galactic 423, 441, 443, 448
Mars (Kolonisierung) 23 f., 26, 37, 48, 75, 114, 153, 158, 258, 290, 342, 401, 430 f., 435, 447, 456, 508, 517
Marshall, Will 36, 60, 65, 68 f., 76, 81, 90, 121, 136, 144, 266, 285, 300, 340, 442, 513 f., 521
– und das Ames Research Center 51, 515
– und das Dove-Projekt 35, 106, 121
– Spionagevorwürfe gegen 36,
– und die Gründung von Planet Labs 340, 514
– und der Lunar Lander 66, 501
– und das PhoneSat-Projekt 107 f.,
– und die Rainbow Mansion 81, 84, 87, 110
Marshall-Matrix 89 f.
Marshall Spaceflight Center 64, 67 f., 82, 95, 281, 431
Martin, Les 371, 409, 445
Mason, James 111 f., 115
Masten Space Systems 305, 441
Matchett, Lachlan 222
Matrix 89 f., 330, 507
Max-Q 298, 360
Maxima Group 459
McCaleb, Jed 500
McCaw, Craig 405 ff.
McGregor, Texas 372, 437 f., 443, 445
Mecca Bar 334
Megaupload 150
Merkel, Brian 243–246, 254
Mercury Islands 200
Micro Lunar Lander 66
Milner, Yuri 480, 514 f.
Modi, Narendra 135 f., 175
Mojave Wüste 184, 268, 305 f., 441, 445
Montague, Don 87
Moore, Patrick 11, 93
Mooresches Gesetz 145
Morris, Kerryn 164, 177
Munro, Burt 160
Musk, Elon 12, 16, 18, 20, 22 ff., 26–30, 43, 48 ff., 53, 57, 78, 80, 141 f., 145 f., 149 f., 155, 158, 160, 198, 224, 238, 253 ff., 269, 305, 317, 397 f., 407, 419, 422, 433, 435 f., 438 ff., 446, 448, 462, 467, 482, 495, 508, 513, 515, 517
– und die Falcon 1 145, 198, 433
– und die Finanzmittel 12, 155
– und die Mars-Kolonisierung 508
– und Xombie 305 f.
– und Selenskyj 513
MythBusters 330

N
NASA 18, 22, 40, 47, 51, 53 f., 57 ff., 61–64, 66, 68–81, 84 ff., 99 f., 102 f., 105 f., 110 f., 113, 129, 144, 155 ff., 158, 174, 182 f., 185 f., 190, 194, 196, 198, 214, 219, 232, 243 f., 246, 253 f., 256, 262–265, 273, 279, 286, 289 f., 336, 398, 415, 423, 431–434, 436, 448, 455, 483, 486, 494, 498, 501, 515, 517 f.
– und die Clementine Mission 57
– und Firefly 501

STICHWORTVERZEICHNIS

– und die Lunar Lander 66, 501
– und OpenStack 263
– und die Roboterprogramme 63 f.
– und Rocket Lab 219, 483,
– und SpaceX 22, 69, 102, 279, 336, 423, 433 f.,
National Geospatial-Intelligence Agency 501
National Museum of Nuclear Science & History 256
National Photographic Interpretation Center 128
National Reconnaissance Office (NRO) 55
Naval Postgraduate School 340
Nebula 263–266, 270, 309, 354
Neutron 414, 516
New York Times 45 f., 76, 83, 135, 289, 467
Nimitz Airfield 329, 332
9/11 (Terroranschläge vom 11. September 2001) 45, 59
Noosphere 420, 473
Nordkorea 36, 130, 316, 464, 467
Northrop Grumman 183, 186 f. 466, 497, 500, 518
Norton Sales 183, 186
NPIC: Seeing the Secrets and Growing the Leaders (O'Connor) 128
»Number 8 Wire«-Mentalität 170 ff., 178

O

Obama, Barack 78, 234
Oban Scotch 470, 477, 482, 488 f.
Oberth, Hermann 157
O'Connor, Jack 128
O'Donnell, Shaun 193 f., 201 ff., 207, 213 f.
Odyssee 30
Office of Naval Research 207
Office of Strategic Influence 45 f., 59
Ölvorkommen, global 134, 167, 178, 182
Omelek Island 13 f., 16–21, 49, 434
Onenui Station 227 ff., 252
OneWeb 141, 415 f., 507
Open Lunar Foundation 514
OpenShop 284 f.
Open-Source-Intelligence-Community 123 f.
OpenStack 262 f., 290, 342
Operationally Responsive Space Office 207
Oracle 265
Orbital Insight 133, 138
Orbital Sciences Corporation 466
Overview-Effekt 115

P

Pacific Spaceport Complex 317, 335 ff., 341, 346, 352 ff.
Page, Larry 66, 73, 76, 87
Parkin, Kevin 82, 88, 90, 93 f., 515
Pearl Harbor 126
Penrose, Roger 96
Perot, Ross 71
PhoneSat-Projekt 99, 102, 105, 110
Planet Labs 30, 35, 60, 73, 90, 111, 124, 131, 154, 235, 239, 248, 262, 270, 297, 300, 303, 340, 382, 401, 407, 415, 453, 480, 507, 512–515
– und Chinas nukleare Aufrüstung 125
– und die Doves (Satelliten) 35, 37, 39, 41 f., 113–116, 119 f., 122, 131, 145, 415
erstes Satellitenprojekt 235
und die Bodenstationen 41, 116, 118, 120, 125, 416, 507

– Headquarter 252, 420
– und LeoLabs 506 ff.
– und die Anzahl der Satelliten 35, 154,
– und Rocket Lab 30, 252
– und die russische Invasion in der Ukraine 511
Plasma-Physik 430
Polar Satellite Launch Vehicle (PSLV) 35
Poljakow, Max 509–512, 518, 521
– Übernahme von Firefly 509 f.
– in Dnipro 471
– und die Firefly-Fabriken 509 f.
– und die Finanzierung 510 f.
– und die zunehmende Größe der Raketen 512
– und die russische Invasion in der Ukraine 510 ff.
Poljakowa, Katya 477
Poljakowa, Ludmila 457 f.
PSLV (Polar Satellite Launch Vehicle) 35, 37, 40
Putin, Wladimir 468, 480, 511

R

Raghu, Nikhil 194 ff., 199 ff., 203, 212 f.
Rainbow Mansion 81, 83–90, 94 ff., 98, 107, 110 ff., 265, 297, 515
Raptor 439
RD-180-Triebwerk 471
Reagan, Ronald 53, 56, 58, 434
»Responsive Space« 206 f., 262
Richardson, Bill 159 f.
Rocket, Mark (Mark Stevens), 190, 194, 197–200, 209 f., 217
Rocket 1 331, 352 f., 355 ff., 360
Rocket 2 353 ff., 357, 359 f., 362, 364, 369
Rocket 3 368 f., 385, 388, 391 f., 394 f., 414, 519
Rocket Lab 27, 30, 118, 149–158, 188, 191–267, 269, 271 ff., 292, 300, 311, 348 f., 353 f., 366, 381 ff., 385 f., 398, 400, 406 ff., 414, 416, 421, 441, 444 f., 448, 455, 479, 481, 483, 486, 508, 514–517
– und die Nutzung von Carbonfaser 292,
– Electron-Rakete 118, 151 f., 235 f., 238, 242, 353, 381, 385
– und die Finanzprobleme 157
– erster Launch 150
– Gründung 27, 149
– Finanzierung 157, 241, 382
– und Planet Labs 242, 514
– und SpaceX 150 f., 153, 157, 199, 240, 244
– und SPACs 408
Raketen-Start-ups 26 ff., 269, 278, 336, 343, 446
Rumsfeld, Donald 45 f., 289
Russische Invasion in der Ukraine 420, 468
Rutherford, Ernest 152
Rutherford-Triebwerke 152 f., 220, 236, 243

S

Safyan, Mike 111, 117 f.
Salvo-Rakete 262
Satelliten. *Siehe auch* individuelle Satelliten
– Beobachtung möglicher Kollisionen 68, 108, 116, 125, 144
– Konstellationen 25, 36, 106, 108 f., 117, 125, 139, 142 f., 144, 154, 254, 361, 415, 517
– zunehmende Anzahl 143
Satish Dhawa Space Centre 37–40

STICHWORTVERZEICHNIS

Schingler, Jessy Kate (geb. Cowan-Sharp) 81–85, 112, 288, 340, 513f., 521
Schingler, Robbie 35–44, 60f., 69f., 81ff, 111–114, 262, 266, 340, 442, 513, 521
Schlumberger 178
Schmidt, Eric 71, 75, 116
Schnugg, Celestine 86
Sea Launch 465
Selenskyj, Wolodymyr 513
SGI Technologies 284
Shelby, Richard 64, 67f.
Shockley Semiconductor Laboratory 51
Shriram, Ram 263
Silicon Valley 29, 49ff., 68, 73, 79, 81ff., 92, 102, 111, 117, 205, 210, 215ff., 225, 235, 263, 267, 270f., 279f., 282, 413, 420. 426, 452, 472, 476, 480, 493, 495, 502, 506, 514
Singularity University 72–74
Skybox Imaging 121
SkySats 121, 124, 415
SkyTrak 320f.
Smith, Kris 303
Snopes 493f.
Solarpaneele 102, 119f., 140
Southernfestival of Speed 175
Southland Astronomical Society 160, 165
Southland Museum & Art Gallery 160
Sowjetunion 21, 57f., 126ff., 421, 451, 456–464, 474
Sojus-Rakete 114
Space and Missile System Center, Los Angeles 46
Weltraumschrott 183, 415, 507
Space Generation Advisory Council 60, 73
Space Launch Complex 2 485
Space Race (Wettlauf ins All) 457
Spaceshuttle 23, 63, 71, 457f.
Space Warfare Center 58
SpaceX
– und Falcon 1 12–50, 153, 219, 236, 271, 416, 433f., 436, 438, 441, 446, 508
– und Falcon 9 249, 254, 354, 414, 421, 448, 516
– und Firefly 219, 372, 414, 421, 423, 443–450, 453–456, 470 – 475, 478–489, 490–494, 497–503, 510f.
– Internetdienste 25, 140, 459, 480
– und die NASA 18, 22, 53, 64–69, 80, 183, 186, 219, 243, 254, 279, 336, 423, 515
– und Starship 23
SPACs (Special Purpose Acquisition Companies) 403
Spire 250
Sputnik 1 126
Sriharikota 38
SS-18 461
Stachowski-Farm 427
Stalin, Josef 461
Star Wars (Strategic Defense Initiative; SDI) 53, 56, 58, 65, 78, 289
Starlink Internetsystem 140–143, 513
Starship 23
Statischer Feuertest 329–331
Stealth Space Company 271–273
Stern, Alan 67
Sutton, George P. 174
Svalbard (Archipel) 416

Swarm Technologies 143

T
Tata Nardini,flavia 251, 253
Teledesic 406f.
Terra Bella 121, 303
Thiel, Peter 116
Thompson, Chris 317–322, 365
– Einstieg bei Astra 315, 321
– und Rocket 3 395, 399, 410
– und die Raketentests 330, 345
– und SpaceX 310, 315, 317
Tirtey, Sandy 222–224, 239, 252, 256
Troy 318
Turbopumpen 183, 268, 472, 493
Tyvak-Nano-Satelliten-System 250
United Launch Alliance (ULA) 471
US-Spaceforce 410

V
Vakuumkammern 222
Valley of Heart's Delight 52,
Vandenberg Airforce Base 479, 484
Vector Space Systems 242, 386f.
Venfions LLC 261–273, 300, 305, 321
Wernadski, Wladimir 473f., 483
Verne, Jules 157, 440
Virgin Galactic 60, 190, 198, 218, 372, 423, 440, 448
Virgin Orbit 225, 242, 386, 392
von der Dunk, Frans 451

W
Wallops Island, Virginia 243, 416
War on Terror 45
Wasserstoffperoxid 171ff.
Weeks, David 433f.
Wells, H. G. 157
Weston, Pete 62– 67, 74–77, 214, 218, 515
Whitesides, George 60, 442
Wiener Erklärung über den Weltraum und die menschliche Entwicklung 95
Worden, Simon P. »Pete«
– und das Ames Research Center 515
– und die DARPA 46–50, 262
– und das Marshall/Boshuizen-Projekt 61–64, 74–106, 514
– und das Office of Strategic Influence 45–50
– und die Open Lunar Foundation 514
Wozniak, Steve 74

X
XM Satellite 465
Xombie 305f.

Y
Yoon, David 244–247
Yuzhmash-Machine-Building Plant 465–471

Z
Zenit 462, 464–467
Ziolkowski, Konstantin 157